Ed Rosenthals MARIJUANA GROWERS Handbuch

Ed Rosenthal

Ask Ed© Edition: Der komplette Führer für den Marijuana-Anbau für medizinische & hedonistische Zwecke

MARIJUANA-GROWERS-Handbuch
Ask Ed Edition: Der komplette Führer für den Marijuana-Anbau für medizinische & hedonistische Zwecke

Originalausgabe von Quick American Publishing / Quick Trading Co. Oakland, Kalifornien

Für die Originalausgabe:
Projektleiter: Jane Klein
Projekt Manager: Angela Bacca
Chefredakteur: William-Dolphin
Redakteure: Angela Bacca, Hera Lee, David Johnson-Igra
Andere Redakteure: Lorbeer Hubert, Patricia Hernandez, Eve Cohen
Titelfoto: Mandala Samen
Alle Fotos von Ed Rosenthal und Angela Bacca, sofern kein anderer Name angegeben ist.

Für die deutsche Lizenzausgabe:
Druck: Druckerei & Verlag Steinmeier GmbH, Deiningen
Printed in Germany
Korrektur, Revision, Text: Markus und Jutta Berger, Felsberg
Grafische Nachbearbeitung: Maria Seitz; Mitarbeit: Nina Seiler

Nachtschatten Verlag AG
Kronengasse 11
CH-4500 Solothurn
Tel. +41 32 621 89 49
Fax +41 32 6218947
info@nachtschatten.ch
www. nachtschatten.ch

NACHTSCHATTEN VERLAG
nachtschatten.ch

1. Druck April 2012
2. Druck April 2013
3. Druck Juni 2014
4. Druck April 2016
5. Druck Mai 2018
Korrigierte Neuauflage Oktober 2020, 2. Druck April 2023, 3. Druck April 2024, 4. Druck Oktober 2024

ISBN 978-90-7658-334-1

Sämtliches in diesem Buch veröffentlichte Material dient der wissenschaftlichen Information. Das hier präsentierte Wissen sollte der Öffentlichkeit zugänglich sein. Autor, Verlag und alle an der Entstehung dieses Werks beteiligten Personen befürworten nicht die Verletzung des Gesetzes. Der geneigte Leser sei jedoch angeregt, sich in angemessenem Umfang an einer Durchsetzung der Cannabis-Legalisierung zu beteiligen.

MARIJUANA
Growers Handbuch
ASK ED© Edition

Ed Rosenthal

WIDMUNG

Diese Ausgabe des Marijuana-Growers-Handbuchs ist JACK HERER gewidmet, der sein Versprechen gegenüber Edwin „Captain Ed“ M. Adair III. gehalten hat.

Diese Reihe ist PETE SEEGER zugeeignet.

“GOD BLESS THE GRASS THAT GROWS THROUGH THE CRACK”

Malvina Reynolds, “God Bless the Grass”

Danksagung

Ed Rosenthal bedankt sich bei folgenden Personen und Unternehmen: Amerinada Dist., Sheldon Aberman, AIK., Arjan, Berkeley Patients Group, Ben Dronkers, Bill Graham, Bonnie und Clyde, Brian L., Brian M., Bubbleman und Diana P., Dennis Peron, Chris H., Current Culture, Doug Buddy, Elvis (nicht nur jener), Emerald Mountain Ministry, Etienne, G. Lee Ph.D. und DJ Sun Ph.D., Franco, George M., Harborside Health Center, Hugo Martinez, JD Petris, Jeff H., Jeff Nunes, John Sajo, Jonathon M., Jodi, John Lydon, June D., Kat, Keith Stroup, Kenny M., Kevin S., Kirk X., Larry B., Levi, Lydia D, Marc und Jodie Emery, Mark Lovinger, Mark Gray, Matt Q., Mike Aldrich, Mike D., Mila Jansen, Oaksterdam University, R&M Distribution/ C.A.P. Controllers, Sensi Seed Bank, Green House Seed Co., Rachael Szmajda und Rick Pfrommer, Ram und Liz, Priv Doz., Dr. Habil Ewald Sieverding, T.A., Shawn B., Theo Tekstra, Tom Flowers, John Rosenwald, Corey X., Jerry, Vince, Tommy Chong, William Dolphin, Willie Nelson, Will und Anna Foster.

INHALTSVERZEICHNIS

VORWORT

Von TOMMY CHONG

Alle meine guten Freunde sind Potheads! Und einer davon ist nicht nur ein Pothead, sondern ein echter Fachmann für Marijuana-Anbau. Einer, der von sich behaupten kann, mehr Leute zum Kiffen gebracht zu haben, als Cheech und Chong das je vermocht hätten.
Ich spreche von Ed Rosenthal, dem Cannabisgärtner, dessen Ask-Ed-Kolumne die US-amerikanische Drug Enforcement Administration (DEA) schön auf Trab hält. Die sind nämlich damit beschäftigt, Hunderttausende von Eds Schülern – die Pot-Grower – zu jagen.

Ed ist jedoch nicht nur ein großartiger Gärtner. Er ist außerdem ein echter Revoluzzer, ein „Anti-Establishment"-Hippie, der gerne ausgeflippte Klamotten trägt und korrupte Cops outet, die sich für die hoffnungslos veralteten und traurigen amerikanischen Drogengesetze einsetzen. Als ich Ed das erste Mal traf, sah er sich gerade einer zehnjährigen Freiheitsstrafe gegenüber. Und das für etwas, das er in den vergangenen dreißig Jahren immer getan hat: Cannabis züchten. Die Bullen behaupteten, Ed würde das Gesetz brechen, und Ed würde ihnen theoretisch sogar zustimmen und kommentieren: „Ein furchtbares Gesetz!"
Ed ist, wir wissen es alle, ein Schriftsteller. Übrigens hatte auch ich kürzlich das Vergnügen, in diesen Beruf hineinschnuppern zu dürfen. Dabei werden Eds Bücher wie wahre Cannabis-Bibeln behandelt, weil sie das gesamte Wissen des Potgrowings enthalten. Auch aus diesem Grund achte und respektiere ich diesen Mann – denn Schreiben ist schwierig, aber Comedy zu machen, ist eher leicht.

Meine Meinung: Schreiben ist wie Masturbieren, wenn du dir eben erst einen runtergeholt hast: Es macht nicht gerade Spaß. Aber irgendjemand muss den Job nun mal machen, sonst hätten wir alle nichts zu lesen auf dem Klo. Habt ihr bemerkt, wie ich direkt zum Thema Toilette überging, als ich berichtete, dass ich auch kurzzeitig einen Autorenjob übernehmen musste? Und diese Assoziation muss einen Grund haben, oder? Hat sie auch. Denn ich bin mir über mein mangelndes Talent als Schreiber durchaus im klaren. Ed hingegen ist ein verdammt guter Schreiber. Vor allem, wenn es um Gras geht. Und darum, wie man es anbaut. Wie man es tarnt und versteckt. Wie man es pflegt. Wie man es raucht. Wie man es als Grower vermeidet, in den Knast zu wandern. Und was man tun kann, wenn es einen doch erwischt hat. Ed weiß alles darüber, einfach alles. Ich sage nur: Ask Ed.

Auch ich habe mal Ask Ed gespielt. Und Ed gefragt, wie es eigentlich sein kann, dass Pot schon so lange verboten ist. Seine Antwort war sehr interessant, geradezu überraschend. Und äußerst intelligent. Es war eine Antwort, die ich hier nicht wiedergeben kann ... um die Wahrheit zu sagen ... ich kann mich nicht mehr erinnern, weil ich während unseres Gesprächs ordentlich geraucht hatte, und ihr kennt uns Stoner! Mir wird Eds Antwort einfallen, sobald ich das hier niedergeschrieben habe ... ganz sicher.

Wie dem auch sei: Ed ist wahrscheinlich einer der intelligentesten Menschen, die ich kenne. Er hat die Lösung für viele Probleme, die Grower heutzutage haben können. Wenn ihr also die Zeit und Muße habt, checkt Eds Schriften und lest, was er zu sagen hat. Ihr werdet vermutlich nicht alles verstehen, aber damit seid ihr nicht allein. Selbst die US-amerikanische Regierung kann Eds Argumenten nicht stand halten, wenn es um Pot geht.

Deshalb mein Aufruf: Sollten sich die amerikanischen Drogengesetze irgendwann zum Guten ändern, dann lasst uns alle unseren ersten legalen Joint in stiller Dankbarkeit entzünden. Dann sagt brav „Danke, Ed Rosenthal", denn er war es, der sich gegen die Maschinerie des US-Regimes stellte. Und er war stets hübsch stoned dabei.

Danke, Ed!

Tommy Chong

EINLEITUNG

von R. KEITH STROUP, ESQ.

Ed Rosenthal ist, zumindest in Amerika, der bekannteste Cannabisgärtner und ein Fachmann, dem Hunderttausende von Marijuana-Growern vertrauen. Ed ist ein Freund und Kollege, und wir kennen uns seit den 80er-Jahren, in denen er die monatliche Growerkolumne „Ask Ed“ im High-Times-Magazine veröffentlichte.
Wir waren uns im Lauf der Jahre nicht immer einig, wenn es um Methoden und Taktik des Grasanbaus ging. Über Eds Einfluss auf die Legalisierungsbewegung lässt sich allerdings nicht streiten. Der ist enorm. Überhaupt ist Ed eine echte Kapazität. Er brachte und bringt einem Massenpublikum die besten Anbaumethoden nahe. Und er besitzt den Mut und die Courage, sich gegen die Übermacht der Regierung zu stellen.

Als die Amerikaner begannen, ihr eigenes Homegrow anzubauen – manche, um Geld zu sparen, manche aus Qualitätsgründen und manche, um den Schwarzmarkt zu meiden – hatte Ed einen gewichtigen Anteil an dieser Entwicklung. Jeder Heimgärtner weiß, dass es gar nicht so einfach ist, Pflanzen erfolgreich anzubauen. Egal, ob es sich dabei um Gemüse, Blumen oder Marijuana handelt: Pflanzenpflege bedeutet deutlich mehr, als nur einen Samen zu pflanzen und diesen gelegentlich zu wässern. Es erfordert eine Menge Spezialwissen, und das bekommt man nur über wirklich gute Literatur oder von erfahrenen Freunden, die sich mit der Thematik auskennen. Ed ist so jemand. Einer, der wissbegierige Einsteiger mit allen notwendigen Informationen versorgt, damit sie eine gute Intention in eine noch bessere Ernte umzuwandeln wissen. Ed Rosenthal wird nicht müde, auch weiterhin sein Know-how mit allen Growern zu teilen – so auch mit seinem 25. Buch, der vorliegenden Edition des Marijuana-Growers-Handbuchs.
Dabei ist der Eigenanbau von Marijuana ganz besonders wichtig. Homegrower schützen sich damit vor dem Risiko, dass kapitalistische Konzerne im Falle einer Cannabis-Legalisierung den Markt übernehmen. So verfügen einige Tabakmultis bereits jetzt über das Land und die notwendigen Fabriken zur Hanfverarbeitung. Aber solch kommerzielles Gras könnte durchaus zu teuer, zu schwach und von minderwertiger Qualität sein. Aber egal, was auch passiert: Wir werden nicht abhängig sein von den Kapitalisten, denn wir können einfach unser eigenes Weed anbauen! Solange wir das allerdings nicht offiziell dürfen, würden wir uns mit einer schmalen Auswahl und schlechtem Marijuana von den falschen Anbietern anfreunden müssen.

Ed Rosenthal ist immer schon ein Anwalt der Marijuana-Legalisierungsbewegung gewesen, immer bereit, bis zum Äußersten zu gehen, ein Aktivist, der für die Sache sogar seine eigene Freiheit aufs Spiel setzt. So wurde er zum Beispiel 2002 von den Cops verhaftet, weil er in Oakland eine Gärtnerei für medizinisches Cannabis betrieb. Allerdings waren sich der Staatsanwalt und Ed darüber einig, dass die Marijuanaplantage im Auftrag der Stadt Oakland bewirtschaftet und damit das Gras legal angebaut wurde. Dennoch sah Ed sich einer bevorstehenden Freiheitsstrafe von vielleicht sogar 20 Jahren gegenüber, aber er weigerte sich, mit dem Gericht über einen möglichen Vergleich zu diskutieren. Am Ende wurde diese Courage gar belohnt: Ed wurde zu gerade mal einem Tag Gefängnis verurteilt. Damit hatte er den Bullen einen richtig guten Fang versaut.

Ed Rosenthal ist der bekannteste Weed-Gärtner Amerikas. Er hat mehr als zwei Dutzend Bücher zu diesem Thema geschrieben und veröffentlicht, er ist politisch aktiv und fungiert, wenn es um Hanf geht, in Bundes- und staatlichen Strafsachen als Sachverständiger. 2007 ehrte NORML (National Organization for the Reform of Marijuana Laws) ihn für sein Lebenswerk und sein Engagement innerhalb der Legalisierungsbewegung.

Über die Jahre hat sich zwischen Ed und mir eine innige Freundschaft entwickelt, die auf gegenseitigem Respekt basiert. Wir sehen uns häufig, beispielsweise auf den diversen Cannabis-Veranstaltungen, die in aller Welt stattfinden. Unsere Freundschaft baut außerdem auf unserer gemeinsamen Vorliebe für Marijuana auf und auf unserer geteilten Überzeugung, dass Cannabis legal sein muss. Wir sind uns sicher: Der wichtigste Punkt, den wir endlich durchsetzen müssen, ist die Erlaubnis, Marijuana für den Eigenbedarf anbauen zu dürfen. Zum Beispiel in der Art von Eds „Tomatenmodell" (siehe nächste Seite, Anm. d. Red.).

Ich freue mich, Ed Rosenthal für sein Engagement innerhalb der Cannabis-Bewegung meinen Dank aussprechen zu können – und auch dafür, dass er uns alle der Legalisierung ein Stückchen näher bringt.

R. Keith Stroup
NORML-Gründer und Rechtsberater*

* Stroup ist Autor des Buchs *The High Road: Die Kulturgeschichte des Marijuana in Amerika*, veröffentlicht bei Simon & Schuster.

DAS TOMATENMODELL

Ein Modell für die Marijuana-Legalisierung gibt es bereits: Schauen wir uns nur die Tomaten an. Allein in Amerika werden mehr Tomaten zuhause angebaut, als sie von kommerziellen Betrieben produziert werden können. Und trotzdem gibt es einen riesigen Markt für Tomatenprodukte aller Couleur: Konserventomaten, Strauchtomaten und Biotomaten. Für Tomatensoßen, -suppen und -ketchup. Gleichzeitig bringen spezialisierte Gemüsebauern ihre Tomaten auf den Wochenmärkten an den Kunden, und Heimgärtner geben ihre überschüssige Tomatenernte an Freunde und Nachbarn weiter. Mit Marijuana könnte das alles genauso gemacht werden. Kommerzielle Produzenten, Speziallandwirte und Homegrower könnten in Eintracht einer friedlichen Existenz frönen.

Somas Patio Garten

DER LEGALE CANNABIS-GARTEN: DIE TRENDWENDE

von MICHAEL ALDRICH, PH.D.

„Gott baut Gras an, wieso ist es uns verboten?"

Die Cannabis-Legalisierungsbewegung steht kurz vor einem Wendepunkt – „der Moment der Kritischen Masse, der Grenzbereich, der Siedepunkt", wie Malcolm Gladwell es in seinem Buch *The Tippin Point* (deutsch: Trendwende, Umkehrpunkt; Anm. d. Red.) definiert, für das mich Ed Rosenthal begeisterte, als es herausgekommen war. Der Augenblick der Trendwende kommt unaufhaltsam näher, die Legalisierungsbewegung hat knapp 50 Jahre für eine Reform gekämpft. Der Untertitel des Buchs lautet „Wie kleine Dinge Großes bewirken können" – und das ist Programm. Gladwell untersucht, wie sich aus vermeintlichen soziokulturellen Randerscheinungen größere Bewegungen zu bilden in der Lage sind. Gladwell sagt: „Der Erfolg eines jeden Massenphänomens hängt stark vom Zutun einiger weniger Personen ab, die das Talent haben, andere mitzureißen."

Zu Beginn sind es nur wenige Leute, die für eine neue Sache stehen, und die haben zumindest den Anfang gemacht. Gladwell beschreibt sie als Bindeglieder, Kenner, Verkäufer. Charismatische Typen, welche die Leute zusammenbringen, Informationen zugänglich machen, letztlich eine Idee öffentlich verkaufen – das sind wir!

Margaret Mead sagte einmal: „Zweifele niemals daran, dass eine kleine Gruppe intelligenter und engagierter Menschen die Welt verändern kann. In Wahrheit ist das sogar die einzige Methode, mit der jemals die Welt verändert wurde." Dr. Mead ist eine der ersten berühmten Frauen gewesen, die sich für die Legalisierung von Marijuana eingesetzt haben, und das, obwohl die Legalisierungsbewegung der Anfänge deutlich von Männern dominiert wurde. In dieser Abhandlung möchte ich ein wenig in Erinnerungen schwelgen. Und zwar in meinen Erinnerungen daran, wie die Marijuanabewegung zu diesem Umkehrpunkt gelangte. Ich möchte einige Vorkämpfer darstellen und einen Blick auf den Themenkomplex des Homegrowings werfen. Dabei rankt sich alles um die ersten Phasen der Reform, besonders jener Kaliforniens.

DIE ERSTE US-ORGANISATION, die sich für die Marijuana-Legalisierung aussprach und einsetzte, war LEMAR (Legalize Marijuana). Der Verband wurde im August 1964 in San Francisco gegründet. Damals ging ein tapferer junger Hippie namens Lowell Eggemeier auf eine Polizeiwache und erklärte, dass es lächerlich sei, Leute wegen Ganja ins Gefängnis zu stecken. Dann zündete er einen Joint vor den Augen des diensthabenden Polizisten an. Sein Rechtsanwalt, James R. White III., setzte einen juristischen Schriftsatz auf, der auf die Verfassungswidrigkeit des Cannabisverbots aufmerksam machte und entsprechende Zitate einband, z. B. aus dem Report der Indian Hemp Drugs Commission von 1894 und dem LaGuardia Report von 1944. Das ganze veröffentlichten Eggemeier und White dann als die „LEMAR-Schriftsätze".

Mit Eggemeiers kleinem Ausflug in die Weiten des zivilen Ungehorsams begann eine ganze Bewegung heranzuwachsen – und wie sie das tat! Alles hatte ein paar Jahre zuvor begonnen, im Jahr 1958, als Beatnik Neal Cassady in San Francisco gebustet wurde, weil er einem Undercover-Drogenfahnder einen Joint angeboten hatte. In der Folge saß Neal zwei Jahre im San Quentiner Knast, und Allen Ginsberg war sauer. Dieser Ärger nährte Ginsbergs Emotionen für die LEMAR-Schriftsätze, die er in seinem Verlag, dem City Lights Bookstore, gelesen hatte. 1965 gründete Ginsberg zusammen mit Peter Orlovsky, Ed Sanders, William S. Burroughs und Randy Wicker die New Yorker LEMAR-Gruppe, die einen kleinen Hanfladen im East Village betrieb. Die Gruppe organisierte Kundgebungen und schnallte sich Schilder um den Leib mit Aufschriften wie „Gras macht Spaß"(original: *Pot is fun;* das berühmte Foto, das Allen Ginsberg mit diesem Schild zeigt, dürfte vermutlich so gut wie jedem bekannt sein; Anm. d. Red.) und „Gras ist ein echter Kick". Damit stapften die Aktivisten durch den Schnee vor dem Frauengefängnis. Die Gruppe brachte das TIME-Magazin hervor und verknüpfte alle US-Potheads mit dem Rest der Welt.

Die allgemeine Angst vor Dope war damals so groß, dass man es nicht wagte, öffentlich im Bus darüber zu sprechen.

DAS GRÖSSTE PROBLEM IM ZUSAMMENHANG mit Marijuana ist der unerbittliche Kampf der Polizei, der seit Jahrzehnten gegen die Pflanze geführt wird. Damit gerieten auch die vielfältigen Nutzungsmöglichkeiten und auch die medizinische Relevanz des Hanfs mehr und mehr in Vergessenheit. Die Organisation LEMAR versucht seit jeher, Änderungen zu bewirken. Auch Allen Ginsberg erinnert sich: „Die allgemeine Angst vor Dope war damals so groß, dass man es nicht wagte, öffentlich im Bus darüber zu sprechen. Nicht einmal über die Gesetzeslage, geschweige denn übers Kiffen - einfach aus der Angst heraus, verhaftet zu werden." Ginsberg forschte, rauchte Pot und schrieb *The Great Marijuana Hoax: First Manifesto to End the Bringdown* ("Der große Marijuana-Hokuspokus: Erstes Manifest für die Beendigung des Unterdrückens"; Anm. d. Red.) für die monatlich erscheinende Zeitschrift *Atlantic Monthly* im Jahr 1966 – es wurde das Kernstück der Marijuana-Papiere. Dieses Kompendium historischer Artikel hat zusammen mit solchen Büchern wie *Pot: A Handbook of Marijuana*, *The Book of Grass* und *1 in 7: Drugs on Campus* zur Erweiterung des kollektiven Bewusstseins beigetragen.

LEMAR-Gruppen entstanden im ganzen Land. John und Leni Sinclairs Gruppe in Detroit, DJ Levys in Cleveland und meine in SUNY Buffalo im Jahr 1966, die erste Gruppe, die sich auf einem College organisierte. Die Detroit-Gruppe wurde die wichtigste Gruppe im Mittleren Westen. Das lag nicht zuletzt am unermüdlichen Einsatz von John Sinclair, dem genialen Dichter und Bluesmusiker und seiner Frau Leni, einer großen Musik-Fotografin. Ein Foto von Leni Sinclair – nämlich eines von ihrer zweijährigen Tochter – war auf dem Cover von *The Marijuana Review*. Ich habe dieses Magazin 1968 zusammen mit Ed Sanders ins Leben gerufen. Die Stories und farbenprächtigen Features aus der Cannabisszene, die wir in *The Marijuana Review* brachten, gingen mit Hilfe des Underground Press Syndicate von Tom Forcade um die Welt. Forcade gründete später mit Ed Rosenthal die legendäre *High Times*.

Noch einmal: Die Idee war, die Kontrolle über unsere eigenen Medien zu haben, unsere eigenen Ideen zu verbreiten und eine eigene öffentliche Stimme zu haben. Zu dieser Zeit begingen Ed und andere New Yorker Aktivisten wie Dana Beal und Aron Kay geradezu „schamlose" Taten: So rauchten sie in der Öffentlichkeit, bei den Smoke-Ins der Grasraucher, bei öffentlichen Demonstrationen, bei Kundgebungen, bei Protesten, bei Dichterlesungen und im Kino, nämlich im Film *Reefer Madness* (dt. „Cannabiswahnsinn oder Kifferwahn"), dessen Vorführung gegen Mitternacht begann, und bei Debatten mit sogenannten Experten, die von nichts eine Ahnung hatten.

IM FEBRUAR 1969 TRAF ICH DR. TOD MIKURIYA auf dem Weltdrogen-Symposium in Buffalo. Er war das Abbild von Gladwell: Vermittler, Kenner und Verkäufer – alles in einem. Er war ausgebildeter Psychiater und so was wie ein Experte, sowohl für den Hanfanbau als auch für den medizinischen Aspekt, und er reiste nach Marokko, um den Cannabisanbau für sein Buch *Economic Botany* im Rif-Gebirge zu studieren. Er war nicht nur einer der wenigen Leute, die den Report der Indischen Hanf-Drogen-Kommission von 1894 tatsächlich gelesen hatten – er besorgte auch den Reprint des Reports.

Einige Jahre später versammelten seine *Marijuana Medical Papers* (1839 bis 1972) die besten englischsprachigen Artikel über medizinisches Marijuana. Wie sein Vorbild, Dr. W. B. O'Shaughnessy, es schon 1839 getan hatte, führte Dr. Mikuriya die Therapie mit Cannabis wieder in die moderne Medizin ein.

IM JAHR 1970 begann ich ein Projekt mit Blair Newman, einem radikalen jungen Genie mit einer großen Vision. Ich hatte ihn 1968 bei der Jahreskonferenz der National Student Association Drug Studies Desk kennengelernt. Damals schlug er vor, dass sich die Marijuanabewegung mit dem Verkauf von Hanfprodukten finanzieren könnte. Wir waren sozusagen die Avantgarde und riefen 1970 Amorphia ins Leben – eine Cannabis-Genossenschaft, eine gemeinnützige Organisation, die Zigarettenpapier aus Hanf produzierte und vermarktete. Weil der Anbau von Hanf in den Vereinigten Staaten illegal war, ließen wir uns die Papiere aus Spanien liefern. Amorphia verkaufte Acapulco-Gold-Zigarettenpapier (hergestellt aus Reis, Mais, Schokolade und Hanf), und jeglicher Gewinn aus dem Unternehmen wurde für die Legalisierungsbewegung verwendet. Außerdem unterstützten wir die kalifornische Marijuana-Initiative von 1972 finanziell. Für Amorphia gehörte Homegrowing schon immer zur Legalisierungsbewegung, und wir legten uns dafür auch politisch ganz schön ins Zeug, sammelten Unterschriften und so weiter.

IM JAHR 1971 bekam ein mutiger junger Rechtsanwalt namens R. Keith Stroup eine kleine Finanzspritze von Hugh Hefner und gründete damit NORML, die National Organisation for Reform of Marijuana Laws (deutsch: Nationale Gesellschaft für die Reformierung der Marijuana-Gesetze). Einer der Hauptunterschiede zwischen Amorphia und NORML war, dass Stroup einen eher seriösen Ansatz der Reformbemühungen bevorzugte. Er baute lieber auf Politiker und Gerichtsverfahren, als mit Hippies zusammenzuarbeiten, und er hasste alternative Initiativen, weil er sich sicher war, dass sie scheitern würden. Zu jener Zeit hatten beide Gruppen ihre Existenzberechtigung, denn die Entscheidung des Obersten US-Gerichts im Fall Tim Leary von 1969 machte das Marijuana-Steuergesetz von 1937 zunichte. Präsident Richard Nixon schlug daraufhin ein neues Bundesgesetz vor: das Betäubungsmittelgesetz von 1970. Dieser neue Entwurf indizierte die „gefährlichen" Drogen in verschiedene Substanzklassen, die Schedules I bis III, und verzeichnete gleich die Strafen, die für den Umgang mit diesen Drogen drohten. Er überließ es dem US-Justizminister John Mitchell, die Substanzklasse für jede Droge zu bestimmen. Und Mitchell entschied völlig willkürlich, dass Marijuana zusammen mit Heroin in Schedule I aufgenommen werden sollte. Vernünftiger wäre es gewesen, Cannabis als Droge mit anerkanntem medizinischem Nutzen einzustufen – und damit in Schedule II oder III aufzunehmen, wie das z. B. beim Kokain und den Amphetaminen der Fall war. Aber nein, Gras war offiziell die Droge der Hippies, nicht die Substanz der Herren Doktoren.

DAS BETÄUBUNGSMITTELGESETZ hatte eine weitere Besonderheit. Auf Drängen des Kongressabgeordneten und zukünftigen Bürgermeisters der Stadt New York, Ed Koch, sah der Gesetzentwurf eine Nationale Kommission für Marijuana- und Drogenmissbrauch vor. Nixon selbst ernannte sieben von ihren 13 Mitgliedern, einschließlich des Vorsitzenden, Raymond Shafer, des ehemaligen Gouverneurs von Pennsylvania, der später der Kopf der Nationalen Republikanischen Partei werden sollte. Wir glaubten nicht an seine Seriosität. Dennoch schlugen sowohl NORML als auch Amorphia die Einladungen zu den Anhörungen der Kommission in San Francisco im Juni 1971 nicht aus. Ich stellte Allen Ginsberg vor – glattrasiert, mit Krawatte und mit einem Hut bekleidet, der als „Kreissäge" bekannt ist. Allen nannte ihn „unseren Geistes- und Finanzberater". Ich präsentierte die Legalisierungsbewegung mit Fokus auf den Anbau, und ich verklickerte der Kommission, dass „Amorphia künftig beabsichtigt, sich auf gemeinnütziger Basis in der Produktion von legalem Marijuana zu engagieren".
Im März 1972 empfahl die Shafer-Kommission – ganz zu unserem Erstaunen –, das Bundesgesetz so zu modifizieren, dass der Besitz, der Konsum und der Gelegenheitserwerb kleiner Mengen Marijuana bei erwachsenen Privatpersonen nicht mehr als Straftat geahndet würde. Für den Besitz und die Weitergabe in der Öffentlichkeit würde lediglich eine Geldstrafe von hundert Dollar drohen, während der gewerbliche Anbau und Verkauf von Marijuana als schwere Straftat gelten sollte. Präsident Nixon lehnte den Antrag der Kommission sofort schroff ab. In einem mitgeschnittenen Gespräch, das Nixon im Oval Office mit seinem Stabschef H. R. „Bob" Haldeman führte, sagte der Präsident:
„Ich will eine gottverdammte, heftige Stellungnahme gegen Marijuana … das ihnen die Ärsche aufreißt … jeder dieser Bastarde, die sich um die Cannabis-Legalisierung bemühen, ist ein Jude. Bob, was, um Gottes willen, ist nur los mit Ihnen? Ich nehme an, das kommt daher, dass die meisten von ihnen Psychiater sind. Wissen Sie, es gibt so viele große Psychiater, die Juden sind. Wir werden die Marijuana-Sache ganz erledigen, ich will sie gleich richtig auf die Fresse hauen."

1972 WAR AUSSERDEM DAS JAHR, in dem Amorphia die nationale Initiativ-Kampagne für die Marijuana-Legalisierung in Kalifornien startete. Angestoßen von Rechtsanwalt Leo Paoli aus Forster City, starteten wir eine Initiative, die den Hanfanbau für den persönlichen Gebrauch im Hauptfokus hatte. Die Ziele der CMI-72 (California Marijuana Initiative von 1972; Anm. d. Red.) waren kurz gefasst, leicht verständlich und ein Appell, sich ehrenamtlich zu engagieren. Hier stand geschrieben:

«Keine Person im Staat Kalifornien, die 18 Jahre oder älter ist, sollte für den Anbau, die Ernte, die Verarbeitung, den Transport, den Besitz und/oder die Verwendung von Marijuana als Arzneimittel bestraft werden oder irgendeines Rechts oder Privilegs beraubt werden.

Diese Präambel schließt nicht die Forderung ein, die derzeit gültige Gesetzgebung aufzuheben oder die zukünftige Gesetzgebung einzuschränken, die solche Personen verurteilt, die unter dem Einfluss von Marijuana andere gefährden.»

Obgleich sie deutlich verlor, markierte CMI-72 einen Wendepunkt zu Beginn der Reformbewegung. Zum ersten Mal in der Geschichte der Menschheit war die Gesetzesreform von Marijuana

Teil eines politischen Wahlprogramms. Es war das erste Mal, dass der Verkauf von Hanf (freilich nur in Papierform) eine Initiative finanzieren konnte. Und es war das letzte Mal, dass eine Initiativ-Kampagne in Kalifornien völlig von Ehrenamtlichen geleitet wurde, anstelle von gewerblichen Stimmensammlern. Die Marijuana-Bewegung verbreitete sich wie ein Lauffeuer – aus ein paar Aktivisten wurden innerhalb kürzester Zeit viele Anhänger. Viele legendäre Kenner, Multiplikatoren und Businessleute sammelten ihre Erfahrungen in der Kampagne CMI-72. Ed Rosenthal siedelte 1972 sogar extra nach San Francisco über. Er teilte unsere Vision des Growings als Schlüssel zur Legalisierung, und er bereiste Kalifornien und munterte die Grower auf, die Initiative zu unterstützen, und er half ihnen mit seinem Fachwissen, ihre Ernte zu verbessern.

Wir übernahmen die Slogans der Kampagne für die erste nationale NORML-Konferenz im August 1972, bei der ich Michelle Cauble traf. Michelle arbeitete für den nationalen Koordinierungsrat für Drogenerziehung, und ich schlug ihr vor, bei CMI einzusteigen. Zwei Wochen später sagte sie zu, und seitdem sind wir zusammen.

Die Marijuana-Bewegung verbreitete sich wie ein Lauffeuer – aus ein paar Aktivisten wurden innerhalb kürzester Zeit viele Anhänger.

Harvey Milks erste politische Aktion in San Francisco war die Unterschriftensammlung für die Petition des CMI. Dafür ging er im Castro-Bezirk sogar von Tür zu Tür. Im Jahr 1977 wurde Milk in den Aufsichtsrat San Franciscos beordert. Damit war er der erste bekennende homosexuelle US-Amerikaner, der in den öffentlichen Dienst gestellt wurde. Milks Marijuana-Lieferant war Dennis Peron, der gleich mehrere Schlüsselrollen in den künftigen Initiativen zur Cannabis-Legalisierung spielte. CMI gewann ungefähr 33 Prozent der Stimmen im ganzen Staat, in Berkeley sogar 71,3 Prozent. Deshalb förderte Stadträtin Loni Hancock – die später Bürgermeisterin sowie in der Landesversammlung und im Senat tätig wurde – einen Lokalentscheid per Abstimmung, nach der die Polizei der Verfolgung von Marijuana-Fällen eine nur geringe Priorität einräumen und keine Festnahmen wegen Anbaus, Besitzes oder Gebrauchs von Cannabis vornehmen sollte.

DIESES WAHLBÜNDNIS FÜR ENTKRIMINALISIERUNG erregte die Aufmerksamkeit eines anderen enorm wichtigen Akteurs, eines charismatischen Politikers mit starken Verhandlungsfähigkeiten, der gekonnt dafür sorgte, dass andere sein Liedchen sangen. Diese Person bezeichnet Gladwell als „Verkäufer“: George R. Moscone, der zu dieser Zeit Mehrheitsführer und Vertreter San Franciscos im Staatssenat gewesen war.

Senator Moscone hielt 1974 eine Reihe Anhörungen ab und arbeitete mit Gordon Brownell und mir an einem Gesetzentwurf, nach dem die Strafen für den Besitz bis zu einer Unze Marijuana abgemildert werden sollten – es sollte fürderhin nicht mehr als schweres Verbrechen betrachtet werden, sondern lediglich als sogenanntes Vergehen, das eine maximale Geldstrafe von hundert Dollar nach sich zöge. Diese gewagte Forderung wurde 1975 unter dem kryptischen Kürzel SB95 als der legendäre „Moscone Act“ durch den Gesetzgeber umgesetzt und ersparte dem Staat Kalifornien mehr als hundert Millionen Dollar Vollzugskosten – in einem Jahr! Aber es gab einen Haken: Der Anbau von Cannabis wurde nicht entkriminalisiert.

WIR GROWTEN SO ODER SO, na klar, ist doch selbstverständlich. 1974 begann Ed als Co-Autor des Buchs *Indoor/Outdoor Highest Quality Marijuana Growers Guide* seine lange Karriere als Autor und Herausgeber. Das waren 94 Seiten über Sinsemilla-Growing, und diese Informationen standen bald allen Indoorgrowern zur Verfügung. Bis in die späten Siebziger produzierten Grower in Kalifornien vorzügliche Sinsemilla-Strains wie „Big Sur Holy Weed", und die Genetik hatte das Wissen um die geographische Herkunft als Methode zur Bestimmung der Sorten für sich entdeckt. Wir pflanzten die Strains jetzt in den Vereinigten Staaten – obwohl das noch vollkommen illegal gewesen war. Sinsemilla-Farmen, vor allem das Phänomen der Indoor-Hydrokultur, verbreiteten sich in den USA der Achtziger als Reaktion auf die destruktiven Maßnahmen des „War on Drugs".

„Dieses alberne Beruhigungsmittel
war ein bedeutendes Medikament geworden."

JACK HERER TRAT DER BEWEGUNG 1972 BEI. Kurz nachdem er aus der Armee entlassen worden war, arbeitete er als Ehrenamtlicher für CMI. Eines Tages im CMI-Büro in Los Angeles zeigte ich Jack ein Papier, das ganz aus Hanf hergestellt worden war. Seine Antwort, an die ich mich gut erinnere, war: „Du meinst, dass man mit Hanf noch etwas anderes machen kann, als es zu rauchen?" Von diesem Zeitpunkt an war Jack angefixt. Er erforschte die Kultur und Geschichte des Hanfs über mehr als ein Jahrzehnt und veröffentlichte 1985 das legendäre Buch *The Emperor Wears No Clothes*. Das Werk erschien in vielen Ausgaben – möglicherweise ist es das populärste Hanf-Buch aller Zeiten. In den Achtzigern versuchte Jack mit einer Reihe von Initiativen, das Problem des Cannabis-Verbots wenigstens in Oregon und Kalifornien zu beheben. Jeder sollte zumindest in diesen beiden Staaten Hanf kultivieren dürfen. Jack hatte allerdings keinen Erfolg mit seinen Bemühungen.

IM JAHR 1973 ENTDECKTE BOB RANDALL, dass Marijuana gegen die Symptome seines Glaukoms deutlich besser half als alle verschreibungspflichtigen Medikamente. „Das alberne Beruhigungsmittel war ein bedeutendes Medikament geworden", schrieb er. Er wohnte in Washington D.C. und hatte Probleme, an sein Arzneimittel zu gelangen, „denn Marijuana war dort weder für Blut noch für Geld zu bekommen." Um sein Sehvermögen zu verbessern, pflanzten Bob und seine Partnerin Alice O'Leary vier kleine Hanfpflanzen im Topf auf ihrem Balkon an und wurden prompt von Polizeispitzeln erwischt. Bob verteidigte den von ihm gehegten medizinischen Anspruch vor den verschiedensten Gerichten und wurde schließlich 1976 als 40-Jähriger zum ersten US-Amerikaner, der die Erlaubnis erhielt, Marijuana für medizinische Zwecke zu nutzen. Aber wo bekommt man es her, wenn man als einziger welches haben darf? Würden Sie Marijuana von Bullen wollen?!

Bob war der erste Patient eines Programms, das die Regierung „Compassionate Investigational New Drug Program" nennt (Programm zur Verwendung von Medikamenten im Erprobungsstadium; Anm. d. Red.), und er bekam vorgerollte Marijuana-Zigaretten vom Nationalen Institut gegen Drogenmissbrauch (NIDA).
Leider gehört das Dope der NIDA zum schlechtesten Marijuana, das überhaupt erhältlich ist. Es besteht fast nur aus Samen und Stiel. Allerdings ist es das einzige Gras, das Forschern und Patienten legal zur Verfügung steht. Bobs und Alices Galen-Verlag veröffentlichte die anfänglich besten Bücher über Marijuana als Medizin, und 1980 gründeten die beiden die Alliance for Cannabis

Therapeutics (ACT) und damit die erste Gruppe, die sich nur auf die Rolle des Marijuana für die medizinische Behandlung konzentrierte.

IM JAHR 1978 sorgte Dennis Peron dafür, dass der sogenannte „Gesetzesvorschlag W" in San Francisco öffentlich gemacht wurde. Darin forderte Peron, dass der Bezirksstaatsanwalt und der Polizeichef „mit der Festnahme und Verfolgung von Einzelpersonen aufhören, die Marijuana kultiviert, weitergegeben oder besessen haben." Der Gesetzesvorschlag W wurde angenommen, aber nur ein paar Wochen später tötete ein Attentäter erst Harvey Milk und dann den Bürgermeister George Moscone. Die damalige neue Bürgermeisterin, Dianne Feinstein, heute US-Senatorin, zeigte sich eingeschüchtert und lehnte ab, den Vorschlag W einzuführen. Aber Dennis war noch nicht fertig mit der Geschichte. Er eröffnete den Cannabis Buyers' Club in San Francisco und entwickelte diesen stetig weiter. 1996 hatte Dennis Peron dann das erste amerikanische Handelszentrum für medizinisches Marijuana auf die Beine gestellt – ein fünfstöckiges Gebäude, wobei ein Stock ausschließlich der Kultivierung von Cannabis gewidmet war. Er vergaß nie, welche Macht diese Initiative gehabt hatte, und 1996 formulierte er den Gesetzesvorschlag 215 „Freigabe von Cannabis für den medizinischen Gebrauch" („The Compassionate Use Act") und organisierte eine dafür notwendige Unterschriftenkampagne. Diese „Tipping Point"-Initiative, die mit 54 Prozent angenommen wurde, gewährte von nun an befugten Patienten das Recht, Marijuana als Medikament anzubauen. Viele andere Staaten sind dem Beispiel bis heute gefolgt.

IM JAHR 1989 WAR DEBBIE GOLDSBERRY eines der Gründungsmitglieder des Cannabis Action Network (CAN) gewesen – inspiriert vom „Hanf-Ausflug" mit Jack Herer und Ben Masel. Goldsberry schrieb vor kurzem, dass CAN „mehr Bodenständigkeit und einen Hauch femininen Geists in die damals eher von Männern dominierte Bewegung der Marijuana-Legalisierung brachte". Nachdem Perons „Vorschlag 215" 1996 angenommen worden war, gründeten sie und Don Duncan die „Berkeley Patients Group", eine der besten Ausgabestellen für medizinisches Cannabis.

IM JAHR 1989 INSZENIERTE MIKKI NORRIS eine bemerkenswerte Fotoausstellung namens „Menschenrechte und der US-Drogenkrieg", die die Bewegung veranlasste, sich für geringere Haftstrafen bei Drogendelikten einzusetzen. Sie und Chris Konrad verfassten zusammen mit Virginia Resner das herzzerreißende Buch *Shattered Lives: Portraits from America's Drug War* (Gebrochene Leben: Porträts des amerikanischen Drogenkriegs; Anm. d. Red.). Eine weitere Aktivistin, Julia Stewart, gründete die Initiative „Familien gegen Mindeststrafen" (FAMM), um die vernichtend harten Strafen zu bekämpfen, die von den Gerichten in Cannabis-Fällen ausgesprochen worden waren.

VALERIE UND MIKE CORALL gründeten in Santa Cruz die „Wo/Men's Alliance for Medical Marijuana" (WAMM), nachdem sie 1992 für den Anbau von fünf Pflanzen verhaftet worden waren. Valerie erinnert sich: „Als der erste Patient im Staat Kalifornien, basierend auf der medizinischen Notwendigkeit, das gültige Gesetz angefochten hatte, wurde ich in die Gesetzgebung, Politik und sozialen Verwebungen dieses Gesundheitsproblems eingeführt." 2002 rückte die DEA der WAMM auf die Pelle. Der Stadtrat übernahm die Aufgabe, die Medizin für die WAMM-Patienten öffentlich auf den Treppen des Rathauses auszugeben.

ZEITACHSE

1940	Robert Mitchum wird verhaftet
1958	Neal Cassady wird verhaftet
1964-1970	LEMAR-Gründung
1970-1973	Amorphia-Gründung
1970	Betäubungsmittelgesetz
1971	NORML-Gründung
1971-1972	Shafer-Kommission
1972	CMI-Gründung
1975	Der Moscone Act
1976	Programm zur Verwendung von Medikamenten im Erprobungsstadium
1978	Gesetzesvorschlag W
1989	Cannabis Action Network (CAN)
1995	Marijuana Policy Project (MPP)
1996	Vorschlag 215
1998	Students for Sensible Drug Policy (SSDP)
2002	Americans for Safe Access (ASA)
2002	Green Aid

Valeries und Mikes Beiträge führten glücklicherweise dazu, dass die Rechte der Patienten für selbst angebautes Marijuana in den kalifornischen „Legislative Medical Marijuana Program Act 2003" (SB420) einbezogen wurden. Das legitimierte abermals Hunderte von medizinischen Cannabis-Ausgabestellen und -Anbaugemeinschaften, die bereits in Kalifornien auf Grund der lokalen Anordnung installiert waren und liefen.

1995 LIEFERTE NORML DIE IDEE für etwas, das sich im Lauf der Zeit zu einer führenden Cannabis-Reformorganisation entwickelte, nämlich für das Marijuana Policy Project (MPP). MPP wurde von zwei ehemaligen NORML-Mitarbeitern gegründet, Rob Kampia und Chuck Thomas, die sich zum Ziel gesetzt hatten, eine führende Lobbyorganisation zu schaffen, die stark auf eine Änderung der öffentlichen Ordnung fokussiert war. Dieser erste Versuch wurde dank des aggressiven Einsatzes der Mitglieder und einer bescheidenen Dotierung einer philanthropischen Stiftung – finanziert von George Soros – in Bewegung gebracht. Bis zum Ende des ersten Jahres arbeitete das MPP mit der US-Kommission für Strafgesetzgebung und trug dazu bei, dass die Verurteilungsrichtlinien des Bundes geändert wurden, mit dem Ergebnis: kürzere Strafen für diejenigen, die wegen Marijuana-Anbaus verurteilt wurden und die Entlassung der etwa 950 Hanf-Gefangenen aus dem Bundesgefängnis. Dieser frühe Erfolg fand die Unterstützung eines anderen Philanthropen, des Versicherungsmagnaten Peter Lewis, der bis heute primärer Geldgeber der Organisation ist.

SEITHER ZÄHLT MPP zu den führenden Cannabis-Reformorganisationen in den Vereinigten Staaten, mit 25.000 Mitgliedern im ganzen Land und mit rund drei Dutzend Vollzeitmitarbeitern in Büros in Washington D.C. sowie mit staatlichen Kampagnen im ganzen Land. MPP half mit, daran zu arbeiten, dass die medizinische Marijuana-Initiative in Washington D.C. 1998 angenommen wurde. Im Jahr 2000 half das MPP, die staatlichen Gesetzgeber in Hawaii davon zu überzeugen, das erste Land zu werden, in dem per Gesetz verordnet wird, medizinische Marijuana-Patienten nicht zu belangen. Dieser Erfolg erfuhr in Maryland 2003 eine Wiederholung, als nach vier Jahren Lobbyismus das Gesetz vom republikanischen Gouverneur unterzeichnet wurde, nach dem die Strafen für den medizinischen Marijuana-Gebrauch verringert wurden. 2004 bewirkte ein Rechtsstreit des MPP, dass ein staatlich gewährleisteter Schutz der Privatsphäre eingeführt wurde – was im Klartext nichts anderes bedeutete, als dass die Einwohner von Alaska, die das 21. Lebensjahr vollendet haben, bis zu vier Unzen Marijuana zuhause aufbewahren dürfen. Im selben Jahr half das MPP, eine Wählerinitiative für medizinisches Marijuana in Nevada durchzusetzen, und 2008 beteiligte sie sich bei der Durchsetzung einer medizinischen Marijuanainitiative in Michigan. Das MPP arbeitet auch weiterhin daran, Gesetzentwürfe und die Gesetzgebung für medizinisches Marijuana zu beeinflussen, um das Cannabisverbot endgültig aufzuheben.

DIE SIEGE UNSERER BEWEGUNG IN SACHEN MEDIZINISCHES MARIJUANA konnten wir leider nicht kampflos erringen. Am frühen Morgen des 12. Februar 2002 überfielen FBI-Agenten in San Francisco eine Reihe Produktionsgemeinschaften für medizinisches Cannabis. Häuser und Leute, die diese Medizin lieferten, wurden mir nichts, dir nichts überfallen. Türen wurden eingebrochen, und der Direktor der Drogenbekämpfungsbehörde, Asa Hutchinson, bereitete seine Rede vor, die er an diesem Abend im exklusiven Commonwealth Club in San Francisco halten sollte. Er plante, eine neue Front im Drogenkrieg anzukündigen – Festnahme und aggressive Verfolgung der Lieferanten von medizinischem Marijuana, einschließlich der „Hauptperson", Ed Rosenthal. Aber das FBI schätzte sowohl sein Ziel als auch die Patientengemeinschaft falsch ein. Asa Hutchinson wurde nicht nur von Anwälten der Patienten während seiner Rede ausgebuht. Die Überfälle seiner Agenten veranlassten auch eine entsprechende Reaktion der Patienten.
Angeführt vom medizinischen Hanfpatienten Steph Sherer und vom visionären Unternehmer Don Duncan bildeten lokale Aktivisten die Gruppe Americans for Safe Access (ASA), um eine Stimme für die Patienten sein zu können und um eine Beeinflussung des Bundes im medizinischen Marijuana-Programm von Kalifornien vereiteln zu können.
Das Akronym ASA ist kein Zufallsprodukt. Eines der Ziele dieser Organisation war es, Asa Hutchinson, den damaligen Chef der DEA, direkt zu diffamieren und bloßzustellen.
Als Volksorganisation der Cannabis-Patienten und -Aktivisten protestierte ASA zum Jahreswechsel 2002/2003 gegen den Prozess, der gegen Ed Rosenthal geführt wurde. An jedem Prozesstag war der große Hof des Bundesgerichts über und über mit Demonstranten gefüllt, die über ASA organisiert worden waren. Die strategische Kreativität der Gruppe Steph Sherers gipfelte in verschiedenen Formen von Straßentheater, das die Demonstranten aufführten, um so ihre Botschaft zu übermitteln. Eines Tages standen Dutzende von Aktivisten in Reih und Glied, regungslos mit Klebeband über dem Mund und mit Plakaten. Eine stille Demonstration zu allem, was der Jury nicht erlaubt war zu hören. An einem anderen regnerischen Tag trugen die Demonstranten rote Regenschirme mit der

Aufschrift „Lasst Ed frei!"; und zwar in dicken weißen Lettern, damit man es von den Fenstern oben im Bundesgebäude immer noch leicht lesen konnte. Als Eds Prozess mit dem Schuldspruch in allen Anklagepunkten endete, bewirkten ASA-Aktivisten mit enormem Engagement Großes. Sie versorgten die Geschworenen mit Fakten und boten an, über ihre Erfahrungen als schwerkranke Cannabispatienten zu berichten. Das führte zum ersten Aufruhr, den es jemals innerhalb einer Jury in einem Bundesprozess gab, in dem es um medizinisches Cannabis ging. Eine ganze Reihe von Geschworenen gab auf CNN, Dateline und anderswo ein Statement ab: Rosenthals Prozess sei ein Justizirrtum.

SEITDEM IST ASA die führende Organisation zur Befürwortung von medizinischem Cannabis. Angesiedelt in Oakland, Kalifornien, mit einem nationalen Kontaktbüro in Washington, D.C., berichtet ASA, dass der Verband zurzeit über 30.000 aktive Mitglieder mit Ortsverbänden und Tochtergesellschaften in mehr als 40 Staaten zählt. ASA unterrichtet über die Gesetzgebung in Sachen Cannabis und liefert regelmäßig die neuesten medizinischen Informationen. ASA unterstützt gebustete Cannabis-Patienten in juristischen Angelegenheiten und reagiert schnell auf Polizeirazzien. Das ASA-Juristenteam hat seinen immensen Einfluss deutlich gemacht, als es eine Klage gegen die kalifornische Autobahnpolizei gewonnen hatte, weil ihre Argumentationskette mit dem medizinischen Cannabisgesetz übereinstimmte.
Andere bahnbrechende Fälle boten die Grundlage, die Rechte von Patientenkollektiven in Kalifornien endlich etablieren zu können. ASA deckte unter anderem die Lügen der Bundesregierung über die medizinische Wirksamkeit des Hanfs auf. Die Aktivisten hatten nämlich Klage gegen das Bundesministerium für Gesundheit und Human Services erhoben, woraufhin dieses zu dem nur wenig bekannten, alten Gesetz zurückkehrte. Und nach diesem sind die Bundesämter angehalten, sich hinsichtlich der Informationen, die sie verbreiten, nur auf seriöse Wissenschaft zu stützen. ASA arbeitet eng mit bundespolitischen Entscheidungsträgern zusammen, um Barrieren aufzuheben und um damit den Patientenschutz überall im Land erforschen zu können. Dass die faktische Wahrheit in den diversen Gerichtsverfahren und Bundesprozessen auf den Tisch kommt, die den beschuldigten Cannabis-Patienten zumindest teilweise Schutz bieten können, war ein Kernstück der Bemühungen der ASA. Die Organisation arbeitetet außerdem eng mit den kalifornischen Gesetzgebern zusammen, um den Patientenschutz immer und stets zu erweitern. In den vergangenen sechs Jahren ist ASA mehr als nur eine anerkannte Stimme für Hanfpatienten geworden.

DIE ZWEITE MARIJUANA-ORGANISATION, die versucht hatte, Ed Rosenthals Festnahme und Strafverfolgung zu verhindern, war Green Aid: The Medical Marijuana Defense and Education Fund. Diese gemeinnützige Organisation besteht aus Aktivisten und Sympathisanten, die sich um sämtliche rechtlichen Aspekte des medizinisch genutzten Marijuana kümmern und unter anderem eine Rechtshilfe organisieren. So half Green Aid Ed Rosenthal dabei, eine Gruppe von Rechtsanwälten miteinander zu vernetzen, die er als das „Green Team" bezeichnete. Zu der Gruppe gehörten u. a. Bob Eye, ein Rechtsanwalt aus Topeka, Kansas, der dort auch als Gouverneur kandidiert hatte, Bill Simpich, ein führender Bürgerrechtsanwalt von Oakland, Kalifornien, und Joe Elford, ein junger, in Yale ausgebildeter Rechtsanwalt, der Chefanwalt der ASA wurde und bahnbrechende Präzedenzfälle für Patienten in Kalifornien bearbeitete und zum Erfolg führte. Green Aid richtete eine Website mit Spendenportal für Eds Fall und andere laufende Prozesse ein. Die Organisation arbeitete unermüdlich an der Bekanntmachung von Ed Rosenthals Fall, brachte ihn auf die Titelseiten der Magazine und Zeitungen, ein Tagebuch-Blog auf Eds Website informierte ununterbrochen über den Status Quo des Prozesses. Das Ergebnis der Bemühungen: Ungezählte TV- und Radiobeiträge und mehr als 200

JÄHRLICHE TODESURSACHEN IN DEN VEREINIGTEN STAATEN

Tabak	435 000
Schlechte Ernährung und körperliche Untätigkeit	365 000
Alkohol	85 000
Mikroben	75 000
Giftige Mittel	55 000
Verschreibungspflichtige Medikamente	32 000
Selbstmord	30 622
Vorfälle mit Feuerwaffen	29 000
Autounfälle	26 347
Tötungsdelikte	20 308
Sexualverhalten	20 000
Alle illegalen Drogen	17 000
Aspirin, andere Antiphlogistika	7 600
Marijuana	0

http://drugwarfacts.org

Printartikel zum Fall Ed Rosenthal, zum Beispiel ein einfühlsamer Leitartikel in der New York Times und tolle Stories in den Blättern *San Francisco Chronicle, Oakland Tribune.* Green Aid sorgte dafür, dass sich in der Berichterstattung zu Eds Prozess der Tonfall änderte. Die furchtbaren, vorurteilsbelasteten Artikel „vom medizinischen Marijuana“ verschwanden aus der Presse, und die Verwendung von Cannabis als Medizin wurde nicht mehr sarkastisch als ein „sogenannt medizinischer Gebrauch“ verunglimpft. Green Aid war Ed maßgeblich dabei behilflich, die Berufung seiner Verurteilung erfolgreich zum Abschluss zu bringen. Bis heute und in Zukunft fährt Green Aid fort, sich um alle Rechtsangelegenheiten rund um medizinisch genutztes Marijuana zu kümmern.

1997 GRÜNDETE JEFF JONES den Oakland Cannabis Buyers Club (OCBC), eine Ausgabestelle für medizinisch genutztes Cannabis. Um den OCBC rechtlich abzusichern, legten die Beamten von Oakland spezielle, auf den OCBC zugeschnittene Richtlinien für Anbau und Besitz fest und erklärten den Club zum sogenannten Erfüllungsgehilfen der Stadt.

Jeffs Rechtsstreit, der sich um die Versorgung mit medizinisch hochwertigem Marijuana drehte, landete 2001 beim Obersten US-Gerichtshof, und der schmetterte den Prozess ab. Daraufhin führte eine von Jeffs Kundinnen, die Cannabis-Patientin Angel Raich, mit ihrem Rechtsanwalt, Rob Raich, dem Obersten Gerichtshof die medizinische Notwendigkeit vor Augen, allein ohne Erfolg. Dennoch konnten diese beiden Fälle helfen, die öffentliche Meinung zugunsten einer Legalisierung von medizinisch genutztem Marijuana zu beeinflussen.

2007 ÖFFNETE RICHARD LEE, der Betreiber des Bulldog Cafés, einer medizinischen Hanf-Ausgabestelle in Oakland, die Oaksterdam University, um dort im offiziellem Rahmen Kurse für Hanfanbau und Apothekenmanagement der stetig wachsenden Hanfindustrie zu etablieren. Seit ihren Anfängen hat sich die Oaksterdam University um einen Campus in Los Angeles und Sebastopol, Kalifornien, und Ann Arbor, Michigan, erweitert. Der Hauptcampus in Oakland ist eine Hauptanlaufstelle sowohl für die Ausbildung als auch für engagierten Cannabis-Aktivismus geworden.

DIESE KURZE GESCHICHTE, in der die Geschichte vieler wichtiger Ereignisse und Menschen ausgespart werden musste, veranschaulicht auf schöne Weise, wie weit wir gekommen sind – und wie weit wir noch zu gehen haben. Tausende Artikel sind zu diesem Themenkomplex geschrieben worden. Millionen von Menschen bauen Marijuana an. Viele rechtliche Reformen sind durch Nivellierungen des Gesetzes realisiert worden, aber keine hat die Legalisierung des Cannabis-Anbaus für jedermann durchsetzen können. Eines wurde bislang nicht geklärt, nämlich die Frage, wie Menschen, die Marijuana von Rechts wegen besitzen dürfen, auf hundertprozentig legalem Wege an ihre Arznei herankommen. Dies ist eines der größten Hindernisse aller Legalisierungsbemühungen. Vor drei Jahrzehnten traf sich die International Cannabis Alliance for Reform in Amsterdam, um Legalisierungspläne und Legalisierungsanträge zu formulieren – und kam wieder einmal zum Schluss: Jeder sollte zumindest das Recht haben, Hanf für den persönlichen Gebrauch anzubauen. Dies ist der Grundstein einer echten Legalisierung, weil er dem Verbraucher gestattet und die Möglichkeit bietet, dem Schwarzmarkt fernzubleiben. Um zu einem realen „Tipping Point" zu gelangen, ist die Legalisierung des Hanfanbaus unerlässlich – und vermutlich der gewichtigste Faktor. Das Recht, Hanf für den Eigenbedarf anbauen zu dürfen, ist der Kernpunkt jedes erfolgreichen Legalisierungsentwurfs. In Kalifornien haben medizinische Patienten zumindest das Recht auf ein freies, legales Marijuana aus dem eigenen Garten. Der „Tipping Point" ist erst dann erreicht, wenn jeder dieses Recht genießt.

EDS EINFÜHRUNG

WARNUNG! Marijuana macht nicht abhängig, Growen jedoch sehr wohl.

WARUM bauen Sie Marijuana an? Mir ist klar, das kann viele und vor allem sehr unterschiedliche Gründe haben. Möglicherweise kamen Sie niemals auf die Idee, Cannabis anzupflanzen. Vielleicht versuchten Sie es auch nie, weil Sie glauben, dass es schwierig ist – und zu riskant. Gegebenenfalls haben Sie schon mal versucht, eine oder zwei junge Pflanzen aufzuziehen, aber Sie haben das Projekt dann wieder aufgegeben, weil die Pflanzen nicht zügig wachsen wollten oder gar von Schimmel oder Schädlingen befallen worden waren?

Trotz aller möglichen Risiken und Gefahren gibt es eine Vielzahl verlockender Gründe, sich schlussendlich doch auf diese Reise zu begeben. Zunächst hat der Anbau von Cannabis eine ganze Reihe praktischer Vorteile. Zum Beispiel können Sie die Sorte auswählen und mit dieser wiederum die zu erwartende Höhe und Wachstumszeit, das Aroma, den Geschmack und ein breites Spektrum an psychischen und physischen Wirkprofilen. Viele Nutzer von medizinischem Hanf ziehen es vor, die vollständige Kontrolle über ihre Medizin zu haben – und das erlaubt ein eigener Garten in jedem Fall, und man kann sicher sein, dass das Cannabis sicher und organisch kultiviert wird. Ein anderer Faktor für den Eigenanbau können die Kosten sein: Es ist in aller Regel wesentlich günstiger, sein Gras selbst zu produzieren – und auch weniger riskant. Man weiß in diesem Fall nämlich immer, was man sich da für einen Stoff zuführt. Bei Gras unbekannter Herkunft kann man nie sicher sein.

Als Pflanze hat der Hanf die gleichen Ansprüche wie alle anderen Pflanzen. Er benötigt Licht, Wasser, Nährstoffe – und menschliche Aufmerksamkeit. Im Vergleich zu anderen Gewächsen verfügt Cannabis jedoch über einige einzigartige Eigenschaften – und er blickt auf eine lange Kulturgeschichte in enger Verwebung mit der menschlichen Spezies zurück.

Viel Zeit, stetige Beobachtung und akribische Forschung haben uns die besten und erfolgreichsten Wege der Cannabis-Kultur aufgezeigt, mit dem Ergebnis, dass wir riesengroße und wunderschöne Buds sowie erstaunliche Ernten zu erzielen in der Lage sind. Alle Anstrengungen, die Sie ab jetzt in den Anbau von Cannabis investieren, werden doppelt und dreifach belohnt. Sie werden lernen, wie man diese faszinierende Pflanze anbaut und pflegt; dieses Buch wird Ihnen dabei helfen. Sie werden schnell begreifen, dass Marijuana-Anbau kein Hexenwerk ist.

Der wichtigste Grund, Marijuana anzubauen, ist – und das sage ich aus meiner Erfahrung heraus – die Zufriedenheit und das gute Gefühl, eine persönliche Beziehung zu einer erstaunlichen Pflanze aufgebaut und damit ein wunderbares Marijuana angebaut zu haben. Ich selbst bin der lebende Beweis dafür, dass genau das der einzig wirkliche Suchtfaktor des Hanfs ist.

Das Marijuana Growers Handbuch ist so aufgebaut, dass Sie direkten Nutzen daraus ziehen können. Mithilfe dieses Buchs werden Sie sich über reiche Erträge freuen und hochwertiges Marijuana produzieren. Egal ob Sie Einsteiger oder ein erfahrener Grower sind, dieses Buch liefert alle notwendigen Informationen für den Anbau, die Ernte und den Genuss von Cannabis. Die meisten Gärtner entwickeln eine geradezu anthropomorphe Beziehung zu ihren Pflanzen. So geht es auch mir. Sie geben ihren Pflanzen Namen und schwelgen hier und da in Vorlieben für das eine oder andere Exemplar. Das hat einen Grund: Im Gegensatz zu anderen einjährigen Pflanzen bildet Cannabis sowohl männliche wie auch weibliche Pflanzen. Ähnlich wie der Mensch. Hanf durchläuft verschiedene Lebensstadien, und es dauert zwischen 50 und 80 Tagen vom Blütenansatz bis zur Reife des Buds. Jeder Tag der Blütezeit ist vergleichbar mit einem Jahr im Leben des Menschen. Der angenehmste Teil der Gartenarbeit ist, dass Sie am Ende der Reise einige der besten Buds ernten werden, die Sie je geraucht haben – und alle werden perfekt gereift sein.

VORSICHT: Ob Marijuana legal ist oder illegal, hängt davon ab, wer Sie sind und wo Sie leben. Wenn Sie in einem Staat zuhause sind, in dem medizinisches Marijuana legal gepflanzt werden darf, dann haben Sie eine grundlegend andere Voraussetzung für Ihr Homegrowen als jemand, der in jenen Staaten oder Ländern lebt, in denen es verboten ist, Marijuana zu konsumieren oder anzubauen. Bevor Sie beginnen, einen Garten zu planen, sollten Sie über gute Kenntnis der Sie betreffenden Gesetze zur Marijuana-Kultivierung verfügen. Mit diesen Informationen sind Sie in der Lage, die Situation realistisch einzuschätzen und zu entscheiden, ob die Gartenarbeit für Sie wirklich das richtige ist. Sie sollten für den Fall der Fälle auch Notfallpläne entwickeln, die den schlimmsten anzunehmenden Zwischenfall absichern. In solchen Staaten, in denen medizinisches Marijuana angebaut werden darf, gibt es häufig strenge Auflagen, welche die Anzahl der Pflanzen einschränken – oder die zu bepflanzende Gartenfläche. Der Anbau von Cannabis gilt vielerorts als schlimmes Verbrechen. Es ist also immer gut, entsprechend geschützt zu sein.

Einige Fragen sollten Sie sich im voraus stellen, bevor Sie dieses Risiko eingehen:

- Bin ich bereit, die Verantwortung und das Risiko auf mich zu nehmen?
- Kann ich in dieser rechtlichen Zwickmühle leben?
- Was halten meine Mitbewohner von meinem Vorhaben?
- Habe ich wirklich einen sicheren Platz?

Die meisten Festnahmen wegen Marijuana-Anbaus resultieren aus „Unfällen" – aus Streit mit der Freundin oder dem Liebhaber, wegen neugieriger Nachbarn oder neidischer Bekannten. Typen, die mit losem Mundwerk petzen, um sich selbst aus Schwierigkeiten zu befreien, sind auch gar nicht so selten. Marijuana-Grower sollten netter sein, als sie normalerweise sein würden. Stoßen Sie ihre Mitmenschen nicht vor den Kopf. Behandeln Sie Ihre Freunde immer hübsch lieb und brav. Seien Sie nett zu Ihren Nachbarn – und seien Sie behilflich. Benehmen Sie sich nicht wie ein entnervter Autofahrer. Entwickeln Sie eine offenere Lebensperspektive.

Marijuana Growers Handbuch — die Website: www.mjgrowers.com

Während ich dieses Buch geschrieben habe, musste ich immer wieder entscheiden, welches Material einbezogen und wie detailliert dieses dargestellt werden muss. Vorliegendes Buch versammelt alles an essentiellem Wissen für Ihren Erfolg im Hanfanbau. Glücklicherweise bietet uns das die Möglichkeit, noch mehr Informationen für Sie bereitzustellen. Auf **www.MJGROWERS.com** finden Sie weitere Fotos, Forschungsarbeiten und Artikel zu verschiedenen Aspekten des Marijuana-Anbaus und verwandtenThemen. Weil sich in der Forschung und Wissenschaft vieles schnell verändert und vieles an Wissen immer wieder hinzukommt oder in modifizierter Form publiziert wird, hält unsere Website zum vorliegenden Buch Sie stets auf dem Laufenden. Ihr Passwort zu dieser Bibliothek lautet **MJReader**

MJGROWERS.COM

for updates and more info

HIMALAYAN GOLD | Foto: Green House Seed Co.

SPACE BOMB | Foto: Subcool

Teil I

DIE PFLANZE MARIJUANA

WIE MARIJUANA WIRKT

by G. LEE, Ph.D and D.J. SUN, Ph.D

Foto: Sannies Seeds

MARIJUANA UND DAS GEHIRN

In den vergangenen Jahren hat unser Verständnis von der Funktionsweise der Cannabinoide einen enormen Sprung gemacht – es ist tatsächlich viel geforscht worden. Das Studium der Cannabinoide hat sich dabei hauptsächlich auf die zerebrale Aktivität konzentriert; betrachten wir also zunächst die Auswirkungen des Hanfs auf unser Gehirn. Marijuana ist psychoaktiv, d. h. es beeinflusst die geistige Wahrnehmung. Soviel musste auch den ersten Hanffreunden vor über 2000 Jahren schon klar gewesen sein – wieso sonst hätten sie Δ9-THC-haltiges Cannabis anbauen sollen (im Gegensatz zum Faserhanf)? Und obwohl die angenehmen Wirkungen des Hanfs schon immer bekannt sind, seien wir nicht allzu romantisch. Nicht selten gehen mit dem übermäßigen Konsum dieser Pflanze auch psychische Probleme einher. Manche verdummen regelrecht, außerdem kann das Kurzzeitgedächtnis beeinträchtigt und die räumliche Orientierung gestört werden – allesamt Effekte, die auf einer maximierten Sinneswahrnehmung fußen. Andererseits ist Marijuana in der Lage, ein einzigartiges Wohlgefühl hervorzurufen – dieses typische Gefühl des High-Seins, das viele zur Entspannung so schätzen. Es kann helfen, über den gesellschaftlichen und zwischenmenschlichen Druck kurzzeitig hinwegzukommen, abzuschalten. Und diese Eigenschaften werden auf verschiedene Weise bewertet: als gut oder schlecht, erhebend oder beunruhigend, suchtbildend oder eben nicht, angstlindernd oder gar angstfördernd.

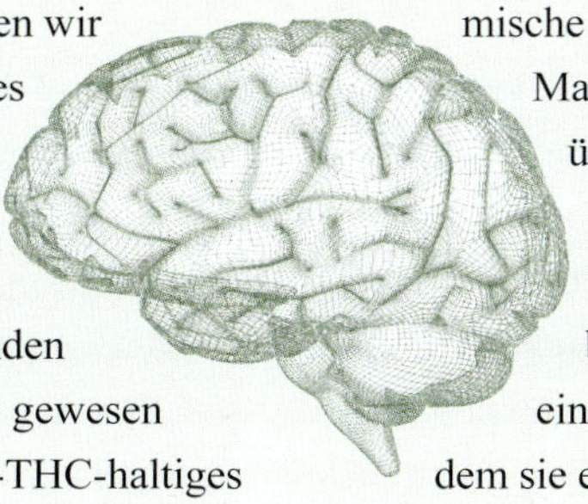

Wie bei anderen Halluzinogenen sind die Persönlichkeit des Konsumenten, seine Einstellung zum Leben und zu dieser Droge, aber auch die chemische Zusammensetzung des Krauts Marijuana (siehe die Diskussion über die Terpenoide) grundlegende Faktoren, die die psychedelische Erfahrung maßgeblich beeinflussen. So kommt es, dass eine Person völlig ruhig wird, nachdem sie einen Joint geraucht hat, während jemand anders nach dem Genuss eines Blunts unter furchtbarer Panik leiden könnte. Und noch etwas: Obwohl es außerordentlich selten vorkommt, dass Marijuana-Experimentatoren von ihrem Stoff abhängig werden, so kann dies grundsätzlich doch geschehen. Diese Angelegenheiten sind komplex und werden allzu häufig gnadenlos vereinfacht. Wichtig ist es zu verstehen, dass der Hanf für sehr viele Menschen gut ist, aber damit noch lange nicht für jeden geeignet.

Die verschiedenen Spekulationen und Forschungen zum Marijuana und insbesondere zur Frage, wie das Kraut das Gehirn beeinflusst, wurzeln in der unverfälschten menschlichen Erfahrung. Es ist wichtig, dass wir die Forschung und den Dialog zum Thema Cannabis und unsere Beziehung zu dieser Pflanze stetig fortsetzen.

Betrachten wir nun einige der non-psychoaktiven biologischen Auswirkungen von Δ9-THC und anderen Cannabinoiden:

- übelkeitslindernd
- schmerzstillend
- entzündungshemmend
- relaxierend, entspannend
- zuweilen krampflösend

Das sind allerdings nur ein paar Beispiele für die therapeutischen Effekte des Hanfs, die von den Heilkundigen seit dem Altertum beschrieben worden sind, und jeder von ihnen erwähnt in diesem Zusammenhang Gesundheitsprobleme, die eine enorme Menge an klinischer Aufmerksamkeit erfordern. Zum Beispiel büßen Millionen von Menschen, die unter chronischem Schmerz leiden, einen großen Teil Lebensqualität ein. Während Wissenschaftler und Ärzte fortfahren, die Pathologie des körperlichen Schmerzes besser zu verstehen, bestätigen Doktoren ohne Weiteres, dass gegenwärtig rezeptpflichtige Medikamente viele Nebenwirkungen mit sich bringen und dass sie nicht zur Bekämpfung aller Schmerzarten geeignet sind, insbesondere nicht für Schmerzen der Nerven, die sich aus Nervenverletzungen und -krankheiten ergeben können.

Dank der modernen medizinischen Marijuanainitiativen und der biomedizinischen Forschung, einschließlich einer zunehmenden Zahl von Forschungsarbeiten, wie z. B. diversen Doppelblindstudien, die botanischen Hanf und Extrakte verwendeten, kann dieses alte Heilmittel noch einmal besprochen werden, ohne dass wir uns dafür rechtfertigen müssten. Hanf ist nicht nur schmerzlindernd, die Wirkstoffe der Pflanze arbeiten sozusagen mit anderen Analgetika zusammen und verbessern damit wechselseitig deren Wirksamkeit. Ebenso sollte sich niemand schämen, Marijuana zu empfehlen oder zu verwenden, um starke Übelkeit zu bekämpfen – die Abmilderung von Übelkeit und eine damit einhergehende Anregung des Appetits können für manche Menschen sogar lebensrettendend sein. Beispielsweise für Patienten, die sich einer giftigen Chemotherapie unterziehen oder unter dem Wasting-Syndrom leiden. Es ist schrecklich, dass ein Patient, der ums Überleben kämpft, um seine Freiheit bangen muss, weil er sich für Marijuana als wirksames und nebenwirkungsarmes Heilmittel entschieden hat.

CANNABINOID-REZEPTOREN

Marijuana beeinflusst den Körper, weil sich seine bioaktiven Cannabinoidverbindungen, besonders das Δ9-THC und das Cannabidiol (CBD), binden und die Cannabinoid-Rezeptoren aktivieren – das sind kleine molekulare Anschlüsse, die durch unsere Gene verschlüsselt werden und sich auf den Membranoberflächen unserer Zellen befinden. Die Verschiedenartigkeit der physiologischen Auswirkungen, die durch Marijuana hervorgerufen werden, begründet sich in den vielen verschiedenen Zellen und Gewebearten, die über Cannabinoid-Rezeptoren verfügen.

So sind in verschiedenen Bereichen des Gehirns und anderer Gewebe des Nervensystems Cannabinoid-Rezeptoren vorhanden: die sogenannten CB1-Rezeptoren. Die neurologischen Auswirkungen des Hanfs hängen von den expliziten Gehirn-arealen und neuronalen Netzen ab, in denen sich diese Cannabinoid-empfindlichen Zellen befinden (zum Beispiel die neuronalen Netze, die das Kurzzeitgedächtnis, die Angst oder das Zwangsverhalten steuern). Der Standort der Cannabinoid-Rezeptoren auf der Zelle kann sich während der Aktivität ändern. Die meisten seelischen und perzeptiven Auswirkungen des Hanfs können der Aktivierung des CB1-Cannabinoid-Rezeptors zugeschrieben werden.

Ein zweiter Rezeptor, genannt CB2, wurde primär in bestimmten Zellen des Immunsystems identifiziert. CB2 scheint für die Fähigkeit von THC und CBD verantwortlich zu sein, das Terpen β-Caryophyllen hat entzündungshemmende und schmerzstillende Eigenschaften.

Woher wissen wir das alles? Es gab recht früh schon Hinweise darauf, dass ein spezifisches Rezeptorsystem an den physiologischen und psychologischen Wirkungen des Marijuanas beteiligt ist. Um diese Hypothese experimentell zu prüfen, wurden einige der Cannabinoid-Drogen, die in den Achtzigerjahren produziert wurden, so entworfen, dass sie ein wenig radioaktive Strahlung aufwiesen. Mit diesen „heißen" Drogen war es möglich, die Cannabinoid-Rezeptoren während der Bindung zum Leuchten zu bringen. Das ermöglichte den Wissenschaftlern zu sehen, welche Neuronen im Gehirn THC-empfindlich sind.

Diese und andere Techniken haben gezeigt, dass es im Gehirn von CB1-Rezeptoren nur so wimmelt, die im Einklang mit Marijuana stehen und weitreichende Einflüsse auf die Funktion der menschlichen Psyche haben. Einige Regionen des Gehirns, in denen die CB1-Rezeptoren fehlen, sind Bereiche, die so lebenswichtige Funktionen wie die Atmung kontrollieren. Deshalb haftet Cannabis kein Risiko für eine tödliche Atemdepression an, die mit Überdosen von Opiaten und anderen dämpfenden Drogen wie Alkohol schnell auftreten kann, und wenn man Marijuana als „tödliches Betäubungsmittel" bezeichnet, dann ist das falsch und unverantwortlich.

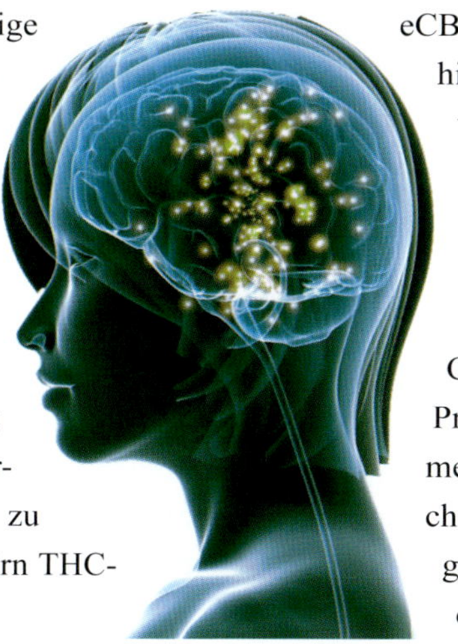

Marijuana ist ein nützliches Therapeutikum für eine Vielzahl von Krankheitsbildern und Leiden. Darüber hinaus ist die medizinisch wirksame Pflanze überaus sicher.

DIE ENDOCANNABINOIDE

Die körpereigenen, sogenannten endogenen Substanzen, die die CB1- und CB2-Rezeptoren antreiben, kommen nicht nur beim Menschen, sondern auch im Tierreich vor. Diese Moleküle werden als endogene Cannabinoide oder Endocannabinoide bezeichnet und haben ihren Namen der Hanfpflanze zu verdanken.

Endocannabinoide (oft abgekürzt als eCBs) werden „Marijuana des Gehirns" genannt, obwohl dies eine trügerische Metapher ist; eCBs sind ein wesentlicher Bestandteil unserer Physiologie und erschienen in der Evolutionsgeschichte viel früher als die Cannabis-Pflanzen, was ihre Präsenz in so vielen Lebensformen beweist, auch in sehr einfachen Meeresorganismen. Richtiger wäre es zu sagen, dass sich die Cannabis-Pflanze entwickelt hat, um Verbindungen herzustellen, die bemerkenswerte biochemische Nachahmungen von eCBs sind.

Es gibt zur Zeit zwei gut untersuchte und leicht nachweisbare eCBs: Anandamid (ein aus *Ananda* abgeleitetes Wort, dem indischen Sanskritwort für Glückseligkeit) und 2-AG (Abkürzung für 2-Arachidonylglycerol). Beide werden durch spezielle Enzyme in den Zellen erzeugt. Mit anderen Worten, die Zellen setzen immer dann Anandamid und 2-AG frei, wenn sie besondere Signale erhalten.

Im Gehirn zum Beispiel, wenn ein Neuron (ein Neuron ist eine auf Erregungsleitung spezialisierte Zelle) ein anderes Neuron durch elektrisch-erregende Aktivität sperrt, kann das Zielneuron durch die Erzeugung und Freigabe von eCBs aus seiner Zellmembran reagieren.

Die Reise der eCBs führt „nach hinten" über den synaptischen Spalt zwischen zwei Neuronen, wo sich wartende CB1-Rezeptoren befinden. Durch die molekularen Signalwege dieser strategisch günstig gelegenen CB1-Rezeptoren ist die Freilassung von anderen, wesentlichen Neurotransmittern in diesem Augenblick unterbrochen. Die eCBs wirken als negative Rückkopplung und sagen: „Whoa! Das ist genug mit der Eingabe, jetzt mal langsam runter!" Weil die Reise der eCBs gegenüber dem konventionellen Weg der Neurotransmitter über Synapsen führt, werden sie als „rückläufige Boten" bezeichnet.

Diese faszinierende und bahnbrechende wissenschaftliche Entdeckung hat gezeigt, wie eine große Zahl der Gehirnzellen funktioniert: Ein bestimmtes Neuron setzt eCBs frei, um seine synaptische Eingabe kontinuierlich zu regulieren und abzugleichen. Dieser Prozess, in dem synaptische Verbindungen zwischen den Neuronen geschwächt oder verstärkt sind, wird synaptische Plastizität genannt, ein Mechanismus, bei dem sich die Aktivität des Lernens und des Gedächtnisses auf zellulärer Ebene befinden. Der Feedback-Mechanismus der eCB-vermittelten synaptischen Plastizität ist wichtig nicht nur für Rechenprozesse (wie z B. denken, fühlen und lernen), sondern auch für zelluläres Überleben. Zu viel Anregung ist für die Zellen tödlich. Daher ist die Neuroprotektion – der Schutz des Nervensystems – eine offenkundig wichtige Funktion von eCBs und damit ein gewichtiges Thema, auch wenn es um die Wirkung von Cannabinoiden des Marijuanas geht. Sie schützen die Gehirnzellen vor übermäßiger Erregung (die sogenannte Exzitotoxizität), die zu Gehirnschädigungen, Schlaganfällen, Epilepsie und anderen neurologischen Erkrankungen führen kann.

TEMPO DER NEURONALEN FREQUENZ UND SYNCHRONIZITÄT MIT ECBS EINSTELLEN

Wir haben soeben gelernt, dass eCBs vom Gehirn benutzt werden, um die Struktur neuronaler elektrischer Aktivität zu dämpfen – und eine der therapeutischen Wirkungen des Cannabis besteht darin, diese Eigenschaft nachzuahmen. Doch ist das nur die Hälfte der Geschichte. Denn die eCBs gehen auch den gegenläufigen Weg: dann werden exzitatorische Neurotransmitter freigesetzt, der Prozess wird exzitatorisches Potenzial genannt.

Umfangreiche Studien, eine Verbindung zwischen dem Rauchen von Cannabis und Lungenkrebs oder anderen Atemwegserkrankungen zu finden, sind kläglich gescheitert.

Auf der anderen Seite scheint die eCB-induzierte synaptische Plastizität anpassungsfähig in Bezug auf eine gesunde Hirnfunktion zu sein, obwohl ihre Auswirkungen je nach Hirnareal variieren. In einer Hirnregion namens Amygdala (Mandelkern) entfernen eCBs die Erinnerung an schreckliche Erfahrungen, sie helfen, ein emotionales Trauma zu überwinden. Diese Erkenntnis hilft, den Nutzen von Cannabinoiden (einschließlich des Cannabiskrauts) in der Behandlung von posttraumatischen Belastungsstörungen (PTBS) zu erklären. Im Gegensatz dazu befähigen die eCBs die Zellen des Hippocampus dazu, die Signale in kontinuierlicher Synchronizität abzufeuern und damit vereinfachend gesagt eine Rhythmik im Gehirn zu erzeugen, die für die räumliche Wahrnehmung und Orientierung verantwortlich sind. Die Wissenschaftler glauben, dass Marijuana das Ortsgedächtnis in negativer Weise beeinflussen, sogar unterbrechen kann – verursacht durch ein gleichzeitiges Überschwemmtsein

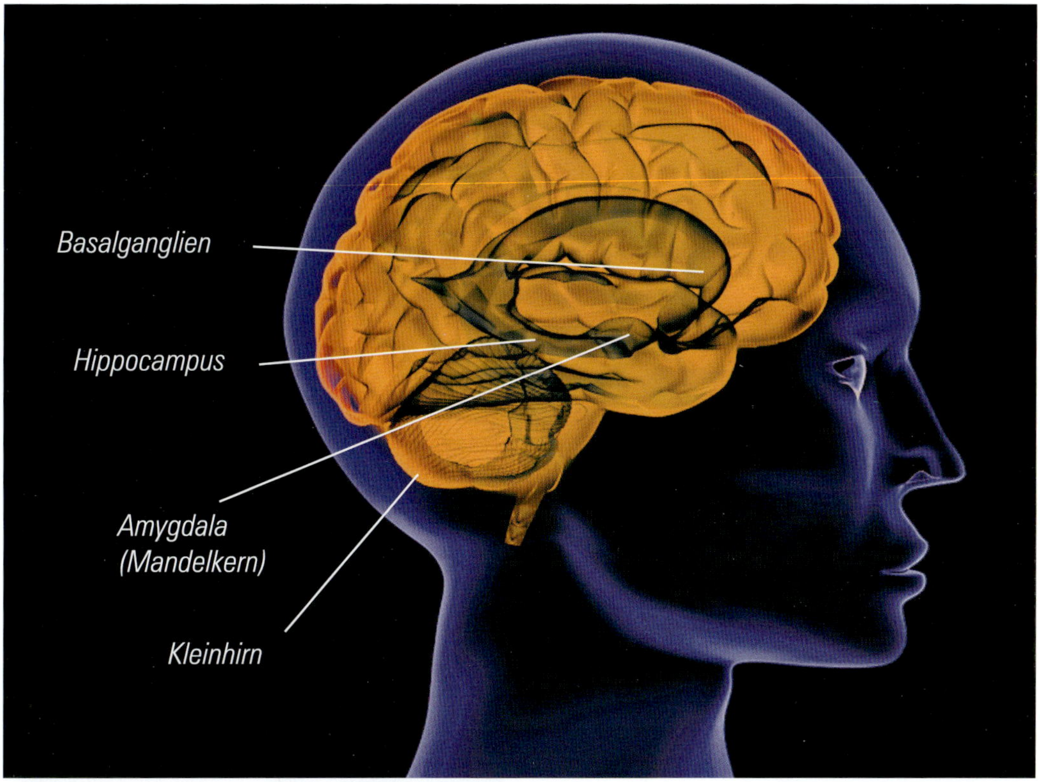

aller Zellen von THC … äh wo ist nur der Stift, den ich gerade noch in der Hand hatte?

Auch die sogenannten somatischen Symptome des Marijuana-Highs, zum Beispiel Gefühle des Schwebens, das typische In-die-Couch-Gedrückt-Werden oder ein gestörter Gleichgewichtssinn, sind vermutlich in den THC-empfindlichen Regionen des Kleinhirns begründet.

Zusammenfassend lässt sich sagen, dass eCBs entweder die neuronale Aktivität hemmen, und zwar indem sie die exzitatorischen Synapsen auf diesen Neuronen verlangsamen. Sie können die neuronale Aktivität aber auch enthemmen (exzitieren), nämlich durch die Beeinflussung der eigentlich hemmenden Synapsen. Beides sind physiologische Aktionen, die zur normalen Gehirnfunktion des Menschen beitragen. Die Tatsache, dass CB1-Rezeptoren sozusagen das Tempo der Gehirnzellen in beide Richtungen – also schneller und langsamer – beeinflussen können, hilft sicherlich, die Frage zu erklären, wie es sein kann, dass Cannabis ein solch weitreichendes, mitunter sogar entgegengesetztes Wirkungsspektrum aufweist und bei verschiedenen Personen und unter unterschiedlichen Umständen jeweils verschieden wirken kann.

Die Geschichte der eCBs beschränkt sich allerdings nicht auf das Gehirn. Viele wichtige therapeutische Eigenschaften der Cannabinoide lassen sich auf Immunzellen zurückführen, die mit CB2-Rezeptoren bestückt sind. Immunzellen begünstigen Entzündungen während des Verlaufs einer Infektionstherapie, eine wichtige adaptive Eigenschaft; doch kann dies auch Ursache für Schmerzen und Gewebeschädigungen sein und zudem Heilprozesse stören. Die Aktivierung von CB2-Rezeptoren im ganzen Körper (einschließlich des Gehirns, wo die Immunzellen übrigens Mikrogliazellen genannt werden) – egal ob durch Endocannabinoide oder durch Marijuana hervorgerufen – gibt den Immunzellen den Impuls, die entzündlichen Substanzen deutlich sparsamer und langsamer freizusetzen. Dadurch wird der Entzündungsprozess gehemmt.

Das Cannabinoidsystem scheint ein urzeitliches zu sein. Es kommt bei fast allen Tierarten vor, die daraufhin untersucht wurden, sogar bei sehr primitiven Lebensformen wie dem Süßwasserpolypen Hydra.

Diese Effekte verhalten sich analog zu dem, was für das Gehirn gilt. Wir erinnern uns: Dort dienen die eCBs als Hemmer von Neurotransmittern. Weil Geschwülste, Schwellungen, Juckreiz und Schmerzen im klinischen Rahmen kontrolliert behandelt werden sollen, werden häufig Kortikosteroide und nichtsteroidale Antirheumatika (NSAR) eingesetzt.

Die Cannabinoide bieten einen anderen molekularen Ansatz für die Behandlung dieser Probleme. Neuere Forschungsergebnisse deuten darauf hin, dass Cannabinoide besonders effektiv in der Hirnhautentzündungsprävention sein können. Das wäre vermutlich der Schlüssel zur Therapie vieler schwerer neurodegenerativer Krankheiten – von Alzheimer-Demenz bis hin zur Parkinson'schen Krankheit und Erkrankungen des Bewegungsapparats. Die immunmodulierenden Wirkungen der Cannabinoide scheinen außerdem nützlich für die Behandlung von Autoimmunerkrankungen zu sein, zum Beispiel von Diabetes und Multipler Sklerose.

Bislang wurden die Ergebnisse von 79 kontrollierten klinischen Untersuchungen am Menschen veröffentlicht, mehr als 15000 wissenschaftliche Artikel über die Chemie und Pharmakologie von Cannabis und der Cannabinoide sowie mehr als 2000 Artikel über die körpereigenen Cannabinoide publiziert. Diese Studien heben deutlich hervor, dass die Wirkungen des Hanfs höchst unterschiedlich und damit nur schwierig vorhersagbar sind. Marijuana bietet einen ausgesprochen breit gefächerten therapeutischen Nutzen bei gleichzeitiger absoluter Sicherheit.

WIE CANNABIS WIRKT

Wie THC in unserem Körper funktioniert, ist mit jeder neuen Studie besser verständlich. Aber Marijuana besteht aus über 400 Verbindungen, einschließlich der mindestens 88 Cannabinoide, die es neben dem THC gibt. Es existieren verschiedene Konsumformen von Cannabis: die Inhalation (Rauchen oder Verdampfung), die innerliche Aufnahme (essen, trinken oder Absorption durch die Schleimhäute des Mundes) oder seltener die Einreibung oder Salbe. Die Inhalation ist eine wesentlich schneller wirksame und effizientere Konsumform als die Aufnahme über den Magen-Darm-Trakt. Das liegt daran, dass die Cannabinoide, Terpene und andere Substanzen leicht von den Lungenschleimhäuten in die Blutbahn gelangen. Außerdem unterscheidet sich das High bei den diversen Konsumformen.

Die Verdampfung durch einen Vaporizer ist deutlich gesünder für die Atemwege als das Rauchen. Außerdem erzeugt es keinen solch starken verräterischen Geruch. Beim Verbrennen

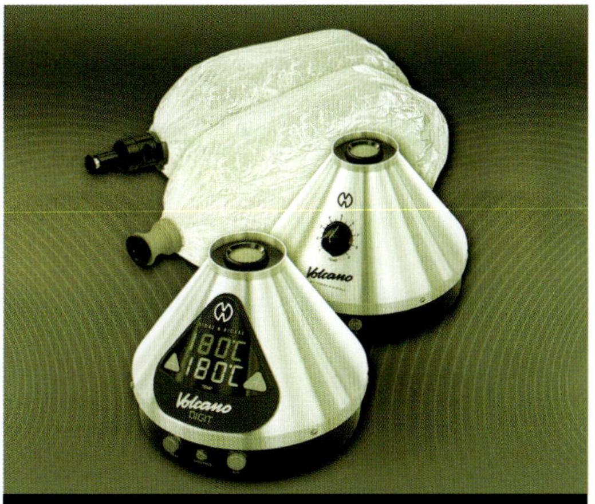

Volcano Vaporizer

von Cannabis (und anderen Kräutern) entstehen schädliche Verbindungen, die als reaktive Sauerstoffverbindungen bekannt sind. Und die können den Mund, den Rachen und die Lungen beschädigen. Wenn Cannabis hingegen nur bis zu einem gewissen Grad erhitzt wird, nämlich genau soweit, dass sich die Inhaltsstoffe lösen, dann resultiert auch kein Brennprozess. Das heißt, es wird nicht geraucht, sondern ausschließlich der Wirkstoffmix inhaliert.

Die Nutzung des Vaporizers induziert im übrigen ein anderes High als das von gerauchtem Marijuana. Logisch, denn erstens werden hier schließlich keine Wirkstoffe verbrannt und zweitens löst das kontrollierte Verdampfen der Inhaltsstoffe des Hanfs eine breitere Palette von Substanzen als dies bei der Verbrennung der Fall ist. Obwohl erwiesen ist, dass Rauchen die Lungen und Bronchien beschädigt, sind Studien, die eine Verbindung zwischen dem Rauchen von Cannabis und Lungenkrebs oder anderen Atemwegserkrankungen finden wollten, kläglich gescheitert.

Seitdem sich gezeigt hat, dass THC und Cannabidiol (CBD) krebswirksame Eigenschaften aufweisen, spekulieren die Wissenschaftler, ob Cannabinoide möglicherweise eine prophylaktische Wirkung gegen die krebserzeugenden Substanzen haben, die beim Rauchen von Cannabis entstehen. Wird Cannabis inhaliert, tritt die Wirkung recht rasch ein, wird es gegessen, dann dauert es deutlich länger, bis eine Wirkung zu verspüren ist. Das liegt daran, dass beim Essen die Cannabinoide zunächst den Magen und die Tiefen der Gedärme passieren müssen, bevor sie ins Blut gelangen. Von da aus geht's in die Leber, wo die meisten THC-Moleküle in 11-Hydroxy-THC umgewandelt werden. Weil diese Substanz ebenfalls psychoaktiv ist, kann sie auch eine Art High erzeugen, jedoch ein anderes als THC. Weil der Darm relativ viel von den Wirkstoffen absorbiert, müssen größere Dosen eingenommen werden, dafür hält die Wirkung, die etwa 30 bis 90 Minuten nach Einnahme spürbar werden sollte, dann auch länger an. Die Verzögerung des Wirkungseintritts kann bei unerfahrenen Anwendern zu einer unbeabsichtigten Überdosierung führen, weil man nur schlecht einschätzen kann, wie viel Cannabinoide man schon im Körper hat.

Seriöse wissenschaftliche Studien haben sich mit der Frage nach den Faktoren befasst, die Einfluss darauf nehmen, wie viel THC aus einem Joint vom Körper aufgenommen wird. Dabei stellten einige fest, dass es weniger wichtig sei, wie viele Züge man von einem Joint nimmt, als vielmehr, wie lange man den inhalierten Cannabisrauch in der Lunge hält. Andere Studien behaupteten das Gegenteil. Eine weitere Studie ergab, dass die zweite Hälfte eines Joints mehr THC enthält als die erste Hälfte. Natürlich ist Forschung immer notwendig, vor allem, wenn es darum

geht, die Frage zu erörtern, wie lange man jeden Zug in der Lunge halten soll (so, Leute, an die Arbeit!). Und jetzt existiert sogar eine wissenschaftliche Grundlage für die Praxis, bei der die Leute beginnen, einen Joint zu rauchen und man selber seinen ersten Zug erst bekommt, wenn der Blunt einmal die Runde gemacht hat.

Die physiologischen Abläufe des Cannabis schließen zum einen einige Auswirkungen ein, die wir als diejenigen kennen, die uns high machen, zum anderen solche, die medizinisch vorteilhaft sind – und einige, die beide Effekte bewirken. Das sind zum Beispiel: ein vorübergehender Anstieg der Herzfrequenz und des Blutdrucks, Gedächtnisstörungen und ein verändertes Zeitgefühl, eine verlangsamte Reaktionszeit und Gleichgewichtsstörungen sowie die Hemmung der sensorischen Reizverarbeitung (geänderte/verstärkte Wahrnehmung). Außerdem eine mögliche Veränderung der Stimmung, Angstdämpfung oder Angstauslösung (die normalerweise nur bei Anfängern und/oder Menschen mit Überdosierung auftritt), gesteigerter Appetit, eine verminderte Darmtätigkeit, Linderung von Übelkeit, rote Augen, Mundtrockenheit, Schmerzlinderung und Muskelrelaxation.

Nahezu alle Drogen können in Überdosierungen tödlich wirken (inklusive solch verbreiteter Pharmaka wie Paracetamol, Aspirin und ähnliche). Es ist also durchaus außergewöhnlich, dass es beim Cannabis keine letale Dosis gibt. Die negativen Einflüsse, die Cannabis beim Menschen nehmen kann, sind sehr begrenzt: Das können ebenso starke Gedächtnisstörungen sein wie auch Paranoia und Panik. Diese resultieren leicht aus einer Überdosis gegessenen Cannabis' und enden meist in tiefem Schlaf.

Allerdings sind die Cannabinoide und deren Rezeptoren nicht nur dafür gedacht, den Menschen high zu machen. Das Cannabinoid-System scheint ein urzeitliches, ein primordiales System zu sein. Es kommt bei fast allen Tierarten vor, die bisher untersucht wurden – sogar in mikroskopisch kleinen Süßwasserpolypen.

Der plausibelste Grund für die Ausbildung von Cannabinoiden im Marijuana ist die Abschreckung von natürlichen Fraßfeinden, also die Abwehr von Tieren, die auf Hanfpflanzen Appetit haben (womöglich wehrt sich der Hanf, indem er den Tieren die Erinnerung an ihren Standort nimmt …). Viele Pflanzen produzieren Substanzen, die biologische Auswirkungen bei Tieren induzieren; Menschen haben sich das abgeschaut und zum Vorteil gemacht, zum Beispiel um Drogen aus diesen Stoffen zu entwickeln, wie Morphin aus dem Mohn, Aspirin aus der Weidenrinde und Krebsmedikamente aus dem Immergrün und anderen Pflanzen.

Cannabis wurde bereits vor über 4000 Jahren in China und Indien als Medizin gebraucht, und Cannabis-Präparate waren in den USA und anderen Teilen der westlichen Welt von den 1800er Jahren bis in die späten 1930er Jahre offiziell sanktionierte Medikamente. Nach heutiger Erkenntnis ist die Liste der Cannabis-Indikationen lang. Michael Pollan beschreibt in seinem Buch *Die Botanik der Begierde,* wie sehr die Interaktion zwischen dem Menschen und den Cannabinoiden dem Marijuana einen evolutiven Vorteil verschafft. Und zwar, indem es die Menschen dazu gebracht hat, es auf der ganzen Welt anzupflanzen – das hätte die Hanfpflanze von allein nicht fertiggebracht.

*"I'm in love with Mary Jane.
She makes me feel alright.
She makes my heart sing.
Turns me on with her love.
Takes me to paradise."*

Text: Rick James, "Mary Jane"

Photo: Rachael Szmajda

MARIJUANA: DIE PFLANZE

Die Pflanze Cannabis hatte sich aus Gewächsen entwickelt, die in den Vorgebirgen des Himalaya heimisch waren. Die Ursprünglichkeit des Hanfs wurde aber durch seine Beziehung zum Menschen nach und nach getrübt – immerhin eine Beziehung, die mindestens 6000 Jahre alt ist. Die Verwendung von Cannabis und dessen Produkten verbreitete sich schnell in der ganzen Welt, mittlerweile wird der Hanf in den klimatischen Zonen von der Arktis bis zum Äquator kultiviert.Cannabis entwickelte sich eigenständig, und zwar über Hunderttausende von Generationen. Seit dem Zeitpunkt, da der Mensch die Eigenschaften dieser Pflanze entdeckt hatte, wurde Cannabis intensiv gezüchtet, vor allem, um seine besonderen Eigenschaften zu optimieren.

Dabei wird Cannabis für eines oder mehrere dieser drei nützlichen Produkte kultiviert, nämlich

- für die nahrhaften Samen
- für die faserigen Stengel
- für die harzigen Blüten.

Hanfsamen sind reich an Öl und Protein und werden sowohl als Lebensmittel und Futtermittel verwendet wie auch als Quelle für ölige Brennstoffe und als Hautpflegeprodukte. Die Fasern der Pflanzenstängel werden benutzt, um robusten Stoff, Papier und Seil zu produzieren. Obwohl alle Cannabispflanzen auf einer gewissen Ebene gleich sind, werden fälschlicherweise vornehmlich solche Sorten als Hanf bezeichnet, die typisch für ihre Samen sind oder wegen der Fasern kultiviert werden. Das dritte Produkt, die harzhaltige Blüte, findet therapeutisch und als Freizeitdroge Verwendung. Cannabisharz enthält eine Gruppe von Substanzen, die man zusammenfassend als Cannabinoide bezeichnet, von denen das Tetrahydrocannabinol, das bekannte THC, die psychoaktive Hauptkomponente ist.

THC und die anderen 87 identifizierten Cannabinoide sind einzigartig – sie kommen nach bisherigen Erkenntnissen ausschließlich im Cannabis vor. Keine andere Pflanze produziert sie, obwohl unter anderem Weihrauch und Kakao geringe Mengen von sogenannten Cannabinoid-Analogen enthalten können, die sich an die Cannabinoid-Rezeptoren binden. Die Pflanzen, die für ihren THC-Gehalt angebaut werden, werden allgemein als Marijuana bezeichnet.

Die mannigfaltigen Verwendungsmöglichkeiten dieser vielseitigen Pflanze haben aus Cannabis eine historisch wertvolle Kulturpflanze gemacht. Keine andere Kulturpflanze konnte mehr Zuchtformen hervorbringen als Marijuana. Dieses große Engagement, immer neue Zuchtformen zu erschaffen, ist zumindest teilweise eine der unbeabsichtigten Folgen des Cannabis-Verbots, wie schon Michael Pollan in seinem Buch *Die Botanik der Begierde* zu Recht feststellt. Als der Drogenkrieg der US-Regierung eskalierte und akribischere Grenzkontrollen erzwang, um den Marijuanaschmuggel aus Mexiko einzuschränken, fanden sich zahlreiche erfinderische amerikanische Verbraucher, die nun zu Züchtern wurden.

Wegen der Saatgut-Knappheit auf dem kommerziellen Markt und der Tatsache, dass Cannabis eine der wenigen Pflanzen ist, die problemlos von Bauern und Züchtern aus Samen gezogen werden kann, fingen viele Gärtner damit an, ihr eigenes Saatgut zu produzieren. Gärtner, die diesen Weg wählen, teilen ihre Leidenschaft häufig mit einer internationalen Gemeinschaft und stellen Samen ihrer Genetiken anderen Growern zur Verfügung. In den vierzig Jahren, die diese moderne Cannabiszucht bereits währt, haben die Grower unterschiedliche Sorten und Anbaumethoden entwickelt, die sehr effizient für die Herstellung des gewünschten Produktes sind: große, dichte Sinsemilla-Knospen – also ein Überfluss an unbefruchteten weiblichen Blüten. Marijuanasorten unterscheiden sich dabei in vielerlei Hinsicht – einschließlich ihrer Wachstumsmerkmale wie zum Beispiel:

Das gewünschte Produkt: große, dichte Sinsemilla-Knospen – also ein Überfluss an unbefruchteten weiblichen Blüten.

- Höhe
- Breite
- Verzweigungsmerkmale
- Blattgröße und -form
- Zeit von der Blüte bis zur Ernte
- Potenz
- Geschmack
- Art des Highs
- Aroma.

Bei der Wahl einer Sorte sollte man die Qualität des Highs und die Bedingungen, unter denen die Pflanzen gewachsen sind, berücksichtigen. Jede Sorte hat ihre eigenen Anforderungen an die Umgebungsbedingungen. Die Potenz einer Sorte ist zum Großteil von der Genetik abhängig. So haben einige Pflanzen das genetische Potenzial zur Produktion von hochwertigem Marijuana und andere eben weniger oder

gar nicht. Das Ziel des Growers ist, die Pflanzen mit hohem THC-Gehalt zu nähren, damit sie ihr volles Potenzial erreichen können.

In der Natur ist Marijuana eine relativ rasch wachsende Pflanze, obwohl einige Sorten in warmen Gebieten überwintert werden müssen. Wenn die Tage kürzer werden, ruhen die Pflanzen und beginnen im nächsten Sommer wieder zu blühen. Marijuana gedeiht am besten in einem gut durchlässigen Substrat mit vielen Nährstoffen und benötigt täglich lange Lichtperioden.

Marijuana ist in der Regel zweihäusig, die Pflanzen sind also entweder männlich oder weiblich. Gelegentlich erscheinen einhäusige Pflanzen,

Dieses Buch beschreibt, wie das beste Marijuana unter kontrollierten Bedingungen produziert wird – egal ob indoor, im Gewächshaus oder sogar im Freien.

auch Hermaphroditen genannt, und produzieren sowohl männliche als auch weibliche Blüten. Solche Zwitterpflanzen sind am häufigsten unter südasiatischen Sorten zu finden. Sie können aber auch das Resultat von schädlichen Umwelteinflüssen sein, beispielsweise von Licht- oder Nährstoffmangel. Weil solche Exemplare weibliche Pflanzen genauso befruchten wie männliche, gelten sie als unerwünscht und werden entfernt, sobald sie sich zeigen.

Marijuana, das in der Natur, zum Beispiel auf traditionelle Weise im Freien gepflanzt wird, hat einen einjährigen Zyklus, der mit der Keimung des Saatkorns im Frühling beginnt. Die Pflanze wächst über mehrere Monate kräftig, während die Tage länger werden, und beginnt sie zu blühen, wenn sie die entscheidende Zeit im Spätsommer oder Frühherbst erreicht hat.

Die Blütezeit ist von den unterschiedlichen geografischen Verhältnissen abhängig. Sie beginnt jedoch zumeist im Spätsommer, wenn die Nächte wieder länger werden. Sorten aus warmen Regionen, so beispielsweise die meisten Indicas, benötigen weniger Dunkelheit, um blühen zu können, als diejenigen aus den niederen Breiten, wie zum Beispiel die meisten Sativa-Sorten.

Alle Sorten produzieren im Herbst ihren Samen, und zwar als Folge der klimatischen Veränderungen. Stirbt die Pflanze, so fallen die Samen.

Beim Indoor-Anbau und im Gewächshaus hat der Grower die komplette Kontrolle über die Verhältnisse, die auf die Pflanzen einwirken. Er bestimmt, wann die Pflanzen zu wachsen beginnen und wann sie blühen. Dieses Buch beschreibt, wie das beste Marijuana unter kontrollierten Bedingungen produziert wird – egal ob indoor, im Gewächshaus oder sogar im Freien.

BOTANISCHE BESCHREIBUNG: CANNABIS SATIVA L.

Das Wort Cannabis ist uralt, es kommt aus dem Lateinischen oder Griechischen aus thrakischer oder skythischer Zeit. Wissenschaftler haben sogar alte biblische Hinweise aus dem 15. Jahrhundert v. Chr. auf eine Pflanze namens „kanehbos" finden können. Der zeitgenössische, wissenschaftliche Name für die Pflanzenart wurde 1753 von Carolus Linnaeus in seiner berühmten Taxonomie vergeben: *Cannabis sativa* Linné (abgekürzt L.). Linnaeus, der das moderne binomische System für die Klassifizierung und Benennung von Tier-, Pilz- und Pflanzenarten entwickelt hatte, behauptete aber, dass die Gattung Cannabis lediglich eine Spezies beinhalte, nämlich Cannabis sativa. Die Gattung ist derzeit in die botanische Familie der Cannabaceae eingeordnet, die auch den Hopfen (*Humulus* sp.) einschließt.

Moderne phylogenetische Studien und Gensequenzierung zeigen, dass *Cannabis sativa* L. eher ein Teil der Celtidaceae-Familie ist, zu der auch viele Arten von Nesselbäumen gehören. Wegen der gemeinsamen Vorfahren sollten beide Familien zu einer Gruppe zusammengezogen werden. Es wäre nicht das erste Mal, dass die Klassifikation von *Cannabis sativa* L. geändert wird, früher galt Cannabis als Brennnesselgewächs (Urticaceae) und auch als Maulbeergewächs (Moraceae). Bald wurden Überlegungen angestellt, wie viele Arten *Cannabis sativa* L. zuerkannt werden sollten. Im Jahre 1785, kurz nachdem Linnaeus die Gattung als Monotypen identifiziert hatte, behauptete der einflussreiche Biologe Jean-Baptiste de Lamarck, dass die Pflanze, die er in Indien fand, als eigene Sorte klassifiziert werden müsse, und er nannte sie *Cannabis indica*. Dieser Name wurde in verschiedene Pharmakopöen einbezogen, um Cannabispflanzen zu bestimmen, die für die Herstellung von Arzneimitteln geeignet sind. Im 19. Jahrhundert schlugen andere Botaniker eigene Gattungsklassifizierungen für Cannabis aus China und Vietnam vor. Das endete jedoch im 20. Jahrhundert mit desaströsen Verwirrungen in Bestimmung und Systematik, sodass die meisten Botaniker - wie ehedem Linnaeus – zu dem Schluss gekommen sind, dass alle Cannabispflanzen einer einzigen Spezies zugerechnet werden sollen. Sicherlich lassen sich alle Cannabispflanzen untereinander vermehren. Und es gibt verschiedene Möglichkeiten, eine Art zu definieren. Die beträchtlichen geografischen Unterschiede und die differenten Grundeigenschaften der verschiedenen Cannabispflanzen haben aber ebenso dazu geführt, dass viele Botaniker sich für die Anerkennung dreier Arten aussprechen, je nachdem ob sie primär für Faser- (sativa) oder Drogengewinnung (indica) oder sogar als Wildpflanzen (ruderalis) kultiviert wurden. Dabei ist *Cannabis ruderalis* vermutlich der Urvater aller Hanfarten. Allele und Genetik des Ruderalhanfs sind meistens von dominanter Natur.

1. Männlicher Blütenstand
2. Weiblicher Blütenstand
3. Männliche Blüte
4. Bündel männlicher Blüten
5. Unbefruchtete weibliche Blüte
6.-9. Reifeprozess des Samens
10. Reife Samen in Blütenhülle
11. Reifer Samen
12. Schnitt durch einen Samen mit Blick aufs Embryo

WISSENSCHAFTLICHE KLASSIFIKATION

Königreich: Plantae
Klasse: Magnoliopsida
Familie: Cannabaceae
Abteilung: Magnoliophyta
Orden: Rosales
Gattung: Cannabis

Formale botanische Beschreibung

Cannabis ist eine einjährige, zweihäusige Blütenpflanze. Die Blätter bestehen aus mehreren gezahnten Gliedern (Fingern), wobei das jeweils erste Blätterpaar einen einzelnen Finger aufweist. Die Anzahl erhöht sich je nach Sorte und Anbaubedingungen schrittweise bis zu einem Maximum von etwa dreizehn Fingern pro Blatt (in der Regel sind es sieben oder neun). An der Spitze einer blühenden Pflanze verringert sich diese Zahl wieder zu einem einzelnen Finger pro Blatt. Die unteren Blattpaare wachsen zumeist gegenständig, die oberen Blattpaare wechselständig. Cannabis hat normalerweise imperfekte Blüten, mit staminaten männlichen (Blüten, die nur Staubblätter ausbilden) und karpellaten Blüten, den sogenannten Pistillaten – das ist der weibliche Flor.

Gelegentlich tragen einzelne Pflanzen sowohl männliche als auch weibliche Blüten. Obwohl einhäusige Pflanzen oft als „Zwitter" bezeichnet werden, weisen echte Hermaphroditen (die weniger verbreitet sind) staminate und pistillate Strukturen auf. Cannabis ist ein Windbestäuber und produziert Samen, die wissenschaftlich Achänen (Nussfrüchte) genannt werden. Die meisten Cannabisstämme sind Kurztaggewächse, mit Ausnahme von C. ruderalis und einigen äquatorialen Sativa-Sorten, die lichtneutral zu wachsen in der Lage sind und allgemein als „automatisch blühend" und „Autoflowering-Pflanzen" beschrieben werden Cannabis ist diploid, hat also einen doppelten Chromosomensatz (2n = 20). Polyploide Individuen (mit mehr als zwei vollständigen Chromosomensätzen) sind auch schon künstlich erzeugt worden. Cannabispflanzen produzieren eine Gruppe von Chemikalien, die sogenannten Cannabinoide, die von den Drüsenhaaren abgesondert werden. Diese Drüsenhaare befinden sich am reichlichsten auf den Kelchen und Brakteen der weiblichen Pflanzen.

Das könnte ein Hinweis darauf sein, dass es sich bei den unterschiedlichen Eigenschaften der Pflanzen sozusagen um Mutationen handelt. So beginnt beispielsweise die Blütezeit der *Cannabis ruderalis* kurz nach der Keimung und ist nicht von der Dauer des Tageslichts abhängig. Dieses Merkmal dominiert bei allen Kreuzungen.

Die geografische und morphologische Vielfalt der Cannabispflanzen ist beträchtlich, sie wachsen auf variable Weise und an sehr unterschiedlichen Standorten. Die Stengel wachsen bis zu einer Höhe zwischen einem und 4,5 Metern, zuweilen gar höher, die Pflanzen sind mal dünn und schilfig, mal dick und buschig. Während die

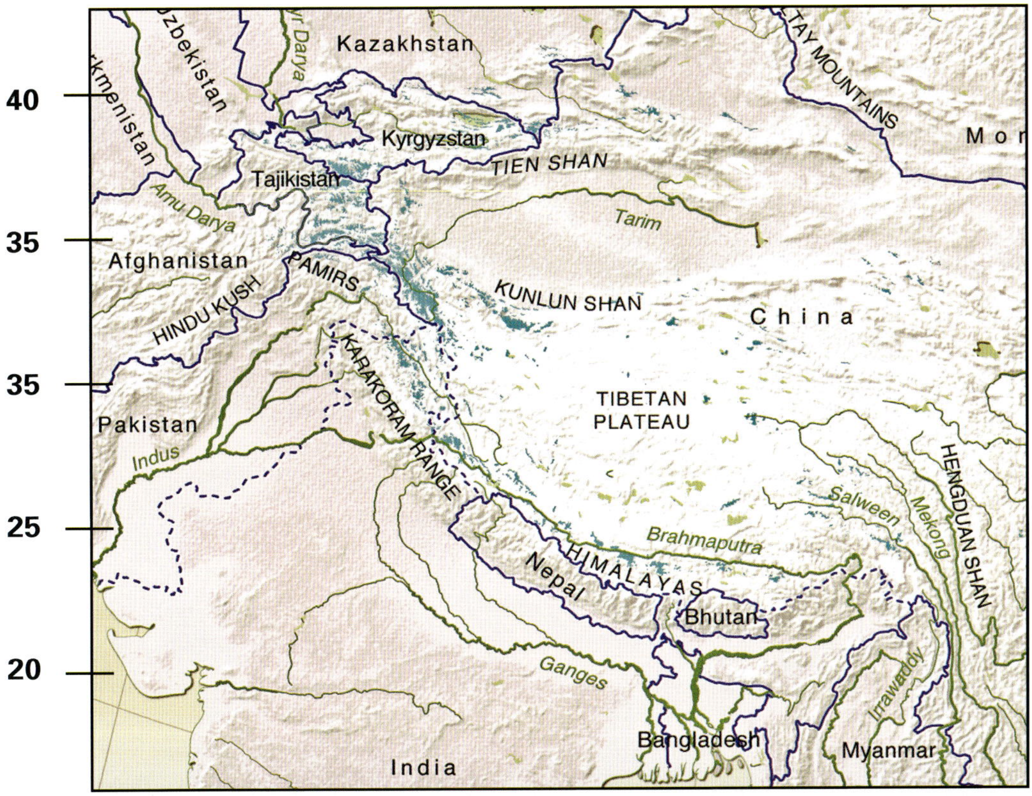

Die Region Hindu-Kush reicht über die Gebirgsausläufer des Himalaja und des südlichen Abschnitts der tibetischen Hochebene, die sich ihrerseits wiederum Tausende von Meilen von Kasachstan über Tadschikistan, Afghanistan, Indien, Nepal und Bhutan erstreckt. Südlich der Gebirgsausläufer, nämlich in ganz Indien und Südostasien, wird der Cannabis-Anbau häufig praktiziert.

Pflanzen im Hindukusch-Tal und in den Regionen der Gebirgsausläufer des Himalaja einheimisch sind, sind sie mit den Menschen durch die ganze Welt gewandert und können nun in wild wachsender Form auf allen Kontinenten, außer in der Antarktis, gefunden werden. Weil es in der Antarktis, wo Forscher aus vielen Ländern arbeiten, keine Verbote und prohibitiven Gesetze gibt, ist anzunehmen, dass Cannabis seine Wurzeln auch dort irgendwo ausgebreitet hat.

Cannabis sativa L. ist die einzige einjährige Pflanze zweihäusiger Natur – das heißt, dass jede Pflanze entweder männlichen oder weiblichen Geschlechts ist – wenngleich zuweilen Zwitterblüten auftreten, die sowohl männliche als auch weibliche Blüten produzieren. Ungewöhnlich ist auch die Tatsache, dass Cannabis eine einjährige Pflanze ist, während sein engster botanischer Angehöriger, der Hopfen, eine mehrjährige Pflanze ist. Diese Tatsache, kombiniert mit der Fähigkeit der Cannabispflanze, in Nepal und bei ähnlichen Klimabedingungen zu überwintern und im Frühjahr zu regenerieren, lässt mich zu dem Schluss kommen, dass der evolutionäre Weg der Pflanze von einer mehrjährigen zu einer einjährigen ein relativ kurzer gewesen sein muss.

Auch die handförmigen Blätter der Pflanze, die auch der erkennt, der nie eine Pflanze hat gedeihen sehen, sind unterschiedlich groß und haben auf subtile Weise verschiedene Formen.

Die handförmigen Blätter können von ein paar Zentimetern (etwa 5 Zentimeter) bis zu einem Fuß Größe reichen, und die fünf oder sieben scharfgetrennten Finger sind entweder lang und dünn oder breit und stämmig. Die Kombination von extremer genetischer Variabilität und der vorzüglichen Eignung zum Einkreuzen der Cannabispflanze sind ein Teil dessen, was es so spannend macht, diese Pflanzen anzubauen. Die Palette von Eigenschaften, die die selektive Zucht zu erzeugen in der Lage ist, ist in der Tat erstaunlich.

DAS HIGH

Die erhebliche Vielfalt der Marijuanasorten in Sachen Aussehen, Geschmack, Geruch und High ist kein Zufall. Die hervorragenden Feinheiten dieser Pflanze ermöglichen Growern mit unterschiedlichen Zielen, die jeweils ideale Pflanze zu ziehen. Marijuana-Enthusiasten haben das Vergnügen, die unzähligen Wirkungsspektren, Aromen und Gerüche zu erforschen, die diese vielen Sorten zu bieten haben.

Es ist bekannt, dass Marijuanasorten verschiedene Aromen und Highs aufweisen, denn sie enthalten jeweils unterschiedliche Anteile von Cannabinoiden, Substanzen, die spezifisch sind für Marijuana. Allerdings zeigt sich im Test der modernsten Marijuanasorten eine starke Potenzierung des Delta-9 THC (Δ9-THC), aber in den meisten Sorten sind alle anderen Cannabinoide anwesend, mehr als 100 an der Zahl – einschließlich Cannabinol (CBN), Cannabidiol (CBD), Cannabichromen (CBC) und Cannabigerol (CBG).

Die beliebtesten Sorten weisen einen erheblichen Anteil an THC auf, im Allgemeinen 15 bis 20 Prozent des Knospengewichts. Die meisten Gartenbücher über Cannabis vermerken, dass das Cannabidiol (CBD) die psychoaktiven Eigenschaften von THC beeinflusst. Einige Studien haben ergeben, dass CBD die Aufnahme von THC beeinflussen kann und die Potenz besitzt, gewisse negative psychische Auswirkungen reduzieren zu können, Angst etwa. 2005 haben Wissenschaftler festgestellt, dass sich CBD im Gegensatz zum THC nicht an CB1-Rezeptoren im Gehirn bindet.

Weil Pflanzen nicht mobil sind, können sie ihren natürlichen Fraßfeinden nicht entkommen und auch konkurrierenden Pflanzen in der Nachbarschaft nicht. Deshalb haben Pflanzen eine andere Möglichkeit der Abwehr von Feinden und Konkurrenten entwickelt. Eine ihrer wichtigsten Strategien ist die chemische Kriegsführung. Sie produzieren Öle und andere Substanzen, um Feinde abzuwehren. Einige von diesen Substanzen sind tödlich oder krankheitserregend, verzögern den Reifungsprozess oder beeinflussen den Stoffwechsel des Feindes. Dann wieder nutzen Pflanzen Aromen, um entweder Bestäuber zur Fortpflanzung oder Raubtiere anzulocken, die pflanzliche Feinde abwehren. Das THC und die diversen Terpene wurden als Teil dieses Mechanismus' entwickelt.

Obwohl es vornehmlich das High ist, das die meisten Nutzer bevorzugen und suchen, kann Marijuana viele andere Auswirkungen haben. Forscher haben festgestellt, dass der menschliche Körper über eine zweite Art von Cannabinoid-Rezeptoren verfügt, die als CB2-Rezeptoren bezeichnet werden und an die sich CBD bindet. Dies kann viele der medizinischen Qualitäten des CBD erklären. Zum Beispiel ergaben klinische Studien zur Schmerzlinderung, dass eine 50:50-Mischung von THC und CBD die besten analgetischen Wirkungen hat. Ebenso deutet die Konzentration der CB2-Rezeptoren im menschlichen Darm darauf hin, dass sie für einige Eigenschaften des Marijuanas verantwortlich sein können; und zwar für die Fähigkeit, den Appetit anzuregen, Übelkeit zu kontrollieren und Magen-Darm-Krämpfe zu verringern. In der Forschung bleibt noch viel zu tun – zum Beispiel in den Bereichen der immunmodulatorischen Funktionen und anderer möglicher therapeutischer Anwendungen von Cannabinoiden, einschließlich ihres möglichen Nutzens bei der Bekämpfung von Krebstumoren und bei der Kontrolle von Autoimmunstörungen wie Arthritis und Alzheimer.

Wenn aber nun die „Rezeptur" der Cannabinoide doch nicht die Art des Highs bestimmt, was ist dann? Dann können wir die Antwort erschnüffeln. Erfahrene Marijuana-Nutzer bewerten oft die Qualität von Marijuana, bevor sie es überhaupt rauchen – und zwar indem sie einfach daran riechen. Sie erwarten, dass eine bestimmte Art von Erfahrung mit dem Geruch zu tun haben muss. Interessanterweise sind THC und andere Cannabinoide völlig geruchlos. Was diese Kenner riechen, sind Terpene: die ätherischen Öle der Pflanzen.

TERPENE

Wenn andere Cannabinoide als THC das High nicht beeinflussen, dann schauen wir uns andere Bestandteile im Marijuanarauch an. So sind beispielsweise Terpene weitere wichtige Komponenten des Marijuana-Harzes – sie stellen außerdem den größten Anteil an ätherischen Ölen in den meisten Pflanzen. Der Duft der meisten Blüten, Kräuter und Gewürze wird von diesen Ölen produziert. Wenn Therapeuten Pflanzenöle in der Aromatherapie verwenden oder wenn sie natürlichen Weihrauch, Parfüm oder anderen Duft nutzen, um einen Reiz zu provozieren, dann lassen sie ihre Patienten verschiedene Kombinationen von Terpenen inhalieren. Terpene haben die Macht, die Stimmung zu verändern. So helfen sie zu entspannen oder sich zu konzentrieren, sich ängstlich oder zufrieden zu fühlen.

Die Anwesenheit von Terpenen lässt sich leicht prüfen: einfach eine Knospe mit den Fingern zusammendrücken und an den Fingern riechen. Grapefruit, Silver Haze, Blueberry, Real Skunk – jeder dieser Gerüche bringt einen Vorgeschmack auf das zu erwartende High, das im Gehirn explodieren wird.

Pflanzen produzieren Terpene aus einem der folgenden drei Gründe:

- um Insekten zur Bestäubung anzulocken
- um Fraßfeinde abzuwehren oder zu töten
- um Raubtiere gegen die Fraßfeinde anzulocken.

Die Quantität der Geruchsmoleküle, deren Produktion für die Pflanzen eine aufwendige Sache ist, erhöht sich mit der Bereitschaft einer Pflanze zur Fortpflanzung. Bevor ein Gewächs blüht, sind die Gerüche eher von schwacher Ausprägung. Ist die Blüte in vollem Gange, verstärkt sich auch der Geruch, damit die Pflanze besser geschützt ist. Beim Erreichen der Knospenreife, egal ob mit Samen oder Sinsemilla (unbestäubt) gezogen, maximiert sich der Geruch. Marijuana ist ein Windbestäuber – die Pflanze hat es also nicht nötig, Bestäuber anzulocken. Außerdem ist sie vor Pollenplünderung durch Insekten geschützt, weil die starken Gerüche Säugetiere davon abhalten, sich an den Pflanzen zu vergreifen.

Durch vorübergehende Veränderung der Gehirnfunktion beeinflussen Terpene die Stimmung, die Sensibilität und die Wahrnehmung, einschließlich des Gleichgewichtssinns und der Schmerzempfindlichkeit.

Chemisch gesehen bestehen Terpene aus sich wiederholenden Einheiten von Isopren, das eine Fünf-Kohlenstoff-Ketteneinheit oder einen Ring mit acht verbunden Wasserstoffatomen (C_5H_8) darstellt. Terpen benutzen die einfachen Isopreneinheiten in Gruppen, um Moleküle mit 10, 15, 20, 30 und 40 Kohlenstoff-Einheiten zu bilden; sie verbinden sich zudem und ändern die molekulare Struktur, um einfache Ketten oder dreidimensionale (polyzyklische) Strukturen zu bilden. Am wichtigsten für die Marijuanapflanze sind die Stoffwechselwege der Terpene, denn

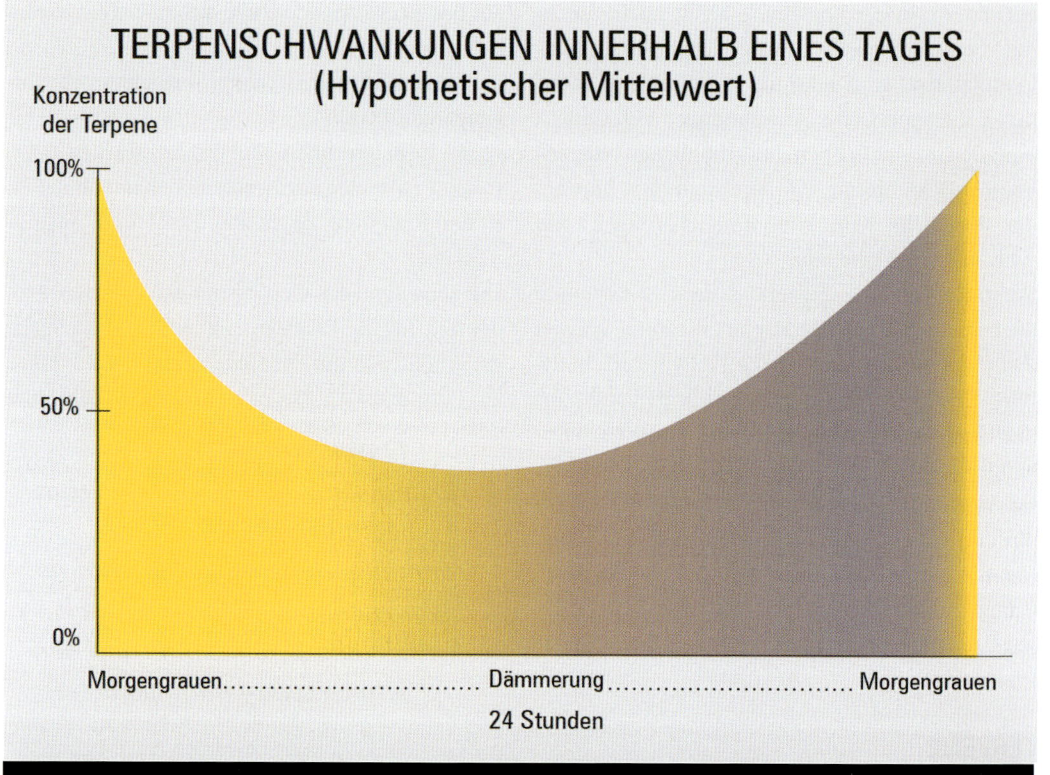

Wenn es die geschlechtliche Reife erlangt hat, produziert Marijuana Terpene in den Drüsen, die die Blüten umgeben. Die Anzahl der Terpene erhöht sich während der dunklen Periode und erreicht ihren Höhepunkt kurz vor dem Morgengrauen. Im Laufe des Tages verdunsten die Stoffe und füllen die umgebende Luft mit Geruch, um Raubtiere zu warnen. Am Ende des Tages, bei Dämmerung, sind die Terpen- und Cannabinoid-Konzentrationen am niedrigsten.

diese stellen entscheidende enzymatische Schritte in der THC-Produktion dar. Darüber hinaus können sich Terpene mit anderen Molekülen verbinden, die verschiedene Wirkungen auf Tiere und Pflanzen ausüben können. Je nachdem, wie sich Terpene verbinden, entstehen unterschiedliche Aromen.

Die meisten pflanzlichen Aromen sind der Existenz von Terpenen und Flavonoiden zu verdanken. Wir Menschen können diese Substanzen riechen und schmecken, aber sie beeinflussen auch auf andere Weise. So nutzt die Aromatherapie Inhalationen ätherischer Öle, um die Stimmung, den Schlaf, das Verhalten, das Sehvermögen und Heilungsprozesse zu regulieren. Lavendelöl beispielsweise ist ein Beruhigungs- und Entspannungsmittel; Rosmarin wird verwendet, um die Konzentration zu erhöhen und um ein Gefühl der Zufriedenheit zu erzeugen. Diese Effekte sind allein der Kombination von Terpenen und anderen Substanzen zu verdanken, die sich in pflanzlichen Ölen befinden. Während Terpene das Gehirn auf ihre eigene Weise beeinflussen, verändern sie auch die Wirkung von THC im Gehirn, indem sie das High um gewisse Nuancen bereichern. Manche Terpene beeinflussen das High, weil sie sich an die Rezeptoren im Gehirn binden und dort die chemischen Prozesse beeinflussen. Einige Terpene wie Thujon, eines der wichtigsten Terpene im Wermut (die Pflanze wird verwendet, um Absinth herzustellen), binden sich nur schwach an den CB1-Rezeptor.

Andere verändern die Durchlässigkeit der Zellmembranen oder der Blut-Hirn-Schranke, so dass entweder mehr oder weniger THC Zugang zu den Rezeptoren findet. Andere beeinflussen den Serotonin- und Dopamin-Haushalt, indem sie sie hemmen und ihre Produktion stören, sich an ihre Rezeptoren binden oder ihren natürlichen Zerfall verlangsamen. Dopamin und Serotonin, zwei der wichtigsten Stimmungs- und Verhaltensregulatoren, werden von einigen Terpenen beeinflusst und auch vom THC. Durch die vorübergehende Veränderung der Gehirnfunktionen beeinflussen Terpene die Stimmung, Empfindlichkeit und Wahrnehmungen, einschließlich des Gleichgewichts und der Schmerzempfindung. Wenn verschiedene Terpene in Kombination vorliegen, wie z. B. in natürlichen Pflanzenölen, können sie mannigfaltige psychische Effekte induzieren. Manche Kombinationen können synergistisch und andere antagonistisch wirken, jedes „Rezept" von Terpenen hat auf unsere Stimmungen und Gefühle Einfluss – und zwar stets auf seine eigene Art und Weise.

Im Marijuana wurden über 100 Terpene entdeckt. Es gibt tatsächlich viele Terpene, wenn man die vielfältigen Variationen jedes einzelnen zur Grundlage nimmt. So unterscheidet sich zum Beispiel der charakteristische Zitrusgeruch von Fruchtschalen je nach der Art und sogar je nach der Obstsorte – Orangen und Zitronen haben beispielsweise verschiedene Gerüche und ihre Terpene, genannt Limonen, sind Spiegelversionen voneinander. Diese Versionen entstehen aufgrund unterschiedlichen Limonen-Konzentrationen im Zusammenspiel mit anderen Verbindungen.

Marijuana-Harz besteht zu etwa zehn bis 30 Prozent aus verschiedenen Terpenen. Dabei kommen einige Terpene nur gelegentlich in der Pflanze vor, während andere stets nachweisbar sind. Der Anteil an Terpenen und die Konzentrationen, in denen diese Stoffe vorliegen, unterscheiden sich je nach Pflanzensorte. Das ist leicht nachzuprüfen: Denn die einzelnen Marijuanasorten haben ihre charakteristischen Gerüche, die auf ihrer individuelle Komposition von ätherischen Ölen beruhen. Interessanterweise enthalten Hopfen und beide Gruppen von Cannabis (Hanf mit niedrigem THC-Gehalt sowie starkes Cannabis) ähnliche Verbindungen von Terpenen. Ein Forscher stellte fest, dass das Öl vom gemeinen schwarzen Pfeffer (Piper nigrum) auch eine Gruppe von Terpenen aufweist, die denjenigen in Cannabispflanzen ähnlich sind. Terpene werden in den Trichomen produziert, in denselben Drüsen, in denen auch THC erzeugt wird. Alter, Reife und Tageszeit können Anzahl und möglicherweise auch die Konzentration der Terpene beeinflussen. Ein Grund dafür ist ihre hohe Verdunstung bei einer Temperatur um 24 °C. Während die Pflanzen reifen, wird ihr Geruch intensiver und manchmal verändert er sich, wenn die Gewächse reif geworden sind. Pflanzen produzieren ständig Terpene, aber diese verdunsten unter dem Einfluss des Sonnenlichts und steigender Temperaturen. Das bedeutet, dass Pflanzen am Ende der Dunkelheitsperiode mehr Terpene aufweisen als nach einem Tag in vollem Licht. Das kann man auch selber testen – indem man den Geruch der Pflanzen am Morgen und dann am Ende eines sonnigen Tages testet. Morgens ist

Hopfen Lemongras

der Geruch deutlich schärfer. Klima und Wetter beeinflussen auch die Produktion von Terpenen und Flavonoiden. Daher kann dieselbe Marijuanasorte unterschiedliche Mengen und vielleicht sogar verschiedene Arten von Ölen produzieren. Das liegt auch an der Beschaffenheit des Bodens, in dem die Pflanzen aufgewachsen sind, und an dem verwendeten Düngemittel. Die Terpene, die

Mango

Zitrusfrüchte

weiter unten beschrieben werden, finden sich gewöhnlich am häufigsten im Marijuana, wobei sich einzelne Pflanzen stark von den angegeben Werten abweichen können, was sowohl den Prozentanteil der Terpene als auch ihre Konzentration betrifft.

MYRCEN ist das am häufigsten vorkommende Terpen in den meisten Cannabissorten, aber es ist zum Beispiel nicht im Faserhanf zu finden. Myrcen kommt in größeren Mengen im Hopfen, im Zitronengras, im westindischen Lorbeer (der zur Herstellung von „Bay Rum" dient), im Eisenkraut und in der Pflanze, von der es seinen Namen hat, Myrica, dem Gagelstrauch vor. Myrcen kommt auch in geringen Mengen in den ätherischen Ölen von vielen anderen Pflanzen vor. Der Geruch dieses Monoterpens wird verschiedentlich beschrieben als nelkenähnlich, erdig, nussig, grün-vegetativ und zitrusähnlich. Die verschiedenen Gerüche sind das Ergebnis geringer Unterschiede in der Komposition der ätherischen Öle. Alle diese Aromen und Gerüche werden häufig verwendet, um Cannabis zu beschreiben.
Myrcen ist ein starkes Schmerzmittel, Antirheumatikum und Antibiotikum. Es blockiert Cytochrom, Aflatoxin B und andere Promutagene, die an der Entstehung von Krebs beteiligt sind. Es ist auch in geringen Mengen in vielen ätherischen Ölen mit anti-depressiven und anregenden Duftwirkungen nachweisbar. Myrcen und THC sind wahrscheinlich Synergisten, d. h. dass eine Kombination beider Moleküle ein stärkeres Erlebnis bietet als die jeweils einzelne Substanz. Myrcen kann Einfluss auf die Permeabilität der Zellmembran haben, so dass mehr THC die Gehirnzellen erreichen kann. So enthalten beispielsweise überreife Mangos größere Mengen an Myrcen. Eine Mango etwa 20 bis 30 Minuten vor dem Marijuanagenuss zu essen, gibt Myrcen die benötigte Zeit, in die Blutbahn zu gelangen und die Blut-Hirn-Schranke zu überwinden. Myrcen kann THC helfen, diese Barriere zu nehmen, indem es die entsprechenden Leitungsbahnen öffnet. Die Kombination von THC und Myrcen verschafft schneller ein noch stärkeres High.

LIMONEN befindet sich in der Schale von Zitrusfrüchten und vielen anderen Früchten und Pflanzen. Limonen ist das zweit-, dritt- oder vierthäufigste Terpen im Cannabis-Harz, je nach Sorte. Jeder kennt den Harzgeruch von Zitrusfrüchten – der in der Luft explodiert, wenn eine Frucht geschält wird. Das exakte Aroma wird letztlich durch die Struktur der Terpene bestimmt. Pflanzen bedienen sich des Limonen, um Raubtiere abzuwehren. Zum Beispiel verfügen Fliegen über eine Gruppe von Rezeptoren, die direkt mit dem Fliegengehirn verbunden ist und die eine ähnliche Funktion wie die Geschmackspapillen auf unserer Zunge haben. Einer dieser Rezeptoren spürt schädliche Substanzen auf und reagiert auf Limonen, als wäre es ein Toxin.
Limonen hat antibakterielle, antimykotische und krebshemmende Eigenschaften. Es hemmt beispielsweise das Tumorwachstum. Weil Limonen ein kraftvolles Fungizid und Antikrebsmittel ist, ist die heutige Lehrmeinung, dass das Terpen gegen Aspergilluspilze und Karzinogene schützt, die manchmal im Cannabisrauch nachweisbar sind. Es fördert synergistisch die Absorption anderer Terpene, die durch Zellmembranen eindringen.
Beim Menschen ermöglicht das Limonen eine rasche Überwindung der Blut-Hirn-Schranke. Das Ergebnis ist ein erhöhter systolischer Blutdruck

Schwarzer Pfeffer

Nelken

Rosmarin

Salbei

(das ist der obere Blutdruckwert). In einem Test berichteten die Teilnehmer von einer Erhöhung der Aufmerksamkeit und von gesteigerter Unruhe. Verschiedene Analoga des Terpens Limonen können im Gehirn Reize für sexuelles Verlangen, gesteigerten Antrieb oder eine erhöhte Konzentration auslösen. Nicht nur deshalb werden Limonensprays zur Behandlung von Depressionen eingesetzt.

BETA-CARYOPHYLLEN ist ein bedeutendes Terpen, das im schwarzen Pfeffer (15 bis 25 Prozent), in Nelken (10 bis 20 Prozent) und in der Baumwolle (15 bis 25 Prozent) gefunden werden kann. Es hat einen süßen und holzigen, eben den typischen Nelkengeruch und schmeckt pfefferscharf, kampferartig, zusammenziehend und zitrusartig. Es trägt zur Würzigkeit des schwarzen Pfeffers bei und wird industriell verwendet, um das Aroma von Tabakprodukten zu maximieren.
Größere Mengen Beta-Caryophyllen blockieren die Kalzium- und Kaliumionenkanäle. Damit vermindert das Terpen den Druck, der auf den Herzmuskel ausgeübt wird. Außerdem ist es ein Analgetikum und einer der aktiven Bestandteile des Nelkenöls, das ein hervorragendes Heilmittel zur Behandlung von Zahnschmerzen darstellt. Es bindet sich an die CB2- Rezeptoren und damit an die selbe Stelle wie das Cannabidiol. So kann das Terpen behilflich sein, Entzündungen einzudämmen oder zu beseitigen. In einem neueren Experiment rauchte eine Gruppe erfahrener Marijuana-User einen Joint mit zusätzlich beigefügten Caryophyllenen. Abgesehen von einem Probanden berichteten alle Testpersonen über positive Wirkungen und über etwas Schwindel. Der andere Proband verspürte auch diese Glücksgefühle, die jedoch eher reflektorischer Natur waren. Zudem verlieh der Zusatz des Terpens dem Marijuana eine etwas holzige Geschmacksnuance.

PINEN macht den vertrauten Geruch aus, den wir mit Kiefern und ihren Harzen verbinden. Es ist der Hauptbestandteil des Terpentins und befindet sich in vielen anderen ätherischen Pflanzenölen in durchaus wahrnehmbaren Mengen; zum Beispiel in Rosmarin, Salbei und Eukalyptus. Viele weitere Pflanzenöle enthalten geringe Konzentrationen an Pinen. Pinen wird medizinisch als Expektorans und Antiseptikum benutzt. Weil das Terpen ein Acetylcholinesterase-Inhibitor ist, überwindet es spielend die Blut-Hirn-Schranke; denn Pinen hemmt die Aktivität einer Substanz, die als Informationen übermittelndes Molekül fungiert. Das führt insgesamt zu einer verbesserten Hirnleistungsfunktion. Vor allem wegen der Anwesenheit von Pinen werden Rosmarin und Salbei als „gedächtnissteigernde Pflanzen" betrachtet. Mischungen, die aus den Blättern dieser Gewächse zubereitet werden, gelten in der traditionellen Medizin seit Jahrtausenden als Heilmittel gegen Vergesslichkeit und Verwirrtheit.
Pinen verleiht den Skunksorten ihren typischen Geruch. Die Substanz ist zudem ein

Pinie

Flieder Apfelblüten

Zeder

Bronchodilator. Der Rauch scheint die Lungen auszuweiten, und das High ist sehr schnell zu erwarten, weil ein hoher Prozentsatz der Substanz in den Blutstrom und damit ins Gehirn gerät. Pinen steigert auch die Konzentrationsfähigkeit, das Selbstbewusstsein und die allgemeine Energie. Das scheint möglicherweise gegen die Erfahrung des gewohnten Marijuana-Users zu sein – sind doch die Eigenschaften von Afghan Skunk meist von eher beruhigender und sedierender Natur. Dieser Effekt wird durch die Anwesenheit von Terpineol induziert, das in der Natur häufig in Kombination mit Pinen vorkommt. Starker Pinengeruch tarnt das Terpineol. Das auf diese Art versteckte Terpineol haut ziemlich rein. Weil aber die Substanz ohne eigenes Aroma daherkommt, wird der starke psychoaktive Effekt dem Pinen zugeschrieben. Ein Tipp: Wenn ein süßer Sinneseindruck den sonst eher stinkenden Geruch des Marijuanas übertüncht oder bereichert, dann stehen die Chancen gut, dass Terpineol in dem Gras vorhanden ist.

TERPINEOL hat einen Flieder-, Zitrus- oder Apfelblüten- bzw. Lindengeruch. Die Substanz kommt in geringer Konzentration in einer ganzen Reihe pflanzlicher ätherischer Öle vor. Es wird wegen des Dufts für die Herstellung von Parfümen und Seife verwendet. Terpineol ist ein Abfallprodukt, das bei der kommerziellen Verarbeitung von anderen Terpenen entsteht. Es verringert die Motilität, also die Bewegungsfähigkeit – im Tierversuch an Ratten gar um satte 45 Prozent. Dieser Umstand kann die „Couch-Effekte" einiger Cannabissorten erklären, obwohl der Geruch des Terpineols normalerweise nichts mit dem physikalischen High zu tun hat. Das kann durch die Tatsache erklärt werden, dass Terpineol häufig in Hanfsorten mit hohen Pinenkonzentrationen enthalten ist. Sein Geruch wird durch die stechenden und holzartigen Aromen des Pinens überdeckt.

BORNEOL erinnert an das Mentholaroma des Kampfers und wird leicht zu diesem umgewandelt. Borneol kommt in geringen Mengen in vielen ätherischen Ölen vor. Kommerziell wird es von den Wermutpflanzen, z. B. dem Wermut selber, und einigen Cinnamomum-Spezies (Zimt) abgeleitet. Es gilt in der chinesischen Medizin als Beruhigungsmittel. Es hilft gegen Ermüdung und unterstützt die Genesung und Erholung von Stress. Der kampferähnliche Beigeschmack der Silver Haze-Sorten ist unverwechselbar. Das High dieser Sorten hat zusätzlich zu den psychedelischen Aspekten einen durchaus beruhigenden Effekt. Das legt nahe, dass eine größere Menge Borneol in diesen Sorten vorhanden sein kann.

Wermut

Lavendel Maiglöckchen

Pfefferminzkampher

DELTA-3-CAREN hat einen süßlichen und stechenden Geruch. Das Terpen ist Bestandteil des Harzes von Kiefern und Zedern, wird aber in vielen anderen Pflanzen, einschließlich des Rosmarins, gefunden. In der Aromatherapie wird Zypressenöl (in dem viele Delta-3-Carene anwesend sind) benutzt, um überschüssige Körperflüssigkeiten, z. B. Tränen, eine laufende Nase, verstärkte Monatsblutungen und übermäßigen Schmerz zu reduzieren. Deshalb bewirkt Marijuana häufig einen trockenen Mund und trockene Augen.

LINALOOL verströmt einen blumigen Geruch, der an Frühlingsblumen wie Maiglöckchen erinnert, kombiniert mit scharfem Beigeschmack. Linalool verfeinert das Aroma von Lavendel, Neroli und anderen ätherischen Ölen. Wir Menschen können den typischen Geruch wahrnehmen – selbst extrem geringe Dosierungen. Linalool wird zurzeit als Therapeutikum diverser Krebsarten geprüft. Es ist auch Bestandteil einiger sedierender ätherischer Öle. In Versuchsreihen, die an Menschen durchgeführt wurden, bewirkte inhaliertes Linalool eine starke Beruhigung. In Tests an Ratten sank deren Aktivität um fast 75 Prozent.

PULEGON weist den typischen Geruch von Pfefferminzkampher auf sowie einen Geschmack, der in der Süßigkeitenindustrie verwendet wird. Das Terpen verursacht in hohen Dosierungen Leberschäden. In geringen Mengen kommt Pulegon aber auch im Marijuana vor. Pulegons ist ein Acetylcholinesterase-Inhibitor, Pulegon hemmt also das Protein, das Acetylcholin zerstört. Acetylcholin wiederum ist die Substanz, die das Gehirn verwendet, um Gedächtnisinhalte dauerhaft zu speichern. Pulegon kann dem THC-Effekt entgegenwirken, indem es die Acetylcholin-Konzentration vermindert.

Eukalyptus

CINEOL ist der Hauptbestandteil des Eukalyptusöls. Es hat einen Geruch von Pfefferminzkampfer, der dem des Pulegons ähnelt. Es wird auch in anderen wohlriechenden Pflanzen und in geringen Mengen auch im Marijuana vorgefunden. Cineol wird unter anderem verwendet, um Schmerzen zu lindern und um die Blutzirkulation zu erhöhen. Die Substanz überwindet leicht die Blut-Hirn-Schranke und löst eine rasche olfaktorische (geruchsbezogene) Reaktion aus. Eukalyptusöl induziert zentrierende, ausgleichende und stimulierende Wirkungen. Es ist vermutlich der anregende und nachdenklich stimmende Teil des Hanfrauchs.

TERPEN-INTERAKTION

Die Art und Weise, wie Terpene sich gegenseitig beeinflussen, und der daraus resultierende Effekt auf die Gehirntätigkeit, stellt für Samenzüchter tatsächlich ein faszinierendes Feld für Forschung und ausschweifende Kreativität dar. Die Art und Weise, wie Terpene sich gegenseitig beeinflussen, und der daraus resultierende Effekt auf die Gehirntätigkeit, stellt für Samenzüchter tatsächlich ein faszinierendes Feld für Forschung und ausschweifende Kreativität dar.

Kartographie des Marijuana-Geschmacks | DJ Short

Die Zucht und Produktion eines feinen Marijuanas ist vielmehr Kunst als reine Wissenschaft. Ein kreativer Kopf und gute Intuition sind notwendig, um den gewünschten Erfolg auf diesem Gebiet zu erzielen. Während das Kraut an sich ausschließlich geeignet ist, den „mentalen" Appetit zu befriedigen, kann der Geschmack guten Grases den Hanfkenner genauso begeistern. Die diversen Geschmacksrichtungen, die die Gattung Cannabis für uns bereit hält, sind außerordentlich variabel. Keine andere Pflanze der Welt ist in Sachen Aroma und Geschmack den Cannabisgewächsen vergleichbar. Das Spektrum der Gerüche und Geschmäcker, die ein Mensch wahrzunehmen fähig ist, ist recht ausgedehnt und komplex. Bisher hat niemand ein praktikables Diagramm für den Geruchssinn ersonnen, obgleich Ann Noble für die Weinindustrie ein gewieftes „Aromarad" entwickelt hat, das mich inspirierte, eine ähnliche Karte für die Hanfsorten zu entwickeln. Das können sowohl allgemeine als auch spezifischere Gerüche sein.

So unterteilt sich zum Beispiel eine Kategorie, die man „obstartig" nennen könnte, in „beerige" und in „zitrusähnliche" Aromen; die Aromen der Zitrusfrüchte wiederum gliedern sich weiter in die eindeutigeren Aromen von Zitrone, Limone und Orange. Die Aromavielfalt und die Geschmacksrichtungen, die auf dem Diagramm dargestellt werden (siehe folgende Seite), sind in der Praxis alle möglich. Einige von diesen sind bereits gut bekannt und unter den verbreiteten Cannabissorten aufzufinden, während andere aromatische Richtungen die gezielte Kreuzung erfordern. Einige der hochwertigsten Strains vereinen die diversen aromatischen Kategorien und bereiten damit eine komplexe sensorische Erfahrung.

Obgleich Geruchsstärke und Aromaintensität unterschiedlich sein können, sind die Aromen solcher Sorten am besten ausgeprägt, die outdoor und in ihrem Ursprungsgebiet gepflanzt wurden. Aroma und Geschmack einer Sorte können durchaus unterschiedlich sein – je nach Anbaumethode und dem jeweiligen Wachstumsstadium. Das Aroma einer frischen, ungeernteten Knospe, einer getrockneten und feminisierten Knospe und das Aroma des inhalierten Rauchs können sehr unterschiedlicher Natur sein.

Der unterschiedliche Geschmack der einzelnen Cannabissorten kann erstaunliche Dimensionen annehmen – und die sind wichtig für die Unterscheidung von guter und hervorragender Qualität. Der erfahrene Grower ist in der Lage, das Aroma immer mehr zu verfeinern. Die nun folgende schematische Kartographie soll anspruchsvollen Rauchern helfen, sich zu orientieren. Gute Reise.

Kartographie der Marijuana-Aromen

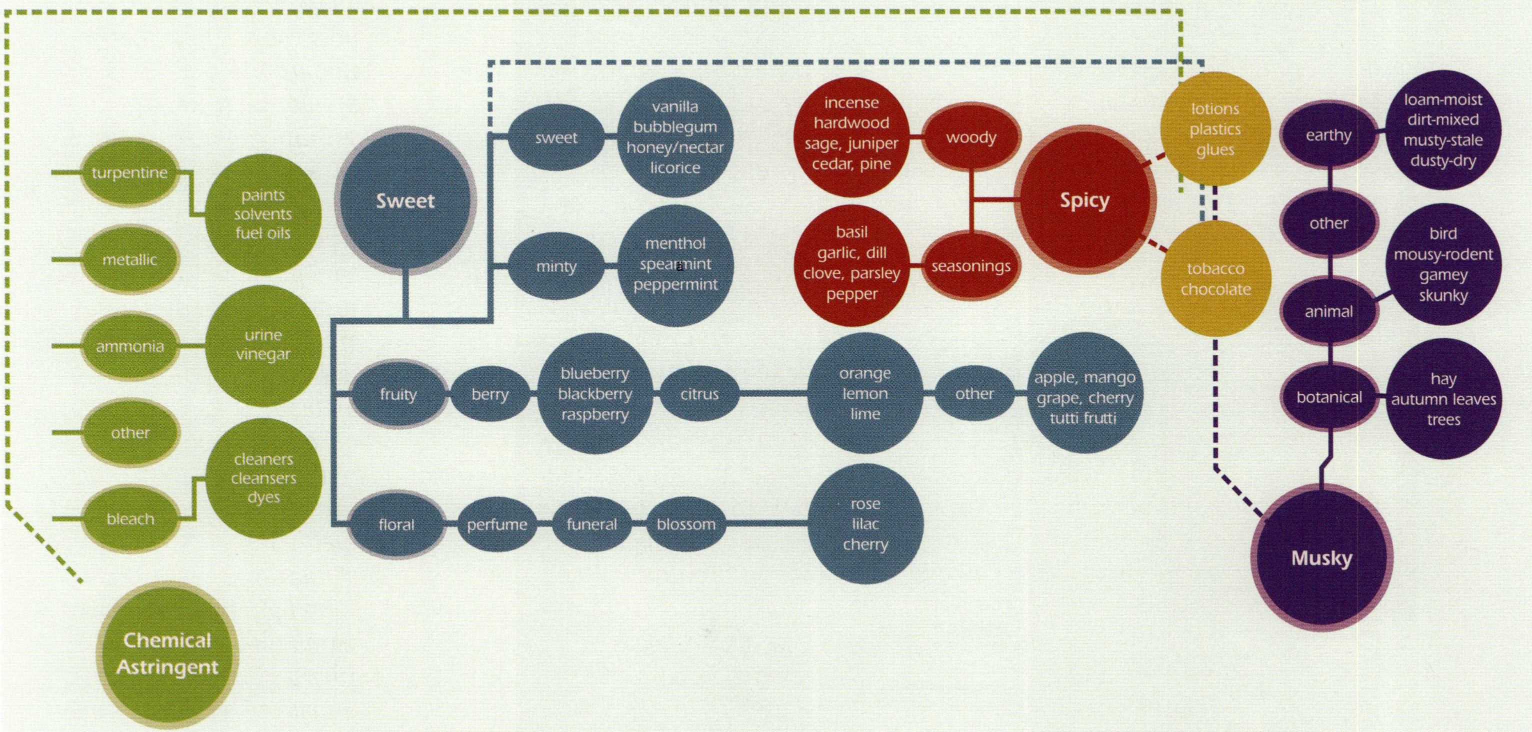

Die Variationsvielfalt der verschiedenen Geschmäcker und Aromen des Marijuanas lässt sich in diese allgemeinen Kategorien unterteilen: bitter/ zusammenziehend, süß, würzig, moschusartig.

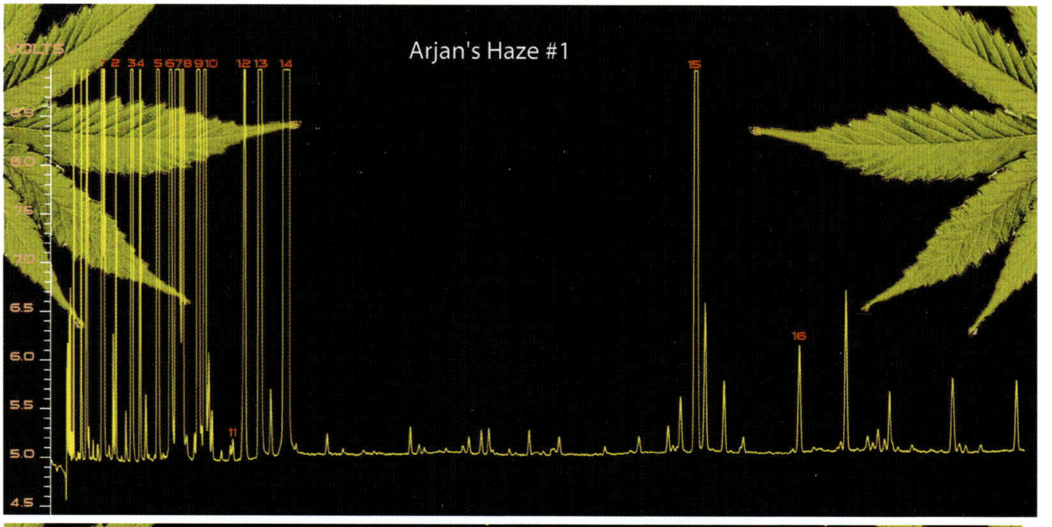

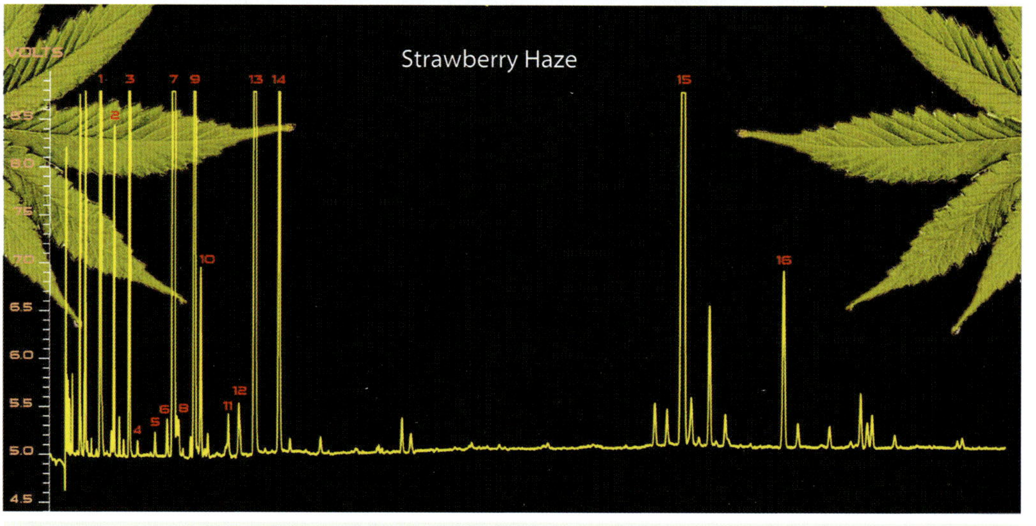

TERPEN-SCHLÜSSEL

Diese Diagramme bilden Werte von bestimmten Terpenen ab:

1-Alpha-Pinen
2-Camphen
3-Beta-Pinen
4-Sabinen
5-Delta-3 Caren
6-Alpha-Phellandren
7-Beta-Myrcen
8-Alpha-Terpinen
9-Limonen
10 bis 1,8-Cineol
11-Y-Terpinen
12-Cis-Ocimen
13-Trans-Ocimen
14-Alpha-Terpinolen
15-Trans-Caryophyllen
16-Alpha-Humulen

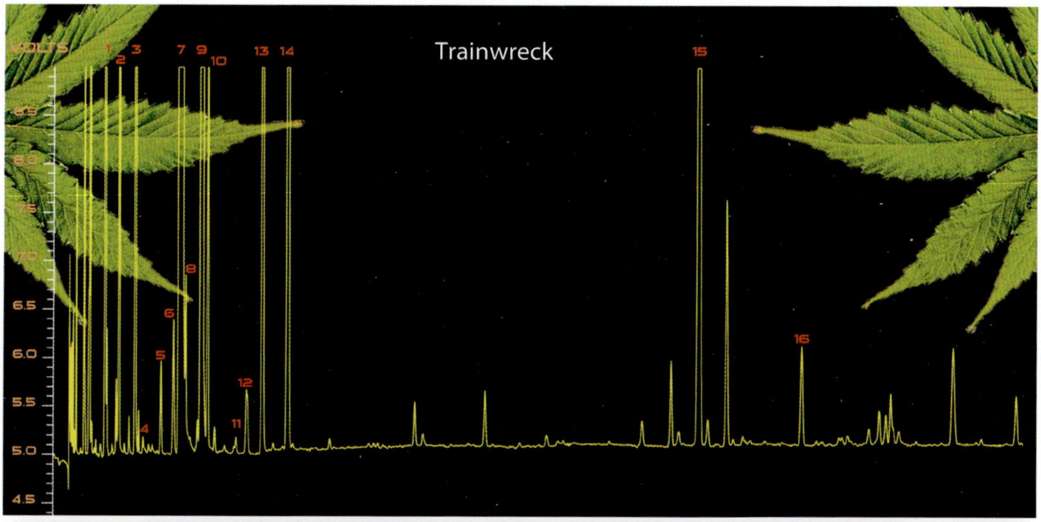
Trainwreck
VOLTS
1 2 3 4 5 6 7 8 9 10 11 12 13 14 15 16
6.0
5.5
5.0
4.5

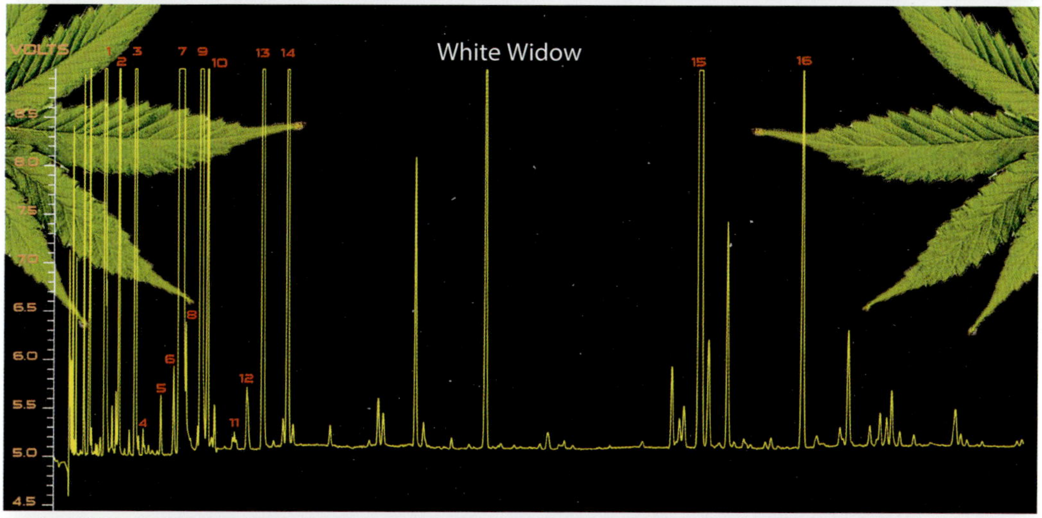
White Widow
VOLTS
1 2 3 4 5 6 7 8 9 10 11 12 13 14 15 16
6.5
6.0
5.5
5.0
4.5

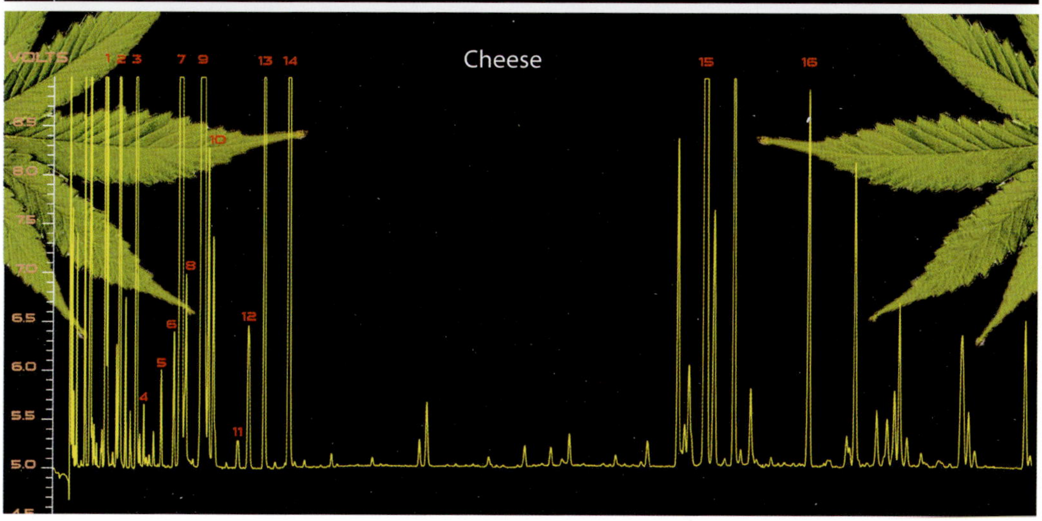
Cheese
VOLTS
1 2 3 4 5 6 7 8 9 10 11 12 13 14 15 16
6.5
6.0
5.5
5.0

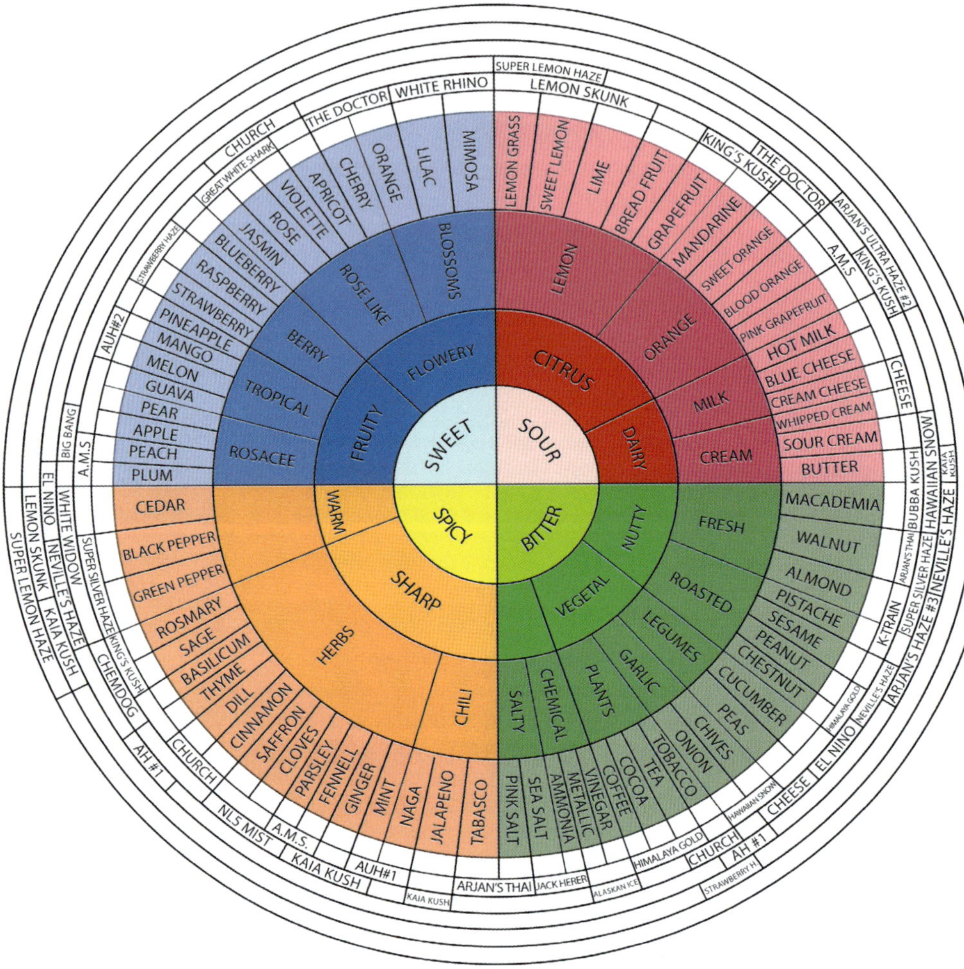

Dieses „Geruchsrad" wurde von der Firma Green House Seeds entwickelt. Die Übersicht hilft, die Vielzahl an Aromen zu klassifizieren.

DIE TERPEN-KLASSIFIZIERUNG

Die Firma Green House Seeds prüft und klassifiziert Terpene seit 2008. Dieses Vorgehen erlaubt Züchtern, Landwirten und Usern einen exakteren Blick auf die zu erwartenden Gewächse und deren Buds, die sie anpflanzen und gebrauchen. Allerdings ist hier der Weisheit letzter Schluss noch lange nicht erreicht.

Terpene sind für die „Persönlichkeit" des Highs verantwortlich. Das heißt, dass die Kombination diverser Terpene, die in einem Bud vorkommen, dessen pharmakologische Richtung bestimmt. Dabei hat jede Rezeptur einen etwas anderen Effekt. Zuweilen ein echtes Abenteuer, das man da erleben kann. Möglicherweise ist das auch die Ursache für das immer größer werdende Interesse an der Marijuanazucht. Das könnte erklären, wieso immer mehr Menschen sich für die Entwicklung neuer Sorten interessieren. Hier kommt meine Interpretation der Ergebnisse, die auf verschiedenen Erfahrungen aus der Aromatherapie und mannigfaltigen Experimenten basiert, die von Forschern initiiert und durchgeführt wurden und bei denen ätherische Öle individuell oder in Kombinationen verwendet wurden.

Tests waren für sechzehn Terpene angelegt (siehe Hauptterpene). Um die Interpretation zu vereinfachen, können wir Nr. 1 und Nr. 3 kombinieren (Alpha- und Beta-Pinen), 8, 11 und 14 (Alpha- und Y-Terpinen sowie Terpinolen), und 12 und 13 (Cis- und Trans-Ocimen). Sowohl Pinen als auch Terpenin und auch Terpinolen erzeugen eher beißende und stechende Gerüche.

Zusätzlich zu den Terpenen, die in mehreren Sorten nachgewiesen werden konnten, hatten die Sorten Trainwreck und White Widow ähnliche, nicht identifizierte Aromen, anhand derer man die einzelnen Sorten voneinander abgrenzen kann. Die Sorte Cheese enthält auch solche Terpene, die durch einen Test bislang nicht identifiziert wurden. Diese Terpene wurden auch in anderen von Green House getesteten Sorten gefunden – sie sind möglicherweise für das eher ungewöhnliche Aroma und High verantwortlich.

Die meisten Sorten enthielten nach den Untersuchungen große Mengen von 1, 2, 3, 7, 9, 10, 13, 14 und 15. Es ist interessant, dass sowohl White Widow als auch Trainwreck größere Mengen an Beta-Myrcen aufweisen. Myrcen wirkt auf die Durchlässigkeit der Blut-Hirn-Schranke – das Terpen sorgt also dafür, dass THC schneller ins Gehirn gelangt. Dieser Effekt ergibt eine schnellere und stärkere Initialerfahrung und möglicherweise auch ein intensiveres High.

Alpha-Terpinolen, in unserer Übersicht die Nummer 14, kommt gehäuft in Arjan's Haze #1 (AH #1) sowie in Arjan's Strawberry Haze (ASH) vor. Terpinolen und die verwandte Substanz Terpineol – das übrigens nicht nachgewiesen wurde – weisen süße Gerüche auf, die an Apfelblüten oder den gemeinen Flieder erinnern. Sie sind auch für den „Couch-Effekt" verantwortlich. Man würde daher dazu neigen zu denken, dass AH #1 eher entspannend wirkt, während ASH von energischerer Natur sei. Andererseits hat ASH eine niedrigere Menge an Cineol als die anderen Sorten. Das Terpen Cineol ist dem THC behilflich, die Blut-Hirn-Schranke schneller zu durchdringen.

Beta-Caryophyllen (15) wirkt antimykotisch, schützt den Körper also vor Pilzen, die in Marijuanapflanzen anwesend sein können. Alle diese Sorten enthalten reichliche Mengen des Terpens. Zwischen 15 und 16 erscheint ein nicht identifiziertes Terpen (A) auf allen Diagrammen. Dieses ist in Cheese am markantesten, aber auch für White Widow und Trainwreck von Bedeutung, dahingegen unbedeutend in Haze-Sorten.

Humulen, unsere Nummer 16, ist das hauptsächliche ätherische Öl der Hopfenblüten, des Verwandten des Hanfs. Es verleiht dem Bier sein typisches Aroma und wird sowohl wegen seiner entzündungshemmenden wie auch beruhigenden und stresslindernden Wirkung benutzt. Sorten, die hohe Konzentrationen Humulen enthalten, sind hilfreich in der Schmerzbekämpfung, außerdem wirken sie entzündungshemmend, blutdrucksenkend und schlaffördernd. Zwei Sorten, die häufig als Heilmittel eingesetzt werden, nämlich White Widow und Cheese, enthalten mehr Humulen als andere Sorten. Die ausführlichen Testergebnisse aller Sorten sind auf der Website von Green House Seeds einzusehen (www.greenhouseseeds.nl).

SPEED QUEEN | Photo: Mandala Seeds

INDICA UND SATIVA RUDERALIS UND KUSH

Marijuana, das gewöhnlich in den Vereinigten Staaten angebaut wird, besteht aus Sorten, die aus Cannabis indica und Cannabis sativa entwickelt worden sind. Eine weitere Art, nämlich Cannabis ruderalis, kann ebenfalls verwendet werden, beispielsweise für die neueren Autoflowering-Sorten, die unabhängig von der Tageslänge zu blühen beginnen. Die beliebten Kush-Sorten, die auch Afghani genannt werden, stellen eine Unterart der Indica-Linie dar.

Pflanzen der gleichen Art sind in ihrem Erscheinungsbild variabel, je nach geographischer Lage. So zum Beispiel die südlichen Afrikaner, die nördlichen Mexikaner und die Indica-Sorten. Die Marijuanapflanzen innerhalb dieser Gruppen unterscheiden sich in puncto Aussehen, Blütezeit und Potenz. Der Anteil an THC (des psychoaktiven Wirkstoffs) variiert ebenfalls. Der Unterschied in den für Cannabis ursprünglichen Klimazonen ist meist homogener Natur und in jeweils größeren Ausbreitungsgebieten eher heterogen.

Diejenigen Pflanzen, die ihren Ursprung in den kleineren Verbreitungsgebieten haben, variieren deutlich weniger untereinander. Das liegt am eher konstanten Wetter in den tropischen Gebieten. In den gemäßigten Klimazonen hingegen sind deutliche Unterschiede zwischen den Cannabispflanzen zu beobachten – denn mal kommt das Jahr kalt und regnerisch daher, mal heiß und trocken.

So sind besonders Sorten aus den nördlichen Breiten sehr variabel, sodass eine ganze Reihe von Pflanzen unabhängig von der Jahreszeit gut gedeiht. Bei den meisten der heute erhältlichen Sorten handelt es sich also um Hybriden der genannten Arten. Sie werden gezielt gezüchtet, um die besten Voraussetzungen und Eigenschaften entsprechend des Anspruchs herauszuarbeiten. Zu Beginn der Siebziger neigten die Züchter dazu, Sorten aus verschiedenen geographischen Breiten miteinander zu kreuzen (nämlich solche aus Afghanistan, Indien, Kolumbien, Mexiko, Thailand und Äquatorialafrika). Herausgekommen ist eine der ersten domestizierten Sorten, darunter unter anderem die Skunk #1, Big Bud, Williams Wonder, Haze, Northern Lights und Afghan Kush. Eine zweite Generation von Züchtern bediente sich der Cannabis-Arten Brasiliens, Südafrikas und Burmas.

40 Jahre Marijuanazucht haben die substanziellen Eigenschaften der Pflanzen grundlegend verändert.

Innerhalb weniger Jahre waren die Züchter in der Lage, mit den nun entstandenen Sorten zu arbeiten. Das führte insgesamt zu immer raffinierteren Highs, schnellerer Reifezeit, kontrollierbarerem Aroma und Wachstum, größeren Knospen und besserer Resistenz gegenüber Schädlingen und Krankheiten.

Bei den meisten der heute angebotenen Linien handelt es sich um mehrfach hybridisierte Sorten, die mit den ursprünglichen Cannabisarten nicht mehr viel gemein haben. Die Sorten wurden peu á peu auf die modernen Bedürfnisse zugeschnitten.

INDICA

Indica-Pflanzen haben sich in Zentralasien entwickelt, und zwar zwischen dem 25. und 35. Breitengrad. Dort ist das Wetter meist wechselhaft. So wechseln über das Jahr immer wieder Trockenperioden mit regnerischer und auch sehr sonniger Witterung. Um das Überleben einer Gattung oder Spezies unter diesen Umständen zu sichern, ist eine Pflanzengruppe auf starke und anpassungsfähige Artvertreter angewiesen. Daher gedeihen einige Pflanzen besser als andere – je nach den klimatischen Gegebenheiten.

Indicas, einschließlich aller Kush-Sorten, zeichnen sich durch spezielle Merkmale aus: Sie reifen früher, haben kompakte und kurze Äste und breite, kurze, dunkelgrüne bis lilafarbene Blätter. Die Blüten sind meist nicht besonders lang, sondern eher von dichtem, schwerem, dickem und in

MANGOLIAN INDICA: 100 Prozent Indica, Blütezeit 55 bis 60 Tage, High: stark körperlich, sedativ, langanhaltend. Aroma/Geschmack: frisch holzig, Mango- bzw. Zitrusfrucht-Geschmack.

MAZAR: 100 Prozent Indica, Afghan x Skunk. Der Afghani-Anteil (Mazar/Shariff) ergibt eine niedrig bleibende Pflanze, die einem Weihnachtsbaum ähnelt. High: kompletter „Upper". Blütezeit: 8 bis 9 Wochen, outdoor ab dem frühen November. Foto: Dutch Passion Seeds

HINDU KUSH: Originäre Sativa vom Hindukush, Blütezeit: 10 bis 12 Wochen, High: zerebral. Aroma/ Geschmack: muffig, erdig, wie Haschisch.

die Breite gehendem Wuchs. Sie riechen beißend „stinkig", nach Skunk eben, und können beim Rauchen schnell starken Hustenreiz verursachen. Indica-Pflanzen wurden wegen ihres Harzgehalts entwickelt, der für die Produktion von Haschisch wichtig ist. Nachdem diese neu entwickelten Sorten im Westen bekannt wurden, waren sie rasch bei den Rauchern beliebt. Die besten Indicas haben eine sehr entspannende, geradezu sozialisierende Wirkung, die es dem Konsumenten ermöglicht, eins mit der Welt zu werden. Bei den Kush-Sorten handelt es sich um Indicas, die im Hindukuschtal des nördlichen Afghanistan, Pakistan und Indien entwickelt worden sind. Das sind Indicas, die vielfach ähnliche oder gleiche Eigenschaften aufweisen. Die Differenz zwischen Kush- und anderen Indica-Sorten macht sich eher in Nuancen bemerkbar, als dass es deutliche Unterschiede gäbe.

ARJAN'S ULTRAHAZE #1: Sativa, Neville's Haze x Kambodscha/Laos, Blütezeit: 13 Wochen, outdoor bis Ende November, High: intensives Sativa-High, psychedelisch.

UNTERSCHIEDE ZWISCHEN INDICA- UND SATIVA-SORTEN

	INDICA	SATIVA
Höhe:	0,6 bis 1,8 Meter	1,5 bis 7,5 Meter
Form:	Kegel- bis buschförmig	Groß, christbaumähnlich
Verzweigung:	Viele Seitenverzweigungen, in aller Regel breiter als hoch	Mäßige Verzweigung, an der Basis breit, zur Spitze hin singulärer Stengel
Dichte:	Kurze Stengelabschnitte zwischen den Blättern	Lange Stengelabschnitte zwischen den Blättern
Blätter:	Kurze, dafür breitere Blätter	Länglich, eher schmal
Farbe:	Dunkelgrün bis violett	Hell- bis mittelgrün
Blüten:	Breit, dicht und voluminös	Länglich, wurstähnlich
Geruch:	Scharf und stechend bis fruchtig	Süß bis würzig
High:	Typischer Downer, Couch-Effekt	Psychedelisch
Blütezeit:	6 bis 9 Wochen	8 bis 15 Wochen

SATIVA

INDICA

SATIVA/INDICA: Trainwreck

SATIVA-INDICA : Trainwreck

SATIVA/INDICA

SATIVA

Sativa-Pflanzen sind in der ganzen Welt heimisch. Die stärkeren Sorten sind in äquatorialen und sub-äquatorialen Zonen zu finden, beispielsweise solche aus Kolumbien, Panama, Mexiko, Nigeria, dem Congo, Indien und Thailand. Jene Pflanzen haben meist eine längere Reifezeit, da sie aus klimatisch wärmeren Gegenden kommen. Diese Sorten sind meist sehr stark und enthalten große Mengen an THC.

Das High, das solche Sorten auslösen, wird meist als psychedelisch, träumerisch, spaced-out und kreativitätsfördernd beschrieben. Die Buds riechen in der Regel süßlich bis würzig, der Rauch ist von eher leichter Natur, wobei diese Eigenschaft zuweilen trügerisch sein kann.

Sativa-Pflanzen wachsen kegelförmig – fast weihnachtsbaumähnlich. Die Blätter weisen lange, schmal gezackte Finger auf, der Abstand zwischen den Zweigen ist recht groß und das Wachstum kräftig. Diese Pflanzen wachsen outdoor häufig sehr hoch und sind indoors, was die Wuchshöhe angeht, recht schwer im Zaum zu halten.

Sativas, die in Äquatorialnähe gedeihen, bilden lange bis mitteldicke Buds aus. Unter Kunstlicht, bei unzureichender Intensität, aber auch unter gemäßigten klimatischen Bedingungen, neigen die Blüten dazu, dünner und länger zu werden – also nicht vollständig auszuwachsen. In Gebieten, in denen kurze Vegetationsperioden herrschen, reifen die Blüten oftmals nicht vor Eintritt des Winters.

Jamaikanische Sativa

Sativa (oben) und Indica (unten)

Marijuana ist derzeit die am intensivsten angebaute und hybridisierte Pflanze.
Das hat verschiedene Gründe: Zum Beispiel, dass der von männlichen Pflanzen produzierte Blütenpollen leicht entfernt und weiblichen Pflanzen verabreicht werden kann. Das ermöglicht die kontrollierte Zucht.
Der wichtigste Grund jedoch hat mit der Botanik nichts zu tun: Es ist das Verbot von Cannabis und Cannabis-Samen. Die allermeisten Menschen können nicht mal eben in den Laden gehen und eine Packung White-Widow-Samen kaufen. Die Not hat also die Züchter dazu gebracht, das Saatgut selbst zu produzieren.

RUDERALIS

Ruderalis ist eine wilde oder verwilderte und automatisch blühende Art. Bereits wenige Wochen nach der Keimung beginnen die Pflanzen, Blüten zu bilden, während sie weiter wachsen. Sie neigen dazu, eher kleinbleibend zu wachsen, zwischen 0,3 und 0,9 Metern Höhe nämlich, auch unterscheiden sich die Art und ihre Varietäten in den Eigenschaften des Blütenwachstums. Eine Samenbank versuchte sich an einer rumänischen Sorte, die während der gesamten Wachstumsperiode Blüten ausbildet. Im Frühsommer bildeten die Pflanzen dann auch tatsächlich die Blüten, aber keine Blütenköpfe. Über den Herbst wuchsen die Pflanzen zwar weiter, sie bildeten jedoch bei der Reifung keine Drüsenhaare. Eine Reihe von im Handel erhältlichen Sorten ist in ihrer Blütezeit genauer definiert. Die Pflanzen blühen, wenn ein gewisses Wachstum erreicht ist. Bei Beginn der kritischen Zeit stellen sie das Wachstum ein und bilden Knospen. Die LowRyder-Sorten gehören zu diesen Pflanzen.
Indica- und Sativa-Arten sind die klassischen Marijuanasorten. Die allermeisten der heute erhältlichen Grassorten sind das Ergebnis der Kreuzung dieser beiden Urarten. Weil die Pflanze Cannabis und der Mensch schon lange in einer Art symbiontischen Beziehung leben, egal für welchen Zweck der Mensch die Gewächse auch nutzt, werden die Samen seit Langem über Grenzen hinweg ausgetauscht, wodurch eine Pflanzenpopulation aus den diversen Varietäten entsteht. Holländische Samen zum Beispiel wurden in den Achtzigern erstmals in anderen traditionellen Anbaugebieten der Welt vorgestellt, so unter anderem in Mexiko, Jamaika und Thailand.

Sogar in solchen Ländern, in denen Cannabis traditionell angebaut wird, gibt es hauptsächlich hybridisiertes Marijuana – also Sorten, die durch Einkreuzung entstanden sind. So ist zum Beispiel das jamaikanische Ganja wahrscheinlich das Resultat der Kreuzung aus dem Faserhanf, den die Engländer für Seile und Stricke kultiviert hatten, und dem indischen Ganja, das von indischen Immigranten eingeführt wurde.
Marijuana wird sowohl in Jamaika als auch in Indien Ganja genannt. Die traditionelle Bezeichnung für das beste Gras in Jamaika ist Kali. Dabei ist Kali die hinduistische Göttin der Zerstörung. Touristen wird in Jamaika allerdings eher Kush oder Purple angeboten. Es ist auf Jamaika sehr schwierig, die originären Weed-Sorten zu finden.

LOWRYDER (oben), RUDERALIS x SKUNK (unten)

In den letzten 40 Jahren Zuchterfahrung haben sich die Marijuanapflanzen wesentlich verändert. Die Grower haben mit einheimischen Sorten angefangen und die Auswahl nach und nach erheblich erweitert. Nun sind Tausende von Sorten aus der ganzen Welt erhältlich. Hybriden und Hybriden von Hybriden, stabilisierte Kreuzungen und besonders hochwertige Stecklinge der diversen Sorten sind durch geschicktes Cloning fast überall erhältlich.

Nach dem 18. und 19. Jahrhundert – der Zeit, in der Marijuana als beliebtestes Material für die Herstellung von Seilen, Papier und Kleidung galt – wird Cannabis heutzutage vorwiegend für die westliche Zucht redomestiziert. Die Züchter sehen sich heutzutage einer Auswahl von Tausenden von Samen-Sorten gegenüber, unter denen jeder Grower genau die Sorte finden kann, die er benötigt.

ASK ED: Fragen zu Marijuana

LANG BLÜHENDE SATIVAS

Ich plane, lang blühende Sativa-Sorten zu züchten: Sollte ich versuchen, die Aufzucht der natürlichen Umgebung anzupassen, oder funktionieren auch die normalen Methoden der Indoorzucht?

Äquatoriale Indicas brauchen sehr viel Licht, Raum und Zeit. Daher sind sie nicht sehr beliebt bei Indoor- und Outdoorgrowern.

Die Intensität der Sonne nimmt auf höheren Breitengraden ab, weil das Sonnenlicht im rechten Winkel auf den Äquator einfällt. Mit der Erhöhung des Breitengrades ändert sich auch der Winkel des einfallenden Sonnenlichts. Pflanzen, die um den Äquator heimisch sind, haben sich genetisch der Sonnenintensität angepasst. Um gut zu wachsen, benötigen die meisten Indoorpflanzen eine höhere Lichtintensität, als sie in der Natur vorhanden ist. Normalerweise benutzten Grower für ein Areal von 1,2 × 1,2 Metern eine 1000-Watt-Lampe, ein Areal von 1,44 Quadratmetern bedingt eine Versorgung von etwa 60 Watt pro 0,3 Quadratmeter. Bei Sativa-Sorten muss mit einer 1000-Watt-Lampe auf 0,9 Meter × 0,9 Meter gearbeitet werden (entspricht 0,81 Quadratmeter).

Äquatorial wachsende Pflanzen schießen sehr schnell in die Höhe und haben große Zwischenräume (Internodien) zwischen den Blättern. Das sind nicht gerade die dicht wachsenden Hybriden, an die der Grower gewöhnt ist. Diese urtümlicheren Pflanzen müssen jedoch rasch an Höhe gewinnen und eine Krone ausbilden, um zu überleben. Indicas hingegen passen sich leichter an eine weniger wirtliche Umwelt an und brauchen nicht an Höhe zu gewinnen, um bei unbeständigem Wetter, bei Trockenheit, über einen kurzen Sommer und in magerer Erde zu überleben. Pflanzen mit kompaktem Blattwuchs sind im Himalayagebirge deutlich besser gerüstet als eine hohe und eher mager wachsende Pflanze.

Stellen Sie der Sativa zwei- bis viermal soviel Platz zur Verfügung wie einer Indica. Um ein perfektes Ergebnis zu erzielen, können Sie die Wachstumshöhe beeinflussen, zum Beispiel mit einer früh eingeleiteten Blühphase, durch Rückschnitt, Astbiegung und durch kontrollierten Lichteinsatz. Setzt man am Ende eines Tages starkes Blaulicht mit mindestens 220 Watt pro Quadratmeter und 6200 bis 6700 °C oder höher (aktinisches blaues Aquarienlicht) ein, kann die Höhe ein wenig angepasst werden. Dennoch werden diese Pflanzen hoch wachsen. Dieses Licht sollte gleich zum Einsatz kommen, sobald das reguläre ausgeschaltet ist, und für eine Stunde leuchten. Das Licht sollte beweglich sein, um alle Pflanzen bestrahlen und jede Ecke erreichen zu können. Kühlt man die Pflanzen zuvor um 10 Grad pro Stunde ab, kann auch das zu einem kontrollierten Wuchs beitragen.

Platzieren Sie den Ventilator so, dass der Luftstrom die Stängel dort erreicht, wo sie sich biegen. Das sorgt für kürzere und dickere Stengel.

Egal was Sie auch tun, bei einer Sativa müssen Sie sich gedulden. Diese Pflanzen reifen, outdoor gezogen, oft erst im November, Dezember oder im Januar. Indoor benötigen sie eine Reifezeit von 10 bis 16 Wochen. Bedauerlicherweise mag die Sativa Schnee und Frost überhaupt nicht. Indoor sollte sie nie mehr als zwölf Stunden Licht ausgesetzt sein. Um den Reifeprozess ein wenig zu beschleunigen, kann man die Lichtgaben auf zehn Stunden verkürzen, sobald die Pflanzen zu keimen beginnen. Auch während der Blütezeit wachsen junge Sativapflanzen weiterhin vegetativ.

Outdoor sind die Pflanzen sehr gut für südliche, also wärmere Gefilde geeignet. In solchen Gebieten ist es am besten, wenn die Pflanzen im September gesetzt werden und über den Winter wachsen können. Kürzere Tage begünstigen die Blüte und lassen die Pflanzen relativ rasch groß werden.

WICHTIGE MARIJUANASORTEN AUF EINEN BLICK

Sorte :	Reife :	Outdoorgröße : Höhe / Breite:	Verzweigungsform:	Knospentyp:	Aroma:	Rausch:	Grasdichte:	Farbe der Blüten:	Kommentar:
Afghani & Kush	*Mitte Sep. bis Okt.*	*100-200cm / 75-152cm*	*kompakt, kurze Seitenäste, dicke Blätter*	*dick, dicht, kurz und rundlich*	*schwer, scharf, Skunk, fruchtig*	*schwer, ermüdend, betäubend*	*rundlich, dicht*	*dunkelgrün, lila*	*Die kommerzielle Standardpflanze, Qualität variiert*
Colombian	*später Nov. bis Jan.*	*178-305cm / 100-178cm*	*konisch, weihnachtsbaumartig, lange Äste unten, oben zuspitzend, dünne lange Blätter*	*mitteldick, 10 – 20 cm lang, leichte bis mittlere Dichte*	*süß, fruchtig, leicht*	*spacey, kreativ, stark*	*neigt zu langen Blütenstengeln, spärliche Blüten*	*grün, manche rot*	*selten im Handel, braucht sehr viel Licht und Wärme, um dicke Blüten auszubilden.*
Indian (zentral)	*Mitte Nov. bis Mitte Dez.*	*200-300cm / 100-150cm*	*Internodium lang, breite Blätter, kräftige Äste, länglich konische Form*	*groß, dick, etwa 19 cm lang, leichte Blüten an dünnen Ästen*	*leicht fruchtig bis skunky*	*stark, aktiv, sozialisierend*	*große flauschige Blüten*	*hellgrün, rot gestempelt*	*wächst auch ohne intensives Licht, anfällig für Pilzbefall (Fusarium)*
Jamaican	*später Okt. bis Dez.*	*150-255cm / 75-150cm*	*konisch, gedrungene, mittellange Blätter, mittlere Verzweigung*	*lange und dünne Blütenstände mit 4 – 7,5 cm langen Blüten*	*leicht, süß, moschusartig*	*medium, aktiv, sozialisierend*	*dünn, wächst langsam unter schwachem Licht*	*hellgrün*	*anpassungsfähig, gute Witterungsbeständigkeit, anfällig für Pilzbefall (Fusarium)*
Mexican (nördlich)	*Okt. bis Anfang Nov.*	*200-380cm/ 115-230cm*	*länglich, weihnachtsbaumartig, lange Äste, mittlere Blattgröße*	*lang, dünn, Blütenstände 30 – 60 cm*	*leicht, süßes Aroma, würzig*	*schwach, etwas schwer, ermüdend*	*lang, dünn, reift gut*	*hellgrün, rot*	*kräftige Pflanze, beginnt rasch mit der Blütephase, einige Exemplare sind widerstandsfähig gegen Kälte*
Mexican (südlich)	*Nov. bis Dez.*	*200-355cm/ 115-230 cm*	*kürzer als die nördliche*	*lang, dünn, Blütenstände 30 – 45 cm*	*süß*	*Peak kommt schnell, intensiver Turn*	*lang, dünn, kann rasch wachsen*	*sehr hell, rote Härchen*	*hybridisiert gut mit Afghani*

Moroccan	Aug. bis Okt.	100-230cm/ 64-130 cm	einige Seitenverzweigungen, die meiste Kraft geht in die Spitzen	dicht, rundlich, 7,6 – 15 cm lang	mäßig süß bis skunky	schwacher und eher leichter Rausch	arm an Knospen reifen aber sehr leicht.	dunkelgrün	gutes Zuchtmaterial, variiert sehr
Nigerian	Mitte Nov. bis Mitte Dez.	150-300cm/ 100-180 cm	Weihnachtsbaumform mit starken Seitenverzweigungen und Fingern	mitteldick, dicht; wächst bei schwachem Licht	trocken, süß, moschusartiges Aroma	sehr stark, Couch-Effekt, paralysierend	dicht, mittlere Länge, braucht sehr viel Licht	mittelgrün	kräftige Pflanze bei warmem Klima, braucht viel Licht zur Reifung
Thai	Dez. bis Jan.	130-230cm/ 100-200cm	asymmetrisch, langes Geäst, das viel Raum benötigt	dicht, nur unter hoher Lichtintensität	medium, trocken, süß, würzig	stark betäubend, hat mächtig Power	flauschig, reifen sequentiell über Monate	mittelgrün	Viele Hermaphroditen wachsen eher schwerfällig, die Knospen reifen zwar, aber die Pflanzen entwickeln ununterbrochen neue Blüten.
Southern (südliche) African	Aug. bis Okt.	130-230cm/ 100-150cm	länglich konisches unteres Geäst mit scharfen Winkeln, sehr stark gezackte, dünne Blätter	mitteldicht, manche können vereinzelt und blättrig sein	sehr stark, süß bis würzig	erhebend, sozialisierend	dünne Knospen, aber sehr leicht reifend	hellgrün	Sehr variabel und gut für die Züchtung

Alle Angaben verstehen sich als Richtlinien. Das Wachstum hängt von verschiedenen Faktoren ab, zum Beispiel von der Anbautechnik, von Umweltbedingungen und Klima, von den verfügbaren Nährstoffen und anderem. Charakteristisch ähnliche Gebiete bringen analoge Sorten hervor, von denen die häufigsten hier beschrieben sind.

HINDU-KUSH. Die Zweige sind kurz und wachsen dicht am Hauptstamm. Die in der Mitte liegenden Knospen sind sehr markant. Die Pflanze benötigt relativ wenig Raum und bringt einen soliden Ertrag. Dies ist eine typische Indica, eine Pflanze aus dem Buch „Marijuana Botany" von R. C. Clark, veröffentlicht 1981 bei And-Or Press, Inc.

MEXICAN SATIVA. Die Pflanzen weisen lange und breite Äste mit dünnen, langen Buds auf. Die Pflanze benötigt einen großes Platzangebot, bringt dafür einen eher mäßigen Ertrag. Das ist typisch für Sativas. Aus „Marijuana Botany" von R. C. Clark, veröffentlicht 1981 bei And-Or Press, Inc.

Von links nach rechts: White Rhino (Green House Seed Co.): 90 Prozent Indica; Wappa (Paradise Seeds): 100 Prozent Indica; Soma A+ (Soma Seeds): meist Indica.

Fruit of the Gods (Delta 9 Labs): meist Sativa; B.C. Sweet Tooth (B.C. Knospen): 90 Prozent Indica; Arjan's Ultra Haze #2 (Green House Seed Co.): 90 Prozent Sativa.

Malawi Gold (African Seeds): meist Sativa; Cinderella (Wally Duck): meist Sativa; Haze Mist (Flying Dutchmen): meist Sativa.

Die meisten modernen Marijuanasorten sind Hybriden und bereits weit entfernt von den originären Arten. Sie wurden kultiviert, um in möglichst kurzer Zeit eine hohe Blütenqualität zu erreichen.

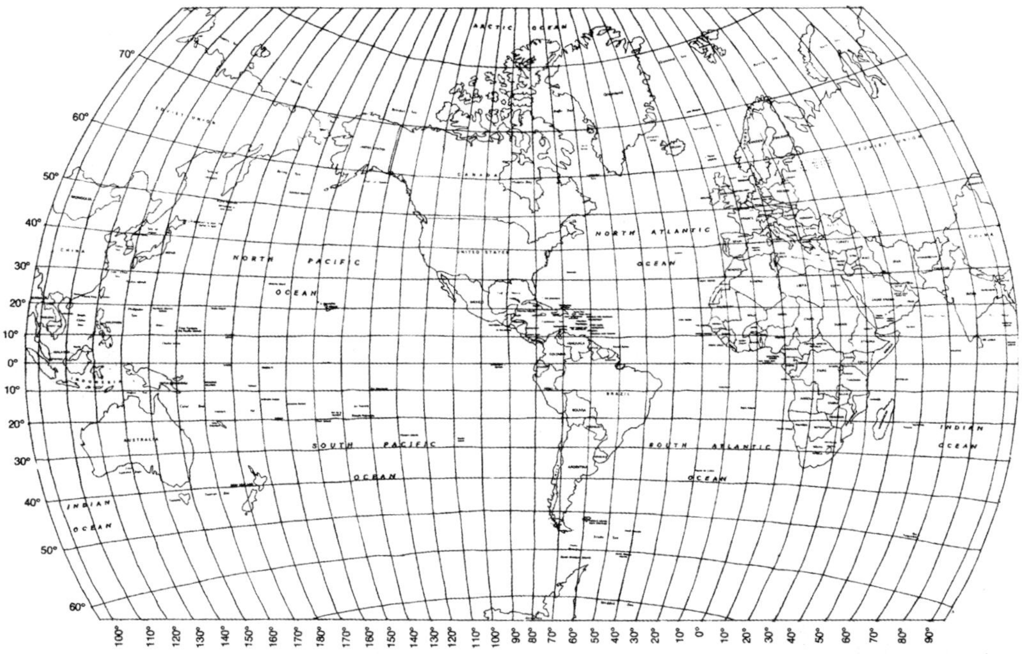

Die Sonnenstrahlen erreichen die Erde mit unterschiedlicher Intensität. Auf den Äquator, von wo die großen baumartigen Sativas stammen, fällt dabei das hellste und intensivste Licht. Die Indica entwickelte sich in den Regionen nördlich oder südlich des Äquators. Als Outdoorgrower sollte man die Sorte daher nach der jeweiligen geographischen Breite aussuchen.

SORTEN

Photo: BC BUD DEPOT

Es existiert eine verblüffende Vielzahl an kommerziellen Marijuanasorten, die von den verschiedenen Samenbanken in Europa und Nordamerika angeboten werden. Dabei handelt es sich bei einigen lediglich um Klone, reproduziert aus bewurzelten Stecklingen einer bestimmten und einzigartigen Pflanze (siehe „Erste Schritte"). Geklonte Sorten können von den Growern untereinander getauscht werden, und Patienten, die Cannabis aus medizinischen Gründen gebrauchen (in den Fällen, in denen es für medizinische Zwecke legal ist), haben häufig Zugang zu Samen und Fertigprodukten in den Ausgabestellen (Apotheken). Egal, ob Samen oder geklonte Stecklinge verwendet werden: Die Wahl der richtigen Sorte ist äußerst wichtig, weil sich die Sorten nicht nur in ihrer Wirkung, sondern auch in ihren Wuchseigenschaften zum Teil erheblich unterscheiden. Outdoor-Sorten benötigen zum Beispiel mehr Licht als Indoor-Pflanzen. Einige Sorten breiten sich immens aus, während andere kompakt zu wachsen pflegen. Sie unterscheiden sich in der Wuchshöhe, der Reifezeit und im zu erwartenden Ertrag. Unter allen verfügbaren Sorten die richtige wählen zu müssen, kann schwierig sein, aber auch durchaus Freude bereiten. Am besten, man verlässt sich auf seinen eigenen Geschmack und auf die gegebenen Anbaubedingungen.

AUSWAHL DER SORTEN

Die Wahl der Marijuanasorte ist wahrscheinlich die wichtigste Entscheidung für jeden Grower. Denn erstens möchte man eine Pflanze haben, der es unter den gegebenen Voraussetzungen gut geht. Zweitens soll die Qualität der Sorte den Vorstellungen des Growers entsprechen; der Rausch, der Geschmack, das Aroma und der Charakter, den die Blüten aufweisen – das alles spielt eine Rolle. Jede Sorte hat ihren eigenen genetischen Bauplan, der bestimmt, wie die Pflanze in ihrem Umfeld reagieren wird. Ein komplexes Zusammenspiel zwischen Natur und Kultur ist für den Gesamtprozess des Wachstums entscheidend, von der Reifezeit bis hin zur Größe und Form aller Pflanzenteile, nicht zu vergessen die Farbe, der Geschmack, die Stärke, die psychoaktiven Eigenschaften und der Ertrag, den die Ernte erwarten lässt.

Immer wieder entstehen neue Sorten. Das ist das Resultat eines erbitterten Wettbewerbs unter den Seedbanken, und die Popularität der entsprechenden Sorten richtet sich nach der aktuellen Mode, die wiederum saisonbedingt ist. Und wen es interessiert: Das Ergebnis dieses Wettbewerbs ist, dass Marijuanafreunde jährlich neue Sorten probieren können. Grower können eine, zwei oder auch wesentlich mehr Sorten in ihrem Garten anbauen. Die Samen von vielen verschiedenen Sorten sind in mehreren Ländern im Handel erhältlich, zum Beispiel in Kanada, Großbritannien, Holland und Spanien. In manchen Staaten der USA sind Samen und Klone von medizinischem Marijuana in speziellen Ausgabestellen erhältlich. Im Internet oder über E-Mail kann jedoch grundsätzlich jeder Samen ordern.

Gewerbliche Grower bevorzugen homogene Gärten. Daher nutzen die meisten Klone einer Pflanze oder Sorte (bewurzelte Stecklinge), so dass die Zöglinge im Garten zumeist eine identische Genetik aufweisen oder zumindest eng verwandt miteinander sind. Die Nutzung von Klonen erlaubt dem gewerblichen Züchter, seine Ernte zu maximieren, weil die Pflanzen einerseits identisch im Wachstum sind und unter denselben Bedingungen gedeihen, und weil die Gewächse andererseits im selben Zeitraum zur Reife gelangen und daher ihre Potenz ein berechenbarer Faktor ist.

Hobbygrower konzentrieren sich meist hauptsächlich eher auf die Qualität als auf schnelle Reifung und maximalen Ertrag. So bauen sie oft gleich ganze Gruppen von Pflanzen an, die zu verschiedenen Zeitpunkten geerntet werden können und bestenfalls ein breiteres Spektrum an Potenz, Qualität und Geschmäckern bereitstellen. Wer solche heterogenen Gärten betreibt, darf eine geringere Ernte als der Grower mit homogenem Garten erwarten. Heterogene Gärten müssen zudem intensiver gepflegt werden, da die Pflanzen in unterschiedlichen Geschwindigkeiten wachsen, verschiedene Formen haben und ein jeweils unterschiedliches Platzangebot bedingen. Im Falle einer Indoor-Zucht sollte man sich vergewissern, dass die gewählte Sorte für diese Zwecke geeignet ist – sie sollte nicht zu hoch wachsen und die gegebenen Umweltbedingungen bestenfalls voll ausschöpfen.

SORTEN VON SAMENBANKEN

Marijuana-Anbau ist nicht gerade leicht. Der Grower bedarf eines scharfen Auges, eines exakten Geschmackssinns und, am wichtigsten, der Fähigkeit zu erkennen, welche Pflanze über hervorragende Eigenschaften verfügt. Nicht viele können sich dieser Fähigkeit rühmen – des, wenn man so will, „absoluten Gehörs" im Bereich THC und Marijuana. Außerdem sollte der begeisterte Züchter auch über eine gewisse Portion Intuition verfügen, wenn es um die Auswahl der richtigen Pflanze geht.

Die Samenzucht bringt daneben einen wertvollen sozialen Vorteil mit sich: Zwar übt sie keinen Einfluss darauf aus, was wir meinen und denken, aber sie verändert die Art und Weise, wie wir denken. Züchter haben die Gene des urtümlichen, Tausende von Jahren alten Ruderalis-Typs so sehr verändert, dass wir dem Marijuanakonsum heutzutage wunderbare Empfindungen verdanken.

Diese Pflanze hat über die Zeit eine einzigartige symbiontische Beziehung zum Menschen aufgebaut. Sie hatte enormen Einfluss auf unsere Entwicklung – genauso, wie wir das Schicksal der Pflanze beeinflusst haben. Von dem Zeitpunkt an, da diese Pflanze am Fuße des Himalaya-Gebirges aufgetaucht war, bereiste der Hanf die ganze Welt. Menschen haben die Pflanze in jedem Klima und auf jedem Kontinent heimisch gemacht und ihr jeweils geholfen, sich ihrem neuen Habitat anzupassen. Umgekehrt hat das Marijuana der menschlichen Gesellschaft immer wieder bei deren Entwicklung zur Seite gestanden. Zwei Dinge stehen heute fest: Die verschiedenen Cannabissorten werden ihre Reise fortsetzen, und diese Reise wird den Hanf in immer neue Gebiete bringen.

Die nachfolgenden Seiten bilden einige Sorten ab, die von Samenbanken in der ganzen Welt gezüchtet worden sind.

BARNEY'S FARM G-13 HAZE
G13 x Hawaiian, Sativa/Indica: größtenteils Sativa; Blütezeit: 70–80 Tage, Mitte bis Ende Oktober im Freien; High: stark, zerebral; Aroma/Geschmack: fruchtig und würzig.

LSD
Skunk #1 x Mazar, Sativa/Indica: größtenteils Indic
Blütezeit: 60–65 Tage, Mitte September im Freien; Hig
euphorisch, psychedelisch, trippy, stark; Aroma/G
schmack: erdige Kastanie, süßer Moschus.

DR. GRINSPOON
Heirloom Sativa, Sativa/Indica: reine Sativa; Blütezeit: 100–105 Tage; High: stark, energisch, zerebral; Aroma/Geschmack: Zitrusfrüchte, tropische Früchte, Spur von Kiefer.

VANILLA KUSH
Kashmir x Afghan, Sativa/Indica: größtenteils Indica; Bl
tezeit: 60–65 Tage, später September im Freien; Hig
kräftig, körperlich; Aroma/Geschmack: wilde Vanille, L
vendel, Spuren von Zitrone und Orange.

A.P.D.
A. Confidential x Purple Diesel, Sativa/Indica: 70/30; ütezeit: 60–70 Tage, High: sehr kopflastig, lustig, stark ›rperlich; Aroma/Geschmack: würzig, scharf, pfeffrig mit ›diger Spur.

CARAMEL KUSH
Somango x Kushage x Chocolate Chunk, Sativa/Indica: 50/50; Blütezeit: 60–70 Tage; High: zerebral, erhebend; Aroma/Geschmack: erdig mit Karamell- und Schokoladennote, lieblich.

SMOOTHIE
Blueberry x Somango, Sativa/Indica: größtenteils Indica; Blütezeit: 60–65 Tage; High: körperlich, zerebral; Aroma/Geschmack: beerig, Zitrusfrüchte, Mango, Fruchtshake.

PURPLE VOODOO
Double Purple Doja x Urkle x Purple Cheese, Indica/Sativa: 50/50; Blütezeit: 60–70 Tage; High: kopflastig und körperlich; Aroma/Geschmack: süß, kräftig, scharf.

PURPLE
Feminisiert, Sativa/Indica: 50/50; Blütezeit: 50–60 Tage, früher Oktober im Freien; High: Purple Haze, all in my brain.

SKUNK HAZE
Feminisiert, Sativa/Indica: größtenteils Sativa; Blütezeit 65–75 Tage; High: erhebend, träumerisch; Aroma/Geschmack: würzig-süß.

FRUITY THAI
Thai Sativa x Dutch Indica, Sativa/Indica: 50/50, Blütezeit: 55–65 Tage; High: aktiv, sinnlich, redselig; Aroma/Geschmack: Zitrone, Melone, süß.

WHITE PANTHER
Original White Dwarf, Indica/Sativa: 50/50; Blütezeit 45–55 Tage, Mitte Oktober im Freien; High: angenehm träumerisch, sinnlich.

VANILLUNA
Blueberry Sativa x Original Blueberry, Sativa/Indica: größtenteils Indica; Blütezeit: 55–60 Tage; High: lieblich, träumerisch, beruhigend; Aroma/Geschmack: cremig, Vanille/Honig mit einer Spur von Blumen, Melone und Moschus.

Photos: ELEVATORMAN

COCA KUSH
Blueberry Sativa x Original Blueberry, Sativa/Indica: 60/40; Blütezeit: 55–60 Tage; High: atemberaubende Kraft, die in ein schläfriges/träumerisches Finale mündet; Aroma/Geschmack: Nüsse, Lakritze, Schokolade, Tabak mit cremigem, blumigem und fruchtigem Hintergrund.

KANDY KUSH
Feminisiert: OG Kush x Trainwreck (T4), Sativa/Indica: 60/40; Blütezeit: 9–10 Wochen indoor; High: körperlich; Aroma/Geschmack: Zitrone, Zitrusfrüchte, süß.

OG KUSH
Herkunft: Päckchen Samen, gefunden bei einem Konze der Band Grateful Dead (ChemDawg); Blütezeit: 8– Wochen; Aroma: Petrol.

PURPLE WRECK
Purple Urkle x Trainwreck (T4), Sativa/Indica: 40/60; Blütezeit: 8–9 Wochen; Aroma/Geschmack: fruchtig, süß.

CHOCOLOPE
OG Chocolate Thai x Cannalope Haze (feminisiert & nic feminisiert), Sativa/Indica: 95/5; Blütezeit: 8–9 Woche High: old school; Aroma/Geschmack: Schokolade.

UNXTA'Z TRUE CALI HAZE
ue Haze x Neville's Haze, Sativa/Indica: 70/30; Blütezeit: -11 Wochen; High: entweder sehr erhebend, geistig oder chnell, klar und stark; Aroma/Geschmack: Zitrone, pfeffrig, pisch Haze.

FUNXTA'Z BLUE HAWAIIAN SATIVA
Blueberry x Sativa x Diabolic Funxta, Sativa/Indica: 60/40; Blütezeit: 7–9 Wochen; später Oktober in Südkalifornien; High: lieblich, klar, kreativ, erhebend; Aroma/Geschmack: Blaubeeren, Vanilleeis, Blumen.

UNXTA'Z PURPLE CALI KUSH
rand Daddy Purple x Platinum OG Kush, Sativa/Indica: 0/60; Blütezeit: 8–9 Wochen, Mitte Oktober im Freien; igh: kommt sehr stark; Aroma/Geschmack: Trauben, iesel/Kush.

DIABOLIC FUNXTA
East Coast Sour Diesel x Platinum OG Kush, Sativa/Indica: 70/30; Blütezeit: 8–10 Wochen, früher November im Freien; High: klar, inspirativ; Aroma/Geschmack: Diesel, Zitrusfrüchte, Chem/Kush mit einer Note von Blumen.

ULTIMATE
Sativa/Indica: 50/50; Blütezeit: 8—10 Wochen.

DUTCH CHEESE
Cheese x Euforia, Sativa/Indica: 60/40; Blütezeit: 8–1 Wochen

PAMIR GOLD
Himalayan x Tadjikistan, Sativa/Indica: 60/40; Blütezeit: 7 Wochen; High: feines Stone; Aroma/Geschmack: Zitrone und Birne, süß, erdig.

TUNDRA
Autoflowering Ruderalis/Indica x Passion #1; Blütezei 8–11 Wochen; Aroma/Geschmack: Zitrone/Grapefrui würzig.

OYAL KUSH
umboldt Purple Kush x Sour Diesel x Highland Afghani, Sativa/Indica: größtenteils Indica; Blütezeit: 63 Tage, im Freien nfang bis Mitte Oktober; High: „medizinisch", stoney, beruhigend, tief meditativ; Aroma/Geschmack: erdig, starkes Kush- ukett, Unterton von Petrol, Skunk und Trauben.

PEACEMAKER
India x Skunk #1, Sativa/Indica: größtenteils Indica; Blütezeit: 8–9 Wochen, Ende September im Freien; High: stark körpe lich, lang anhaltend; Aroma/Geschmack: süß, fruchtig, Pfirsich, Aprikose mit einer chemischen Note.

FUMO CON DIOS
Haze x Skunk, Sativa/Indica: 75/25; Blütezeit: 60–85 Tage; High: klar, energetisch.

BLUEBERRY SKUNK
Blueberry x Skunk #1, Sativa/Indica: 25/75; Blütezeit: 55–65 Tage; High: zerebral, physisch.

POT OF GOLD
Hindu Kush x Skunk #1, Sativa/Indica: Indica; Blütezeit: 55–70 Tage; High: positiv, stark; Aroma/Geschmack: süß, haschig.

THE PURE
Mexican Colombian x Afghani, Sativa/Indica: 75/25; Blütezeit: 55–60 Tage; High: zerebral, physisch; Aroma/Geschmack: süß.

ARJAN'S THAI

Thai Landrasse – Laos, Sativa/Indica: 85/15; Blütezeit: 14–16 Wochen; High: zerebral, introspektiv, energetisch, klar; Aroma Geschmack: holzig, würzig, Mandeln, Weihrauch mit Spuren von Sandelholz und Zimt.

C 42
lew Zealand x KC 639, Sativa/Indica: Sativa; Blütezeit: 3–84 Tage; High: hazetypisch, Aroma/Geschmack: Zirone.

KC 36
White Widow x KC 606, Sativa/Indica: 15/85; Blütezeit: 56–70 Tage, im Freien zum späten Oktober; High: gemütlich, körperlich; Aroma/Geschmack: Blumen.

EDA UNO
razilian x Thai und KC 606 x Ledo Uno, Sativa/Indica: 0/40; Blütezeit: 49–63 Tage, im Freien Mitte September; ligh: körperlich, lustig; Aroma/Geschmack: Zitrusfrüchte, itrone.

KC 33
Afghani Haze x Ukrainian strain, Sativa/Indica: 40/60; Blütezeit: 63–77 Tage, August bis Mitte Oktober im Freien; High: zerebral, Aroma/Geschmack: Zitrone, Zitrusfrüchte.

CONGO HAZE
Red Congoleze x Neville's Haze, Sativa/Indica: größtenteils Sativa; Blütezeit: 70–80 Tage; High: stark, erhebend; Aroma/Geschmack: fruchtig, reich, würzig.

G13 x AMNESIA HAZE
G13 x Amnesia Haze, Sativa/Indica: 80/20; Blütezei 65–75 Tage; High: typisch Sativa mit einem Stoß; Aroma Geschmack: Vanille, würzig.

MOUNT COOK
Afghani/Thai x Northern Lights x Hashplant, Sativa/Indica: 80/20; Blütezeit: 50–60 Tage; High: schweres Stone; Aroma/Geschmack: fruchtig.

RAY'S CHOICE
Afghani/California, Sativa/Indica: 85/15; Blütezeit: 70– Tage; High: stark, erhebend; Aroma/Geschmack: sü fruchtig.

MILES HIGH
rican x Northern Indian, Sativa/Indica: 50/50; Blütezeit:)–65 Tage; High: erhebend, alarmierend, feurig-energe-sch; Aroma/Geschmack: süße Frucht, Erdbeeren-Melone, efer, Hasch.

GANESH
Uttarkhand, N. India – Afghanistan, Indica/Sativa: 50/50; Blütezeit: 60 Tage; High: sinnlich entspannend; Aroma/Geschmack: skunky-scharf, erdig, Schokolade.

HASHBERRY
California Indica x Kashmir/N. Indische Landrasse, Sativa/ndica: Indica; Blütezeit: 60–65 Tage; High: entspannend, Kopf/Körper-Balance; Aroma/Geschmack: Marmelade aus schwarzen Johannisbeeren, Hasch, fruchtig.

SATORI
Lucid Dreams x namenlose Sativa-Hybride, Sativa/Indica: 50/50; Blütezeit: 70–75 Tage; High: glückselig, geistig; Aroma/Geschmack: Kräuter, Honig.

URBAN POISON
Durban Poison x Northern Lights, Sativa/Indica: 60/40; Blütezeit: 9–11 Wochen, im Freien im Oktober; High: zerebral; Aroma/Geschmack: Kiefer, frisch, Blumen, Lakritze, süß.

SWISS CHEESE
Swiss Miss x Skunk#1, Sativa/Indica: 70/30, Blütezeit 7–8 Wochen, im Freien im September; High: stoned, begeistert, Aroma/Geschmack: erdig, süß, Moschus, Bonbons.

BLACK BERRY
Black Domino x Raspberry Cough, Sativa/Indica: 60/40; Blütezeit: 9–11 Wochen, im Freien später Oktober; High: aktiv, zweckmäßig, sozialisierend, redselig; Aroma/Geschmack: Petrol, scharf, würzig, Blumen.

RASPBERRY COUGH
Kambodschanische Landrasse x ICE, Sativa/Indica: 30/7 Blütezeit: 9–11 Wochen, im Freien später Oktober; High: z rebral; Aroma/Geschmack: Blumen, Minze, würzig, tropisc

HINDU SKUNK
Hindu Kush x Skunk #1, größtenteils Sativa; Blütezeit: 8–9 Wochen; High: zerebral; Aroma/Geschmack: würzig-süß, süßes Hasch.

QUERKLE
Purple Urkle x Space Queen, größtenteils Indica; Blütezeit: 8 Wochen; High: zerebral; Aroma/Geschmack: Trauben, süß, fruchtig.

SWEET TOOTH
Sweet Pink Grapefruit x Resinous Blueberry x Grapefruit, Sativa/Indica: größtenteils Indica; Blütezeit: 7–8 Wochen; High: dauerhafte Entspannung; Aroma/Geschmack: süß, Beeren, Ananas

OG KUSH SVC
Orange oder Lemon Thai x Petrol Skunk Afghani Kush, Indica/Sativa: größtenteils Sativa; Blütezeit: 9 Wochen; High: berauschend; Aroma/Geschmack: Kiefer, Zitrone, leicht säuerlich.

JACKY WHITE
Sativa/Indica: 75/25; Blütezeit: 60 Tage indoor, früher Oktober im Freien; High: sanft, zerebral, wohltuend; Aroma/Geschmack: Grapefruit, Zitrusfrüchte.

AUTOMARIA
Kazakhstan x Afghani, Sativa/Indica: Ruderalis-Indica; Blütezeit: 55–65 Tage; High: körperlich, „medizinisch"; Aroma/Geschmack: würzig mit Blumenaroma.

DELAHAZE
Mango Haze x Californian Lemon Skunk, Sativa/Indica: 70/30; Blütezeit: 63 Tage; High: kriechend, euphorisch, klar & aktiv, ohne Panik zu erzeugen; Aroma/Geschmack: Zitrusfrüchte, Mango.

OPIUM
Sativa/Indica: 50/50; Blütezeit: 60 Tage indoor, früher Oktober im Freien; High: visuell, zerebral; Aroma/Geschmack: cremig, Früchtepunsch, Trauben.

ONGOLIAN INDICA
fghani Skunk x Afghani x Northern Lights, Sativa/Indica: ndica; Blütezeit: 55–60 Tage; High: schläfrig, körperlich, roma/Geschmack: frisch, holzig, Mango, Zitrusfrüchte.

STONEHENGE
Cambodian CA x Western Winds, Indica/Sativa: 50/50; Blütezeit: 65 Tage indoor, Mitte Oktober im Freien; High: sanft, schwebend; Aroma/Geschmack: würzig, süß.

MATANUSKA MINK
Matanuska Tundra x Grey Mist, Sativa/Indica: 50/50; Blütezeit: 65 Tage; High: positiv, sozialisierend; Aroma/ Geschmack: Minze.

HUMBOLDT
Humboldt, CA Herkunft, Sativa/Indica: Indica; Blütezeit: 65 Tage; High: entspannend; Aroma/Geschmack: holzig, erinnert an die California Sinsemilla der 70er Jahre.

KILLING FIELDS
Sannie's The One x Sannie's Jack F4, Sativa/Indica: Sativa; Blütezeit: 11–13 Wochen; High: aktiv, dauerhaft; Aroma/Geschmack: Beerengeschmack, Bonbons, Zitrusfrüchte, würzig, fruchtig.

SANNIE'S HERIJUANA
M Killer New Haven Strain x F Petrolia Headstash, Indica Sativa: 50/50; Blütezeit: 7–8 Wochen; High: narkotisch tiefer Stone; Aroma/Geschmack: Petrol, Sandelholz Kaffee.

K.O. KUSH
Killa Kush x Herijuana, Sativa/Indica: größtenteils Indica; Blütezeit: 7–8 Wochen; High: extremes Stone; Aroma/Geschmack: Kiefer, Sandelholz, erdig, kushy.

ANESTHESIA F1
Skunk/Afghan x Sannie's Herijuana, Indica/Sativa: größtenteils Indica; Blütezeit: 9–10 Wochen; High: dunkel, mächtig, „medizinisch"; Aroma/Geschmack: old school (Grower: Whazzup).

JACK FLASH
(Feminisiert/nicht feminisiert) Northern Lights #5 x SKC1 ROOD x SK 1 8,5 F3A, Sativa/Indica: 45/55; Blütezeit: 50–70 Tage; High: entspannend, später warm & zerebral; Aroma/Geschmack: fruchtig, sauer, etwas scharf.

SHIVA SKUNK
(Feminisiert/nicht feminisiert) NL#5 x SK1 Sativa/Indica: größtenteils Indica; Blütezeit: 44–55 Tage; High: spaßig, abenteuerlustig, nachdenklich stimmend; Aroma/Geschmack: Moschus, feucht, süße Zitrusfrüchte, cremig.

Photos: KAT

SILVER HAZE
(Feminisiert/nicht feminisiert) Central American, South Indian, Thai; Blütezeit: 65–76 Tage; High: himmelhoch.

SUPER SKUNK
(Feminisiert/nicht feminisiert) Skunk #1 x Afghani Hash Plant, Sativa/Indica: größtenteils Indica; Blütezeit: 45–50 Tage.

AK-47
Columbian, Afghani, Mexican, Sativa/Indica: 60/40; Blütezeit: 56–63 Tage; High: stark zerebral, später starker Körperstone; Aroma/Geschmack: süß und fruchtig, würzig-süß mit einer Note Sandelholz.

BUBBLE GUM
Acapulco Gold x Mexican gemischt mit Afghani, Sativa/Indica: 50/50; Blütezeit: 56–63 Tage; High: stark zerebral, euphorisch und stoney; Aroma/Geschmack: Bazooka Joe BubblegumTM, fruchtig süß.

CHRONIC
Northern Lights, Skunk, AK-47, Sativa/Indica: 50/50; Blütezeit: 56–67 Tage; High: dauerhaft, erhebend und stoney; Aroma/Geschmack: süße Anemone.

KALI MIST
Cambodian, Malawian, Columbian, Afghani, Sativa/Indica: 90/10; Blütezeit: 70–77 Tage, High: erregend, meditativ; Aroma/Geschmack: würzig-süß.

IY CITY DIESEL

our Diesel x Afghani-Hawaiian, Sativa/Indica: 60/40; Blütezeit: 70 Tage; früher November im Freien; High: erhebend, kreativ, eblich; Aroma/Geschmack: rote Grapefruit.

BERKELEY BLUES
Berkeley x DJ Short Blueberry, Sativa/Indica: 80/20; Blütezeit: 35 Tage: High: intensiv, befriedigend; Aroma/Geschmack: Blaubeermuffins.

CRIPPLED RHINO
White Rhino x Pure Thai, Sativa/Indica: 20/80; Blütezeit: 42 Tage; High: intensiv, befriedigend; Aroma/Geschmack: Blumengeruch, leicht, thailändischer Jasmin.

PIT BULL
P-91 x Suger Plum, Sativa/Indica: 20/80; Blütezeit: 35 Tage; High: schnell, mächtig, dauerhaft; Aroma/Geschmack: fruchtig, tropisch, scharf.

SUGAR PLUM
Hawaiian Haze Plum x Berkeley Blue, Sativa/Indica: 90/10; Blütezeit: 35 Tage; High: stark „medizinisch"; Aroma/Geschmack: süß, exotisch, tropisch.

SPACE BOMB
Romulan x Cindy 99, Sativa/Indica: 60/40; Blütezeit: 45–55 Tage; High: up, motivierend, glücklich, schmerzlindernd; Aroma/ Geschmack: saure Bonbons, fruchtig, teilweise etwas modrig.

TEIL I QUICK POINTS: MARIJUANA: DIE PFLANZE

CANNABIS

Seit der Mensch die Eigenschaften der Cannabispflanze kennt, züchtet er dieses Gewächs. Nicht zuletzt, um dessen besondere Charakteristika zu optimieren.

Alle Cannabispflanzen gehören, botanisch betrachtet, einer einzigen Art an, und doch gibt es Unterschiede. So handelt es sich bei der Sorte, die für die Öl- oder Fasergewinnung gezüchtet wird, um den sogenannten Faserhanf. Pflanzen, die wegen des THC-Gehalts gezüchtet werden, nennt man üblicherweise Marijuana. Cannabisharz enthält eine Gruppe von Substanzen, die gemeinhin als Cannabinoide bekannt sind, und von denen das Tetrahydrocannabinol, das THC, die psychoaktive Hauptkomponente darstellt.

Die Marijuanasorten unterscheiden sich auf vielfältige Art und Weise, zum Beispiel, was das Wachstum, die Höhe und Breite, die Verzweigung, die Größe und Form der Blätter angeht. Aber auch in Geschmack und Aroma und dem Typ des Highs weichen die Sorten voneinander ab. Bei der Auswahl der Sorte sollte sich der Grower sowohl nach der Qualität des Highs als auch nach den gegebenen Anbaubedingungen richten. Cannabis ist eine zweihäusige einjährige Pflanze – das heißt: Eine Pflanze ist entweder männlich oder weiblich, obwohl manche Exemplare durchaus Hermaphroditen sind bzw. werden können. Diese produzieren dann sowohl männliche als auch weibliche Blüten. In der Natur ist Marijuana eine rasch wachsende Einjährige, obwohl einige Sorten in warmen Gefilden überwintern oder sich während kürzerer Tage ausruhen und im nächsten Sommer wieder zu blühen beginnen. Beim Outdoorgrowing durchlebt das Marijuana einen Einjahreszyklus, der im frühen Frühling mit der Keimung beginnt. Die Pflanze wächst über einige Monate kräftig und beginnt in der entscheidenden Phase im späten Sommer oder im frühen Herbst zu blühen. Beim Indoorgrowing und im Gewächshaus genießt der Grower die volle Kontrolle über die Umgebung.

Das Aroma, das wir mit den Pflanzen in Verbindung bringen, entsteht durch Terpene. Bei den Terpenen handelt es sich um die Hauptkomponente des Marijuanaharzes, sie stellen auch den größten Anteil der aromatischen Öle, die in den meisten Pflanzen enthalten sind. Viele Pflanzen, einschließlich Marijuana, werden medizinisch angewendet, zum Beispiel zur Schmerzlinderung, gegen depressive Verstimmungen und in der Aromatherapie. Dabei üben Terpene nicht nur Einfluss auf unser Gehirn aus. Sie modifizieren auch die Wirkung des THCs im Gehirn, indem sie dem Cannabinoid-High zum Teil raffinierte Charaktereigenschaften verleihen. Das Alter, der Reifezustand und die Tageszeit können die Potenz der Terpene im Cannabis beeinflussen.

GUT ZU WISSEN

- Die drei Hauptverwendungszwecke des Cannabis sind: als Nahrungsmittel, als Faserpflanze und als harzhaltige Pflanze. Cannabissamen sind reich an hochwertigem Öl und Proteinen. Sie werden als Nahrungsmittel und Tierfutter gebraucht – und auch als Ölquelle für Treibstoff und kosmetische Produkte. Cannabisfasern werden aus dem Stengel der Pflanze gewonnen und zur Produktion von Stoffen und Seilen genutzt. Die Blüten und das Harz der Pflanze werden therapeutisch und hedonistisch gebraucht.
- Pflanzen sind fest im Boden verwurzelt und damit nicht mobil. Sie haben Schutzmechanismen entwickelt, wie z. B. die Terpene.

Pflanzen produzieren Terpene aus einem der drei folgenden Gründe: um Bestäuber anzulocken, um natürliche Fraßfeinde abzuschrecken oder zu töten und um Feinde der Pflanzenfresser anzulocken.

SORTEN

Marijuana, wie wir es heute kennen, hat sich aus zwei starken Unterarten entwickelt: Indica und Sativa. Die meisten der heute erhältlichen Marijuanapflanzen liegen irgendwo zwischen diesen beiden Arten.

Die Indicasorten, die auch die Kushsorten (manchmal Afghan genannt) mit einschließen, reifen generell recht früh, haben kompakte, kurze Zweige und breite, kurze Blätter, die dunkelgrün, manchmal violett gefärbt sind. Ihre Buds sind meist dicht, schwer, breit und eher von dicklicher Natur als lang. Sie riechen „stinkend", „skunky" oder „scharf", und ihr Rauch ist stark – bereits ein kleiner Zug kann einen Hustenanfall verursachen.

Die Sativasorten benötigen recht lange Zeit, um zur Reife zu gelangen, weil sie aus Regionen stammen, in denen die Jahreszeiten lang sind. Sie sind meist besonders potent und enthalten einen großen Anteil an THC. Ihre Highs werden als psychedelisch, träumerisch und kreativ beschrieben. Die Knospen riechen meist süßlich und beißend, der Rauch ist (manchmal trügerisch) angenehm.

Ruderalis ist eine wilde Art, die für Autoflowering-Marijuana genutzt wird. Diese Pflanzen beginnen unabhängig von den Lichtverhältnissen mit der Blütenbildung. Bereits wenige Wochen nach der Keimung beginnt die Pflanze zu blühen, während sie das Wachstum fortsetzt.

Feminisierte Samen sind mittlerweile Standard bei den meisten Samenbanken. Es handelt sich um Samen, die so behandelt wurden, dass sie ausschließlich weibliche Pflanzen hervorbringen – damit sind sie die Samen der Wahl für die erfolgreiche Marijuanazucht. Die Eigenschaften des Marijuanas, das aus feminisierten Samen produziert wurde – Geschmack, Aroma und Stärke – sind deutlich besser ausgeprägt als jene von Buds, die aus normalen Samen oder Klonen produziert wurden. Allerdings sind einige Sorten nur als Klone (Stecklinge von anderen Pflanzen) erhältlich.

GUT ZU WISSEN

- Die Sortenwahl sollte sich nach den zu erwartenden Anbaubedingungen richten. Gibt es irgendwelche Einschränkungen? Zum Beispiel, was die Höhe oder Sicherheit angeht? Außerdem wichtig für die Wahl der richtigen Sorte: Welche Vorlieben hat der Grower? Welches High bevorzugt er? Welches Aroma, welchen Geschmack?

MJGROWERS.COM
for updates and more info

TEIL II

WAS PFLANZEN SIND UND WAS SIE BENÖTIGEN

DER LEBENSZYKLUS DES MARIJUANA

Marijuana-Samen reagieren innerhalb von Minuten nach dem ersten Wasserkontakt. Ein winziges Embryo, das sich in der Samenschale in einem dem Scheintod ähnlichen Zustand befindet, beginnt, drei chemische Substanzen zu produzieren, die das Wachstum anregen: Auxin, Cytokinin und Gibberellin. Auxin wird in den Wurzel- und Stengelspitzen nachgewiesen. Es leitet neues Wachstum ein und ist auch für die Form der Pflanze mitverantwortlich. Es verhindert nämlich auch das Wachstum niedriger Zweige. Cytokinin fördert das Wachstum in die Breite und die Zellteilung. Gibberellin beeinflusst das Stengel- und Blätterwachstum. Diese drei chemischen Stoffe regen die Keimung an.

In einem kurzen Zeitraum – gewöhnlich innerhalb von ein bis fünf Tagen, je nach Temperatur und dem Alter der Samen – durchbricht eine Wurzelspitze die Samenschale. Die kleine Wurzel wächst weiter und absorbiert Wasser, ist aber stets von den Nährstoffen in dem Samenkorn abhängig. Am Stengelende taucht dann ein Paar Keimblätter (Cotyledonen) auf. Den Gesetzen der Gravitation gehorchend, wachsen die Wurzeln gerade in die Erde. Sobald der erste Spross erscheint, orientiert sich die Pflanze in Richtung der Lichtquelle. Die Keimblätter entfalten sich und strecken sich zur Lichtquelle, wobei sie manchmal noch die gebrochene Samenschale wie einen Hut aufbehalten. Die Keimblätter beginnen mit der Photosynthese sofort mit der Produktion von Zucker.

Links: Reife Samen sind von dunkelgelb-brauner bis dunkelbrauner Farbe. Hellgelb-braun, grüne oder gebrochene Samen sind nicht keimfähig. In der Mitte: Ein Setzling mit Keimblättern und dem ersten Paar echter Blätter. Rechts: Setzlinge, die in einen 13-Liter-Behälter mit Kokosfasern umgepflanzt wurden.

Setzlinge wachsen schnell, wenn sie die richtige Pflege erfahren. Setzlinge, die in einem Torftopf gepflanzt sind, werden mit dem Topf und allem Substrat umgepflanzt. Die Wurzeln wuchern schnell durch die Fasern. Nach drei Wochen sind die Pflanzen zur Umpflanzung bereit.

Die Wurzeln wachsen immer tiefer in das Pflanzenmedium und fahren fort, Wasser und Nährstoffe zu verarbeiten. Wasser und Nährstoffe werden in die Blätter gegeben, die den Zucker produzieren, der dann ans Wurzelsystem geleitet wird. Die Spitze (meist ein neu zugewachsener Teil), auch bekannt als Apikalmeristem, entspringt den Keimblättern und wächst rasch in die Höhe. Sobald das erste Paar echter Blätter auftaucht, wird auch das Apikalmeristen auffälliger. Innerhalb von einigen Tagen entfalten sich die Blätter und erreichen ihre volle Größe, während ein neues Paar von Blättern aus der wachsenden Spitze erscheint. Das zweite Paar ist gewöhnlich dreiblättrig. Das nächste Paar kann schon fünfblättrig sein.

Wenn die Pflanze allmählich neue Blätter vom Apikalmeristem aus produziert, beginnen an den Knoten Zweige zu wachsen, d. h. dort, wo sich Stengel und Blattstiel verbinden. Während am Stiel neue Zweige erscheinen, wachsen die anderen Zweige weiter. Neue Zweige können an den Knoten der seitlichen (lateralen) Zweige entstehen. Wenn man die Pflanzen unbeschnitten wachsen lässt, können sie eine der typischen Formen annehmen – vom Weihnachtsbaum oder Tannenbaum bis hin zu einem buschigen oder einfachen Stengel mit kleinen Zweigen oder einer ganz und gar asymmetrischen Form.

Die Pflanze wächst vegetativ weiter, sie besteht also aus dem Hauptstengel, Zweigen und Blättern, hat aber noch keine Blüten – bis sie Signale aus ihrer Umwelt bekommt. Sich verkürzende Lichtperioden regen die Blüte der Pflanze an.

DIE BLÜTE

Marijuana ist eine Kurztags-Pflanze, die im Herbst blüht. Sie regelt ihre Wachstums- und Blütephase nach der Anzahl der Dunkelheitsstunden und bestimmt so, wann sie blüht. Die Pflanze produziert am Anfang des Reifungsprozesses ein Hormon namens Phytochrom (Pr).

Das rote Lichtspektrum, das sowohl im Tageslicht als auch im Lampenlicht enthalten ist, verändert das Pr in seine inaktive Pfr-Form. Überwiegen also Lichtperioden die Dunkelheitsperioden, erreicht Pr kein kritisches Niveau. So zum Beispiel im Spätfrühling und Frühsommer. Wenn sich die Tage jedoch verkürzen und die Dunkelheitsperioden im Spätsommer länger werden, erreicht das Pr sein kritisches Niveau jeden Abend. Wenn dieser Zustand über fünf Tage hinweg andauert, wechseln die Pflanzen vom vegetativen Wachstum in die Blütephase. Wir sehen also, wie

DIE BLÜTE – WOCHE FÜR WOCHE

Marijuana wechselt innerhalb von drei oder vier Tagen ab Beginn der Dunkelheitsperiode (von zehn bis elf Stunden pro Tag) von seinem vegetativen Wachstum in die Blütephase. Dann folgt eine Phase, die mit der Reife der Knospen endet. Die meisten modernen Pflanzen brauchen dafür sieben bis neun Wochen, manche Sativas jedoch noch länger. Die hier betrachteten Pflanzen waren binnen acht Wochen reif.

WOCHE 1: *Die Pflanze verlangsamt ihr Wachstum.*

WOCHE 2: *Es tauchen erste Blüten auf.*

WOCHE 3: *Die Pflanze wächst vegetativ, bis sie um 25 bis 50 Prozent größer ist, als sie zu Beginn der Blütephase war.*

WOCHE 4: *Das vegetative Wachstum ist vorbei, die Pflanzen konzentrieren ihre Energie nun auf die Blüte. Ihr Geruch ist auffälliger, da die Pflanzen Trichome zu produzieren beginnen.*

WOCHE 5: *Blüten vermehren sich sehr schnell. Die Blüten werden dicker und zahlreicher. Der Geruch wird mit steigender Anzahl an Trichomen auffälliger und intensiver.*

WOCHE 6: *Die Blüten wachsen länger bei Sorten, die später zur Reife kommen. Das Wachstum verlangsamt sich und endet bei Sieben-Wochen-Sorten, wenn die Pflanze zu reifen beginnt. Der Blütenkelch hinter den Stigmen beginnt zu schwellen. Der Geruch der Sieben-Wochen-Sorten wird intensiver.*

WOCHE 7: *Infolge der THC-Produktion in den Drüsen schwellen die Blütenkelche bei den Sieben-Wochen-Sorten fast bis zum Bersten an. Am Ende der Woche sind sie reif. Die Trichome stehen senkrecht und die Köpfchen sind voll von Harz. Am Ende der Woche erreichen die Blüten ihren Höhepunkt. Der Geruch ist sehr intensiv und die mit Harz gefüllten Köpfchen fluoreszieren. Zu diesem Zeitpunkt wird das Wachstum der Acht-Wochen-Sorten beendet und die Blüten reifen.*

WOCHE 8: *Die Blüten sind am Ende der Woche reif und erreichen ihren Höhepunkt in den letzten 72 Stunden. Wenn sie danach nicht geerntet werden, verfallen sie.*

DIE BLÜTE – WOCHE FÜR WOCHE – F13

Fotos: Rachael Szmajda, mit freundlicher Genehmigung des Harborside Health Center

DIE BLÜTE – WOCHE FÜR WOCHE – PURPLE DIESEL

Fotos: Rachael Szmajda, mit freundlicher Genehmigung des Harborside Health Center

DIE BLÜTE – WOCHE FÜR WOCHE – CHEM'S SISTER

Fotos: Rachael Szmajda, mit freundlicher Genehmigung des Harborside Health Center

wichtig die Dunkelheitsperiode für die Blüte ist. Auf der Nordhalbkugel verkürzen sich die Tage nach dem 22. Juni. Wenn die Dunkelheitsperiode neun bis elf Stunden andauert (je nach geografischer Breite, gewöhnlich im späten Juli oder August), so wird der kritische Punkt erreicht. Und das regt die Pflanze eher zum Blühen als zum vegetativen Wachstum an.

Drinnen bestimmen die Grower die Blütezeit, und zwar durch die Regulierung des Lichtzyklus'. Wenn die Pflanze kontinuierlich Licht oder mindestens 18 Stunden Licht am Tag bekommt, wächst sie vegetativ, das heißt, sie produziert Blätter, Stengel und Wurzeln, aber keine Blüten. Wenn der Lichtzyklus auf zwölf Stunden Licht und zwölf Stunden Dunkelheit verkürzt wird, erreicht das Pr bei jeder Dunkelheitsphase ein kritisches Niveau, und die Pflanze wird zum Blühen angeregt.

Das Wachstum der Pflanze vom vegetativen Niveau bis zum Blühen zu beobachten, gleicht einer surrealen Erfahrung. In der langen Lichtperiode des vegetativen Wachstums ist das Blätterdach der Pflanze gefüllt, wobei die Blätter sich kaum berühren.

Nachdem wir über die Lichtperiode die Blütephase eingeleitet haben, erfährt die Pflanze jeden Tag eine lange ununterbrochene Dunkelheitsperiode. Nach etwa fünf Tagen verlangsamt sich das vegetative Wachstum, oder es wird ganz beendet. Die Pflanzen konzentrieren ihre Energie auf die Produktion von reproduktiven Organen: den Blüten. In der zweiten Woche tauchen die ersten Blüten entlang der Knoten auf. In der dritten Woche erhöht sich die Anzahl der Blüten, die nun deutlich mehr Fläche der Pflanze bedecken.

Die Blüte- und Reifezeit sind von der Sorte abhängig. Dank sorgfältiger Züchtung wachsen die modernen Sorten viel schneller und reifen eher als ihre Vorgänger. Die Knospen wachsen und reifen üblicherweise innerhalb von sechs bis zehn Wochen.

Nach der dritten Woche Blütezeit ist die Dauer, die ein Bud bis zur vollständigen Reife benötigt, von der verwendeten Sorte abhängig. Zwei oder drei Wochen vor der vollen Reife fängt in der Regel der Reifungsprozess einer Knospe an. Während das Wachstum fortschreitet, verfärben sich die Stigmen braun (Stigma: kleiner vorstehender Teil weiblicher Blüten, der bestäubungsfähig ist). Die Trichome, die Cannabinoide und Terpene produzieren und beinhalten, werden allmählich auffälliger. Sie stehen senkrecht auf dem Pflanzengewebe, und jedes Trichom hat ein Köpfchen, das einem Pilzhut ähnelt. Während des Reifeprozesses der Knospe füllen sich die Trichome mit THC und Terpenen, so lang, bis das Köpfchen am Ende der Drüse so voll ist, dass die mit Öl gefüllte Membrane wie ein Ballon kurz vor dem Zerbersten aussieht.

Zur Reifzeit bedecken die Trichome den ganzen fruchtbaren Bereich. Im Sonnenschein fluoreszieren sie und glänzen wie weiße Kristalle. Alle Stigmen sind braun geworden. Bei den meisten Sorten schwillt der Fruchtknoten auf. Im Fruchtknoten würden im Falle einer Befruchtung die Samen entstehen, so dass der Zustand an eine Schwangerschaft erinnert. Die ganze Knospe sieht aus, als würde sie zittern. Auch der Geruch der Pflanze ändert sich. Während der vegetativen Phase entsteht ein bestimmter Geruch, dessen Intensität sich im Verlauf des Wachstums drastisch steigert. Wenn die Knospe zu reifen beginnt, nimmt der Geruch eine eher stechende und durchdringende Form an. Wenn die Pflanze erst reif ist, kann der Geruch überwältigend sein. Er dringt durch Plastiktüten und so gut wie alle Stoffe und Materialien. Das ist natürlich nicht bei allen Marijuana-Sorten der Fall, wobei außerdem bedacht werden muss, dass die Geruchsintensität zusätzlich von den Lichtverhältnissen beeinflusst wird.

Einer der Faktoren, der bei den Indoor-Züchtern eine große Rolle spielt, ist die möglichst rasche Blüte. Das entsprechende Gen ist an die kritische Stundenzahl der Dunkelheitsphasen gekoppelt, die eine Pflanze für das Umschalten vom vegetativen Wachstum zur Blütephase benötigt. Je

„schneller" eine Sorte ist, desto weniger Dunkelheitsstunden braucht sie zum Blühen.
Drinnen wird die Wachstumsphase der Pflanze sozusagen per Knopfdruck reguliert. Trotzdem reagiert die Pflanze auf den künstlichen Lichtzyklus genauso wie auf den natürlichen saisonalen Zyklus. Wenn wir uns mit der kritischen Periode der Sorte in einer Monokultur (d. h. ein Garten, in dem es nur eine Sorte gibt) oder der am langsamsten reifenden Sorte in unserem Garten (mit mehreren Sorten) vertraut machen, können wir die Lichtperiode kurz vor dem kritischen Zeitpunkt verlängern. Je mehr Licht, desto besser – das gilt für die gesamte Blütephase.
Für die Potenz des Marijuanas sind zum großen Teil die Genetik und die Reifezeit verantwortlich. Das Alter der Pflanze hat keinen Einfluss darauf. Reife Blüten einer dreimonatigen und einer sechsmonatigen Pflanze mit denselben Genen verfügen über die gleiche Potenz.

PHOTOSYNTHESE

Die Photosynthese ist ein Prozess, bei dem Pflanzen Sonnenenergie, also Licht, einfangen und diese als Antriebskraft für eine Reihe biochemischer Reaktionen nutzen. Mithilfe des grünen Farbstoffs Chlorophyll wandeln Pflanzen Kohlendioxid und Wasser in Zucker und Sauerstoff um. Die Pflanze nutzt die Glucose als einen Baustein zum Antrieb ihres Metabolismus, also als Energie für überlebenswichtige Prozesse.
Die Photosynthese hat vor etwa 3,5 bis 2,5 Billionen Jahren ihren Anfang genommen, als Cyanobakterien (auch als Blaualgen bekannt) erstmals Photorezeptoren nutzten, um Sonnenenergie einzufangen, zu speichern und zu nutzen. Der damit produzierte Sauerstoff veränderte die frühe Atmosphäre der Erde radikal – der Sauerstoffgehalt der Umgebungsluft steigerte sich von etwa einem Prozent auf die noch heute gültigen 21 Prozent. Auch die Zusammensetzung der in den Weltmeeren gelösten Stoffe veränderte sich damals.

Der biochemische Prozess der Photosynthese in grünen Pflanzen findet im Innern der Zellorganellen (bezeichnet als Chloroplasten) statt. Chloroplasten fangen die Energie aus dem Sonnenlicht ein und wandeln sie in elektrische Energie um. Diese wird dann zur Zuckerproduktion verwendet. Man vermutet, dass die Chloroplasten, die sich als Cyanobakterien entwickelt haben, eine endosymbiotische Beziehung mit ihren Wirten eingegangen sind.
Gemäß dieser Theorie waren Chloroplasten separate Organismen, die in die Pflanzenzellen integriert waren, genauso wie die Proteobakterien zu den Mitochondrien (den Energiezentren der Zellen) wurden. Tatsächlich beinhalten Chloroplasten wie ihre Gegenstücke, die endosymbiotischen Mitochondrien, genügend vom originären DNS-Genom als Code für etwa 200 verschiedene Proteine. Diese Gene werden gesondert über das Zellengenom vererbt. Die Photosynthese benötigt jedoch weitere tausend Verbindungen, Blaupausen, die in der DNS des Zellkerns der Pflanze kodiert sind.
Chloroplasten sind mit einer äußeren, durchlässigen Membran umgeben und einer inneren, relativ undurchlässigen Membran. Das Stroma (Stützgewebe) befindet sich zwischen dieser Doppelbarriere. Eine andere Membran hält eine Thylakoidmembrane, die den innersten Teil – das Lumen – umgibt. Der Mechanismus, während dem Licht für eine Photosynthese gesammelt wird, ist in dem Bereich zu orten, wo die Thylakoidmembrane das Stroma von dem Lumen trennt. Chloroplasten enthalten eine Reihe von Photorezeptoren, einschließlich des Hauptpigments Chlorophyll sowie Beta-Karotin. Diese Pigmente ermöglichen den Chloroplasten, Licht des ganzen sichtbaren Spektrums zu absorbieren, obwohl die meisten Rezeptoren deutlich mehr rotes und blaues Licht absorbieren und das grüne Licht reflektieren, was den Pflanzen ihre charakteristische Farbe verleiht. Diese Pigmentmoleküle sind in langen symmetrischen Proteinstrukturen angeordnet, in sogenannten

PHOTOSYNTHESE

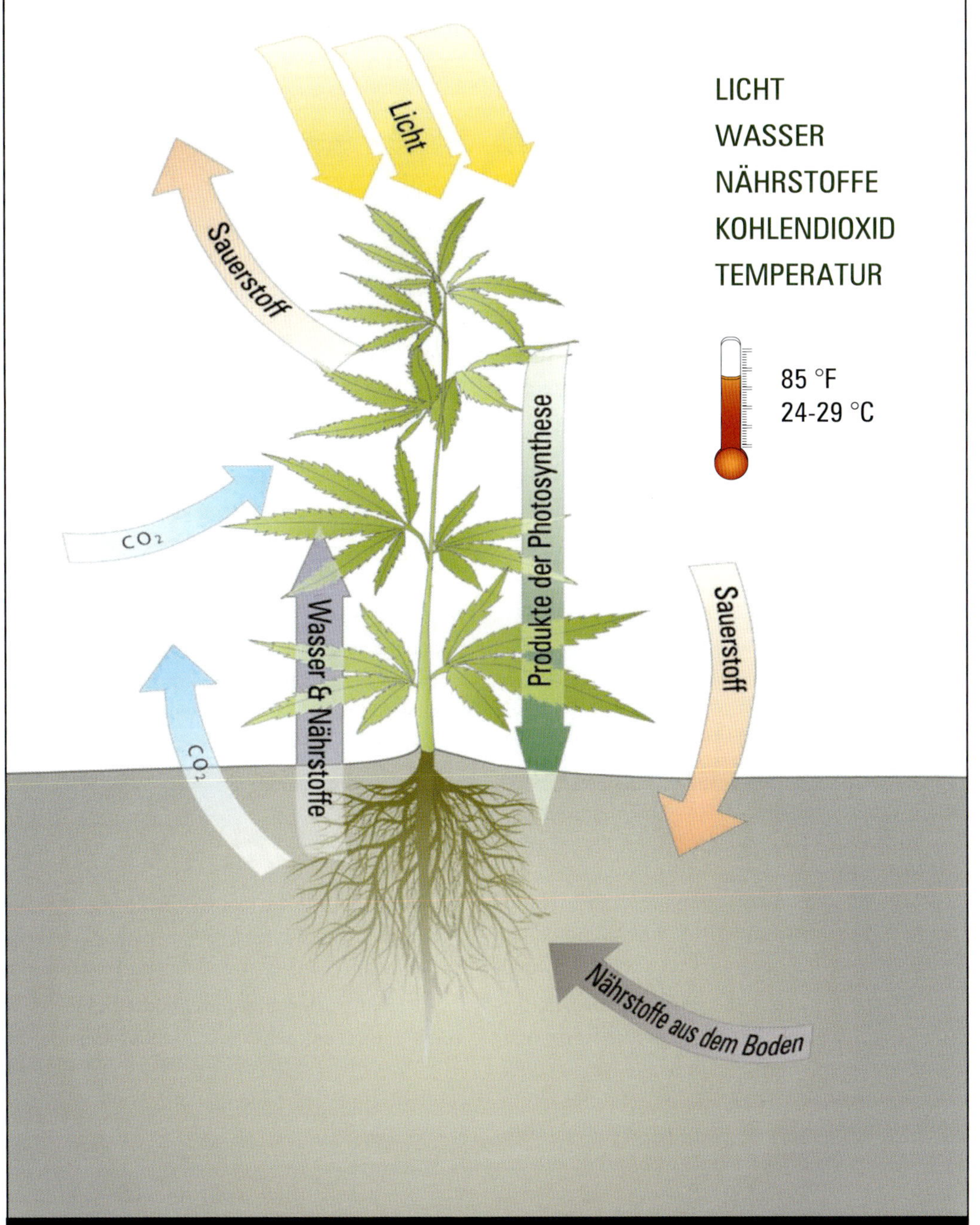

Pflanzen fangen die Lichtenergie ein und nutzen diese für einen komplexen biochemischen Prozess. Sie produzieren aus Kohlendioxid (CO_2) und Wasser (H2O) Zucker, Sauerstoff ist ein Abfallprodukt dieses Prozesses. Die Formel für die Zuckerproduktion lautet: Licht + 6(H2O) + 6(CO_2))=C6H12O6 +6O2.

ANTEIL DES GESAMTLICHTS innerhalb der Wellenbereiche in Sonne und Schatten

	Bestrahlungsstärke 400–800 nm	Blau 400–500 nm	Grün 500–600 nm	Rot 600–700 nm	Dunkelrot 700–800 nm
Direkte Sonne	1700 (100%)	23%	26%	26%	25%
Schatten	60 (100%)	4%	15%	11%	70%

Pflanzen absorbieren oder reflektieren den größten Teil der Wellenlänge des Lichts. Das dunkelrote Licht geht durch, deshalb gibt es im Schatten einen höheren Anteil dunkelroten Lichts als roten Lichts. Die Pflanzen nutzen diesen Anteil des dunkelroten Lichts, um zu erkennen, ob sie sich im Schatten befinden. Sie produzieren längere Stengel, um in die Nähe der Lichtquelle zu gelangen. Weil grünes Licht mehr als andere sichtbare Farben reflektiert oder absorbiert wird, scheinen Pflanzen grün zu sein.

Lichtsammelkomplexen. Diese Komplexe dienen als Antennen und leiten die vom Licht erregten Elektronen zu den Chlorophyllmolekülen im Hauptreaktionszentrum, wo die Photosynthese stattfindet.

Diese „Lichtreaktionen" finden in Proteinkomplexen, die mit der Thylakoidmembrane verbunden sind, statt. Und zwar in zwei Phasen: Photosystem I und II. (Die Photosysteme wurden chronologisch nach ihrer Entdeckung und nicht nach deren Funktion benannt. So kommt es, dass die erste Phase der photosynthetischen Reaktionen im Photosystem II stattfindet.)

Wenn das Photosystem II das Licht absorbiert, verschiebt es Elektronen mit hoher Energie auf ein weiteres Niveau. Dann aber benötigt es zusätzliche Elektronen, um auf das vorherige Niveau zurückzugelangen. Diese Elektronen werden mit dem Sauerstoff-entwickelnden Komplex (OEC) versorgt, der die Elektronen von Wassermolekülen in einem Prozess aufspaltet, der Protonen und Sauerstoff hinterlässt. Diese sehr schnelle Reaktion kann bis zu 50 Sauerstoffmoleküle pro Sekunde in jedem Photosystem-II-Komplex produzieren. Dieser Prozess liefert einen überwiegenden Anteil des Sauerstoffs auf der Erde, den wir atmen.

Nachdem der OEC (Sauerstoff-entwickelnder Komplex) den Sauerstoff und die Protonen aus dem Wassermolekül aufgespaltet hat, wird das

ABSORPTIONSSPEKTRUM

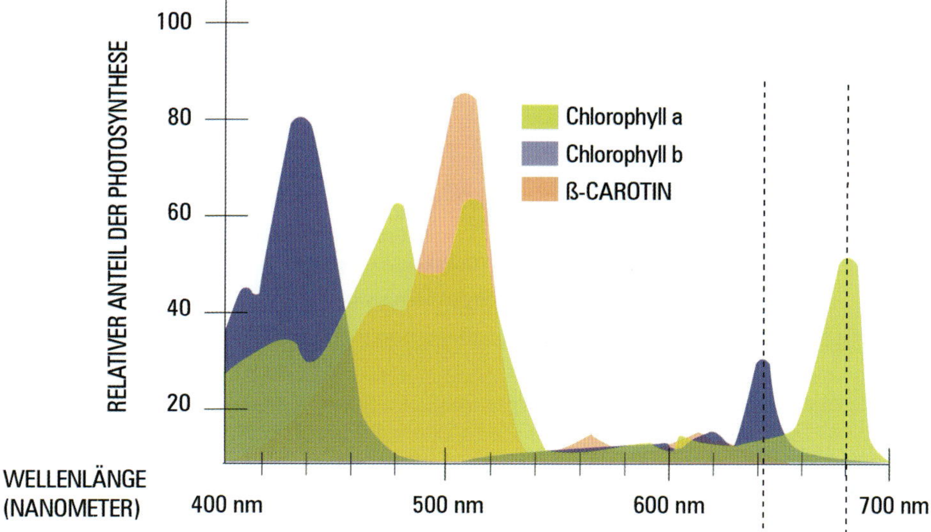

AKTIVES SPEKTRUM DER PHOTOSYNTHESE

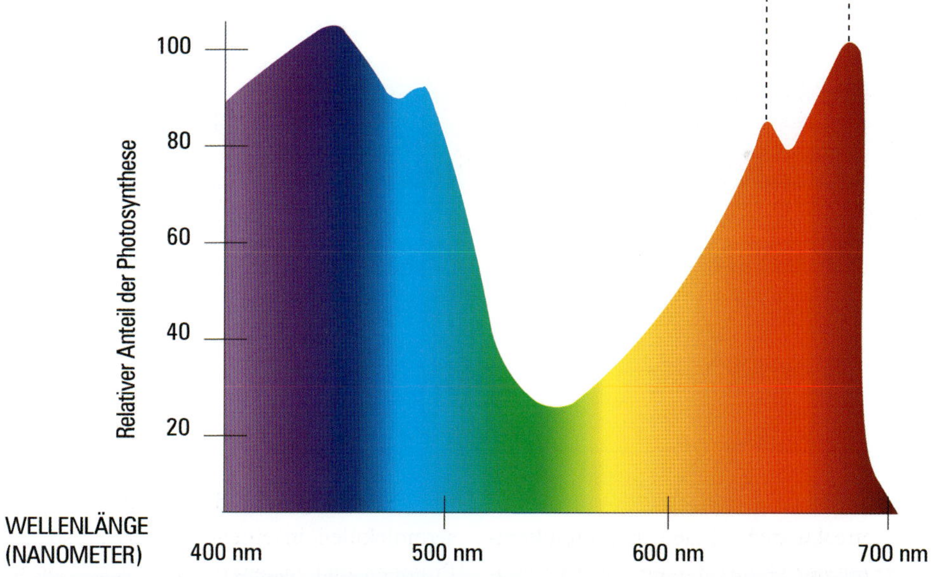

PIGMENTABSORPTIONSSPEKTRUM (oben): die drei Farbstoffe, die den Großteil des Lichts auffangen, das bei der Photosynthese genutzt wird, sind zwei Formen des Chlorophylls, nämlich Chlorophyll A und B sowie Beta-Carotin. Am effektivsten wird das Licht in den verschiedenen Wellenlängen im roten und blauen Wellenbereich aufgefangen. Bei grünem und gelbem Licht sind sie ineffektiv.

AKTIVES SPEKTRUM DER PHOTOSYNTHESE (unten): Das aktive Spektrum der Photosynthese erhält deren meiste Energie im Bereich des roten und blauen Lichts. Der Effektivitätsverlust beim Benutzen des orangen, gelben und grünen Wellenbereichs ist allerdings nicht so groß, wie man erwarten würde, wenn nur das Chlorophyll und das Carotin in Betracht gezogen werden. Das Licht in diesen Wellenlängen wird von anderen Pigmenten unterstützt (von sogenannten Zusatzpigmenten), welche die Energie ins Chlorophyll leiten.

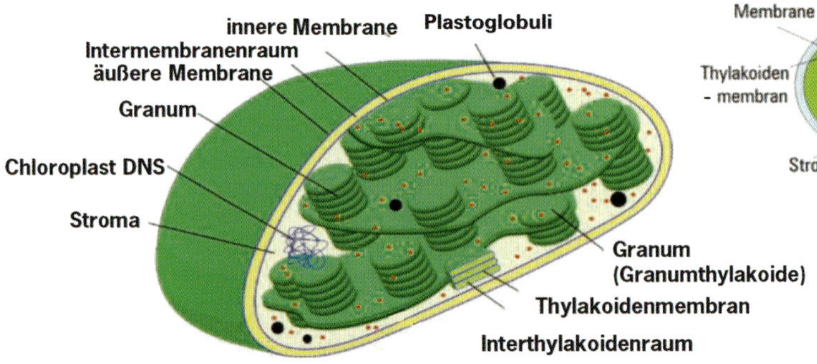

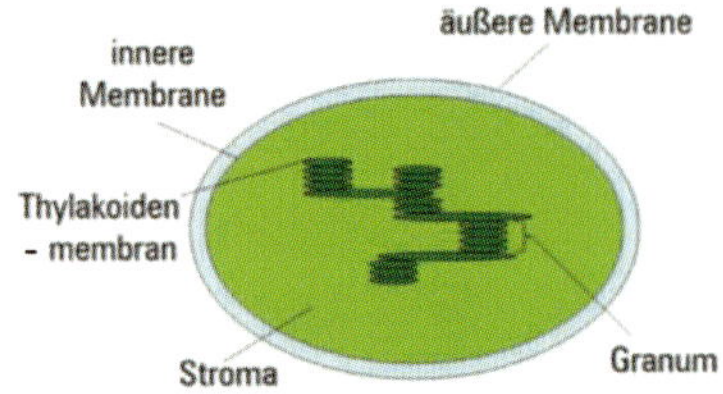

Das Chloroplast enthält das Pigment Chlorophyll. Dieses konzentriert sich in den Strukturen, den sogenannten Thylakoiden. Sie sind extrem effektiv im Umwandeln des aufgefangenen Lichts in jene Energie, die die Photosynthese antreibt. Jedes Photosystem enthält Hunderte von Chlorophyll A-, Chlorophyll B- und Carotin-Molekülen, die zusammengepackt und integriert in der Thylakoidmembran sind. In jedem Chloroplast gibt es Hunderte von diesen Photosystemen und Dutzende von Chloroplasten in jeder Zelle und Hunderte oder sogar Tausende von Zellen in jedem Blatt. Die Chance, Photonen zu absorbieren, ist also enorm. Die Absorptionsspektren für das aufbereitete Chlorophyll A und B (in vitro) haben ihren Gipfel nur im roten und blauen Spektrum. Die dicht gepackten photoaktiven Moleküle und der Elektronen-Transfer zwischen den Molekülen in den Blättern ermöglicht die Funktion der Photosynthese im ganzen Spektrum, einschließlich des grünen Lichts, wo die Absorption nur minimal ist. Das erklärt auch, wie minimal absorbierte Wellenlängen fähig sind, die Photosynthese zu beeinflussen. Das langwellige rote Licht zwischen 700 und 800 nm ist fähig, den gleichen Anteil Photosynthese, die unter Bedingungen mit kurzwelligem Licht verläuft, zu erzeugen, indem es die PS1 in PS2 umwandelt, und das führt zum erhöhten Grana-Anteil (Grana = Thylakoidstapel in Chloroplasten) und zur dichteren Verbindung zwischen den Photosystemen.

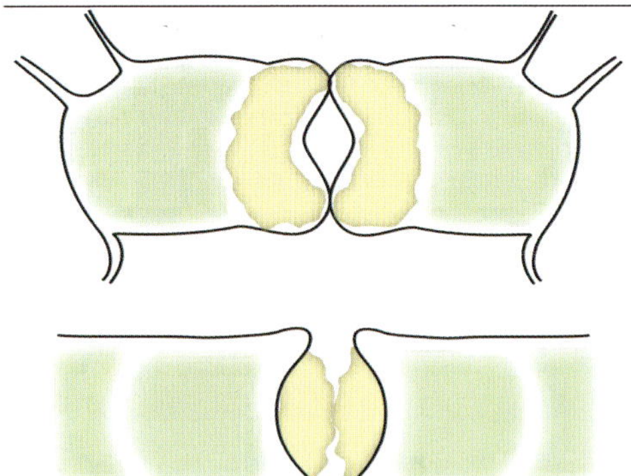

STOMATA: geöffnet und
im Querschnitt (siehe unten)

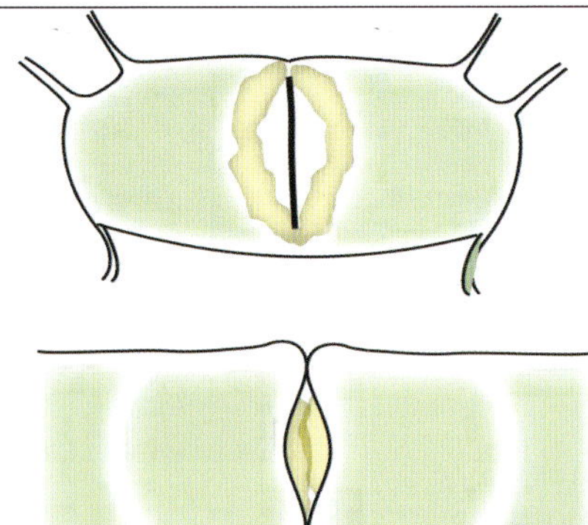

STOMATA: geschlossen und
im Querschnitt (siehe unten)

Die Pflanzenstomata regulieren den Austausch von Gasen und Flüssigkeiten im Blatt. Sie funktionieren ungefähr wie die menschlichen Poren. Wenn sie in offener Stellung sind, absorbieren sie sowohl das Kohlendioxid als auch die Feuchtigkeit und die Nährstoffe. In geschlossener Stellung halten sie Wasser fest. Pflanzen regulieren den Wasserhaushalt und die Temperatur mit Hilfe ihrer Stomata. Die Wassertranspiration kühlt die Pflanze auf fast gleichem Weg ab, wie dem Menschen das Schwitzen Kühlung verschafft.

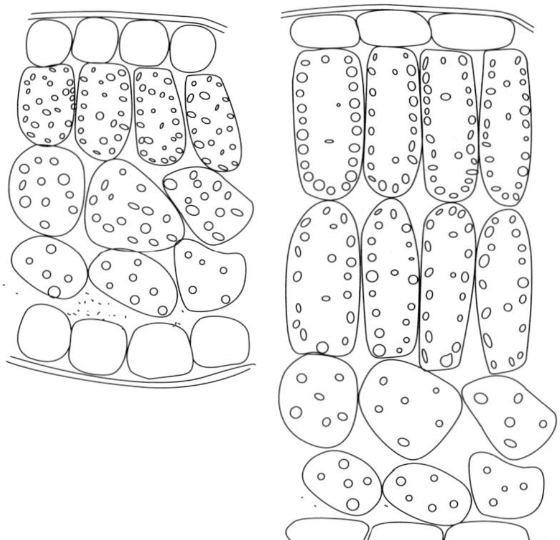

Die Photosynthese beruht auf mikroskopischen Systemen, die sich in den Blättern einer Pflanze befinden. Jedes Photosystem enthält Hunderte von Chlorophyll A-, Chlorophyll B- und Carotin-Molekülen, die in der Thylakoidmembran des Blatts zusammengepackt sind. Da es in jedem Chloroplast Hunderte von solchen Photosystemen und in jeder Zelle Dutzende von Chloroplasten und Hunderte, falls nicht Tausende von Zellen in jedem Blatt gibt, haben die Pflanzen eine enorme Chance, die Lichtphotonen zu absorbieren. Die Menge des Lichts, das Chlorophyll A und B in Labortests absorbiert, hat dessen Gipfel im roten und blauen Spektrum, aber die dicht gepackten photoaktiven Moleküle im Blatt ermöglichen, dass die Photosynthese im ganzen Spektrum funktioniert. Sogar mit solchen Wellenlängen, die nur minimal absorbiert werden. So ist zum Beispiel das langwellige rote Licht zwischen 700 und 800 nm fähig, den gleichen Anteil Photosynthese zu erzeugen, die unter Bedingungen mit kurzwelligem Licht verläuft – indem es nämlich das Photosystem 1 ins Photosystem 2 umwandelt. Das führt zum erhöhten Grana-Anteil und zur dichteren Verbindung zwischen den Photosystemen.

Elektron in einen Prozess transferiert, der die Protonen aus dem Stroma entfernt und sie zum Lumen hinzufügt. Das Elektron ändert sich dann in ein wasserlösliches Protein, das in das Photosystem I übergeht.

Das Photosystem I nutzt eine größere Wellenlänge des Lichts, um ein Elektron neu anzuregen, als das Photosystem II. Das wird benutzt, um ATP (Adenosintriphosphat) zu produzieren. Die Energie, erzeugt durch eben jene „Lichtreaktionen", treibt die „dunklen" Reaktionen der Photosynthese an, die im Stroma der Chloroplasten stattfinden. Dort nutzt der Enzymkomplex, bekannt als RUBISCO (Ribulose-1,5-bisphosphat-carboxylase/-oxygenase), das CO_2 als Basis für die Kombination mit Wasserstoff, um die Stärke und den Zucker einschließlich der Aminosäuren und der Kohlenhydrate zu produzieren. Der auf diese Art und Weise erzeugte Zucker wird später verarbeitet und in der Pflanze als Glukosepolymere, genannt Stärke, gespeichert. Der Zucker wird damit zu einem Baustein des Gewebes und treibt den Metabolismus an.

WAS PFLANZEN BRAUCHEN

Die materiellen Bedürfnisse und die benötigte Energie der Marijuanapflanzen hängen von der Umgebung ab. Dabei sind es fünf entscheidende Faktoren, von denen das Wachstum von Marijuana abhängt: Licht, Kohlendioxid (CO_2), Nährstoffe, Wasser und die Temperatur.

Jeder dieser Faktoren ist für die Photosynthese und das Wachstum erforderlich, und die Pflanze muss sie alle in adäquaten Mengen zur Verfügung gestellt bekommen, um ihr volles Potenzial zu erreichen. So hängt beispielsweise die Fähigkeit einer Pflanze, eine erhöhte Lichtintensität umsetzen zu können, von der Verfügbarkeit der anderen vier Faktoren ab. Die unzureichende Versorgung eines der fünf Faktoren verlangsamt oder stoppt das Wachstum.

Beim Indoorgrow werden Wasser und Nährstoffe meistens nicht zum Problem, weil die Pflanzen damit einfach versorgt werden können. Der Sauerstoff, den die Wurzeln brauchen und den die Blätter zuweilen absorbieren, ist in der Luft zu 21 Prozent enthalten. So haben die Blätter

DAS BRAUCHEN PFLANZEN: NOTWENDIGE KOMPONENTEN FÜR DAS PFLANZENWACHSTUM

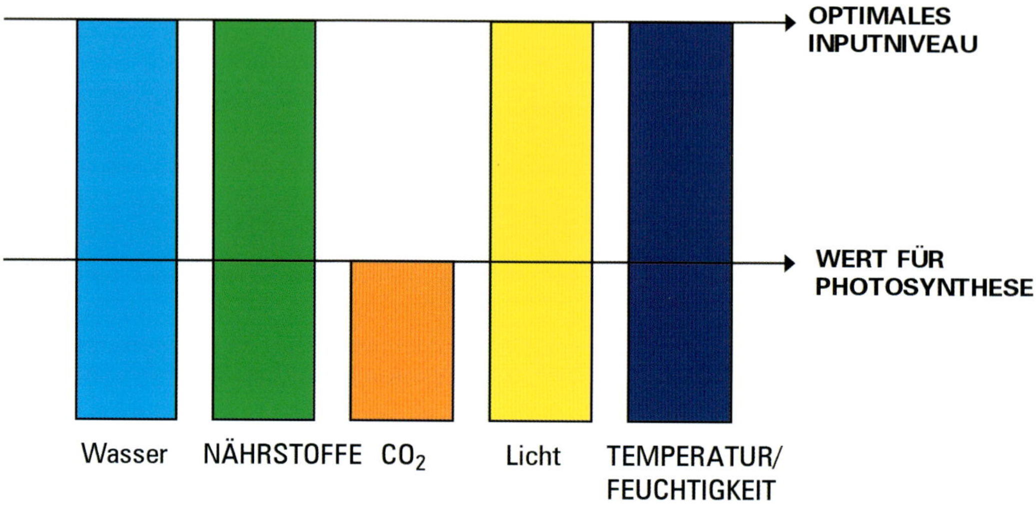

Der Mangel an nur einem einzigen Faktor begrenzt das Wachstum auf jenem Niveau, den der Faktor versorgt. Egal, wie optimal die anderen Faktoren auch sein mögen,– sie können dann nicht ausgenutzt werden. Zum Beispiel begrenzen unzureichende Mengen an CO_2 die Fähigkeit, Licht-, Wasser-, Nährstoff- und Temperatur-Energie zu nutzen. Und falls die Pflanze zu wenig Licht bekommt, verringern sich Nährstoffe, CO_2 und Temperatur.

leichtes Spiel. Wird das Wasser mit Sauerstoff angereichert und werden poröse Medien verwendet, so sind auch die Wurzeln versorgt. So bleiben drei Faktoren übrig, die sehr viel wahrscheinlicher das Pflanzenwachstum begrenzen werden: Licht, CO_2 und die Temperatur.

Die Stoffwechselrate des Cannabis wird von der Temperatur bestimmt. Warmblütige Tiere und Menschen erhalten eine stabile Stoffwechselrate aufrecht, indem sie die Temperatur intern regulieren. Die Stoffwechselrate fast aller anderen Lebensformen ist von deren Umgebung abhängig. Bei Kälte verlangsamt sich der Stoffwechsel, bei Wärme beschleunigt er sich.

Aus diesem Grund muss man im Garten jeden dieser Faktoren im Zusammenhang mit den jeweils anderen berücksichtigen. Wenn sich die Intensität des Lichts erhöht, verlangt das Cannabis mehr CO_2, das es als Ausgangsmaterial für die Photosynthese braucht.

LICHT

Pflanzen nutzen Licht zu verschiedenen Zwecken, einschließlich der Regulierung von Vitalprozessen wie beispielsweise die Schaffung der Blüte. Aber das Erstaunlichste, zu der sie das Licht benutzen, ist die Photosynthese – ein Prozess, der die Grundlage für die meisten Lebensformen unserer Erde bildet. Pflanzen nutzen die Photosynthese als Triebkraft in der Produktion von Zucker (= Glukose; C6H12O6) aus Wasser (H_2O) und Kohlendioxid (CO_2). Pflanzen nutzen den Prozess der Photosynthese auch zur Umwandlung von Zucker in Stärke und weiter zu einem Molekülkomplex wie Zellulose. Durch Hinzufügen von Stickstoffatomen entstehen Nukleinsäure und Aminosäure – die Bausteine aller Proteine.

Pflanzen schöpfen die Energie aus dem Licht, und zwar aus einem Spektrum, das breiter ist als das menschliche Auge sehen kann, nämlich von 400 nm (blaues Licht) bis 730 nm (rotes Licht). Pflanzen nutzen verschiedene Wellenlängen des Lichts zu verschiedenen Zwecken. Das Verständnis dieser Unterschiede kann einem gewissenhaften Züchter helfen, sicher zu sein, dass seine Pflanzen genau das erhalten, was sie zum Gedeihen brauchen.

Für die Photosynthese wird die Lichtenergie von Chlorophyll A und B primär vom roten und blauen Licht des Spektrums gesammelt. Der Höchstwert der Lichtabsorption des Chlorophylls A liegt bei 430 nm im blauen und bei 662 nm im roten Lichtstreifen. Der Höchstwert der Lichtabsorption des Chlorophylls B liegt bei 453 nm im blauen und bei 642 nm im orange-roten Lichtstreifen. Der Höchstwert der Chlorophyllsynthese liegt zwischen 435 und 445 nm bei der blauen und zwischen 640 und 675 nm im Bereich der roten Wellenlänge. Chlorophyll ist nicht der einzige lichtempfindliche Pflanzenteil. Carotinoide sind eine Gruppen oranger Pigmente, die das Licht aus dem blauen Bereich des Spektrums einfangen, dabei etwa 450 nm im blauen und 475 nm im blau-grünen Spektrum. Carotinoide tragen ihren Teil zur Photosynthese bei und schützen das Chlorophyll vor zu viel Licht, das destruktiv sein kann. Auch Anthocyanin und andere flavonoide Pigmente absorbieren blaues Licht und UV-Strahlung, um das Chlorophyll vor einer Photodestruktion zu schützen.

Ein anderes Pigment, das eine wichtige Rolle für die Gesundheit der Pflanze spielt, ist Xanthophyll. Dieses gelbe Pigment fängt das Licht im Bereich vom 400-530 nm ein, ist jedoch unserem Auge wegen des Grüns des Chlorophylls verborgen. Wenn Blätter ihr Chlorophyll verlieren (zum Beispiel aufgrund eines Stickstoffmangels), ist das Gelbe des Xanthophylls sichtbar. Xanthophyll hat mehrere Funktionen. So ist es Licht-, wie auch Temperaturregulator.

ELEKTROMAGNETISCHES STRAHLUNGSSPEKTRUM

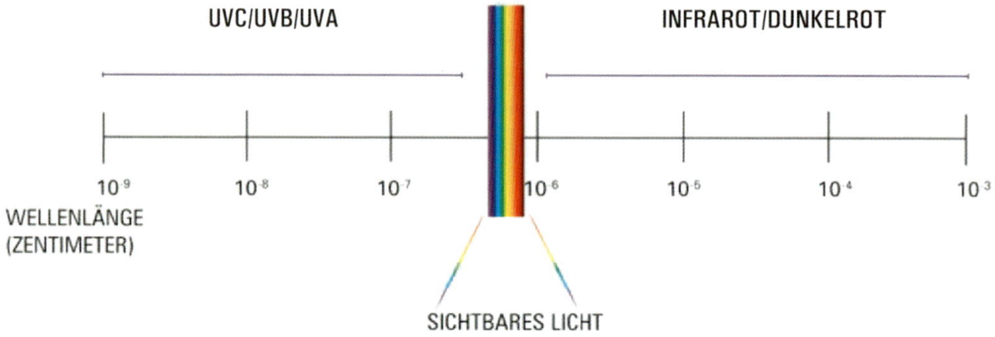

Das sichtbare Licht entspringt einem nur kleinen Bereich des elektromagnetischen Strahlungsspektrums, das die Erde erreicht. Pflanzen nutzen für den Antrieb der Photosynthese einen Teil dieses Lichts.

SICHTBARES & FAST SICHTBARES LICHTSPEKTRUM

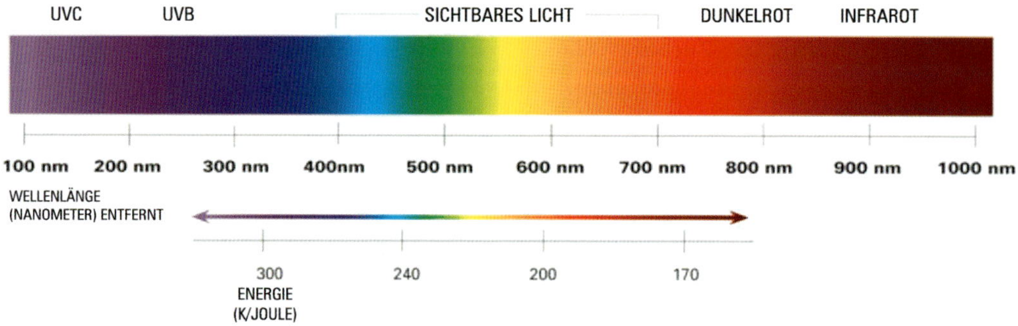

Pflanzen nutzen für die Photosynthese das Licht aus dem sichtbaren Spektrum. Am effektivsten nutzen sie das rote und das blaue Licht, aber auch Licht aus einem anderen Spektrum. Das blaue Licht enthält mehr Energie als das rote, und für seine Produktion wird mehr Strom benötigt. Unabhängig vom Spektrum bekommen Pflanzen immer die gleiche Energiemenge ab. Das ist ein Grund dafür, warum es effektiver ist, Pflanzen eher mit rotem als mit blauem Licht zu versorgen.

Beim Sonnenuntergang manifestiert es sich in seiner Niedrig-Energieform (Violaxanthin), dessen Peak-Reaktionen auf das Licht zwischen 480 nm und 648 nm erfolgen. Wenn das Licht so intensiv ist, dass es die Thylakoide schädigen kann und zu einer Photo-Oxidation von Chlorophyllmolekülen führt, schöpft Violaxanthin den Photonüberschuss ab und nutzt ihn zur Bildung einer „high-energy-Form“ (Zeaxanthin).

Wird die Lichtintensität herabgesetzt, kehrt Zeaxanthin in seinen „low-energy-Zustand“ (Violaxanthin) zurück. Dieser Zyklus kann ein paar Minuten bis zu mehreren Stunden dauern.Diese chemischen Prozesse ermöglichen den Pflanzen, ihre eigene Temperatur in den Lichtperioden herabzusetzen und somit in kühlen Nächten warm zu bleiben. Pflanzen speichern Energie tagsüber und setzen diese

LICHTMESSUNG

Was unseren Garten betrifft, so werden wir auf viele Informationen stoßen, die die Nutzung verschiedener Lampen beschreiben. Das Verständnis der Beziehung zwischen solchen Faktoren wie Lampenleistung und dem Output im Lumen hilft bei einem Produktvergleich. Die Kenntnis der Grundprinzipien der Lichtmessung ist auch bei der Planung hilfreich, wie die Lampen am effektivsten aufzustellen sind sowie bei der Kontrolle der Lichtmenge, die den Pflanzen zur Verfügung steht. Jeder, der einmal eine Glühbirne gekauft hat, weiß, dass die Glühbirnen nach ihrer Leistung in Watt klassifiziert werden. Aber bereits ein schneller Vergleich zwischen Energiesparlampen und Glühlampen verrät, dass eine 20-Watt-Energiesparlampe so viel Licht produzieren kann wie eine 75-Watt-Glühlampe. Die Wattzahl zeigt lediglich an, wie viel Energie die jeweilige Glühbirne verbraucht; der Output ist von der Technologie abhängig. Der Licht-Output oder die Intensität wird in diversen Einheiten gemessen, nämlich in Candela, Foot-Candle, Lumen, Lux und Mol.

Die Einheiten messen drei grundsätzliche Sachverhalte:
- *die Menge des emittierten sichtbaren Lichts (Candela, Lumen);*
- *die Menge des Lichts, das einen definierten Bereich beleuchtet (Foot-Candle, Lux);*
- *und die Gesamtmenge von Lichtpartikeln (Mol).*

Candela (oder Candle) ist die internationale Basiseinheit für die Lichtstärke und gleicht der Lichtstärke einer Haushaltskerze. Damit wurde in der Vergangenheit eine Kerze mit brennendem Docht bezeichnet. Forscher haben in den letzen Jahrzehnten präzisere Normen entwickelt, alle gehen jedoch von der Basiseinheit aus.
Lumen (lm) misst das sichtbare Licht oder den Lichtstrom eines definierten Strahls. Eine einfache Candela-Lichtquelle, die gleichmäßig in alle Richtungen strahlt, produziert genau 4π (12.6) Lumen; eine 23 W kompakte Leuchtstofflampe emittiert etwa 1600 Lumen.
Foot-Candle (fc) ist eine verwandte Maßeinheit, die als Lichtmenge definiert wird, die in der Entfernung von einem Fuß zu einer einfachen Candle-Lichtquelle entsteht.
Lux ist ähnlich der Foot-Candle, wobei es die sichtbare Lichtintensität (Lichtstrom) misst, die einen Bereich von einem Lumen pro Quadratmeter beleuchtet. Das heißt: 100 Lumen in einem Bereich von einem Quadratmeter gleicht 100 Lux; beim Beleuchten eines Bereichs von zehn Quadratmetern sind es 10 Lux.
Mol: Alle Einheiten messen die Lichtmenge zu einem bestimmten Zeitpunkt. Die Züchter wollen jedoch wissen, wie viel Licht der gesamte Garten in der ganzen Lichtperiode erhält. Bei der Indoor-Züchtung, wo das Licht konstant und die Lampenleistung oder Lux bekannt ist, ist das leicht zu berechnen. Bei der Outdoor-Züchtung oder bei einer Züchtung in Treibhäusern variiert jedoch die Lichtintensität je nach Tageszeit und Saison.
Outdoor-Züchter können eine integrierte Lichtmessung anwenden, die die Gesamtmenge des Lichts am Tag summiert. Das wird in der Einheit „Mol“ ausgedrückt.

UMRECHNUNG VON LICHTEINHEITEN

EINHEIT	Typ der Messung	Verwendet In	VERGLICHEN MIT 1 fc: Sonnenlicht	Hochdruck-Natrium	Metall Halogenid	Kühl weiß fluoreszierend	Weißglühend 100 Watt
FOOT-CANDLES [fc]	sichtbar (menschliches Auge)	Industrie (USA)	1	1	1	1	1
LUX	sichtbar (menschliches Auge)	Industrie (Europa)	10.76	10.76	10.76	10.76	10.76
$\mu mol \bullet m^2 \bullet s^{-1}$ von PAR (400-700 nm)	Lichtquanten im PAR-Bereich	Gartenbau-forschung	0.20	0.13	0.15	0.15	0.22
$mol \bullet m^{-2} \bullet d^{-1}$ von PAR (oder mol/Tag)	"daily light integral" das während des ganzen Tages angesammelte PAR-Licht	Gartenbau-forschung	fc x .000718 x Stunden des Lichts	fc x .000473 Stunden des Lichts	fc x .000546 x Stunden des Lichts	fc x .000524 x Stunden des Lichts	fc x .000775 Stunden des Lichts
$W \bullet m^2$ (PAR)	Energie im PAR-Bereich	Ingenieure, Forschung	0.044	0.026	0.033	0.032	0.043
$W \bullet m^2$ (PAR)	Gesamtenenergie	Ingenieure, Wärmelasten	0.101	0.073	0.089	0.081	0.567

Mol misst die Anzahl von Lichtphotonen (1 Mol = 6.02 x 1023 Photonen) und wird häufig mit Flächen- und Zeiteinheiten kombiniert. So beispielsweise Mol pro Tag. Ein Vorteil der Verwendung von Mol oder Mikromol (ein Millionstel vom Mol) ist, dass die gemessenen Lichtquanten nicht nur das Spektrum des dem menschlichen Auge sichtbaren Lichts umfassen. Pflanzen nutzen für die Photosynthese viel mehr vom Lichtspektrum, als das menschliche Auge zu sehen befähigt ist. Das Licht, das wir am besten sehen, ist im Grunde für die Pflanzen nicht besonders nützlich.

PAR: Das Licht, das die Pflanzen benutzen, ist als Photosynthetically Active Radiation (Photosynthetisch aktive Strahlung) oder PAR bekannt. Menschen sehen am besten das Licht mit gelb-grüner Wellenlänge, etwa 550 nm. Das PAR beträgt jedoch zwischen 400 und 700 nm, und die Pflanzen nutzen meist das Licht des roten und blauen Spektrums. Seitdem das PAR in Mol ausgedrückt wird, das Lichtquanten (Photonen) misst, wird es als sogenanntes Quantum Light bezeichnet. Die Messung dieses Quantum Lights ist der einzige Weg, um sicherzustellen, dass die Pflanzen genügend brauchbares Licht bekommen.

DLI: Die Gesamtmenge des Quantum Lights wird als DLI (Daily Light Integral) bezeichnet. Das DLI für Outdoor-Growing variiert je nach der geografischen Breite, der Saison und dem Wetter. Zum Beispiel: In der mittleren geografischen Breite der USA wird ein sonniger Sommertag ein DLI von 26 Mol/Tag produzieren; wenn es bewölkt ist, sinkt das DLI auf 12 Mol/Tag. Im Winter liefert ein sonniger Tag das DLI in Höhen von etwa 9 Mol/Tag, und an einem bewölkten Tag sinkt es auf nur 3 Mol/Tag.

in der Nacht frei, indem sie das Xanthophyll in seine „low-energy-Form" bringen (und damit Wärme verlieren).
Tagsüber kann ein Teil der Lichtenergie zum Chlorophyll geleitet werden, wobei es zum Abbau von Elektronen kommt, welche wiederum zur Photosynthese verwendet werden. Auch andere Pflanzenpigmente sammeln Lichtenergie – teils aus Spektren, derer sich Chlorophyll nicht bedient. Pflanzen nutzen das Licht aber nicht nur als Energiequelle, sondern auch für die Wachstumsregulation.
So dient das blaue Licht dem Zweck zu bestimmen, in welche Richtung eine Pflanze wachsen soll, dieser Effekt ist auch bekannt als Phototropismus oder Heliotropismus (Lichtwendigkeit).
Auch beeinflusst das Licht, ob ein Stiel lang und stark oder eher schmächtig und kraftlos wächst. Infrarotlicht fördert das Wachstum in die Breite, rotes und blaues Licht fördern starke Stiele.
Rotlicht und Infrarot spielen eine Rolle bei der Steuerung der Blüte und anderer Entwicklungsprozesse. Rotlicht bei 680 nm verhindert die Blüte. Infrarot (bei 730nm, also gerade außerhalb des sichtbaren roten Lichts) sorgt für die Blüte bei Mangel an Rotlicht.
UVA-Licht hilft sowohl gegen Störungen der Pflanzen-DNS, die durch UVB-Licht verursacht wurden, als auch bei der Produktion von Anthocyanen und anderen Flavonoiden.
UVB-Licht beeinflusst die Potenz von qualitativ hochwertigen Pflanzen. Die Menge an THC

Sichtbares Licht und nahe Infrarotstrahlen liegen zwischen Werten von 200 nm (im UVC-Bereich) und etwa 800 nm (im Infrarot-Bereich), wobei das menschliche Auge in der Lage ist, Licht von etwa 400 nm im blau-violetten Bereich, und bis etwa 730 nm im Infrarotbereich zu erfassen, mit der höchsten Empfindlichkeit bei 550 nm im grünen Bereich. Das Ozon in der Atmosphäre filtert die hochenergetischen Photonen, die von der Sonne im UVC-Bereich zwischen 200 nm und 290 nm kommen. UVB von 290 nm bis 320 nm durchdringt die Atmosphäre. Obwohl es bei uns Menschen Sonnenbrand und Hautkrebs verursacht, ist es doch wertvoll für die Pflanzen, die es für die Produktion von Flavonoiden und Terpenen nutzen, einschließlich des THCs im Cannabis. UVA von 320 nm bis 400 nm ist ebenfalls bedeutsam für das Pflanzenwachstum – und trägt zur Photosynthese und anderen Reaktionen bei, wie z. B. zum Phototropismus.
Der wichtigste Bereich des Lichtspektrums für das Pflanzenwachstum ist bekannt als photosynthetisch aktive Strahlung (PAR). Dieser Bereich liegt zwischen 400 nm und 700 nm. Die PAR gibt in aller Regel darüber Auskunft, wie viele Photonen eine Fläche erreichen. Die Einheiten ihrer Messung werden normalerweise in Millionstel Mol pro Quadratmeter und Sekunde (µmol / m2 / s) ausgedrückt, bei voller Sonnenstrahlung wären das etwa 2000 µmol / m2 / s, abhängig vom Breitengrad und der Jahreszeit. Wird ein Photon durch ein Chlorophyll-Molekül absorbiert, so wird seine Energie auf ein Elektron übertragen, und es hört auf zu existieren. Es kann nun Verschiedenes mit diesem erregten Elektron passieren. Die aufgenommene Energie kann entweder in Form von Wärme verloren gehen, nämlich wenn das erregte Elektron in seinen ursprünglichen Zustand zurückfällt, oder aber in Form von Licht, was bei langen Wellenlängen Fluoreszenz verursacht. Am wichtigsten ist es, dass Energie auf ein naheliegendes Molekül transferiert werden kann, was eine chemische Reaktion verursacht, deren Ergebnis die Photosynthese ist.

PHOTOSYNTHESE DES PAR-SPEKTRUMS

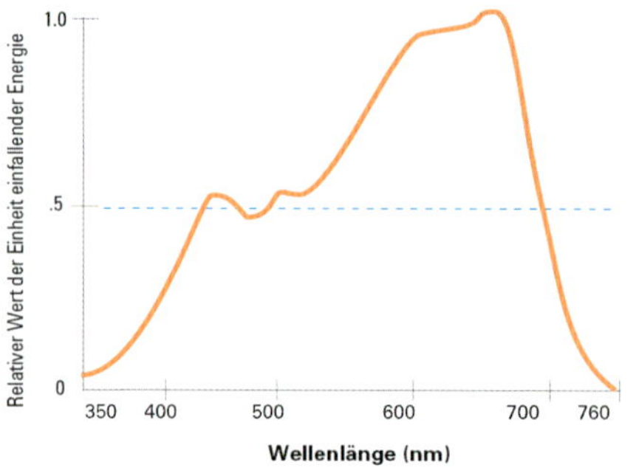

Das Diagramm zeigt Ergebnisse der Photosynthese jeder Wellenlänge entlang des PAR-Spektrums.

Der Belichtungsmesser misst mittels spezieller Sensoren die Beleuchtungsstärke (Foot-Candle) im Raum. Die Messung sollte an den Pflanzenspitzen vorgenommen werden – dort, wo die Pflanzen so viel Licht wie möglich aufnehmen können.

ist höher, wenn die Pflanze mehr UVB-Licht bekommt. Indoor-Pflanzen können durch richtige Beleuchtung mit diesem Licht versorgt werden. Im Freien ist die Menge an UVB-Licht zu Beginn des Sommers am höchsten. Ende September ist es nur noch ein Bruchteil dessen. (Weitere Informationen über die Verwendung von UVB-Licht, um die Wirksamkeit zu erhöhen, siehe Abschnitt Blüte). Bei den Menschen führt UVB zur Bräunung der Haut und zu Sonnenbrand.

UVC hat keimtötende Eigenschaften; das Licht wird in einigen Hydrokultursystemen zur Sterilisation verwendet (siehe Abschnitt Hydrokultur). Es ist schädlich für Menschen und Tiere.

Weil im beschränkten Bereich der menschlichen Sinne, Lumen, Lux, Kerzen und Foot-Candles die einzigen Einheiten für die Messung von Licht sind, kann nicht exakt festgestellt werden, für welche Bereiche Pflanzen empfindlich sind.

Der wichtigste Bereich des Lichtspektrums für das Pflanzenwachstum ist bekannt als photosynthetisch aktive Strahlung (PAR). Dieser Bereich liegt zwischen 400 nm und 700 nm. Die PAR gibt in aller Regel Auskunft darüber, wie viele Photonen eine Fläche erreichen. Die Einheiten ihrer Messung werden normalerweise in Millionstel Mol pro Quadratmeter und Sekunde ($\mu mol/m^2/s$) ausgedrückt, bei voller Sonnenstrahlung wären das etwa 2000 $\mu mol/m^2/s$, abhängig vom Breitengrad und der Jahreszeit.

Die PAR-Messungen messen aber weder Infrarot-, noch UV-Licht. Auch berücksichtigen sie nicht die Unterschiede der Nutzung verschiedener Wellenlängen durch die Pflanzen. Pflanzen nutzen zum Beispiel das Licht im roten Bereich fast so effizient wie das blaue Licht, allerdings ist die Produktion von blauem Licht teurer. Trotzdem ist die PAR-Messung aussagekräftiger als die der anderen.

BELICHTUNGSMESSER

Die meisten Züchter legen sich vermutlich keinen Belichtungsmesser zu, weil sie glauben, auch ohne gute Erfolge zu erzielen. Ein solcher Belichtungsmesser für die Messung von Beleuchtungsstärke und -menge ist allerdings überaus praktisch. Anstatt nur grob zu schätzen, wie viel Licht den Garten erreicht, gibt ein Belichtungsmesser genaue Auskunft darüber. Mit einem solchen Gerät können Berechnungen überprüft werden, und es ist möglich, die Growfläche mit gleichmäßigem Licht zu versehen.

Cannabis ist eine sonnenliebende Pflanze. Die Pflanze wächst am schnellsten und am besten, wenn sie den ganzen Tag über Licht bekommt. Pflanzen in Töpfen können vom Schatten ins Licht gerückt werden.

OUTDOOR-GROWING

Die beste Lichtquelle ist die Sonne. Sie kostet nichts, braucht keinen Strom, und selbst ihr hellstes Licht erweckt keinen Verdacht. Im Sommer ist die Sonne heller als jede künstliche Beleuchtung – außerdem ist sie selbstregulierend. Im Freien kann an einem klaren Tag zu Sommerbeginn, wenn die Sonne auf die

Diese Pflanzen hatten genug Platz, um wunderbar hoch zu wachsen. Jede Pflanze war 1,82 Meter von der anderen entfernt. Ein Segeltuch sorgte dafür, das Sonnenlicht zu streuen.

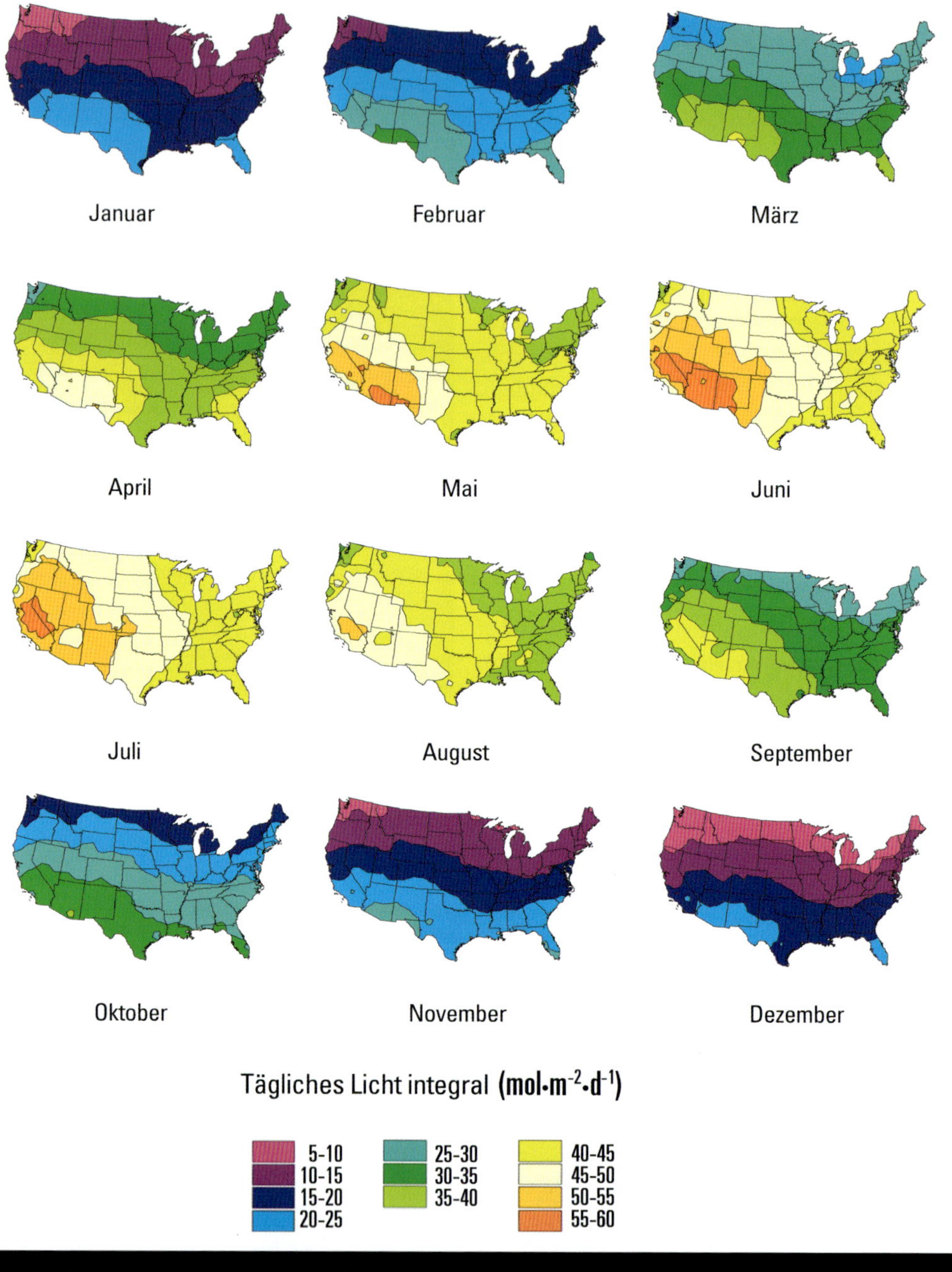

Die Grafik zeigt, wie viel Licht die Pflanzen täglich im Lauf eines Jahres aufnehmen. Im Herbst und im Winter ist die Lichtmenge zumeist vom Breitengrad abhängig. Im September, wenn die Pflanzen reifen, sinkt die Lichtmenge drastisch. Bis Oktober sinkt die Lichtmenge um etwa die Hälfte (im Vergleich zu Juni). Bis Dezember sinkt sie um fast zwei Drittel. Im Sommer variiert die Lichtintensität wegen der Längengrade. So nimmt z. B. die westliche Hälfte der Vereinigten Staaten 50 Prozent mehr Licht auf als die östliche Hälfte. Der östliche Teil bekommt weniger Licht, während die Intensität im mittleren Westen höher ist (noch höher als im Westen). Der südliche Teil von Kalifornien und Nevada bekommt das meiste Licht ab.

Erde im steilstmöglichen Winkel einfällt, die Lichtintensität gegen 161.000 Lux betragen. Das ist die hellste Tageszeit. Pflanzen können all dieses Licht aber nicht verarbeiten, so können Cannabis-Pflanzen wahrscheinlich nicht mehr als 75.000 bis 80.000 Lux nutzen. Gemessen während des ganzen Tages von Sonnenaufgang bis Sonnenuntergang ist die durchschnittliche Intensität deutlich geringer, wahrscheinlich zwischen 10.700 und 21 500 Lux. Nur etwa 20 Prozent des Sonnenlichts gehören zur PAR. Der Rest des Lichtspektrums wird von Pflanzen nicht genutzt.

Das überschüssige Licht wird in Wärme umgewandelt und dann vermittels Transpiration abgeleitet, als Infrarot-Wärme ausgestrahlt oder mit Hilfe von biochemischen Prozessen verarbeitet.

Cannabis-Pflanzen gedeihen am besten, wenn sie den ganzen Tag in der vollen Sonne stehen. Züchter können die Sonne als primäre Lichtquelle nutzen, wenn sie einen Garten, ein Gewächshaus, eine Terrasse, einen Innenhof, ein Dach oder ein Dachfenster oder auch nur ein geeignetes Fenster haben. Helle Räume, die von direktem Sonnenlicht mindestens fünf Stunden pro Tag beleuchtet sind, benötigen in der Regel kein zusätzliches Licht während des Sommers.

Das Herbstlicht kann da schon problematischer sein. Wenn den Garten weiterhin ungehindert direktes Sonnenlicht erreicht, ist das meist genug für den Reifeprozess der Knospen. Wenn sich aber das Licht im Herbst derart ändert, dass die Pflanzen nur noch wenig direktes Sonnenlicht bekommen, benötigen sie zusätzlich künstliches Licht, um schwache Sonnenstrahlung, bewölkten Himmel und Schattenbildung auszugleichen. Ohne zusätzliche Lichtgaben würden sich die Knospen nicht richtig entwickeln, sondern locker und luftig und nicht besonders kräftig wachsen. Das natürliche Licht kann mit den gleichen Lampen ergänzt werden, die der Grower für Indoor-Gärten verwendet.

BELICHTUNGSMESSER IN DER KAMERA

Sie müssen kein spezielles Messgerät benutzen, um die Beleuchtungsstärke zu messen. Der Belichtungsmesser in einer 35-mm-Kamera funktioniert genauso – vorausgesetzt, es handelt sich um eine Kamera mit manueller Einstellmöglichkeit. Alles was wir brauchen, ist ein großes weißes Blatt Papier oder Karton. Zur Berechnung der Beleuchtungsstärke (in Foot-Candle oder Lux), die unseren Garten erreicht, halten wir das Papier oder den Karton im 45-Grad-Winkel an die Pflanzenspitzen. Jetzt stellen wir das ASA-Zifferblatt der Kamera (für die Filmempfindlichkeit) auf 100 und die Verschlusszeit auf 1/15 Sekunde.

Dann stellen wir die Blende auf die richtige Belichtung ein, als ob wir ein Foto machen wollten. Die Blende korreliert mit der Beleuchtungsstärke wie unten angeführt.

BEI ASA 100, 1/15 SEKUNDE:

f4	=	10 Foot-Candle (fc)/107,64 lux
f5.6	=	20 fc/215,27 lux
f8	=	40 fc/430,55 lux
f11	=	80 fc/861,11 lux
f16	=	160 fc/1722,22 lux

Bei besseren Lichtverhältnissen nutzen wir höhere Einstellungen der Kamera. Mit der ASA-Empfindlichkeit von 200 und einer Verschlusszeit von 1/125 Sekunde ist die Korrelation zwischen Blende und Beleuchtungsstärke folgende:

BEI ASA 400, 1/125 SEKUNDE:

f4	=	128 fc/1377,78 lux
f5.6	=	256 fc/2755,56 lux
f8	=	512 fc/5511,12 lux
f11	=	1024 fc/11 022,24 lux
f16	=	2048 fc/22 044,49 lux
f22	=	4096 fc/44 088,97 lux
F32	=	8192 fc/88 177,95 lux

Um genau herauszufinden, wie viel Licht die Pflanzen bekommen, kann ein Belichtungsmesser verwendet werden. Dabei genügt es, wenn Licht von etwa 48 375 Lux täglich über fünf Stunden oder mehr zum Einsatz kommt. Weniger Licht hat geringeres Wachstum, eine langsamere Reifung und einen niedrigen Ertrag sowie eine schlechtere Qualität zur Folge. In höheren Breitengraden müssen die Pflanzen zu Beginn des Herbsts wegen der Anpassung an die klimatischen Bedingungen geerntet werden. Leider sind im Herbst, wenn die Pflanzen ihre Blüte und die Reifung vollenden, sowohl die Wellenlänge als auch die Intensität des Lichts geringer. Das reduziert den Ertrag. Es gibt drei mögliche Lösungen: die Pflanzen früh vortreiben, das Sonnenlicht mit elektrischer Beleuchtung ergänzen oder frühreife Pflanzen züchten.

Die gelbe Farbe der HPS-Lampen reflektiert die weißen Wände.

Im Diagramm für die täglichen Lichtgesamtmengen (amerikanisch: *Daily Light Integral,* DLI = Gesamtmenge des Lichts, genauer: der Photonen, die an einem Tag auf ein definiertes Terrain einfallen) können wir sehen, wie sich der mol-Wert pro Tag von August bis Oktober ändert. Im August pendelt sich das Gesamttageslicht von 35 mol pro Tag (im Osten der USA) bis hin zu 45 bis 50 mol (im Westen) ein. Im Oktober ändern sich die Verhältnisse zwischen Nord und Süd. Der Südwesten nimmt 35 bis 40 mol pro Tag auf, der Rest des Landes nur 20 bis 30 mol pro Tag, mit Ausnahme des hohen Nordens. Neben den schlechten Lichtverhältnissen liefert die Sonne ab Mitte Herbst sehr wenig UVB-Licht.

Um µmol/m²/s in die Gesamttageslichtmenge µmol/m² pro Tag umzuwandeln, multiplizieren wir die Summe der Sekunden, in denen Licht aufgenommen wurde. Wenn wir zum Beispiel Pflanzen in einem Garten mit 1000 µmol/m²/s unter Dauerlicht (24 Std.) growen, erhalten wir einen Wert von 1000 × 3600 s/h (Sekunden in einer Stunde) × 24 Stunden = 86,4 µmol/m² pro Tag. Für eine Photoperiode von zwölf Stunden würde der Wert bei 43,2 µmol/m² pro Tag liegen. Was könnte einfacher sein? Es sei darauf hingewiesen, dass die durchschnittliche Gesamttageslichtmenge im Sommer in Arizona etwa 65 µmol /m² pro Tag beträgt, während es in New York im Winter nur etwa 25 µmol/m² pro Tag sind.

Die Sonnenstrahlung produziert an einem klaren Frühsommertag gegen Mittag etwa 2000 µmol/m²/s (110 000 lux) in Maryland, das auf dem mittleren Breitengrad der USA liegt. In höheren Breitengraden ist das Licht schwächer, in niedrigeren Breitengraden ist es stärker. So ist es zum Beispiel in Nordamerika westlich des Mississippi stärker als östlich des Flusses.

Die meisten Gärten, die mit MH- und NDL-Lampen beleuchtet werden, verfügen über Lichtmengen von etwa 1000 μmol/m²/s (55 000 lux) in Höhe der Pflanzenspitzen.

Gärten, die mit Leuchtstofflampen betrieben werden, verfügen selten über mehr als etwa 300 bis 500 μmol/m²/s (15 lux).

Im Herbst dürfen Pflanzen, die sich an Fenstern und auf Terrassen befinden, direktes Licht bekommen, weil es in einem schrägen Winkel einfällt. Im Herbst erhalten Pflanzen unter direkter Sonne wahrscheinlich genügend Licht. Zuweilen werden solche Fenster, die im Sommer im Schatten liegen, im Herbst mit direktem Licht versorgt, weil sich der Einfallswinkel des Sonnenlichts ändert. Falls die Pflanzen nur indirektes Licht bekommen, auch wenn es sich um helles Licht handelt, benötigen sie zusätzliche Beleuchtung.

Die künstliche Beleuchtung von Pflanzen im Innenhof oder auf der Terrasse, in einem Gewächshaus oder auf einem Fenster muss nicht verdächtig wirken. Dennoch verwenden wir möglichst eine Halogen-Metalldampflampe (MH-Lampe), die klares Licht emittiert, das dem natürlichen Licht gleicht.

Per Faustregel sind die schlechten Lichtverhältnisse im Herbst mit etwa 20 bis 30 Watt pro Quadratmeter auszugleichen, und zwar für etwa fünf Stunden täglich als Ergänzung zum Tageslicht. Eine 1000-W-Lampe liefert das Licht für ein Quadrat mit etwa acht Meter langen Seiten. Werden die Lampen während der hellsten Tageszeit eingeschaltet, bekommt niemand etwas von dem zusätzlichen Licht mit – außer den Pflanzen. Wir können Halogen-Metalldampflampen oder Leuchtstoffröhren nutzen, die für Reptilien entwickelt wurden, um das Licht des UVB-Spektrums nutzbar zu machen. Hochdrucknatriumdampf-Lampen sind in verschiedenen Leistungstypen erhältlich und sehr effizient. Allerdings sollten sie vorsichtig benutzt werden, weil sie ein unverwechselbares gelbes Licht ausstrahlen, das von Nachbarn oder Passanten bemerkt werden könnte.

Wenn die Pflanzen unter hellem Licht gezogen werden und all ihre übrigen Bedürfnisse erfüllt sind, erhöhen sich Ertrag und Qualität – bei kürzerer Reifezeit.

MH-Lampen erzeugen ein „weißes" Licht, das weniger auffällig ist, und das auch das nützliche UVB-Licht enthält. Die Lampen liefern der Pflanze zudem Wärme, was im Herbst hilfreich sein kann.

LICHT

INDOOR

Pflanzen in Indoor-Anlagen brauchen ein sehr helles Licht, um gut wachsen zu können und einen guten Ertrag zu bringen. Allerdings unterscheiden sich die Sorten darin, wie viel Licht sie benötigen, um schnell zu wachsen und die gewünschte Blütenentwicklung voranzutreiben. Sativas benötigen am meisten Licht, gefolgt von Sativa-Indica-Hybriden, Indica-Sativa-Hybriden und Indicas.

- Sativas benötigen am meisten Licht. Sie haben sich in der Nähe des Äquators entwickelt und sind lange Zeiträume von Sonnenbestrahlung gewohnt.
- Sativa-Indica-Hybriden benötigen zwar weniger Licht als Sativas. Trotzdem gedeihen auch sie noch immer am besten bei intensiverem Licht.
- Indica-Sativa-Hybriden benötigen weniger Licht als Sativa-Pflanzen. Sie können bei mittlerer und auch bei recht geringer Lichtintensität gedeihen.
- Indicas benötigen von allen Sorten die geringste Lichtintensität, um gedeihen zu können. Diese Pflanzen haben sich in nördlichen Breitengraden entwickelt und sind die beste Option für Gärten mit wenig Licht.

Während der Wachstumsphase gedeihen die meisten Sorten zwischen 21500 und 27000 lux, 400–500 µmol/m²/s, obwohl die Pflanzen effizient 54000 lux, 1000 µmol/m²/s oder mehr nutzen können. Je mehr Licht die Gewächse während des vegetativen Wachstums aufnehmen, desto schneller wachsen sie und desto stärker sind schließlich die Stiele. Wenn sie bei wenig Licht oder unter einem Blätterdach gezüchtet werden, oder wenn sie im Schatten von Bäumen oder anderen hohen Pflanzen stehen, weisen alle Sorten lange Internodien auf (Abschnitte am Stiel zwischen zwei Knoten). Das liegt am verstärkten Infrarotanteil des Lichts; Pflanzen mit äquatorialer Genetik sind davon häufiger betroffen.

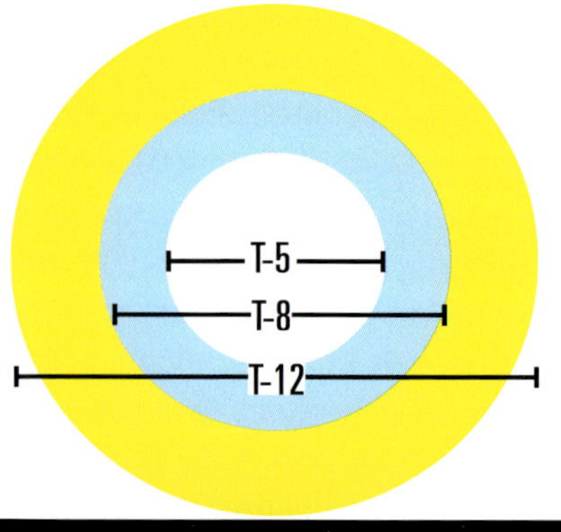

T-12-Leuchtstoffröhren sind Röhren mit einem Durchmesser von 4 cm. Sie sind am wenigsten effizient. T-8-Röhren haben einen Durchmesser von 2,5 cm und T-5-Röhren sogar 15 cm. Damit sind sie die effizientesten Leuchtstoffröhren.

Leuchtstofflampen werden nach der Größe der Röhre klassifiziert. Der Durchmesser wird als T-Nummer aufgeschlüsselt z. B. T-5, T-8 und T-12. Die Zahl gibt jeweils Auskunft darüber, wie viele Achtel eines Zolls sie aufweisen. Im Klartext: T-5-Röhren messen also 5/8 Zoll Durchmesser; T-8-Röhren entsprechen einem Zoll (8/8) und T-12-Röhren weisen einen Durchmesser von 12/8, also 1½ Zoll auf. Bei den T-8- und T-12-Leuchtstoffröhren stellt der große Durchmesser ein Problem dar, weil damit keine so geringen Abstände eingehalten werden können, wie es beispielsweise bei T-5-Röhren möglich ist. Es ist also gar nicht so einfach, die notwendige Lichtintensität zu erreichen, um Knospen von höchster Qualität zu produzieren.

- Äquatoriale Sativas brauchen intensives Licht und gedeihen am besten zwischen 750 und 860 Watt pro Quadratmeter (W / m²). Bei weniger Licht werden sich die Knospen eher locker und schlacksig entwickeln.
- Sativa-Indica-Hybriden benötigen auch helles Licht. Sie produzieren allerdings schon bei 640 W/m² üppige Knospen.
- Indica-Sativa-Hybriden benötigen weniger Licht und können schon bei Werten zwischen 535 und 640 W/m² sehr gute Knospen ausbilden.
- Indicas brauchen die geringste Menge an Licht, um zu gedeihen. Einige Indicas produzieren schon bei etwa 430 W/m² schöne Knospen, andere hingegen benötigen eine Beleuchtung von 535 W/m². Ein Mehr an Licht, z. B. 640 W/m², schadet nicht; bei 640 W/m² werden die Knospen größer, kompakter und stärker.

Züchter können sich einer großen Auswahl von Lampen bedienen. Dazu gehören Leuchtstofflampen, Halogen-Metalldampflampen, Hochdrucknatriumdampf-Lampen und LEDs. Grower benutzen selten Glüh- oder Quarzhalogenlampen. Diese Lampen sind ineffizient, sie wandeln nur etwa zehn bis 20 Prozent ihrer Energie in Licht um und verschwenden den Rest in der Erzeugung von Wärme. Wer plant, ein nicht genügend beleuchtetes Terrain mit Glühlampen zu erhellen, dem rate ich ausdrücklich davon ab. Deutlich geeigneter sind da schon Kompaktleuchtstoff- oder LED-Lampen.

Vegetatives Pflanzenwachstum unter Leuchtstofflampen. Die Röhren wurden in zwei Leuchtkörpern installiert. Drei Röhren beleuchten jeweils 30 cm der Pflanzungsbreite.

Leuchtstoffröhren sind ausgezeichnete Röhren für Kloning, weil das Licht über einen weiten Raum gleichmäßig verteilt werden kann und die Röhren nicht zu viel Wärme produzieren.

LEUCHTSTOFFLAMPEN

Seit den frühen Jahren der Indoor-Zucht, in den 1960er Jahren, nutzen Grower Leuchtstoffröhren, um mehr Licht zu haben. Diese Röhren sind preiswert, einfach zu installieren und ziemlich effizient, auch wenn sie besondere Leuchtkörper und Vorschaltgeräte erfordern. Den Pflanzen geht es unter diesem Licht sehr gut. Allerdings erzeugen die Leuchtstofflampen eine weniger hohe Lichtintensität als zum Beispiel Natriumdampf-Hochdrucklampen (NDL), so dass sie in der Regel nicht so

Leuchtstofflampen sind drei- oder sogar viermal effizienter als Glühlampen. So kann eine 20-W-Leuchtstofflampe die gleiche Lichtleistung wie eine 75-W-Lampe bringen. Leuchtstofflampen sind nur 50 bis 75 Prozent so effizient wie Natriumdampf-Hochdrucklampen (NDL). Allerdings ist dieser Vergleich ist nicht besonders vielsagend, weil eine Reihe weiterer Faktoren eine Rolle spielt, beispielsweise die emittierten Lichtspektren (einige Lampen erzeugen z. B. mehr PAR als andere) und die Anforderungen an die Platzierung der Lampen (kühlere Leuchtstofflampen können näher bei den Pflanzenspitzen positioniert werden als heiße HPS-Lampen).

große und kompakte Knospen produzieren können, wie es bei stärkeren Lampen der Fall ist.

Leuchtstofflampen weisen verschiedene spektrale Leistungen auf, die von verschiedenen Phosphorarten auf der Röhrenoberfläche abhängen. Jede Art von Phosphor emittiert eine andere Reihe von Farben, beispielsweise „Warmweiß", „Kaltweiß" „Tageslicht" und „Naturweiß". Diese Namen deuten auf die Art des Lichts hin, das die Röhre erzeugt. So nähern sich Tageslicht und Naturweiß am besten dem Spektrum des Sonnenlichts an. Lampen unterschiedlicher Spektren können die gleichen Leuchtkörper verwenden.

Kaltweiß-Leuchtstofflampen emittieren mehr blaues Licht als Warmweiß-Leuchtstofflampen. Sie sind während der vegetativen Phase des Cannabis-Wachstums wertvoll, weil das blaue Licht ein starkes, kompaktes Stielwachstum fördert.

Warmweiß-Leuchtstofflampen emittieren mehr Rotlicht als Kaltweiß-Leuchtstofflampen und werden während der Blüte eingesetzt, weil das rote Spektrum das Blütenwachstum fördert. All diese Lampen sind im Handel unter verschiedenen Marken erhältlich, so auch spezielle Lampen für Pflanzen. Deren Lichtemission konzentriert sich auf die roten und blauen Spektren und damit auf jene Wellenlängenbereiche, die das Chlorophyll umsetzen kann. Allerdings produzieren sie insgesamt weniger Licht.

HO-Lampen sind spezielle Leuchtstofflampen und fast doppelt so leistungsfähig wie Standard-Leuchtstofflampen. Sie können eine Pflanzung sehr hell beleuchten und sind eine Alternative für Hochdruck-Gasentladungslampen. Diese Lampen sind verfügbar in den Größen T-5 und T-8.

T-8-RÖHREN

T-8-Röhren sind einen Zoll breit und in Längen von 0,6, 1,2, 1,8 und 2,4 Metern erhältlich. Sie sind normalerweise in Standard-Reflektoren installiert. Konventionelle T-8-Röhren nutzen rund acht Watt und produzieren etwa 650 bis 700 Lumen pro 0,3 Meter (ein Fuß). T-8-Leuchtstofflampen emittieren rund 15 Prozent mehr Licht pro Watt als T-12-Leuchtstofflampen. Wegen ihres Durchmessers ist es schwierig, mehr als vier dieser Röhren je 0,3 Meter zu platzieren, auch wenn diese ohne einzelne Reflektoren daherkommen. Obwohl die Reflektoren das den Röhren entspringende Licht maximieren, ist es schwierig, mehr als drei auf ein Terrain von 0,3 Meter zu platzieren. Diese Lampen sind am besten für junge Klone und als zusätzliche Lichtquelle geeignet. Nützlicher sind die HO-T-8-Leuchtstofflampen, die etwa 12 bis14 Watt pro Quadratmeter nutzen und 1.000 bis 1.250 Lumen pro 0,3 Meter produzieren. Damit liefern sie der Pflanze mehr Licht.

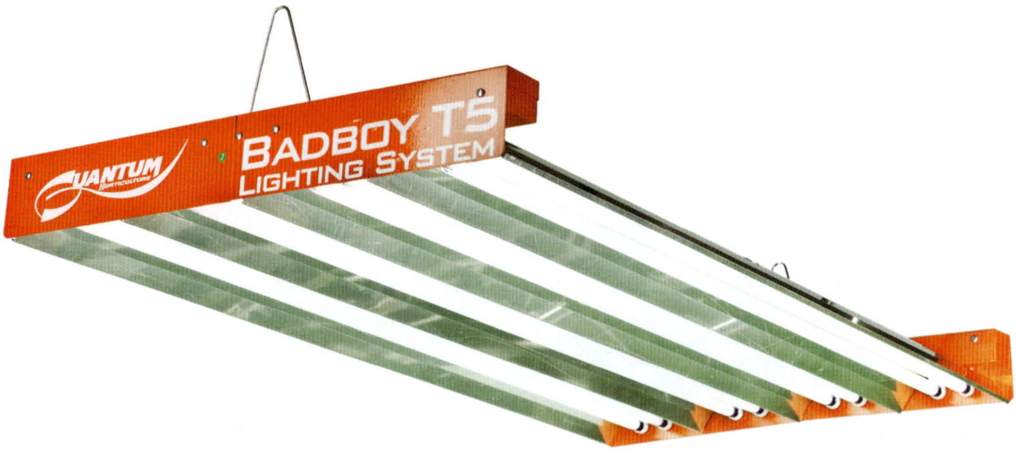

T-5-Leuchtstofflampen sind sehr effiziente Lichtquellen. Die Röhren sind dünner als andere Leuchtstoffröhren, deshalb können sie näher an den Pflanzen platziert werden. Die Lampen sind mit Blechen ausgestattet, die das Licht reflektieren, so dass nur wenig davon verloren geht.

T-5-RÖHREN

T-5-Röhren sind 1,5 Zentimeter breit und in einer Vielzahl von Längen erhältlich. Sie funktionieren mit anderen Vorschaltgeräten und Leuchtkörpern als die T-8-Röhren. T-5-Röhren emittieren pro Watt fast 30 Prozent mehr Licht als T-8-Röhren. Ihre kompaktere Größe ermöglicht es, vier T-5-Röhren pro Fuß (0,3 Meter) zu platzieren. T-5-Röhren stehen als HO-Modelle zur Verfügung. Eine 4-Fuß-HO-Röhre leistet 54 Watt und emittiert rund 5.000 Lumen, fast doppelt so viel wie eine übliche T-5-Röhre. Eine Gruppe von acht 4-Fuß-T-5-HO-Röhren emittiert 40 000 Lumen und verbraucht etwa 435 Watt, im Vergleich zu einer 400-W-NDL, die tatsächlich 440 W verbraucht und etwa 50 000 Lumen produziert.

Platziert über ein Terrain von 1,5 Quadratmetern beträgt die Intensität 2.500 Footcandles (26,91 kilolux). T-5-HO-Leuchtstoffröhren verbrauchen etwa 60 Prozent mehr Strom als normale T-5-Röhren.

KOMPAKTLEUCHTSTOFF-LAMPEN (CFL)

Für kleinere Pflanzungen sind Kompaktleuchtstofflampen oft die geeignetsten Lampen. Im Gegensatz zu anderen Leuchtstofflampen verfügen sie über ein integriertes Vorschaltgerät und passen in die übliche Glühlampenfassung. Diese Lampen sind erhältlich als Scheinwerfer, gebogene Röhren, gerade Mini-Röhren und als kreisförmige Leuchtstoffröhren mit 203 oder 304 mm Durchmesser. U-förmige Leuchtstoffröhren mit Schraubsockel sind ebenfalls verfügbar. Ein weiterer Vorteil von Kompaktleuchtstofflampen ist, dass sie bei geringer Größe viel Licht liefern. Im Gegensatz zu Leuchtstoffröhren, die an sich schon besonders ausladend sind und häufig mehrere Fuß umfassen, strahlen die Kompaktleuchtstofflampen von einem bestimmten „Lichtpunkt" aus, was bei sinnvoller Anordnung die Lichtintensität deutlich vermehren kann. CFL-Lampen mit großer Leistung sind erhältlich in den Größen 25, 50, 100, 150, 200 und 250 Watt.

LICHT

Kompaktleuchtstofflampen sind in vielen Stärken bis zu 250 Watt erhältlich. Sie sind nicht so effizient wie HPS-Lampen, sie sind aber einfacher zu bedienen.

Wir verwenden schalenförmige Reflektoren mit CFL-Lampen.

Das Licht der CFL-Lampen ist nicht fokussiert. Weil jedes Licht, das die Pflanzen nicht erreicht, verschwendet wird, sollten wir Reflektoren verwenden, um das Licht zielgerichtet zu verteilen. Preiswerte Klemmleuchten mit schalenförmigen Reflektoren und Schraubsockeln erleichtern die Platzierung der Lampe. Ein fruchtbarer Garten benötigt während der vegetativen Wachstumsphase eine Mindestbeleuchtung von 30 Watt pro Quadratfuß (1 Quadratfuß = 0,09 Quadratmeter). Mehr Licht – bis zu 40 bis 60 Watt pro Quadratfuß – hat besseres Wachstum zur Folge. So lange die anderen Bedürfnisse unserer Pflanzen erfüllt sind, wachsen sie umso schneller und buschiger, je mehr Licht sie erhalten.

Wir können Leuchtstofflampen zusätzlich innovativ einsetzen, um unsere Hauptlichtquelle zu ergänzen. Mixen wir die Lichtquellen, zum Beispiel Leuchtstofflampen oder LEDs mit Hochdruck-Gasentladungslampen (HID-Lampen), verbessern wir die Bedingungen in unserem Garten, weil mehr Licht zur Verfügung steht, und weil so schattige Flächen beleuchtet werden können. Leuchtstofflampen werden seitlich oder mittig angebracht. Leuchtstoffstäbe oder Arbeitsleuchten können in die Mitte des Gartens gehängt werden oder horizontal zwischen die Reihen. In der Mitte der Pflanzung benötigen wir so keinen Reflektor, weil Röhren die Pflanzen aus jedem Winkel beleuchten können.

Sowohl Leuchtstofflampen als auch LED-Lampen sollten etwa 5 bis 25 Zentimeter über den Pflanzen platziert werden. Keinesfalls dürfen die Lampen die Pflanzen berühren – sie würden sonst verbrennen.

CFL-Lampen emittieren das meiste Licht, wenn sie von oben nach unten strahlen; von unten nach oben emittieren sie weniger Licht. Die horizontale Positionierung ist am wenigsten effizient.

Diese Pflanzen wachsen gut unter Kompaktleuchtstofflampen mit hoher Leistung. Die Leuchtstofflampen liefern ein intensives Licht, wobei sie viel weniger Wärme produzieren, als in heißen Ländern vorhanden ist.

LICHT

HALOGEN-METALLDAMPF-LAMPEN (MH-LAMPEN)

MH-Lampen werden im Freien zur Beleuchtung von Sportevents verwendet, weil die Lampen ein weißes Licht emittieren. Früher wurden MH-Lampen von Growern während der vegetativen Phase des Pflanzenwachstums benutzt, bevor die Pflanzen in die Blütephase kamen. Allerdings wachsen Pflanzen genauso gut vegetativ unter HPS-Lampen wie unter MH-Lampen. Deshalb werden MH-Lampen heute kaum noch verwendet, weil sie insgesamt weniger Licht als HPS-Lampen emittieren und damit für niedrigere Erträge sorgen.

MH-Lampen sind in vielen Spektren erhältlich. Das ist ein sehr wichtiger Faktor, um herauszufinden, wie effektiv eine Lampe ist. In der Regel werden 15 Prozent der MH-Energie als PAR emittiert, HPS-Lampen schaffen gerade mal 13 Prozent. Aber das strahlende weiße Licht der MH-Lampen emittiert nur geringe Anteile des roten Spektrums. Das ist für unsere Pflanzen nicht besonders gut, weil sie das Licht des roten Spektrums für die Photosynthese und Blüte brauchen. Trotzdem wachsen Pflanzen unter Halogen-Metalldampflampen rasch heran und bringen eine reichere Blüte hervor als unter Leuchtstofflampen. Das hellere Licht dringt ein wenig tiefer in die Pflanzenspitzen ein.

MH-Lampen können die Lösung für die Indoor- und Outdoor-Pflanzenbeleuchtung sein. Sie bieten eine ideale Beleuchtung für den Garten, wo das gelbe Lichtspektrum einer NDL-Lampe doch eher indiskret wäre. Im Herbst

ASK ED: MARIJUANA-FRAGEN

ZERBROCHENE HALOGEN-METALL-DAMPFLAMPE

Vor kurzem sah ich eine Warnung über UV-Emissionen. Der Autor behauptete, wenn das Schutzglas um eine Halogen-Metalldampflampe zerbräche, solle man sie sofort aus der Steckdose herausziehen, weil die Halogen-Metalldampflampe ohne dieses Glas eine schädliche Menge an UV-Strahlung emittieren würde. Seitdem ich in Ihrem Buch „Ask Ed" über UVB-Erhöhung gelesen habe, die zur Erhöhung der THC-Produktion führt, habe ich nach einer guten Quelle für die UVB-Ergänzung gesucht. Haben Sie irgendwann von jemandem gehört, der das Glas von seiner MH-Lampe entfernt hat, damit er UVB erhöht? Wie viel UVB würde man erhalten? Oder ist es wirklich gefährlich, das zu tun?

Es ist gefährlich, eine MH-Lampe mit einem zerbrochenen Außenkolben zu verwenden. Dadurch werden nicht nur große Mengen an schädlichen UVB-Strahlen emittiert, die Sonnenbrand verursachen, sondern es strahlt auch UVC-Licht aus, das für die meisten Lebewesen tödlich ist. Zerbrochene MH-Lampen sind nichts, womit man spielen sollte.

können Halogen-Metalldampflampen im Hinterhofgarten verwendet werden, um einen zusätzlichen Energieschub zu erzeugen, der für den Reifeprozess notwendig ist. Am besten, wir lassen die Lampen den ganzen Tag eingeschaltet, um das Umgebungslicht zu unterstützen. Obwohl das Licht der Lampen sehr hell ist, wird wahrscheinlich niemand Verdacht schöpfen. Denn es ist weiß und emittiert eben nicht das ungewöhnliche gelbe Licht der NDL-Lampen.

MH-Lampen gibt es in den Stärken 250, 400 und 1000 Watt. Eine 250-W-Lampe kann einen 60 mal 60 Zentimeter großen Garten beleuchten. 400-W-Lampen leuchten einen 90 mal 90 Zentimeter Garten oder einen kleineren aus. Die 1000-W-Lampe kann einen etwa 1,20 mal 1,20 Meter großen Garten ausreichend erhellen.

Die Lampen sind einfach zu handhaben. Die komplette Einheit besteht aus einer Lampe, einem Leuchtkörper (Reflektor) und einem langen Kabel, das in ein externes Vorschaltgerät eingelassen ist. Der Leuchtkörper und die Lampe sind von geringem Gewicht, und es ist einfach, sie aufzuhängen. Wird eine Kette oder ein Seil verwendet, um den Leuchtkörper aufzuhängen, hat man immer einen guten Zugang zum Garten.

HALOGEN-METALL-DAMPFLAMPEN & ULTRA-VIOLETTES LICHT (UV)

Das Ultraviolette Licht (UV) besteht, wie wir oben gesehen haben, aus Spektren jenseits des blauen Lichts. Diese Spektren sind für den Menschen unsichtbar, aber sichtbar für viele Tiere. Beim UV-Licht werden drei Klassen von Strahlen unterschieden: UVA-, UVB- und UVC-Strahlen. UVB ist entscheidend für die Entwicklung von THC. Die Potenz einer Cannabispflanze ist davon abhängig, wie viel UVB Licht die Pflanze bekommt. Halogen-Metalldampflampen emittieren UV-Licht und können für diesen Zweck verwendet werden.

Auch wenn die Pflanzen unter HPS-Lampen gezüchtet werden, wird die Potenz – also der THC-Gehalt – deutlich erhöht, wenn die

HPS-Lampen mit kleiner Wattzahl sind in vielen Baumärkten erhältlich. Sie werden für die Außenbeleuchtung verwendet. Sie können zur Beleuchtung von kleinen Gärten und zur Erhellung schattiger oder dunkler Bereiche des Gartens verwendet werden – oder zur Vergrößerung des Raumes über den Pflanzenspitzen.

Platzieren Sie die HPS-Lampen so, dass sie dem Garten gleichmäßig Licht liefern. Platzierung der Lampen im Abstand von etwa einem Meter bietet eine Leistung von etwa 660 Watt pro Quadratmeter.

Lampen während der letzten zwei Wochen der Blüte durch Halogen-Metalldampflampen ersetzt werden. Wir sollten uns dessen bewusst sein, dass das Schutzglas in luftgekühlten MH-Lampen UV-Licht absorbiert, bevor es unseren Garten erreicht. Der einzige Weg, von der UV-Strahlung zu profitieren, ist also, das Glas zu entfernen und weitere Maßnahmen zu treffen, um das Licht zu kühlen.

NATRIUMDAMPF-HOCHDRUCKLAMPEN (HPS)

Natriumdampf-Hochdrucklampen (HPS) strahlen oranges oder gelbes Licht aus. HPS-Lampen werden häufig als Straßenlaternen verwendet. Ihr Spektrum ist innerhalb der gelben, orangen und roten Spektren stark konzentriert mit nur einem geringen Blauanteil.

ASK ED: Fragen zu Marijuana

ALTERUNG DER HID-LAMPEN

Wie kann ich feststellen, wann eine funktionierende HPS-Lampe oder eine Halogen-Metalldampflampe ausgemustert und ersetzt werden sollte? Ich habe gelesen, dass die Lampen nach einiger Zeit weniger Licht ausstrahlen. Wenn die Lichtmenge allmählich sinken würde, dann würde ich das verminderte Licht nicht bemerken. Sollte ich die Lampen mit dem Datum versehen, an dem ich sie in Betrieb genommen habe? Wie lange halten diese Lampen?

Das Licht wird dunkler, wenn die Lampen altern. Um eine Lampe zu überprüfen, benutzen Sie einen Belichtungsmesser, oder vergleichen Sie die alte Lampe mit einer neuen. Die Lampen sollten nach etwa acht oder neun Monaten ersetzt werden, wenn sie für die Blütezeit verwendet werden, oder nach fünf Monaten, wenn sie ununterbrochen verwendet werden. Ihre Lichtproduktion sinkt mit der Zeit und mit der Anzahl der Anwendungen.

HPS-Lampen werden in der Regel für die Blüte benutzt, weil sie mehr oranges und rotes Licht liefern als MH-Lampen. Das erhöhte rote und gelbe Licht scheint die Blütenproduktion besser zu fördern.

Züchter verwenden normalerweise diese HPS-Größen: 150, 250, 400, 600, 750 oder 1000 Watt. Alle Größen werden normalerweise in Indoor-Gartenshops verkauft. Sie produzieren etwa 15 Prozent mehr Licht als MH-Lampen, haben aber den gleichen Aufbau: Lampe, Reflektor und externes Vorschaltgerät. Die 600-Watt und 750-Watt-HPS-Lampen sind etwa um 7 Prozent effizienter als die anderen Größen.

HPS-Lampen emittieren 13 Prozent der Energie, die sie nutzen, als PAR. Die 250-Watt-Lampe kann einen 60 mal 60 Zentimeter großen Garten beleuchten. Die 400-Watt-Lampen können ohne Probleme einen kleinen 90 mal 90 Zentimeter großen Garten oder einen kleineren beleuchten. Die 1000-Watt-Lampe beleuchtet einen etwa 120 mal 120 Zentimeter großen Garten. HPS-Lampen unterstützen schnelles Wachstum sowohl während der vegetativen Periode, wie auch in den Stadien der Blüte. Man benötigt keine zusätzliche Beleuchtung während irgendeiner Phase des Wachstums. Marken und Modelle der HPS-Lampen unterscheiden sich sowohl in den Lichtmengen, die pro Watt emittiert werden, als auch in den Spektren, die emittiert werden.

Einige HPS-Lampen strahlen erhöhte Mengen an Blaulicht aus, das kurze dicke Stiele und Zweige fördert. Weil das Licht bestimmter Spektren von Pflanzen unterschiedlich verarbeitet wird, fördern einige Lampen das Wachstum und die Blüte deutlicher als andere. Für weitere Informationen über die Unterschiede zwischen HPS-Lampen, siehe die Website mit den Ergebnissen unserer Tests vieler der bekanntesten Marken.

Grower kombinieren oft HPS- und MH-Lampen, weil sie denken, dass das blaue Licht von den MH-Lampen die Stiele dicker und kürzer hält. Aber der Vorteil dürfte geringer sein, als sie annehmen. Das rote Licht der HPS-Lampen verursacht keine Streckung der Pflanzen. Die Streckung wird durch infrarotes Licht verursacht, und HPS-Lampen emittieren kein Licht in diesen Wellenlängen. Diese Verwirrung stammt von der Ähnlichkeit des Lichts von Glühlampen und HPS-Lampen. Beide strahlen sichtbares Licht vor allem in

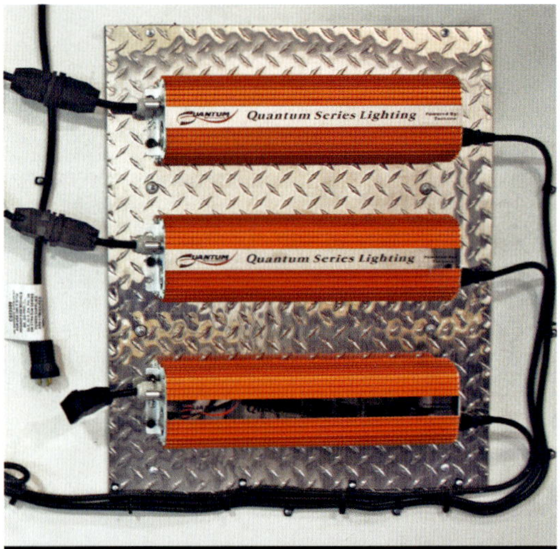

Digitale Vorschaltgeräte sind der effizienteste Weg der Versorgung von Indoor-Lampen mit Energie. Quantum-Vorschaltgeräte sind mit Dimmern ausgestattet, die dem Grower ermöglichen, die Energieleistung und die Intensität der Lampen zu regeln. Die Lampen, die mit digitalen Vorschaltgeräten versorgt werden, emittieren etwa 15 bis 20 Prozent mehr Licht als ein konventionelles elektro-magnetisches Vorschaltgerät.

Digitale Vorschaltgeräte haben viele Vorteile gegenüber den elektromagnetischen Vorschaltgeräten. Sie sind leiser und effizienter, und sie arbeiten auf einer höheren Frequenz. Sie minimieren die Abnutzung und erhöhen die Lebensdauer einer Lampe. Das Global-Greenhouse-Vorschaltgerät ist leicht, erzeugt sehr wenig Wärme und funktioniert sowohl mit MH- als auch mit HPS-Lampen.

den gelben, orangen und roten Spektren aus, deshalb verwechseln Grower die Spektren der beiden Lampen häufig. Aber Glühlampen strahlen mehr infrarotes Licht aus als das sichtbare Licht – im Gegensatz zu HPS-Lampen.

VORSCHALTGERÄTE

Jede MH- und HPS-Lampe verfügt über ein elektrisches System, das die Umsetzung in eine höhere als durch das Stromnetz gelieferte Spannung erfordert. Das Vorschaltgerät setzt den Hausstrom in die entsprechende Spannung um. Die Vorschaltgeräte zur Versorgung der Lampen sind in der Regel von den Lampen weit entfernt und durch ein langes Stromkabel mit ihnen verbunden. Der Vorteil dabei ist, dass die schweren Vorschaltgeräte nicht an der Decke hängen, lediglich der deutlich leichtere und weniger hinderliche Reflektor und die Lampe befinden sich über den Pflanzenspitzen. Altmodische magnetische Vorschaltgeräte sind für eine bestimmte Lampenart und Wattstärke geeignet und dabei für jeweils nur eine einzige Netzspannung, 110 oder 220. Die meisten digitalen Vorschaltgeräte können sowohl in MH- als auch in HPS-Lampen gleicher Wattzahl eingesetzt werden und mit 110, aber auch mit 220 Volt verwendet werden. Einige Vorschaltgeräte können Lampen mit unterschiedlicher Wattleistung versorgen.

Im Vergleich zu magnetischen Vorschaltgeräten sind digitale Vorschaltgeräte aus mehreren Gründen praktischer:

- Magnetische Vorschaltgeräte verbrauchen etwa 20 Prozent mehr Strom, als für die Lampen vorgeschrieben ist, um den Strom in eine geeignete Form umzusetzen. Digitale Vorschaltgeräte hingegen verbrauchen etwa zehn Prozent, die Hälfte des Stroms eines magnetischen Vorschaltgeräts. Das hat zur Folge, dass eine 1000-Watt-Lampe und ein magnetisches Vorschaltgerät 1.200 Watt und mehr verbrauchen.

LED-Lampen emittieren das Licht in einem schmalen Spektralbereich. Die Lampenleistung ist in den Lichtbändern konzentriert, die von Pflanzen am effizientesten genutzt werden: rot und blau. Die Supernova LED von HidHut verfügt über eine einstellbare Beleuchtungssteuerung, mit der das Verhältnis von blauem und rotem Licht bequem eingestellt werden kann. Die Lüfter sind in der Anlage eingebaut, deshalb wird nur wenig Wärme produziert.

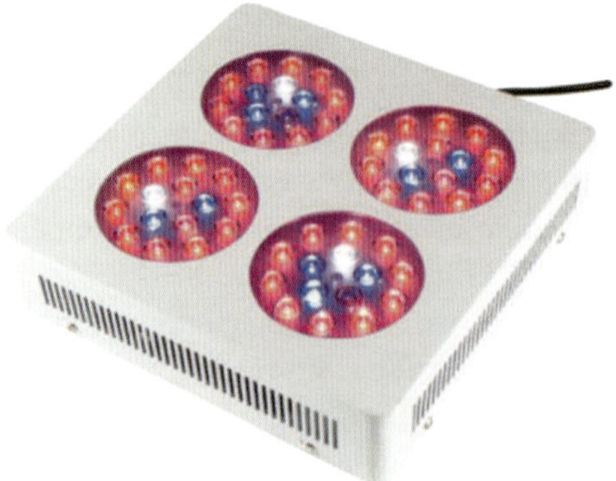

LEDs emittieren nur sehr wenig Wärme und können daher nahe bei den Pflanzen installiert werden. Diese LED von GBK™ hat mehrere Schaltstufen um sowohl die Lichtmenge als auch den Farbmix der jeweiligen Kultivierungsphase anzupassen. Auf diese Art und Weise wird eine maximale Energieeinsparung ermöglicht.

- Magnetische Vorschaltgeräte enthalten einen magnetischen Eisenkern, deshalb sind sie schwer. Ein Vorschaltgerät für eine 1000-Watt-Lampe wiegt 16 Kilo (MH), 20 Kilo (HPS) und bis zu 24,5 Kilo für eine MH-/HPS-umwandlungsfähige Einheit. Digitale Vorschaltgeräte wiegen viel weniger, nur vier bis sechs Kilo, und versorgen meist beide Lampen (MH und HPS).
- Alle magnetischen Vorschaltgeräte geben einen Summton von sich. Digitale Vorschaltgeräte sind geräuschlos.
- Digitale Vorschaltgeräte sind schonender für die Lampe während der Inbetriebnahme.
- Digitale Vorschaltgeräte regeln den Strom genauer. Die Lampe erhält einen gleichmäßigeren Strom, deshalb wird sie weniger ausgelastet. Sie hält länger, emittiert helleres Licht und flackert nicht.
- Digitale Vorschaltgeräte sind sozusagen smart. Sie erkennen Art und Größe der angeschlossenen Lampe, so dass ein Vorschaltgerät entweder für eine HPS- oder MH-Lampe verwendet werden kann.
- Digitale Vorschaltgeräte schalten sich aus, wenn Probleme entstehen.
- Magnetische Vorschaltgeräte emittieren eine Menge an Wärme. Digitale Vorschaltgeräte erzeugen viel weniger davon.
- Digitale Vorschaltgeräte sind teurer als magnetische Vorschaltgeräte, aber sie sparen Strom, Arbeit und Aufwand, weil sie mehr Licht produzieren, was ein Mehr an Knospen zur Folge hat.

LED-LAMPEN

Die neueste Ergänzung für die Indoor-Beleuchtung stellen Lampen mit Leuchtdioden (LEDs) dar. LEDs gibt es in unterschiedlicher Form, zum Beispiel als Flutlichter, Panels, Stäbe, Kreise und rechteckige Lampen. LEDs erzeugen wenig Wärme, und die Lampen sind nur drei oder vier Zoll tief, so dass sie eine

LED-Lampen sind teurer als HID-Lampen, aber sie sparen längerfristig gesehen Geld:

- *LED-Lampen verbrauchen pro Einheit produzierten PAR-Lichts weniger als die Hälfte des Stroms von HID-Lampen. Bei sieben Euro pro Kilowatt würden LEDs pro Jahr 152 Euro weniger kosten als der Betrieb einer 1000-Watt-HID-Lampe, die zwölf Stunden am Tag brennt.*
- *LEDs halten länger als HID-Lampen.*
- *LEDs benötigen im Gegensatz zu HID-Lampen weniger oder gar keine Kühleinrichtungen.*

gute Wahl für den Schrank oder andere Räume sind, in denen die Höhe ein Thema ist. LEDs sind auch sehr effizient, sie haben einen niedrigeren Stromverbrauch als HID-Lampen und sogar als Leuchtstofflampen.

LEDs nehmen eine einzigartige Stellung unter den Beleuchtungssystemen ein, weil jede Diode das Licht in einem ungewöhnlich eng gefassten Spektralbereich emittiert. Die Mineralien, die für die Herstellung benutzt werden, definieren das Spektrum, das von der Diode emittiert wird. HID-Lampen emittieren das meiste Licht in Spektren, die für die Pflanzen nicht sehr nützlich sind. Mit LEDs können die Lampen so genutzt werden, dass sie den Pflanzen genau das Spektrum liefern, das sie für maximales Wachstum brauchen.

Durch die Anpassung des Lichtspektrums der Dioden an die Anforderungen der Pflanzen, können LEDs zu effizienteren PAR-Produzenten werden. HPS-Lampen liefern insgesamt mehr Licht pro Watt, aber LEDs sind pro Watt doppelt so effizient bei PAR-Licht wie HPS-Lampen. Das bedeutet, dass eine 200-Watt-LED-Lampe durch eine 400-Watt Lampe ersetzt werden kann, und dass die

Das M30 LED-System des Herstellers SANlight zeichnet sich besonders durch den modularen Aufbau, eine passive Kühlung und beste Effizienz aus. Durch die Verwendung mehrerer LED-Module erhalten die Pflanzen Licht von allen Seiten und werden optimal belichtet.

300-Watt Lampen durch 600-Watt Lampen ersetzt werden können. Die ersten Generationen der LED-Lampen emittierten nicht genügend intensives Licht, um entweder das vegetative Wachstum oder die Blüte zu unterstützen. Die modernen Lampen, die Dioden von höherer Kapazität verwenden, haben diese anfänglichen Probleme allerdings gelöst.

Systeme von höherer Qualität verwenden meist Rotlicht zusammen mit etwas Blaulicht. Genau wie bei jedem anderen Produkt weichen die Herstellerstandards aber ab. Einige

T-5-Lampen, wie z. B. diese HID-T-5-Lampe von Amerinada, zählen zu den effizientesten Leuchtstofflampen, die zur Verfügung stehen.

Hersteller fügen grünes Licht hinzu (das sich laut NASA als wirksam bei Pflanzen erwiesen hat), und gelbes Licht hinzu. Die meisten Hersteller nehmen zudem einige Weißlicht-Strahler in ihre Einheiten auf. Diese Dioden emittieren tatsächlich eine Kombination aus roten, grünen und blauen Spektren, die sich verbinden und dann weiß erscheinen. Weißes Licht hilft sowohl bei der Versorgung mit nützlichen Wellenlängen als auch bei der Milderung der unangenehmen violetten Farbe, die durch die Kombination von rotem mit blauem Licht erzeugt wird. Glücklicherweise ist der Spektralbereich in der Regel breiter als das Band, das für jeden Strahler garantiert wird.

LEDs werden entweder von einem Transformator oder einem digitalen Treiber versorgt. Transformatoren sind ähnlich den magnetischen Vorschaltgeräten alten Stils für die HID-Einheiten; sie verbrauchen mehr Energie als die digitalen Treiber und erzeugen Wärme, die abgeführt werden muss. Das ist jedoch nicht so wichtig im Vergleich zur Wärmeerzeugung von HPS-Lampen, die entlüftet werden müssen. LED-Lampen emittieren fast keine Wärme, so dass sie sehr nah bei den Pflanzen installiert werden können.

Dabei sind sie nicht mit Röhren für die Luft- oder Wasserkühlung, mit einer schweren Lüftung oder mit anderen Problemen oder Unannehmlichkeiten der HID-Lampen belastet.

Das Licht der LED-Lampen kann mit HPS- und MH-Lampen kombiniert werden. Es gibt also keinen Grund, die digitale HID-Lampe wegzuwerfen. Der Einsatz von LEDs in Verbindung mit anderen Lampen erhöht die Lichtmenge, die unserem Garten geliefert wird. Zum Beispiel kann ein Garten, der eine 400-Watt-HPS benutzt, durch Hinzufügen einer 100-Watt-LED dem 600-Watt-System entsprechen. Hinzufügen einer 300-Watt-LED entspricht einem 1000-Watt-HID-System.

Die Kombination von HPS- und LED-Leuchten bietet mehrere Vorteile: wir können sicherstellen, dass wir alle Spektren erhalten, die unsere Pflanzen brauchen, um zu gedeihen. Wenn mehr HID-Lampen als LEDs verwendet werden, fügen wir PAR-Licht hinzu, die Erhöhung ist jedoch meist im gelben Spektrum nötig. Hinzufügen von roten und blauen LEDs erhöht das PAR-Licht, nicht jedoch im gelben Spektrum.

Überschüssiges gelbes Licht zwingt das Xanthophyll der Pflanzen, Wärme zu absorbieren, die durch auf die Blattoberfläche einfallendes Licht entsteht. Rote und blaue LEDs haben keinen Einfluss auf dieses Pigment. LEDs können zur Modifikation des Lichtspektrums während der Blüte verwendet werden. Die Beigabe des roten Spektrums während der letzten Hälfte der Blüte maximiert die Größe und Dichte der Knospen und verkürzt zudem die Blütezeit.

LAMPENZUBEHÖR UND LAMPENREFLEKTOREN

Licht wird mit zunehmender Entfernung nicht schwächer und verschwindet auch nicht. Es erscheint uns nur gedämpft, weil sich mit wachsendem Abstand zur Lichtquelle der Lichtstrahl über eine größere Fläche. Und mit dieser Ausbreitung zerstreut sich seine Intensität. Denken wir nur an eine Taschenlampe. Fokussieren wir den Strahl gebündelt, ist die Lichtmenge am

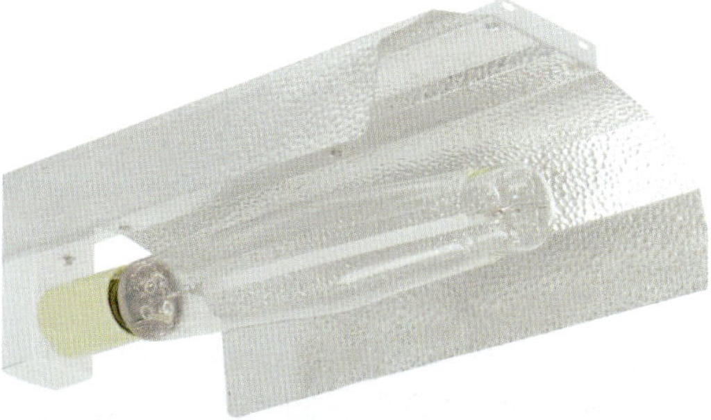

Die Flügelreflektoren, wie dieser LumeWing von C.A.P. Controllers, sind so entworfen, dass sie die Wärme zur Decke und direktes Licht nach unten auf die Pflanzung lenken.

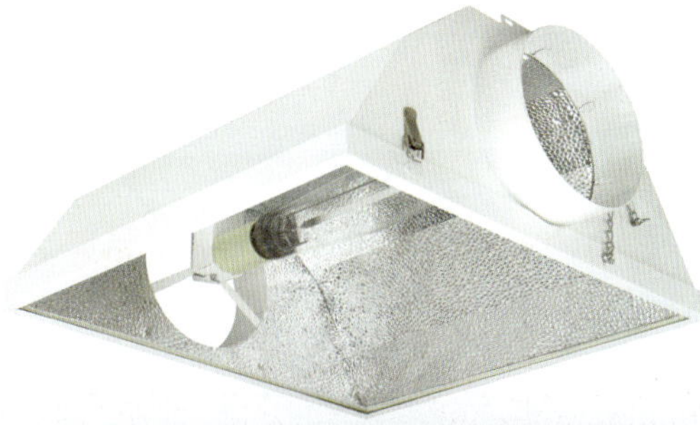

HPS-Lampen mit luftgekühlten Reflektoren sind die Standardbeleuchtung kommerzieller Cannabisgärten. Reflektoren sind unverzichtbar für die Maximierung der Lampenwirksamkeit. Das Licht wird direkt zu den Pflanzen gelenkt und eben nicht zur Decke, auf den Boden oder an die Wände. In die Reflektoren Lumenaire von C.A.P. Controllers passt eine Vielzahl von Lampen.

Ankunftsort – wie am Ausgangsort – gleich. Je größer das Gebiet des Gartens ist, das die Lampe beleuchten muss, desto weniger intensiv ist das Licht, das die Pflanzen erhalten.

Reflektoren dienen dazu, das Licht von den Lampen dorthin zu lenken, wo wir es brauchen. Die drei Arten von Lampen, die diskutiert wurden – Leuchtstofflampen, MH- und HPS-Lampen – emittieren Licht in alle Richtungen. Nur ein Teil des Lichts scheint direkt auf unseren Garten. Sofern es nicht umgeleitet wird, beleuchtet das Licht die Wand und die Decke mit.

Licht, das von den Lampen ausgestrahlt wird und das die Pflanzen nicht erreicht, ist verschwendet. Dafür gibt es verschiedene Lösungen. Zum Beispiel den Einsatz von Reflektoren.

LEUCHTSTOFFLAMPEN-REFLEKTOREN

Die Form von Leuchtstofflampen-Reflektoren bestimmt darüber, wie viel Licht die Pflanzen erhalten. Verwenden wir den besten Reflektor, der zur Verfügung steht. Viele Lampen mit Reflektoren haben die Röhren zu dicht beieinander stehen, so dass nur etwa 60 Prozent des Lichts eigentlich von der Lampe weitergeleitet werden. Der Rest ist zwischen den Röhren gefangen oder bewegt sich zwischen Röhren und Reflektor hin und her. Dieses Licht hat keinen Nutzen.

Suchen wir uns Reflektoren, die kleine Mini-Reflektoren oder Bleche zwischen den Röhren haben. Diese sind in einem bestimmten Winkel platziert, um das Licht nach unten zu reflektieren und um das Licht der verschiedenen Röhren lenken zu können, damit es nicht verloren geht, indem es sich lediglich zwischen den Röhren hin und her bewegt. Diese Reflektoren sind, wenn nicht vor Ort, im Internet verfügbar. Ein

Rohrreflektoren verteilen das Licht über eine weite Fläche und sind besonders nützlich für größere Pflanzungen. Im Grow-System Closseum können sie auch vertikal platziert werden.

Rohrreflektoren sind gut geeignet für eine große Pflanzung, weil sie das Licht über eine große Fläche verteilen. Damit verringern sie die Menge an Blättern, die sich im Schatten befinden.

guter Reflektor amortisiert sich innerhalb kurzer Zeit, liefert dafür aber ein Mehr an Licht, was einen erhöhten Ertrag zur Folge hat.

Wie andere Leuchtstofflampen emittieren CFL-Lampen Licht in alle Richtungen. Preiswerte Klemmleuchten mit schalenförmigen Reflektoren helfen, das Licht in den Garten zu lenken. Für größere Kompaktleuchtstofflampen stehen kommerzielle Reflektoren zur Verfügung. Gute Reflektoren können die Lichtintensität der Kompaktleuchtstofflampen verdoppeln.

MH- UND HPS-REFLEKTOREN

Sowohl MH- als auch HPS-Lampen emittieren das meiste Licht entlang ihrer Länge, deshalb geht es von den Seiten der Lampe aus. Viele Leuchtkörper fassen die Lampe horizontal, um daraus einen Vorteil zu ziehen. Der Reflektor muss den Rest des Lichts nach unten lenken. Es gibt viele Reflektoren, die in zwei allgemeine Klassen eingeteilt werden können, je nachdem, in welcher Position die Lampe hängt – horizontal oder vertikal. Für die meisten Gärten werden horizontal installierte Lampen vorgezogen.

HORIZONTALE REFLEKTOREN

Horizontale Lampen liefern einer Pflanzung aufgrund ihrer Positionierung mehr direktes Licht. Die Hersteller haben viele Modelle entworfen, und alle haben sie bei der Beleuchtung ihr Merkmal hinterlassen. Einige Lampen fokussieren ihr Licht auf eine kleine Fläche; andere sind so gestaltet, dass sie es über eine große Fläche verteilen. Der beste Reflektor für einen Garten hängt von dessen Größe und Form ab.

Für kleine Gärten mit einer oder zwei Lampen sind fokussierende Reflektoren besser geeignet. Das Licht wird nach unten gelenkt, so dass das meiste davon direkt auf die Pflanzen fällt. Fokussierende Strahlreflektoren verringern das Licht, das seitlich abgeht.

Größere Pflanzungen wachsen besser, wenn die Reflektoren im Zentrum das Licht über eine größere Fläche verteilen. Dadurch erhalten die Pflanzen Licht aus verschiedenen Richtungen, Schatten werden minimiert, und einem Großteil der Pflanze wird die Photosynthese ermöglicht. Reflektoren, die sich näher am Perimeter befinden, sollten immer eng fokussiert werden, so dass das Licht im Garten bleibt.

VERTIKALE REFLEKTOREN

Ist eine Lampe vertikal platziert, wird fast das gesamte Licht seitlich abgestrahlt und breitet sich horizontal zu den Wänden aus. Das Licht muss also nach unten auf unsere Pflanzung gelenkt werden. Keiner der kommerziellen vertikalen Reflektoren, die ich je gesehen habe, ist gut entworfen. Das Licht, das sie lenken, strahlt über ein weites Gebiet. Einige Reflektoren haben anpassungsfähige Lampen, so dass das Licht ein wenig kontrolliert werden kann, aber die meisten Reflektoren sind zu flach und ein großer Teil des Lichts geht verloren. Wegen ihrer ungünstigen Form sind vertikale Reflektoren meist besonders ineffizient.

Luftgekühlte Lampen helfen, die Pflanzung kühl zu halten. Die Umluft ist geruchlos, deshalb kann sie zur Beheizung anderer Bereiche verwendet werden.

LUFTGEKÜHLTE LAMPEN

MH- und HPS-Lampen emittieren sehr viel Wärme. Stellen wir uns vor, dass je 1000 Watt Licht etwa 3,414 BTU Wärme erzeugen. Nur drei von diesen Lampen produzieren die gleiche Wärmemenge wie zwei elektrische Raumheizgeräte. Wenn diese Wärme in eine auf Raumtemperatur gehaltene Pflanzung gerät, muss sie entweder durch Lüftung oder durch Luftkühlung abgeleitet werden. Luftgekühlte Reflektoren lösen einen Teil dieses Problems, weil sie die warme Luft ableiten, bevor sie den Raum erreicht. Die Lampen sind unten mit einem Glas ausgestattet, so dass sie ganz geschlossen sind. Ein sechs oder acht Zoll-Inline-Lüfter ist an einem sechs oder acht Zoll Faltschlauch außerhalb des Gartens befestigt. Dieser führt zu einer kleinen Röhre, die sich an einer der Stirnseiten des Reflektors befindet und versorgt ihn mit kühler Luft. Ein anderer Schlauch, der an der anderen Seite des Reflektors befestigt ist, führt aus dem Raum hinaus. Die Kühlluft strömt durch das Rohr und kommt mit der Luft im Garten nicht in Berührung. Sie nimmt die Wärme der Lampen auf, jedoch absolut keinen Geruch. Die Luft kann zur Heizung der Innenräume verwendet werden. Abhängig von der Qualität des luftgekühlten Reflektors werden zwischen 60 und 90 Prozent der Lampenwärme aus dem Raum abgeleitet. Das einzige Problem mit luftgekühlten Lampen ist, dass das untere Glas in der Lampe UV-B-Licht und acht Prozent der anderen Spektren absorbiert, so dass der Vorteil der Verwendung von MH-Lampen zunichte gemacht wird.

Dieser luftgekühlte Reflektor entfernt die meiste Wärme, die von der Lampe emittiert wird. Die Lampe produziert sehr viel Wärme, etwa 3400 BTU.

LICHT

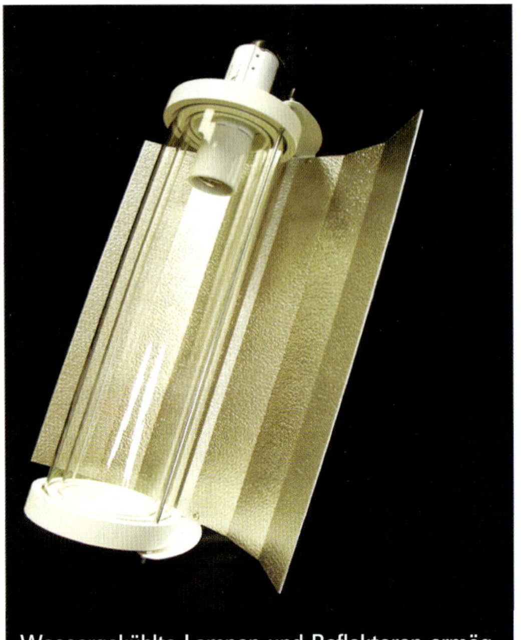

Wassergekühlte Lampen und Reflektoren ermöglichen dem Grower, das Licht zu maximieren, das dem Pflanzenbereich zur Verfügung steht. Und zwar ohne Überhitzung des Raumes oder Verbrennung der Pflanzen. Sie sind in Sicherheit, weil das Wasser nie in Kontakt mit dem Strom kommt. Der Fresca Solight oben entfernt 93 Prozent der Wärme, die von der Lampe erzeugt wird. Von der Lampe aus gerät das Wasser in einen Behälter und manchmal in einen Wärmetauscher, der sich außerhalb des Gartens befindet. Nachdem das Wasser gekühlt ist, zirkuliert es zurück zu den Lampen. Mit einem ausreichend großen Behälter (zum Beispiel einem Badebottich) können wir ohne Probleme acht Lampen kühlen.

Das Wasser leitet so viel Wärme ab, dass man den Reflektor berühren kann.

Eine andere Strategie ist die Verwendung von luftgekühlten Lampen – ohne das umschließende Glas. Die Luft wird durch den Schlauch aus dem Gartenraum abgeleitet und dann, dank der Verwendung eines Inline-Kohlefilters, vom Geruch gereinigt, so dass sie abgeführt oder zum Heizen verwendet werden kann. Die Luft über den Pflanzenspitzen wird zum Reflektor gelenkt. So bleibt der Bereich über den Pflanzen kühl.

WASSERGEKÜHLTE REFLEKTOREN

Wassergekühlte Reflektoren arbeiten auf die gleiche Art und Weise wie luftgekühlte Reflektoren, außer dass Wasser anstelle von Luft verwendet wird. Das Wasser zirkuliert in einem geschlossenen System, wobei es über das heiße Glas der Lampe fließt und außerhalb des Gartens abgekühlt wird. Das Wasser tauscht praktisch die ganze Wärme aus, die von der Lampe emittiert wird, und es leitet sie dann aus dem Raum hinaus.

Viele Menschen bekommen es mit der Angst zu tun beim Gedanken an ein Zusammenspiel von Strom und Wasser. Schieben Sie diese Angst beiseite. Das Wasser, das in der Röhre fließt, berührt nur den gläsernen Teil der Lampe. Diese kommerziellen Systeme sind seit vielen Jahren erhältlich. Ich habe noch nie aus erster Hand über einen Unfall gehört, und auch die Hersteller existieren noch immer – was ebenfalls ihre Sicherheit beweist.

Das Wasser absorbiert etwa zehn Prozent des Lichts. Leider werden mehr als zehn Prozent des roten Lichts entfernt, weil es das schwächste ist und zuerst absorbiert wird. UVB-Licht gelangt zwar durch Wasser, nicht aber durch Glas.

Es ist egal, welche Art Lampenreflektor wir verwenden – ein jeder liefert ungleichmäßiges Licht. Normalerweise bekommt die Fläche direkt unter der Lampe das meiste Licht. Die Intensität des Lichts verringert sich mit zunehmendem Abstand vom Zentrum. Die

Bewegung der Lampen hilft, die Differenzen der Lichtintensität zu beseitigen. Lampenbewegungssysteme machen Halogen-Metalldampflampen und Natriumdampf-Hochdrucklampen mobil, so dass sich der Lichtwinkel ändert. Weil sich die Lampen bewegen, kommt jeder Pflanzenteil immer wieder direkt unters Licht. Das Licht wird gleichmäßiger über den Garten verteilt.

Diese Anlagen steigern die Effizienz des Lichts und der Pflanzung in mehrfacher Hinsicht:

Dank der beweglichen Lampen wird das Licht gleichmäßig verteilt, es gibt also keine „Hotspots“, die ein ungleichmäßiges Wachstum verursachen würden. Mit den Lampenbewegungssystemen wachsen Pflanzen gleichmäßiger. Die Klone von einer Sorte werden gleich groß und reifen zur gleichen Zeit.

Die Lampen können näher an den Pflanzen platziert werden, damit diese intensiveres Licht erhalten und damit nur wenig Licht außerhalb des Pflanzenbereichs gelenkt wird.

Das gesamte Gartenwachstum steigt – und damit der Ertrag. Wenn wir Licht über den gesamten Garten verteilen, steigert sich das Wachstum enorm. Mit den Lampenbewegungssystemen erwartet uns eine zehn- bis 20-prozentige Ertragserhöhung.

Lampenbewegungssysteme bewegen die Lampen auf zwei Arten. Lineare Modelle bewegen Lampen in einer geraden Linie vor und zurück. Zirkuläre Modelle bewegen die Lampen in einem Kreisbogen.

Lineare Lampenbewegungssysteme haben standardmäßig eine 180 Zentimeter lange Bewegungsfläche. Einige Modelle sind aber auch kürzer, und die Strecke, auf der sie sich bewegen, kann eingestellt werden. Selbst wenn wir eine einzige Lampe nur um einige Zentimeter bewegen, ändert sich der Winkel des Lichts, das auf die Pflanze einfällt. Bereiche, die im Schatten lagen, werden mit Licht versorgt und reagieren mit verstärktem Wachstum.

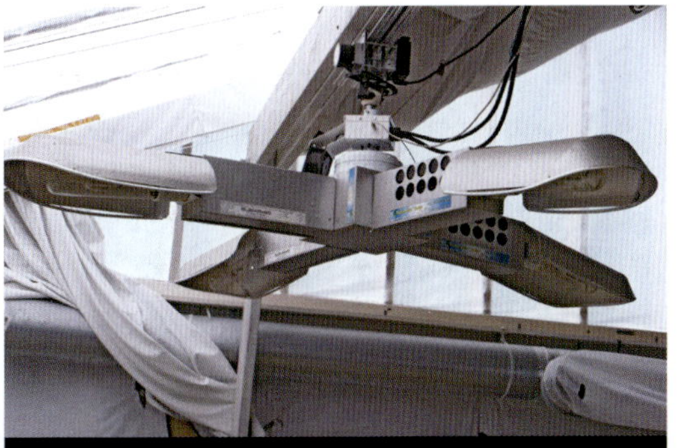

Die Lampen bewegen sich im Kreis und drehen sich um etwa 270 Grad in eine Richtung – und wieder zurück. Abhängig vom Modell können drei bis fünf Lampen angebracht werden. Dieses System ist die beste Wahl für einen Garten, der die Form eines 240 mal 240 Zentimeter großen Quadrats hat.

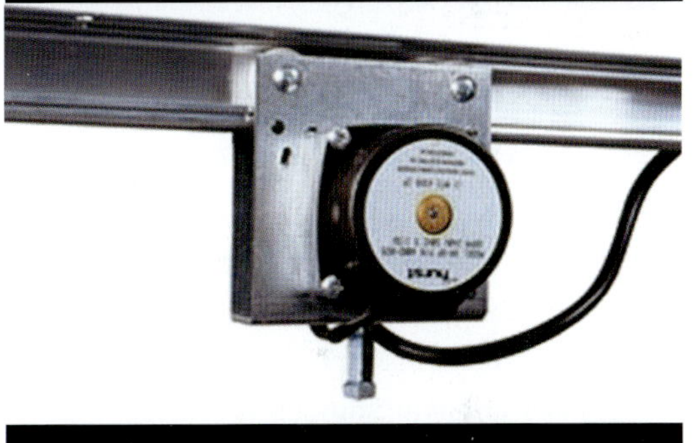

Dieses Lampenbewegungssystem bewegt die Lampe entlang einer bestimmten Länge vor und zurück. In der Regel sind das 152 bis 162 Zentimeter.

Mit Zubehör können solche Bewegungssysteme mehrere Lampen gleichzeitig bewegen. Der Faltschlauch, der an den luftgekühlten Lampen befestigt ist, bewegt sich mit ihnen.

Lampenbewegungssysteme, die sich im Kreis bewegen, sind geeignet für quadratische Gärten. Die meisten können mit luftgekühlten Lampen genutzt werden. Rotierende Lampenbewegungssysteme erfüllen die gleiche Funktion wie die linearen und bieten eine Lichtquelle für den gesamten Garten.

Die sogenannten "Spinner" sind Lampenbewegungssysteme, die die Lampen viel schneller drehen als andere Systeme. Sie kommen in

verschiedenen Größen vor und halten eine bis vier Lampen. Wegen der schnellen Geschwindigkeit, mit der sie sich drehen, werden die Pflanzen einer intensiven Lichtstrahlung ausgesetzt. Weil der verstärkte Luftstrom, der durch das Drehen erzeugt wird, die Lampen kühler hält, kann die ganze Anlage näher bei den Pflanzen platziert werden. So bleiben die Lampen kühl und verbreiten die emittierte Wärme im Raum.
Wählen wir ein Lampenbewegungssystem, das für die Verwendung in unserem Garten geeignet ist – ein lineares für einen rechteckigen Raum und ein rotierendes für einen quadrat- oder kreisförmigen Raum.

PHOTOPERIODE BEI CANNABIS

Der Begriff Kurztag ist etwas irreführend, Cannabis benötigt nämlich eine ausreichend lange Nacht. Cannabis blüht nur dann, – je nach Sorte – wenn eine Dunkelperiode von mindestens neun bis elfeinhalb Stunden vorherrscht – und das fünf bis sieben Tage am Stück.
Die Unterbrechung einer ansonsten langen Nacht durch Rotlicht (666 nm) verhindert die Blüte, wenn nicht die Bestrahlung mit Infrarotlicht (730 nm) folgt.
Eine intensive Bestrahlung mit Infrarotlicht zu Beginn der Nacht verkürzt das Dunkelheitsbedürfnis der Pflanzen um zwei Stunden.
Diese Reaktionen werden durch Phytochrom vermittelt.

Phytochrome existieren in zwei konvertierbaren Formen –

- Pr, weil es Rotlicht (R; 660 nm) absorbiert;
- Pfr, weil es Infrarot-Licht (FR; 730 nm) absorbiert.

Die Verhältnisse sind:

- Absorption von Rotlicht; durch Pr transformiert es zu Pfr.
- Absorption von infrarotem Licht; durch Pfr transformiert es zu Pr.
- In der Dunkelheit transformiert Pfr über einen Zeitraum von zwei Stunden spontan zurück zu Pr.
- Sonnenlicht ist reicher an Rotlicht (660 nm) als an infrarotem Licht (730 nm), deshalb sind bei Sonnenuntergang alle Phytochrome Pfr.
- In der Nacht transformiert Pfr zurück zur Pr.
- Die Pr-Form ist erforderlich für die Auslösung des notwendigen Blütesignals.

Cannabis braucht über einige Tage neun bis elfeinhalb Stunden Dunkelheit, wobei es die bei Sonnenuntergang vorhandene Pfr-Form in eine Pr-Form transformiert, um die zusätzlichen Reaktionen durchzuführen, die zur Auslösung des Blütesignals führen.
Wenn dieser Prozess durch 660 nm Lichtstrahlen unterbrochen wird, transformiert Pr sofort zurück zu Pfr, und die Arbeit der Nacht war umsonst.
Eine anschließende Exposition des infraroten Lichts (730 nm) transformiert das Pigment zurück zu Pr, und die Schritte, die zur Ausschüttung des Blühhormons Florigen führen, können abgeschlossen werden.
Eine Exposition von intensivem infrarotem Licht zu Beginn der Nacht stellt die Uhr um etwa zwei Stunden vor – auch fallen dann die spontanen Transformationen von Pfr nicht mehr an.

MANGO

KOHLENDIOXID

Kohlendioxid (CO_2) ist ein Gas, das in einer Konzentration von etwa 0,038 Prozent oder 380 pro Million Teile (ppm) in der Erdatmosphäre vorkommt. CO_2 ist einer der beiden Rohstoffe, die für die Photosynthese nötig sind, Wasser ist der andere. Cannabis verarbeitet CO_2 nur bei Licht. Die Photosynthese beginnt, sobald Licht auf eine Pflanze einfällt. CO_2 aus der Umgebungsluft strömt durch die Spaltöffnungen in die Pflanze ein. Spaltöffnungen sind winzige Organe auf der Blattoberfläche, in erster Linie auf der Unterseite. Sie funktionieren ähnlich wie die Poren der Haut. Sie regeln die Aufnahme von Wasser, Gas, Sauerstoff (O_2), und CO_2 sowie die Abnahme von Wasser und O_2 aus der Pflanze. Sobald CO_2 aufgenommen wurde, wird es zu den Chloroplasten geführt – den Organellen, die Licht absorbierendes Chlorophyll enthalten – dort, wo die Photosynthese stattfindet.

Die Photosynthese besteht aus einer komplexen Reihe von Reaktionen, bei denen Lichtenergie verwendet wird, um Kohlendioxid und Wasser in Zucker umzuwandeln, und dabei wird als Nebenprodukt der Sauerstoff produziert.

Die CO_2-Menge der Umgebungsluft hat großen Einfluss auf die Photosyntheserate und auf das Pflanzenwachstum. Die Photosynthese beschleunigt sich, wenn der CO_2-Gehalt in der Luft zunimmt – vorausgesetzt, es gibt genug Licht, um Energie zu gewährleisten. Umgekehrt verlangsamt sich die Photosynthese auf ein Schneckentempo, wenn der CO_2-Gehalt in der Luft sinkt – sie hört praktisch bei etwa 200 ppm CO_2-Konzentration auf, ganz gleich, wie die anderen Bedingungen sind. Ohne CO_2 atmen und wachsen die Pflanzen für kurze Zeit weiter, bis ihr Zuckervorrat aufgebraucht ist; dann verlangsamt sich der Stoffwechsel, um Energie zu sparen. Erst wenn mehr CO_2 verfügbar ist, können die Pflanzen den Prozess fortsetzen.

Im Freien sorgen frische Brisen und Gasaustausch in der Luft für konstante CO_2-Werte. Das ist ein Garant für kräftiges Wachstum, und Outdoor-Grower machen sich selten Gedanken über die Gaskonzentration ihrer Pflanzungen. Allerdings treffen Pflanzen innerhalb der Erdatmosphäre nicht auf die besten CO_2-Werte, die man sich vorstellen kann. In der Tat sind die 380 ppm CO_2 in der Erdatmosphäre für die meisten Pflanzen an der unteren Grenze, es als Antrieb für die Photosynthese verwenden zu können.

Outdoor-Pflanzen, die im hellen Licht des Sommers gezüchtet werden, wachsen stärker und schneller, wenn die Luft mit CO_2 angereichert wird. Die Erhöhung des CO_2-Gehalts bis zu 0,15 Prozent (1500 ppm) oder um ein wenig mehr als die vierfache Menge dessen, was sich normalerweise in der Atmosphäre

CO_2 ist nicht gefährlich. Es ist ein nicht brennbares Gas. Es ist in einer so niedrigen Konzentration, wie sie zum Growen benötigt wird, ungiftig. CO_2 kann in extremen Konzentrationen (über 50 000 ppm) ein gesundheitliches Risiko darstellen, das ist allerdings die dreißigfache Menge dessen, was Pflanzen maximal benötigen.

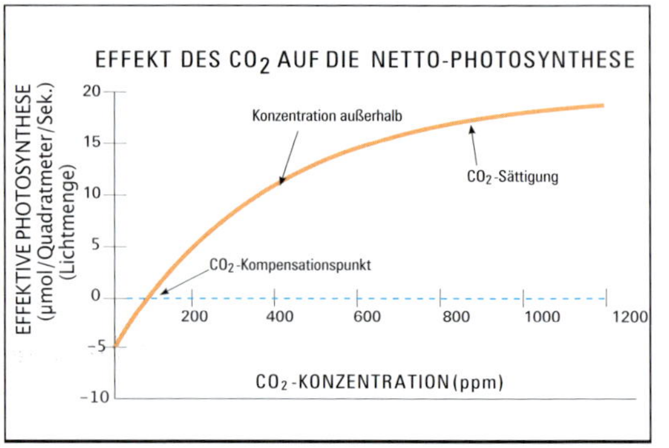

befindet, erhöht die Wachstumsrate der Pflanzen deutlich. Die Verbesserung des Wachstums im Freien durch die Verwendung einer erhöhten CO_2-Konzentration wird im Ergänzungsabschnitt diskutiert.

Werden die Pflanzen in einem geschlossenen Raum gezogen, steht ihnen eine begrenzte Menge CO_2 zur Verfügung. Unter hellen Lampen wird CO_2 schnell verbraucht. In geschlossenen Growanlagen ohne Lüftung ebenso. Dieser Prozess setzt sich bis zu dem Punkt fort, in dem sich die Photosyntheserate verlangsamt – also bei etwa 200 ppm. Erst wenn mehr CO_2 gegeben wird, beginnt die Photosynthese von neuem.

Ein geschlossener Schrank oder ein anderer kleiner Zuchtraum kann mit CO_2 versehen werden, indem man einfach die Tür oder den Vorhang öffnet, um frische Luft hereinzulassen. Das erhöht den CO_2-Gehalt des Schranks passiv, indem die Umgebungsluft den CO_2-Mangel ausgleicht. Ein kleiner Ventilator beschleunigt den Luftaustausch zusätzlich.

Licht, Temperatur und CO_2 müssen erhöht werden, um diese Quellen am effizientesten nutzen zu können. Bei weniger als 100 ppm CO_2 beginnt die Photosynthese nicht, und die Pflanzen erleiden aufgrund ihrer Atmung einen Verlust des Zuckervorrats. Bei 100 ppm CO_2 sind Atmung und Photosynthese gleich, deshalb gibt es keinen Nettoverlust oder Gewinn. Die Photosynthese beschleunigt sich, wenn die CO_2-Konzentration auf 400 ppm steigt. Die Erhöhung der Photosyntheserate geht mäßiger vonstatten, wenn die CO_2-Konzentration auf 800 ppm steigt. Diese Erhöhung ist zwar mäßiger, aber zwischen 800 und 1200 ppm umso bedeutsamer.

Die Photosyntheserate verzeichnet den größten Anstieg, wenn der CO_2-Gehalt von 0 auf 200 steigt. Bei schlechten Lichtverhältnissen (150 mol oder 12.330 Lux) steigt die Photosyntheserate, wenn der CO_2-Gehalt auf 400 ppm steigt. Eine weitere Erhöhung der CO_2-Konzentration hat ohne eine gleichzeitige Erhöhung der Lichtintensität nicht auch eine Steigerung der Photosyntheserate zur Folge. Die Pflanze kann den höheren CO_2-Gehalt

PHOTOSYNTHESE KURZ GEFASST

Chlorophyll-Pigmente absorbieren Licht und wandeln es in elektrochemische Energie um. Diese Energie wird verwendet, um Wasser zu spalten und H mit CO_2 zu kombinieren – dadurch entstehen Traubenzucker und Sauerstoff.

$$6(H_2O) + 6(CO_2) + \text{Licht} => C_6H_{12}O_6 + 6\,O_2$$

VERBREITETE MYTHEN ÜBER CO_2 ENTLARVT

- CO_2-Applikation ist für die Pflanzen wie Schokoladenkuchen für den Menschen – man sollte sparsam damit umgehen.
- Die Pflanzen könnten eine CO_2-Überdosis abbekommen.
- Gute Entlüftung ist ausreichend – zusätzliches CO_2 wird nicht helfen.
- Pflanzen brauchen frische Luft, hält man sie in einem geschlossenen System gefangen, geht es ihnen nicht gut.
- Pflanzen brauchen nur dann CO_2, wenn die anderen Bedingungen nicht in Ordnung sind.
- Pflanzen sind gegen CO_2 unempfindlich.

ALLES FALSCH!

aber besser ausnutzen, wenn sich die Lichtintensität erhöht.
Bei einer Lichtintensität von 600 mol (49.310 Lux) steigt die Photosyntheserate deutlicher an, als wenn die CO_2-Konzentration auf 400 ppm erhöht wird. Die Steigerungsrate sinkt danach ein wenig, die Photosyntheserate aber steigt weiter an, wenn die CO_2-Konzentration 600 ppm erreicht. Über 600 ppm CO_2 erhöht sich die Photosyntheserate allmählich, bis sie bei etwa 1200 ppm konstant bleibt.
Durch die Erhöhung der Lichtintensität helfen wir unseren Pflanzen, noch mehr CO_2 absorbieren zu können, was wiederum das Wachstum und den Ertrag steigert. Wenn die Pflanzen 48.240 Lux Licht erhalten, können sie zwischen 1200 und 1300 ppm CO_2 nutzen. Weil nur sehr wenige Pflanzungen mit mehr als 80.400 Lux Licht versorgt werden, können die Pflanzen bei dieser Intensität bis zu 1500 ppm CO_2 verbrauchen, diese Anreicherungsrate wird von einigen Produzenten auch empfohlen.

Cannabis kann CO_2 nur bei Licht nutzen.
Eine Abgabe des Gases bei Dunkelheit hat keinerlei Wirkung.

Wir können unsere Pflanzen einfach und kostengünstig mit CO_2 versorgen. Die bequemste Art ist mithilfe eines Messgeräts, Reglers und Tanks. Es gibt aber auch andere Möglichkeiten. Anstatt eines Tanks können wir auch ein Messgerät benutzen, das den CO_2-Generator regelt, der Propan oder Erdgas verbrennt. Wir können auch metabolische und chemische Prozesse zur Herstellung von CO_2 nutzen oder besorgen uns Trockeneis, das zu gasförmigem CO_2 sublimiert.

CO_2-TANKS

Am einfachsten ist die Gasversorgung über einen CO_2-Tank. Der Tank besteht aus einem CO_2-Messgerät, einem Druckregler und einem Magnetventil. Für die meisten Grower sind 20- oder 50-Pfund-Tanks (das Gewicht des Gases) am geeignetsten. Solche Tanks können gekauft oder gemietet werden. Stahltanks wiegen doppelt so viel wie Aluminiumtanks, so dass ein Stahltank, der 20 Ibs CO_2 beinhaltet, ein Bruttogewicht von 25 Kilo hat

Ein 9-kg-Aluminiumtank wiegt insgesamt etwa 16 kg.

An den CO_2-Tanks sind CO_2-Regler angebracht. Sie ermöglichen dem Grower, die Menge an CO_2, die freigegeben wird, voreinzustellen und anzupassen. Dieser CO_2-Regler kann von 0.014 bis 0.42 Kubikmeter pro Stunde eingestellt werden und ist bei C.A.P. Controllers verfügbar. Der Druckregler, das Durchflussventil und der Magnetschalter, der das Ventil öffnet und schließt, werden durch das ppm-Messgerät geregelt.

Wir können berechnen, wie viel CO_2 benötigt wird, um 1.000 ppm in einem Anbaugebiet zu bekommen - nämlich durch Multiplikation der Kubikmeter des Anbaugebiets (Länge x Breite x Höhe) mit 0,001. Der Gesamtbetrag stellt in Quadratfuß die Menge Gas dar, die benötigt wird, um eine optimale CO_2-Menge zu erreichen. Ein Zimmer von der Größe 3 x 4 x 3 Meter fasst 36 Kubikmeter und würde 0,036 Kubikmeter CO_2 erfordern.

– ein gefüllter Aluminiumtank wiegt etwa 20 Kilo. Die gefüllten 50-Pfund-Tanks wiegen entsprechend 95 und 55 Kilo.

Obwohl es ein wenig lästig ist, CO_2-Tanks umherzuschleppen, und obwohl sie teurer sind als andere Methoden der CO_2-Versorgung, stellen sie für die meisten Grower immer noch die beste Lösung dar. Der Grund dafür ist, dass sie für den Gartenbereich nicht gefährlich sind, im Vergleich zu CO_2-Generatoren. Tanks setzen nichts anderes als kühles CO_2 frei, während die CO_2-Generatoren auch Wärme und Wasserdampf produzieren, die in den meisten Gärten nicht nützlich sind.

CO_2-Tanksysteme verwenden ein Regler-/Emitter-System zur Regulation der Gasmenge, die freigesetzt wird, und gewährleisten damit eine Kontrolle über die CO_2-Konzentration in unserem Garten.

1. Ein Regler, der den Druck normalisiert.
2. Ein einstellbarer CO_2-Durchflussmesser, der die Menge des freigesetzten Gases über einen bestimmten Zeitraum regelt.
3. Ein Magnetventil, das die Freisetzung oder das Abdrehen des Gases ermöglicht.

Alle Systeme umfassen einen CO_2-Controller. Die besten Geräte haben einen Sensor, der ständig den ppm-Wert des CO_2 in der Luft misst und die Öffnung oder Schließung ermöglicht, um die Anzahl von ppm zu halten,

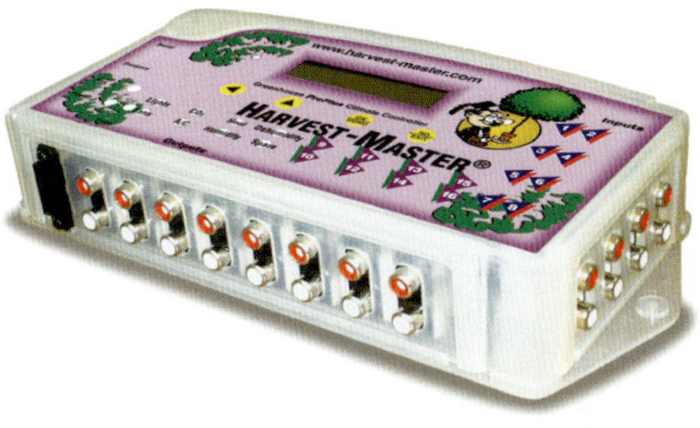

Der Ertrag einer Indoor-Zucht ist abhängig von den begrenzenden Faktoren. Viele Produkte regeln das Klima des Raumes automatisch, was dem Grower eine große Hilfe ist. Der Klima-Controller Harvest-Meister kann so eingestellt werden, dass er den Lichtzyklus, die Abluftventilatoren, das CO_2, die Temperatur und die Luftfeuchtigkeit kontrolliert.

In diesem Garten wird die Luft angereichert, wenn sie durch die Röhren strömt. Reflektoren ohne Bodenglas saugen die Luft ein, sobald sie den Kohlefilter verlässt.

die wir eingestellt haben. Diese Systeme halten die genaue Menge an CO_2 in der Luft. Damit werden unerwünschte Schwankungen der Werte unterbunden.

Eine andere Art Controller gibt CO_2 in bestimmten Zeitintervallen ab. Diese Geräte sind nicht sehr hilfreich, weil sie voreingestellt sind und weil sie CO_2 nach Schätzwerten und nicht nach einer genauen Messung der Umgebungsluft freisetzen. Einige Einheiten koordinieren die Gasabgabe mit Lüftern und Lampen, so dass das ganze System automatisch funktioniert.

EINSTELLUNG DER CO_2-ANLAGE

Die meisten Tankanlagen setzen CO_2 knapp oberhalb der Pflanzen frei. Das Gas ist schwerer und kühler als die Luft, deshalb sinkt es zu Boden. Wenn es nach unten strömt, gelangt es zunächst auf die Pflanzenspitzen. Das ist die Stelle, wo das meiste Licht auf die Blätter fällt, und wo die Photosynthese stattfindet, die das meiste CO_2 verbraucht. Eine gute Möglichkeit, das Gas zu verteilen, ist mit Hilfe von preiswerten Bewässerungsschläuchen, die im Gartenmarkt verkauft werden. Diese Bewässerungsschläuche haben entlang ihrer Länge kleine Löcher, die das Gas effizient verteilen können.

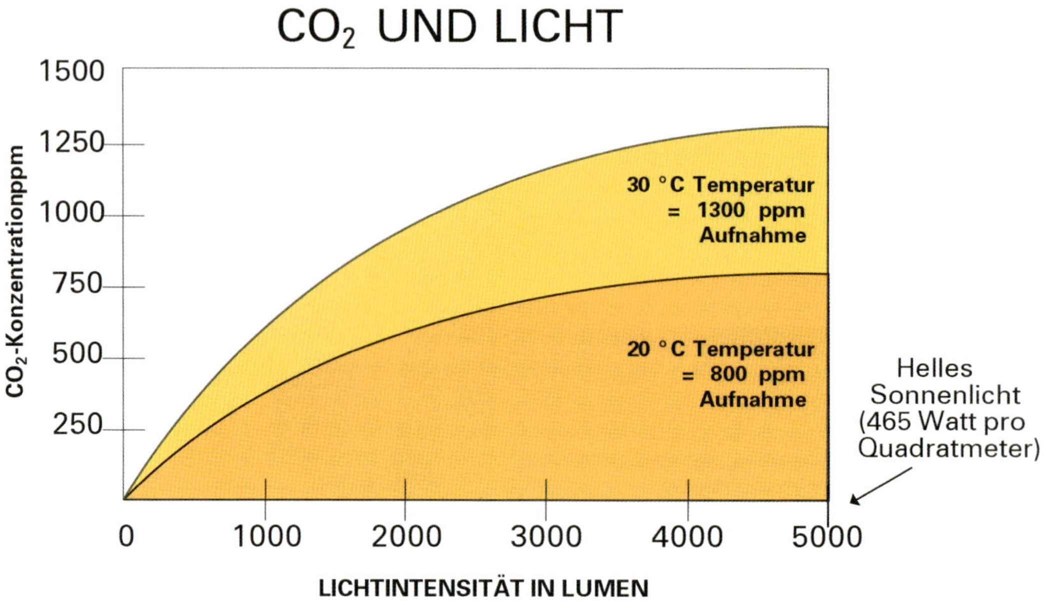

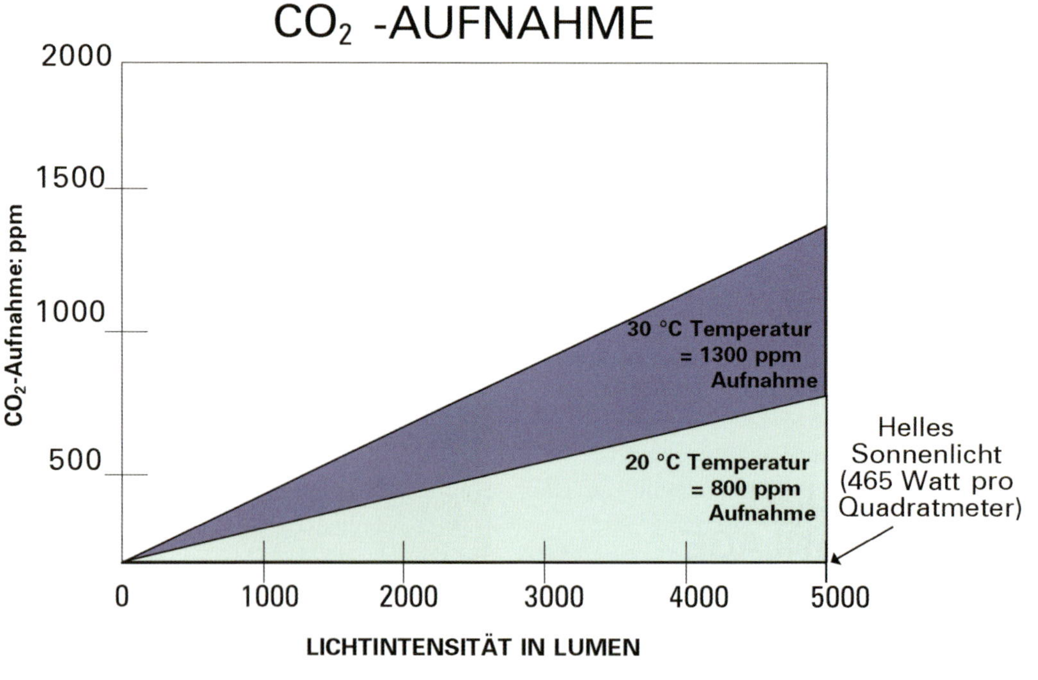

BENÖTIGTES CO_2: Lichtmenge, CO_2 und Nährstoffe, die zum schnellen Wachstum benötigt werden, weisen beim Ansteigen eine direkte Proportionalität auf.
CO_2-AUFNAHME OHNE BEGRENZENDE FAKTOREN: Wenn sich die Intensität des Lichts erhöht, benötigt die Pflanze höhere Temperaturen und höhere CO_2-Konzentrationen.

0,45 kg CO_2 = 0,246 Kubikmeter

Einige Systeme lassen die Luft bei den Pflanzenspitzen zirkulieren, dadurch wird sie zur Decke hochgesogen. Eine weitere Methode der CO_2-Anreicherung eines Raums ist, sich des Luftabzugs zu bedienen, so dass die Luft stetig angereichert wird. Besonders nützlich ist es, wenn der Raum eine ständige oder eine häufige Entlüftung erfährt. Unabhängig davon, für welche Einrichtung wir uns entscheiden, stellen wir den Tank dorthin, wo er einfach ausgetauscht werden kann.

MANUELLE CO_2-REGULIERUNG

Bevor CO_2-Messgeräte und CO_2-Regler zur Verfügung standen, mussten Grower die Menge des erforderlichen Kohlendioxids grob durch Berechnung des kubischen Bereichs des Raumes schätzen und dann die Verringerung der Gasmenge im Zeitablauf abschätzen. Daraus ließe sich die Einstellung des Durchflusses berechnen und eine Zeitschaltuhr zur Regelung des Magnetventils einstellen. Diese Methode ist zwar nicht so effizient wie die genaue Messung mit einem Messgerät – außerdem variieren die CO_2-Werte, was das Wachstum beeinflusst –, trotzdem ist diese Art von Anlagen immer noch in Betrieb.

Wenn wir ein solches System benutzen, hängt das Verhältnis zwischen Gasmenge und Raumgröße, also vom ppm-Wert des Gases ab:

- 600 ppm ist 1:666 (multiplizieren wir den kubischen Bereich mit 0,0006). Ein 28 Kubikmeter großer Raum erfordert 0,0168 Kubikmeter CO_2.
- 1000 ppm ist 1:1.000 (multiplizieren wir den kubischen Bereich mit 0,001). Ein 1000 Kubikmeter großer Raum erfordert 0,028 Kubikmeter CO_2.
- 1200 ppm ist 1.000.000 (multiplizieren wir den kubischen Bereich mit 0,0012). Ein 28,8 Kubikmeter großer Raum erfordert 0,033 Kubikmeter CO_2.

Um zu berechnen, wie lange das Ventil offen bleiben sollte, damit diese CO_2-Konzentration in einem Raum erreicht wird, dividieren wir die Anzahl von Kubikfuß des erforderlichen Gases durch den Durchfluss des Tankventils. Wenn also zum Beispiel der Durchfluss des Tanks 50 Kubikfuß pro Stunde beträgt, rechnen wir 2,8 ÷ 50, und das Ergebnis ist 0,024 Stunden oder 1,44 Minuten (0,024 Stunden x 60 Minuten = 1,44 Minuten).

In einem warmen, gut beleuchteten Raum ohne äußere Lüftung sollte das Gas alle zehn Minuten nachgefüllt werden, wenn die Pflanzen dicht wachsen. Wenn die Pflanzen kleiner oder in einem mäßig beleuchteten Raum untergebracht sind, verbrauchen sie das CO_2 nicht so schnell. Das Gas sollte auch jedes Mal erneuert werden, nachdem der Raum entlüftet oder geöffnet wurde.

GENERATOREN

CO_2-Generatoren sind weitaus günstiger in der Anwendung als CO_2-Einspritzsysteme in Flaschen. Sie erzeugen durch die Verbrennung von Erdgas oder Propan preiswert Kohlendioxid. Sie sind sicher im Gebrauch und brennen sauber und vollständig. Sie hinterlassen keine giftigen Rückstände und kein Kohlenmonoxid (ein farbloses, geruchloses und giftiges Gas). Generatoren emittieren CO_2, Wasser und Wärme. Jedes Pfund verbrannten Erdgases oder Propans produziert etwa 1,36 Kilo CO_2, 0,45 Kilo Wasser und etwa 21.800 British thermal units (BTU) Wärme. Andere Gase und Brennstoffe produzieren unterschiedliche Mengen an Energie je verbrannter Einheit.

Wenn unser Anbaugebiet kühl oder sogar kalt ist, kann die Wärme, die ein CO_2-Generator produziert, nützlich sein – sowohl Beheizung des Raums als auch zur CO_2- und Feuchtigkeits-Versorgung der Pflanzung. In einem warmen Raum muss die Wärme des Generators abgeführt werden, um die mäßige Temperatur zu halten, die für ein optimales Wachstum nötig ist. Einige CO_2-Generatoren verfügen über eine Wasserkühlung, um die Wärme zu absorbieren. Das erwärmte Wasser wird außerhalb der Gartenanlage abgekühlt, wodurch sich das Problem mit der Temperatur erledigt. Allerdings enthält die mit CO_2 angereicherte Luft immer noch recht viel Feuchtigkeit.

Pflanzenschulen verkaufen große, speziell für Gewächshäuser entwickelte CO_2-Generatoren. Indoor-Gärtnereien verkaufen in der Regel kleinere, eher für Indoor-Gärten geeignete Generatoren. Sogar ein kleiner Generator kann die CO_2-Konzentration sehr schnell erhöhen.

Das ist eine einzelne Pflanze. Ein Warmwasserbereiter (unten im Bild) lieferte der Pflanze intermittierend CO_2. Beachten wir den Wachstumsunterschied zwischen der angereicherten und der nicht angereicherten Seite. Die Pflanze ist auf 20 Zoll Höhe und 30 Zoll Breite angewachsen.

ANDERE METHODEN DER CO_2-ERHÖHUNG

Es gibt andere Wege, unsere Pflanzen mit CO_2 zu versorgen. Dazu gehören Warmwasserbereiter und andere Gasgeräte, Trockeneis, chemische Reaktionen und biologische Prozesse wie Kompostierung, Fermentation und Tieratmung.

GASGERÄTE

Warmwasserbereiter und andere Geräte produzieren wie CO_2-Generatoren CO_2, indem sie Erdgas oder Propan verbrennen. Wenn der Warmwasserbereiter im Growraum steht oder seine Gasausstöße in den Raum geleitet werden, reichert er die Pflanzung mit CO_2 an. Obwohl das Gas unregelmäßig und nicht nach Zeitplan produziert wird, erhöhen sich jedes Mal, wenn die Luft mit Kohlendioxid angereichert wird, schnell die Photosynthese- und die Wachstumsrate. Weitere Geräte, die CO_2 erzeugen, sind gasbetriebene Heizöfen, Wäschetrockner und Backöfen.

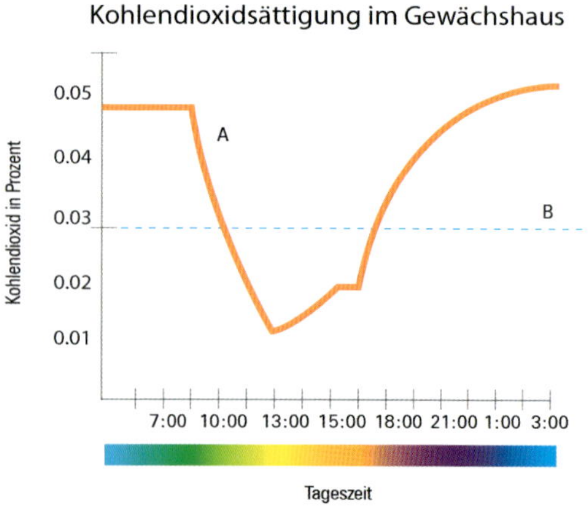

A. Während eines sonnigen Tages im Winter
B. Die CO_2-Konzentration ist zu gering für gesundes Pflanzenwachstum.

ASK ED: MARIJUANA-FRAGEN

AUTOABGASE FÜR PFLANZEN

Die einzigen geeigneten Outdoor-Plätze hier in der Umgebung sind in der Nähe der Autobahn. Es gibt da viel Verkehr – vier Fahrspuren in jeder Richtung. Weil ja die Fahrzeug-Abgase CO_2 enthalten: Wäre ein Growplatz in der Nähe der Autobahn von Vorteil oder schlecht für meine Pflanzen? Ich habe meine Pflanzen in den letzten paar Jahren immer in Nähe der Autobahn gezüchtet. Einige Pflanzen sind nicht mal einen Meter hoch gewachsen, andere aber hatten fast stattliche drei Meter.

Autoabgase sind nicht gut – sowohl für Pflanzen als auch für Menschen. Abgase von sauber verbrennenden Autos enthalten Kohlendioxid (CO_2), das giftige Kohlenmonoxid (CO), krebserregende Alkene und polyzyklische Kohlenwasserstoffe, verschiedene lungenschädigende Säuren, wie Stickstoffmonoxid, Schwermetalle und andere schädliche Gase und Partikel.

Dieselfahrzeuge produzieren noch mehr Gift als Benzinmotoren. Jedes defekte, alte und schlecht gepflegte Fahrzeug setzt mehr Giftstoffe frei. Pflanzen nehmen diese Partikel durch die Spaltöffnungen auf. Wenn Abgase in der Luft sind, absorbieren Pflanzen diese auch. Einige Kohlenwasserstoffe und kleinere Partikel setzen sich auf dem Boden ab oder geraten durch Wasser in den Boden und dann durch die Wurzeln in die Pflanze. Pflanzen, die neben einer Autobahn mit regem Verkehr gezüchtet werden, sollten nicht geschluckt oder geraucht werden. Im Interesse der Schadensminimierung habe ich einige Tipps für Menschen, die, aus welchen Gründen auch immer, an der Straße growen müssen oder wollen:

In der Nähe von Autobahnen lieber, wenn möglich, gegen den Wind growen. So bleiben die Schadstoffe den Pflanzen fern. So weit wie möglich von der Autobahn weg einen Platz suchen. Die Luftverschmutzung bei einer Entfernung von 8 Metern ist viel schlimmer als bei 16 Metern Abstand zur Straße.

An einem Platz mit physischer Barriere growen. Das können zum Beispiel Bäume, Dickicht oder Erdwälle sein.

Auf flachem, anstatt auf hügeligem Terrain growen. In hügeligem Gelände verbrauchen Autos mehr Treibstoff und erhöhen damit die Umweltverschmutzung.

Am besten so weit wie möglich von der Straße entfernt growen. Je weiter weg die Abgase der Fahrzeuge, desto besser für unsere Pflanzen.

KOHLENDIOXID

TROCKENEIS

Trockeneis ist CO_2, das auf eine Temperatur von 43 °C abgekühlt wurde, bei welcher es zum Feststoff wird. Jedes Pfund (0,45 kg) des Eises verdunstet zu 0,25 Kubikmeter Gas. Trockeneis wird in der Regel in 13-Kilo-Blöcken verkauft und kostet etwa das gleiche wie CO_2 in Tanks. Trockeneis verdunstet mit unterschiedlicher Geschwindigkeit zu CO_2, je nach der Temperatur Umgebungsluft – etwa sieben Prozent pro Tag, wenn es in einem Gefrierschrank aufbewahrt wird, bei Raumtemperatur natürlich deutlich schneller. Weil es schwierig ist, die Verdunstungsrate zu regulieren, und weil Trockeneis unpraktisch und sogar gefährlich in der Handhabung ist, kommen die meisten Grower zu dem Schluss, dass es bessere Wege gibt, Pflanzen mit CO_2 zu versorgen.

SPRAYS MIT SELTZER

Pflanzen können durch Besprühen mit kohlensäurehaltigem Wasser oder Seltzer (salzfreiem Sodawasser) in regelmäßigen Abständen mit

0,028 Kubikmeter Gas erhöht die Konzentration des Gases in einem (10 mal 10 mal 10) 28,3 Kubikmeter großen Raum um 1000 ppm.

CO_2-Boosts verwenden organische Substanzen als Nährstoff für Bakterien, die daraufhin CO_2 freisetzen. CO_2-Boost produziert einen CO_2-Ausstoß für etwa zwei Wochen. Dann muss die organische Substanz ersetzt werden.

CO_2 versorgt werden. Die CO_2 angereicherten Sprays sind besonders geeignet (für kleine) Pflanzen wie z.B. Sämlinge und verwurzelte Klone. Diese Methode ist etwas teurer, wenn wir Sodawasser für große Pflanzen kaufen. Grower können die Kosten deutlich reduzieren, wenn sie in einer entsprechenden Vorrichtung ihr eigenes Sodaspray durch die Karbonisierung von Wasser machen.

ESSIG UND BACKPULVER

Wenn man Essig und Backpulver miteinander kombiniert, entsteht Salz. Dabei wird CO_2 freigesetzt. Die beste Methode für eine kontrollierte CO_2 -Freisetzung ist, Essig in eine Lösung aus Backpulver und Wasser zu tropfen. Während sich der Essig mit der Lösung verbindet, wird CO_2 freigesetzt. Durch die Regulierung der Tropfgeschwindigkeit können wir die Menge an ausgestoßenem CO_2 kontrollieren. Die Herstellung von CO_2 in einem mittelgroßen Garten ist nicht gerade eine preiswerte Methode, weil Backpulver und Essig in den benötigten Mengen teuer sind.
Zur Herstellung eines Kubikmeters CO_2 kombinieren wir drei Quart des fünfprozentigen Essigs mit 3,7 Unzen Backpulver. Die Herstellung eines Kubikmeters CO_2 erfordert 101 Liter des Essigs und 3,7 Kilogramm Backpulver. Dieses System ist teuer und nur in einem kleinen Garten praktikabel.

FERMENTATION

Die Fermentation ist eine wichtige Reaktion beim Bierbrauen und bei der Weinherstellung. Zur Fermentation von Alkohol und zur Herstellung von CO_2 ist Folgendes erforderlich: ein Krug oder ein Behälter, Malz oder eine andere Zuckerquelle und Hefe. Hefe besteht aus einzelligen Mikroorganismen, die seit Tausenden von Jahren zum Brennen und zur Fermentation von alkoholischen Getränken verwendet werden. Bei der Fermentation verdaut die Hefe Zucker und setzt Alkohol und CO_2 frei. Eine grobe Vereinfachung dieses Prozesses ist:

$$C_6H_{12}O_6 \Rightarrow 2(CH_3CH_2OH) + 2(CO_2)$$

(Zucker => Alkohol + Kohlendioxid).

Wenn sich die Hefe auf dem Zucker ergötzt, setzt sie etwa die Hälfte des Zuckergewichts als CO_2 frei. 0,45 kg Zucker erbringt also etwa 0,23 kg oder 0,12 m^3 Gas. Die Hefe schließt ihre Mahlzeit in etwa vier Tagen ab. Dann muss die Lösung ersetzt werden.

BIERHERSTELLUNG

Die Hefe hat es nicht leicht bei der Verarbeitung von Zucker, weil der Alkoholgehalt ansteigt. Die Aktivität der meisten Bierhefen nimmt allerdings ab, sobald die Flüssigkeit fünf bis acht Prozent Alkohol enthält. Die maximale Zuckermenge, die Hefen gut verarbeiten können, ist etwa ein Zehntel des

> *Ein Kilogramm CO_2 entspricht 0,546 Kubikmeter Gas.*

Wassergewichts. Eine Gallone Wasser wiegt 3,6 kg, daher können etwa 0,381 l Zucker verwendet werden. Ein Liter Wasser wiegt 1000 Gramm, d.h. wir verwenden also 80 Gramm Zucker.

TIERATMUNG

Menschen und andere Säugetiere, Vögel und in geringerem Ausmaße Reptilien produzieren täglich eine große CO_2-Menge. Das Ergebnis jedes einzelnen Atemzugs ist die Freisetzung von CO_2 in die Atmosphäre. Ein Mensch von 68 Kilo Körpergewicht erzeugt durchschnittlich 0,9 Kilo CO_2 pro Tag. In einer Stunde setzt ein Mensch 0,0092 Kubikmeter Gas frei. Wenn man Tiere wie Hauskaninchen in der Nähe eines Gartens platziert, verwenden diese den von den Pflanzen produzierten Sauerstoff und schließen den Kreislauf durch die Freisetzung von CO_2 ab, was wiederum den Pflanzen dient. Ein vorsorglicher Hinweis zum Thema Tierhaltung in der Nähe von Pflanzen: Tiere haaren sich ständig und produzieren Unmengen von Hautschuppen. Viel von diesem Material gelangt in die Luft und bleibt an den klebrigen Pflanzenteilen haften. Deshalb sollte die Gartenluft in diesem Fall gefiltert werden.

VERWENDUNG VON CO_2 OUTDOOR

Selbst Outdoor-Pflanzen können von CO_2 -Supplementierung profitieren. Sie werden größer sein, stabiler wachsen und einen höheren Ertrag liefern. Pflanzen in Gewächshäusern profitieren ebenfalls von der CO_2-Supplementierung, weil sie das CO_2 aus der Luft während der Photosynthese sehr rasch verbrauchen. Daher ist die Luftanreicherung für eine Wachstumssteigerung sehr effektiv.

Zur Anreicherung der Luft rund um eine Pflanze im Freien verwenden wir CO_2 aus dem Tank

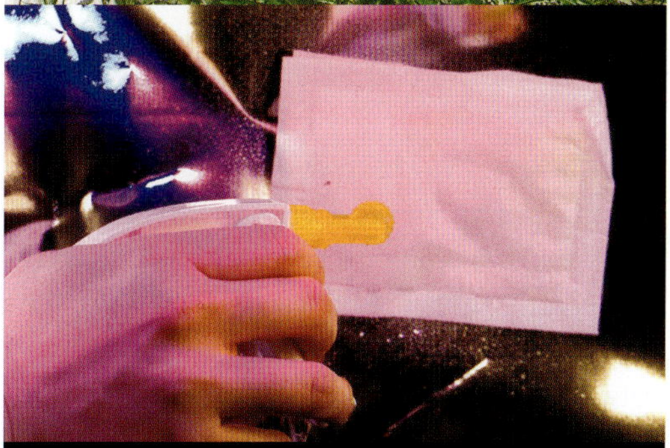

Der CO_2-Generator „Green Pad" besteht aus einer Kombination von Kohlenstoffen und Säuren und wird aktiviert, wenn er mit Wasser besprüht wurde und wenn die Luftfeuchtigkeit im Raum über 35 Prozent steigt (unser Raum sollte deutlich über diesem Niveau liegen). Diese Generatoren halten etwa eine Woche und können zur CO_2-Lieferung in Growräume und Mini-Gewächshäuser für Klone verwendet werden.

von oben her, so dass sich das Gas rund um die Pflanzenspitzen verteilen kann. Das funktioniert am besten mit einer eher leichten Brise.

KOMPOSTHAUFEN

Komposthaufen produzieren eine erhebliche Menge CO_2 und können inmitten eines dichten

KOHLENDIOXID

Gartens im Freien platziert werden. Der Haufen emittiert CO_2, und der Wind trägt es durch die Pflanzen. Unter einer großen Pflanze kann ein kleiner Kompost-Container platziert werden. Weil Komposthaufen Wärme erzeugen, ist das emittierte Gas wärmer als die umgebende Luft und bewegt sich nach oben – und durch die Pflanzenspitzen. Der feuchte organische Mulch und Kompostschichten können auch auf den Boden platziert werden. Wenn sie mit ein bisschen Stickstoff versehen werden, werden die Mikroorganismen in ihnen sehr aktiv sein und zusätzliches CO_2 freisetzen. Ihre Tätigkeit wird dabei durch die Temperatur geregelt. Sie produzieren bei Tageslicht mehr CO_2 als in der Nacht, einfach weil es wärmer ist.

Kompost kann verwendet werden, um den CO_2-Gehalt sowohl in Outdoor-Gärten als auch in Gewächshäusern zu erhöhen. Er stinkt nicht besonders und liefert eine große Menge CO_2. Die Benutzung von Kompost oder Vermikompost (Wurmkompost) zur Erzeugung von CO_2 ist eine umweltfreundliche Methode. Wenn der Kompost reif ist, kann er zur Anreicherung der Erde oder zur Herstellung von Komposttee verwendet werden.

Etwa ein Sechstel bis ein Viertel des Ausgangsnassgewichts des Komposthaufens wird in CO_2 umgewandelt, ein 100-Pfund-Haufen fügt dem Umgebungsgasgemisch also 15 bis 22 Kilo Kohlenstoff hinzu. Kohlenstoff stellt etwa 27 Prozent des Gewichts dar, die Gas- und Sauerstoffmenge beträgt 73 Prozent, so dass die monatliche CO_2-Gesamtmenge 27,6 bis 42 Kilo beträgt. Das sind 0,9 bis 1,3 Meter oder 0,45 bis 0,7 Kubikmeter pro Tag. In gleicher Weise emittiert der Haufen pro 100 Kilogramm Ausgangsmaterial innerhalb von 30 Tagen 60 bis 90 Kilogramm CO_2. Das Gas entsteht rund um die Uhr, mehr CO_2 als die Pflanzen nutzen können. Verteilt man eine schwere Schicht organischen Kompostes oder Mulchs auf der Pflanzerde, so bietet das etwas Wärme und Schutz, und durch die darin enthaltenen

ASK ED: MARIJUANA-FRAGEN

CO_2 -VERDRÄNGUNG VON SAUERSTOFF

Sie empfehlen CO_2 als Segen für die Pflanzenproduktion, wenn man Indoor-Beleuchtung verwendet. Sie erwähnen auch, dass CO_2 nicht gut für den Wurzelbereich ist, weil es das benötigte O_2 verdrängt, das die Wurzeln zur „Verbrennung" des Zuckers und zum Aufbauen der Wurzelfasern benutzen. Gibt es da also einen Konflikt zwischen Erhöhung des CO_2-Gehalts eines Raumes und der Förderung einer gesunden Wurzelentwicklung? Würde ein zusätzliches System der Sauerstoffverteilung (mit Tanks) in einem solchen Fall von Nutzen sein?

Die Menge an CO_2 in der Luft beträgt etwa 375 Teile von einer Million (ppm) oder 0,0375 Prozent, fast vier Hundertstel eines Prozents. Ein mit CO_2 angereicherter Garten könnte einen CO_2-Gehalt von 1500 ppm oder 0,15 Prozent aufweisen. Im Gegensatz dazu enthält die Umgebungsluft etwa 21 Prozent Sauerstoff. Die erhöhte Menge an CO_2 in der Luft hat nur eine geringe oder gar keine Wirkung auf die Menge des aus dem Wasser absorbierten Sauerstoffs.

An der Luft-Wasser-Grenzoberfläche setzt Wasser CO_2 in die Luft frei und nimmt Sauerstoff auf. Deshalb wird empfohlen, auf die Wasserzirkulation in Wasserbehältern und Aquarien zu achten. Je mehr das Wasser zirkuliert und in Kontakt mit der Luft kommt, desto mehr CO_2 wird freigesetzt und desto mehr Sauerstoff wird aufgenommen. Selbst in einem mit CO_2 angereicherten Raum setzt Wasser CO_2 frei.

Den Wurzeln über einen Tank Sauerstoff zuzuführen, ist eine gute Idee. Die Anreicherung des Wassers oder der Erde trägt zur Stabilisierung eines gesunden Wurzelsystems bei. Die mit Sauerstoff angereicherten Wurzeln sind gesünder, wachsen schneller und arbeiten effizienter beim Absorbieren von Nährstoffen.

Mikroorganismen erhöht sich gleichzeitig den CO_2-Gehalt rund um die Pflanzen.

CO_2 UND WURZELN

Weil sie keine Photosynthese betreiben, haben Wurzeln keine Verwendung für Kohlendioxid. Pflanzen nehmen durch die Spaltöffnungen CO_2 für die Photosynthese auf. In der Tat kann CO_2 in der Erde oder im Wasser ein Problem darstellen, weil es den notwendigen Sauerstoff verdrängen kann.

Sowohl CO_2 als auch O_2 lösen sich im Wasser und kämpfen um einen Platz in der Lösung. In dieser Hinsicht haben Grower und Aquariumsbesitzer ein ähnlich gelagertes Problem. In Aquarien halten die Pumpen die Wasserzirkulation aufrecht, so dass das Wasser auf der Oberfläche den CO_2-Überschuss freisetzt, der von den Fischen produziert wird, und freies O_2 aufnimmt, das die Fische zum Überleben brauchen.

Wenn der Boden, die Erdmischung und Hydrokulturmedien wie Steinwolle oder Kokos mit CO_2-Wasser (Selters) bewässert werden, kehrt das gelöste CO_2 in seine Gasform zurück und treibt den Sauerstoff aus den Lufthohlräumen des Bodens. Dann verhungern die Wurzeln, weil sie den Sauerstoff für die Atmung benötigen.

SAUERSTOFF

Sauerstoff ist nicht nur ein Nebenprodukt der Photosynthese. Er wird auch von der Pflanze genutzt. Die Mitochondrien, die Energiezentren der Zellen, verbrauchen Sauerstoff, wenn sie Zucker verbrennen, um das Wachstum und die Blüte zu unterstützen. Das erzeugt Wasser und CO_2 als Nebenprodukte.

Eine Pflanze hat drei Sauerstoffquellen: den Sauerstoff, den sie bei der Photosynthese freisetzt und zunächst für sich zurückhält, den Sauerstoff in der Atmosphäre und den in Wasser gelösten Sauerstoff, den die Wurzeln der Pflanzen absorbieren. Die Luft enthält etwa

Manche Gärten sind so aufgeteilt, dass sie einen Raum für Pflanzen in der vegetativen Phase und einen Raum für blühende Pflanzen haben. Der Doppel-Zonen-Controller von GroZone erlaubt Growern, zwei unterschiedliche Räume zur selben Zeit zu kontrollieren und bietet Einstellungsmöglichkeiten für niedrige und hohe CO_2-Mengen.

21 Prozent Sauerstoff, Pflanzenteile oberhalb des Erdbodens werden nur selten Mangel daran haben.

Eine andere Möglichkeit der Sauerstoffversorgung der Pflanzenwurzeln ist die O_2-Produktion durch Elektrolyse. Die Elektrolyse ist ein Prozess, bei dem Wasser in seine Elemente Wasserstoff und Sauerstoff zerlegt und elektrischer Strom produziert wird.

Wurzeln benötigen Sauerstoff für die Atmung. Sie bekommen ihn aus Lufthohlräumen im Boden oder als im Wasser gelösten Sauerstoff. Wenn Wurzeln nicht ausreichend Sauerstoff bekommen, zeigt sich das auf verschiedene Art und Weise. Sie sind nicht mehr in der Lage, Wasser und Nährstoffe effektiv zu ziehen, das Wurzelwachstum und die Atmung kommen zum Erliegen. Sie büßen ihren guten Zustand ein und werden anfällig für Krankheitserreger. Anaerobe (sauerstofffreie) Bedingungen fördern das Wachstum von schädlichen anaeroben Bakterien, die in sauerstofffreier Umgebung gedeihen. Diese produzieren Ammoniak, das in hohen Konzentrationen für Pflanzen giftig ist. Ammoniakgeruch ist ein sicheres Zeichen für anaerobe Bedingungen.

Damit die Wurzeln ausreichend mit Sauerstoff versorgt werden, darf man das Pflanzensubstrat nicht verdichten. Es muss Porosität aufweisen, so dass es Platz sowohl für die Luft als auch für das Wasser hat.

In Hydrokultursystemen sollte das Wasser zirkulieren und belüftet werden, um das CO_2 durch Sauerstoff zu ersetzen. Wasser kann vermittels einer kleinen Menge Wasserstoffperoxid (H_2O_2) mit Sauerstoff versehen werden.

Warmes Wasser enthält deutlich weniger Sauerstoff als kühles oder kaltes Wasser, siehe dazu das Kapitel Temperatur, Luftfeuchtigkeit und Luftqualität.

Poröse Erde, die die Luftzirkulation durch den Wurzelbereich ermöglicht, ist nicht die einzige Möglichkeit, unseren Pflanzen Sauerstoff zukommen zu lassen. Einige Grower versorgen das Wasser mit zusätzlichem Sauerstoff, um den Wurzeln eine maximale Menge liefern zu können. Wie viel Sauerstoff die Wurzeln verbrauchen, ist nicht gesichert. Experimente sowohl mit Stecklingen als auch mit verwurzelten Pflanzen verschiedener Arten zeigen aber, dass eine mit Sauerstoff angereicherte Umgebung einen großen Unterschied in der Pflanzenvitalität ausmacht – um 50 bis 60 Prozent erhöhtes Wachstum bei Stecklingen und ein um 30 Prozent erhöhtes Wachstum bei verwurzelten Pflanzen. Umgekehrt hemmt Wasser geringer Sauerstoffkonzentration das Wachstum. Die Temperatur beeinflusst den Sauerstoffgehalt des Wassers. Je wärmer das Wasser ist, desto weniger Sauerstoff enthält es.

Wasser kann auf verschiedene Art und Weise mit Sauerstoff angereichert werden. Die beste Quelle natürlich angereicherten Wassers ist unmittelbar stromabwärts eines Wasserfalls. Ein preiswerter Luftsprudler fürs Aquarium oder eine Tauchpumpe lassen das Wasser in Wasserbehältern und Wassertanks zirkulieren, so dass ein ständiger Gasaustausch stattfindet.

Drinnen und draußen kann Wasserstoffperoxid (H_2O_2) zur Sauerstoffergänzung verwendet werden. Fügen wir einen Teil dreiprozentigen Wasserstoffperoxids (H_2O_2) (Konzentration in der Apotheke) zu zehn Teilen Wasser hinzu, wird der zusätzliche Sauerstoff in 72 Stunden oder früher verbraucht sein. Bei einer höheren Konzentration tötet H_2O_2 Bakterien und Pilze in Wasser und Boden und ist nützlich für die Bekämpfung pathogener Pilze und Bakterien, vergessen wir aber nicht, dass gesunder Boden auch viele hilfreiche Bakterien enthält.

SOUR DIESEL

WASSER

Nicht alles Wasser ist gleich. Wenn wir verschiedene Wassersorten trinken, erkennen wir ihre verschiedenen Qualitäten und den teils unterschiedlichen Geschmack. Mineral-, Kohlendioxid- und Sauerstoffgehalt des Wassers variieren erheblich und beeinflussen unsere Pflanzen. Drei wichtige Parameter der Wasserzusammensetzung sind die Alkalinität (Säurebindungsvermögen), der pH-Wert (Säure-Basen-Verhältnis) und der Gehalt an gelösten Mineralien. Der Mineralgehalt wird oft als Gehalt an gelösten Feststoffen bezeichnet, die wiederum in Teilen von einer Million (ppm) gemessen werden. Der ungefähre Mineralgehalt kann durch Messung der elektrischen Leitfähigkeit (EC) des Wassers ermittelt werden.

Alkalinität ist die Fähigkeit des Wassers, Säuren zu puffern. Wenn Wasser gelöste Feststoffe enthält, gewöhnlich Kalzium (Ca) und Magnesium (Mg), wird sein pH-Wert nicht so sehr durch saure Substanzen beeinflussbar sein – z. B. bei wasserlöslichen Düngemitteln. Ca und Mg puffern das Säure-Basen-Gleichgewicht, so dass geringe Zusätze von Düngemitteln keine dramatischen Veränderungen im pH-Wert ausmachen. Wenn das Wasser aber sehr rein ist und keine Mineralien enthält, nennt man es weiches Wasser. Dieses Wasser hat nur eine geringe oder gar keine Pufferfähigkeit, so dass sein pH-Wert sehr beeinflussbar ist. Bereits das Hinzufügen kleiner Mengen saurer Substanzen hat extreme Auswirkungen auf den pH-Wert des weichen Wassers.

Wassersorten aus verschiedenen Gebieten unterscheiden sich stark in der Menge der gelösten Feststoffe, die sie enthalten – und folglich in ihrer Pufferfähigkeit. So enthält zum Beispiel das Leitungswasser in San Francisco (Kalifornien) etwa 65 ppm gelöster Salze. Es hat dadurch eine sehr geringe Pufferfähigkeit. Im Gegensatz dazu enthält Wasser in Los Angeles (Kalifornien) etwa 450 ppm. Dieses „harte Wasser“ hat eine große Pufferfähigkeit, eine große Menge an pH-Wert beeinflussenden Substanzen ist also nötig, um eine wirkliche spürbare Auswirkung zu erzielen.

Die Wasserversorgungsbetriebe und -aufbereiter überprüfen das Wasser, das sie uns liefern, kontinuierlich. Die Testergebnisse sind öffentlich einsehbar und für jedermann zugänglich. Die Ergebnisse werden den Kunden jährlich zugesendet oder im Internet veröffentlicht. Neben Messungen zur Alkalinität, zu den gelösten Feststoffen und des pH-Wertes zeigt der Bericht auch die Schadstoffe des Wassers auf. Ein Messwert von 125 bis 150 ppm ist ein guter Ausgangspunkt, weil er eine gewisse Pufferfähigkeit aufweist, allerdings keine so starke. Um einen optimalen pH-Wert zu erzielen, müssen hier nicht viele Mineralien hinzugefügt werden. Zur Erhöhung des Messwertes verwenden wir Cal-Mag, eine Lösung aus Calcium und Magnesium, oder alternativ Kalziumnitrat ($CaNO3$). Zur Verminderung des Mineralgehalts im Wasser verwenden wir eine Umkehrosmoseanlage oder eine chemische Enthärtungsanlage mit Kohle. Wasser mit hohem Mineralgehalt kann mit gereinigtem Wasser gemischt werden, um die gewünschten 125 ppm zu erhalten.

pH-WERT

Der pH-Wert ist das Maß für das Säure-Basen-Gleichgewicht. Im Grunde geht es um die Konzentration von Wasserstoffionen oder Hydroxylionen in einer Lösung. Der pH-Wert wird auf einer Skala von 0 bis 14 gemessen, wobei 0 eine saure, 7 eine neutrale (gleiche Konzentration von Wasserstoffionen und Hydroxylionen) und 14 eine alkalische Lösung darstellt. Es handelt sich dabei um eine logarithmische Skala – die Steigerung bzw. Verringerung jedes einzelnen Punktes der pH-Skala gibt eine jeweils zehnfache Veränderung der Azidität oder Alkalinität an. Zum Beispiel ist eine Lösung mit dem pH-Wert 5 zehnmal saurer als die mit dem pH-Wert 6, während ein pH von 4 insgesamt hundertmal saurer ist als ein pH von 6! Die meisten Nährstoffe, die von Pflanzen genutzt werden, sind nur innerhalb eines begrenzten sauren Bereichs löslich – von etwa 5,5 bis 6,5 im Mineralboden und von 5,6 bis 6,4 in einem Hydrokulturmedium. Die Löslichkeit hängt in gewissem Maße auch von der Art des Bodens, der Erdmischung bzw. des Hydrokulturmediums ab.

Wenn Wasser oder eine wässrige Lösung im Boden zu stark sauer oder alkalisch sind, präzipitieren die im Wasser gelösten Nährstoffe und stehen den Pflanzen nicht mehr zur Verfügung. Wenn die Nährstoffe gehemmt werden, verlangsamt sich das Pflanzenwachstum. Normalerweise ist eine Pflanze, die in einer sauren Umgebung mit einem niedrigen pH-Wert gezogen wird, sehr klein. Sie wächst oft nur ein paar Zentimeter in mehreren Monaten. Pflanzen, die in einer Umgebung mit einem hohen pH-Wert gezüchtet werden, sehen blass und kränklich aus und weisen auch ein reduziertes Wachstum auf.

Der pH-Wert des Wassers kann sich aus vielen Gründen ändern. Die Pflanzen beeinflussen den pH-Wert der Wasserlösung, indem sie verschiedene Nährstoffe lösen. Mikroben im Medium haben außerdem Einfluss auf den pH-Wert. Die Hinzugabe von Nährstoffen ändert den pH-Wert ebenfalls. Aus diesem Grund überprüfen und regulieren Grower den pH-Wert häufig.

Damit wir die absolute Kontrolle über das Pflanzensubstrat haben, testen wir den pH-Wert am besten wöchentlich. Aussaatsubstrate mit Kohle haben eine große Pufferfähigkeit und passen sich den pH-Veränderungen hervorragend an.

Pflanzen in Hydrokultursystemen unterliegen einer größeren Beeinflussbarkeit des pH-Werts ihrer Wasser-/Nährstofflösung, so dass der ph-Wert täglich oder zumindest alle zwei Tage überprüft werden sollte. Am besten passen wir den pH-Wert an, nachdem wir dem Substrat Nährstoffe beigegeben haben, weil diese das Gleichgewicht erheblich beeinflussen. Am besten messen wir den pH-Wert des Wassers mit einem pH-Messgerät oder einem Prüfkoffer mit chemischem Reagens für Aquarien oder Gartenteiche. Diese Messgeräte sind am einfachsten zu bedienen.

Der pH-Wert des Leitungswassers kann sich saisonal oder aus anderen Gründen verändern. Zum Beispiel, wenn der Wasserversorger das System spült. Es empfiehlt sich daher, den pH-Wert regelmäßig zu überprüfen.

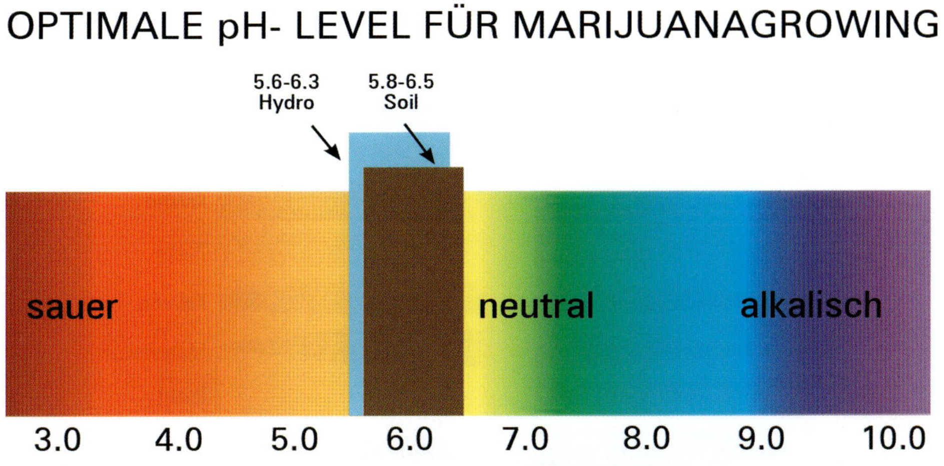

Ein optimaler pH-Wert des Wassers in einem Hydrokultursystem liegt zwischen 5,6 und 6,3. In einem Bodensystem sollte der pH-Wert zwischen 5,8 und 6,5 sein. Verschiedene Nährstoffe können einen unterschiedlichen pH-Wert bedingen. Daher sollten wir stets die Werte überprüfen.

Wenn der pH-Wert nicht im Bereich zwischen 5,8 und 6,3 liegt, sollte das Wasser angepasst werden. Das geschieht über die Beigabe geringer Mengen von Chemikalien. Firmen, die sich mit Hydrokultur beschäftigen, verkaufen pH-Regler, sozusagen pH-Upper und pH-Downer, die sehr praktisch und empfehlenswert sind. Die Wasser-/Nährstofflösung kann allerdings auch mit üblichen Haushaltschemikalien angepasst werden. So kann Wasser, das zu sauer ist, mit Kaliumbicarbonat oder mit Holzasche neutralisiert werden. Wasser, das hingegen zu alkalisch ist, kann mit Salpetersäure, Schwefelsäure, Zitronensäure (Vitamin C), Kombucha-Tee oder Essig angepasst werden.

Chlor wird benutzt, um Infektionserreger in Wasser abzutöten. Wenn solches Wasser jedoch für die Bewässerung von Pflanzen verwendet wird, tötet das Chlor einige der nützlichen Mikroorganismen in der Rhizosphäre, d. h. im Wurzelbereich, ab. Um diese Mikroorganismen zu schützen, entfernen wir das Chlor aus dem Wasser.

Früher wurde Wasser mit einer in Geruch und Geschmack charakteristischen Chlorverbindung behandelt. Chlor verdunstet, wenn Leitungswasser für einen oder zwei Tage stehen gelassen wird. Die meisten Wassersysteme verwenden jedoch Chloramin, das nicht verdunstet. Deshalb muss es entfernt werden. Aquariumsbesitzer stehen übrigens vor dem gleichen Problem, weil diese Substanz auch negativen Einfluss auf Fische ausübt. Aquarianer nutzen ein Additiv, das nicht nur Chlor, sondern auch Ammoniak entfernt.

Chloramin kann aus dem Wasser auch auf andere Weise entfernt werden: durch Beigabe von einem Gramm Vitamin C (Ascorbinsäure) auf 285 Liter Wasser. Das ist eine sichere Methode, die unerwünschten Chemikalien loszuwerden.

ALKALINITÄT

Der pH-Wert reinen destillierten Wassers ist sehr instabil und hat keine Pufferfähigkeit. Die Beigabe einer winzigen Menge Säure lässt es sehr sauer werden, und eine schon geringe Menge einer Base lässt das Wasser alkalisch werden. Unser Leitungswasser enthält Mineralien, die es während der Versickerung durchs Erdreich oder in einem Wasserturm

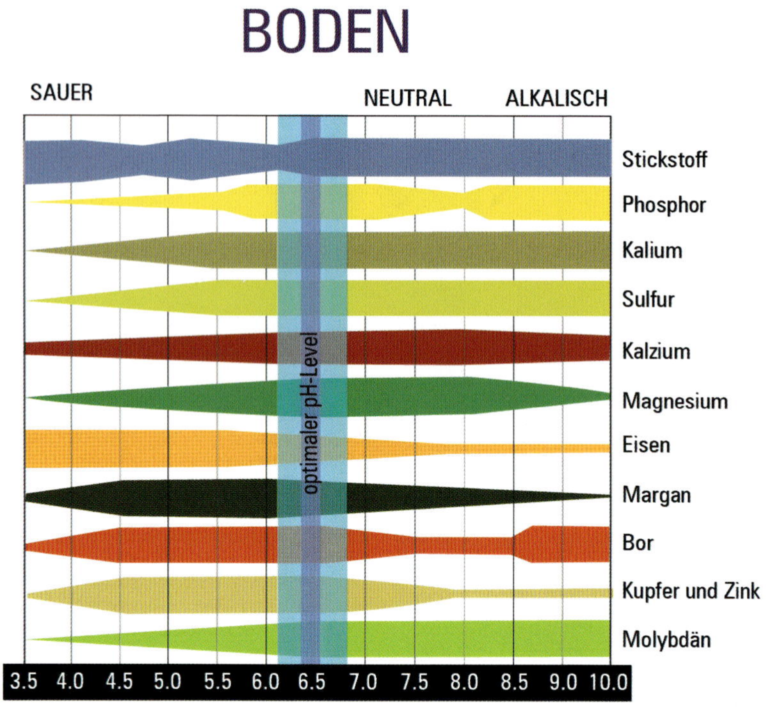

Akzeptabler pH-Bereich für den Boden: 5,5 bis 6,5. Optimale pH-Werte sind 6,0 bis 6,3.

aufgenommen hat. Diese Mineralien beeinflussen die Alkalinität des Wassers. Die Alkalinität ist die Fähigkeit des Wassers, eine Säure zu neutralisieren. Ca und andere alkalische Mineralien wie Kalium (K) puffern das Wasser durch die Neutralisation von Säuren. Wasser mit einer geringen Menge Ca oder anderen alkalischen Mineralien hat eine nur geringe Pufferfähigkeit. Wenn sich der Gehalt der alkalischen Mineralstoffe erhöht, erhöht sich auch die Pufferfähigkeit des Wassers. Ist der Puffer zu groß, steigt die Alkalinität, und es ist eine große Menge an Säure erforderlich, um den pH-Wert zu verändern.

Die Alkalinität wird durch die Messung des ppm-Wertes des Wassers getestet, bevor wir Nährstoffe oder pH-Beeinflusser hinzufügen. Das Wasser mit 125 bis 175 ppm hat in der Regel genug Ca, um als Puffer zu wirken, und weist dabei nicht so viel Alkalinität auf, dass dies die Anpassung des Wassers erschweren würde.

Wasser mit Ca-Gehalt kann mit Hilfe von Cal-Mag angepasst werden, das viele Düngemittelproduzenten im Angebot haben. Wenn nötig, fügen wir zunächst Cal-Mag hinzu; erst dann passen wir den pH-Wert an. Wenn weiterhin nötig, fügen wir die Düngemittel hinzu; erst dann passen wir den pH-Wert an.

Jeder Wasserversorger gibt einen jährlichen Wasserbericht heraus. Weiter unten sind die Mengen an Kalzium (Ca), Magnesium (Mg), Kalium (K), Alkalinität und pH angegeben. Andere Werte zeigen Schadstoffe, Schmutzstoffe

Das im Wasser gelöste CO_2 verringert den pH-Wert des Wassers.
CO_2 bildet in Verbindung mit Wasser Kohlensäure.

HYDRO-WASSER-SYSTEM

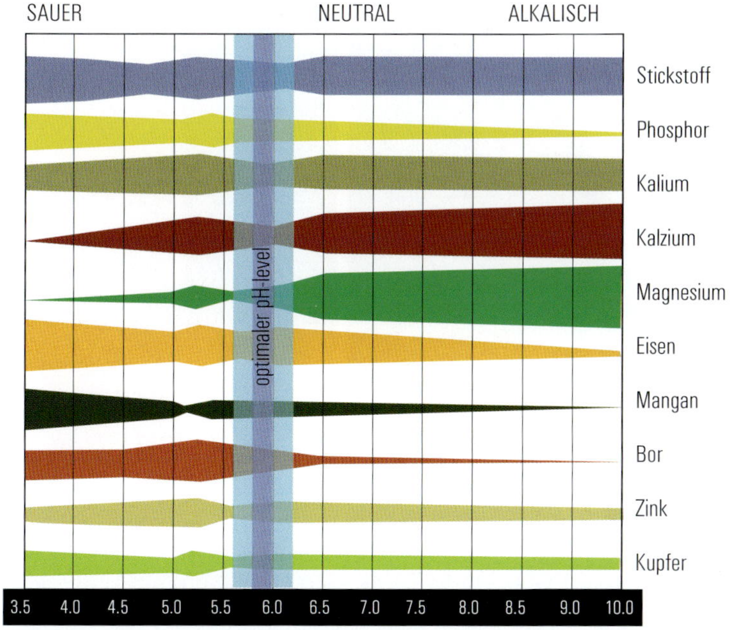

Akzeptabler pH-Bereich für Hydrosysteme: 5,6 bis 6,4. Optimale pH-Werte sind 5,8 bis 6,2.

und andere Eigenschaften der Wasserqualität auf. Das Symbol mg/L ist eine Abkürzung für Milligramm pro Liter. 1000 Gramm ergeben einen Liter, und 1000 Milligramm ein Gramm. Daher steht ein mg/L für 1 ppm (im übrigen ein ziemlich praktisches System).

Untersuchen wir exemplarisch das Wasser aus dem Orinda Reservoir, welches Berkeley, Oakland und mehrere andere Städte in San Francisco, Kalifornien, East Bay Area (siehe den jährlichen Bericht über Wasserqualität auf der nächsten Seite) versorgt.

Bicarbonat- und Carbonat-Äquivalente: Die ersten beiden Kategorien zeigen zusammen genommen die Gesamtalkalinität. Ca, K und Natrium (Na) erhöhen die Alkalinität.

Kalzium: Konzentrationen schwanken zwischen 4 und 20 ppm. Das ist eine zu niedrige Konzentration für gesundes Pflanzenwachstum, der ppm-Wert muss mit Cal-Mag oder mit

Übermäßiges Kalzium im Wasser führt zu einer Nährstoffsperre. Umkehrosmoseanlagen reinigen das Wasser und neutralisieren den pH-Wert. Umkehrosmoseanlagen von Aqua Engineering haben eine Membran mit einem 98-prozentigem Rückhaltevermögen, was die Fähigkeit zur Absorption von Nährstoffen maximiert.

OBEN LINKS: Ein PPM-/EC-Messgerät bestimmt, ob das Wasser zu hart ist, was für die Wurzeln eine Nährstoffeinbuße bedeuten würde. PPM- und pH-Messgeräte sind wichtige Gartengeräte. Ohne sie könnte man die Werte von Wasser und Nährstoffen nur schätzen. RECHTS: Fügen Sie pH-Down zu einer Lösung hinzu, die zu alkalisch ist, wie beispielsweise dieses gefilterte Wasser.

Feuchtigkeitsmessgeräte und pH-Prüfkoffer ermöglichen dem Grower, die Effizienz der Nährstoffaufnahme von Pflanzen zu maximieren.

Kalziumnitrat (CaNO3) auf 125 bis 175 erhöht werden. CaNO3 ist leicht löslich. Es enthält Stickstoff (N), daher sollte es nicht während der Blüte verwendet werden. Reduzieren wir N-Gaben während des vegetativen Zyklus'.

Härte: Hartes Wasser hat im Vergleich mit weichem Wasser einen hohen Mineralgehalt, in der Regel sind zumeist Ca und Mg vorhanden. In solchem Wasser spielen jedoch auch Kalium und andere Mineralien eine wichtige Rolle, zuweilen sogar Eisen (Fe) – anders als in weichem Wasser.

Eine Möglichkeit, Wasser zu testen, stellt die Verwendung von Seife dar. Sie schäumt in weichem Wasser leicht – jedoch nicht in hartem. Verwenden wir dafür eine „einfache“ Seife. „Moderne“ Seifen enthalten oft Wasserenthärtungsmittel.

Es gibt eine Reihe von Faktoren, die die Wasserhärte bestimmen. Zum Beispiel Temperatur und pH-Wert, im Allgemeinen aber entspricht die Wasserhärte dem Mineralgehalt. Dies sind die Bereiche:

- SEHR WEICH: 0 bis 70 ppm – sehr wenig Ca- / Mineralgehalt
- WEICH: 70 bis 140 ppm – steht am unteren Ende der idealen Konzentration. Wir geben dem Wasser Ca bei.
- WENIG HART: 140 bis 210 ppm – in Ordnung
- MITTELHART: 210 bis 320 ppm – geringe Werte sind okay, höhere haben jedoch eine zu große Pufferfähigkeit.
- HART: 320 bis 530 ppm – der Mineralgehalt muss verringert oder beim Düngen berücksichtigt werden.
- SEHR HART: >530 ppm – der Mineralgehalt muss ebenfalls verringert oder beim Düngen berücksichtigt werden.

Es gibt mehrere Möglichkeiten, um einem hohen Mineralgehalt entgegenzuwirken:

- Bereiten wir den Dünger so vor, dass er solche Nährstoffe enthält, die sowohl den alkalischen Gehalt als auch den gesamten ppm-Wert des Wassers erhöhen.
- Durch Umkehrosmose: Diese Filter reinigen das Wasser so, dass eine winzige Membran nur das Wasser durchlässt. Osmosewasser kann mit Leitungswasser oder mit Brunnenwasser kombiniert werden, um eine Mischung zu erhalten, die etwa 150 ppm aufweist.
- Durch Erwärmen des Wassers: Manchmal werden Kalzium und andere Mineralien als Carbonat oder Bicarbonat zurückgehalten. In beiden Fällen enthält das Molekül Kohlendioxid. Wenn die Temperatur des Wassers steigt, kann es weniger Gase halten. CO_2 verdunstet, während Ca im Wasser verbleibt. Das Kalzium ist nicht mehr löslich, es präzipitiert und bildet Ablagerungen im Behältnis. Wenn sich beim Kochen oder nach längerer Zeit weiße oder hellbräunliche Kalkablagerungen bilden, ist

Andere Parameter für Wasserqualität	Orinda
Alkalität Bikarbonat (mg/L; CaCo3)	20.2-36.4
Alkalität Karbonat (mg/L; CaCo3)	0.5-0.6
Kalzium (mg/L)	4-20
Härte (mg/L; CaCo3)	15-78
Magnesium (mg/L)	0.8-5.6
pH (pH-Geräte)	8.2-9.3
Potassium (mg/L)	0.5-1.3
Silizium (mg/L)	8.3-11
Natrium (mg/L)	5.5-19

Die obere Tabelle enthält nützliche Informationen für Industrie und Haushalt. Die Informationen über die Wasserhärte in „Grain pro Gallone (gr/gal)“ können bei der Verbesserung der Kühleinrichtung und anderer Prozesse helfen. Zur Umrechnung der Härtewerte in Grain pro Gallone dividieren wir die Werte der Tabelle in Milligramm pro Liter durch 17. So schwankt zum Beispiel die Wasserhärte in dem vom Reservoir Orinda versorgten Gebiet zwischen 15 und 78 mg/L oder von 0,9 bis 4,6 Grain pro Gallone.

dieses Wasser ein besonders guter Kandidat für die Behandlung. Gießen wir das Wasser direkt aus dem Behälter, weil es während der Abkühlung mehr CO_2 absorbiert, das sich wieder mit den Mineralien verbindet und sie abermals löst.

- Durch spezialisierte, nicht chemische Behandlungssystem für hartes Wasser:

Wenn wir die Pflanzen bewässern, sollten wir uns vergewissern, dass wir die Wurzeln weder mit zu kaltem noch mit zu warmem Wasser bewässern, weil beides ein Schock für die Pflanzen wäre. Achten wir darauf, dass die Temperatur des Wassers zwischen 18 und 24 °C liegt.

Magnesium (Mg): Magnesium wird gelöst, wenn Wasser durch Gestein und Boden fließt, die Mg enthalten. Beachten wir, dass der Gehalt nur zwischen 0,8 und 5,6 ppm liegt. Das ist nur ein Bruchteil dessen, was die Pflanze braucht, daher muss es ergänzt werden.

pH-Wert: der pH-Wert ist wegen des Ca im Wasser recht alkalisch. Weil es jedoch ein paar Mineralien enthält, ist sein pH-Wert gegenüber der Säuregabe empfindlich. Ein wenig pH DOWN ist ausreichend.

Kalium (K): Die Menge an dem im Wasser gelösten K hat kaum Auswirkung auf die Ernährung einer Pflanze. Es beeinflusst jedoch ein wenig den pH-Wert und die Alkalinität.

Kieselsäure: Pflanzen absorbieren leicht gelöste Kieselsäure und halten sie in ihren Zellen. Kieselsäure macht die Pflanze stark und widerstandsfähig gegen Umwelteinflüsse und Insekten.

Natrium (Na): Natrium ist ein Teil des Kochsalzes, NaCl. Infolge geologischer Bedingungen und menschlichen Einflusses ist es im Trinkwasser gelöst, die Werte verändern sich saisonal.

ASK ED: MARIJUANA-FRAGEN

VERWENDUNG VON TAFELWASSER

Wenn der Preis kein Problem wäre, würden Sie empfehlen, ein Tafelwasser wie Aquafina zu benutzen, oder würden Sie bei Leitungswasser bleiben?

Um eine kluge Entscheidung zur Bewässerung zu treffen, beschaffen wir uns den Bericht von unserem lokalen Wasserversorger. Da werden der pH-Wert des Wassers, gelöste Feststoffe und Schadstoffe genau beschrieben. Dann bestimmen wir, ob das Wasser für die Pflanzen geeignet ist, oder ob es behandelt oder durch anderes Wasser ersetzt werden sollte. Das Element, das einer Prüfung bedarf, ist Kalzium. Einige Hydrokultur-Dünger enthalten nicht viel davon. Wenn das Wasser also nur eine geringe Menge davon aufweist, werden wir einen Kalzium-Booster benötigen.

Wenn unsere Pflanzen Aquafina oder ein anderes Tafelwasser bekommen, ist es durchaus möglich, dass wir sie mit dem gleichen Wasser versorgen, das wir zuhause aus dem Wasserhahn erhalten. Denn Aquafina-Abfüllanlagen benutzen gefiltertes Leitungswasser, daher variieren die Eigenschaften des Wassers, das heißt der gelösten Feststoffe, pH-Werte und Schadstoffe – je nach Region. Die Marke Aquafina gehört PepsiCo. Der Markenname des Coca-Cola-Unternehmens für Tafelwasser ist Dasani. Wenn ein Wasser als Trinkwasser und nicht als Bergquellwasser deklariert ist, können wir sicher sein, dass es aus dem Wasserhahn stammt. Im Gegensatz zum kommunalen Wasser, über das man einen Bericht einsehen kann, wird beim Tafelwasser keine Gehaltsangabe gemacht. Um herauszufinden, was darin enthalten ist, würden wir es prüfen lassen müssen.

Die Menge der gelösten Feststoffe in Tafelwasser ist von Fall zu Fall verschieden, daher ist es unmöglich, allgemeine Aussagen darüber zu machen.

In europäischem Tafelwasser werden die Inhaltsstoffe aber aufgelistet. Wir sollten dann solches nehmen, das mindestens 15 ppm Kalzium enthält.

NÄHRSTOFFE UND DÜNGEMITTEL

Photo: Rachael Szmajda

Fertige Düngermischungen werden so zusammengestellt, dass die mit ihnen behandelten Pflanzen alle wesentlichen Nährstoffe erhalten, um das maximale Potenzial auszuschöpfen. Sobald sich die Pflanze im Boden oder im Topf befindet, bieten sich folgende drei Möglichkeiten zur Erfüllung ihrer Bedürfnisse an: Entweder die Verwendung eines fertigen Hydrokulturdüngers oder eines organischen Düngers oder eines Komposttees. Hydrokulturdünger wird aus ausgewogenen Nährstoffverbindungen hergestellt. Nicht-hydroponische Düngemittel enthalten oft nur Makronährstoffe – Stickstoff (N), Phosphor (P) und Kalium (K). Organische Düngemittel wie Fischemulsion, Guano und Mist sowie viele Mischungen organischer Stoffe enthalten zusätzliche Spurenelemente. Düngemittel können dennoch einen mangelhaften Nährstoff-Gehalt haben, überprüfen wir also immer die Etiketten.

Die meisten Dünger für Indoor-Pflanzen bestehen aus wasserlöslichen Mineralien. Einige von ihnen haben eine zeitverzögerte Wirkung und werden beim Vorbereiten in das Pflanzensubstrat eingebracht. Pflanzen, die in einer Erdmischung von hoher Qualität gezüchtet werden, können mit Basisdüngern normalerweise gut zurechtkommen, während Pflanzen, die in unangereicherten erdlosen Medien gezüchtet werden, in jedem Fall eine Anreicherung der Mikronährstoffe plus Kalzium (Ca) und Magnesium (Mg) erfordern.

Dolomit ist Kalziummagnesiumcarbonat, $CaMg(C0_3)_2$, eine gute natürliche Ergänzung. Um eine ausgewogene Versorgung von Nährstoffen zu sichern, mischen viele Grower mehrere Produkte zu einer Lösung, oder sie ändern die Düngerrezepturen zwischen den diversen Düngephasen.

Das Mischen von Produkten verschiedener Hersteller kann riskant sein, weil die Verbindungen Mineralien enthalten können, die ungünstig aufeinander einwirken, und die ein Nährstoff-Ungleichgewicht verursachen können. Wählen wir besser bewährte Produkte zuverlässiger und etablierter Unternehmen, und beachten wir ihre Empfehlungen.

Pflanzen, die in einem nährstoffreichen Medium mit Kompost, Mist oder Düngemitteln mit zeitverzögernder Wirkung gezüchtet werden, müssen nicht zusätzlich gedüngt werden, wenn sie in einem genügend großen Topf oder im Freien gezüchtet werden. Zusätzliche Nährstoffe können in Ergänzungsmengen zugeführt werden, wenn die Pflanzen beginnen, Mangelerscheinungen aufzuweisen.

Der Bedarf an Hauptnährstoffen – Stickstoff (N), Phosphor (P) und Kalium (K) – variiert in Abhängigkeit von den Wachstumsbedingungen und ändert sich während des Lebenszyklus einer Pflanze. Cannabis verwendet mehr N während des vegetativen Zyklus (also vor der Blütezeit) als in späteren Stadien. Der Verbrauch von P erhöht sich, wenn die Pflanze zu blühen beginnt, während der Bedarf an K nach der Befruchtung steigt, um die Blüten- und Samenbildung zu unterstützen.

Die Anforderungen unserer Pflanzen an N variieren auch mit unterschiedlicher Lichtintensität und Temperatur. Pflanzen, die unter warmen Bedingungen gezüchtet werden, sollten um zehn bis 20 Prozent weniger N bekommen. Damit verhindern wir, dass die Stengel dünner und schwächer werden. Die Pflanzen verdunsten Wasser oder schwitzen an warmen Tagen und nutzen entsprechend mehr Wasser, was die Nährstoffe konzentriert. Das verursacht aber keine Überdosis, weil das Wasser für die Transpiration verwendet wird.

Geben wir den Pflanzen in kühlen oder kalten Systemen um zehn bis 20 Prozent mehr N, weil sie nicht so viel Wasser absorbieren können. Bei intensivem Licht nutzen wir mehr N und entsprechend weniger bei schlechteren Lichtverhältnissen.

Komposttee, der durch Einweichen von organischen Substanzen oder Kompost in Wasser hergestellt wird, verbessert die Fähigkeit der Pflanzen zur Aufnahme von Nährstoffen und wehrt Krankheiten und Insekten ab. Wurmmist, Kompost und kommerziell zubereiteter Tee sind am beliebtesten. Einige Hydrokultur-Geschäfte brühen diesen Tee sogar vor Ort. Der Komposttee muss mit einer großen Menge an Sauerstoff oder Luft gebrüht werden. Ohne die richtige Belüftung wird Komposttee durch anaerobe Bakterien infiziert, die eine Quelle von Krankheitsbefall darstellen. Andere Zutaten, die man zur Zubereitung dieses Tees verwendet, sind: kompostierter Mist, Blutmehl, Kaffee, Pflanzenmehl, Mineralien, Felsboden und Austernschalen. Der Ernährungswert des organischen Tees variiert je nach Hersteller und Inhaltsstoffen, die auf den Etiketten nur selten gut beschrieben sind.

Es gibt viele organische Düngermischungen auf dem Markt. Einige werden direkt in den Boden oder in die Erdmischung beigegeben, während andere Verbindungen sich gut in Wasser lösen lassen. Sowohl die Inhaltsstoffe aller Düngemittel als auch der Elementargehalt in Prozent sind auf dem Etikett aufgeführt. Organische Zusammensetzungen enthalten in der Regel sowohl Mikro- als auch Makronährstoffe. Wir sollten uns die Zahlen auf der Packung anschauen, wenn wir Nährstoffergänzungen kaufen. Neben N-P-K schauen wir nach, ob das Produkt Kalzium (Ca), Schwefel (S) und Magnesium (Mg) enthält, die für die Knospenbildung entscheidend sind. Die meisten organischen Düngemittel mit nur einem

In Hydrokultur-Medien ist die Ernährung der Pflanzen vollständig vom Grower abhängig. Einige Nährstoffmischungen sind multifunktional: Sie bieten der Pflanze Nahrung und andere Vorteile an. BioBizz BioHeaven verbessert beispielsweise die Fähigkeit der Pflanzen, Nährstoffe zu absorbieren, und verstärkt das Antioxidationssystem, befreit die Pflanze also von Toxinen, die in Stressperioden ausgebildet wurden.

NÄHRSTOFFDEFIZITE BEI MARIJUANA

Symptome	N	P	K	Mg	Fe	Cu	Zn	B	Mo	Mn	Überdüngung
	Verdächtiges Element										
Gelbfärbung von:											
Jungen Blättern					x					x	
Mittleren Blättern									x		
Älteren Blättern	x		x	x			x				
Zwischen den Blattadern				x						x	
Alte Blätter fallen ab	x										
Blätter wellen sich nach oben				x							
Blätter wellen sich nach unten			x			x					x
Blattspitzen verbrennen:											
Junge Blätter								x			
Ältere Blätter	x						x				
Junge Blätter kräuseln und wellen sich			x				x	x	x		
Nekrose			x	x	x		x			x	
Blätter wachsen verkümmert	x	x									
Dunkelgrüne/pinke Blätter und Stengel		x									
Blasse Blattfarbe	x								x		
Marmorierung							x				
Schütter	x										
Weiche Stengel	x		x								
Harte/spröde Stengel		x	x								
Wachsende Spitzen sterben ab			x					x			
Verkümmerter Wurzelwuchs		x									
Welken						x					

Inhaltsstoff sind alles andere als ausreichend; sie werden zumeist lediglich als Ergänzung oder zusammen mit anderen Nährstoffen verwendet. Ausgewogene, vollständige organische Verbindungen mit mehreren Inhaltsstoffen sind verfügbar als Bodenhilfsstoffe, die vor der Pflanzung verwendet werden und dem Boden während des Wachstumszyklus beigegeben werden, sowie als wasserlösliche Verbindungen, die während der Bewässerung verwendet werden.

Organische Düngemittel werden in Hydrokultursystemen in aller Regel nicht verwendet, weil sie in Behältnissen gären und nicht vollständig löslich sind, so dass sie die Systeme häufig verstopfen.

In einem Hydrokultursystem kann es zur Nährstoffsperre kommen. Nährstoffe stehen der Pflanze erst dann wieder zur Verfügung, wenn sie in reinem, frischem, pH-neutralem Wasser zugeführt werden.

Die meisten Hydrokultur-Mischungen und andere wasserlösliche Düngemittel werden aus Mineralien zusammengesetzt, die lösliche Salze zu erzeugen. Diese gelösten Salze bestehen aus Molekülen, die klein genug sind, um von den Öffnungen des Wurzelsystems absorbiert zu werden und stehen den Pflanzen sofort zur Verfügung. Diese Düngemittel können zur Lieferung von Nährstoffen verwendet werden – entweder regelmäßig oder als schnelle Lösung, um Mangelerscheinungen zu beheben.
Die Dünger sollten in der niedrigsten empfohlenen Dosis verwendet werden. Um den Nährstoffbedarf einer Pflanze zu bestimmen, messen wir sorgfältig nicht nur die Nährstoffe, sondern benutzen auch EC-, PPM- und pH-Messgeräte. Noch wichtiger ist es, die Pflanzen sorgfältig anzuschauen, um das Problem genau zu eruieren. Während des gesamten Wachstums einer Pflanze ist es entscheidend, sie im Auge zu behalten. Nur so erkennt man frühzeitig etwaige Mangelerscheinungen.

Werden Nährstoffe zur Beseitigung eines Nährstoffmangels verwendet, reagiert die Pflanze innerhalb von drei bis fünf Tagen – je nachdem, an welchem Element sie Mangel leidet. Normalerweise wird eine Ausbreitung der Symptome verhindert, und nur leicht befallene Pflanzenteile beginnen, sich zu regenerieren. Die nur leicht befallenen Pflanzenteile beginnen, sich zu regenerieren. Eine Ausnahme bilden die Mangelerscheinungen, die von fehlendem Kalzium ausgehen. Denn Kalzium ist ein immobiler Nährstoff. Blätter und andere Teile, die leicht ausgebleicht waren, erholen sich allmählich, aber stark beschädigte Pflanzenteile, die beispielsweise eine Nekrose erlitten haben, erholen sich nicht. Die sichtbarsten Veränderungen können bei frischem Wachstum beobachtet werden – wir sind dann in der Lage, die Pflanzenteile zu unterscheiden, die vor und nach der Mangelbehebung gewachsen sind. Halten wir also immer ausgewogene Nährstofflösungen bereit, damit es erst gar nicht zu solchen Problemen kommt.

Vorsicht vor all den teuren Ergänzungsmitteln, die in Gärtnereien erhältlich sind. Diese Produkte werden häufig zur Verbesserung der Gewinnmarge eines Herstellers und nicht der Qualität unserer Ernte wegen entworfen. Pflanzen produzieren mit Hilfe reinen Wassers, einer Hydrokultur sowie den basischen Nährstoffen von renommierten Herstellern seit Jahrzehnten große Knospen. Einige der Nährstoffergänzungen sind okay, aber häufig nicht nötig. Probieren wir die Ergänzung bei einigen ausgewählten Pflanzen und lassen andere derselben Sorte unverändert gedeihen. Das ist die einzige Möglichkeit, die Wirksamkeit einer Nährstoffergänzung zu beurteilen. Viele der Produkte sind nichts anderes als sehr verdünnte Phosphor- und Kaliumlösungen.

KOMPOSTTEE

von Bonnie & Clyde

Komposttee wird zu zwei Zwecken verwendet: Um der Pflanze bzw. dem Substrat erstens Mikroorganismen und zweitens lösliche Nährstoffe beizufügen.

Komposttee kann verwendet werden, wenn die diversen Organismen in Boden und Pflanzen nicht in der optimalen Konzentration vorhanden sind. Chemische Pestizide, Begasungsmittel, Herbizide und einige Kunstdünger töten eine Reihe von nützlichen Mikroorganismen ab, die das Pflanzenwachstum fördern. Komposttee verbessert die Beschaffenheit des Bodens und der Pflanzen. Mit Komposttee von hoher Qualität können Pflanzen und Boden mit nützlichen Mikroorganismen angereichert werden. Komposttee ist eine Flüssigkeit, die durch das Einweichen löslicher Nährstoffe und durch die Extraktion von Bakterien, Pilzen, Protozoen und Nematoden aus dem Kompost produziert wird.

Teeproduktion ist im Grunde ein Brauprozess, der unter aeroben Bedingungen ablaufen muss. Denn bei niedrigem Sauerstoffgehalt entwickeln sich schädliche Organismen, was für unsere Pflanzen toxisch sein kann. Anaerober Tee kann die Entwicklung von schädlichen Bakterien zur Folge haben und für unsere Pflanzen toxisch sein. Der Brauprozess wird bei konstanter Temperatur durchgeführt. Weil die Organismen wachsen und sich reproduzieren, kann es zu einer Temperaturerhöhung kommen. Es empfiehlt sich, den Tee nur aus hochwertigem Kompost, der Bakterien, Pilze, Protozoen und eventuell Nematoden enthält, zuzubereiten. Damit erhält man einen aktiv belüfteten Komposttee.

VORTEILE DES KOMPOSTTEES

- Verbesserung des Pflanzenwachstums.
- Komposttee hält Nährstoffe im Boden zurück, wodurch weniger Düngemittel benötigt werden, was wiederum dem Grundwasser zugute kommt.
- Die Aufnahme von Nährstoffen über die Blätter wird verbessert. Nützliche Mikroorganismen verlängern die Zeit der Stomaöffnung und verringern gleichzeitig den Wasserverlust durch Verdunstung über die Blattoberfläche.
- Die Feuchtigkeit erhält sich länger und wird besser genutzt.
- Allgemeine Verbesserung der Beschaffenheit des Nährbodens.

AEROBER KOMPOSTTEE – HALTBARKEIT

Weil dieser Tee eine konzentrierte organische Lösung darstellt, ist er auch sehr anfällig und leicht verderblich. Er sollte innerhalb von sechs bis acht Stunden, nachdem er gebraut wurde, verwendet werden. Einerseits können die darin enthaltenen Organismen monatelang aktiv sein, anderseits können sie bereits nach 12 bis 48 Stunden absterben, was jedoch selten der Fall ist.

Komposttee ist eine beliebte und vor allem effektive Methode, seinen Pflanzen organische Nährstoffe zu liefern. Organischer Komposttee ist angereichert mit den Makronährstoffen N, P und K und beinhaltet zudem nützliche Mikroorganismen und natürliche Stimulanzien zur Erhöhung des Pflanzenwachstums und der Qualität.

ANMERKUNG ZUM MIST

Es ist wichtig, Tiermist zu trocknen und ihn dann für mindestens sechs Monate vor Verwendung zu kompostieren. Die Trocknung ist nötig, um die Ausbreitung von Bakterien zu verhindern, die nützliche Mikroorganismen angreifen könnten. Damit begünstigen wir auch eine Durchlüftung des Materials. Wenn unser Kompost genügend hohe Temperaturen erreicht, sollte er sowohl die meisten pathogenen Organismen töten, als auch Samen ausmerzen, die durch Weidetiere gebracht wurden. Der Kot von Katzen und Hunden sollte nie für essbare Pflanzen als Dung verwendet werden, weil er wie der menschliche Kot viele Erreger beinhaltet. Schlecht kompostierter Mist kann eine Infektionsquelle sein, z. B. für Salmonellose.

ÜBERDÜNGUNG

Überdüngung tritt auf, wenn die Pflanze mehr Dünger aufnimmt, als sie benötigt. Das ist dann entweder das Ergebnis übermäßigen Düngens, das der Grower verursacht, oder auf eine Nährstoff-Übersättigung des Bodens oder erdloser Medien zurückzuführen, die sich im Laufe der Zeit entwickelt hat. Die Mineralien füllen den extrazellulären Raum im Pflanzengewebe und verändern auch die Chemie in den einzelnen Zellen. Ein osmotisches Ungleichgewicht entsteht, wenn Wasser durch Salzakkumulation in der Wurzelzone aus der Pflanze gesaugt wird.

Es gibt drei übliche Zeichen der Überdüngung: Welken, ein grüner Farbton auf den Blättern (die dunkler als normal erscheinen) und „Kreppen“ bzw. die Verdickung des Blattgewebes (wie Krepppapier). Das schadet der Pflanze nicht unbedingt und führt auch nicht zu deren Absterben. Diese Anzeichen mahnen allerdings zur Vorsicht: Die Pflanze befindet sich in einer sehr nahrungsreichen Umgebung und braucht somit keine zusätzliche Nährstoffergänzung. Der Boden oder das Pflanzmedium sollte mit Wasser gespült, die Dosierung von Düngemitteln verringert werden. Besondere Vorsicht ist geboten bei Nährlösungen, die stärker als 1200 ppm (EC 2,4 mS) sind.

ÜBERDOSIERUNG MIT DÜNGER

Pflanzen nutzen ein in der Thermodynamik beschriebenes Phänomen, nach dem sich die Konzentration von Salzen in einer Lösung gegeneinander ausgleicht. Die Flüssigkeit fließt von der schwächeren zur stärker konzentrierten Lösung, um ein Gleichgewicht zu erreichen. Mit einer stärker konzentrierten Lösung

Gute Mineralnährstoffe haben eine hohe pH-Pufferfähigkeit, die den Pflanzen Zugang zu den Nährstoffen ermöglicht. Sie verhindern auch die Mineralablagerung in Hydrokultursystemen. Green Dream von Flairform liefert den Pflanzen Nährstoffe und hat nur wenig Einfluss auf den pH-Wert des Wassers.

im Gewebe saugt die Pflanze leichter Wasser und Nährstoffe auf.

Normalerweise weisen Pflanzen eine höhere Salzkonzentration als deren Umgebung auf, so dass sie Wasser leicht aufnehmen. Wenn die Lösung außerhalb der Pflanze stärker konzentriert ist als die Lösung innerhalb, kann die Pflanze kein Wasser aufnehmen und welkt.

Eine Überdosierung von Dünger wirkt schnell (innerhalb von Stunden oder weniger), woraus sich der Welkprozess gefolgt von Gewebeschäden ergibt. Die Symptome der Überdosierung von Dünger sind plötzliches Welken mit Austrocknung und Knittern. Wenn der Nährstoffgehalt des Wurzelmediums eine so hohe Konzentration von Salzen hat, kann es passieren, dass jene Flüssigkeit aus den Pflanzen gesaugt wird, die eine geringere Konzentration an gelösten Feststoffen aufweist. Dieses Hin- und Herfließen nennt sich „osmotischer Druck“. Die Pflanze hält den osmotischen Druck in Übereinstimmung mit dem Salzgehalt des Wassers in der Wurzelzone aufrecht.

Um Pflanzen zu retten, die an einer toxischen Überdosierung von Nährstoffen leiden, lassen wir reines Wasser durch das System fließen, um das Medium zu spülen. Damit verdünnen wir die Nährstoffkonzentration. Wenn das geschieht, kehrt sich der Prozess um, und die Pflanze kann Wasser aufsaugen und wird wieder anschwellen.

Produkte, die das Wurzelmedium spülen oder reinigen, sind in der Lage, akkumulierte Salze zu entfernen. Es ist von Vorteil, eines dieser Produkte monatlich zu verwenden, um die Wurzeln zu durchfeuchten oder über Nacht in einem Hydrokultur-Behälter zu lassen. In Hydrokultur entfernen wir die alte, ausgelaugte Nährlösung, füllen den Behälter mit frischem Wasser, fügen das Reinigungsprodukt wie empfohlen hinzu, lassen es über Nacht stehen, entfernen es am nächsten Tag und füllen das Behältnis mit frischem Wasser und Dünger. Diese Methode beugt einem Nährstoffungleichgewicht vor, das den Pflanzen Stress verursachen würde.

Viele Nährstoffmängel verursachen aufgrund eines pH- oder Nährstoffungleichgewichts gesperrte (präzipitierte) Mineralien. Anstatt lediglich mehr Nährstoffe hinzuzufügen, kontrollieren wir zuerst den pH-Wert. Wenn der pH-Wert angepasst werden muss, kann er durch Bewässerung mit pH-eingestelltem Wasser angeglichen werden.

Um den Pflanzenteilen die Nährstoffe ohne Umwege zuzufügen, besprühen wir die Blätter mit Nährstoffen. Wenn die Pflanzen auf das Blattspray nicht mit normalem Wachstum reagieren, wurden sie mit dem falschen Nährstoff behandelt. So ist beispielsweise ein Mangel an Kalzium mit Blattspray nicht einfach so korrigierbar. Für die Blattanwendung ist es wichtig, eine geringe Nährstoffkonzentration zu verwenden, 250 bis 500 ppm sind typisch (EC 0,5 bis 1,0 mS), pH sollte 6,0 bis 6,2 sein. Destilliertes Wasser wird effektiver vom Blatt aufgenommen als hartes Wasser. Am besten, wir führen die Blatternäh-

NÄHRSTOFFE UND DÜNGEMITTEL

ASK ED: MARIJUANA-FRAGEN

WELCHES DÜNGEMITTEL IST GUT?

Ich habe ein Hydrokultursystem aus einem 38-Liter-Behälter von Rubbermaid, der mit der Wasser-/Nährstofflösung gefüllt ist. Eine Luftpumpe ist mit zwei Luftsteinen verbunden.

Ich schnitt oben sechs Kreise mit zehn Zentimeter Durchmesser aus. Ich zog meine Pflanzen zunächst im Boden an, bis sie die ersten echten Blätter austrieben. Dann platzierte ich sie in Plastikbecher mit zehn Zentimeter Durchmesser und mit vielen Löchern auf der Unterseite. Sie waren mit Lavagestein-/Kies-Gemisch gefüllt. Die Blasen aus den Luftsteinen waren direkt unter den Bechern platziert, so dass die Luft in die Becher ging und die Wurzeln mit Sauerstoff versorgte.

Vor kurzem wechselte ich von der Flüssigkeit Miracle-Gro® zu Peter's 20-20-20® mit Mikronährstoffen. Die Flüssigkeit Miracle-Gro förderte das Algenwachstum und ließ den Behälter braun werden, mit der Peter´s Lösung bleibt das Wasser blau und ohne Algen.

Nach fünf Tagen wuchsen die Wurzeln der Pflanzen schneller und so weiß wie Papier. Ist die Marke Peter´s gut, oder gibt es eine bessere Ernährung, die ich noch nicht kenne?

Peter's Dünger wird in der Regel für Fertigation verwendet (Bewässerung einer Pflanze in einem nicht-nutritiven Pflanzmedium mit einer Wasser-/Nährlösung). Es ist ähnlich wie die Hydrokultur. Die meisten dieser Gemische aus Torfmoosen oder Forstprodukten enthalten Kalk, um Kalzium zu liefern.

Der pulverförmige Dünger löst sich leicht im Wasser und enthält alle Nährstoffe, die für Hydrokultur nötig sind, mit Ausnahme von Kalzium, das sich in vielen kommerziellen Pflanzmedien und auch in den Wasserversorgungsanlagen an vielen Orten befindet.

Die meisten Hydrokultur-Grower benutzen speziell entwickelte Hydrokultur-Dünger, die in vielen Grow-Shops für Indoor-Zucht erhältlich sind. Wenn ein Erfolg mit Peter's erzielt wird, gibt es keinen Grund, es nicht zu benutzen. Wir sollten nur einen wasserlöslichen kalziumreichen Dünger wie Cal-Mag zur Wasser-/Nährlösung hinzufügen, weil Peter's kein Kalzium oder Magnesium enthält.

Die meisten chemischen Moleküle sind entweder positiv oder negativ geladen. Einige sind aber neutral. EC-Messgeräte testen die Ladung im Wasser, so dass sie nur die Fähigkeit haben, geladene Moleküle auszulesen – nicht unbedingt die gesamte Menge der Moleküle einer bestimmten Chemikalie. Um die Menge eines bestimmten Nährstoffs genauer zu messen, verwenden wir am besten einen Prüfkoffer, der die individuelle Messung jedes einzelnen Nährstoffs ermöglicht.

rung nicht während der Blütephase durch. Das führt zu schlechtem Geschmack und kann Schimmelpilz u nd Mehltau den Weg frei machen. Blatternährung idealerweise am Morgen durchführen und nicht bei Dunkelheit.

KONTROLLE DER NÄHRLÖSUNG

Um herauszufinden, wie viel Dünger wir unseren Pflanzen liefern müssen, sollten wir wissen, wie viel Nährstoffe bereits im Gießwasser oder im Pflanzmedium vorhanden sind. Die Konzentration der Nährstoffe im Behälter und im Nährmedium ändert sich im Laufe der Zeit, weil die Pflanzen die Nährstoffe absorbieren und das Wasser verdunstet. Eine genaue Messung ist die einzige Möglichkeit, sicherzustellen, dass unsere Pflanzen die optimalen Zutaten für maximales Wachstum erhalten. Glücklicherweise sind chemische Prüfkoffer und Messgeräte leicht verfügbar und kostengünstig. Einige Messgeräte kombinieren mehrere Messungen, wie z. B. Temperatur, pH-Wert und den gesamten Nährstoffgehalt.

Chemische Prüfkoffer sind deutlich effektiver, weil mit ihnen jeder Nährstoff getestet werden kann. Die Messgeräte messen die Nährstoffgehalte indirekt, bezogen auf die Strommenge, die die Nährlösung leitet. Die Messgeräte messen, wie effizient sich die Elektronen über Sonden durch die Lösung bewegen. Reines, destilliertes Wasser leitet praktisch keinen Strom. Je mehr Nährstoffe und Mineralien in der Lösung enthalten sind, desto mehr Strom wird geleitet.

Elektrische Leitfähigkeit (EC) ist das Gegenteil des elektrischen Widerstands (der in Ohm gemessen wird), die Einheit ist Mho oder in metrischen Einheiten Siemens. Weil der Strom in hochkonzentrierten Lösungen nur gering ist, geben die Messgeräte normalerweise entweder 1/1,000 Mho (millimho oder mmho) oder als 1 / 1,000 Siemens (Millisiemens oder mS) ein.

Einige Messgeräte liefern die Anzeige in EC, und andere zeigen die Summe der gelösten Feststoffe (Total Dissolved Solids = TDS) oder Teile von einer Million (ppm) der Nährstoffe an. Selbst Geräte, die Werte direkt in TDS oder ppm ausgeben, messen die elektrische Leitfähigkeit (EC) und schätzen dann die Konzentration der Feststoffe ab. Eine 1000-ppm-Messung bedeutet, dass 1000 Einheiten Nährstoff pro Million Einheiten Wasser vorhanden sind. TDS- und ppm-Anzeigen geben dabei nur die gesamten Nährstoffe in einer Lösung an und nicht die genaue Menge eines jeden Nährstoffs.

Abhängig von der Art der vorhandenen Nährstoffe und dem Umrechnungsfaktor, der verwendet wird, variieren die ppm- und TDS-Werte. Die Umrechnung basiert auf Werten, die von den Herstellern für eine typische Hydrokultur-Lösung in Betracht kommen, also im Verhältnis 4-4-2 (40 % Natriumsulfat, 40 % Natriumbikarbonat, 20 % Natriumchlorid) oder Natriumchlorid (NaCl) – die Ergebnisse fallen jedoch unterschiedlich aus. Der Umrechnungsfaktor für eine 4-4-2-Lösung ist etwa 700 mal EC in Millisiemens (mS). Die NaCl-Umrechnung ist etwa 500 mal EC. Das bedeutet, dass dieselbe Lösung, die einen gleichen EC-Wert produziert, entweder auf 2100 ppm oder

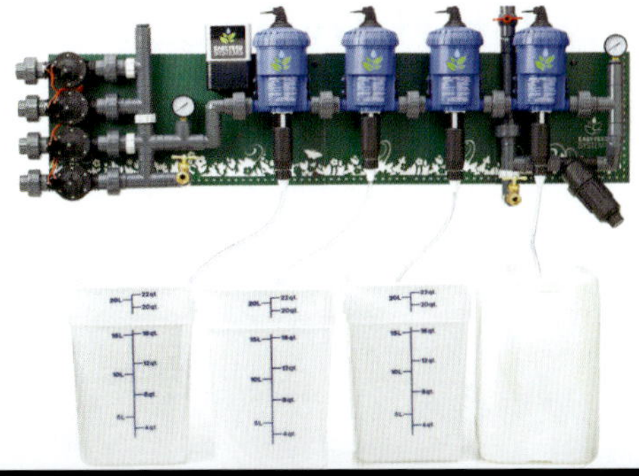

Bei der Nutzung eines Hydrokultursystems ist es wichtig, die richtige Menge an Nährstoffen in sauberem, pH-eingestelltem Wasser ins Gleichgewicht zu bringen. Das Dosa Easy-Feed System ermöglicht Growern, Wasser- und Nährstoffkomponenten zusammenzusetzen, um die individuellen Bedürfnisse an Nährstoffen zu befriedigen. Es ermöglicht im Bereich von 60 psi die Verwendung von bis zu acht verschiedenen Nährstoffen, Zusatzstoffen und pH-Reglern.

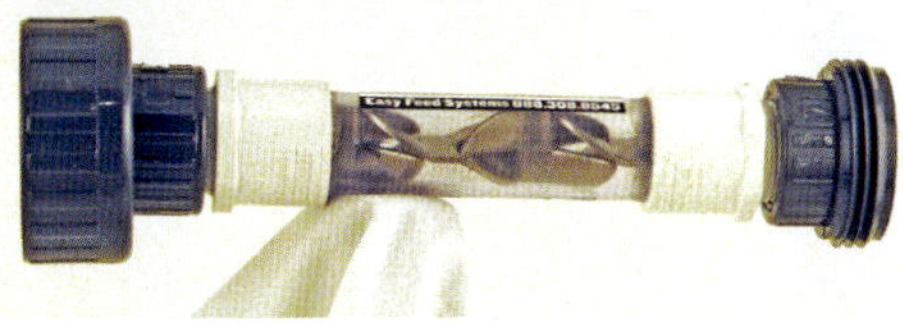

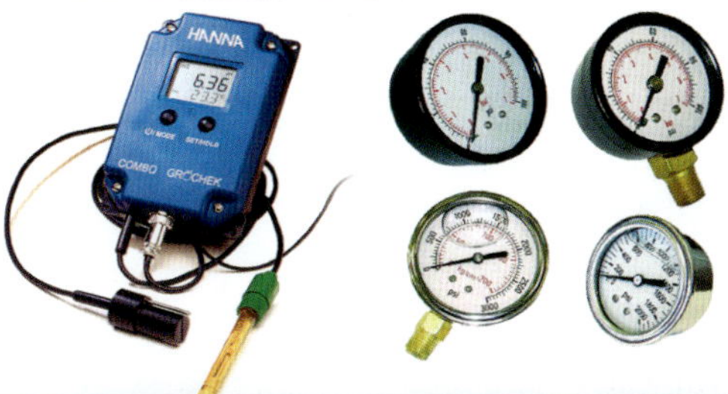

Der einzigartige Inline-Mischer (oben) reichert das Wasser beim Vermischen der Nährstoffe mit Sauerstoff an. Die Kontrollen (unten) ermöglichen dem Grower, Informationen zu seinem System auszulesen und zu verwalten.

EINIGE HANDELSÜBLICHE NÄHRSTOFFE

NÄHRSTOFF	% N	% P	% K	BEMERKUNGEN
Blutmehl	15.0	1.30	.70	N ist verfügbar
Knochenmehl	4.0	21.0	.20	Setzt Nährstoffe langsam frei
Kuhdung	.29	.17	.35	Frisch, 80 Prozent Wasser. Exzellenter Substratzusatz. Mittlere Verfügbarkeit.
Kaffeesatz	2.0	.36	.67	Sehr sauer; am besten für alkalische Substrate.
Stroh	.75	.40	.90	Vorsichtig brechen; ist eine hervorragende Spülung für Substrate.
Baumwollsamenmehl	7.0	2.5	1.5	Sehr sauer; Nährstoffe werden die gesamte Saison über abgegeben.
Getrocknetes Blut	13.0	3.0	-	Löst sich besser als Blutmehl.
Fischreste	7.75	13.0	3.80	In Kompost nutzen oder während der Vorbereitung einer Pflanzung in die Erde geben.
Grünsand	-	1.5	5.0	Substratspülung. Material aus dem Meer. Hält Wasser gut und ist reich an Eisen, Magnesium und Silizium.
Hühnerdung	1.65	1.5	.85	Getrocknet. Schnellwirksamer Nährstoff. Wirkt von allen Düngern am schnellsten.
Pferdedung	1.65	1.5	.85	Frisch, 60 Prozent Wasser, mittlere Abgabezeit.

Dies sind durchschnittliche Prozentsätze; die Summe an Nährstoffen in einer bestimmten Probe kann variieren. Der Prozentsatz der Nährstoffe im Mist hängt vom Wassergehalt ab. Kommerzieller Mist erreicht in der Regel höhere Werte.

1500 ppm umgerechnet wird, abhängig vom Maßstab, der vom Hersteller gewählt wird. Diese Umrechnungsunterschiede spiegeln die Ungleichheit in der Leitfähigkeit der verschiedenen Nährstoffe wider.

Die ordnungsgemäße Wartung des Messgeräts schließt sowohl eine regelmäßige Rekalibrierung als auch eine sorgfältige Reinigung und Lagerung ein. Wenn die Sonde verschmutzt ist, wirkt sich das auf die Genauigkeit der Messgerätanzeige aus. Ebenso bedingen viele Messgeräte feuchte Sonden, um die Elektroden zu schützen. Lesen wir also immer die Anweisungen des Herstellers, wie die Sonde ordnungsgemäß gelagert werden soll (die meisten empfehlen eine saure Lösung).

Die Art der Nährstoffe und die Kalibrierung sind allerdings nicht alles, was mit EC- oder TDS-Anzeigen des Messgeräts beeinflusst werden kann. Der EC-Wert einer Lösung variiert auch nach deren Temperatur, weil die Geschwindigkeit eines Elektrons gemessen wird, und diese erhöht sich bei Erwärmung einer Lösung. Vergewissern wir uns, dass die Lösung zum Zeitpunkt unserer Messungen jedesmal etwa die gleiche Temperatur hat. Das sollte kein Problem sein, wenn wir ein System mit einer Aquarienheizung verwenden oder uns

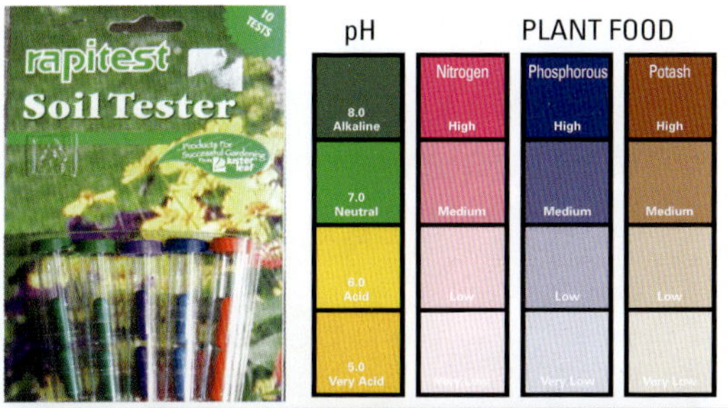

Prüfkoffer für Pflanzensubstrat ermöglichen die individuelle Messung jedes einzelnen Nährstoffwerts. Normale Messgeräte liefern nur eine allgemeine Anzeige.

einer anderen Methode zur Regulierung der Temperatur einer Lösung bedienen. Wenn jedoch der Growraum und die Nährlösung wärmer sind, nachdem die Beleuchtung eingeschaltet wird, messen wir die Nährstoffe immer zur gleichen Tageszeit oder zum gleichen Zeitpunkt des Lichtzyklus'.

Selbst ein richtig kalibriertes Messgerät mit ordnungsgemäßer Wartung, das unter idealen Bedingungen verwendet wird, gibt uns keine präzise Auskunft über die Nährstoffkonzentration. Auch Messegräte von hoher Qualität geben nur Werte in einem Bereich von etwa +/- 5 Prozent an.

Messgeräte sind besonders nützlich, um Veränderungen innerhalb der Nährlösung und damit potenziell schädliche Konzentrationen im Nährmedium zu erkennen.

Wenn die Pflanzen 50 Prozent des Wassers aus dem Behältnis verdunsten, kann die Konzentration der Lösung gefährlich hoch sein. Weil Pflanzen die Nährstoffe, die sie benötigen, aus der Lösung ziehen und der Rest dort verbleibt, können sich ungenutzte Salze in der Lösung ansammeln. Wenn wir nur beliebige Nährstoffe hinzufügen, ohne genau zu wissen, an welchen ein Mangel herrscht, kann das durchaus zu toxischen Konzentrationen führen. Wenn das Medium austrocknet, kann sich eine Nährstoffkonzentration bilden, die zwei- oder dreimal höher ist als die Konzentration der Ausgangslösung.

Bei zu hoher Konzentration stoppen unsere Pflanzen die Wasser- und Nährstoffaufnahme, ähnlich wie es bei einem unpassenden pH-Wert der Fall ist. Bei 2000 ppm ist der osmotische Druck stark, und die Pflanzenwurzeln verbrauchen mehr Energie, um Wasser aus der salzigen Lösung aufzunehmen. Wenn die Konzentration der Nährsalze zunimmt, beginnen die Chemikalien gegeneinander um das Medium, also um das Wasser zu kämpfen, was zur Folge hat, dass die Wurzeln einer größeren Anstrengung bedürfen. Je mehr Energie die Pflanzen verbrauchen, um Wasser aufzunehmen, desto weniger haben sie nachher fürs Wachstum übrig.

Wenn wir in der Wurzelzone eine mäßige Konzentration von etwa 800 bis 1200 ppm der Lösung beibehalten, wird das zu zuverlässigen Ergebnissen führen. Verwenden wir unser Nährstoffmessgerät, um die Konzentration sowohl im Nährmedium als auch im Behälter miteinander zu vergleichen. Wenn die Anzeigen im Medium deutlich höher sind als im Behälter, ist es an der Zeit, das System mit reinem Wasser zu spülen.

NÄHRSTOFFMÄNGEL

BOR (B)

Bormangel ist nicht besonders häufig. Er tritt vornehmlich in westlichen Gefilden, aber auch dort nur sehr selten auf. Bor ist ein immobiler Nährstoff.

Symptome

Das erste Anzeichen für einen Bormangel ist eine bräunliche bis gräuliche Verfärbung der Triebspitzen, gefolgt vom einem endgültigen Absterben. Bald danach beginnen die Seitentriebe zu wachsen, sterben dann aber ebenfalls ab. Die Triebe sehen aus wie von der Sonne verbrannt, sind verbogen und weisen eine hellgrüne Farbe auf. Auf den Blättern erscheinen kleine braune, nekrotische, also tote Punkte, die wie Erdbeerkerne aussehen und die von einer Fläche absterbenden Gewebes zwischen den Blattadern umgeben sind. Bor-Mangel ähnelt dem Kalzium-Mangel, kann aber durch die geringe Größe der nekrotischen Zonen leicht von diesem unterschieden werden.

Stiele und Petiolen (Blattstiele) sind brüchig, die Pflanze verliert allmählich ihre Blätter. Bor-Mangel betrifft nur das frischere Wachstum.

Die Wurzeln verkümmern und die kleineren Seitenwurzeln verkürzen sich und schwellen an – bis schließlich die Wurzelspitzen absterben. Die Wurzeln sind anfällig für Pilz- und Bakterienbefall, der die Wurzelfasern beschädigt und die Verfärbung verursacht.

Ein Überschuss an Bor, der noch seltener als ein Mangel ist und vor allem durch Überdüngung verursacht wird, hat ein Vergilben der Blattspitzen zur Folge, das sich dann nach innen ausbreitet. Die Blätter fallen nach und nach ab und die Pflanze stirbt.

Rolle in der Pflanzenernährung

Bor ist wichtig für den Reifungsprozess, die Pollenkeimung und die Saatgutproduktion. Es trägt zur Zellteilung, Proteinbildung, gesunden Blattfarbe und Pflanzenstrukturbildung bei. Die richtige Menge Bor stärkt Stiele, Blattstiele und Zweige und hilft den Pflanzenzellen, ihre Stabilität beizubehalten. Bor unterstützt außerdem Kalzium, die Löslichkeit beizubehalten.

Bor-Mangel. Foto: Turkish

Problemlösung

Bormangel mit Blattdüngung oder mit Bewässerungswasser behandeln. Wir verwenden einen Teelöffel (4,9 cm^3) Borsäure (erhältlich in Drogerien) pro Gallone Wasser (1,3 cm^3 pro Liter). Schnell wirkende Lösungen sind außerdem Borax, Kompost und Komposttee.

KALZIUM (CA)

Kalziummangel ist im Freien selten - eine Ausnahme bilden sehr saure Böden. Solche Mängel kommen hin und wieder in Erdmischungen vor – in Hydrokulturen häufiger. Ca-Mangel tritt manchmal in erdlosen Medien auf, die nicht mit Kalk ergänzt wurden – der ja hauptsächlich aus Ca besteht.

Destilliertem Wasser, Umkehrosmosewasser und auch manchem Leitungswasser fehlen beträchtliche Mengen an gelöstem Ca. Das kann zu

Ca-Mangel führen, wenn das Wasser nicht entsprechend angereichert wird.

Kalziummangel. Foto: Senseless

Symptome

Ca-Mangel hemmt das Pflanzenwachstum und verfärbt die Blätter dunkelgrün. Große, nekrotische (also tote), braune Flecken und ausgetrocknetes Gewebe erscheinen meist an frischen Trieben und anderen Pflanzenteilen entlang der Blattränder. Junge Triebe verbiegen sich und nehmen eine gelbe oder violette Färbung an. In schwereren Fällen verkrümmen sie sich, bevor sie absterben. Entlang der seitlichen Blattränder bilden sich Nekrosen. Nach und nach breitet sich die Symptomatik auf der Pflanze aus, sie wird braun und stirbt ab. Stiele und Zweige sind schwach, nicht biegsam und brechen leicht.

Das Wurzelsystem entwickelt sich nicht richtig, was zu bakteriellen Problemen führen kann. Einer Erkrankung des Wurzelsystems folgt das Absterben des Gewächses. Die Wurzeln verfärben sich kränklich braun. Ca ist immobiler Nährstoff.

Rolle in der Pflanzenernährung

Ca stärkt die pflanzlichen Zellwände und wirkt daher vitalisierend auf Stiele, Blattstiele und die Zweige. Ca unterstützt das Wurzelwachstum – vor allem von neueren Wurzelfasern. Kalzium bewegt sich in der Pflanze nur langsam und neigt dazu, sich in den Wurzeln und älteren Pflanzenteilen zu konzentrieren. Ca verbessert auch die Aufnahme von K.

Anfangsstadium des Ca-Mangels. Foto: Senseless

Problemlösung

Im Freien behandeln wir sauren Boden mit Ca, damit er einen pH-Wert zwischen 5,9 und 6,5 aufweist. Am besten verwenden wir dolomitischen Kalk oder Gartenkalk.

Dolomitischer Kalk oder Gartenkalk können Substratmischungen hinzugefügt werden, bevor wir zu growen beginnen. Diese Kalke liefern Ca und helfen auch den pH-Wert über einen längeren Zeitraum zu stabilisieren.

Sowohl Pflanzmedien als auch Hydrokultursysteme können wie beschrieben mit einer kommerziellen Kalzium-Magnesium-Verbindung (Ca-Mg-Verbindung) gedüngt werden. Die Stoffe stehen der Pflanze sofort zur Verfügung. Diese Verbindung kann auch in Erdmischungen verwendet werden. Grower benutzen oft Ca-Acetat oder Ca-Mg-Acetat.

Kalziumnitrat $Ca(NO_3)_2$ ist ein wasserlösliches Düngemittel, das sowohl Ca als auch Stickstoff liefert. Es bietet den Wurzeln eine sehr gut lösliche Form von Ca und kann auch als Blattdünger verwendet werden. Diese Verbindung liefert der Pflanze rasch Ca. Achten wir darauf, Calciumitrat nicht während der Blüte beizugeben, weil es einen unerwünschten Überschuss an Stickstoff liefert.

Es gibt eine Reihe von Marken flüssigen Kalziums oder flüssigen Kalks, die von Wurzeln absorbiert werden.

Ein Teelöffel Kalkhydrat pro Gallone Wasser wird relativ schnell aufgenommen. Beim dolomitischen Kalkstein, der Mg und Ca enthält, dauert die Absorption länger. Dieser Kalk ist ein guter Zusatz, den man Erdmischungen beigeben sollte, um Mangelerscheinungen vorzubeugen.

Eierschalen, Gräte und Muscheln zerlegen sich im Laufe der Zeit und versorgen unser Substrat mit Kalzium. Kalkreiche Materialien können durch Einlegen in Essig oder Zitronensaft aufgeweicht werden.

Gips, d.h. Calciumsulfat ($CaSO_4$), kann dem Boden im Freiland zugefügt werden, um den Ca-Gehalt ohne große Beeinflussung des pH-Werts zu erhöhen. Allerdings sollte Gips nicht bei Böden mit einem pH-Wert unter 5,5 verwendet werden, weil es mit Aluminium (Al) interagiert, sich auf diese Weise löst und damit giftig für Pflanzen wird.

Allgemeine Diskussion

Die meisten Pflanzmedien enthalten eine ausreichende Menge an Ca. Allerdings muss einer Erdmischung Ca beigefügt werden, wenn der pH-Wert zu niedrig ist.

Die in Erdmischung und Hydrokultursystem gezüchteten Pflanzen werden sehr wahrscheinlich einen Ca-Mangel erleiden. Einige Hydrodünger enthalten nur geringe Mengen an Ca, weil die Menge an Ca, die im Leitungswasser aufgelöst ist, variiert. Wenn das Wasser mehr als 150 Teile pro Million (ppm) gelöster Feststoffe enthält, liefert es den Pflanzen wahrscheinlich genug Ca. Wenn das Wasser weniger als 150 ppm gelöster Feststoffe enthält, muss dem Wasser Ca-Mg beigegeben werden, um 150 ppm zu erreichen. Um herauszufinden, wie hart oder weich unser Wasser ist, müssen wir ein TDS-/ppm-Messgerät unser eigen nennen oder auf den Bericht des lokalen Wasserversorgers zurückgreifen.

KUPFER (CU)

Kupfermangel kommt nur selten vor.

Symptome

Kupfermangel zeigt sich zuerst an jungen Blättern, die sich an den Spitzen und Rändern kupferfarben, bläulich oder grau mit metallischem Glanz verfärben und schließlich Nekrosen aufweisen. Junge Blätter vergilben zwischen den Adern.

Weitere Symptome sind die Welkung ganzer Pflanzen bzw. welke Blätter, deren Ränder nach unten eingerollt sind, und die schließlich absterben. Frische Triebe kommen nur mit Schwierigkeiten hervor, Blüten reifen nicht oder nehmen das männliche Geschlecht an, die Stigmata weiblicher Pflanzen gedeihen nicht naturgemäß.

Obwohl er einer Stickstoff-Toxizität ähnelt, bestätigen die weißgelben Blattunterseiten und die braunen und absterbenden Spitzen der Laubblätter den Kupfermangel.

NÄHRSTOFFE UND DÜNGEMITTEL

Cu-Toxizität ist selten, aber tödlich. Wenn der Tod einer Pflanze bevorsteht, vergilben ihre Blätter aufgrund der Unfähigkeit, Eisen (Fe) zu nutzen. Die Wurzeln nehmen abnorme Größen an, dann beginnen sie zu zerfallen.
Cu hat eine geringe Mobilität.

Rolle in der Pflanzenernährung
Cu ist wichtig für die gesunde Pflanzenproduktion, Reproduktion und Reife und ist hilfreich beim Kohlenhydratstoffwechsel und der Sauerstoffreduktion.

Problemlösung
Blattdünger mit Kupferfungiziden wie Kupfersulfat (CuSO4) und Kupfer in Chelatform beseitigen den Mangel. Jede Mikronährstoff-Verbindung mit Kupfer für die Hydrokultur hilft genauso. Kompost-, Grünsand-, und Seetang-Konzentrate sind gute natürliche Quellen.
Ein besonderer Tipp: Kupferne Geldstücke in Wasser einlegen, das dann zur Bewässerung verwendet wird. Solche Münzen bestehen zu 92 Prozent aus Kupfer und zu acht Prozent aus Zink. Eine saure Lösung wie Zitronensaft oder Essig löst das Kupfer schneller.

Allgemeine Diskussion
Kupfer-Mangelerscheinungen werden oft mit Überdüngung verwechselt.

EISEN (FE)
Eisenmangel kommt gelegentlich im Freien, in Pflanzmedien und in Hydrokultur vor.

Symptome
Eisenmangel beginnt in den neueren Trieben, denen Chlorophyll fehlt, die aber keine nekrotischen Flecken aufweisen. Die Blätter, mit Ausnahme der Adern, färben sich knallgelb. Neue Blätter beginnen chlorotische Flecken zu bekommen, zunächst in Nähe der Blattbasis – die Mitte des Blattes scheint einen braunen Fleck zu

Eisenmangel. Foto: Anonym

haben. Die Adern bleiben dunkelgrün. Beachten wir, dass ein Fe-Mangel sich ähnlich äußert wie ein Mg-Mangel, mit Ausnahme des Erscheinungsorts. Fe-Mangel wirkt auf frisches Wachstum ein, nicht aber auf die unteren Blätter, während Mg-Mangel zuerst die mittleren und unteren Blätter betrifft. Fe bewegt sich langsam in der Pflanze.

Rolle in der Pflanzenernährung
Fe ist Grundlage für die Funktionalität der Enzyme und wirkt als Katalysator für die Chlorophyllsynthese. Junges, aktiv wachsendes Gewebe braucht Fe, um gedeihen zu können.

Problemlösung
Durch Eisenmangel kann ein pH-Ungleichgewicht entstehen. Passen wir also den pH-Wert an, wenn er außerhalb des geforderten Bereichs liegt.
Düngen wir außerdem die Blätter mit Fe-Düngern in Chelatform, die Fe, Zn und Mn enthalten, weil diese Mangelerscheinungen oft in Kombination vorkommen. Andere Fe-haltige Ergänzungsmittel umfassen Kompost, Fe-Chelate (oft in Mikronährstoffergänzungen für Hydrokultur), Eisenoxide (Fe_2O_3, FeO) und

NÄHRSTOFFE UND DÜNGEMITTEL

Bei der rechten Pflanze liegt ein offensichtlicher Magnesiummangel vor, im Gegensatz zu der gesunden grünen Pflanze auf der linken Seite.

Eisensulfat ($FeSO_4$) für eine schnelle Aufnahme. Solche Beigaben sollten sowohl auf die Blätter als auch dem Pflanzmedium hinzugegeben werden. Rostwasser funktioniert übrigens auch.

Allgemeine Diskussion

Eisenmangel kommt oft in Kombination mit Zn- und Mn-Mangel vor.

MAGNESIUM (MG)

Magnesiummangel kommt in allen Medien und Hydrosystemen häufig vor. Im Freien so gut wie nie.

Symptome

Magnesiummangel beginnt in den unteren Blättern. Die Adern bleiben grün, während der Rest des Blattes sich ins Gelbliche verfärbt und eine Chlorose aufweist. Schließlich rollen sich die Blätter ein und sterben ab. Die Ränder der betroffenen Blätter sind ausgetrocknet und porös. Wenn der Mangel nicht behoben wird, verbreitet er sich von den unteren Blättern über die Mitte bis zu der oberen Hälfte der Pflanze. Schließlich verfärben sich die wachsenden Triebe von blassgrün zu weiß. Der Mangel ist in den oberen Regionen offensichtlich. Gleichzeitig färben sich die Stiele und Blattstiele lila. Mg ist mobil.

Rolle in der Pflanzenernährung

Mg fördert gesunde Adern und hält die Produktion und die Struktur der Blätter aufrecht. Es wird für die Chlorophyllproduktion und den Abbau von Enzymen benötigt.

Problemlösung

Wasserlösliche Nährstoffe mit Mg beseitigen den Mangel. Solche Nährstoffe sind Magnesiumsulfat ($MgSO_4$, Bittersalz) und Ca-Mg für eine schnelle Aufnahme – und dolomitischer Kalk/Gartenkalk und Wurmkompost für eine moderate Aufnahme.

In Hydrokultur-Behältnissen ist ein Mg-Mangel mit 4,9 cm^3 Bittersalz pro Liter Wasser einfach zu beseitigen. In Erdmischungen verwenden wir 5 cm^3 pro Liter Wasser. Nach der ersten Behandlung verwenden wir ein Viertel der Dosis mit jeder Bewässerung oder Auffrischung des Behältnisses. Ca-Mg kann ebenfalls verwendet werden. Für die schnellste Wirkung kann Bittersalz auf die Blätter gegeben werden – 1,3 cm^3 pro Liter. Ca-Mg kann ebenfalls auf die Blätter gegeben werden.

Dolomitischer Kalkstein enthält große Mengen an Mg. Er kann zur Erhöhung des pH-Wertes und zugleich zur Versorgung mit Mg verwendet werden.

Allgemeine Diskussion

Mg-Mangel ist einer der Nährstoffmängel, den man am einfachsten diagnostizieren und beseitigen kann. Er tritt häufiger bei Verwendung destillierten Wassers, Umkehrosmosewassers und Leitungswassers auf, weil solches Wasser einen niedrigen ppm-Wert hat.

Manganmangel. Foto: Anonym

MANGAN (MN)

Manganmangel ist selten und geht fast immer mit Eisen-/Zinkmangel einher.

Symptome

Mn-Mangel erscheint in der Regel auf den jungen Blättern. Das Blattgewebe vergilbt, und kleine Flächen des hellbraunen/braunen toten Gewebes (Nekrosen) erscheinen in der Mitte des Blattes. Die Blattadern bleiben normalerweise grün. Das Blatt erscheint entlang seiner Ränder dunkelgrün konturiert. Zu viel Mn im Boden bewirkt einen Eisenmangel. Außerdem weist die Pflanze auch Mangel an Vitalität auf. Mn ist immobil.

Rolle in der Pflanzenernährung

Mn aktiviert Enzyme zur Chlorophyll- und Photosyntheseproduktion, und es hilft auch, Nitrate zu produzieren, die zur Proteinherstellung benötigt werden.

Problemlösung

Für schnelle Hilfe verwenden wir zur Blatternährung einen wasserlöslichen Dünger mit einem hohen Mn-Wert wie Fe-Zn-Mn-Dünger, Mikronährstoffe aus der Hydrokultur oder Mn-Chelat. Dann fügen wir die Düngemittel zur Wasser-/Nährstoffmischung hinzu. Kompost und Grünsand enthalten auch Mn, aber sie werden viel langsamer absorbiert als wasserlösliche Düngemittel.

MOLYBDÄN (MO)

Molybdänmangel ist sehr selten und kommt eher bei farbändernden Sorten unter niedrigen Temperaturbedingungen vor.

Symptome

Die mittleren Blätter vergilben. Weil sich der Mangel in Richtung der Triebe ausbreitet, sind die neuen Blätter deformiert oder verdreht. Mo-Mangel verursacht, dass die Blätter blass, fransig und verbrannt aussehen, und er verursacht ein verzögertes oder seltsam anmutendes Blattwachstum. Ältere chlorotische Blätter weisen gerollte Ränder, verzögertes Wachstum und rote Spitzen, die sich nach innen Richtung Mitte rollen, auf.

Molybdän-Mangel verzögert die Blüte. Foto: Anonym

Manchmal wird Mo-Mangel als N-Mangel fehldiagnostiziert. Allerdings beeinträchtigt N-Mangel zuerst die unteren Blätter. Mo-Mangel beeinträchtigt zuerst die Blätter in der Mitte der Pflanze und breitet sich dann bis zu Trieben neueren Wachstums aus.

Übermäßiges Mo in Cannabis sieht aus wie Fe- oder Cu-Mangel. Mo ist mobil.

Rolle in der Pflanzenernährung

Mo befindet sich in Enzymen, die den Pflanzen helfen, Nitrate in Ammoniak umzuwandeln, das für die Proteinproduktion benötigt wird.

Problemlösung

Blattbesprühung mit wasserlöslichen Düngemitteln hilft bei der Beseitigung des Mangels. Weil Pflanzen Mo in nur geringen Mengen benötigen, ist eine Mikronährstoffmischung aus der Hydrokultur oft die effizienteste Methode. Diese Düngemittel können als Blattsprays verwendet werden oder dem Boden zugeführt werden oder wie üblich in Nährlösungen der Hydrokultur verwendet werden.

Allgemeine Diskussion

Im Allgemeinen tritt der Mo-Mangel auf, wenn S und P mangelhaft sind. Mo-Toxizität wirkt nicht verheerend auf die Pflanzen. Eine übermäßige Aufnahme verursacht die Probleme. Es sollten also besondere Vorsichtsmaßnahmen getroffen werden, wenn man Mo benutzt.

STICKSTOFF (N)

Stickstoffmangel ist der am häufigsten auftretende Nährstoffmangel bei Cannabis.

Symptome

Die unteren Blätter erscheinen zuerst blassgrün. Die Blätter vergilben nach und nach und sterben ab, weil N sich bewegt, um neues Wachstum zu unterstützen. Schließlich verbreitet sich der Mangel nach oben, bis nur das neue Wachstum grün bleibt, die untersten Blätter vergilben und sterben ab. Die unteren Blätter sterben von den Blattspitzen her nach innen ab. Andere Symptome sind kleinere Blätter, langsames Wachstum und ein dünner Pflanzenkörper. Die Stiele und Blattstiele färben sich rötlich bis lila.

Stickstoff-Mangel. Foto: TheNewGuy

Zu viel N bewirkt ein üppiges dunkelgrünes Wachstum, das anfälliger für Insektenbefall und Krankheiten ist. Die Stiele nehme eine längliche Wuchsform an und brechen schließlich ab.

N kann sich in der Pflanze überall bewegen. Gewöhnlich beginnt der Mangel am unteren Teil der Pflanze, weil sich N zu neueren Trieben bewegt.

Rolle in der Pflanzenernährung

N ist direkt verantwortlich für die Produktion von Chlorophyll und Aminosäuren, und es ist unerlässlich für die Photosynthese. Es ist ein wesentlicher Gewebebestandteil, ohne Stickstoff hört das Wachstum schnell auf.

Jedes wasserlösliche N (vor allem Nitrate, NO_3) steht den Wurzeln schnell zur Verfügung. Unlösliches N (wie Harnstoff) muss durch Mikroben im Boden aufgespaltet werden, bevor die Wurzeln es aufnehmen können. Nach dem Düngen absorbieren die Pflanzen den Stickstoff, sobald er verfügbar ist, und beginnen die Farbe zu ändern – von einem eher blassen zu einem gesund aussehenden Grünton. Die Pflanzen erholen sich in der Regel etwa in einer Woche, aber die am stärksten betroffenen Blätter erholen sich normalerweise nicht.

N ist die erste Angabe von dreien, die auf allen Verpackungen von Düngemitteln angeführt werden (N-P-K). Jeder wasserlösliche Dünger mit höherem Anteil an N als an P und K kann verwendet werden, um N-Mängel sehr schnell zu beseitigen. Die meisten vegetativen Verbindungen der Hydrokultur fallen in diese Kategorie.

$Ca(NO_3)$ ist wasserlöslich und schnell wirkend. Es kann als Blattdünger und Zusatz zur Wasser-/Nährlösung verwendet werden.

Urin, Fischemulsion (5-1-1), Fledermaus-Guano mit hohem Stickstoffanteil oder Seevogel-Guano wirken ebenfalls schnell. Die Düngemittel mit hohem N-Anteil, z. B. Luzerne- und Baumwollsamenmehl, Mist, Federmehl und Fischmehl liefern N ziemlich rasch in den Boden.

Allgemeine Diskussion

Ohne große Mengen an N, insbesondere während der vegetativen Wachstumsphase, ist der Pflanzenertrag stark reduziert. Die Wasseraufnahme verlangsamt sich wegen des vaskulären Abbaus in den Pflanzen. N-Probleme kommen während des gesamten Wachstumszyklus vor. Pflanzen sollten während des vegetativen Wachstums nie einen N-Mangel haben. Die Überdüngung mit N verursacht allerdings auch Probleme.

Phosphor-Mangel. Foto: Senseless

Die Reduzierung von N zum Zeitpunkt der Blüte fördert diese an Stelle des vegetativen Wachstums. Eine kleine Menge an N ist aber immer notwendig, damit die Pflanze Aminosäuren herstellt, die N als Bestandteil haben. Das unterstützt das Pflanzenwachstum und die Nutzung von P und K. Einige „Blüte-Booster" haben ein N-P-K-Verhältnis von 0-50-30. Obwohl diese großen Zahlen gut klingen, verursacht die frühe Anwendung dieser Dünger, dass die Blüten kleiner bleiben, als sie werden könnten. Wenn nicht genug N übrig bleibt, nuten die Pflanzen den Dünger nicht maximal aus.

Von der Mitte bis zum Ende der Blütezeit weisen die Pflanzen häufig einen N-Mangel auf. Sie nutzen die Nährstoffe, die in den Blättern eingelagert sind und lassen die ältesten, die unteren Laubblätter fallen. Um zu verhindern, dass der Mangel extrem wird, wechseln wir allmählich zu Nährstoffen für die Blüte, wenn der Blütedünger kein N enthält.

Kalium-Mangel: 21. Tag Foto: Senseless

PHOSPHOR (P)

Phosphormangel ist selten.

Symptome

P ist der zweite Wert, der auf den Verpackungen der Düngemittel angegeben wird. Diese Werte werden immer in der Reihenfolge N-P-K aufgeführt. Pflanzen mit Mangel an Phosphor wachsen langsam, sind verkümmert und haben kleine Blätter. Ältere Blätter sind zuerst betroffen. Zuerst sind die Blätter dunkelgrün und von schwacher Konstitution. Die Blätter nehmen einen fahlblauen oder violetten Farbton an. Die Ränder der Blätter werden dunkelgelb/braun und rollen sich nach unten, weil sich der Mangel nach innen ausbreitet. Laubblätter sind dunkelgrün mit einem lila oder fahlblauen Farbton. Die unteren Blätter vergilben und sterben ab.

Die Stiele und Blattstiele sind lila oder rot. Einige Pflanzen besitzen jedoch normalerweise rote oder lila Stiele und Blattstiele, so dass diese Merkmale kein sicheres Zeichen für einen P-Mangel sind. Pflanzen nutzen große Mengen an P während der Blüte. Wenn sie keine ausreichende Versorgung erhalten, führt das zu einem geringeren Ertrag. P ist mobil.

P hilft dem Wurzel- und Stielwachstum, es beeinflusst die Vitalität der Pflanze und hilft Sämlingen zu keimen. P ist äußerst wichtig während der Reproduktionsstadien und der Blüte.

Problemlösung

P ist die zweite von drei Zahlen, die auf den Verpackungen von Düngemitteln angegeben werden. Wasserlösliche Düngemittel mit hohem P-Anteil beseitigen den Mangel an P. Blütedünger haben einen hohen P-Anteil. Guano mit hohem P-Anteil bietet auch sofort verfügbares P. Phosphatgestein und Grünsand haben ebenfalls einen hohen P-Anteil und geben P allmählich frei.

Die betroffenen Blätter zeigen zwar keine Erholung, aber das weitere Wachstum ist nicht mehr betroffen, und die neuen Triebe werden gesund sein.

Allgemeine Diskussion

Mangel während der Blüte führt zu geringeren Erträgen, aber Überdüngung kann zu „chemischen Knospen“ führen oder die Pflanze sogar verbrennen. Kaltes Wetter (unter 10 °C) kann die P-Aufnahme erschweren. Aus diesem Grund kann das lösliche P, das z. B. in den wasserlöslichen Blütedüngern vorkommt, zu gesteigertem Ertrag bei kaltem Wetter beitragen.

KALIUM (K)

Kalium (K) ist der dritte Wert, der auf Düngemittelverpackungen aufgeführt wird - immer in der Reihenfolge N-P-K. Kaliummangel tritt sowohl in Pflanzmedien als auch im Freien gelegentlich auf, aber eher selten in Hydrokultur. Pflanzen leiden auch in reichem, gut gedüngtem Boden häufig an leichten K-Mängeln, was in der Regel durch unsachgemäßes Düngen verursacht

Silizium und Kalium sind Nährstoffe, die bei Pflanzen für stabile Zellwände sorgen. Dadurch entsteht eine Barriere gegen Insekten und Pilze. Dyna-Gro Pro-TeKt liefert Silizium, das die gesamte Pflanze sowie deren Resistenz gegenüber Trockenheit und Wärme stärkt.

wird. Viele organische Düngemittel wie Guano, Fischemulsion, Luzerne, Baumwollsamenmehl, Blutmehl und tierischer Mist enthalten im Vergleich zu N und P geringe K-Mengen.

Symptome

Pflanzen, die an geringfügigen Mängeln leiden, sehen stark aus, sogar größer als der Rest der Population, aber die Spitzen und Ränder ihrer unteren Blätter sterben ab oder sind schmutzig-gelb/braun und weisen nekrotische Flecken auf.

Weil der Mangel immer stärker wird, treten chlorotische Flecken auf den Blättern auf. Rot und gelb gesprenkelte Stellen erscheinen zwischen den Adern, die selber grün bleiben – begleitet von roten Stielen und Blattstielen. Schwerere Mängel führen zu langsamerem Wachstum, vor allem, wenn die Pflanzen sich im vegetativen Stadium befinden. Schwere K-Mängel verursachen, dass die Blätter kleiner wachsen als üblich. Größere Laubblätter weisen einige tote Stellen oder Nekrosen an den Rändern auf. Schließlich werden diese Blätter braun und sterben ab. Pflanzen mit K-Mangel neigen dazu, am höchsten zu wachsen.

Überschüssiges K verursacht, dass Laubblätter eine hell- bis dunkelgelbe oder weißliche Farbe zwischen den Adern aufweisen. K ist mobil.

Rolle in der Pflanzenernährung

K kommt in der ganzen Pflanze vor. Es ist notwendig für alles, was mit dem Wassertransport zu tun hat, sowie für alle Wachstumsstadien; K ist besonders wichtig für die Knospenentwicklung. Der Nährstoff hilft bei der Ausbildung von festen und stabilen Stielen, bei der Erhöhung der Resistenz gegen Krankheiten und bei der Maximierung des Wassergehalts und des Prozesses der Photosynthese.

Problemlösung

Obwohl die Symptome eines geringfügigen K-Mangels Einfluss auf das Aussehen der Pflanze haben, scheinen sie das Pflanzenwachstum oder die Erträge nicht zu beeinflussen.

Wasserlösliche Düngemittel mit hohem K-Anteil beseitigen den Mangel. Blütedünger haben in der Regel hohe K-Werte. K wird hinzugegeben, um den pH-Wert auszugleichen. Stark alkalisches K wird verwendet, um saures P auszugleichen. Holzasche liefert K recht rasch.

Verflüssigter Seetang, Blütedünger und Holzasche werden häufig verwendet, denn sie beseitigen einen K-Mangel schnell, wie z. B. auch Kaliumhydrogencarbonat ($KHCO_3$), Kaliumsulfat (K_2SO_4) und Kaliumdihydrogenphosphat (KH_2PO_4). Kaliumsilikat (K_2SiO_3) kann verwendet werden, um Silizium beizugeben – es enthält drei Prozent K. Granitstaub und Grünsand brauchen mehr Zeit, sich in der Pflanze zu verteilen. Deshalb werden diese Stoffe in der Regel nicht verwendet, um Mängel zu beseitigen, sondern um ihnen vorzubeugen.

Beschädigte Blätter erholen sich nicht mehr, aber die Pflanze erholt sich bei Anwendung schnellwirkender Produkte in vier bis fünf Tagen.

Allgemeine Diskussion

Kaltes Wetter verlangsamt die K-Absorption, sowie zu viel Ca oder NH_4^+. Hohe Konzentrationen von Na verdrängen K.

SILIZIUM (SI)

Siliziummangel ist sehr selten.

Es wurde bisher nicht nachgewiesen, dass Si für das Pflanzenwachstum unbedingt notwendig ist. Der Nährstoff fördert jedoch die Entwicklung von starken Blättern, Stielen und Wurzeln. Er erhöht auch die Widerstandsfähigkeit gegen pilzliche und bakterielle Erkrankungen und Insektenbefall. Die Pflanze weist außerdem eine Erhöhung der photosynthetischen Aktivität auf, und der Gesamtertrag steigt. Si ist immobil.

Si hilft der Pflanze, unterschiedliche Stresssituationen zu überwinden und schützt sie vor Schädlingen und Krankheiten. Es unterstützt das Wachstum, die Entwicklung, den Ertrag und die Krankheitsresistenz. Si dient zur Stärkung der Stiel- und Zweigstruktur.

Problemlösung

Kieselgur kann zur Erdmischung hinzugefügt werden. Si wird durch Säurezugabe in eine Form aufgelöst, die von den Wurzeln absorbierbar ist. Flüssiges Si kommt in Si-Ergänzungen vor. Es steht den Pflanzen sofort zur Verfügung.

Allgemeine Diskussion

Si kommt in der Natur reichlich vor, ist jedoch nicht in Hydrokultur-Düngern enthalten. Der Stoff sollte also als Ergänzung verwendet werden.

SCHWEFEL (S)

Schwefelmangel ist selten.

Symptome

Das erste Anzeichen eines S-Mangels ist die Vergilbung der jüngeren Blätter. Das Blattwachstum geht nur langsam vonstatten, die Blätter sind spröde und schmaler als üblich, sehen klein und mutiert aus. Knospen an den Spitzen der blühenden Pflanzen sterben ab. Das Gesamtwachstum ist gehemmt. Einige S-Mängel können orange und rote Farbtöne anstatt Vergilbung verursachen. In schweren Fällen vergilben die Adern der nachwachsenden Triebe, und es entstehen tote Stellen an der Blattbasis – dort, wo die Blattspreite ansetzt. Die Stiele sind hart, dünn und können holzig werden. Sie nehmen in ihrer Länge, aber nicht im Durchmesser zu.

Zuviel S verlangsamt das Wachstum. Die Spitzen der Blätter sehen braun und tot aus. Ein Überschuss an S sieht aus wie ein Salzschaden: beschränktes Wachstum und dunkle Farbe. Das ist allerdings eher selten der Fall.

Wie Eisen (Fe) bewegt sich auch S langsam in der Pflanze. Höhere Temperaturen erschweren den Pflanzen, S zu absorbieren. Aber im Gegensatz zu Fe ist S gleichmäßig in der Pflanze verteilt, vor allem in den großen Laubblättern. S-Mangel beginnt auf der Rückseite der Blätter und breitet sich zur Mitte hin aus.

Schwefel-Mangel. Foto: Anonym

Rolle in der Pflanzenernährung

Schwefel ist während des vegetativen Wachstums ein wichtiger Nährstoff und spielt eine große Rolle für das Wurzelwachstum, für die Bildung von Chlorophyll und pflanzlichen Proteinen.

Problemlösung

Sowohl organische Böden als auch anorganische Düngemittel enthalten eine hohe Konzentration an S, die Pflanzen werden also vermutlich nicht an einem S-Mangel leiden. Allerdings kann man einem etwaigen Mangel einfach mit Magnesiumsulfat ($MgSO_4$) entgegenwirken. Bewässern wir die Pflanze mit Magnesiumsulfat, bis sich der Zustand verbessert. Mischen wir einen bis zwei Teelöffel Magnesiumsulfat 1,3 - 2,6 cm^3 pro Liter und verwenden wir es sowohl für die Blätter als auch für unser Bewässerungswasser. Die Beigabe von Nährstoffen, die S enthalten, beseitigt den Mangel. Halten wir beim Mischen die empfohlene Dosierung ein, um eine Verbrennung durch die Nährstoffe zu vermeiden. Jeder wasserlösliche Dünger, der S unter seinen Spurenelementen aufweist, funktioniert auch. Andere Quellen sind natürliches S im Garten, Kaliumsulfat (K2SO4) und Gips. Verwenden wir Gips nicht in sauren Böden (PH-Wert unter 5,5) – er wirkt sich auf die Absorption von Aluminium im Boden aus, das wiederum für Pflanzenwurzeln giftig ist.

ZINK (ZN)

Zinkmangel tritt gelegentlich auf.

Symptome

Frische Triebe wachsen mit verdrehten Blattspreiten. Zn-Mangel ist erkennbar durch Flecken, Chlorose und Vergilbung, die zwischen den Adern der älteren Blätter auftritt. Die Vergilbung zwischen den Adern wird oft von einer Blässe begleitet. Während der Blüte können sich die Knospen krümmen, verdrehen und hart werden. Wenn der Mangel erstmals auftritt, mögen die Flecken einem Fe- oder Mn-Mangel ähnlich sein, Zinkmangel betrifft jedoch nur frisches Wachstum. Zn-Überschuss ist sehr selten, er verursacht Welken und in extremen Fällen sogar sogar das Absterben der Pflanze.

Zn ist immobil in Pflanzen, Symptome treten also vor allem in frischerem Wachstum auf.

Rolle in der Pflanzenernährung

Zn unterstützt die Größe und den Reifeprozess einer Pflanze sowie die Produktion von Blättern, Blattstielen, Stielen und Zweigen. Zn ist ein wesentlicher Bestandteil vieler Enzyme und des Wachstumshormons Auxin. Niedrige Auxin-Werte verursachen verkümmerte Blätter und Triebe. Zn ist zudem wichtig für die Bildung und Aktivität des Chlorophylls. Pflanzen mit hoher Zn-Konzentration vertragen längere Dürreperioden.

Problemlösung

Verwenden wir eine Mischung der Mikronährstoffe Eisen-Zink-Mangan (Fe-Zn-Mn) zur Beseitigung des Mangels. Zinksulfat ($ZnSO_4$), Zink-Chelat oder Zinkoxid (ZnO) beseitigen den Mangel ebenfalls.

Allgemeine Diskussion

Bei niedriger Zn-Konzentration in den Pflanzen werden erheblich reduzierte Erträge zu erwarten sein.

TEMPERATUR, FEUCHTIGKEIT UND LUFTQUALITÄT

Marijuanapflanzen wachsen am besten bei mäßigen Temperaturen – d. h. zwischen 21 und 29 °C. Sowohl hohe als auch niedrige Temperaturen verlangsamen die Stoffwechsel- und Wachstumsrate von Cannabis. Pflanzen wachsen am schnellsten, wenn die Temperatur während der Lichtphase zwischen 22 und 26 °C gehalten wird. Wenn CO_2 eingesetzt wird, mag es die Pflanze, wenn es um ein paar Grad wärmer ist, etwa zwischen 26 und 29 °C. Einzelne Cannabis-Sorten unterscheiden sich in ihren Temperaturbedürfnissen um ein paar Grade, so dass einiges Experimentieren erforderlich ist, um die ideale Temperatur für unsere präferierten Pflanzen zu finden.

Die ideale Temperatur ist an die vorherrschenden Lichtbedingungen gebunden. Wenn mehr Licht vorhanden ist, erhöht sich die ideale Temperatur für das normale Pflanzenwachstum. Starkes Licht und niedrige Temperaturen verlangsamen das Wachstum und reduzieren die Stiellänge. Wenn umgekehrt Pflanzen bei hohen Temperaturen nur mäßiges Licht bekommen, verlängern sich die Stiele.

Pflanzen, die unter Lampen mit einer moderaten Intensität von 430 bis 540 Watt pro Quadratmeter wachsen, sollten an der unteren Grenze des empfohlenen Temperaturbereichs gehalten werden. Pflanzen, die unter Lampen mit höherer Intensität (650 Watt und mehr pro Quadratmeter) wachsen, sollten an der oberen Grenze dieses Bereichs gehalten werden.

Während der Dunkelphasen kann die Temperatur ohne nachteilige Auswirkungen bis um 5 °C kühler gehalten werden als während der Lichtphase. Größere Temperaturunterschiede verursachen ein langsameres Wachstum, verlängerte Stiele und verzögerte Blütenreife.

Pflanzen, die bei einer konstanten Temperatur gezüchtet werden, werden wahrscheinlich dickere, stabilere Stiele und ein dichteres Knospenwachstum haben. Pflanzen, die einen großen Unterschied zwischen Tages- und Nachttemperaturen erfahren, strecken sich, während sich das Wachstum verlangsamt.

Bei Temperaturen unter 15 °C verlangsamen sich die Photosynthese und der Pflanzenstoffwechsel, was wiederum das Wachstum hemmt. Sobald die Temperatur steigt, gewinnt die Pflanze ihre volle Funktionsfähigkeit wieder. Wenn die Temperatur unter 4 °C sinkt, erleiden die Cannabis-Pflanzen Gewebeschäden und benötigen etwa 24 Stunden wärmerer Bedingungen, um ihr Wachstum fortzusetzen. Junge Cannabis-Pflanzen sind einigermaßen tolerant gegenüber niedrigen Temperaturen. Wenn die Sämlinge im Freien wachsen, sind sie dafür bekannt, ohne negative Auswirkungen die Schneedecke zu durchdringen. Allerdings verhindern oder verzögern niedrige Temperaturen während des Reifungsprozesses die gesunde Knospenreifung, auch dann, wenn Kälte nur über Nacht auf die Pflanzen einwirkt. Einige äquatoriale Sorten stoppen das Wachstum bereits nach wenigen Nächten mit Temperaturen unter 4 °C.

TEMPERATUREN FÜR PFLANZEN

Keimung: 21–25 °C
Vegetative Phase: 20–27 °C
Blütezeit: 20–26 °C
Stecklinge: 24–20 °C

ÜBERMÄSSIGE WÄRME

Cannabis-Pflanzen sind recht abgehärtete Pflanzen. Sie können im Freien den verschiedensten Temperaturen ausgesetzt werden. Sogar eine extreme Hitze von bis zu 49 °C halten Hanfpflanzen kurzfristig aus, vorausgesetzt, sie verfügen über ausreichende Wasserversorgung und ein großes Wurzelsystem.

Wenn die Temperatur von 20 auf 25 °C steigt, verbrauchen Pflanzen mehr Energie, um kühl zu bleiben und um einen schnelleren Zellstoffwechsel beizubehalten. Bei hohen Lichtverhältnissen steigt jedoch die Photosyntheserate an, weil die Temperatur steigt, was letztlich zu einem Nettogewinn im Pflanzenwachstum führt. Die Photosynthese erreicht ihren Höhepunkt bei etwa 30 °C und 81.000 Lux Licht. Wenn aber die Temperatur auf 32 °C ansteigt, verlangsamt sich die Photosynthese, bis sie bei etwa 35 °C ganz stoppt. Zu diesem Zeitpunkt gehen die Pflanzen in den Ruhezustand über, die Photosynthese stoppt, weil die Pflanzen ihre Energie zur Aufnahme und Verdunstung von Wasser über die Spaltöffnungen verwenden – einfach, um nicht zu überhitzen.

Outdoor-Pflanzen sollten während langer Hitzeperioden gut bewässert werden, damit die Wurzeln ausreichende Mengen Wasser mit möglichst geringem Aufwand aufnehmen können. Wenn der Boden austrocknet, erhöht sich die Wasserspannung. Damit wird es für die Pflanzen schwieriger, Wasser aus dem Boden zu ziehen. Wird der Boden feucht gehalten, ist es für die Pflanze deutlich einfacher, Wasser aus dem Medium zu saugen. Die Pflanzen können vor der Hitze geschützt werden, indem man sie mit einem Mittel gegen Ausdünstung besprüht, das

AUSWIRKUNGEN DER TEMPERATUR AUF DIE PHOTOSYNTHESE

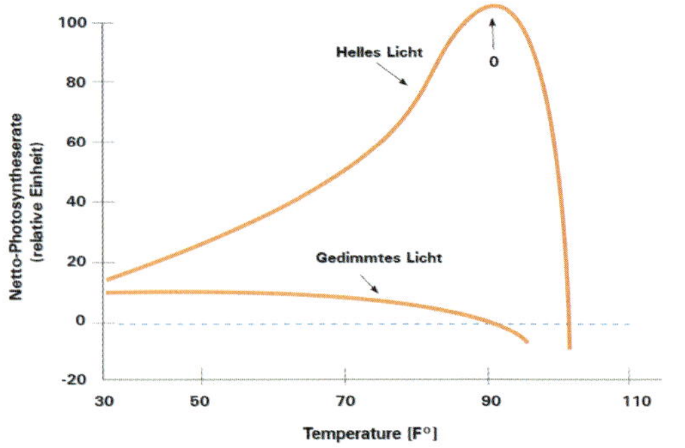

Pflanzen betreiben die Photosynthese bei vollem Licht und unter guten CO_2-Bedingungen schneller, wenn die Temperatur bei etwa 30 °C liegt.

den Verlust von Wasser verhindert. Achten wir darauf, ein ungiftiges Spray zu verwenden, das für den Lebensmittelbereich geeignet ist. Trotzdem bleibt in so einem Fall fraglich, ob besprühte Blätter später verwendet werden sollten oder nicht.

Übermäßige Hitze kann auch zu einem Problem in Innenräumen werden, obwohl es da leichter ist, die Temperatur zu kontrollieren. Grower, die Lampen mit hoher Wattzahl benutzen, erzeugen viel Wärme. Eine ungeschützte 1000-W-Halogen-Metalldampflampe und ein Vorschaltgerät emittieren etwa 3500 BTU, während die luftgekühlten Lampen etwa 500 bis 1500 BTU emittieren. Während des Winters kann die erzeugte Energie den Gartenraum warm halten, aber während des Sommers könnte der Raum zu heiß werden, besonders wenn mehrere Lampen Verwendung finden.

Die Temperatur der Blätter im oberen Bereich der Pflanzen ist am wichtigsten. In den Gängen des Growraums oder auf dem Boden darf es ruhig kühl sein, das ist für die Pflanzen nicht so wichtig. Was wichtig ist, ist die Temperatur unter den Lampen, wo die Pflanzen neues Wachstum erzeugen. Auch wenn die gesamte Temperatur des Raums im optimalen Bereich angesiedelt ist, kann die Zone unmittelbar unter den Lampen sehr heiß sein.

Klimaanlage von Excel Air Systems nach dem Baukastenprinzip. Die Photosynthese verlangsamt sich bis sie stoppt, wenn die Temperatur über 32 °C steigt. Die Klimaanlage von Excel Air Systems ermöglicht uns, die Temperatur genau einzustellen und zu regeln. Die Anlage ist darüber hinaus in der Lage, auch andere wesentliche Elemente in den Growraum abzugeben, so beispielsweise CO_2, Geruchseliminatoren und Luftreiniger.

Ein Oberflächenthermometer misst die Temperatur auf der Blattoberfläche am effektivsten. Wenn wir mit dem Infrarot-Thermometer auf ein Blatt oder auf eine andere Fläche zeigen, gibt das Messgerät über eine digitale Anzeige den Wert an. Bei Verwendung eines herkömmlichen Thermometers sorgen wir dafür, das Gerät über den Pflanzenspitzen zu platzieren – das sorgt für eine genaue Anzeige der Bedingungen.

KÜHLUNG INDOOR

Es gibt mehrere Möglichkeiten zur Wärmeregulierung im Innenraum:

- Keine zu heiße Umgebung erzeugen. Luft- und wassergekühlte Lampen verhindern, dass die Wärme im Raum bleibt. Wärmeerzeugende Vorschaltgeräte außerhalb des Anbauraums installieren.
- Die Lampen in der Nacht einschalten. Wenn der Raum ausschließlich von Lampen beleuchtet wird, kann der Tag-/Nacht-Zyklus verändert werden, so dass die Wärme nachts erzeugt wird, wenn es draußen kühler ist.
- Den Gartenraum mit gefilterter Luft entlüften. Während des Winters und am Abend kann die Außenluft kühl genug sein, um die Temperatur des Growraums zu senken.
- Eine Klimaanlage installieren. Klimaanlagen können so eingestellt werden, dass sie die Wärme eines Raums vermindern ohne verdächtige Gerüche freizugeben. Portable Klimaanlagen arbeiten gut, und Fenstermodelle können in ein Fenster oder eine Innenwand eingebaut werden, um die Wärme in den zentralen Bereich zu leiten.
- Kühler verwenden. Warme, trockene Bereiche können mit einem tragbaren Luftkühler gekühlt werden. Diese Geräte kühlen die Luft mit Hilfe von Verdunstung. Die Luft wird durch einen Nassfilter angesaugt. Indem das Wasser verdunstet, kühlt sich die Luft ab.

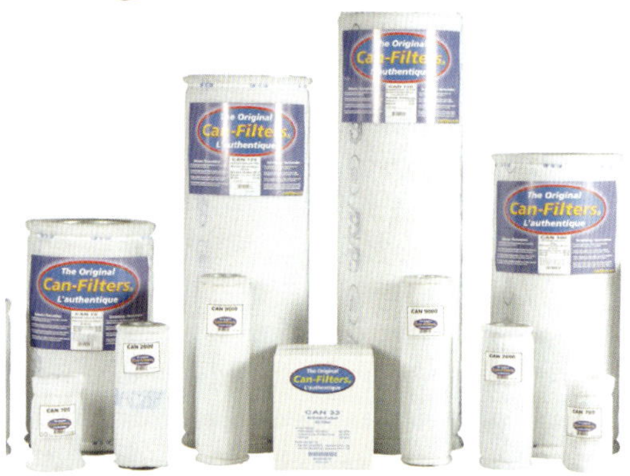

Richtig platzierte Lüfter kühlen die von den Lampen aufgewärmte Luft ab, stärken die Stiele und verhindern, dass Schädlinge unsere Pflanzen befallen. Der Max-Lüfter von Can Filters ist klein, sparsam im Energieverbrauch und leise.

Dieser tragbare Verdunstungskühler verfügt über einen eigenen Behälter. Damit ist es einfach, ihn in verschiedenen Räumen zu benutzen.

Auch ohne Lampen kann ein geschlossener Raum schnell heiß werden, wenn die Temperaturen im Freien ansteigen. Gewächshäuser werden im Sommer sehr heiß, weil helles Sonnenlicht den Innenraum aufheizt und das Dach die Wärme zurückhält. – die Temperatur steigt also den ganzen Tag über an. Einige Gewächshäuser sind mit Dächern ausgestattet, die sich öffnen lassen, damit heiße Luft entweichen und kühlere Luft eintreten kann.

Für geschlossene Gewächshäuser sind Sumpf-Kühler sehr wirksam. Das Prinzip: Wasser läuft durch faserige Kunststoffmatten, während die Lüfter Luft blasen. Das senkt die Temperatur im Gewächshaus. Weil Sumpf-Kühler nach dem Prinzip der Verdunstung funktionieren, sind sie in heißen, trockenen Bereichen am effektivsten. Eine andere Verdunstungstechnik verwendet 5-Mikrometer-Sprühdüsen oder Kühlgebläse, um Wasser zu zerstäuben. Die Wasserteilchen sind so klein, dass sie sofort verdunsten, wenn sie in die heiße Luft gespritzt werden. Auf diese Art und Weise senken sie die Raumtemperatur. Einspritzkühler sind in Pflanzenschulen erhältlich.

Pflanzen stoppen die Photosynthese, und die Knospen wachsen eher schlaksig, wenn die Temperatur auf über 27 bis 30 °C ansteigt. Ein dunsterzeugender Ventilator bläst fünf Mikrometer Wassertropfen in die Luft, die schnell verdunsten, womit die Temperatur um 11 °C sinkt und die Pflanzen ihre Vitalität zurückerhalten. 5-Mikrometer-Verdunster (nicht abgebildet) funktionieren gleich.

KÜHLUNG OUTDOOR

Die Photosynthese kommt zum Stillstand, wenn sich die Temperatur 32 °C nähert. Bei heißem Wetter können Outdoor-Pflanzen die Photosynthese nur während einer bestimmten Tageszeit effizient betreiben. Wenn zum Beispiel die Temperatur um elf Uhr auf 32 °C ansteigt und bis 16 Uhr nicht weiter absinkt, wird die Pflanze nur das Morgenlicht und das späte Nachmittagslicht nutzen. Hohe Temperaturen im Freien während der Blüte beeinträchtigen die Knospenentwicklung und lassen reifende Knospen länglich und schlaksig wachsen. Die Temperatur ist ein wichtiger Faktor – gerade, wenn die Pflanzen gezwungen sind, während des Sommers zu heißen Zeiten zu blühen.

Glücklicherweise gibt es mehrere Möglichkeiten, die Outdoor-Pflanzen kühl zu halten:

- Eine feine Vernebelung mit Wasser hält die Pflanzen während der Hitzeperiode kühler. Das verdunstende Wasser absorbiert die Wärme – sowohl jene des Blattes als auch jene der Luft, die sich im Mikroraum auf der Blattoberfläche befindet. Vernebeln wir aber nur während des vegetativen Wachstums und der frühesten Phasen der Blütezeit. Am besten, wir besprühen die Pflanzen jeweils früh genug am Tag, damit das gesamte Wasser vor der Dämmerung verdunsten kann.
- Verdunster, die fünf Mikrometer-Zerstäuber verwenden, verdunsten Wasser in der Luft und kühlen den Raum ab, ohne dass die Pflanzen nass werden. Einige Systeme verwenden eine Reihe von Strahlern, Hochgeschwindigkeitslüftern oder eine Kombination von beiden, um einen superfeinen Dunst oder Nebel zu erzeugen, der sofort verdunstet und die Temperatur bis auf 16 °C absenkt. Diese Geräte funktionieren am besten in trockenen Gebieten.
- Outdoor-Lüfter und Verdunster.

WURZELTEMPERATUR

Die Temperatur der Pflanzenspitzen ist wichtig, aber nicht der einzige Bereich, der berücksichtigt werden muss. Die Wurzeltemperatur ist genauso wichtig. Kalte Böden senken die Temperatur von Töpfen und Pflanzmedien. Damit verlangsamen sie die Keimung und das Wachstum. Kalte Temperaturen verursachen außerdem, dass sich mehrere Pflanzen zu männlichen Pflanzen entwickeln, wenn wir die Pflanzen aus Samen ziehen. Wenn die Pflanzenwurzeln warm gehalten werden, kann der Rest der Pflanze ohne Schaden zu nehmen kühler gehalten werden. Im Idealfall sollte das Medium eine Temperatur von 20 °C aufweisen. Es gibt mehrere Möglichkeiten, das Medium zu erwärmen oder es vor kalter Umgebung zu schützen:

- Die beste Art und Weise einen Topf vor kaltem Boden zu schützen, ist, ihn anzuheben, so dass ein Zwischenraum entsteht. Eine dünne Schicht aus Styropor, Schaumgummi, Holz oder sogar Zeitungen zwischen Topf und Boden dienen der Isolation.
- Das Medium kann mit Hilfe von Deckenventilatoren erwärmt werden, indem sie die warme Luft von oben nach unten treiben. Damit erwärmen wir Töpfe, die auf Paletten platziert sind.
- Wärmekabel oder Heizmatten führen dem Wurzelbereich die Wärme direkt zu.
- Erwärmen wir das Wasser in den Umlaufsystemen mit einem Aquarienheizer, der durch einen Thermostat gesteuert wird. Wenn die Luft kühl ist, 15 bis 27 °C, kann das Wasser auf 27 °C erwärmt werden. Bei diesen hohen Temperaturen sollte Wasser einer Hydrokultur unter Einsatz von Wasserstoffperoxid mit Sauerstoff ergänzt werden. Wasser über 27 °C hält Sauerstoff nicht sehr lange.

Im Allgemeinen sollte die Wassertemperatur so eingestellt werden, dass sie die Lufttemperatur ausgleicht. Wenn die Luft warm ist, nämlich über 22 °C, sollte das Wasser nicht mehr als 20 °C aufweisen. Sollte die Lufttemperatur über 30 °C ansteigen, senken wir die Wassertemperatur von 20° auf 18 °C. Damit reduziert sich der Stress, dem unsere Pflanzen ausgesetzt sind.

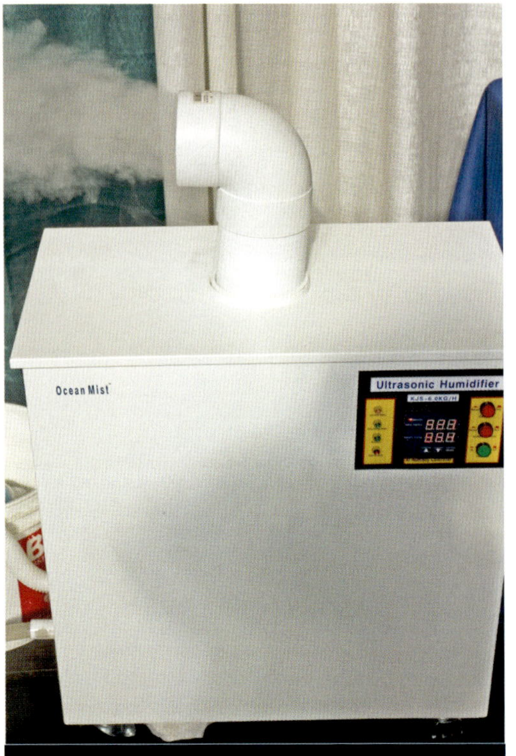

Luftbefeuchter halten die Feuchtigkeit eines Raums für das Klonen auf den gewünschten 75 bis 80 Prozent.

FEUCHTIGKEIT

Cannabis wächst am besten in einer Umgebung, die leicht feucht ist: und zwar bei einer Feuchtigkeit von 40 bis 55 Prozent. Pflanzen in trockeneren Gebieten können ein leichtes chronisches Welken und Nekrose der Blattspitzen erfahren. Pflanzen in einer feuchteren Umgebung haben in der Regel weniger Probleme, aber die Knospen werden anfällig für Schimmelpilzbefall, der unsere Pflanzung über Nacht heimsuchen und die Ernte verderben kann.

Indoor-Züchter werden selten mit zu trockenen Bedingungen konfrontiert. In geschlossenen

Räumen trägt solches Wasser zur Luftfeuchtigkeit bei, das verdunstet oder transpiriert wird. Ohne Entlüftung oder andere Luftfeuchteregelung wird der Raum, egal ob groß oder klein, in ein paar Stunden übermäßig feucht sein.

Die Lösung kann simpel sein, manchmal reichen das Öffnen eines Fensters oder die Benutzung eines kleinen Ventilators. Auch ein Luftentfeuchter kann dieses Problem in geschlossenen Räumen beheben.

Luftentfeuchter funktionieren wie Kühlschränke, aber anstatt der Kühlung eines Raumes kondensiert die Luftfeuchtigkeit und sammelt sich auf den kalten Röhren. Ein Luftentfeuchter kann bereits innerhalb weniger Stunden am Tag gute Dienste leisten. Wenn die Lampen ausgeschaltet werden und die Pflanzen in den Dunkelzyklus wechseln, kann der Entfeuchter eingesetzt werden, um die elektrische Belastung zu mindern. Die kleinsten Luftentfeuchter (die einen großen Raum trocknen können) verbrauchen etwa 15 Ampere.

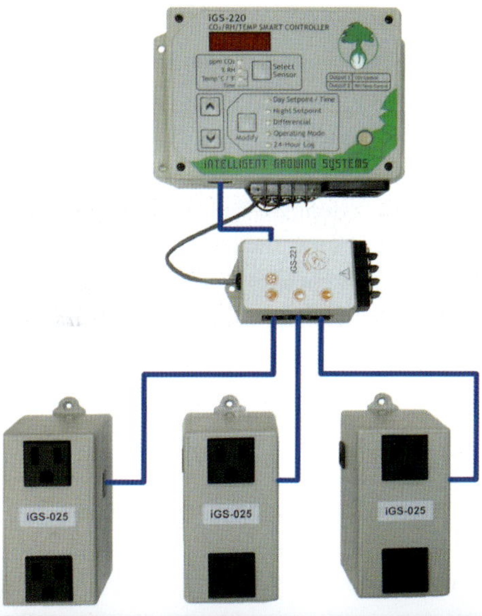

Wenn die Luft feucht ist, sind die Cannabis-Pflanzen der Gefahr ausgesetzt zu verschimmeln. Produkte mit voreingestellten Klimabedingungen sind hilfreich in Bereichen mit extremen Temperaturen und einer hohen oder niedrigen Feuchtigkeit. Novabiomatique Plug'N'Grow regelt die Temperatur, die Luftfeuchtigkeit und die CO_2-Konzentration im Raum. Das ermöglicht dem Grower eine effiziente Anpassung an die lokalen Klimabedingungen.

LUFTZIRKULATION

Eine ausreichende Luftzirkulation innerhalb des Growraums ist wichtig für die Gesundheit der Pflanzen. Das Pflanzenwachstum ist in hohem Maße von der Luftbewegung abhängig.

Ohne Luftströmung schließen grobe Blattoberflächen und feine Härchen die Luft in einer Mikroumgebung ab, die sich von der Umgebungsluft deutlich unterscheidet. Die Pflanze nimmt CO_2 auf und produziert Sauerstoff und Wasser, was den CO_2-Gehalt in der Luft rund um das Blatt vermindert. Dieser Bereich enthält aber mehr Feuchtigkeit und Sauerstoff als der Rest. Solange diese Luft nicht durch neue CO_2-haltige Luft ersetzt wird, verlangsamt sich der Prozess der Photosynthese.

Cannabis ist abhängig von der Luftströmung, die das Mikroklima auffrischt. Wenn die Luft nicht kräftig zirkuliert, verlangsamt sich die Wachstumsrate, und das Mikroklima bleibt arm an CO_2. Eine kräftige Luftbewegung ahmt die natürlichen Umweltbedingungen nach, die den Pflanzen helfen, feste und stabile Stiele zu entwickeln. Indem sich die Pflanzen draußen im Wind wiegen, entstehen winzige Brüche am Stiel. Die Pflanzen beheben den Schaden durch eine Verstärkung der Brüche und Risse, so dass sie stärker und dicker werden, als sie ursprünglich waren.

In Innenräumen wachsen die Stiele schwach, wenn die Pflanzen der Luftströmung nicht standhalten müssen oder nicht täglich geschüttelt werden.

Eine gute Entlüftung mag genügen, um die Luft in Bewegung zu halten. Platzieren wir die Lüfter in Richtung der oder unter den Pflanzenspitzen, um kühle Luft durch die Spitzen zu treiben. Eine andere Lösung wäre, Deckenventilatoren

ASK ED: MARIJUANA-FRAGEN

EISWASSER FÜR PFLANZEN

Die Wasserquelle im Garten versiegt und reicht nicht bis zum Juli. Die Pflanzen stehen in voller Sonne, und es wird wirklich heiß, über 38° C jeden Tag im Juli und August. Kann ich Eis an der Basis meiner Pflanzen platzieren, oder wird das kalte Wasser einen Einfluss auf die Wurzeln oder das Wachstum der Pflanze haben? Es ist einfacher, Beutel mit Eis als Eimer mit Wasser zu tragen.

Das kühle Wasser, das vom Eis produziert wird, ist gut für die Wurzeln. Der Boden hat eine höhere Wärme als die ideale Temperatur von 20 bis 23 ° C. Das allmähliche Schmelzen kühlt den Boden genug ab, so dass die Wurzeln weniger von den heißen Temperaturen beeinflusst werden und Wasser langfristig aufnehmen können. Diese Methode gibt dem Boden außerdem Zeit, die Flüssigkeit zu absorbieren, weil das Eis langsam schmilzt und nicht schnell hinzufließt.

Erinnern wir uns nun noch daran, dass 3,6 kg Eis genauso schwer sind wie 3,6 kg Wasser.

PLATZIERUNG DER PFLANZEN ABHÄNGIG VOM WETTER

Meine Pflanzen begannen gerade, Knospen auszutreiben, und ich lebe an einem Ort, wo es bereits im September nachts friert. Ich bringe die Pflanzen in der Nacht ins Haus, damit der Frost sie nicht beschädigt. Ist das notwendig? Die Knospen sind bisher etwa einen halben Zoll lang.

Es ist gut, dass Ihre Pflanzen in Töpfen untergebracht sind und Sie den Luxus genießen, sie täglich in die Sonne und abends in die dunkle Garage zu stellen. Sie tun das Richtige. Frost hemmt die Knospenproduktion und -reifung. Ein warmes Quartier hält unsere Pflanzen auf Zack, auch wenn sich das Wetter verändert.

Sorgen Sie dafür, sie jeden Tag zur gleichen Zeit umzustellen und damit so viel Sonnenschein wie möglich an die Gewächse zu lassen.

verkehrt herum laufen zu lassen, so dass die Luft heraufgesogen wird, anstatt nach unten gedrückt zu werden.

Vergewissern wir uns, dass alle Lüfter mit einem Filter ausgestattet sind, der das Eindringen von Schädlingen verhindert.

LUFTQUALITÄT

Neben der Temperatur und dem CO_2-Gehalt gehören der Staubgehalt, die elektrische Ladung und die Feuchtigkeit in der Luft zu den Dingen, die man berücksichtigen sollte.

STAUB

Der Staubgehalt in der Luft wirkt sich auf die Fähigkeit und Effizienz einer Pflanze aus, Photosynthese zu betreiben. Während der in der Luft schwebende Staub nur eine geringe Menge an Licht blockiert, behindert der auf den Blättern angesammelte Staub das Licht.

„Staub" ist eigentlich aus vielen, unterschiedlich großen festen und flüssigen Partikeln zusammengesetzt, die in der gasförmigen Atmosphäre schweben. Die Partikel beinhalten organische Fasern, Haare, andere tierische und pflanzliche Teilchen, Bakterien, Viren, Rauch und duftende flüssige Teilchen wie z. B. ätherische Öle und wasserlösliche Kondensate. Praktisch alle Staubpartikel haben eine positive elektrische Ladung.

Die aus der Luft präzipitieren Staubpartikel ändern die Ladung mit negativem Ion oder mit Ozongeneratoren.

Entfernen wir den Staub mit gesprühtem Wasser von den Blättern. Aber Vorsicht bei der Verwendung nahe heißer Lampen! Falls Wasser auf das heiße Glas der Lampen trifft, können die Lampen zerspringen. Schalten wir die Lampen vor dem Besprühen aus und lassen sie abkühlen.

NEGATIVE IONEN

Negative Ionen können Staub, Sporen und Gerüche präzipitieren (siehe Sicherheit). Die elektrische Ladung der Luft beeinflusst das

Pflanzenwachstum und das Verhalten von Tieren sowie auch die Stärke von Gerüchen. Saubere, frisch duftende Luft, zum Beispiel solche, die einem Regen folgt, ist auf die zusätzlichen negativen Ionen zurückzuführen, die das herabfallende Wasser in der Luft hinterließ.

Die Luft in grünen, nicht industrialisierten Gebieten und in der Nähe von großen Gewässern ist ebenfalls negativ geladen; Elektronen schweben locker an die Sauerstoff-Moleküle gebunden in der Luft. In industrialisierten Gebieten oder sehr trockenen Regionen ist die Luft positiv geladen, weil den Molekülen die Elektronen fehlen. Negative Ionen springen von Sauerstoffträgern zu den elektronenarmen Molekülen, neutralisieren diese und verursachen, dass sie präzipitieren.

Die Anreicherung mit negativen Ionen hat einige leicht beobachtbare Effekte zur Folge:

- Pflanzen in Negativ-Ionen-Umgebung wachsen schneller als die in positiv geladenen.
- Negative Ionen präzipitieren Staubteilchen, Haare und Schuppen aus der Luft – sie enthält also weniger umschwebende Bakterien und Pilzsporen.
- Negative Ionen eliminieren unerwünschte Gerüche, bei denen es sich wiederum um positiv geladene Teilchen in der Luft handelt. Die zunehmenden negativen Ionen bewirken, dass die den Geruch tragenden Teilchen präzipitieren. Mit einer ausreichenden Menge von negativen Ionen wird sogar ein Zimmer mit dem strengem Geruch von blühenden Sinsemilla geruchlos.
- Viele Unternehmen produzieren Negativ-Ionen-Generatoren, Ionisatoren oder Ionen-Brunnen.
- Diese Geräte sind preiswert, sicher in der Handhabung, stromsparend und damit empfehlenswert für vegetativ wachsende Pflanzungen in den ersten Wochen der Blüte. Wenn sie jedoch in den letzten Wochen der Blüte eingesetzt werden, eliminieren sie die Gerüche im Garten.

Die meisten modernen Ionen-Generatoren halten die Teilchen, die sie präzipitieren, in einem leicht zu reinigenden und wieder verwendbaren Filter zurück. Ein paar billigere Modelle verfügen über keine solche Einrichtung zur Reinigung. Weil die dicke Schmutzschicht in der Regel in einem Radius von etwa einem halben Meter von den Ionen-Brunnen landet, kann Zeitungspapier rund um das Gerät ausgebreitet werden. Durch Erdung eines Stücks Alufolie an einer Metallrohrleitung oder an einer Erdungsdose erhalten wir einen Elektrofilter. Schließlich geben wir eine Krokodilklemme und ein Drahtstück hinzu. Wenn die Folie verschmutzt ist, ersetzen wir sie.

Zur Beibehaltung des klassischen, kräftigen Dufts unserer Ernte verwenden wir die negativen Ionen im Blüteraum während der letzten drei Wochen der Blüte nicht. Die negativen Ionen und Geruchsmoleküle beeinflussen sich nicht nur in der Luft wechselseitig, sondern auch mit den Molekülen auf Pflanzen, die nicht vollständig durch die Trichommembran geschützt sind. Die negativen Ionen neutralisieren sie, so dass sie geruchlos werden. Die Terpene innerhalb der Membran sind nicht betroffen, so dass eine zusammengedrückte Knospe immer noch einen kräftigen Duft entfaltet. Aber für die besten Ergebnisse verwenden wir die Ionen-Generatoren in den letzten drei Wochen der Blüte nur in Räumen, die den Grow-Raum umgeben, nicht aber im Grow-Raum selbst.

TEIL II QUICK POINTS: WAS PFLANZEN SIND UND WAS SIE BENÖTIGEN

DER LEBENSZYKLUS VON CANNABIS-PFLANZEN

Samen enthalten die Embryonen von Pflanzen. Wenn sie in Kontakt mit Wasser kommen, beginnen sie zu keimen. Ein Paar embryonale Blätter, die Keimblätter, entwickeln sich, und die Pflanze beginnt, Photosynthese zu betreiben. Gleichzeitig wachsen die Wurzeln durch das Pflanzmedium, um Wasser und Nährstoffe zu sammeln.

Die Photosynthese ist der Prozess, bei dem die Pflanzen Energie aus Licht gewinnen – Pflanzen bewerkstelligen mit dieser Energie eine Reihe von biochemischen Reaktionen. Kohlendioxid aus der Luft und aus dem Wasser wird kombiniert, um Zucker zu produzieren und um Sauerstoff in die Atmosphäre freizusetzen. Der in diesem Prozess hergestellte Zucker dient dem Stoffwechsel. Er stellt die Energie für Lebensprozesse zur Verfügung.

Cannabis gilt als Kurztagpflanze, die im Herbst blüht. Die Prozesse der Keimung, des Sämlingswachstums, des vegetativen Wachstums, der Blüte und der Reifung vollziehen sich in einem Zeitraum von 100 bis 130 Tagen.

Cannabis-Pflanzen sind abhängig von ihrer Umgebung, die Nährstoffe und Energie liefert. Wir kennen fünf Faktoren, die das Cannabis-Wachstum beeinflussen: Licht, CO_2, Nährstoffe, Wasser, Sauerstoff und Temperatur. Die Fähigkeit der Pflanze, jeden der fünf Faktoren vollständig zu nutzen, ist von den jeweils anderen vier abhängig. Aus diesem Grund werden diese fünf Faktoren begrenzende Faktoren genannt.

Der Faktor, der am wenigsten ausreichend vorhanden ist, bestimmt die Wachstumsrate. Das Wachstum verlangsamt sich oder kommt ganz zum Stillstand, wenn nur einer dieser fünf Faktoren mangelhaft ist.

Wissenswertes

- Rotes Licht in einem Bereich von 660 bis 680 nm verhindert die Blüte. Ein kurzer Infrarotlichtimpuls bei 730 nm nach Ausschaltung des Lichts oder nach Eintritt der Dämmerung beschleunigt die Blüte.
- Chlorophyll ist ein Photosynthesepigment. Es wandelt CO_2 und Wasser mit Hilfe von Lichtenergie in Zucker um.
- Die Potenz einer Cannabispflanze ist in den meisten Fällen durch ihre Genetik bestimmt. Sie kann durch Umweltfaktoren erhöht oder reduziert werden.

LICHT

Pflanzen nutzen mit der Photosynthese die Energie, die sie aus dem Licht gewinnen – und zwar zur Produktion von Zucker aus Wasser und Kohlendioxid.

Rote und blaue Wellenlängen können Pflanzen am effizientesten nutzen, weil Chlorophyll, in dem die Lichtenergie zur Produktion von Zucker verwendet wird, überwiegend Licht in den roten und blauen Spektren absorbiert.

Pflanzen nutzen Licht außerdem zur Regelung des Wachstums. Das Licht bestimmt die Richtung des Wachstums (Heliotropismus) und ob sich die Stiele der Pflanze verlängern oder ob sie dick und stabil wachsen. (Infrarotes Licht fördert Dehnung; rotes und blaues Licht fördern dicke Stiele).

Die Menge an THC, die die Pflanze produziert, steigt mit der Menge an UVB-Licht, das die Pflanze empfängt. Indoor-Pflanzen können mit Hilfe der richtigen Beleuchtung mit diesem Licht versorgt werden. Im Freien ist die Menge an UVB-Licht während des Sommers am höchsten.

Die Indoor-Grower benutzen Leuchtstofflampen, Halogen-Metalldampflampen, Natriumdampfhochdrucklampen und LED-Lampen. Sie können mit Hilfe des Belichtungsmessers dafür sorgen, dass ihre Pflanzen das volle Potenzial des Lichts ausschöpfen. Mit dem Belichtungsmesser können wir unsere Berechnungen überprüfen und uns vergewissern, dass wir unsere Pflanzung gleichmäßig mit Licht versorgt haben.

Eine Mischung der Lichtquellen, wie z.B. Leuchtstofflampen und LED-Lampen mit Hochdruck-Gasentladungslampen, ist nützlich, weil diese Lampen gemeinsam mehr Licht liefern und teilweise im Schatten liegende Flächen ausleuchten können.

Jede Lampe verfügt über ein elektrisches System, das die Parallel-Seriell-Umsetzung in eine höhere Spannung als die durch das Stromnetz gelieferte erfordert. Das Vorschaltgerät wandelt den Strom in die entsprechende Spannung um.

Wissenswertes

- Sativas und in geringerem Maße auch Sativa-/Indica-Hybriden erfordern am meisten Licht, weil sie sich in der Nähe des Äquators entwickelt haben. Anderseits sind Indicas, die sich in nördlichen Breitengraden entwickelt haben, bestens geeignet für Gärten mit wenig Licht.
- Eine bessere Messung des Lichts in Bezug auf Nützlichkeit für die Pflanzen erlaubt die photosynthetisch aktive Strahlung oder PAR. PAR misst aber nicht das Infrarot und UV-Licht sowie die Wellenlängen, die Cannabis für das Wachstum nutzt.

NÄHRSTOFFE UND DÜNGEMITTEL

Sobald die Pflanze im Substrat steht, gibt es zwei einfache und zuverlässige Methoden, den Bedürfnissen der Pflanze zu entsprechen: die Verwendung vorbereiteten Hydrokultur-Düngemittels oder eines organischen wasserlöslichen Düngemittels. Hydrokultur-Düngemittel sind harmonisch gemischt und ergänzen die Nährstoffverbindungen. Die meisten nicht-hydroponischen Düngemittel enthalten nur Makronährstoffe — Stickstoff (N), Phosphor (P) und Kalium (K). Organische Düngemittel, wie Fischemulsion, Guano und Mist und viele Mischungen organischer Stoffe enthalten zusätzliche Spurenelemente, die sich in der organischen Substanz befinden, aus der sie stammen.

Der Bedarf an den hauptsächlichen Nährstoffen (N, P, K) variiert in Abhängigkeit vom Pflanzenzustand und dem Lebenszyklus jeder Pflanze.

Pflanzen, die in einer Erdmischung gezüchtet werden, können in der Regel mit den Basisdüngern wie z. B. mit Kompost und Mist gut zurechtkommen, während Pflanzen, die in nicht angereicherten erdlosen Medien gezüchtet werden, auf jeden Fall einer Anreicherung mit den Mikronährstoffen in Form von Mineralnährstoffen im Wasser bedürfen. Pflanzen, die in einem nährstoffreichen Medium gezogen werden – mit Kompost, Mist oder Düngemitteln mit zeitverzögernder Wirkung –, müssen nicht zusätzlich gedüngt werden, wenn sie in einem ausreichend großen Topf oder im Outdoor-Garten stehen. Zusätzliche Nährstoffe können in ergänzenden Mengen zugeführt werden, wenn die Pflanzen beginnen, Mängel aufzuweisen.

Viele Nährstoffmängel sind auf Mineralien zurückzuführen, die wegen eines pH-Ungleichgewichts gesperrt sind. Anstatt einfach mehr Nährstoffe hinzuzufügen, überprüfen wir zunächst den pH-Wert und passen ihn entsprechend an.

Wenn die hinzugefügten Nährstoffe den Mangel beseitigen, reagiert die Pflanze in der Regel schon nach einem oder nach zwei Tagen sichtbar. Wenn der Grower jedoch überdüngt, wird die Pflanze eine Überdosis erleiden, was schnell erkennbar wird (innerhalb von Stunden oder weniger). Welken oder sogar der Tod des Gewächses sind die Folge. Blätter und andere Teile, die nur leicht entfärbt waren, können wieder in ihren normalen Stand zurückkehren, solche Pflanzenteile jedoch, die stark beschädigt waren oder eine Nekrose erlitten haben, erholen sich nicht wieder. Die dramatischsten Veränderungen können am besten bei frischem Wachstum beobachtet werden.

Wissenswertes

- Die Fähigkeit der Pflanze, Nährstoffe zu absorbieren, ist unter anderem von der Temperatur beeinflusst. Bei hoher Lichtintensität und hohen Temperaturen sollten die Pflanzen um 10 bis 20 Prozent weniger Stickstoff bekommen. Damit verhindern wir, dass die Stiele dünner werden. Unter kühlen oder kalten Bedingungen erhöhen wir den Stickstoff um 10 bis 20 Prozent.
- Der Bedarf an Nährstoffen variiert je nach Wachstumsstadium. Cannabis nutzt mehr Stickstoff während des vegetativen Zyklus, mehr Phosphor während der Blüte und das meiste Kalium nach dem Düngen, um die Saatgutproduktion zu fördern.
- Überdüngung kommt vor, wenn die Pflanze mehr Dünger absorbiert als sie braucht. Drei sichere Anzeichen dafür sind, dass die Blätter ein dunkleres Grün als üblich aufweisen, dass die Blattspitzen braun werden und dass sich die Blätter nach unten einrollen.
- Überdosierung von Dünger zeigt sich innerhalb von Stunden. Sie erfolgt, wenn der Nährstoffgehalt des Bodens oder des Wurzelmediums eine höhere Konzentration gelöster Feststoffe aufweist als die Pflanze selbst - die Pflanze ist dann nicht mehr in der Lage, Wasser anzusaugen, wodurch sie welkt und eingeht.

WASSER

Der Mineral-, Kohlendioxid- und Sauerstoffgehalt des Wassers variiert deutlich und hat Einfluss auf unsere Pflanzen. Der Mineralgehalt besteht aus dem Anteil gelöster Feststoffe. Er wird in Millionsteln (ppm) angegeben. Anhand der Messung der elektrischen Leitfähigkeit (EC) des Wasser kann er ungefähr bestimmt werden. Eine Anzeige von 125-150 ppm für unser Wasser ist ein guter Ausgangspunkt.

Der pH-Wert misst das Säure-Basen-Verhältnis und wird auf der pH-Skala von 0 bis 14 gemessenen, wobei 0 eine saure, 7 eine neutrale und 14 eine alkalische Lösung bedeutet. Die Erhöhung oder Verringerung jedes einzelnen Punktes der pH-Skala spiegelt eine zehnfache Veränderung der Azidität oder Alkalinität wieder.

Die meisten Nährstoffe, die von Pflanzen genutzt werden, sind nur innerhalb eines begrenzten sauren Bereichs löslich. Die Löslichkeit hängt auch in gewissem Maße von der Art des Bodens, der Erdmischung oder des Hydrokulturmediums ab.

Wenn die Wasserlösung im Boden zu sauer oder zu alkalisch ist, präzipitieren die im Wasser gelösten Nährstoffe und stehen den Pflanzen nicht mehr zur Verfügung. Wenn die Nährstoffe gesperrt sind, verlangsamt sich das Pflanzenwachstum.

Testen wir den pH-Wert wöchentlich, damit wir absolute Kontrolle über das Pflanzmedium haben. Der pH-Wert des Wassers sollte angepasst werden, nachdem Nährstoffe hinzugefügt wurden, weil sie ansonsten das Gleichgewicht beeinträchtigen.

Wissenswertes

- Die drei wichtigsten Parameter der Wasserzusammensetzung sind die Alkalinität (die Fähigkeit des Wassers, Säure zu puffern), der pH-Wert (ein Maß des Säure-Basen-Gleichgewichts) und der Gehalt an gelösten Mineralstoffen.

- Die meisten Nährstoffe, die von Pflanzen genutzt werden, sind nur innerhalb eines begrenzten sauren Bereichs löslich, nämlich von etwa 5,5 bis etwa 6,5 in Mineralböden und von etwa 5,6 bis etwa 6,3 im Hydromedium.

CO_2

CO_2 ist einer der beiden Rohstoffe, die für die Photosynthese nötig sind (Wasser ist der zweite). Cannabis verwendet CO_2 nur in Gegenwart von Licht. Die Photosynthese beginnt gleich, nachdem die Pflanze Licht empfangen hat.

Die CO_2-Menge in der Luft hat große Auswirkung auf die Photosyntheserate und das Pflanzenwachstum. Die Photosynthese beschleunigt sich, wenn der CO_2-Gehalt in der Luft zunimmt, vorausgesetzt, es steht genug Licht zur Verfügung, um sie mit Energie zu versorgen. Wenn jedoch der CO_2-Gehalt in der Luft sinkt, verlangsamt sich die Photosynthese auf ein Schneckentempo und stoppt praktisch bei etwa 200 ppm CO_2-Konzentration – ganz gleich, wie perfekt möglicherweise die anderen Bedingungen sind. Ohne CO_2 atmen die Pflanzen für eine kurze Zeit weiter, bis ihr Zucker verbraucht ist. Dann verlangsamt sich ihr Stoffwechsel, um Energie zu sparen. Erst wenn mehr CO_2 verfügbar ist, können die Pflanzen den Prozess fortsetzen.

Steigende CO_2-Konzentration ohne zunehmende Lichtintensität führt nicht zu einer höheren Photosyntheserate. Mit Erhöhung der Lichtintensität können wir unsere Pflanzen befähigen, noch mehr CO_2 zu absorbieren, wobei wir das Wachstum und den Ertrag erhöhen können.

Die bequemste Art, den Growraum mit CO_2 zu versorgen, ist die Verwendung eines Messgeräts, eines Reglers und eines Tanks. Zu den anderen Möglichkeiten, CO_2 in den Growraum zu bringen, gehören Warmwasserbereiter und andere Gasgeräte, Trockeneis, chemische Reaktionen und biologische Prozesse wie Kompostierung, Gärung und Tieratmung.

In den meisten Systemen sollte CO_2 direkt über den Pflanzenspitzen freigesetzt werden. Das Gas ist schwerer und kühler als die Luft, so dass es sinkt. Wenn es nach unten strömt, gelangt es zuerst auf die Pflanzenspitzen. Das ist die Stelle, wo das meiste Licht auf die Blätter einfällt, und wo die CO_2 verbrauchende Photosynthese zum größten Teil stattfindet.

Outdoor-Pflanzen, die im hellen Licht des Sommers gezogen werden, wachsen stärker und schneller, wenn sie mit CO_2 angereichert werden. Sie produzieren höhere Erträge.

Wurzeln brauchen kein CO_2, weil sie keine Photosynthese betreiben, und weil sie im Übrigen keine Verwendung dafür haben. Pflanzen nehmen CO_2 durch Spaltöffnungen auf den Blättern auf. CO_2 im Boden oder im Wasser kann ein Problem darstellen, weil es den erforderlichen Sauerstoff verdrängen kann.

CO_2 ist nicht gefährlich. Es ist ein nicht brennbares Gas. Es ist in den geringen Konzentrationen, die Grower benötigen, ungiftig.

Wissenswertes

- Eine Pflanze verfügt über drei Sauerstoffquellen: den Sauerstoff, den sie selbst während der Photosynthese freisetzt, den Sauerstoff in der Atmosphäre und den in Wasser gelösten Sauerstoff, der durch die Spaltöffnungen und Wurzeln absorbiert wird.
- Es ist für unsere Pflanzen unmöglich, eine CO_2-Überdosis aufzunehmen. Die Pflanze kann auch bei erhöhten CO_2-Mengen gedeihen, vorausgesetzt, dass die entsprechenden Licht- und Temperaturbedingungen erfüllt sind.

TEMPERATUR, FEUCHTIGKEIT & LUFTQUALITÄT

Cannabis wächst gut bei moderaten Temperaturen zwischen 21 und 29 °C. Sowohl hohe als auch niedrige Temperaturen verlangsamen die Stoffwechsel- und Wachstumsrate von Cannabis. Die ideale Temperatur einer Pflanze ist an die vorherrschenden Lichtbedingungen gebunden. Wenn mehr Licht vorhanden ist, erhöht sich die ideale Temperatur für das normale Pflanzenwachstum. Bei Temperaturen unter 15 °C verlangsamen sich die Photosynthese und der Stoffwechsel, und das Wachstum stoppt, weil die Pflanze in diesem Zustand auf bessere Bedingungen wartet.

Pflanzen, die bei einer konstanten Temperatur gezogen werden, werden wahrscheinlich dickere, stabilere Stiele und ein dichteres Knospenwachstum aufweisen.

Cannabis-Pflanzen sind sehr widerstandsfähig und überleben im Freien in einem großen Temperaturbereich, sogar bei extrem heißem Wetter von bis zu 29 °C. Wenn die Temperatur aber von hohen 70 zu niedrigen 20 bis 25 °C absinkt, wenden Pflanzen mehr Energie auf, um kühl zu bleiben und den schnelleren Zellstoffwechsel beizubehalten.

Wenn man die Temperatur eines Gartens misst, ist speziell der Bereich der obersten Blätter von Interesse. Der Raum zwischen den Pflanzen kann kühl sein, am wichtigsten ist aber die Temperatur direkt über den Pflanzenspitzen (also unter den Lampen), wo die Pflanzen neues Wachstum produzieren.

Die Wurzeltemperatur ist genauso wichtig wie die Temperatur über den Pflanzenspitzen. Wenn die Wurzeln der Pflanze warm gehalten werden, kann der Rest der Pflanze ohne Schäden kühler gehalten werden. Kalte Fußböden oder kalte Erde verlangsamen die Keimung und das Wachstum. Kalte Temperaturen sorgen dafür, dass sich mehrere Pflanzen zu männlichen Exemplaren entwickeln. Zusätzlich sollte die Wassertemperatur angepasst werden, um die Lufttemperatur auszugleichen.

Neben der Temperatur und dem CO_2-Gehalt wird die Luftqualität in unserem Garten vom Staubgehalt, der elektrischen Ladung und der Feuchtigkeit beeinflusst. Cannabis wächst am besten in einer Umgebung, die leicht feucht (40 bis 55 Prozent) ist.

Wissenswertes

- Die Wassertemperatur sollte angepasst werden, um die Lufttemperatur auszugleichen. Wenn die Luft warm (über 22 °C) ist, sollte das Wasser nicht mehr als 20 °C haben. Wenn die Luft über 30 °C warm ist, kann die Wassertemperatur von 20 auf 18 °C gesenkt werden.
- Es ist wichtig, den Raum über den Pflanzenspitzen kühl zu halten, um das photosynthetische Wachstum beizubehalten. Bei hohen Temperaturen im Freien bedienen wir uns des feinen Wasserstrahls eines Verdunsters. In Innenräumen gibt es viele Möglichkeiten, den Raum über den Pflanzenspitzen kühl zu halten – mit luft- oder wassergekühlten Lampen, durch die Verwendung von Lampen in der Nacht, durch Entlüftung des Raums mit gefilterter Luft und mit Klimaanlagen oder mit Luftkühlanlagen.
- Staub, der sich auf den Blättern angesammelt hat, kann die Fähigkeit und Effizienz einer Pflanze, Photosynthese zu betreiben, beeinträchtigen. Deshalb sollte er regelmäßig entfernt werden. Er kann das Licht blockieren und die Spaltöffnungen verstopfen, durch die die Pflanzen Gase austauschen.

Teil III

DEN GARTEN EINRICHTEN

Photo: SUBCOOL

ZIELE STECKEN

Cannabis ist eine der nützlichsten Pflanzen der Welt. Ich vermute, dass sie uns vor allem wegen ihrer angenehmen Wirkung auf unser Bewusstsein und wegen ihres medizinischen Nutzens fasziniert und beeindruckt. Viele nehmen die Pflanze wegen ihrer einzigartigen Eigenschaften als einen Verbündeten wahr.

Die Lebensdauer einer blühenden Cannabis-Pflanze ist etwa 70 Tage; die Lebensdauer eines Menschen ist etwa 70 Jahre. Man könnte sagen, dass jeder Tag des Pflanzenlebens einem Jahr Menschenleben entspricht. Genau wie wir Menschen, wächst Cannabis besser, gesünder, größer und stärker, wenn es eine gute Pflege erfährt, die richtige Ernährung erhält und einer hohen Lebensqualität frönen darf. Die Gesundheit von Pflanze und Mensch ist das Ergebnis sowohl ihrer Umgebung als auch der Genetik.

Cannabis ist die einzige einjährige und dabei zweihäusige Pflanze. Eine Pflanze hat nur ein spezifisches Geschlecht, das sogar äußerlich erkennbar ist – wie bei uns Menschen. Bei beiden – Pflanze und Mensch – wird die weibliche Form als die schönere angesehen. Andere einjährige Pflanzen sind einhäusig. Blüten verschiedenen Geschlechts wachsen zuweilen auf derselben Pflanze oder beide Geschlechter sind in einer Blüte vereint.

Schließlich passen sich die Cannabis-Pflanzen leicht an – wiederum wie wir Menschen. Zunächst reiste Cannabis um die Welt – und zwar vom Himalaya aus, wo es seinen Ursprung hat. Dann siedelte es in Wohnräume und Gartenhäuser der Menschen über. Damit wurde der Ertrag der Pflanzen höher, und im Lauf der Zeit wurde es einfacher, Cannabis zu züchten.

Deshalb bedenken die Grower ihre Pflanzen gern mit allen möglichen Namen, nehmen Bezug auf das Geschlecht und sehen in ihren Pflanzen gute Freunde, auch wenn es riskant ist, sich mit ihnen zu treffen (die Sorte Freund, die man nicht mit zu Mama bringt). Im Ernst: Wie kann man diese Pflanze nicht lieben?

Wir growen Cannabis aus vielen Gründen. Die meisten von uns tun das, um die Früchte der eigenen Arbeit rauchen zu können. Einige Grower interessieren sich für neue Sorten und neue Aroma-, Geschmacks- und High-Nuancen.

Kranke bedürfen frischer Buds mit speziellen Eigenschaften zur Behandlung bestimmter Erkrankungen. In Gebieten, wo es keine legalen Abgabestellen gibt, müssen Patienten das nehmen, was sie bekommen können. Der Anbau eigener Pflanzen ermöglicht ihnen, die genau richtigen Strains für ihre Bedürfnisse auszuwählen.

Cannabis-Patienten growen ihre Medizinalpflanzen häufig selber, weil sie einen recht großen Vorrat brauchen. Gerade, wenn sie

Viele Menschen haben noch niemals Pflanzen für die eigene Ernährung gezüchtet, viele haben nicht mal einen richtigen Nutzgarten gesehen, der für die Produktion von Nahrungsmitteln angelegt ist.
Die Erzeugung eigener Produkte, egal ob drinnen oder draußen, ist eine faszinierende und beeindruckende Erfahrung. Pflanzen helfen dem Leben auf Gaia – der Erde – schon immer auf die Sprünge. Mit Hilfe photosynthetischer Bakterien wandelten die Pflanzen das meiste Kohlendioxid der Atmosphäre in Sauerstoff um. Sie entwickelten enge Beziehungen zu den Tieren, die von ihnen abhängig sind, schon allein wegen der Nahrung. Ohne Pflanzen keine Tiere.
Das Faszinierendste für mich ist, wie sich die Pflanzen an ihre Umgebung anpassen. Tiere verfügen über ein Nervensystem, um die Umgebung wahrnehmen zu können. Sie sind mobil, um Gefahren entweichen zu können. Pflanzen hingegen sind abhängig von anderen biochemischen und elektrischen Signalen, um die Umgebung wahrzunehmen – und entsprechend darauf zu reagieren. Zum Teil ist es eher schwierig, sie direkt als Lebewesen wahrzunehmen. Ihre Reaktion auf Umgebungssignale kann jedoch so unmittelbar erfolgen wie die unsere auf Schmerz. Wer einen Garten pflegt, sollte öfter mal einen Schritt zurücktreten, um die Pflanzen zu beobachten, um die Schwingung ihres Lebens und letztlich ihre Existenz zu spüren.

finanzielle Schwierigkeiten haben, ist eine eigene Pflanzung erheblich billiger als der Einkauf von produziertem Gras.
Einige Patienten brauchen Medikamente mit spezifischen Eigenschaften zur Behandlung einer Erkrankung. Zum Beispiel behandeln manche Menschen chronische Schmerzen oder Entzündungen oft mit Indica-Sorten, die sowohl schmerzlindernde Wirkung als auch einen beruhigenden Rausch garantieren. Angst und Depression werden gerne mit Sativas behandelt.
Manchmal growen sogar die Betreuer für ihre Patienten. Medizinalpflanzungen sollten derart gestaltet sein, dass sie mehrere Strains umfassen, die den Bedürfnissen des jeweiligen Patienten gerecht werden.

Ein weiterer guter Grund, einen eigenen Garten anzulegen, ist die Freude an der Gartenarbeit. Menschen, die ihre Lebensmittel im Laden kaufen, könnten genauso gut einen Gemüsegarten pflegen und Cannabis einfach gleichzeitig ziehen. Die Pflanzung kann klein sein – auf einem Fensterbrett oder einem Balkon untergebracht sein, oder auch größer – in einem Hinterhof oder Indoor-Garten. Solche Gärten decken vermutlich nicht alle unsere Bedürfnisse, sondern dienen nur als Hobby. Grower, die ihre eigenen Cannabispflanzen anbauen, werden herausfinden, dass die heimische Produktion immer noch die beste ist.
Sobald wir growen, können wir beginnen zu experimentieren. Die Cannabis-Zucht macht großen Spaß, weil die Pflanzen rasch auf Veränderungen in ihrer Umgebung reagieren und zudem zweihäusiger Natur sind. Über die Regelung des Lichtzyklus sind wir in der Lage, das Pflanzenwachstum zu beeinflussen, so beispielsweise eine frühere Blüte hervorrufen und einleiten. Damit lassen sich Cannabispflanzen gut den erforderlichen Gegebenheiten anpassen.
Wenn wir Pech haben, leben wir in einer Gegend, in der es extrem gefährlich ist, Cannabis-Pflanzungen anzubauen. In eini-

gen Staaten der USA ist es legal, Cannabis als Medizin zu gebrauchen, es ist allerdings immer noch illegal, die Pflanzen zu ziehen oder weiterzugeben.
In anderen Staaten ist es illegal, Cannabis zu ziehen, zu besitzen oder zu konsumieren. Wir sollten uns überlegen, ob wir das Risiko einer Verhaftung eingehen wollen oder nicht. Ist der Ertrag das Risiko wert? Wenn unser Ziel ist, andere mit hochwertigem medizinischem Cannabis zu versorgen, müssen wir dieses Risiko ebenfalls abwägen.
Möglicherweise sollen eigene Strains das Ergebnis unserer Zuchtbemühungen sein. Etwas Neues und Andersartiges zu kreieren, ist immer eine aufregende und spannende Angelegenheit.
Ganz egal, ob wir nur einige kleinere Pflanzen züchten wollen oder gar über einen großen Garten nachdenken: Überlegen wir uns gründlich die möglichen Konsequenzen unseres Tuns, und werden wir uns darüber klar, ob wir das Risiko tatsächlich eingehen wollen.
Bevor wir unseren Garten anlegen, bestimmen wir unser Ziel: Wie viel Marijuana wollen wir bekommen, bzw. wie viel wollen wir growen? Die Antwort auf diese Frage bestimmt die Größe des Gartens und die Zeit, den Einsatz und die erforderliche Arbeit.
Unterziehen wir unsere Phantasien einer realistischen Einschätzung der Situation:
Haben wir Zeit / Interesse / Finanzen, um zu growen?

- Ist der Ort sicher?
- Ist unser Leben harmonisch genug, um für die neuen Zöglinge, die Pflanzen, zu sorgen?
- Wie ist es mit dem Verhältnis Risiko / Ertrag? Ist es zu unseren Gunsten oder liegt es im roten Bereich?
- Denken wir über unsere Ziele nach und analysieren die Situation, um sicherzustellen, ob sie realistisch ist. Dann machen wir mit einer guten Portion Vorsicht weiter. Das heißt: Augen offen halten und die Antennen in ihren empfindlichsten Modus bringen.

In den vorangegangenen Kapiteln wurden sämtliche Faktoren beschrieben, die das Pflanzenwachstum beeinflussen. Wir haben außerdem die gängigen Methoden besprochen, die Bedürfnisse von Pflanzen und Garten zu erfüllen. Es ist an der Zeit, alles zusammenzufassen und dem Garten Leben einzuhauchen.

*"If Mary wanna play around,
She likes to spread her love
and turn your head around."*
Songtext: Rick James "Mary Jane"

LAMPEN, RAUM UND ERTRAG

Wenn wir unsere Ziele festgelegt haben, können wir mit der Gartengestaltung beginnen. Der zu erwartende Ertrag ergibt sich aus dem Wechselspiel des genetischen Potenzials der Pflanze und den Umgebungsbedingungen, denen die Pflanze ausgesetzt ist.

In Innenräumen sind alle begrenzenden Faktoren – Licht, Nährstoffe, Wasser, Temperatur und Kohlendioxid – unter unserer Kontrolle, und jeder einzelne Faktor hat letztlich auf den Ertrag Einfluss. In Indoor-Gärten sind Licht, CO_2 und Temperatur die wichtigsten Variablen für die Beeinflussung des Ertrags.

Durch die Verwendung moderner Sorten, die in sieben bis neun Wochen reifen, können Grower mit Erträgen im beschriebenen Bereich rechnen. Dieser weite Bereich ergibt sich aus dem großen Ertragsunterschied verschiedener Sorten, aus den Produktivitätsunterschieden der Anbaumethoden und aus der Umgebung der Pflanzen.

Jedes Watt HPS-Licht produziert einen Ertrag zwischen 3/8 und 1 Gramm Knospe.

- Eine 150-W-Lampe produziert einen Ertrag von 50 bis 135 Gramm. Diese Lampe ist nicht so effizient wie noch größere Watt-Lampen, was zu einem niedrigeren Ertrag führt.
- Eine 250-W-Lampe produziert einen Ertrag von 85 bis 225 Gramm. Diese Lampe ist nicht so effizient wie größere Watt-Lampen, was ebenfalls zu einem niedrigeren Ertrag führt.
- Eine 400-W-Lampe produziert einen Ertrag zwischen 130 bis 350 Gramm, das ist etwas weniger pro Gramm als eine 1000-Watt-Lampe, weil sie nicht so viel Licht pro Watt produziert wie die größeren Lampen.
- Eine 600-W-Lampe produziert einen Ertrag von etwa 250 bis 660 Gramm. Die 600-W ist die effizienteste HPS-Lampe.
- Eine 1000-W-Lampe produziert einen Ertrag von etwa 375 bis 1000 Gramm.

Halogen-Metalldampflampen sind nicht so effizient wie HPS-Lampen, und der Ertrag ist etwa um zehn Prozent niedriger als bei HPS-Lampen mit der gleichen Leistung. Allerdings emittieren Halogen-Metalldampflampen ein wenig UVB-Licht, das potenzfördernd wirkt.

CFL-Lampen emittieren etwa 25 bis 35 Prozent weniger Licht pro Watt als HPS-Lampen.

T-5-Leuchtstoffröhren emittieren etwa 25 Prozent weniger Licht pro Watt als HPS-Lampen. Sie können jedoch bessere Spektren aufweisen und bieten immer eine gleichmäßigere Lichtverteilung, es können allerdings nur zwölf Röhren pro Meter installiert werden.

T-8-Leuchtstoffröhren emittieren etwa 30 Prozent weniger Licht pro Watt als HPS-Lampen. Ihre Breite jedoch verbietet den Einsatz von mehr als zwei Röhren pro 0,3 Meter.

IM FREIEN

Im Freien und in voller Sonne können wir 28 Gramm pro Quadratmeter Ertrag erwarten. Die Fläche ist der entscheidende Faktor

Gartengröße: Beleuchtung und Ertrag

GRÖSSE	FLÄCHE	WATT	LAMPENWAHL	ERTRAG (GRAMM)
1 sq. ft. (0,09 m²)	1' x 1' (0,3 x 0,3m)	40–80w	Reflektorlampen / Fluoreszierende Lampen	10-80g
4 sq. ft. (0,36 m²)	2' x 2' (0,6 x 0,6m)	200–240w	Halogen-Metalldampf / Natriumdampf / T5-Lampen	50-250g
8 sq. ft. (0,75 m²)	4' x 2' (1,25 x 0,6m)	350–480w	T5-Lampen oder kleinere NDL	90-480g
9 sq. ft. (0,81 m²)	3' x 3' (0,9 x 0,9m)	400-600w	Halogen-Metalldampf / Natriumdampf	100-600g
16 sq. ft. (1,56 m²)	4' x 4' (1,25 x 1,25m)	600–1000w	Halogen-Metalldampf / Natriumdampf	300-1000g
25 sq. ft. (2,3 m²)	5' x 5' (1,5 x 1,5m)	2 x 750w (1500w)	Natriumdampf	400-750g
32 sq. ft. (3 m²)	4' x 8' (1,25 x 2,45m)	3 x 600w 2x750w 2 x 1000w (1500–2000w)	High Pressure Sodium oder Natriumdampf	700-2000g

In einem Indoor-Garten ist es eher unwahrscheinlich, dass Nährstoffe oder Wasser einen hinderlichen-Faktor darstellen. Denn CO_2, Licht und Temperatur bleiben erhalten. Das Licht bleibt ein variabler Faktor, weil es einfach ist, die Temperatur zu regeln, und weil es in vielen kleinen Gärten kein Problem darstellt, mindestens die CO_2-Werte der Außenluft zur Verfügung zu stellen – zum Beispiel, indem wir einfach die Tür öffnen. Die Berechnungen in der letzen Spalte beruhen auf der Lichtmenge, die unsere Pflanzen bekommen, und auf der Variabilität der Sorten und der Anbaumethoden. (Die kleine Zahl wird als ein Viertelgramm pro Watt der niedrigsten empfohlenen Leistung berechnet. Die große Zahl beruht auf 1 Gramm pro Watt der höchsten empfohlenen Leistung. Mit einigen Einrichtungen können wir eine Kombination aus HPS-Lampen und Leuchtstofflampen oder LEDs benutzen – siehe dafür den Abschnitt über LEDs.

für den Ertrag. Die Höhe der Pflanzen spielt keine Rolle: das Licht dringt nicht durch die Pflanzenspitzen, sondern erreicht stets nur die Oberflächen der Pflanzen.

Es gibt eine Reihe von Gründen für die quantitative Vielfalt des Ertrags:

- SORTEN: Die Sorten unterscheiden sich in ihrem Ertrag. Einige produzieren einen mäßigen Ertrag, einige andere haben einen eher hohen Ertrag.
- LICHT: Die Menge des Lichts, das die Pflanzen bekommen, kann den Ertrag beeinflussen und variiert je nach Region.
- WETTER: Die Witterungsbedingungen beeinflussen das Licht ebenfalls. Sonnige Gebiete bekommen mehr Licht ab als Gebiete, die unter einer Wolkendecke liegen.
- SCHATTEN: Pflanzen, die teilweise beschattet sind, bekommen weniger Licht. Gärten werden im Herbst eher beschattet.
- TEMPERATUR: Kaltes und heisses Wetter – das heißt unter 20 Grad Celsius und über 32 Grad Celsius – hemmen das Wachstum durch die Verlangsamung der Photosynthese und Belastung der Pflanze.
- WASSERSTRESS: Zu wenig Wasser verlangsamt das Wachstum. Auch wenn eine Pflanze ausreichend Wasser erhält, um nicht zu welken, kann unter Umständen ein Mangel entstehen, wenn die Pflanze mehr Energie dafür aufwenden muss, das Wasser aus dem Boden zu ziehen.
- ANDERE FAKTOREN: Boden, Nährstoffe und gärtnerische Techniken.

BELEUCHTUNG EINES 2,3-QUADRATMETER-GARTENS

In Kalifornien ist es erlaubt, einen 2,3 Quadratmeter großen Indoor-Garten zu pflegen. Es gibt mehrere Möglichkeiten, wie ein solcher Garten eingerichtet werden kann. Jede Konfiguration hat ihre Vor- und Nachteile, aber alle führen zum Ziel: einen produktiven Cannabis-Garten anzulegen.
Sativa-Pflanzen benötigen etwa 700 Watt Licht pro Quadratmeter.
Sativa-Indica-Hybriden gedeihen am besten bei 640 Watt pro Quadratmeter, sie wachsen aber auch gut bei etwa 535 Watt pro Quadratmeter.
Indicas wachsen gut bei 425 bis 480 Watt pro Quadratmeter. Bei höherer Wattleistung bilden sie größere, dichtere Knospen aus.

GARTEN-FORMEN UND BELEUCHTUNG

- *Ein QUADRAT: 152 x 152 cm*
- *Ein RECHTECK: 183 x 122 cm. Gleiche Beleuchtung wie beim Quadrat. Jede Kombination von HPS-Lampen mit Lichtbewegungssystemen, die sich etwa 30 cm vor und zurück bewegen, verwendet drei oder vier 400-Watt-Lampen.*
- *Ein RECHTECK: 366 x 61 cm, – wir verwenden drei oder vier 400-Watt-Lampen stationär oder zwei 600-W- bzw. 750-W-Lampen, die sich auf einer Länge von 182 cm vor und zurück bewegen.*
- *Ein KREIS: Durchmesser 168 cm (die Größe von vielen preiswerten Kinderbecken aus Hartplastik). Verschiedene Kombinationen von HPS-Lampen.*

MENGE	LAMPENGRÖSSE	WATT/QUADRATFUSS	WATT/QUADRATMETER	PFLANZENTYP
2	1000	80	860	Gut für Sativas
4	400	64	685	OK für Sativas, gut für Sativa/Indica, Indica/Sativas
2	750	60	645	OK für Sativas, gut für Sativa/Indica, Indica/Sativas, Indicas
2	600	48	515	OK für Sativa/Indica, gut für Indica/Sativa, Indicas
3	400	48	515	Gut für Indica/Sativas, Indicas
1	1000	40	430	OK für Indicas

PFLANZENGRÖSSE UND -ANZAHL: GROWING IN GRENZEN

Die entscheidenden Faktoren unserer Gedanken über den Ertrag im vorangegangenen Kapitel waren weder die Größe des Raums noch die Anzahl der Pflanzen. Der Grund dafür ist einfach: Pflanzen ist es egal, ob sie in einem kleineren oder größeren Raum gezogen werden. Werden sie nämlich mit der gleichen Lichtmenge versorgt, produzieren sie etwa den gleichen Ertrag. Eine einzige Pflanze oder eine Gruppe von Pflanzen, die den gleichen Bereich beanspruchen, produzieren etwa den gleichen Ertrag.

Dennoch sind die Anzahl der Pflanzen und die Growfläche die beiden Messgrößen, die zur Bestimmung des legalen medizinischen und zivilrechtlich geregelten Cannabis-Anbaus verwendet werden. Die Bundesregierung nimmt die Anzahl der Pflanzen zur Grundlage bei der Bestimmung der Schwere des Verbrechens und des Strafmaßes. Diese Gesetze und Vorschriften entbehren jeder wissenschaftlichen Grundlage. Sie wurden von der Polizei ausgeheckt, anstatt von Gärtnern, Botanikern, Medizinern oder sonst jemandem anderen, der über das nötige Fachwissen und die notwendigen technischen Informationen verfügt.

Der unwissenschaftliche Charakter dieser zwei Messgrößen liegt für erfahrene Cannabis-Züchter klar auf der Hand. Eine Pflanze kann jederzeit durch Regelung der Beleuchtung gezwungen werden zu blühen. Daher werden eine sehr kleine Pflanze, die gerade gekeimt hat, und eine Pflanze, die für sechs Monate vegetativ gewachsen ist, jeweils als einzelne Pflanzen gezählt. Die erste Pflanze könnte jedoch eine Viertel Unze und die zweite mehr als sieben Gramm bis zu einem halben Kilo an Ertrag erbringen.

Die gleichen Einwände können in Bezug auf die Flächenmessungen gemacht werden. Egal ob ein Raum mit einigen Leuchtstofflampen oder mit mehreren 1000-W-HPS-Lampen beleuchtet wird – es wird stets nur die Fläche gemessen. Der erste Garten hat jedoch das Potenzial, deutlich mehr Marijuana hervorzubringen als der zweite.

Die einzigen Vorschriften, die einer wissenschaftlichen Prüfung standhalten würden, bezögen sich auf die Wattleistung des Indoor-Gartens und auf die Pflanzensorte. Im Freien müsste die durchschnittliche Menge des Lichts und die Größe der Fläche der Pflanzenspitzen berücksichtigt werden. Leider müssen wir uns mit diesen Vorschriften auseinandersetzen.

Die diversen staatlichen Gesetze erlauben Patienten entweder sechs, acht oder zehn Pflanzen zu züchten. Andere Gesetze lassen einen Garten von nur zehn oder 30 Quadratmetern zu.

Die Gesetze und Vorschriften enthalten zuweilen auch Reglemente zu den gebrauchsfertigen Cannabisprodukten und wie viel man davon jeweils besitzen darf. Gewöhnlich sind diese Grenzen niedrig. Das beschränkt die Strategien, die dem Grower zur Verfügung stehen.

Der Staat hat eine Grenze von 99 Pflanzen festgesetzt. Für den Anbau von hundert oder mehr Pflanzen werden Strafen von bis zu fünf Jahren verhängt.

PFLANZENLIMIT, ANBAUSTRATEGIEN

Die meisten zahlenmäßigen Einschränkungen erlauben zwischen sechs und zehn Pflanzen für den Eigenbedarf. Zuweilen schränken die Vorschriften auch die Menge an Marijuana ein, die ein Patient oder Gärtner besitzen darf.

Die Lösung für diese Einschränkung ist der Anbau von sehr großen Pflanzen, die hohe Erträge produzieren. Wenn es gleichfalls Einschränkungen für die Menge gibt, die man besitzen darf, dann sollten die Pflanzen fortlaufend geerntet werden, eine nach der anderen. Reife Pflanzen werden entfernt und neue im Blüteraum platziert. Weil die Cannabis-Blüte durch das Beleuchtungssystem geregelt wird, können die Pflanzen gezwungen werden, in jeder Größe zu blühen. Wenn man große Pflanzen ernten will, müssen die Pflanzen vegetativ wachsen, bis sie eine geeignete Größe aufweisen. Mit einer geeigneten Sorte können wir sehr große Pflanzen züchten.

Ein Garten, in dem wegen der staatlichen Regulierung und wegen der mengenmäßigen Einschränkungen nur sechs Pflanzen gezüchtet werden, erfordert eine besondere Strategie. Weil die Anzahl der erlaubten Pflanzen beschränkt ist, ist der Ertrag von der Größe und Produktivität jeder einzelnen Pflanze abhängig.

Das erreicht man, indem man die Pflanze für mehrere Monate im vegetativen Stadium wachsen lässt. Sie teilt eine 1000-W-HPS-Lampe mit drei anderen vegetativ wachsenden Pflanzen, bis die Fläche der Pflanzenspitzen den Durchmesser von 0,9 m erreicht, was etwa drei Monate dauert. Zu diesem Zeitpunkt ist die Pflanze groß genug, und sie kann unter ihre eigene 600-W-HPS-Lampe platziert werden und durch die Änderung des Beleuchtungsrhythmus' auf 12 Stunden Licht / 12 Stunden Dunkelheit zur Blüte gebracht werden. Die Pflanze wächst während der ersten Wochen der Blüte weiter und füllt eine Fläche mit einem Durchmesser von 1,21 m oder mehr aus. Wenn möglich, sollte sie wäh-

Wenn es gesetzliche Normen gibt, die den Raum, nicht jedoch die Pflanzenanzahl betreffen, überlegen wir, mehrere kleine Pflanzen anzubauen. So verbringt sie weniger Zeit im vegetativen Stadium, wodurch ein schnellerer Ertrag mit weniger Aufwand produziert werden kann.

rend des letzten Monats der Blüte unter eine 1000-W-Lampe gestellt werden.
Der Ertrag aus einem Garten dieser Art liegt zwischen 0,45 bis 0,68 Kilo in einem Monat, was mehr Medizin sein kann, als wir benötigen. Der einfachste Weg zur Einschränkung der Pflanzengröße ist die Verkürzug der vegetativen Phase. Weil der Ertrag direkt mit der Pflanzengröße zu Beginn der Blüte in Verbindung steht, bringen größere Pflanzen mehr Knospen hervor.
Dieses System erfordert drei Lampen. Eine 1000-Watt-Lampe für die vegetative Phase, eine mit 600-Watt für den ersten Monat der Blüte und eine andere mit 600-Watt oder 1000-Watt für den letzten Monat der Blüte.
Ein System, in dem kleinere Pflanzen gezogen werden und in dem also ein nur niedriger Ertrag produziert wird, kann während des vegetativen Wachstums entweder mit einer 400- oder 600-Watt-Lampe und einer 600-Watt- oder besser einer 1000-Watt-Lampe während der Blüte versorgt werden. Pflanzen werden im vegetativen Wachstum gehalten, bis sie den Bereich der Pflanzenspitzen von etwa 0,4 m^2 einnehmen, eine Fläche von 0,6 x 0,6 Meter. Dann werden sie in den Blüteraum verfrachtet. Im Blüteraum befinden sich zwei Pflanzen, die jeweils einen Monat Unterschied in der Blütezeit aufweisen. So reift jeden Monat eine Pflanze. Wir können einen Ertrag von einem Viertel bis zu einem halben Kilo erwarten.
Der Ertrag von einem Viertel bis zu einem halben Kilo pro Monat kann unseren Bedarf übersteigen. Wir können den Garten nochmals verkleinern. Verwenden wir eine 250-W-HPS-Lampe oder eine Reihe von vier T-5-Leuchtstoffröhren, um die Pflanzen vegetativ zu ziehen. Vier Pflanzen sollten in der vegetativen Sektion gehalten werden und zwei im Blüteraum unter einer 400-Watt-Lampe. Der Ertrag aus diesem Garten beträgt 113 bis 170 Gramm pro Monat (siehe nachfolgendes Kapitel „Gestaltung des Raums").

Gibt es rechtliche Einschränkungen für die Anzahl an Pflanzen, empfiehlt es sich, wenige, aber dafür größere Pflanzen zu ziehen.

In so einem Garten mit zehn Pflanzen werden jeden Monat eine oder zwei Pflanzen geerntet. Wenn wir die gleichen Lampen und die gleiche Strommenge verwenden, werden wir feststellen, dass die Ernte bei beiden Pflanzen um zehn bis 20 Prozent höher ist, als eine einzelne Pflanze hervorbringt. Zur weiteren Steigerung des Ertrags erhöhen wir die Anzahl der Lampen in den abschließenden Stadien, so dass sich die Pflanzen zugunsten eines erhöhten Ertrags ausbreiten können.
Einige Gesetze und Vorschriften sehen keine Beschränkung der Menge an Medizin vor, die ein Patient besitzen darf. Sie beschränken lediglich die Anzahl der Pflanzen, die gezogen werden dürfen. In dieser Situation können wir unsere Pflanzen in Gruppen züchten, die zur gleichen Zeit geerntet werden können.
Es ist wesentlich einfacher, einen Garten zu versorgen, der direkt und auf einmal geerntet wird, als einen solchen, in dem die Pflanzen zu unterschiedlichen Zeiten geerntet werden müssen. Der Grund dafür ist denkbar einfach: Alle Pflanzen haben etwa die gleiche Größe, sind im gleichen Wachstumsstadium und können damit einheitlich gepflegt werden.

NOT A STEP

GESTALTUNG DES RAUMS

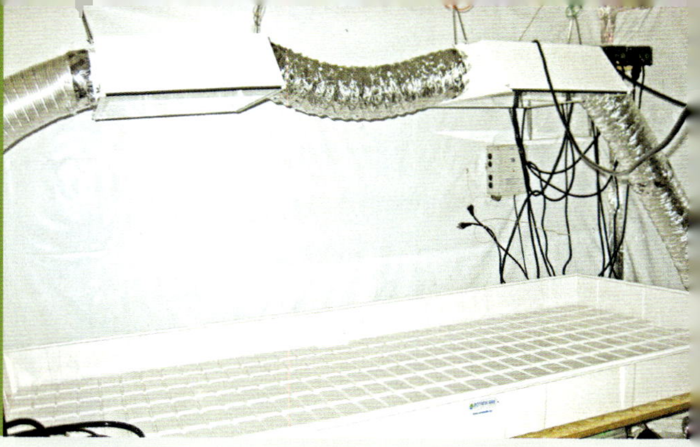

Völlig egal, wie groß oder klein eine Pflanzung ist – alle Bedürfnisse der Gewächse müssen erfüllt werden. Die Pflicht des Growers ist es, seine Zöglinge mit Licht, Wasser, Kohlendioxid (CO_2), Nährstoffen, der richtigen Temperatur und Luftfeuchtigkeit zu versorgen.

WINZIGE GÄRTEN

Vielleicht möchten wir growen, denken aber, dass wir nicht genug Platz haben. Allerdings können sogar winzige Räume wie ein kleiner, begehbarer Schrank, ein Regal, ein Kleiderschrank oder ein tragbarer Behälter in einen solchen Minigarten umgewandelt werden.

Als Beispiel beschreiben wir die Umwandlung eines begehbaren Schranks. Der begehbare Schrank hat eine Fläche von 100 x 55 cm. Er ist zwei Meter hoch, aufgeteilt in einen oberen und einen unteren Bereich. Jeder Bereich bietet etwa 6 Quadratmeter Fläche. Wir werden nur das untere Fach nutzen.

Wenn man die Temperatur in einem hohen Bereich (27 °C) halten würde, und wenn man den Bereich mit CO_2 anreichern würde, könnte man das hellste Licht, 650 Watt pro Quadratmeter, verwenden. Dieser Gartenbereich wird jedoch bei einer niedrigeren Temperatur gehalten. CO_2 wird durch den Austausch mit der Luft in den Raum geliefert. Unter diesen Umständen können die Pflanzen nicht das gesamte Licht nutzen, das emittiert wurde, weil sowohl die Temperatur als auch das CO_2 begrenzende Faktoren sind.

Die Temperatur im Garten bleibt im mittleren bis hohen Bereich von 25 °C, und das CO_2 wird nahe der Konzentration in der Umgebungsluft (etwa 380 ppm) gehalten. Die Höhe des Schranks und damit die Wuchshöhe der Pflanzen ist auch eine Einschränkung, die man berücksichtigen muss.

Deshalb wird der obere Bereich des Gartens mit einer 200-W-LED-Lampe beleuchtet.

Weitere gute Möglichkeiten für die Beleuchtung des Gartens sind 250-W-MH- und HPS-Lampen. Sie emittieren jeweils etwa 20.000 und bis 26.000 lm. Sie könnten jedoch ohne ausreichende Entlüftung Wärmeprobleme erzeugen.

DIE EINRICHTUNG DES BEGEHBAREN SCHRANKS

Für das untere Fach entscheidet sich der Grower, LEDs und auch Kompaktleuchtstofflampen zu verwenden. Die gesamte eingesetzte Leistung beträgt 199 Watt, und die Lichtleistung wird auf etwa 13.500 Lumen geschätzt.

1. Versehen wir den Boden mit wasserdichter Verkleidung aus Kunststoff.
2. Versehen wir die Seiten des Gartens einschließlich der Türinnenseite mit einem reflektierenden Material.

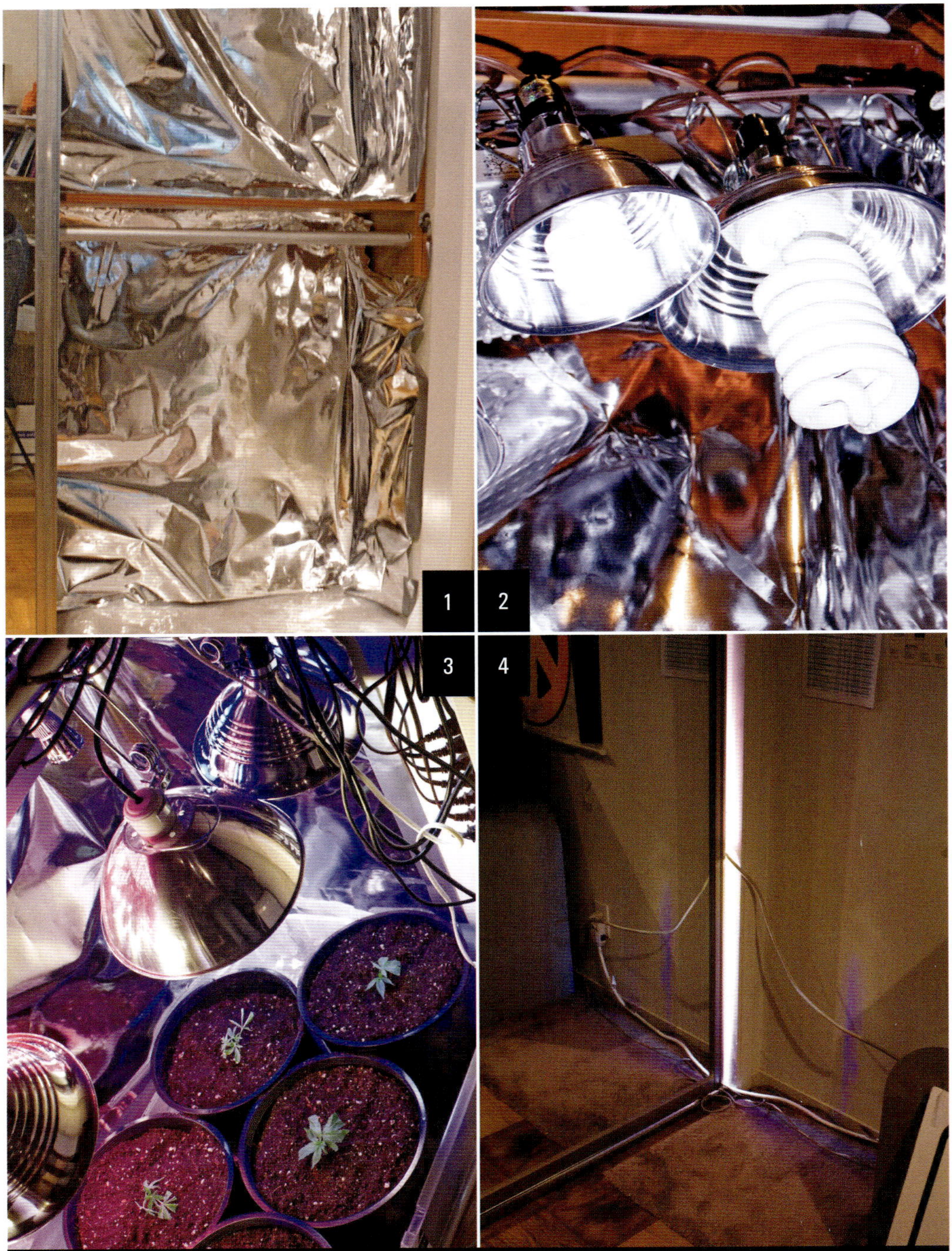

1. Der begehbare Schrank ist mit reflektierendem Material aus Kunststoff versehen. 2. Zwei bis drei Lampen wurden vermittels schalenförmiger Klemmreflektoren an einer Stange installiert. 3. Sechs Drei-Gallonen-Töpfe (6 Töpfe à 13 l) wurden in einen Behälter gestellt, der in den Schrank passt. 4. Wenn die Tür verschlossen ist, bleibt nur ein Lichtstrahl sichtbar.

Einige Wochen später füllten die Pflanzen den ganzen Bereich aus und waren bereit zur natürlichen, geschlechtlichen Fortpflanzung, die Lampen konnten also abgeschaltet werden.

3. Installieren wir die Lampen. Die Lampen für den unteren Bereich bestehen aus einem 14-W-LED-Panel mit roten und blauen Strahlern, einem blauen und zwei roten 15-W-LED Spots und drei warmweißen 85-W-CFL-Lampen.
4. Befestigen wir die Lampen an der Aufhängleiste mit Hilfe von den auf einer Klemme angebrachten Leuchtkörpern.
5. Schließen wir die Lampen an die Zeitschaltuhr an, die wiederum über eine Steckdose mit Überspannungsschutz versorgt wird.
6. Installieren wir außerdem einen Negativ-Ionen-Generator, um den Geruch der Pflanzen zu beseitigen.

UNSER GARTEN IN EINER KISTE

Nehmen wir an, dass wir kein Regal, keinen begehbaren Kleiderschrank und auch keinen normalen Kleiderschrank haben, den wir zum Garten umgestalten können. Was können wir tun? In einer Kiste züchten. Nicht in irgendeiner Kiste. Sie sollte mindestens einen Meter hoch sein, obwohl es einfacher wäre, in einer höheren Kiste zu growen. Der hier beschriebene Kistengarten wurde aus einer Vakuumbox hergestellt. Sie ist gerade mal 0,6 m hoch.

SCHRITT FÜR SCHRITT ZUM KISTENGARTEN

1. Zunächst leeren wir die Box.
2. Dann entscheiden wir, an welcher Stelle wir die Tür der Box anbringen. Bei der von mir benutzten Kiste lässt sich der obere Teil aufklappen. Um die Tür zu basteln, werden drei der vier oberen Klappen unserer Kiste aufgeschnitten und alle vier mit Klebeband zusammengeklebt. Eine der Klappen ist immer noch fest und dient als Scharnier.
3. Dann statten wir die Innenseiten der Box mit reflektierendem Material aus. Beispielsweise mit weißer Farbe.

1

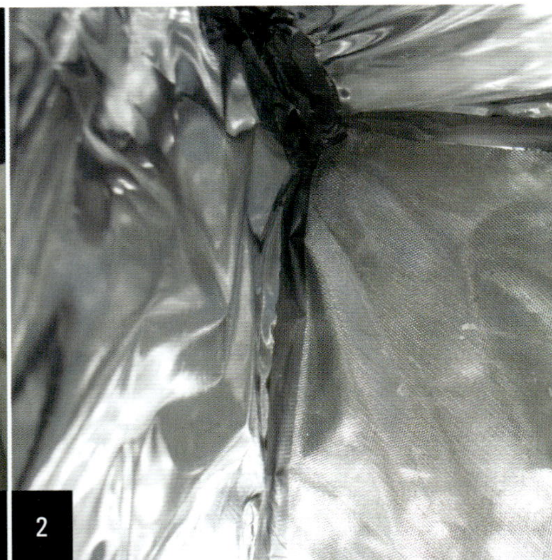

2

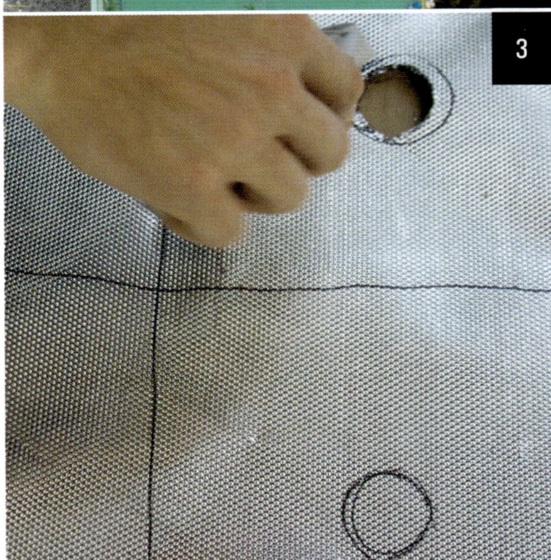

3

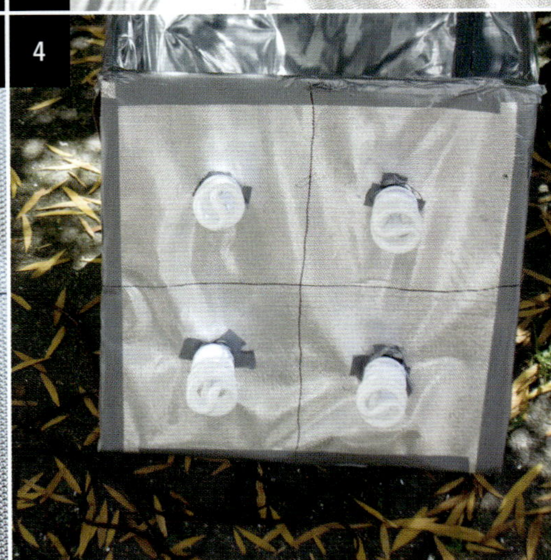

4

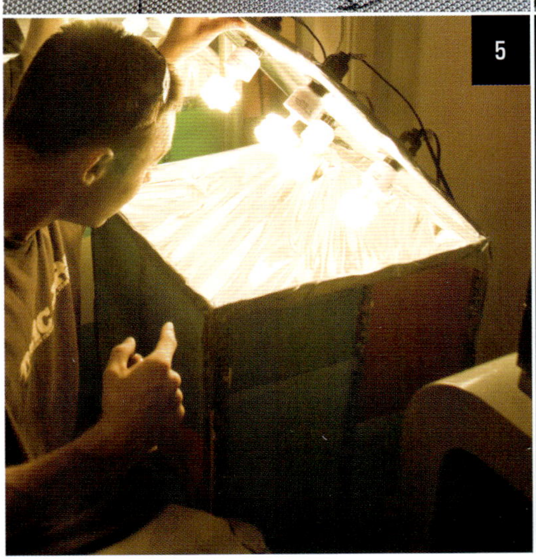

5

EINEN KISTENGARTEN EINRICHTEN

1. Alle Seiten sind mit Klebeband verschlossen. Der obere Teil ist an drei Seiten aufgeschnitten, wobei eine Seite bleibt, die als Scharnier dient.
2. Die Box weiß anmalen oder mit reflektierendem Material ausstatten. Die matte Seite von Aluminiumfolie funktioniert gut.
3. Vier Öffnungen anbringen: an der oberen Seite für die Lampenfassungen und am unteren Teil der Seitenflächen sowie in der Mitte der oberen Seite für die Luftzirkulation. Die heiße Luft wird nach oben strömen und damit aus der Kiste austreten, kühle Luft wird dadurch vom unteren Bereich aufgesogen.
4. Die Lampen sind installiert. Pflanzschale auf den Boden, Pflanzen reingestellt und fertig ist die Einrichtung.
5. Die Lampen sind eingeschaltet.

Rechteckige Schränke mit einer Breite von 30 oder 60 cm und einer Länge von 1,8 bis 3 m werden einfach mit einer HID-Lampe beleuchtet, die auf einem sich schnell bewegenden Lichtbewegungssystem befestigt ist. Eine 400-W-Lampe versorgt einen 0,75 m² großen Garten der Größe 0,3 x 2,5 m oder (0,6 x 1,2 m). Eine 600-W-Lampe kann einen 1 bis 1,4 m² großen Garten der Größe 0,6 x 1,8 m oder 0,9 x 1,5 m versorgen. Eine 1000-W- oder zwei 600-W-Lampen versorgen einen 1,5 bis 1,9 m² Garten der Größe 0,6 x 2,4 m oder 0,9 x 1,8 m.

Leuchtstofflampen können auch verwendet werden, um rechteckige Gärten zu beleuchten. T-5-HO-Lampen oder Kompaktleuchtstofflampen sind am einfachsten zu verwenden, weil sie intensiveres Licht emittieren als normale Leuchtstofflampen. Das erleichtert die Gabe von genügend Licht, damit die Pflanzen quantitativ und qualitativ gute Ergebnisse liefern. Die Pflanzen sollten 535 bis 750 Watt pro m² bekommen. Beleuchten wir einen 0,3 x 1,2 m Garten mit vier T-5-HO-Röhren, die jeweils 56 Watt verbrauchen. Eine weitere Möglichkeit ist die Verwendung von vier 55-W-Kompaktleuchtstofflampen. Beide Systeme funktionieren gut.

4. Als nächstes schneiden wir vier kleine Löcher in den oberen Teil – jeweils ein Loch ins Zentrum eines jeden Quadrats –, um die Lampenfassungen zu befestigen.
5. Jetzt schneiden wir, einige Zentimeter von der unteren Seite entfernt, zwei 7,5 × 13 cm Lüftungslöcher in die Seitenflächen der Kiste. Ein 10 cm rundes Loch wird in die Mitte der oberen Seite der Box geschnitten, um übermäßig warme Luft ableiten zu können. Die kühle eingehende Luft und die warme ausgehende Luft erzeugen einen Luftstrom. Wenn zusätzliche Kühlung benötigt wird, platzieren wir einen kleinen Inline-Lüfter an der oberen Seite.
6. Nun wird eine Pflanzschale am Boden der Kiste platziert.
7. Installieren wir schließlich die Lampen stabil an den dafür vorgesehenen Plätzen.
8. Weiter geht's: Vier 25-W-CFL-Lampen installieren, drei warmweiße und eine kühlweiße in die Fassungen schrauben. Jede von diesen Lampen emittiert etwa 1700 lm von insgesamt 6800 lm. Andere Möglichkeiten der Beleuchtung sind eine 100-W-MH-Lampe, die rund 8500 lm emittiert, oder eine 100-W-HPS-Lampe, die etwa 9.300 lm emittiert.
9. Zum Schluss schließen wir die Lampen an einer Steckdose mit Überspannungsschutz und Zeitschaltuhr an.
10. Die Kiste ist bereit für den Einsatz.

EIN GRÖSSERER GARTEN IM BEGEHBAREN SCHRANK

Die typische Größe eines begehbaren Schranks beträgt 122 × 122 cm. Das ist eine praktische Größe, weil Baumaterialien wie Sperrholz und Gipskarton als 122 × 244 cm große Platten geliefert werden. Diese Fläche beträgt 1,5 m², was eine ausgezeichnete Größe für einen ertragreichen Garten für den persönlichen Gebrauch darstellt.

Der Garten kann sofort eingerichtet werden, außerdem lässt sich im unteren Bereich ein Regal bauen, das uns zum Klonen dienen wird.

Diese Pflanzung wurde in einem begehbaren Kleiderschrank untergebracht, der etwas größer als 1 m² ist. Im unteren, mit Leuchtstofflampen beleuchteten Fach wurden Klone und junge Pflanzen untergebracht. Das oberste Regal wurde mit einer einzigen 1000-W-HPS-Lampe beleuchtet. Pflanzen in viereckigen 15-Zentimeter-Pflanztöpfen wurden zusammen in einer Pflanzenschale untergebracht.

Diese Schale mit jungen Pflanzen gibt dem Ausdruck „Gäste-WC" eine völlig neue Bedeutung.

DER EINZUG IN DEN BEGEHBAREN SCHRANK

Brechen wir durch die Schichten unseres Lebens, wenn wir den begehbaren Schrank ausräumen. Das kann der richtige Zeitpunkt sein, darüber nachzudenken, wie glücklich wir darüber sind, dieses herrliche Projekt beginnen zu können.

LICHT

Der Garten wird mit einer einzigen 1000-W-HID-Lampe bereits perfekt beleuchtet. Sie hat eine Eingangsleistung von etwa 667 Watt pro m². Wenn eine 1000-W-Lampe zu viel Strom verbraucht, beleuchten wir den Garten mit einer 600-W- oder 750-W-HPS-Lampe. Beide sind effizienter als die größere Lampe. Sie produzieren jeweils rund 90 000 bis 105 000 lm, was unseren Garten sehr aufhellt. Damit sind wir imstande, eine gute Menge an Knospen von 1A-Qualität zu produzieren. Eine 400-W-Lampe emittiert etwa 50.000 lm. Ein Garten bringt unter diesem Licht Knospen von hoher Qualität hervor. Diese sind aber nicht so groß und potent wie Knospen, die unter helleren Lampen gezogen werden. Der Ertrag eines Gartens verringert sich in einem ziemlich direkten Verhältnis zur Lichtmenge, die er empfängt.

Der beste Reflektor für diesen Garten ist derjenige, der das Licht direkt auf die Pflanzen fokussiert. Wir reflektieren Streulicht zurück in den Garten, beispielsweise mit weißen Wänden oder reflektierendem Material, das um das Perimeter herum platziert ist. Wir befestigen den Lampenreflektor an der Decke oder einem Gerüst. Die Höhe der Lampe sollte verstellbar sein. Eine Gliederkette, eine Rolle oder ein Jo-Jo sind perfekt. Das erleichtert die Anpassung. Nachdem diese vorgenommen ist, wird das Jo-Jo in dieser Höhe belassen.

Wir stellen die Zeitschaltuhr so ein, dass sie während des vegetativen Wachstums für die Dunkelphase sorgt – immer dann, wenn wir

Die Krankheits- und Schädlingsprophylaxe sollten gleich zu Beginn durchgeführt werden. Ein HEPA-Filter hilft, den Raum schadstofffrei zu halten. Der Organic Air HEPA-Filter filtert 90 Prozent der Schimmelpilze, Insekten und Bakterien aus.

Hygrostate/Thermostate können zur Regulierung von Lüftern, Klimaanlagen und Luftentfeuchtern benutzt werden.

es wünschen. Cannabis benötigt während des vegetativen Zyklus keine Dunkelphase, es könnte aber praktisch sein, das Licht auszuschalten, wenn Gäste in der Nähe sind oder wenn wir schlafen. Später, während der Blüte, regelt die Zeitschaltuhr den Licht-Dunkel-Zyklus. Wir können das Licht ohne Beeinträchtigung der Blüte für bis zu vier Stunden am Stück ausschalten. Wenn das Licht über einen längeren Zeitraum ausgeschaltet werden muss, unterbrechen wir regelmäßig den Dunkelzyklus.

TEMPERATUR UND LUFTFEUCHTIGKEIT

Eine 1000-W-HID-Lampe produziert etwa 3400 BTU. Ohne das untere Glas am Reflektor erreicht die gesamte Wärme der Lampe unseren Garten. Luftgekühlte Reflektoren mit unterem Glas halten zwischen 66 und 80 Prozent der Wärme zurück. Die warme Luft wird mit Hilfe eines flexiblen, 15 oder 20 cm langen Schlauchs abgeleitet, der an beiden Seiten der luftgekühlten Lampe installiert ist. Ein Inline-Lüfter treibt die Luft durch den Schlauch. Eine Seite führt zur Frischluftquelle – entweder in einen angrenzenden Raum oder ins Freie. Die erwärmte Luft ist geruchlos und kann problemlos nach innen oder außen abgeführt werden.

Wassergekühlte Lampen entfernen praktisch die gesamte Wärme, die durch eine Lampe produziert wird, und transferieren sie zu einem Wasserstrom in einem geschlossenen Kreislauf. Die Wärme des Wassers wird mit Hilfe eines Kühlers oder eines Wasserreservoirs reguliert.

Ohne die überschüssige Wärme bleibt die Temperatur vermutlich im bevorzugten Bereich von unter 27 °C.

Luftgekühlte Lampen führen die meiste Wärme ab. Ein etwaiger Überschuss muss jedoch beseitigt werden. Wenn die Schranktür geöffnet wird, beginnt ein freier Luftaustausch – die Wärme wird durch frische Umgebungsluft ersetzt. Das ist eine gängige Methode der Kühlung. Wenn die Schranktür verschlossen ist, erwärmt das Licht unsere Pflanzen. Es könnte zweckmäßig sein, das Licht in dieser Zeit auszuschalten. Bleibt es eingeschaltet, muss entweder die Wärme abgeleitet oder die Luft gekühlt werden, um die besten Bedingungen im Garten aufrechtzuerhalten.

Wenn der Raum oben eine Lüftungsöffnung aufweist, wird die Luft unter Einsatz eines Inline-Lüfters angesaugt, der durch einen Hygrothermostat geregelt wird. Eine andere

Öffnung unten ermöglicht, kühle Luft anzusaugen, indem heiße Luft nach außen gezogen wird. Immer, wenn der Garten zu warm oder zu feucht ist, schaltet der Sensor, der Thermohygrostat, den Lüfter ein. Die Luft wird durch einen Kohlefilter gezogen, damit Gerüche beseitigt werden, bevor sie abgleitet wird. Berechnen wir also, dass der Lüfter in der Lage sein sollte, die Luftmenge im Raum in fünf Minuten oder weniger anzusaugen. Ein Beispiel: Ein 122 × 122 × 44 cm Raum enthält 3,6 Kubikmeter Luft. Der Lüfter sollte in der Lage sein, mindestens 0,7 Kubikmeter Luft pro Minute anzusaugen.

Eine kleine Klimaanlage kann auch verwendet werden, um unsere Pflanzen kühl zu halten. Einige kleine Modelle können über den Gewächsen platziert werden. Ein tragbares 5000-BTU-Modell reicht völlig aus, um die Pflanzung kühl zu halten.

LUFTZIRKULATION

Es empfiehlt sich, einen oder zwei kleine oszillierende Lüfter im Growraum unterzubringen, um eine stetige Brise zu erzeugen, die von unten her durch die Pflanzen geleitet wird. Das führt die Wärme vom Bereich der Pflanzenspitzen nach außen hin und erfrischt die CO_2-arme Luft mit frischer, mit CO_2 angereicherter Luft.

Der Thermostat/Hygrostat soll auf eine maximale Luftfeuchtigkeit von 55 Prozent eingestellt werden. Wer die Luftfeuchtigkeit unter Kontrolle hat, beugt damit den meisten Pilzinfektionen vor.

CO_2

Wenn die Schranktür während der Lichtphase geöffnet ist und der Garten entlüftet wird, strömt frische Luft durch die Pflanzenspitzen und reichert das Gasgemisch mit CO_2 an.

Wenn der begehbare Kleiderschrank immer geschlossen bleibt, dann muss die Luft mit einem CO_2-Tank angereichert werden, der mit einem CO_2-Messgerät geregelt wird. Das Gerät misst den ppm-Wert von CO_2 im Raum und öffnet oder schließt das Ventil entsprechend. CO_2 ist nur während der Lichtphase erforderlich, das Ventil sollte also während der dunklen Periode geschlossen bleiben.

Installieren wir einen 9,07-Kilotank mit Reservoir und platzieren ihn in unserem begehbaren Schrank oder irgendwo in dessen Nähe. Das CO_2 gelangt über Schläuche in den Pflanzraum.

Nun legen wir eine wasserdichte Plane auf den Boden des begehbaren Schranks und platzieren einen Kohlefilter, einen negativen Ionengenerator oder einen Ionisator im benachbarten Raum. Diese Geräte eliminieren den verräterischen Geruch. Zum Schluss bringen wir einen Kohlefilter entlang der Entlüftungsleitung an, um die ausgehende Luft zu reinigen.

DAS UNTERE FACH

Das untere Fach wird zum Klonen und für ein paar Wochen darüber hinaus verwendet, nachdem die Stecklinge bewurzelt sind. Während der ersten drei oder vier Tage sollten die Stecklinge etwa 100 Watt pro Quadratmeter bekommen. Danach etwa 200 Watt pro Quadratmeter, bis sie bewurzelt sind. Sobald das geschehen ist, erhöhen wir die Lichtintensität. Wir benötigen nicht das ganze Fach, um das System mit frischen Klonen zu versorgen. Die Lampen sollten also auf eine Fläche konzentriert sein, die groß genug ist, um einen 122 × 122 × 244 cm großen Bereich zu beleuchten. Das ist groß genug für 25 x 50 cm große Pflanzschalen, die in Pflanzenschulen üblich sind.

Wir befestigen ein Regal etwa 40 Zentimeter über dem Boden. Es wird das Gewicht der Pflanzung halten und sollte deshalb besonders robust sein. Sowohl ein Sperrholz von 2,5 cm Dicke als auch robuste Stahlgitter eignen sich dafür. Nachdem wir die Wand zusammengesetzt haben, bestimmen wir die Positionierung

Verbrauchte Luft wird aus dem Raum gezogen, passiert einen desodorierenden Kohlefilter und wird dann aus dem Raum abgeleitet. Weil diese Luft geruchlos ist, kann sie in Innenräume oder ins Freie geleitet werden.

Um die Lampen zu kühlen, wird Luft von außerhalb des Raums durch einen Schlauch gezogen. Schließlich wird sie nach außen abgeleitet. Die Luft kommt niemals in Kontakt mit der Raumluft, sie bleibt also geruchlos und kann damit problemlos abgeführt oder zur Erwärmung eines anderen Raums verwendet werden.

Zwei 1000-W- oder drei 600-W-Lampen, die einen drei Quadratmeter großen Raum beleuchten, erzeugen die ideale Intensität, um ein schnelles und kräftiges Wachstum zu stimulieren.

des Regals und legen fest, ob es freistehend oder fest installiert werden soll.

Wir benutzen zwei 61 cm lange T-5-HO-Röhren recht nah beieinander, nicht weit voneinander entfernt.

T-8-Röhren verbrauchen 50 Prozent weniger Strom und sind weniger effizient als HO-Lampen – in diesem Fall sollten also doppelt so viele Röhren zum Einsatz kommen. Verwenden wir vier Röhren, um zu beginnen.

Wir nehmen zwei 15W-Kompaktleuchtstofflampen, erhöhen unser Regal um fünf Zentimeter, um die Länge der Röhre anzupassen, die senkrecht nach unten hängt. Dann bringen wir die Lampen mit Hilfe der Metallträger auf dem Sperrholz an und platzieren eine Barriere aus Kunststoff dazwischen.

SYSTEM MIT ZWEI 1000-W- ODER DREI 600-W-LAMPEN

Zwei 1000-W- oder drei 600-W-Lampen hängen über einer Fläche von 122 × 244 cm, drei Quadratmeter, und idealerweise haben sie die gleiche Größe wie viele der erhältlichen Bauelemente. Es gibt mehrere Möglichkeiten, diese Einheit zu konstruieren. Denken wir daran, dass der Raum zweckmäßig angelegt werden muss, um die fünf lebensnotwendigen Elemente liefern zu können: Licht, CO_2, Temperatur, Luftfeuchtigkeit, Wasser und Nährstoffe.

Eine solche Pflanzung anzulegen kann so einfach sein wie das Aufhängen von Lampen an die Decke und wie ein Verschließen des Raums mit Vorhängen. Wir können aber auch

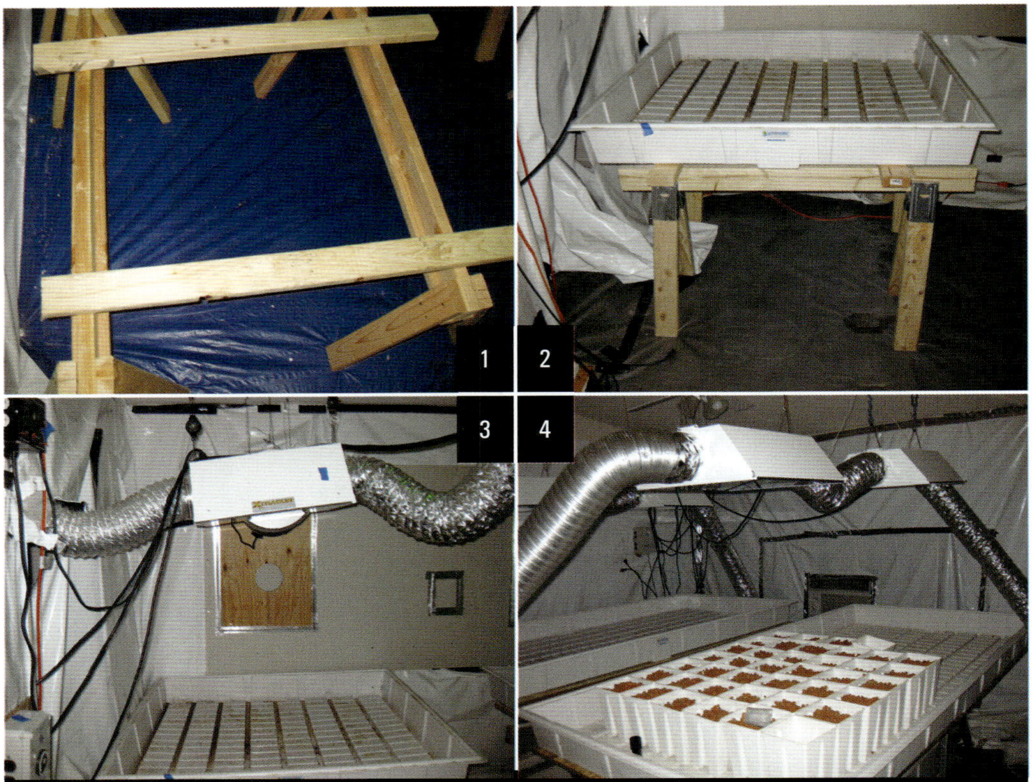

1. Vier 60 × 120 cm große Bretter sind auf zwei Sägeböcken abgelegt 2. Eine 122 × 244 cm große Schale ist oben auf den Brettern abgestellt 3. Zwei luftgekühlte Lampen wurden an der Decke aufgehängt – die Ansaugschläuche sind im Nebenraum platziert und enden auf der anderen Seite 4. Die Töpfe auf der Schale sind zur Bepflanzung bereit.

Nur wenige Wochen später sonnen sich die Pflanzen in ihrem neuen Zuhause unter den Lampen.

Drei 600-W-Lampen produzieren die gleiche Menge an Licht wie zwei 1000-W-Lampen, aber sie verbrauchen rund zehn Prozent weniger Energie.

ehrgeiziger sein: Wir können ein Gerüst aus Holz oder Stahl bauen und den Growbereich mit Polyäthylen-Kunststoff oder mit anderem reflektierendem Material versehen. Oder wir bauen mit Hilfe von Gipskarton oder anderen Baumaterialien einen Miniraum.

Ein Indoor-Gewächshaus wäre möglicherweise die beste Lösung. Solche Gewächshäuser sind leicht zusammenzusetzen und so konzipiert, dass Lampen und anderes Zubehör leicht installiert werden können. Anstatt mühsam einen Raum vorzubereiten, ist es wahrscheinlich bequemer, eines dieser Gewächshäuser zu verwenden.

GARTEN MIT ZWEI LAMPEN

Wir sollten ein Gerüst bauen oder den Raum so vorbereiten, dass der Garten in sich geschlossen ist. Die Innenabmessung sollte ein wenig größer sein als 122 × 244 cm, damit Schalen und andere Gegenstände einfach innen platziert werden können. Unsere Pflanzung braucht in jedem Fall eine Tür oder irgendeine Art von Zugang. Er sollte etwa 2,43 Meter

Beachten wir die wassergekühlte Lampe in dieser Einheit. Sie wird mit einem Wasserkühler und einem Eimer gekühlt, der als Behälter dient. Kommerzielle Anlagen wie No Holes Bar von Best Coast Growers (Fresa Sol, auch abgebildet) sind beweglich und leicht einstellbar.

hoch sein. Das ist genug, um die Lampen etwa einen halben Meter über den Pflanzenspitzen aufhängen zu können, die während der Reifung durchaus eine Höhe von 1,5 Meter erreichen können. Die Einheit sollte stark und stabil genug sein, um die Lampen zu tragen.

Installieren wir das ppm-Messgerät für CO_2. Der Tank ist direkt außerhalb des Gartenraumes aufgestellt, deshalb sollte die Sensor-Verdrahtung lang genug sein, den Regler auf dem Tank zu erreichen. Ein kleiner Schlauch, der vom Tank zum Garten führt, leitet das Gas in den Growraum.

Installieren wir nun das Lüftungssystem. Wenn der Garten ausschließlich durch die Luft des kühlen Orts oder von außen gekühlt werden soll, sollte er einen gefilterten Lufteinlass in Bodennähe der Einrichtung haben. Schläuche sollten oben installiert werden, um die Luft ableiten zu können.

Der Lüfter: Die Luft sollte mit Hilfe eines Inline-Lüfters nach außen geleitet werden. So ein Entlüfter leitet 2,8 Kubikmeter Luft pro Minute ab und entlüftet alle fünf Minuten.

Kohlefilter: Ein Inline-Kohlefilter wird verwendet, um den Geruch ausgeleiteter Luft zu beseitigen.

Schalldämpfer: Der Inline-Schalldämpfer beseitigt den Lärm des Lüfters und das Rauschen der Luft.

Schläuche: Für kleine Räume mit zwei Lampen sollten wir 15 cm lange Schläuche verwenden. Sie decken eine Fläche von 28 cm^2 ab. Verwenden wir 20 cm oder 25 cm lange Schläuche für größere Gärten. Sie decken entsprechend eine Fläche von 125 m^2 bzw. 195 m^2 ab.

Thermostat / Hygrostat: Verbinden wir den Lüfter mit dem Thermostat / Hygrostat. Wenn wir die Entlüftung als Hauptmaßnahme zur Regelung von Temperatur und Feuchtigkeit benutzen, sollte das System auch einen Regler enthalten, der die CO_2-Emissionen stoppt, wenn der Lüfter läuft. Wenn der Garten mit einer Klimaanlage gekühlt wird, ist das allerdings nicht die eleganteste Lösung. Der Thermostat / Hygrostat würde sich eher dazu eignen, die Klimaanlage zu regulieren als die Lüftungsanlage. Deshalb öffnen wir entweder ein Fenster oder bedienen uns einer mobilen Klimaanlage. Sie sollte gut befestigt werden. Die Klimaanlage kann so eingestellt werden, dass sie zwar die Wärme austauscht, nicht aber die Luft, so dass die CO_2-Konzentration nicht beeinträchtigt wird. Einige tragbare Klimaanlagen tauschen Luft aus. Diese Luft sollte tunlichst geruchlos sein, bevor sie den Raum verlässt. Selbst bei einer Klimaanlage ist es wichtig, eine ausreichende Entlüftung gewährleisten zu können. Hier tun es ein Kohlefilter und ein Lüfter, der manuell geregelt wird.

Hängen wir nun die Lampen an das Gerüst. Wenn wir zwei 1000-W-Lampen benutzen, stellen wir jede ins Zentrum einer 122 × 122 cm großen Fläche. Weil alles Licht von zwei Quellen ausgeht, befinden sich einige Pflanzenteile immer im Schatten. Der sogenannte Straßenbahn-Typ von Lichtbewegungssystemen wird so eingestellt, dass er sich um 30 bis 45 Zentimeter vor und zurück bewegt. So beleuchten die Lampen mehrere Pflanzenteile, was zu größeren Erträgen führt.

Die Verwendung von drei 600-W-HPS-Lampen ist effizienter und billiger, als die Verwendung von zwei 1000-W-Lampen, weil 600-W-Lampen zehn Prozent weniger Strom verbrauchen, aber die gleiche Lichtmenge produzieren. Das Licht wird gleichmäßiger verteilt, weil es von drei Quellen emittiert wird, anstatt von nur zweien. Hier wird kein Lichtbewegungssystem benötigt.

Auf den Boden sollte eine wasserdichte Plane gelegt werden.

EIN GRÖSSERER GARTEN

WIE MEIN GROSSER GARTEN ANGELEGT IST

VON JAKE X

Jake X ist ein Gartenfachberater mit 25-jähriger Erfahrung im Gartenbau und in der Einrichtung von großen Pflanzenzuchten.

Ursprünglich wollten wir die Pflanzen in zwei großen Räumen mit jeweils 24 1000-W-Lampen züchten. Stattdessen haben wir uns entschieden, 600-W-Lampen zu benutzen, weil sie mehr Lichtquellen ergeben und somit weniger Schatten produzieren. Außerdem sind sie um sieben bis acht Prozent effizienter in der Erzeugung von Licht, weil sie weniger Strom verbrauchen.

Die Raumfläche war jeweils 5,5 × 5,5 m, also 30,25 Quadratmeter. Um das Potenzial des Raums zu maximieren, wurden acht 2,45 × 1,25 m große Tische auf Metallräder gestellt, so dass zwei Menschen sie leicht bewegen konnten. Wir haben die acht Tische so angeordnet, um einen 4,9 × 4,9 m großen Zuchtraum anzulegen. Es war nur ein Arbeitsgang nötig, denn die Tische konnten bewegt werden, um diesen Raum fertigzumachen.

Die Lampen für einen Raum haben etwa 16 Kilowatt oder 142 Ampere Strom verbraucht. Der beste Strom dafür ist ein 220-Volt-Drehstrom mit 600 Ampere Kapazität, der eine saubere Energie erzeugt. Viele Fabriken verfügen bereits über diesen Standard. Wer solchen Strom noch nicht hat, sollte das vor der Einrichtung der Lampen ändern.

1
2
3
4
5
6
7

1. Der Raum wurde mit einer Holzumrahmung gestaltet, weißer und schwarzer Kunststoff diente als Wandmaterial. So hatte ich einen abgedichteten Raum. Die Klimaanlagen tauschten Wärme und Feuchtigkeit, führten jedoch die Luft nicht in den zentralen Bereich ab, sondern durch das Dach nach draußen. CO_2 wurde mit Hilfe von Tanks beigegeben. 2. Die Lagerhalle vorher. 3. Wir bauten mehrere Räume. 4. Im Inneren eines zum Teil ausgebauten Raums. 5. Ein fertiger Raum. 6. Das Wassersystem arbeitete mit drei Behältern und wurde entwickelt, um das Wasser zu reinigen und Nährstoffe für fünf Räume zu mischen. 7. Automatische Regelung für das Wassersystem und die Temperatur. Die Schalter regelten Pumpe und Lüfter. Das On-/Off-Ventil regelte den Wasserumlauf und die Wasserableitung. 8. Der Blüteraum. Jeder Raum war mit drei Filtern zur Reinigung der Luft und zur Beseitigung des Geruchs ausgestattet. 9. Drei 600-W-Lampen wurden über jeden Tisch gehängt. 10. – 11. Die Lampen waren mit Schläuchen versehen, so dass ein 12'-Lüfter alle 21 Lampen entlüften konnte. 12. Drei 600-W-Lampen wurden über jedem Tisch aufgehängt. In diesem Garten zogen die luftgekühlten Lampen die Luft aus dem Raum. Mit Hilfe eines Kohlefilters wurde die Luft gereinigt und dann entlüftet. Beachten wir, dass alle Tische über Räder verfügen. Damit können sie leicht bewegt werden, um einen Pflanzraum einzurichten.

Wir haben drei Lampen über jeden 122 × 244 cm großen Tisch platziert, die den Bereich über den Pflanzenspitzen mit rund 535 000 Lux versorgt haben.
Die Lampen wurden etwa einen Meter über den Pflanzen platziert, so dass sich das Licht gleichmäßig über deren Spitzen verteilen konnte. Um sicher zu stellen, dass kein von den Lampen reflektiertes Licht verloren geht, haben wir eine hochbelastbare Aluminiumfolie an den äußeren Rand der Reflektoren gehängt, um das Licht, das lediglich die Wand erreicht, zurück zu den Pflanzenspitzen zu lenken.
Neben den Lampenbewegungssystemen und Reflektoren haben wir die Wände weiß gestrichen, um alles Licht zu reflektieren, das auf die Wände einfiel.
Wir haben die Wand, die der Tür am nächsten war, für die Elektroinstallation gewählt. Wieso? Alle Stromkreise für den Raum wurden von dieser Wand aus kontrolliert. Wir haben alle Lampen über das Vorschaltgerät angeschlossen und darauf geachtet, dass alle Vorschaltgeräte auf demselben „Lichtpanel" sind, das durch eine digitale Zeitschaltuhr kontrolliert wurde und ermöglichte, alle Lampen auf einmal einzuschalten.
Die Lampen waren luftgekühlt mit Bördeln von 20 Zentimetern Durchmesser auf beiden Seiten. Damit konnten die Röhren an den Lampen leicht befestigt werden. Aus der zentralen Leitung führten sechs Röhren zu den Lampen, die durch einen Inline-Lüfter angetrieben wurden. Wir haben die Luft durch die Röhre im Dach hereingezogen und sie durch einen Dachentlüfter abgeführt. Es gab keine anderen Lüftungsöffnungen im Raum, der Garten war abgedichtet.
Die Luft wurde durch einen Regelthermostat kontrolliert, der die Heizgeräte automatisch einschaltete, wenn die Temperatur während der dunklen Periode unter 18 bis 21 °C fiel. Diese Dunkelperiode regelten wir dergestalt, dass sie zu Mittag begann und um Mitternacht endete.
Die Wärme wurde mittels zwei 15 000-BTU-Fenster-Klimaanlagen, die sich automatisch einschalteten, abgeführt, und zwar ab einer Temperatur von 28 °C aufwärts.
Der Raum wurde mit Hilfe von Tanks und einem über ein ppm-Messgerät gesteuerten Regler mit Kohlendioxid versorgt, der den CO_2-Wert über den gesamten Zyklus bei 1200 ppm gehalten hat. Wir setzten das Gas von der Unterseite der Schalen her in der Nähe der Töpfe frei, so dass es zu den Pflanzenspitzen stieg.
Die Lüfter befestigten wir etwas über Kopfhöhe, um nicht Gefahr zu laufen, durch die Rotorblätter des Ventilators unsere Ohren oder Haare zu verlieren.
Als Pflanzmedium wählten wir ein erdloses Medium aus Kokosfaser. Damit füllten wir 32 nicht gestaffelte 22-Liter-Töpfe aus Kunststoff auf jedem 4,9 × 4,9 m großen Tisch.
Jedes Tischsystem wurde mit einem 800-Litertank versorgt, der die Töpfe mit Hilfe von Zerstäubern bewässerte.
Während der frühen Wachstumsphase und der vegetativen Phase gossen wir einmal pro Woche. Während der späten Wachstumsphase und der Blüte bekamen die Pflanzen alle drei Tage eine Wasser-/Nährlösung. Der pH-Wert des Wassers wurde zwischen 6,3 und 6,5 gehalten.
Wenn die Pflanzen zu blühen begannen, hielten wir den ppm-Wert des Düngemittels bei 900 ppm und erhöhten den Wert über einen Zeitraum von fünf Wochen nach und nach bis auf 1500 ppm. Während der letzten vier Wochen haben wir den Wert dann allmählich wieder bis auf 1000 ppm reduziert. Während der letzten zehn Tage wurden die Pflanzen lediglich mit pH-eingestelltem Wasser bewässert.
Die Pflanzen wurden für 10 bis 20 Tage in der vegetativen Wachstumsphase gehalten, je nach Sorte. Wir nahmen einige Klone von oben aus

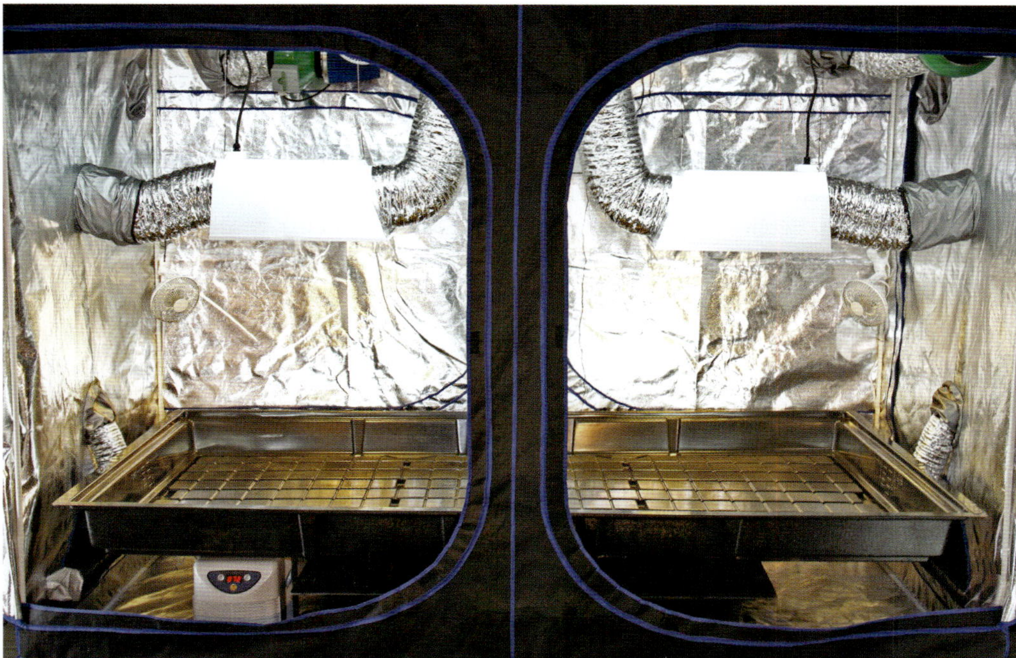

Vorgefertigte Growboxen und Zuchtzelte erlauben Growern, eine geschlossene Anlage mit kleinen Pflanzen in verschiedensten Räumlichkeiten einfach einzurichten. Das Indoor-Zuchtzelt von Hydrohut weist einen dicken Klettverschluss auf, um Spalten, Schlitze, Klappen und Öffnungen zu verschließen, wo Lampen, Klimaanlage und Lüftung angeschlossen werden, die für die Regulation des Raumklimas notwendig sind.

Von links nach rechts: Dieser Garten wurde innerhalb von ein paar Stunden eingerichtet. Alles wird automatisch kontrolliert und reguliert, so dass der Grower nur die Anlage überwachen muss. Ein Lüfter und ein Kohlefilter entfernen die heiße Luft; eine Alternative ist die Kühlung der Luft mit einer Klimaanlage, um hohe CO_2-Werte beizubehalten.

der Pflanzenmitte und von den untersten Zweigen, bevor wir die Pflanzen in Blüte setzten. In der Blütephase hatte jede Pflanze acht bis zehn Zweige, die alle etwa gleich lang waren. Die Sorten, die wir wählten, waren in sieben bis neun Wochen reif, und sie brachten einen Ertrag von ungefähr 56 Gramm pro Pflanze.

Wir verwendeten diese Nährstoffe:
- Flora Nova Floralicious und Koolbloom (hat den Zuckergehalt in den Knospen erhöht).
- Huminsäure/Folsäure (verbesserte die Vitalität).

Eine Pflanzung in zwei Regalen, beleuchtet mit Leuchtstofflampen.

VORGEFERTIGTE GROW-BOXEN

Der einfachste Weg zum Growing könnte die Anschaffung eines vorgefertigten Indoor-Gewächshauses sein. Solche Einheiten erleichtern es, einen diskreten Bereich zu schaffen, in dem man seine Pflanzen ziehen kann. Diese Indoorboxen sind in verschiedenen Größen erhältlich. Von 60 cm x 150 cm bis etwa 300 cm x 300 cm. Es gibt sogar Duplex-Modelle.
Solche Zuchtzelte sind leicht zusammenzusetzen, sie sind portabel und flexibel. In ihnen lassen sich Lampen aufhängen, und sie verfügen über Einlässe für alles Zubehör wie Kohlefilter, Lüfter, CO_2-Einheiten, Kühlung und Lampenkühlung.
Growboxen bieten viele Anwendungsmöglichkeiten. Sie vereinfachen zum einen die Einrichtung, und sie eignen sich hervorragend zum Separieren von Pflanzen, zum Beispiel für Quarantäne oder Vermehrung.
Die Zelte ermöglichen es, eine kleine eingeschlossene Pflanzung mühelos in einem großen Raum einzurichten, ohne Wände bauen zu müssen. Wir müssen nur ein bisschen aufräumen, um Platz für den Indoor-Garten zu gewinnen, ihn einrichten, die Lampen anschließen und das Zubehör anbringen, und schon sind wir Grower.

ORIGINELLE GÄRTEN

EIN GARTEN IM REGAL

Regale können drinnen oder draußen für die Unterbringung von Pflanzen verwendet werden. Outdoor-Regale funktionieren am besten mit kleinen Pflanzen, die nicht höher als einen halben bis einen Meter wachsen, so dass die unteren und oberen Pflanzen eine durchgehende grüne Wand bilden. Im Herbst, wenn der Einfallswinkel der Sonne kleiner ist, erhalten die Pflanzen seitlich direktes Licht, das Knospenwachstum und -reife unterstützt. Im Freien kann ein nach Süden ausgerichteter Bereich mit abgestuften Regalen benutzt werden, um Topfpflanzen aufzustellen. Regale nehmen eine gewisse horizontale Fläche in Anspruch, aber sie gleichen es mit zusätzlichem vertikalem Raum aus. Viele andere innovative Anordnungen von Regalen können entwickelt werden, um deren Verwendung an bestimmte Gegebenheiten anzupassen. Regale mit Rädern können umplatziert werden, um stets Sonnenlicht zu bekommen, weil sich

die Position der Sonne im Laufe des Tages und abhängig von der Jahreszeit ändert.
Die Platzierung von Pflanzen auf Regalen im Innenraum bietet zusätzlichen Raum, der gewöhnlich nicht verwendet wird. Der Garten schließt nicht nur die Bodenfläche, sondern auch die Wände ein. Wir hängen die Lampen entweder vertikal oder horizontal auf, solange das Licht sowohl auf die Wände als auch auf den Boden einfällt. Wir verwenden einen Reflektor, der das Licht von der Decke erhält und in den Garten zurückstrahlt. Um festzustellen, wie viel Licht wir benötigen, bestimmen wir zuerst die Gesamtfläche des Bodens und der Wände oder Regale. Zum Beispiel könnte ein Raum mit der Bodenfläche von sechs Quadratmetern eine Nutzfläche von 4,5 Quadratmetern haben, wenn man die Ecken und Regale abzieht. Die Gesamtfläche der Regale und Wände ist etwa 18,5 Quadratmeter, oder ein wenig mehr als dreimal so groß wie die Bodenfläche.
Wenn diese Gesamtfläche eine ebene Fläche wäre, würde sie zwölf 1000-W-Lampen benötigen. Weil das Licht aber in alle Richtungen verteilt wird (dank der Reflektoren fast ohne Verlust), sind nur vier oder sechs 1000-W-Lampen erforderlich, um den Raum zu beleuchten. Wir hängen alle Lampen in der Mitte der Anbaufläche auf. Dann platzieren wir einen Reflektor über die oberste Lampe, malen die Decke weiß oder bedecken sie mit reflektierendem Material, wie z. B. mit einer Aluminiumfolie oder weißem Kunststoff, damit alles Licht, das nach oben und aus dem Garten entweicht, zurück zu den Pflanzen geführt wird.
Mit dieser Technik verfügt ein Raum, der normalerweise nur die Fläche der Pflanzenspitzen von nicht mehr als sechs Quadratmetern hat, über eine effektive Fläche von 23 Quadratmetern. Das Ergebnis ist eine mehr als dreimal so große Fläche, die nur etwa ein Drittel der Energie benötigt wie normal. Züchter können

Dieses Regal ist 46 cm breit, 2,4 m lang und 60 cm hoch. Es wurde mit Hilfe von vier T-8-HO-Leuchtstofflampen mit Energie gespeist, die insgesamt 32 000 Lumen emittiert haben und jeweils 86 Watt verbraucht haben. Die Pflanzen wurden mit Guano, Tang und Huminsäure versorgt. Mehrere Indica-Samen wurden je in einem 32 Unzen fassenden Styroporbehälter gezogen. Die Samen keimten rasch. Sie durften innerhalb von einigen Wochen wachsen, bis sie etwa 15 cm hoch waren. Dann wurden sie durch Reduzierung des Lichts auf zwölf Stunden pro Tag zur Blüte gebracht. Sobald es sich erkennen ließ, wurden männliche Pflanzen entfernt. Die Pflanzen wurden je nach Bedarf umgepflanzt, so dass sich in jedem Topf eine weibliche Pflanze befand. Hier sind die Pflanzen in der dritten Woche der Blüte zu sehen. Die Knospen wuchsen in der sechsten Woche üppig. Die Pflanzen waren erntebereit. Die Knospen waren nicht groß, aber stark und schmackhaft.

gute Erträge erwarten, weil so der Ertrag pro Watt deutlich höher ist als bei Standardsystemen.

ROTIERENDE GÄRTEN

Rotierende Gärten funktionieren wie Riesenräder mit einem Licht in der Mitte, um das sich die Pflanzen drehen. Diese Methode spart Zeit, Raum und Energie, weil sie Erträge von bis zu 1,5 Gramm pro Watt in einem kurzen Zyklus produziert.

Die rotierende Einheit ist mit Schlitzen ausgestattet, die zehn Zentimeter große Würfel mit Steinwolle enthalten. Die Lampen sind in der Mitte der Einheit platziert, wo sich die Achse befände, wenn sie mit einer Drehscheibe liefe. Das Rad rotiert vertikal, so dass sich die Pflanzen um 360 Grad drehen – vertikal auf dem Boden, dann horizontal, dann umgekehrt, dann horizontal in die andere Richtung und zurück. Diese Rotation verursacht eine gewisse Spannung am Haupttrieb, so dass die Pflanzen kräftig wachsen. Die Pflanzenspitzen sind stets dem Licht zugewandt, so dass die Pflanzen kurz, einstämmig und komplett mit Knospen bedeckt wachsen. Die Würfel werden automatisch bewässert, während sie rotieren. Sobald die Pflanzen dort platziert werden, brauchen sie nur noch wenig Pflege. Ein Streckwuchs wird verhindert; daher beschränkt sich später die Maniküre der Pflanzen auf ein Minimum. Es ist unwahrscheinlich, dass die Pflanzen von Infektionen befallen werden, weil Insekten auf den sich bewegenden Pflanzen nur schwer landen können und weil die Umgebung recht hell ist, was einige Schädlinge abhält.

Solche Systeme sind komplexe Anlagen, deren Anschaffungspreis hoch ist. Die Arbeitseinsparung und Erhöhung des Ertrags rechtfertigen jedoch die Investition mehrfach. Es gibt eine Reihe von Modellen, die zurzeit zur Verfügung stehen.

Die zehn Zentimeter großen Würfel mit Steinwolle sind entlang des Gestänges befestigt. Jede Stange wird bewässert, wenn sie den Boden erreicht.

Rotierende Gärten sind zuweilen recht effizient, weil die Pflanzen alles Licht direkt von den Lampen bekommen. Die Pflanzen bleiben durch die Bewegung kurz. Im Innern können wir ein wahres Knospenmeer erkennen.

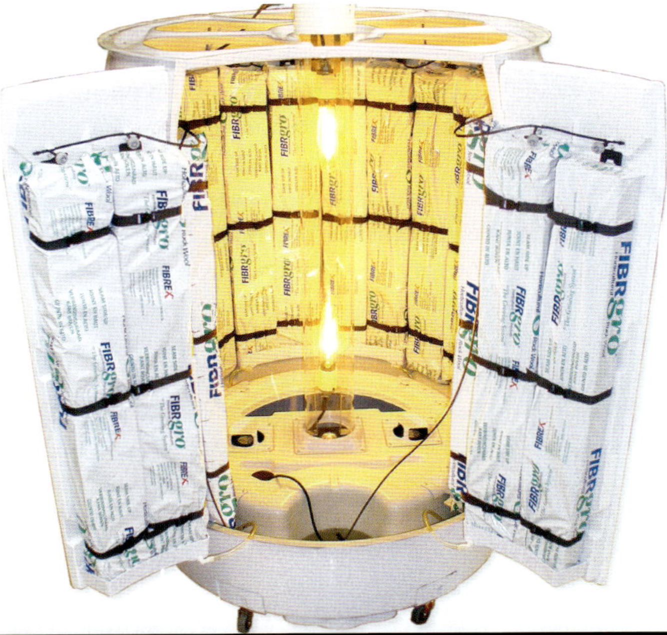

Vertikale Gärten erlauben umweltbewussten Growern, einen hohen Ertrag in einem recht kleinen Raum zu produzieren. Weil die Pflanzen einen 360-Grad-Kreis um den Leuchtkörper bilden, kann ein höherer Ertrag mit weniger Strom produziert werden. Das EcoSystem ist ein komplettes Klimasystem, das dem Grower ermöglicht, 20 bis 140 Pflanzen im Bonsaistil auf einer Kreisfläche von 1,21 Meter Durchmesser und 1,5 Meter Höhe zu züchten. Die Wasser-/Nährlösung wird auf die Oberfläche der Einheit gepumpt, und die Pflanzen werden durch Gravitation bewässert.

Vertikale Gärten erlauben Indoor-Growern, das Potenzial ihrer Lampen für die Indoor-Zucht zu maximieren, indem sie die Pflanzen in einem 360-Grad-Kreis um sie herum platzieren. Das Achteck funktioniert sowohl für den Boden als auch für Pflanzen in Hydrokultur.

Der einzige Nachteil dieser Systeme ist die Anzahl der Pflanzen, die sie benötigen. Mehr als 200 bewurzelte Klone passen in so ein System, das deshalb vor allem für jene geeignet ist, die nur nur wenig Raum zur Verfügung haben.

COLOSSEUM-GARTEN

Jeder Grower strebt danach, den Ertrag seines Gartens zu maximieren. Gewöhnlich ist das Licht der limitierende Faktor.

Die Beleuchtung einer Indoor-Zucht mit HID-Lampen hat den Nachteil bei den Reflektoren, die das Licht nach unten lenken. Selbst die besten Reflektoren büßen 40 Prozent ihrer Intensität ein, weil sie das Licht nach unten zu den Pflanzenspitzen lenken. Die Lösung besteht darin, einen Garten um die Lampe herum zu bauen – ohne Reflektor. Um diesen Garten zu bauen, machen wir die Löcher in den Sperrholzplatten etwas größer, als die Größe der Töpfe ist, die in den Löchern platziert werden sollen. Wir stellen die Platten auf ihre Enden und setzen sie in Sechsecke oder Achtecke um die Lampen herum zusammen. Dann füllen wir die Töpfe mit einer Erdmischung.

Die gemeinsamen Merkmale solcher Gärten sind, dass die Pflanzen ohne Reflektoren um die Lampen herum platziert werden und damit effizient bewässert und gepflegt werden können. Sie können im Turmstil, im Stadionstil oder in Reihen und geometrischen Mustern gebaut werden. Die Ziele eines vertikalen Gartens sind: die Nutzung des vorhandenen Raums zu maximieren und den Ertrag pro Watt zu erhöhen.

Das Colosseum wird aus großen Rundbögen mit einem Hohlraum im Inneren für Nährmedium oder aeroponische Besprühung gebaut. Bis zu 150 Pflanzen haben Platz in einem Kreis rund um die Lampen. Oft werden zwei Stapel mit 3000 Watt beleuchtet, 300 Pflanzen im Inneren können einen Ertrag von drei bis vier Kilo bringen, in etwa fast 1,36 Kilo pro Watt.

Das EcoSystem ist ein vertikaler runder Garten mit tropfbewässerten Steinwollplatten. Das ursprüngliche EcoSystem verwendet 24 Platten und wird mit zwei 600-W- bis 750-W-Lampen in der Glasröhre beleuchtet. Das EcoSystem II ist größer. Es besteht aus zwei Teilen und wird mit zwei 1000-W-Lampen beleuchtet.

FLACHE GÄRTEN

Wir können einen „flachen Garten" anlegen, der die Fläche der Wände nutzt, jedoch ohne große Tiefe zu bieten. Dieser Bereich kann sehr leicht zu einem Growbereich umgewandelt werden. Er sollte weiß gestrichen oder mit reflektierendem Material ausgestattet werden. Wenn der Bereich offen und damit weitgehend ungeeignet ist, verwenden wir einen Vorhang oder eine andere visuelle Barriere, um den Garten zu verbergen. Das wird auch das Licht in der Pflanzung halten. Solche Kultivierungsstrategien nutzen den Raum anders als die meisten Gärten. Anstatt nur den Boden zu nutzen, können mit diesen Gärten auch die vertikalen Dimensionen des Raums ausgefüllt werden. Das ermöglicht eine dichtere Bepflanzung und eine effizientere Nutzung des Lichts.

Leuchtstofflampen sollten gegenüber der Wand platziert werden, um eine „Lampen-Wand" zu bilden. Die Pflanzen werden zwischen Wand und Lampen platziert.

Diese Pflanzen wurden unter einem Reflektor gezüchtet, der das Licht sowohl an die Wände als auch auf den Boden richtete. Um die Lichtenergie voll auszunutzen, wurden sie entlang der Wand platziert – und hinter das Netz.

Pflanzen dehnen sich in drei Dimensionen aus. Ihre Tiefe und Breite können geregelt werden – mit Pfählen oder einem Kunststoffnetz oder auch mit einem Gestell, das mit Maschendraht versehen wurde. Wir können auch einfach Zweige entfernen.

Das Netz ist an den Wänden befestigt, es gibt also mindestens einen zehn Zentimeter großen Bereich zwischen Netz und Wand. Mit Bindedrähten werden die Zweige am Gestell gehalten.

BEISPIELE FÜR UNZUREICHENDE GARTENGESTALTUNG

- *Das elektrische System ist laienhaft und damit gefährlich. Die elektrische Leitung besteht aus einer Reihe von Verlängerungskabeln, von denen einige den Boden berühren. Der Dschungel an Drähten könnte zum Fangen von wilden Tieren verwendet werden.*
- *Die Lampe ist ohne Schutz und könnte platzen, wenn sie in Kontakt mit einem Wassertropfen kommt.*
- *Ohne einen Reflektor, der das Licht reflektiert, würde viel vom Licht nie den Garten erreichen, es würde also verschwendet. Die Lampe beleuchtet eine zu große Fläche, etwa 5,5 Quadratmeter.*
- *Der Lüfter wird direkt auf die Lampe gerichtet und bläst die warme Luft über die Pflanzenspitzen.*
- *Ein altmodisches magnetisches Vorschaltgerät versorgt die Lampe mit Energie; elektronische Vorschaltgeräte verbrauchen jedoch weniger Strom und würden etwa acht Prozent Stromkosten sparen.*
- *Das Vorschaltgerät und die Werkzeuge sind auf einem hohen Regal platziert, was es erschwert, sie zu erreichen.*
- *Kein Deut von Lüftung, Wärmeaustausch und CO_2-Anreicherung.*

DER BODEN

ZWECK DES WURZELSYSTEMS

In den vorhergehenden Kapiteln wurde bisher zumeist über die Pflanzen oberhalb des Erdreichs gesprochen. Die Wurzeln der Pflanze, wenngleich sie auch versteckt sind, sind ebenso verzweigt wie die Pflanzenspitzen.

Wurzeln verankern eine Pflanze an ihrem Standort. Das Wurzelgeflecht lebt in enger Beziehung zum Boden, der die Pflanze fest in der Erde verankert und sie letztlich festhält. Wenngleich die Pflanzenspitzen einige Winde aushalten können, die an ihnen reißen, sorgen doch die Wurzeln für die Stabilität des Stiels. Sie halten ihn aufrecht und ermöglichen es gleichwohl, dass er sich biegen kann.

Wurzeln versorgen die Pflanze mit Wasser und Nährstoffen. Mit Hilfe einer komplexen Reihe von biochemischen Prozessen sammeln die Wurzeln Nährstoffe und setzen Zucker und Enzyme in die Umgebung frei.

Cannabis-Pflanzen bilden sowohl vertikal als auch horizontal Wurzeln. Die horizontalen Wurzeln können sich zur Breite der Pflanzenspitzen ausdehnen. Das bedeutet, dass eine drei Meter breite Pflanze entsprechende Wurzeln hat. Die horizontalen Wurzeln wachsen auch nach unten bis zu einer Tiefe von 22 bis 45 Zentimetern, je nach Feuchtigkeit des Bodens. Die vertikalen Wurzeln können sich auf der Suche nach Wasser bis 1,2 Meter oder mehr in die Tiefe ausdehnen; in feuchtem Boden können Wurzeln eher kurz ausfallen.

WURZELN IN NATÜRLICHEM BODEN

Pflanzen, die im Freien im Erdboden wachsen, erhalten ihre Nährstoffe durch den Abbau komplexer organischer Chemikalien in einfachere wasserlösliche Formen. Die Wurzeln fangen die Chemikalien mit Hilfe einer Kombination von elektrischen Ladungen und chemischer Verarbeitung auf. Sie werden durch eine blühende Gemeinschaft der Mikroorganismen unterstützt, die in der Rhizosphäre, in der Umgebung der Wurzeln, leben. Diese Organismen sind an der symbiotischen Beziehung beteiligt, in der sie die Wurzel schützen und sie mit Mineralien versorgen. Im Austausch setzen die Wurzeln Zucker und andere Produkte frei. Dieses Ökosystem ist an und für sich selbstständig.

NATÜRLICHE BÖDEN

Böden in den nördlichen Breiten Nordamerikas und großen Teilen Europas bilden auf zwei unterschiedliche Arten Schichten von zersetzten pflanzlichen Materialien. Waldböden entstehen aus den zu Boden gefallenen Blättern der Bäume, Schicht für Schicht. Ein typischer Boden dieser Art hat eine unzersetzte obere Schicht. Waldboden gibt einen guten Kompost.

Als Nordamerika im 16. Jahrhundert kolonisiert wurde, wurden Regenwürmer eingeführt, die die Böden auf der östlichen Hälfte des Kontinents verändert haben. Regenwürmer ziehen das halb zersetze Material nach unten in ihre Höhlen, die eine Tiefe von mehreren Fuß haben. Die

TIPPS FÜR DEN BODEN

Die Pflanzenzucht in natürlichem Erdboden bietet viele Vorteile gegenüber jeder anderen Methode. Es erfordert weniger Arbeit und Zeit, die Anbaufläche vorzubereiten. Die Verbesserung der Fruchtbarkeit des Bodens mit Nährstoffen und die Anreicherung mit Zusatzstoffen wie Kompost, Mulch oder Dünger benötigen relativ wenig Zeit und Energie im Vergleich zum Arbeiten mit einem Behälter.

Ein weiterer Vorteil des Bodens ist, dass es einfacher ist, die Bedürfnisse der Pflanzen zu erfüllen – jedenfalls im Vergleich zu Behältern oder Hydrokultursystemen. Wurzeln können sich ausdehnen und Wasser und Nährstoffe aus einem größeren Bereich aufnehmen, und als Folge davon können sie die Bedürfnisse einer größeren Pflanze erfüllen.

Es gibt keinen perfekten Boden für die Zucht von Cannabis; bestimmte Pflanzen wachsen besser oder schlechter, je nach Bodenbeschaffenheit. Der Boden sollte durchlässig und nährstoffreich sein und einen pH-Wert zwischen 5,8 und 6,5 haben.

Vor dem Anbau sollten wir den Boden immer testen, um seine Beschaffenheit herauszufinden. Der pH-Wert und die Fruchtbarkeit der Böden variieren, es gibt also nur wenige Verallgemeinerungen, von denen man ausgehen kann. Erst nach der Bestimmung der Bodeneigenschaften und der Nährwerte kann man die richtige Anpassung vornehmen, um die Fruchtbarkeit des Bodens zu optimieren.

Bei Cannabis-Pflanzen sollte man die drei Makronährstoffe im Boden testen: Stickstoff (N), Phosphor (P) und Kalium (K) (siehe im Kapitel über Nährstoffe). Die wichtigste Beschaffenheit jedes Bodens ist seine Textur, die durch die Größe der Bodenteilchen bestimmt wird. Cannabis bevorzugt Böden, die gut entwässert werden können, die aber auch mäßige bis große Mengen an Wasser halten können. Abhängig von der Art der Bodenzusammensetzung fügen wir Stoffe hinzu, um Textur und Nährstoffe zu verbessern.

große Anhäufung von Rohhumus der vorkolonialen Wälder ist größtenteils verschwunden. Stattdessen gibt es eine kleinere Schicht sich zersetzender Komposterde. Der Mineralboden, der eine separate Schicht unter der Komposterde gebildet hat, enthält nun organisches Material und ist damit lockerer.

Grünlandböden und Prärieböden haben eine andere Geschichte. Das alljährliche Absterben der Pflanzenspitzen hinterlässt eine kleine Schicht, die sich auf die gleiche Weise zersetzt wie in Waldböden. Allerdings entwickelt sich das meiste zusätzliche organische Material unter der Oberfläche. Zum Beispiel durch das Absterben von Wurzeln von einjährigen Pflanzen.

Warme Böden, die z. B. in den wärmeren Teilen von Nordamerika und Europa vorkommen, enthalten viel weniger organische Stoffe und weniger Nährstoffe als nördliche Böden, weil die Mikroorganismen, deren Stoffwechselraten mit der Temperatur steigen, aktiver sind, so dass sie neue organische Stoffe fast so schnell verdauen, wie sie gelagert werden.

Feuchte warme tropische Böden enthalten wenige Nährstoffe. Nährstoffe in diesen Gebieten werden vor allem durch lebende Pflanzen erzeugt. Wenn die Vegetation stirbt, vermehren sich die Bakterien und andere Mikroorganismen und machen die Nährstoffe wasserlöslich. Sie werden vom Boden absorbiert und fast augenblicklich durch die Wurzeln der höher lebenden Pflanzen aufgenommen.

Unterhalb der Schicht organischen Materials in Waldböden und der Mischung organischer

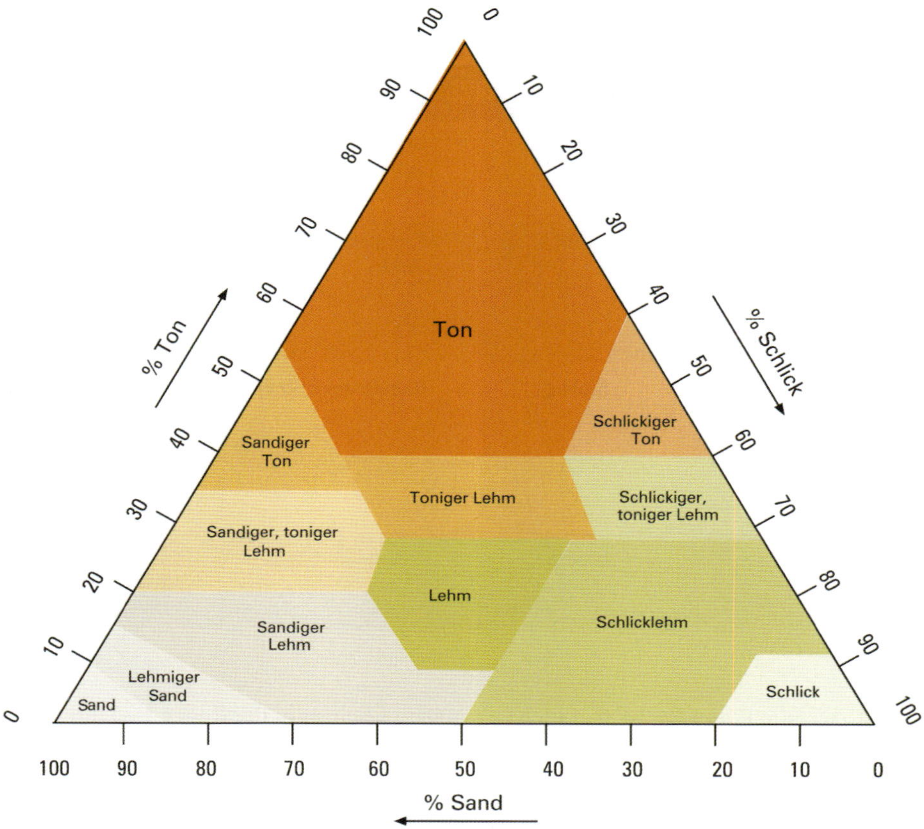

Grower können die Bodenart mit einem Dreiecksdiagramm feststellen, das den Boden durch seinen Prozentanteil an Sand, Schlick und Ton charakterisiert. Die meisten Gärten und Felder, die angebaut wurden und gute Pflanzen hervorbrachten, fallen in die zuträglichen Kategorien des Dreiecksdiagramms.

DER BODEN

Stoffe und Mineralstoffe im Weideland liegt der Mineralboden, der nur wenig organische Stoffe enthält. Der Anteil an Mineralien in Böden besteht in der Regel aus drei Hauptelementen: Sand, Schlick und Ton. Jedes Element verleiht der Mischung spezielle Eigenschaften, und jedes ist erforderlich, um einen Boden zu schaffen, der ein gesundes Wachstum ermöglicht.

Die negativ geladenen Moleküle im Ton lagern sich dicht und bilden eine Barriere für die Versickerung von Wasser. Ton hat eine negative elektrische Ladung, die Mineralien einschließlich Calcium, Magnesium, Kalium und Natrium bindet. Der Ton setzt sie im Austausch für schwache Wasserstoffionen frei, die durch Pflanzenwurzeln und Mikroorganismen freigesetzt wurden. Böden, die mehr als 30 bis 40 Prozent Ton enthalten, werden als Lehmböden betrachtet, weil die anderen Bestandteile in den Tonteig absorbiert werden.

Lehm besteht aus Sand, Schlick und Ton, vermischt mit organischen Stoffen. Als Ergebnis variieren die Bodenpartikel in ihrer Größe. Das schafft mehrere Wege für das Wasser, wo es fließen kann, und lässt auch Luftlöcher zu – auch wenn der Boden gesättigt ist.

Tonlehme können schlickig oder sandig sein, sie sind jedoch ziemlich schwer und können bei nassem Wetter leicht übersättigt werden. Die Beigabe von organischer Substanz und

BESTANDTEILE DER BODENARTEN

Partikel	Durchmesser	Beschreibung	Quelle	Wirkung
KIES	**2 mm +**	**Grob**	**Grob gebrochener Stein**	**Größere Steine, die den Boden gut entwässern.**
SAND	**0,5–2 mm**	**Grobkörnig**	**Fein gebrochener Stein**	**Wasser fließt gut an. Sand sorgt für eine gute Durchlässigkeit des Bodens.**
SCHLICK	**0,002–0,05 mm**	**Mehlig**	**Gemahlener Stein**	**Wasser fließt ab, allerdings erst nach und nach. Schlickiger Boden lässt Wasser nur langsam abfließen.**
LEHM	**Weniger als 0,002 mm**	**Klebrig**	**Aluminium-Silikat**	**Wasser fließt nicht gut ab. Es wird eher zurückgehalten.**

Sand erhöht zwar die Porosität, ist aber gleichwohl ein schwieriges Unterfangen.
Sandige Böden lassen Wasser und Nährstoffe durchsickern. Sie müssen häufiger bewässert werden, weil sie das Wasser nicht gut halten. Ausreichende Mengen an Kompost, Kokosfasern, Torfmoos, Blättern und Erdmischungen fügen dem Boden eine bessere Textur hinzu und erhöhen das Haltevermögen des Wassers und die Speicherung der Nährstoffe.
Die schlickigen Böden bestehen aus sehr kleinen Teilchen mit einem hohen Oberfläche-zu-Volumen-Verhältnis, das sie chemisch aktiv macht. Sie halten Nährstoffe in einem Puffer der geladenen Teilchen, setzen sie frei, indem sie die Wurzeln mit verdünnten Säuren ausziehen. Solche Erdböden halten das Wasser so gut, dass heftige Regenfälle zu anaeroben Bedingungen führen können, was bedeutet, dass die Wurzeln nicht fähig sind, den Sauerstoff, den sie brauchen, aufzunehmen. Sand und Kompost helfen, die Bodenporosität zu erhöhen.
Nach der Feststellung des pH-Wertes, der Nährstoffe und der Textur des Bodens ist der nächste Schritt in der Regel das Umgraben. Es gibt zwei bevorzugte Methoden der Bodenbearbeitung im Freien: Entweder das Pflügen der gesamten Fläche mit einer Gartengabel, einem Rototiller, einem Traktor oder einem Pflug – oder die Bearbeitung einzelner Flächen, wie z.B. Löcher, Dämme oder Beete, die einzelne Pflanzen oder Pflanzengruppen umfassen.
Das Beackern oder Wenden des Bodens lockert den verdichteten Boden auf und mischt solche Zusatzstoffe wie Kompost und Dünger unter. Es erleichtert den Wurzeln, vorzudringen.
Meistens benötigen Böden eine Auflockerung bis zu einer Tiefe von 25 bis 38 Zentimetern. Allerdings können Böden mit einer lockeren Textur, sandige Böden und Böden mit hohen Werten organischer Substanz eine ausreichende Belüftung, Porosität und damit Raum für Wurzeln haben – und müssen somit überhaupt nicht beackert werden.
Bodenzusatzstoffe und Düngemittel, die den Nährstoffwert verbessern, werden einfach während der Vorbereitungsarbeiten in den Boden eingearbeitet.

STRUKTUR

Nicht nur die Zusammensetzung, auch die Struktur des Bodens ist wichtig für das gesunde Wachstum unserer Pflanzen. Struktur bezieht sich auf die Bodendichte, die Größe der Bodenpartikel und die Konsistenz des Bodens – all diese Eigenschaften beeinflussen die Bodenfähigkeit, Wasser zu halten oder zu drainieren. Die Gesundheit von Pflanzen und Wurzeln hängt vor allem von der Fähigkeit des Bodens ab, Wasser zurückzuhalten oder durchzulassen. Wenn sich nach einem Regenschauer eine Wasserlache bildet, ist der Boden gesättigt. Dann gibt es keine Luftblasen im Boden, und damit empfangen die Wurzeln keinen Sauerstoff; die Pflanze verkümmert, weil ihre Wurzeln durch die anaeroben Bedingungen geschwächt werden und schließlich verfaulen. Gut drainierte Böden erlauben den Wurzeln den Kontakt zu Wasser und Luft, ideale Bedingungen also für gesundes Wachstum. Böden von mittlerer Struktur – Böden, die das Wasser gut drainieren, aber zugleich eine adäquate Menge Flüssigkeit halten können – sind die besten für Cannabis. Lehm, Schlick und Sand drainieren gut und sind meistens durchlässig genug, um eine gesunde Wurzelentwicklung zu unterstützen. Viele Ton- und Moorerden sind zu verdichtet, als dass die seitlichen Wurzeln sie durchdringen könnten. Wenn sie austrocknen, bilden sie harte Krusten oder Schollen, in denen die Marijuanapflanzen einfach nicht wachsen können.

Es gibt einige einfache Tests, die man stets durchführen sollte, bevor man eine Pflanze in den Boden setzt. Solche Tests helfen uns, die Beschaffenheit des Bodens zu kennen. Um beste Ergebnisse zu erzielen, testen wir den Boden wenn er feucht, aber nicht nass ist.

Zuerst graben wir eine einen Meter tiefe Grube aus, um das Bodenprofil, d. h. die Komposition der Schichten überprüfen zu können. Wir können die Methode nutzen, die im Kasten „Festlegen der Bodenstruktur" beschrieben ist, um eine bessere Übersicht des prozentualen Anteils an Lehm, Sand, Schlick und Humus zu gewinnen. Aber auch die visuelle Kontrolle sollte uns Aufschluss darüber geben, welcher Bodentyp uns zur Verfügung steht. Boden, der sich unter den Bäumen oder überhängenden Pflanzen entwickelt, hat oben eine Schicht zerfallender Pflanzenmaterie, die durch Vermodern die Oberfläche des Bodens bildet. Die Nährstoffe, welche die Pflanzen für ihr Wachstum brauchen, befinden sich im Oberboden, sie sickern aber auch bis in tiefere Ebenen durch.

Der Oberboden, der von 2,5 Zentimeter bis zu einem Meter tief sein kann, ist meistens die dunkelste von allen Schichten. Dort findet sich reichhaltiges Leben, einerschließlich einer Vielzahl von Würmern, Insekten und Mikroorganismen sowie Gärungspilze, Schimmelpilze und Urtierchen. Wenn wir in der Oberbodenschicht einfach mit den Händen graben können, ist die Struktur günstig für gesundes Wurzelwachstum.

Es geht aber auch anders: Bei Boden, der vor allem mit Gräsern und Einjahrespflanzen bedeckt ist – bekannt als „Prärieboden" – ist das angehäufte organische Material anders strukturiert. Er hat meistens eine dünne Oberbodenschicht nah an der Oberfläche, aber die nährstoffreiche Schicht befindet sich tiefer unter dem Oberboden. Die Wurzelschicht der Einjahrespflanzen stirbt ab und vermodert jedes Jahr. Sie hinterlässt eine organische Komponente, die Nährstoffe liefert, die Feuchtigkeit hält, die Struktur verbessert und nutzbringende Organismen beherbergt. Obwohl diese Schicht meist nicht sehr tief reicht, kann sie bis zu drei Metern betragen.

Egal ob wir Wald- oder Prärieboden haben, die Unterbodenschicht finden wir unter der an Nährstoffen reichen oberen Schicht. Der

Das Glas zu zwei Dritteln mit Wasser füllen und soviel Erde hinzufügen, dass das Wasser fast bis zum Glasrand reicht. Das Glas mit dem Deckel verschließen und gründlich schütteln. Dann stehen lassen, bis das Substrat sich am Boden abgesetzt hat. Die schwersten Sandpartikel sinken zu Boden und werden schnell sichtbar. Bei den Schlick und Tonpartikeln dauert es länger, bis sie sich setzen. Die feinen Tonpartikel sind zu klein, so dass sie die molekulare Aktivität des Wassers lange nicht zur Ruhe kommen lassen.

Unterboden kann sich aus Ton, Sand, feinen Mineralpartikeln und kleinen Steinchen zusammensetzen. Steinige, lehmhaltige und sandige Unterböden liefern eine ausgezeichnete Drainage, ohne den Boden verbessern zu müssen.

Unter dem Unterboden können wir Ton- oder Felsuntergrund finden; beides kann Drainageprobleme verursachen, entweder, wenn sich der Boden in einem Gebiet mit hohem Wasserspiegel befindet, oder dort, wo der Boden dazu neigt, nass zu bleiben. Falls wir innerhalb eines Meters Tiefe auf Ton- oder Felsuntergrund stoßen, sollten wir umdisponieren, zum Beispiel mit angehobenen Beeten oder Erdwällen arbeiten, um die richtige Drainage und adäquate Wurzeldurchdringung zu gewährleisten.

Nach der visuellen Kontrolle sollten wir den Boden auf andere Art testen. Dafür nehmen wir eine Handvoll Boden aus allen Schichten und pressen ihn fest zusammen. Dann stecken wir den Finger in die entstandene Kugel. Wenn sie einfach zerfällt, ist der Boden entweder sandig oder lehmartig. Wenn der Boden hart und klebrig bleibt, enthält er ziemlich viel Ton- oder Moorerde, und wir müssen ihn verbessern.

Die Drainagefähigkeit des Bodens lässt sich ganz einfach testen. Dazu füllen wir eine Grube mit Wasser, warten eine halbe Stunde, um das Wasser in den umliegenden Boden dringen zu lassen, und dann füllen wir die Grube noch einmal mit Wasser auf. Falls das Wasser leicht abfließt, ist der Boden sandig. Falls das Wasser nicht einmal in 24 Stunden abfließt, ist die Drainagefähigkeit des Bodens sehr schwach.

BODENTYPEN

Jeder Bodentyp hat eine einmalige Charakteristik, die Auswirkung auf das Wachstum der Pflanzen hat. Bodentypen kann man folgendermaßen klassifizieren: Sand, Ton, Schlick, Lehm oder Moorerden. Die meisten Böden sind Kombinationen zweier oder mehrerer dieser Haupttypen. Sandkörner, Tonteilchen, organisches Material und feines Schlickmaterial, all das kann man in einer Handvoll Substrat finden.

SANDBODEN

Sand entsteht aus verwitterten Felsen und Steinen, aus Kalkstein, Quarz, Granit und Schiefer. Sand bindet sich nicht gut, daher kann er nur wenig Wasser zurückhalten. Sandige Böden drainieren schnell und halten Feuchtigkeit und Nährstoffe nur schlecht. Einige Sandböden sind zum Teil fruchtbar, weil sie eine beträchtliche Menge an organischem Material (bis zu 2 Prozent) enthalten. Dieses Material hilft dem Boden, das Wasser zu halten.

Sandböden sind reich am Kalium (K), Magnesium (Mg) und Spurenelementen, aber häufig arm am Phosphor (P) und Stickstoff (N). Der Stickstoff, das löslichste von den Elementen, sickert schnell durch den Sandboden. Gelbe, blasse, verkümmerte oder dünne Pflanzen, die in Sandboden wachsen, weisen normalerweise auf Stickstoffmangel hin.

Sandböden sind recht einfach für den Cannabisanbau vorzubereiten. Wir reinigen zuerst de Grundunterlage des Bodens. Dann decken wir ihn mit Humus, Mist, Pflanzenresten, zerhackten Zeitungen, Holzkohle oder anderen organischen und stickstoffenthaltenden Düngemitteln ab. Anschließend mineralischen Boden (Unterboden) oder gebrauchte Pflanzenmischung zugeben, das erhöht die Wasserspeicherkapazität und die Fruchtbarkeit.

Sandböden mit organischem Material oder Lehm, welche die gesunden Pflanzen unterstützen, brauchen normalerweise nicht umgegraben zu werden, weil die Pflanzenwurzeln einfach durchdringen können. Allerdings hacken wir die Beete um, bevor wir zu pflanzen beginnen. Nährstoffe werden über in Wasser lösbaren Düngemitteln beigegeben.

Wasserspeichernde Pellets, hergestellt aus Polymeren, die mit dem Wasser anschwellen und es allmählich wieder abgeben, wenn der Boden trocknet, verlängern die Intervalle zwischen dem Gießen.

Sandböden werden verbessert, indem man eine Schicht des nicht kompostierten Pflanzenmaterials über die Gartenfläche verteilt. So sickern die Nährstoffe allmählich in den Boden, und die Schutzschicht wirkt wie Mulch, der das Verdunsten verlangsamt.

SCHLICK

Schlick besteht aus feinen Teilen organischen Materials kombiniert mit Mineralien sowie Quarz oder anderen feinen Sandarten. Schlickböden ähneln einer Art von schmutzigem Ton, wenn sie feucht sind, und sehen wie dunkler Sand oder bröcklige Schollen aus, wenn sie trocken sind. Schlick entstand als Ergebnis des alluvialen Hochwassers. Schlick besteht aus Sedimenten, die nach Fluss- und Teichfluten übrig blieben. Alluviale Schlickböden befinden sich meistens in Tälern und entlang von Flussebenen. Zum Beispiel ist das Delta des Mississippi eine sehr fruchtbare alluviale Ebene.

Wenn wir Ton-, Lehm- oder verdichteten Boden zur Verfügung haben, können wir ihn für angehobene Beete benutzen. Zuerst verteilen wir das Substrat auf die gesamte Beetfläche. Indem wir Fußsteige graben, erstellen wir Durchgänge und verteilen den Restboden auf die Beete. Den Ton-Lehmboden der Beete verbessern wir, indem wir ihn mit Sand und organischen Bodenzusatzmitteln vermischen. Wir legen 60 bis 90 Zentimeter lange Beete an.

Schlick entwässert gut, aber zugleich halten sie die Feuchtigkeit auch gut. Sie sind reich an vielen Nährstoffen, es sei denn, diese werden durch schlechte Gartenbautechniken ausgewaschen. Mit Schlicksubstrat lässt sich einfach arbeiten, – gerade wenn es feucht ist – und es zählt zu den fruchtbarsten Böden im Cannabisgrowing. Gärten mit Schlickböden müssen häufig bewässert werden. Normalerweise produzieren sie sehr gesunde und kräftige Pflanzen, weil sie einen ausgezeichneten Vorrat an Stickstoff enthalten.

MOORERDEN

Moorerden bestehen vor allem aus Humus aus den entwässerten Moor- oder Sumpfgegenden und befinden sich in Gebieten mit häufigen Niederschlägen. Obwohl sie üblicherweise sehr fruchtbar sind und eine dichte Vegetation unterstützen, sind Moorerden ziemlich sauer. Sie enthalten wenig Kalium, daher muss dieser Nährstoff hinzugefügt werden.

Moorerden schwanken im Bereich von sehr dichtem zu leichterem Sandboden. Dichtere Moorerden müssen gepflügt werden, damit

BODENTEST

Der beste Weg, den Boden oder die Substratmischung zu verifizieren, ist, einen Bodentest in einem professionellen Labor durchführen zu lassen. Das ist der einzige Weg, genau festzustellen, welche Quantitäten eines Nährstoffs der Boden enthält. Mit diesen Ergebnissen können wir die Bodenmischung optimieren, um die Bedürfnisse der Pflanzen zu erfüllen.
Solche Bodentests wurden an verschiedenen Substratmischungen durchgeführt, die allgemein in Läden für hydroponische Systeme und Gartenbau zu erhalten sind. Die Tests wurden im Perry-Johnson-Laboratorium durchgeführt und umfassten 19 Parameter:

- pH *Der richtige pH-Wert ist wichtig, weil sonst einige essenzielle Nährstoffe nicht zur Verfügung stehen.*
- EC *(elektrische Konduktivität) Ein niedriger EC-Wert bedeutet, dass nur wenig Nährstoffe im Substrat vorhanden sind. Wenn der EC zu hoch ist, können Wurzeln kein Wasser aufnehmen.*
- NITRAT *(NO3) ist eine Form von Stickstoff, welche die Pflanzen am einfachsten aufnehmen. Denken wir daran, dass das Substrat wenig davon enthält. Der meiste Stickstoff befindet sich in organischen Verbindungen und wird im Laufe der Zeit aufgelöst.*
- AMMONIUM *(NH_4) wird nur zum Teil, aber direkt von den Pflanzen aufgenommen. Ammonium ist für die Bodenorganismen wichtig, die es dann in das für die Pflanzen besser lösbare und günstigere NO_3 transformieren.*
- PHOSPHOR *(P) ist einer der Makronährstoffe, welche die Pflanzen brauchen. Löslicher Phosphor ist sehr azidisch, es senkt also den pH-Wert des Bodens sehr stark ab.*
- KALIUM *(K) ist einer der Makronährstoffe, welche die Pflanzen brauchen.*
- KALZIUM *(CA) wird häufig für einen Makronährstoff gehalten, weil die Pflanzen viel davon verbrauchen. In Gartenböden ist es normalerweise ausreichend enthalten, aber einige Bodenmischungen enthalten nicht genug davon. Kokosfaser und echtes Torfmoos enthalten kein Kalzium.*

Es existieren auch Laborwerte für andere Pflanzennährstoffe, inklusive Magnesium, Schwefel, Bor, Zink, Kupfer, Mangan, Eisen, Natrium und Chlor.
Zwei andere Kategorien, nämlich die Wasserspeicherkapazität und die Luftporosität, sind Indikatoren dafür, wie gut die Bodenmischung beides hält. Bodenmischungen mit höherer Wasserspeicherkapazität brauchen seltener bewässert zu werden im Vergleich zu denen, die das Wasser weniger gut halten. Wurzeln benötigen Sauerstoff, der in der Luft enthalten ist. Bodenmischungen mit hoher Luftspeicherkapazität erfüllen die Bedürfnisse der Wurzeln. Niedrige Luftkapazität führt zu anaeroben Bedingungen. Die Kationenaustauschkapazität (KAK) ist die Fähigkeit des Bodens, Nährstoffe zu halten. Ein zu niedriges Niveau indiziert, dass der Boden oder die Bodenmischung nur wenig dazu in der Lage ist.

Identifizierung der Stichproben	PH	Elektrische Konduktivität	Natriumnitrat (N)	Ammoniumnitrat (N)	Phosphor (P)	Kalium (K)	Kalzium (Ca)	Magnesium (Mg)	Sulfat (SO4)	Bor (B)	Zink (Zn)	Kupfer (Cu)	Mangan (Mn)	Eisen (Fe)	Natrium (Na)	Chlorid (Cl)	Wasserspeicherkapazität	Luftporosität	Kationenaustauschkapazität
			RESULTATE IN PPM IN TROCKENEM BODEN												meq/l		% by volume		Meq/ 100gm
Generelle Richtlinien – Topfpflanzen in organischen Mischungen	5.2-6.5	1.0-3.0	25-50	10-30	25-75	100-200	2000-4000	100-500	25-50	0.5-1.0	2.5-5.0	1.0-2.0	10-20	20-50	<3.0	<3.0	>40	>15	
Coco Tek Organisches Substrat	7.1	1.2	1	3	5	485	1800	295	222	0.1	1.6	0.6	0.5	1.2	4.7	5.2	55.7	35.4	61.3
Coco Gro Boss 6" Growbag Botanicare	6.3	1.1	30	4	5	180	2000	210	110	0.1	2.9	0.6	2.0	1.9	4.1	5.0	54.5	41.7	63.8
Coco Gro Organische Kokosfaser erdlos	6.8	0.8	1	2	5	145	1800	190	110	0.1	1.8	0.6	1.8	2.4	3.6	4.0	63.1	31.7	70.6
Frischmist verarbeitet und gereinigt	8.0	1.6	1	3	232	535	4100	620	10	0.5	13.2	6.6	15	8.2	7.7	5.2	59.2	25.0	57.5
Fox Farms Ocean Forest	7.2	4.4	25	210	77	325	4000	390	2476	0.1	3.9	2.0	7.5	90	1.8	1.6	53.9	25.0	31.3
New Age Garden Lite Kokos	6.0	2.1	0	14	25	1655	700	250	207	0.1	1.8	0.4	1.8	6.9	4.6	14.2	57.8	27.1	48.5
Wurzeln nat. und org.	4.5	4.5	376	21	51	530	2000	240	506	0.1	6.2	1.0	29	124	7.0	5.0	63.0	12.1	44.4
Super Ed's Mix #781 Dünger	5.2	4.5	11	76	77	985	1600	380	1433	0.7	3.6	1.2	10	145	11.4	18.6	53.5	21.7	34.4
Competitor X	6.5	1.1	45	6	82	300	2400	245	278	0.1	5.3	0.8	17	14	4.0	4.0			

Vollkommen egal, wie gut ein Boden vorbereitet ist, das Grundwasserniveau und die Durchlässigkeit der unteren Schichten sind von größter Wichtigkeit. Böden in Gebieten mit hohem Wasserspiegel oder dort, wo es Ton- oder Schieferuntergrund gibt, drainieren schlecht. In beiden Fällen kann man den Garten auf angehobenen Beeten pflanzen, die mit Zusatz- und Nährstoffen gefüllt sind. Wenn der lokale Boden zu arm an Nährstoff ist, benutzen wir Boden aus der Umgebung oder Bodenmischungen.

sich gesunde Wurzeln entwickeln können. Leichtere Moorerden sind einfacher im Handling fürs Pflanzen. Die dichte Vegetation, die Moorerde fördert, kann hilfreich sein, wenn man sie in den Boden untergräbt, das pflanzliche Material wird dann zum „grünen“ Düngemittel.

TONBÖDEN

Tonböden bestehen aus feinen kristallinen Partikeln, die sich durch chemische Reaktionen von Mineralien gebildet haben. Diese Partikel sind so klein, dass sie, wenn sie feucht sind, keine Struktur haben, sie reagieren viel mehr wie eine zähe Flüssigkeit. Wenn Ton feucht ist, ist er klebrig und lässt sich einfach formen und gestalten; wenn er trocken ist, bildet er harte Schollen und eckige Risse an der Oberfläche. Mit Ton lässt sich nicht einfach arbeiten, vor allem, weil er sehr schlecht drainiert.

Trotz dieser Nachteile sind Tonböden oft sehr fruchtbar. Der Erfolg beim Pflanzen in Ton hängt davon ab, wie gut er drainiert wird. Der rötlich verfärbte Ton (manchmal bekannt als Roterde) garantiert gute Lüftung und Drainage. Blaue oder graue Tonböden werden meist nur unzureichend belüftet, um darin Marijuana pflanzen zu können. Um das gesunde Wachstum zu fördern, muss man sie pflügen und verbessern.

Da Marijuanawurzeln (besonders die direkt nach unten wachsenden) den Boden durchdringen müssen, ist es notwendig, den Tonboden gründlich zu pflügen, um ihn aufzulockern. Die Zugabe von Perlit, Sand, gebrauchter Bodenmischung, Kompost, Kalziumsulfat und frisch gemähtem Gras hilft, den Tonboden aufzulockern und durchzulüften.

In den tief gelegenen Gebieten, zum Beispiel an Flussufern, hält der Boden oft zu viel Wasser auf. Das kann zur Verwesung sowohl der Wurzeln als auch der Stiele führen. Erdwälle helfen, den Boden zu drainieren, so dass Stiele und Pfahlwurzeln trocken bleiben.

Wir bereiten den Ton im späten Herbst vor dem Frost vor, indem wir ihn umgraben und Bodenverbesserungsmittel sowie Rinde, Holzkohle, Kompost, gemähtes Gras, Kalziumsulfat, Blätter, Mist, Papier- und Kartonschnitzel und Holzspäne hinzufügen.

Wir bestreuen die gehackte obere Bodenschicht mit Samen sowie Klee, Wicke oder Roggen. Diese bilden grünen Dünger, der dem Boden sowohl Struktur als auch Luft- und Wasserwege verleiht.

Falls der Boden immer noch klebrig ist, hacken wir die großen Schollen auf und fügen im frühen Frühjahr Kompost und Sand hinzu. Vor dem Pflanzen hacken wir die Stellen, wo die Samen gepflanzt werden sollen.

Da Kompost und grüner Dünger das organische Niveau im Boden erhöhen, wird er weniger dicht. In den nächsten Jahren wird es sich mit dem Boden immer einfacher arbeiten lassen. Die Wurzeln werden einfacher durchdringen können. Nach einigen Jahren werden wir wahrscheinlich feststellen, dass nur die Gründüngung umzugraben ist. Man wird nicht mehr zu hacken brauchen.

LEHMBÖDEN

Lehmböden sind Kombinationen der oben erwähnten Bodentypen. Sie bestehen normalerweise überwiegend aus Sand und Schlick mit ungefähr 20 Prozent Tonanteil. Sie werden als Sand-Schlick, Schlick-Sand, Sand-Ton oder organischer Schlick-Ton bezeichnet. Organische Lehmböden bestehen zu mindestens 20 Prozent aus organischem Material. Lehmböden rangieren von einfach bearbeitbaren fruchtbaren Böden bis zu dichten Erdnarben. Leicht modifizierte Lehmböden mit hohem Anteil an organischem Material produzieren eine ausgezeichnete Marijuanaernte.

Lehmböden drainieren üblicherweise gut, aber sie halten zugleich auch das Wasser gut. Sie sind voll von Nährstoffen und stellen ausgezeichnete Gartenböden dar.

HUMUSERDEN UND KOMPOSTE

Vermodertes organisches Material einschließlich Pflanzenmaterial, Tiermist und Mikroben wird als Humus oder Kompost bezeichnet. Der Nährstoffgehalt hängt von den Bestandteilen ab, aber die meisten Humus- oder Komposterden enthalten Bakterien, Pilze, Insekten, Würmer und Mikroorganismen, die für die komplette Umwandlung wichtiger Nährstoffe notwendig sind. Während ihres Lebens wandeln viele von diesen Organismen unlösbare Chemikalien in lösbare Formen um, die von den Pflanzenwurzeln aufnehmbar sind.

Humus- und Komposterden halten das Wasser gut und werden häufig genutzt, um unfruchtbare Böden zu verbessern.

Guter Kompost hat einen reichen, erdigen Geruch und dunkelbraune bis schwarze Farbe. Er enthält meist vermodertes Material sowie Zweige und Blätter.

Humus und Kompost kann entweder natürlich entstehen, oder er kann „hergestellt" werden, einfach indem wir die natürliche Vegetation sammeln und anhäufen. Es dauert einen bis drei Monate, bis die Mischung ausreift, je nachdem, welcher Typ Material benutzt wird. Das Vermodern von Humus oder Kompost kann beschleunigt werden, wenn man die Bestandteile zerhackt, den Haufen umdreht und Stoffe mit hohem Stickstoffanteil und chemische Düngemittel hinzufügt. Die meisten Komposte sind neutral bis leicht alkalisch, aber beim azidischen Kompost kann man die Alkalität erhöhen, indem man Kalk hinzufügt. Das verlangsamt die Ausreifzeit, weil die Mikroben eine nur leicht azidische Umgebung bevorzugen.

pH

Das pH-Niveau bemisst, wie alkalisch (basisch) oder azidisch (sauer) die Umgebung ist. Die pH-Skala rangiert von 0 bis zu 14, wobei 7 für neutral gehalten wird: das pH-Niveau unter 7 ist azidisch, über 7 alkalisch. Der pH-Wert bestimmt die Lösbarkeit von Nährstoffen und beeinflusst den Metabolismus der Pflanzen und deren Aufnahme von Nährstoffen. Leicht azidische Böden mit einem pH-Wert zwischen 5,7 und 6,5 werden als gut für Marijuana angesehen.

Der pH-Wert des Bodens wirkt sich zusammen mit der Bodenzusammensetzung auf die Lösbarkeit der Nährstoffe aus. Böden mit hohem prozentuellem Anteil an organischem Material enthalten Nährstoffe, die zwischen 5,0 und 6,5 lösbar sind. Phosphor, Mangan und Bor (die detaillierter im nächsten Kapitel besprochen werden) sind weniger lösbar bei pH-Werten über 6,5.

Trockene Staaten im Westen der USA haben Böden, die sich üblicherweise zwischen leicht azidischen und hoch alkalischen Werten bewegen. Nährstoffe neigen dazu, in diesen Bodentypen gut lösbar zu sein, vorausgesetzt, dass der pH-Wert zwischen 6,0 und 6,5 angesiedelt ist. Um den pH-Wert genau zu testen, benutzen wir ein pH-Meter oder Test-Kit, die in den meisten Gartenmärkten zur Verfügung stehen.

Das Begießen der Pflanze im Zusammenspiel mit einem dichten Medium verursacht, dass die Wurzeln anfällig für Schimmelpilze und Krankheiten werden. Haus & Garden Roots Excelurator beseitigt Schimmelpilze und Krankheiten vom Wurzelsystem und impft den Boden mit heilsamen Bakterien, die das Wurzelwachstum fördern.

Wenn der Boden alkalisch oder fast neutral ist, passen wir ihn vor dem Pflanzen dementsprechend an.

ANPASSUNG DES pH-WERTS

Egal, welchen Boden wir benutzen, wir sollten ihn stets testen. Der pH-Wert unseres Gartenbodens kann anders als jener Böden in der Umgebung sein, also vergessen wir, was der Nachbar tut. Gartenbesitzer bringen häufig einen komplett neuen Boden in den Garten ein, falls der ursprüngliche Boden arm an Struktur und Nährstoffen ist.

Jeder Boden ist individuell, so dass auch die Anpassung des pH-Werts individuell vorzunehmen ist. Sandböden verlangen im Vergleich zu Lehm weniger Material, um den pH-Wert zu ändern. Tonböden verlangen, wegen ihrer Dichte und der elektrischen Ladung der Bodenpartikel, die größte Menge. Egal, ob der Boden überaus alkalisch oder sauer ist, es gibt eine Menge von Möglichkeiten, den pH-Wert anzupassen.

ANPASSUNG SAURER BÖDEN

Kalkstein, auch bekannt als Kalziumkarbonat (CaCO3), ist das beste Mittel, saure Böden zu bearbeiten. Der gebrochene und gemahlene Kalkstein enthält hohe Mengen an Spurenelementen. Es gibt ihn in vier Formen: Erdkalk, gebrannter Kalk, gelöschter und flüssiger Kalk (die am schnellsten reagierende Form).

Dolomitkalkstein ist eine Kalksteinsorte, die einen hohen Anteil an Magnesium und Kalzium enthält. Sie ist eine gute Wahl für die Anpassung saurer, magnesiumarmer Böden, die sich oft im Nordwesten (Amerikas) befinden.

Seemuschel und Eierschalen sind meistens aus Ca gebildet, und beide erhöhen den pH-Wert des Bodens. Zermahlen wir sie in einem Mixer zu einem feinen Pulver. Sie beeinflussen den Boden-pH verzögert. Im Gegensatz dazu sind die meisten Holzaschen alkalisch und extrem lösbar und beeinflussen den Boden-pH augenblicklich.

Alle kommerziellen Kalksteine geben auf der Verpackung das Kalziumkarbonat-Äquivalent an, das Maßstab für die neutralisierende Kraft ist.

Um zu bestimmen, wie viel Kalkstein benutzt werden soll, teilen wir die gesamte Menge des benötigten Kalksteins durch das Kalziumkarbonat-Äquivalent. Ein Beispiel: Ein Feld benötigt 22 kg Kalkstein. Das Kalziumkarbonat, das wir hier für unsere Zwecke verwenden wollen, hat ein Äquivalent von 1,78. Wenn wir die 22 kg durch 1,78 dividieren, bekommen wir ein Ergebnis von etwa 13 kg daraus – und das ist die benötigte Menge.

Der Grad oder die Partikelgröße des Pulvers ist auch auf der Packung angeführt. Folgende Kategorien definieren die Feinheit des Pulvers: superfein, pulverisiert, landwirtschaftlicher Grad und feines Mehl. Feinere Grade passen den Boden schneller an, sind aber anfälliger fürs Ausspülen.

Vier bis fünf Monate, bevor wir mit dem Pflanzen beginnen, bringen wir in Wasser gelösten

ZWEI ARTEN VON BODENHORIZONTEN, DIE DIE VEGETATION DER PRÄRIE UND DES WALDES PRÄGEN – UND ZWISCHENSTUFEN

A: Die Oberflächenschicht besteht aus organischen Überbleibseln einschließlich toter Vegetation und Tiermists. Die Schicht befindet sich in verschiedenen Stadien des Vermoderns, der jüngste Oberboden ist dabei am wenigsten vermodert. Diese Schicht reicht in den Wäldern tiefer, weil dort saisonbedingt ständig Blätter fallen. Bevor die Regenwürmer nach Amerika gebracht wurden, verfügten die östlichen Wälder über größere Schichten. Jetzt bringen die Regenwürmer das Material in ihre Tunnel unter der Oberfläche.
B: Die höchstgelegene Schicht ist bei den Prärieböden markanter. Er besteht aus Mineralien und organischem Material. Graswurzeln transportieren die Nährstoffe und das organische Material in die Wurzelzone, die sich dann bis zu einem Meter in die Tiefe ausdehnt. Das organische Material vermischt sich mit den im Boden bereits vorhandenen Mineralien. In den Waldböden ist diese Schicht deutlich flacher. Die Aktivität der Regenwürmer hat jedoch den organischen Gehalt erhöht.
C: Untergrundschicht – eine Mischung aus Mineralboden, Gestein, Kieselsteinen und Ton.
E: Geologische Schicht – Felsuntergrund oder andere anorganisch gebildete Materialien.

Kalkstein in etwa 2,5 cm Tiefe in unseren Pflanzboden ein. Damit hat er Zeit, sich anzupassen. Danach gießen wir den Boden kräftig oder warten auf den nächsten Regen, damit der Boden feucht genug ist, um das Wasser mit dem Kalkstein aufzunehmen – und damit sich der Kalkstein nicht einfach verflüchtigt.

Mit Kalkstein kann der Boden während oder nach dem Pflanzen angepasst werden, solange der Kalkstein nicht in direkten Kontakt mit den Pflanzen kommt. Wir können gelöschten oder flüssigen Kalk mit Hilfe eines Schlauchsprühers in den Boden einbringen. Den Kalk kann man auch mit Hilfe der Bewässerung beigeben, Kalk kann jedoch die Leitungen, Schläuche und Pumpen verstopfen. Man kann auch ein flüssiges hydroponisches Anpassungsmittel sowie ein pH-Up (üblicherweise Kalisalz) benutzen, um den pH-Wert des Gießwassers zu erhöhen. Das hat einen unmittelbaren Effekt, weil es im Wasser löslich ist.

ANPASSUNG ALKALISCHER BÖDEN

Alkalische Böden haben einen pH höher als 7, sind also außerhalb der Skala, die optimal für das Marijuanawachstum ist. Wir passen alkalische Böden an, indem wir Eisensulfat oder Magnesiumsulfat nutzen. Beide Sulfate können dem Boden in gleicher Weise wie Kalk zugeführt werden. Wir sollten allerdings kein Aluminiumsulfat verwenden, weil Marijuana nur wenig Aluminium verträgt.

Einige Züchter fügen dem Boden organischen Mulch oder azidisches Material zu. Zum Beispiel Baumwollsamenmehl. Das ist azidisch und hat einen hohen Stickstoffanteil. Kaffeesatz, Kiefernadeln und Zitronenschalen sind alle hoch azidisch.

ANPASSUNG VON ALKALIBÖDEN

Alkaliböden haben (im Gegensatz zu den alkalischen Böden) einen hohen Natriumgehalt und einen pH von häufig über 8,5. Sie sind meist hart und krustig, manchmal mit weißen pulverigen Salzen auf der Oberfläche, und sie nehmen Wasser nur schlecht auf.

Mit Alkaliböden, die sich im westlichen Colorado, in Teilen des Südwestens der USA, in Spanien und in Mitteleuropa beim Kaspischen Meer befinden, lässt sich schwer arbeiten. Es kann frustrierend und erschöpfend sein. Bauern bereiten Alkaliböden für die Kultivierung normalerweise so vor, dass sie die Böden von der giftigen Akkumulation der Salze reinigen. Das erreicht man, indem man den Boden bis zu einer Tiefe von 75 cm hackt und ihn dann mit 15 bis 30 cm Wasser mindestens einmal oder zweimal überflutet, um das Salz tief in den Boden zu spülen. Danach wird der Boden getestet, um festzustellen, was noch zu verbessern ist. Phosphorhaltige Düngemittel sind azidisch und senken den pH solcher Böden schnell auf geeignetere Werte.

Eine andere Methode, Alkaliböden anzupassen, ist eine dicke Mulchschicht hinzuzugeben, die während des Winters mit dem Boden interagiert. Die Mulchschicht sollte minimal 20 cm oder 60 kg pro 10 Quadratmeter sein. Dickere Mulchschichten neutralisieren die Salze schneller.

OUTDOOR-ANBAU

Egal, wo man Marijuana pflanzt, es stellt überall die gleichen Anforderungen – es sind also die gleichen Gartenbauregeln anzuwenden. Die Schwierigkeit der Pflege eines Outdoor-Gartens hängt von der Umwelt ab. Outdoor-Gärten befinden sich meist an abgelegenen Orten, die schwer zugänglich sind, die Grower müssen also entsprechend ihre Methoden anpassen.

Böden, die sich für verstecktes Anbauen von Marijuana eignen, sind häufig unzureichend, und sie zu verbessern kann eine Herausforderung darstellen. Falls es unpraktisch ist, eine genügend große Menge an Zusatzmitteln zur Pflanzung zu bringen, kann man im Herbst vor Ort organisches Material sammeln und im Winter als Kompost benutzen. Die Zugabe von stickstoff- und phosphorreichen Düngemitteln beschleunigt das Vermodern.

Die Vorräte und Werkzeuge kann man mit Hilfe eines Mountainbikes oder Lasttiers transportieren. Man kann Pferde und Maulesel auch fürs Pflügen benutzen – das hat den Vorteil, dass die Tiere leiser als motorisierte Maschinen arbeiten und dass man keinen Treibstoff braucht.

Die angemessenen Gartenbauregeln für den externen Anbau werden mit Hilfe der Gegebenheiten vor Ort bestimmt. Eine natürlich fruchtbare Gegend nah bei einem Fluss wird wohl wenig mehr Aufwand als das Säubern der vorhandenen Vegetation und den Anbau

Wenn der Anbau von Marijuana eines Tages legalisiert wird, werden wir wohl häufiger solche Felder zu sehen bekommen. Uttar Pradesh, Indien (1981).

im natürlichen Boden erfordern. Im Gegensatz dazu wird man den Boden an einem Steilhang wohl anreichern müssen, um der natürlichen Erosion des Oberbodens entgegenzuwirken.

WASSERSPARENDE TECHNIKEN IM FREIEN

Dieses Kapitel ist der Anpassung von angehobenen Beeten, Pflanzgruben und hydroponischen Systemen gewidmet. Die Größe einer Pflanze und deren Ertrag werden maßgeblich von der Entwicklung des Wurzelsystems bestimmt. Auch Pflanzen, die reichliche Mengen an Wasser und Nährstoffen bekommen, brauchen genug Raum für ihre Wurzeln, damit sie wachsen und sich ausbreiten können, um ihr volles Potenzial zu entfalten.

Wenn es gesetzlich vorgeschrieben ist, nur 6 oder 10 Pflanzen züchten zu dürfen, ist es am besten, die Größe jeder Pflanze zu maximieren. Eine Gegend mit erstklassigem Boden hilft den Wurzeln, einfach durchzudringen und Nährstoffe aufzunehmen. Bedenken wir, dass der Durchmesser einer Pflanze normalerweise um ein Drittel größer ist als der Durchmesser des Wurzelballens. Eine Pflanze mit einem Kronendurchmesser von drei Metern hat einen Wurzeldurchmesser von mindestens 2,25 Metern.

In trockenen Gebieten, wo eine zusätzliche Bewässerung benötigt wird, kann die Wasserversorgung eine anstrengende Aufgabe darstellen, Wassersparen kann also ein bedeutender Faktor sein. Wasser, das im Garten gegossen wird, wird auf viererlei Art und Weise benutzt.

1. Es wird von der Pflanze benutzt. Die Pflanze benutzt das Wasser für metabolische Zwecke, nämlich als Bestandteil der Photosynthese. Außerdem verdunsten Pflanzen Wasserdampf aus den Blättern, um die Temperatur zu regulieren.
2. Es verdampft von der Erdoberfläche. Hitze und Sonnenschein beschleunigen den Verdampfungsvorgang der oberen Schichten.
3. Es sickert tiefer in den Boden und wird damit für die Wurzeln unerreichbar.

4. Es wird auch in Gebieten verfügbar, wo es keine Wurzeln gibt. Schließlich verdampft es oder versickert ungenutzt.

WASSERSPARENDE STRATEGIEN

- Organisches Material hält mehr Wasser zurück als minerales Material. Zugabe von Kompost, Torfmoos, Kokosfasern, Holzkohle oder einem anderen organischen Material erhöht die Wasserspeicherkapazität des Bodens.
- Man kann dem Boden wasserspeichernde Kristalle beigeben. Diese Kristalle vergrößern ihr Volumen um ein Mehrfaches, wenn sie Wasser aufsaugen. Trocknet der Boden aus, geben sie Wasser ab. Das erhöht die totale Wasserspeicherkapazität des Bodens.
- Organischer Mulch, ausgeschüttet über die Oberfläche des Bodens, reduziert das Tempo des Verdampfens: Die Barriere zwischen feuchtem Boden und Hitze und Licht verhindert das Verdampfen am meisten. Der Boden und die oberen Bodenschichten bleiben länger feucht.
- Anorganische Bodenbedeckungen, zum Beispiel alte Teppiche, die umgekehrt gelegt werden, stoppen die Erosion, die vom Wühlen nerviger Säugetiere verursacht wird – vor allem aber halten sie den Boden feucht. Sie funktionieren außerordentlich gut.

WASSERRESERVOIRE IM UNTERGRUND UND „VERKACHELUNG"

Wir haben bereits eine Pflanzgrube gegraben oder sind gerade dabei, ein angehobenes Beet zu gestalten, aber eine gute Menge an Wasser versickert unterhalb die Wurzelzone und wird verschwendet. Es gibt einige Wege, das Wasser für die Wurzeln erreichbar zu machen.

Diese Methoden sparen nicht nur Wasser, sie halten auch den Boden fruchtbar, weil das Wasser die gelösten Nährstoffsalze nicht wegdrainiert. Dünger in angereichertem Wasser bleiben länger in der Wurzelzone.

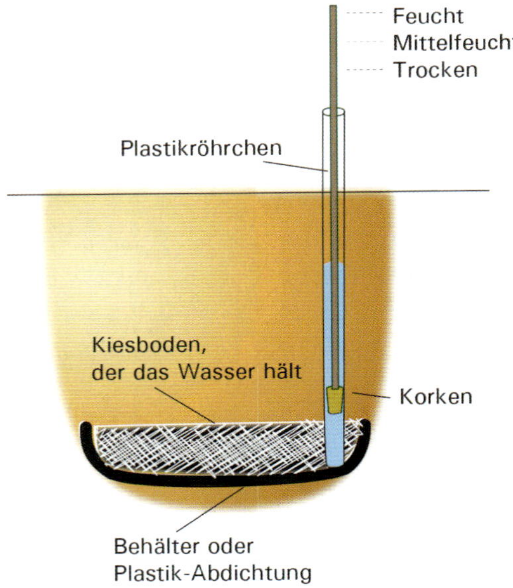

Der Behälter oder die Plastik-Abdichtung halten das Wasser zurück. Bringen wir eine Mineralfasermatte oder Kies auf den Untergrund, damit sich der Boden nicht dorthin verstreut. Das Röhrchen dient als Indikator für das Wasserniveau – es steigt, wenn das Wasser hoch ist, und sinkt, wenn das Wasserniveau fällt. Die Wurzeln wachsen in das Reservoir hinein und haben damit eine voluminöse Wasserquelle.

Bauern bewahren schon seit Tausenden von Jahren Wasser innerhalb der Wurzelschicht, indem sie ungefähr einen halben Meter unter der Erdoberfläche Kacheln legen, so dass das Wasser aufgefangen wird und nicht versickert. Die moderne Version sieht eine Schicht aus wasserdichtem Plastik auf dem Grubenboden oder dem erhöhten Beet vor.

Auf den Boden der Grube oder des angehobenen Beets kann man einen landwirtschaftlichen Behälter oder auch ein Planschbecken legen und mit Kies füllen. Es sammelt und hält eine große Menge an Wasser. Man kann auch eine wasserdichte Zeltplane benutzen. Diese lassen wir 15 bis 20 cm über der Oberfläche an den Rändern hervorragen, damit sich ein Auffangbecken bildet.

Die Kapillarwirkung zieht das Wasser nach oben. Beim Benutzen dieser Methode wird all

Pflanzen in Gruben oder Beeten ist eine lohnenswerte Alternative, denn man braucht den Boden nicht auf der ganzen Fläche umzugraben. Die Pflanzgrube kann einen halben bis drei Meter breit und einen halben bis etwa einen Meter tief sein. Man kann sich das Graben mit dem elektrischen Erdbohrer, Pfostenlochgräber oder einem Spaten erleichtern. Wir passen den ausgegrabenen Boden an oder ersetzen ihn durch Oberboden oder eine Bodenmischung.

das Wasser erhalten, das durch die Drainage normalerweise verloren geht.

Um sicherzustellen, dass dies passiert, und Um die Wurzeln in Richtung des Wasserbehälters zu lenken, platzieren wir Dochte in das Reservoir, hergestellt aus einem 1,5 cm breiten geflochtenen Nylonseil, die bis zum Oberboden reichen. Die Wurzeln wachsen nach unten in den Behälter.

Im Untergrund zerfällt Plastik noch langsamer als schon an der Oberfläche, wo Licht und andere raue Bedingungen negativ auf das Material einwirken. Wenn dieses System einmal gebaut worden ist, kann es für viele Jahre benutzt werden. Der Grower wird lediglich von Zeit zu Zeit Zusatzmittel hinzufügen müssen, um die Qualität des Bodens zu bewahren und dessen Fruchtbarkeit zu verbessern.

Alte Teppiche, umgekehrt gelegt, damit sie eher organisch als rosa oder burgunderrot aussehen, verhindern das Wachstum von Unkraut und halten den Boden feucht, indem sie die Energie des Lichts absorbieren und das Verdampfen verhindern. Sie sind schwer genug, um nicht zu verrutschen.

Bis zum letzten Drittel des 20. Jahrhunderts setzten sich die meisten Bodenmischungen aus Lehm, gemischt mit Sand, Kompost oder Humus und manchmal Torf, zusammen. Sie waren meist sehr gut, konnten aber auch einige Probleme bereiten. Sie sind schwer und enthalten allzumeist versteckte Schädlinge und Krankheiten. Zudem stellt das Verwenden von Lehm auch ein ökologisches Problem dar.

GROWING IN BEHÄLTERN

Marijuana wächst sehr gut in Blumentöpfen – sowohl im Treibhaus als auch im Freien. Das bedingt aber auch mehr an Aufmerksamkeit, die wir den Pflanzen schenken müssen, als bei Pflanzen, die im Erdboden gepflanzt werden. Es muss mehr kontrolliert werden als die natürlichen Bedingungen: der Raum, den die Wurzeln haben, die Wasserbedingungen und Nährstoffe. Die Größe der Container spielt eine Rolle beim Wachstum, bei der Pflanzengröße und bei der Ernte.

PFLANZEN IM TREIBHAUS

Pflanzen, die in Blumenbehältern im Treibhaus gepflanzt werden, sollten für ihre Wurzeln einen Raum von 11 bis 19 Litern pro Quadratmeter haben, die die Pflanzenkrone der reifen Pflanze brauchen wird. In den Raum von 1,2 × 1,2 m passen 16 solcher Behälter.

Diese 11- bis 19-Liter-Behälter bieten den Wurzeln genug Raum, um sich im Topf auszubreiten, ohne dass die Wurzeln ein Knäuel bilden. Manchmal weitet sich die Pflanzenkrone so aus, dass sie um ein Drittel größer ist als der Durchmesser der Wurzeln. Die Pflanzen bleiben nur ein Paar Monate im Behälter, weil sie zur Blüte getrieben werden, sobald sie eine Pflanzenkrone bilden – und das ist eine Frage von Wochen. Die Pflanze reift in 10 bis 12 Wochen. Wenn sie angereicherten Boden oder Wasser mit Nährstoffen bekommt, sind die Wurzeln fähig, den Bedarf der Pflanze zu decken.

Falls die Pflanzengrenzen kein Problem darstellen, kann man sie näher aneinander pflanzen, so dass jede Pflanze an einem einzigen Stengel sprießt und dann zur Blüte gebracht wird. Dieses System, genannt „sea of green" (SOG) (grünes Meer), verlangt sehr wenig Zeit für das vegetative Wachstum. Wenn man dieses System benutzt, kann man bis zu 15 cm breite Pflanzbehälter in einem Raum anordnen. Jeder Behälter sollte ein Dreiviertel (3 bis 4 Liter) der Bodenmischung enthalten.

Falls wir Pflanzen mit einer größeren Krone pflanzen wollen, setzen wir sie in größere Behälter. Normalerweise gilt: Je größer der Behälter, desto größer die Pflanze. Die Pfahlwurzeln von aus Samen gezogenen Pflanzen dringen vertikal durch den Boden und gewähren durch ihr Netz von Seitenwurzeln eine sehr gute Ernährung und eine besonders gute Ver-

Behälter mit Griffen erleichtern den Ortswechsel in Richtung Sonne. Smart Pots sind wiederverwendbar und leicht, weil sie aus Stoff hergestellt sind. Sie versorgen die Wurzeln reichlich mit Luft und bilden keine Knäuel.

Plastiksäcke mit Griffen erleichtern das Bewegen sehr. Sie haben einen rechteckigen Boden, dank dem sie aufrecht stehen.

sorgung mit Nährstoffen. Die Höhe des Behälters ist wichtiger für aus Samen gezogene Pflanzen als für Klone. Klone brauchen keine hohen Behälter. In diesem Fall ist es besser, 25 bis 30 cm hohe Behälter zu benutzen, weil sie kürzer sind und dadurch weniger Raum und Erde brauchen. Ein Garten von derselben Fläche mit nur vier Pflanzen, jede in einem Behälter, der 60 Quadratzentimeter misst, gewährt Raum genug, um die Pflanzen, ihre Knospen und das Wurzelsystem zu ernähren.

Eine einzelne Pflanze in einem 1,5 Quadratmeter großen Garten kann in einem 90-Quadratzentimeter-Behälter mit 30 cm tiefer Bodenmischung gepflanzt werden. Diese Behälter scheinen vielleicht zu groß zu sein, und man könnte das Gefühl bekommen, dass auch kleinere reichen würden, aber wenn die Wurzeln gut behandelt werden und sie sich ausbreiten, hilft man der Pflanze, ihr volles Potenzial zu erreichen, so dass sie größere Knospen ansetzt und größere Ernten produziert.

Statt der Behälter kann man auch Beete benutzen. Das ist so wie mit angehobenen Beeten, nur im Treibhaus. Die Pflanze wächst direkt in der Bodenmischung, ohne vom Behälter beschränkt zu werden. Das Wurzelsystem hat mehr Raum, in den es sich ausbreiten und wachsen kann, wodurch es mehr Wasser und Nährstoffe bekommt. Wenn man Beete baut, braucht die Bodenmischung nicht mehr aus dem Behälter heraus genommen zu werden. Man frischt die Bodenmischung zwischen den Erträgen einfach auf und kann dann wieder pflanzen.

FAKTEN ÜBER BEHÄLTER

- Rechteckige Behältnisse fassen mehr als runde derselben Größe.
- Behälter müssen gut drainiert werden. Zu bevorzugen sind Behälter mit Löchern in den Wänden, anstatt auf dem Boden, falls sie auf einer festen Oberfläche stehen. Löcher auf dem Boden können einfach gestopft werden.
- Unkonventionelle Behälter sind einfach zu benutzen. Passen wir die quadratförmigen und rechteckigen Plastikbehälter an, indem wir Abflusslöcher einbohren.

Säcke mit einem Boden können flach gelegt und als Pflanzenbehälter benutzt werden.

Dieses Spiel der Natur wuchs in einem 100-Liter-Sack, gefüllt mit gebrauchter Bodenmischung. Der Boden wurde durchlöchert, um ihn zu entwässern. Die Wurzeln drangen in den Erdboden durch.

- Plastiksäcke gibt es in allen Größen. Sie funktionieren sowohl im Freien als auch im Treibhaus gut, sind leicht und billig. Säcke mit Seitensteifen sind am besten geeignet. Sie sehen wie Papiertragetaschen mit rechteckigem Boden aus. Versichern wir uns, dass sie entsprechend angebrachte Abflusslöcher haben.
- Säcke und Behälter lassen sich viel einfacher bewegen und machen das Pflanzen weniger ermüdend, wenn sie Griffe haben.
- Große Behälter kann man mit einer passenden Vorrichtung, einem Handkarren oder einem belastbaren Rollwagen bewegen.
- Man kann auch Plastiksäcke benutzen, die schon direkt die Bodenmischung enthalten. Platzieren wir den Sack aufrecht, damit er gut entwässert wird.
- Falls wir größere Pflanzen haben, legen wir zwei Säcke horizontal aufeinander. Dann das Plastik entfernen. An den Wänden Löcher für die Entwässerung anbringen. Den oberen Teil des Sackes öffnen, damit Regenwasser eindringen kann. Oder eben den oberen Teil bedeckt lassen und Regenwasser aussperren. Die Pflanze manuell oder mit Hilfe von Tropfbewässerung gießen.
- Größere Behälter auf Rädern lagern, damit sie einfacher bewegt werden können.

TIPPS FÜRS PFLANZEN IM FREIEN

- Licht, das auf den Behälter fällt, kann die Temperatur der Bodenmischung erhöhen, was eine Beschädigung des Pflanzengewebes zur Folge haben kann. Am schlimmsten sind schwarze Behälter, weil sie am meisten Licht absorbieren. Behälter, umhüllt mit einem hellen Material, z. B. Tuch, Papier, Plastik oder Korb, erwärmen sich nicht.
- Wird der Behälter mit weißem Plastik umhüllt, verlangsamt das den Verdampfungsprozess.

- Falls die Behälter nicht bewegt werden, lassen wir die Wurzeln in den Boden durchdringen. Die neuen Wurzeln werden unsere Pflanzen mit mehr Wasser und Nährstoffen versorgen.
-

BODENMISCHUNGEN

Das Wichtigste, was man bei Bodenmischungen beachten muss, sind Struktur, Luft und Wasserspeicherkapazität. Die Bodenmischung sollte gut drainieren, damit der Sauerstoff, den die Wurzeln verlangen, leere Räume auffüllen kann.

Bodenmischungen mit feinen Partikeln sind geeignet für kleine Gefäße, bis zu einem Durchmesser von 15 cm. In größeren Gefäßen können die Substratmischungen jedoch durchnässt und mit Wasser gesättigt werden und anaerobe Bedingungen fördern, die für die Wurzeln tödlich sind.

Feuchte Bodenmischungen mit einer guten Struktur sollten Erdklumpen bilden, wenn man sie in der Hand zusammenpresst; wenn man in den Klumpen stochert, sollten sie zerfallen. Falls er zusammenhält, passen wir das Substrat an die Mischung mit Ingredienzien an, die sie auflockern.

Zu benutzen sind:

- Kokosfasern
- Perlit
- Vermiculit
- Kompost

Kommerzielle Bodenmischungen von hoher Qualität haben fast immer eine gute Struktur und versorgen die Pflanzen mit viel Wasser und Luft.

Die meisten Grower, sogar alte Hasen, die auf ihre eigenen Bodenmischungen schwören, wechselten irgendwann zu den fertig vorbereiteten Mischungen. Egal, ob man eine Mischung völlig ohne Nährstoffe, oder eine mit organischen Nährstoffen angereicherte wählt, die pH- und Nährstoffwerte sind schon vom Hersteller angepasst, sodass das Substrat ein gesundes Wachstum sicherstellt. Nicht alle Bodenmischungen sind jedoch gleich, einige sind besser als die anderen – es lohnt sich also, verschiedene Marken zu testen.

Manche Grower bevorzugen es trotzdem, eigene Bodenmischungen zu verwenden.

Es gibt zwei große Vorteile beim Pflanzen in einer herkömmlichen Bodenmischung im Vergleich zu den hydroponischen Systemen. Der erste ist, dass die meisten Ingredienzien der Bodenmischungen, Rinde, Kokosfasern und Torf, auf Kohlenstoffbasis hergestellt und daher als Puffermittel für Düngemittel und Nährstoffe funktionieren. Sie halten ein Übermaß an Nährstoffen, die im Wasser gelöst wurden, zurück, und geben sie frei, wenn die Nährstoffwasserlösung weniger konzentriert ist. Deshalb sind sie hilfreicher als hydroponische Systeme, wo es keinen Austausch zwischen Medium und Wasser gibt.

Der zweite Vorteil von Bodenmischungen ist, dass man die Pflanzen mit organischen Düngemitteln düngen kann. Das lässt sich bei hydroponischen Systemen kaum machen, weil die Nährstoffe die Tendenz haben zu fermentieren. Außer der Tatsache, dass einige Menschen empfindlich auf anorganisch produzierte Nahrung und Rauchwaren reagieren, herrscht Übereinstimmung in der Annahme, dass organisch gepflanzten Knospen einen besseren Geschmack und ein schöneres Aroma haben als hydroponisch gezogene. Das hat man zwar in keiner Doppelblindstudie getestet, aber die mit anorganischen Düngemitteln gedüngten Pflanzen haben manchmal einen markant anderen, „chemischeren" Geschmack, besonders wenn sie überdüngt wurden oder das Medium nicht durchgespült wurde.

Üblicherweise benutzte Ingredienzien sind:

VERMICULIT

Vermiculit ist ein sehr leicht bearbeitbares Mineral, das man häufig als Zugabe in Bodenmischungen benutzt. Es absorbiert und hält Wasser, puffert die Nährstoffe und gewährleistet Raum für Sauerstoff, damit dieser zu den Wurzeln durchdringen kann.

Vermiculit expandiert durch Erwärmung von 900 bis 1100 °C. Es expandiert aus dem gleichen Grund wie Popcorn; das im Mineral gefangene Wasser wird zu Dampf und explodiert, wodurch es Schichten von Aluminiumsilikat abspaltet. Das Mineral wird damit 11 bis 15 Mal größer und gleichzeitig sterilisiert.

Die Zusammensetzung des Vermiculits ist ähnlich der des Glimmers; eine dünne Schicht von Sauerstoff, Magnesium und Eisenatomen hält die flachen Schichten des Aluminiumsilikats zusammen. Wenn man sich ein Stück davon anschaut, sieht man die Schichten. Diese Struktur mit breiten Spalten zwischen den Schichten ermöglicht dem Mineral, das Wasser zu absorbieren und zu halten und gewährleistet eine große Fläche, auf der es sich mit den Nährstoffmineralien verbinden kann, während es die Wasser-Nährstofflösung puffert.

Mit der Zeit zerfällt das Vermiculit, wenn Schichten, die nur schwache Bindungen haben, sich aufzulösen beginnen. Die physikalische Struktur mit breiten Spalten zwischen den Schichten wird eliminiert, dadurch entsteht mehr Raum für die Luft. Aus diesem Grund ist Vermiculit als einziges Medium in großen Behältern nicht so günstig.

Trotz aller Mythen ist Vermiculit nicht inert. Der Stoff hält die Nährstoffe und zerfällt langsam, wenn er die Atome von Magnesium und Eisen freigibt. Während er mit der Wasser-Nährstofflösung zusammenwirkt und einen günstigen Raum für die Kolonisierung gewährleistet, unterstützt das Medium eine gesteigerte Aktivität im Wurzelbereich. Obwohl er aktiv ist, enthält er keine Nährstoffe. Man muss also die notwendigen Nährstoffe in Form einer Wasser-Nährstofflösung hinzufügen.

Dieses angehobene Beet hatte 180 Quadratzentimeter Durchmesser und war 30 cm hoch. Das Beet gab den Wurzeln und der Pflanze einen großen Vorsprung.

Weil es in dessen Aufbau natürliche Variationen gibt, bewegt sich der pH-Wert zwischen 6 und 9. Meist ist er annähernd neutral. Er wird in mehreren Körnungsgraden verkauft.

Korn- und Splitt-Vermiculit ist steril und hält viel Wasser, lässt aber immer noch Luft durchdringen, er unterstützt also das Wachstum von Sämlingen und Klonen, wenn man einen feinen Grad benutzt. Die Wurzeln bilden darin ein gesundes Wurzelknäuel.

Kleine Gefäße – Grobkörniges Vermiculit ist ausgezeichnet für kleine Gefäße bis zu 15 cm. Es fördert das Wachstum der Wurzeln, weil das Medium locker und porös ist und den

Wurzeln den Zugriff sowohl auf das Wasser als auch auf die Luft ermöglicht.
Bodenmischungen – Vermiculit wird wegen seiner Wasser- und Luftspeicherkapazität sowie wegen des geringen Volumens als eine der Zugaben in vielen Bodenmischungen benutzt. Falls man Bodenmischungen für große Behälter braucht, vor allem, wenn man diese bewegen will, hilft Vermiculit, die Mischung und das Gewicht leichter zu machen.
Falls eine Bodenmischung zu viele Nährstoffe enthält, können wir Vermiculit beimischen, um die Konzentration zu verdünnen.
Hydroponische Systeme: Vermiculit enthält praktisch keine Nährstoffe, es ist also ein ausgezeichnetes Medium für hydroponisches Pflanzen. Meistens wird der Stoff mit Perlit oder Holzschnitzeln gemischt.

PERLIT

Perlit ist ein Mineral ähnlich Obsidian, das wie vulkanisches Glas aussieht und bei 850 bis 950 °C schmilzt. Das Wasser, das im Stein gehalten wird, wird zum Dampf und verursacht, dass Flüssigkeit schäumt. Perlit bläht sich auf, so dass der Stoff bis zu 20 mal größer als ursprünglich ist. Perlit hat eine Struktur mit vielen winzigen geschlossenen Poren oder Blasen. Die schneeweißen Endpartikel sind steril, inert und weisen einen neutralen pH auf. Die harten Stücke bleiben lange Jahre stabil. Sie saugen das Wasser durch die Kapillarwirkung auf.
Die Oberfläche der Partikel ist mit winzigen Kratern bedeckt, die eine extrem große Fläche bilden, die die Wasser-Nährstofflösung halten kann. Die Gänge in der Struktur halten auch Luft und fördern die Drainage.
Perlit gibt es in verschiedenen Größen und Graden, von sehr fein bis zu Erbsengröße. Die Menge an Wasser, das sich auf der Oberfläche des Perlits anlagert, hängt von der Größe der Partikel ab. Grobkörnigere Perlitpartikel lagern weniger Wasser als die feineren Teilchen ab. Generell werden kleinere Körnungen in kleineren Behältern benutzt. Größere Körnungen werden in größeren Behältern verwendet und gewährleisten Raum für die Luftzufuhr. Nichtsdestotrotz werden in Bodenmischungen manchmal verschiedene Größen miteinander gemischt, um die Wasserspeicherkapazität anzupassen.
Weil die nassen Körnchen Luftblasen auffangen, schwimmen sie im Wasser.
Die strahlend weiße Farbe des Perlits schützt die Samen vor Kälte und sogar vor Feuchtigkeit. Es reflektiert das Licht zurück zu den Blättern und fördert das Wachstum.

Die Vermehrung und Kultivierung aus Samen: Das Medium aus feinem Perlit ist gut für das Aufgehen der Samen und fürs Klonen, weil er das Feuchtigkeitsniveau aufrechterhält. Das übermäßige Wasser drainiert, es kommt also zu keiner Verwässerung. Weil Perlit mit Wasser keine chemischen Bindungen bildet, erhöht sich die Wasserspannung nicht. Dies hilft den Pflanzen, die Umweltbelastung zu bewältigen. Perlit haftet an den Wurzeln und Wurzelhaaren, sodass sie ein Wurzelknäuel bilden können. Das mindert den Schock beim Umpflanzen.
Bodenmischungen: Perlit wird häufig als Zugabe in Bodenmischungen benutzt. Es werden verschiedene Größen benutzt, um die Wasserspeicherkapazität anzupassen und die Belüftung zu ermöglichen. Es hält die Mischung leicht und gewährleistet ihre Struktur bis zur Verwesung.
Hydroponische Systeme: Die Kapillarwirkung des Perlits und die schnelle Entwässerung sind ideale Eigenschaften für die Hydrokultur. Es ermöglicht dem Wasser, sich selbst zu regulieren. Es ist inert und mischt sich nicht mit Düngemitteln und Nährstoffen.
Perlit kann als einziges Medium in vielen hydroponischen Systemen benutzt werden. Weil die leichten Körner ihre Position im Ebbe-

und Flut-System leicht wechseln, müssen die Pflanzen gestützt oder anderswie gesichert werden.
Aber seine Fähigkeit, Wasser zurückzuhalten, Raum für Luft zu gewähren, sein neutraler pH-Wert und seine inerten Eigenschaften machen Perlit zu einem ausgezeichneten Medium.
Perlit wird häufig als Zugabe in hydroponischen Böden benutzt – zusammen mit Vermiculit, Torf oder Rinde. Weiter ist Perlit ideal, weil es seine Struktur beibehält – im Unterschied zum Torf, der verwest, wenn er mit dem Boden reagiert und im Unterschied zum Vermiculit, das allmählich seine Struktur verliert und zerfällt.
Perlit kann wiederverwendet werden, solange es gespült und sterilisiert und das alte pflanzliche Material entfernt wird. Der Stoff wird zur Verbesserung von Böden genutzt, aber das ist teuer und funktioniert nicht so gut wie organisches Material.

TORF

Torf wird aus dem Moor gewonnen. Er besteht aus Schichten abgestorbenen Torfmooses, die natürlich im azidischen und anaeroben Wasser eingesunken sind.
Torf ist in Nordamerika wahrscheinlich das populärste Material fürs Pflanzen in Behältern. Er ist die Schlüsselingredienz in den meisten Mischungen, weil er 15 bis 20 Mal mehr Wasser hält, als er Volumen aufweist und weil er eine ausgezeichnete Pufferfähigkeit hat und nicht teuer ist. Torf gibt es in mehreren Arten, von sehr feiner, die mehr Wasser hält, weil die Räume zwischen den Partikeln kleiner sind, bis zu größeren Körnungen, die mehr Luftraum gewähren.
Torf ist sehr azidisch und muss mit Kalk aufbereitet werden, um den pH-Wert zu erhöhen. Die meisten Mischungen haben den pH-Wert bereits angepasst, aber es ist trotzdem empfehlenswert, den Test selbst durchzuführen. Obwohl Torf eine hohe Pufferkapazität hat, enthält er selbst keine Nährstoffe, nicht angereicherte Mischungen müssen also zu Beginn gedüngt werden.
Torf hat eine chemische Beziehung zum Wasser. Wenn er Feuchtigkeit verliert, bindet er noch stärker an das restliche Wasser und erhöht die Wasserspannung. Dies erschwert den Wurzeln die Wasser- und Nährstoffaufnahme. Aus diesem Grund sollte man Torfmedien nie austrocknen lassen. Obwohl sie feucht zu sein scheinen, kann das Wasser für die Wurzeln nicht mehr erreichbar sein.
Torf setzt sich aus abgestorbenem pflanzlichen Material zusammen, deshalb enthält er Karbon. Karbon wird von Mikroorganismen im Boden für den Bau des Gewebes benutzt, das im Laufe der Zeit den Torf abbaut. Gleichzeitig schrumpft er zusammen, wenn er seine Struktur verliert. Man kann zum Beispiel beobachten, dass der Boden in einem Behälter im Laufe einiger Monate zusammengeschrumpft ist. Das passiert, weil die Mikroorganismen das Karbon im Boden verbrauchen. Das stellt nur dann ein Problem dar, wenn die Pflanze zu lange in der Mischung verbleibt. Die kompakte Mischung gewährleistet nicht genug Luft für die Wurzeln, die Wurzeln haben nicht genügend Raum, um sich auszubreiten, und die Pflanze wird weniger gefördert, aufrecht zu stehen. Im Zeitraum von einigen Monaten hat dieses Zusammenschrumpfen aber keinen auffallend ungünstigen Einfluss.
Kokosfasern sind aus Fasern und Mark hergestellt, die den inneren Kern der Kokosnuss schützen. Kokosfasern für den Gartenbedarf werden aus reifen Kokosnüssen hergestellt. Wenn die Frucht reift, ändert sich der Inhalt von ursprünglich zum großen Teil aus Zellstoff bestehenden Fasern in Lignin. Lignin, das sich auch in Holz befindet, widersteht dem Zerfall besser als Rinde oder Torf.

KOKOSBAST

Kokosfasern halten etwa fünf bis acht Mal mehr Wasser als sie Gewicht haben. Sie haben auch ziemlich hohen Anteil am Kationenaustausch; die Fasern absorbieren nicht nur das Wasser, sondern sie halten gleichzeitig die Nährstoffe und puffern einen Überschuss. Die Luftdurchlässigkeit hängt von der Größe der Partikel und Fasern ab. Je feiner die Fasern sind, desto mehr Wasser halten sie im Verhältnis zur Luft. Je größer die Partikel sind, desto niedriger ist die Menge des Wassers, das zurückgehalten wird.Ein anderer Vorteil, den Kokosfasern im Vergleich zu Torf und Rinde haben, ist der höhere pH-Wert, der sich im akzeptablen Bereich von 5,8 bis 6,4 bewegt. Sie sind außerdem eine Quelle für Kalium, Eisen, Mangan, Zink und Kupfer, die schrittweise abgegeben werden. Wenn die Partikel fein sind, kann das Mark leicht für ein organisches Kaliumdüngemittel gehalten werden, das eine schwammähnliche molekulare Struktur hat.

Es gibt Einzelberichte darüber, dass Kokosfasern fungizide Eigenschaften haben können, die aus Lignin oder dessen Oberfläche stammen sollen.

Es gibt mehrere Arten von Kokosfasern in Abhängigkeit von der Partikelgröße und dem Typ des Gewebes. Lange Fasern haben ein körniges Material, das sogenannte Mark. Manchmal werden die beiden Materialien zusammen verarbeitet, meist aber werden sie in Fasern und Mark geteilt.

Jeder Kokosfaser-Hersteller hat sein eigenes Rezept für die Kombination von Mark und Faser. Je mehr Mark das Produkt enthält, desto mehr Wasser hält es zurück, aber auch umso weniger Luft. Eine andere Form von Kokosfasern ist Splitt. Dabei handelt es sich um Kokosfaser-Stücke, die in Würfeln von etwa 0,5 bis 2 cm daherkommen. Sie werden statt der Rinde in einigen Bodenmischungen als Boden für Orchideen und als hydroponisches Pflanzmedium benutzt.

Einige Kokosfaser- und Splitt-Marken enthalten übermäßige Quantitäten an Salz. Das rührt vom Herstellungsprozess oder der Lagerhaltung her. Die Salze müssen vor dem Benutzen entfernt werden, und das ist ganz einfach. Einfach in einem Behälter mit Warmwasser für 15 Minuten durchnässen lassen und dann trocken wringen. Einige Marken werben damit, dass ihre Kokosfasern bereits gewaschen wurden und nicht ausgespült werden müssen.

Die Wurzeln bilden ein Knäuel, wenn sie keinen Raum mehr zur Verfügung haben und sich nicht mehr weiter ausbreiten können auf der Suche nach Wasser und Nährstoffen.

RINDE

Zerhackte Rinde wird häufig als Zutat in Bodenmischungen benutzt. Die Eigenschaften der Rinde sowie deren Wasserspeicherkapazität und der pH-Wert unterscheiden sich je nach Baumsorte. Der Körnungsgrad der Rinde und die Größe der Stücke beeinflusst die Wasserspeicherkapazität. Je kleiner die Stücke sind, desto mehr Wasser halten sie und desto weniger Lufträume gibt es darin. Die Rinde enthält Karbon, sie wird also mikrobisch zerlegt. Dazu kommt es jedoch im langsameren Maße als im Falle des Torfs. Rinde puffert auch die Wasser-Nährstoffmischung, indem sie übermäßige Nährstoffe absorbiert und sie abgibt, wenn die Lösung weniger konzentriert ist.

Falls eine Pflanze mehr als fünf Monate alt werden soll, wählen wir lieber einen Boden

auf der Basis von Rinde oder Kokosfasern als einen, der aus Torf besteht.
Rinde wird normalerweise nicht in hydroponischen Systemen benutzt – außer bei Düngesystemen und Kapillarmatten.

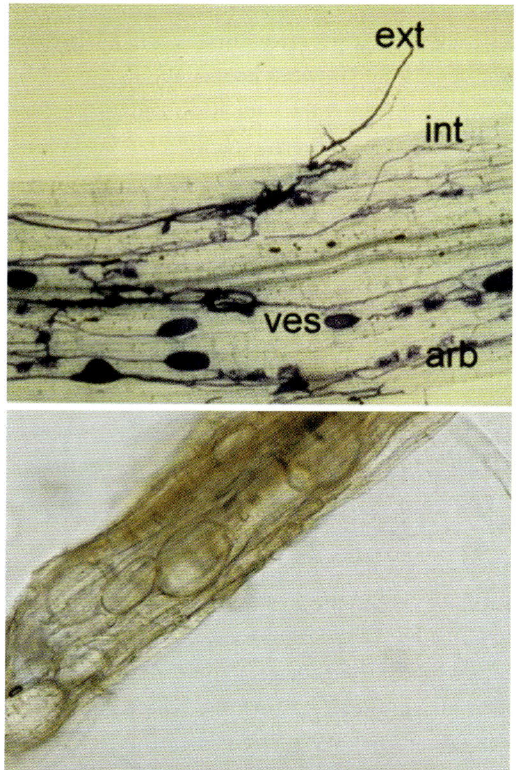

Oben: Die Pilzstrukturen des Wurzelsystems. Sie wurden blau eingefärbt, um das externe Myzelium (ext), das interne Myzelium (int), die arbuskuläre Mycorrhiza (arb), und die Vesikel (ves) zu zeigen.
Unten: AM Fungus Glomus intradices bildet in den Wurzeln häufig Sporen.
Fotos: Priv. Doz. Dr. habil. Ewald Sieverding

MYKORRHIZEN

Mykorrhizen sind Pilze, die in verschiedenen Formen im Boden wachsen und eine symbiotische Beziehung zu den Pflanzen haben. Sie befinden sich meistens in der Rhizosphäre, dem Wurzelbereich, wo die Pflanzen das Wasser absorbieren und die Nährstoffe aufnehmen. Sie sind auf mehreren Wegen fördernd:

1) Sie erhöhen die Nährstoffaufnahme;
2) Sie tauschen Pilzhormone und andere Stoffe mit den Pflanzen aus;
3) Sie schützen die Pflanzen vor Pathogenen und Wurzelschädlingen, und
4) Sie fördern ein besseres Wasserverhältnis und reduzieren den Wassermangel der Pflanzen.

Das hat eine erhöhte Wurzelkraft und erhöhtes Wachstum mit größerer Beständigkeit gegen die Krankheiten und Trockenheit zur Folge. Damit potenziert sich auch die Qualität der Knospen und der Ernte.

MYKORRHIZA-TYPEN

Mykorrhizen werden in zwei Gruppen aufgeteilt – Endomykorrhizen und Ectomykkorhizen. Die Ectomykkorhizen sind in den gemäßigten Klimazonen mit Waldbäumen heimisch und haben wahrscheinlich keinen Einfluss auf das Wachstum von Marijuana.
Es gibt mehrere Gruppen von Endomykorrhizen, aber uns interessiert primär die Gruppe der arbuskulären Mykorrhizen (benannt nach ihrer „baumähnlichen" Struktur) oder die AM-Mykorrhizen. Ihre Hyphen (Zellfäden), das Zentrum des neuen Wachstums in den AM-Mykorrhizen, haben eine baum- und zweigähnliche Struktur. Die Hyphen wachsen durch die Zellwand und stellen sich zwischen diese und die Membrane. Die saitenähnlichen Strukturen, die Arbuskel, kolonisieren somit einen neuen Raum. Wenn die Hyphen reifen, entwickeln sich entlang deren Länge die Vesikel, die die Lipide für kargere Zeiten speichern.
Wenn die Hyphen in die Zelle einwachsen, sind sie teilweise sowohl innerhalb als auch außerhalb der Wurzeln nachzuweisen. Außerhalb bilden sie ein feines Netzwerk aus Fäden, das der Ausbreitung der Wurzelhaare dienlich

ist. Sie nutzen elektrochemische Reaktionen, um Nährstoffe zu lösen, besonders Phosphor (P), aber auch Mikronährstoffe, und bringen sie in die Zellen. Nährstoffe werden den Pflanzen über die Wurzeln geliefert, Zucker und andere pflanzliche Produkte werden ebenfalls von den Wurzeln abgegeben.

AM-Mykorrhizen produzieren und geben eine reichliche Menge am Glykoprotein Glomalin ab. Glykoprotein ist ein Molekül, das Proteine und Zucker kombiniert. Glomalin besteht fast zu 40 Prozent aus Karbon (C), somit kann es viele Mikroorganismen beherbergen und sie mit den notwendigsten Nahrungsquellen versorgen.

Glomalin durchdringt alle Ingredienzien des Bodens und organischen Materials (Sand, Schlick, Ton) und bindet sie, sodass kleine Klumpen von Bodenkörnern entstehen, die Aggregate. Das gibt dem Boden eine Struktur und ist der erste Schritt einer natürlichen Erosion, die die Karbonentweichung aus dem Boden verhindert.

Mykorrhizen erhöhen die Absorption auf zwei Wegen: auf dem physikalischen und dem chemischen. Die Myzelien sind im Durchmesser kleiner als die kleinsten Wurzeln, sie gewährleisten also eine größere Oberfläche für die Absorption. Pilze verwenden andere Methoden als Pflanzenwurzeln, um Nährstoffe zur Verfügung zu stellen. Ihre Anwesenheit ist daher in nährstoffarmen Böden am nützlichsten.

AM-Mykorrhizen schützen die Pflanzen vor mikrobiellen, im Boden enthaltenen Pathogenen, indem sie einen Schutzschild um die Wurzeln bilden. Das hält die Wurzeln gesünder. Sie produzieren außerdem Chemikalien, die die Pflanze stimulieren, wenn sie sich auf den Angriff z. B. eines Fraßfeinds vorbereiten muss, eventuell auch mit schützenden Substanzen, die das Wurzelsystem resistenter gegenüber Krankheitsorganismen und Trockenheit machen, weil sie Wasser und Mineralien besser aufnehmen können.

Nützliche Organismen impfen den Boden, fördern das Wurzelwachstum und eine reichliche Blüte und erhöhen die Fähigkeit der Pflanze, Krankheiten und Pilzangriffen zu widerstehen. Bio Bizz Pre Mix ist ein trockenes Düngemittel, das vor dem Pflanzen in den Boden gemischt wird. Es enthält eine Mischung aus organischen Düngern, Steinmehl und nützlichen Mikroorganismen.

Pflanzen, die in sterilen Böden und Medien gepflanzt werden, ergeben nicht so viel Ernte im Vergleich zu angereicherten Medien und geimpften Böden. Wir sollten AM-Mykorrhizen stets zu neuen Substraten zuschlagen. Allerdings brauchen diese Mykorrhizen einige Wochen, um einen großen Behälter zu besiedeln. Werden jedoch bereits kleine Pflanzen mit den Mykorrhizen geimpft, wird das Mikroleben mit den Wurzeln wachsen und den Wurzelbereich mit jenen Organismen auffüllen, die Pathogene abweisen.

AM-Mykorrhizen und andere förderliche Organismen sind in solchen Bodenmischungen bereits verfügbar, die schon vorher zum

DIE MYCOGROW-LÖSUNG VON PAUL STAMETS

enthält folgende konzentrierte Sporenmassen:	
Endomykorrhizale Pilze	Glomus intradices, Glomus mosseae, Glomus aggregatum, Glomus clarum, Glomus deserticola, Glomus etunicatum, Gigaspora margarita, Gigaspora brasilianum, Gigaspora monosporum
Ectomykorrhizale Pilze	Rhizopogon villosulus, Rhizopogon luteolus, Rhizopogon amylopogon, Rhizopogon fulvigleba, Pisolithus tinctorius, Laccaria bicolor, Laccaria laccata, Scleroderma cepa, Scleroderma citrinum, Suillus granulatas, Suillus punctatapies
Trichoderma	Trichoderma harzianum, Trichoderma konigii
Nützliche Bakterien	Bacillus subtillus, Bacillus licheniformis, Bacillus azotoformans, Bacillus megaterium, Bacillus coagulans, Bacillus pumlis, Bacillus thuringiensis, Bacillus stearothermiphillis, Paenibacillus polymyxa, Paenibacillus durum, Paenibacillus florescence, Paenibacillus gordonae, Azotobacter polymyxa, Azotobacter chroococcum, Sacchromyces cervisiae, Streptomyces griseues, Streptomyces lydicius, Pseudomonas aureofaceans, Deioncoccus erythromyxa

Dieser Bodenimpfstoff enthält eine breite Mischung von nützlichen Pilzen und Bakterien. Es handelt sich um eine Mischung, die in einer breiten Palette von Substraten und Bodenmischungen funktioniert. Das Produkt ist entworfen worden, um das Pflanzenwachstum zu fördern und die Gewächse vor Pathogenen zu schützen. Ectomykorrhizen haben wahrscheinlich auf Cannabis nur einen geringen Einfluss. Die anderen Organismen in der Mischung funktionieren gut in Marijuanagärten.

Pflanzen benutzt wurden, besonders, wenn die letzte Ernte geimpft wurde und die Organismen Zeit hatten, die Wurzeln zu besiedeln.

Aus diesem Grund bringen die nicht infizierten, geimpften Bodenmischungen eine größere Ernte beim zweiten und dritten Ertrag. Falls wir die Bodenmischung wechseln wollen, vermischen wir einen Teil des alten Mediums mit dem neuen, um es so mit Mikroben zu impfen. In Bodenmischungen ist das meiste Phosphat an wasserunlösliche Mineralien gebunden. Das Wasser im Boden enthält eine sehr niedrige Konzentration an Phosphat. Die Wurzeln haben meist Schwierigkeiten beim Gewinn des Phosphats. Die Wurzelhaare und die Mykorrhizen in ihrer Nähe verfügen über ein aktives Transportsystem, um die Pflanzenkrone mit Orthophosphat (H3PO4) zu versorgen. Die meisten Pflanzen fördern ihre Kapazität für die Nährstoffaufnahme, indem sie Pilze zur Ausbreitung der Wurzeloberfläche nutzen. Das erhöht die Fähigkeit der Pflanze, Nährstoffe zu transportieren und Phosphat zu gewinnen.

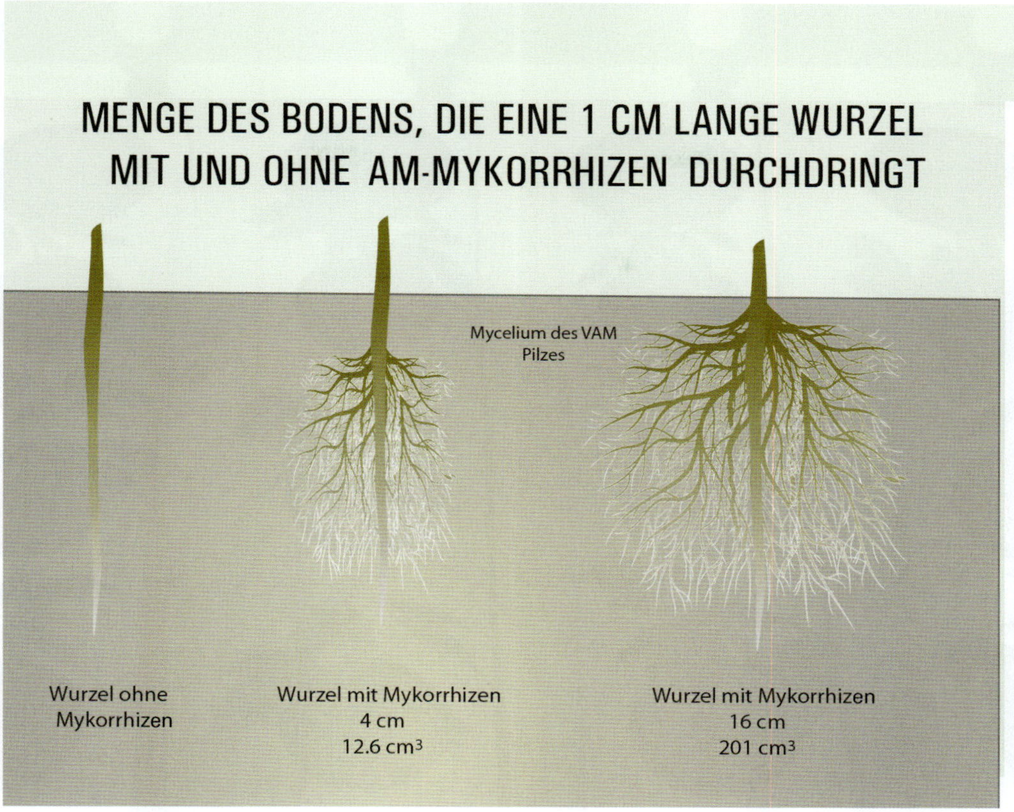

TRICHODERMA

Trichoderma-Pilze sind in so gut wie allen Böden nachweisbar. Einige Arten leben frei, während andere die Wurzeln kolonisieren. Sie sind variabel, weil die Zellen häufig mehr als einen Nukleus enthalten, und aus der Genmischung entstehen viele einmalige Kombinationen.

Den Pilzen wachsen lange Filamente, während sie auf Nahrungssuche sind. Trichoderma greifen an, parasitieren oder gewinnen Nährstoffe von anderen Pilzen. Sie nutzen zahlreiche Mechanismen, um andere Pilze anzugreifen und damit das Wachstum der Pflanze und der Wurzeln zu fördern. Verschiedene Varietäten von Trichoderma kontrollieren fast alle pathogenen Pilze. Jede Trichoderma-Varietät hat ihre Spezialisierung und kontrolliert einige Pathogene besser als die anderen. Mischungen, die nur einige Arten enthalten, können gegen manche Pilze unwirksam sein.

Einige Arten sowie Harzianum werden in Bio-Schutzhilfsmitteln wie z. B. RootShield benutzt. Gemischte Varietäten werden häufig in Endo-/Ectomykorrhiza-Mischungen verwendet.

NÜTZLICHE BAKTERIEN

Einige Bakterien im Wurzelbereich scheinen auch eine symbiotische Beziehung zu den Wurzeln zu haben. Bacillus subtillus, B. pumplis, B. thuringiensis und andere greifen die Pathogene an. Serenade benutzt B. subtillus als aktiven Inhaltsstoff.

Einige Varietäten einschließlich Pseudomonas cepacia und Phizobium spp. erhöhen die Versorgung des Wurzelbereichs mit Phosphat.

Photo: Sean Mikuriya

BODENMISCHUNG VS. HYDROKULTUR

Bodenmischungen wie auch Hydrokultur-Systeme haben jeweils ihre Vor- und Nachteile. Egal, ob wir uns entscheiden, ein Hydrokultur-System oder eine Bodenmischung zu benutzen, beide Möglichkeiten werden funktionieren, beide sind für die Produktion großer Ernten günstig, und beide gewährleisten ein befriedigendes Grow-Ergebnis. Die sogenannte Fertigation ist eine Mischform aus Bodenmischungen und hydroponischen Systemen und nutzt die Vorteile beider Systeme.

Hydroponische Systeme bieten einige Vorteile im Vergleich zu Bodenmischungen. Es ist meist nicht so anstrengend, den Garten einzurichten, die Pflanzen können zudem in kleineren Behältern gepflanzt werden.

Auch die Arbeiten nach dem Pflanzen, sowie die Beseitigung der Bodenmischung und die Neubepflanzung sind mit hydroponischen Systemen einfacher.

Hydroponisch gezogene Pflanzen garantieren meist höhere Erträge, und das schneller als Pflanzen, die in Bodenmischungen gedeihen. Nichtsdestotrotz ziehen Kenner organisch gepflanzte Pflanzen den hydroponischen vor.

Hydroponische Kultur ist ein wenig anspruchsvoller als Growing in einer Bodenmischung, weil die Hydrokultur kein organisches Medium kennt. Organische Medien, beispielsweise Rinde, Kokosfasern, Kompost und Torf puffern die Unausgewogenheiten der Nährstoffkomposition. Hydroponische Systeme haben diese Pufferungseigenschaft nicht, der Gärtner muss also die Wurzeln manuell in perfekter Kondition erhalten.

Auf der anderen Seite hat ein Hydrokulturgrower keine Probleme mit dem Boden, die zuweilen in Containergärten auftreten, und auch ein mögliches Übergießen und damit mit Staunässe ist bei den hydroponischen Systemen nicht möglich. Probleme mit Nährstoffen und pH-Wert lassen sich eliminieren, weil der Grower die Wasser-Nährstofflösung ganz genau kontrollieren kann. Hält man die Lösung in einem akzeptablen Bereich, wird das Risiko eines Fehlers recht klein gehalten.

Die modernen Bodenmischungen bestehen aus nicht nutritiven Ingredienzien, u. a. aus Torf, Rinde, Kokosfasern (Kokosschalen), Reisschalen, Vermiculit und Perlit. All diese Ingredienzien können auch als Pflanzmedien in Fertigations- und hydroponischen Systemen benutzt werden.

Mischungen höherer Qualität enthalten häufig auch biologisch aktive Ingredienzien, z. B. Kompost oder Wurmkompost, Guano, Samenmehl, Steinchen und Teile toter Tiere, beispielsweise Blut-, Knochen- oder Federmehl. Diese Mischungen fördern das Pflanzenwachstum für einen Monat bis zu sechs Wochen, ohne irgendwelche Dünger zu benötigen – unter

LECA ist vielseitig und kann in unterschiedlichen Typen von Hydrokultursystemen benutzt werden. Hier handelt es sich um die modifizierte NFT. Über die Kiesel strömt konstant das belüftete Wasser. Die Wurzeln haben auf viel Sauerstoff und Wasser Zugriff.

Das LECA-System versorgt die Wurzeln mit dem notwendigen Sauerstoff und Wasser.

der Voraussetzung, dass die Wurzeln eine ausreichende Fläche für das Wachstum und die Nährstoffaufnahme haben.

Einige Mischungen werden mit anorganischen Düngern angereichert. Einige Marken enthalten retardierende Dünger und sind so entworfen, dass sie die Pflanzen für mehrere Monate versorgen können. Sie verlangen nur wenig oder keinen zusätzlichen Dünger, solange die Pflanzen in genügend großen Containern gepflanzt werden.

Hydroponische Systeme sind eine Gärtnermethode, in der die Pflanzen mit Hilfe einer mit Nährstoffen angereicherten Wasserlösung versorgt werden. Die Gärtner haben die Wahl zwischen verschiedenen Hydrokultursystemen. Tiefwasser-Kultur (Deep Water Culture - DWC), Tropfsystem, Ebbe und Flut, Nutrient Flow Technik (NFT), Reservoir und Docht lassen sich einfach bauen, manche sind auch in den Geschäften als fertige Einheiten zu bekommen. Ein anderes System ist das Aeroponische System, und das wird hier auch noch besprochen.

Die Fertigation wird in vielen kommerziellen Gärtnereien verwendet, die Topfpflanzen ziehen. Es handelt sich um eine Hybride zwischen Bodenmedium und hydroponischem System. Das wird hier auch noch diskutiert werden.

Hydroponische Systeme unterscheiden sich in ihrer Komplexität und darin, wie viel Pflege sie verlangen. Allerdings beeinflusst die Einfachheit der Konstruktion bzw. die Schwierigkeit der Pflege keineswegs die Ausmaße und Qualität der Ernte. Die einzelnen Systeme werden der Reihe nach, nach ihrer Komplexität besprochen.

Sämtliche Systeme gehören einer der folgenden zwei Kategorien an: passive und aktive Systeme. In den passiven Systemen, z. B. dem Reservoir oder dem Docht, hängt die Wassererreichbarkeit vom Kapillareffekt ab. In den aktiven Systemen sowie der Ebbe und Flut-, der Nutrient Flow Technik (NFT) und der Tiefwasser-Kultur wird die Pumpe benutzt, um Wasser und Nährstoffe zur Pflanze zu bringen.

HYDROPONISCHE PFLANZMEDIEN

Grower haben viele hydroponische Medien zur Auswahl. Die meisten sind anorganisch, d. h. sie enthalten keine Karbonmoleküle und verfallen deshalb nicht so schnell.

Einige, z. B. Torf, Holzspäne und Rinde reagieren mit den Nährstoffen im Laufe der Zeit und

Man kann den Feuchtigkeitsgrad der LECA anpassen, wenn man Vermiculit beigibt. Vermiculit zerfällt und bedeckt die Pellets. Wir benutzen 1 Teil Vermiculit zu 10 Teilen LECA.

zerfallen – sie werden zu Kompost. Das dauert normalerweise einige Jahre, die Reaktion mit Pflanzen, die nur drei bis sechs Monate wachsen, ist also minimal. Diese Materialien müssen jedoch mit der Zeit neu beigegeben werden.
Am günstigsten sind LECA und Perlit, beide können für lange Zeit benutzt werden.

LECA

LECA (Light Expanded Clay Aggregate) kann als Medium in allen Typen von Hydrokultursystemen benutzt werden, beim Reservoir, Docht, der Tiefwasser-Kultur, der Nutrient Flow, den aeroponischen Systemen, der Ebbe und Flut und beim Tropfsystem.
Es wird hergestellt, indem man reinen natürlichen Ton bei 1200° C für drei Stunden backt. Die Pellets blähen sich dabei zu einem leichten halbporösen Medium auf. Das hat einen neutralen pH-Wert und beeinflusst also nicht die Wasser-Nährstoffmischung.
LECA versorgt die Wurzeln durch die Kapillarwirkung sowohl mit Feuchtigkeit als auch mit Luft. Die Wasser-Nährstofflösung wird vom Pellet entlang der Oberfläche nach oben aufgesaugt. Staunässe und Vermodern der Wurzeln werden verhindert, weil die Pellets Raum für Sauerstoffzufuhr lassen.

MINERALWOLLE

Mineralwolle ist steril und gut im Handling. Das Material hält gut zusammen und lässt sich einfach behandeln, wenn man den Basismaßnahmen folgt. Es wird hergestellt, indem man Basalt und Kalk schmilzt und die geschmolzene Mischung dann ähnlich verrührt, wie eine

Mineralwolle gibt es in vielen Größen und Formen, z. B. als Würfel und Platten, Pellets und Wolle.

Substratmischung. Es entstehen lange Fäden, aus denen man dann verschiedene Gestalten, Strukturen und Größen von Würfeln und Platten formen kann. Wenn das Material austrocknet, kommt es zu keiner Wasserspannung, es ist also für die Pflanzen einfach, Wasser zu absorbieren. Diese zwei Charakteristika ermöglichen es, Wasser und Luft zu halten, die Bedürfnisse der Wurzeln können also recht einfach befriedigt werden.
Neue Mineralwolle ist hoch alkalisch, weil sie noch alkalische Überreste der Herstellung enthält. Um den Kalk zu entfernen, tauchen wir das Material für 24 Stunden in eine saure Wasserlösung von pH 5,1, um den Kalk abschwemmen zu lassen. Das Wasser mit einem pH-Downer anpassen. Schließlich spülen wir die Würfel oder Platten mit einer Wasser-Nährstofflösung durch. Dann sind sie bereit für die Benutzung, weil Mineralwolle nur noch einen leicht alkalischen Wert hat. Wir passen den pH-Wert der Wasser-Nährstofflösung so an, dass er höher als 6,1 ist, um die alkalischen Eigenschaften des Mediums zu puffern.

Die Wurzeln wachsen recht rasch aus den 10 Zentimeter großen Würfeln.

Wenn wir die Pflanzen in größere Medien umsetzen wollen, legen wir den Würfel auf eine 20 Zentimeter große Platte. Die Wurzeln werden schnell einwachsen. Siehe die Fotos oben: Angelic C.

Die Würfel haben eine Größe von 2,5 bis 10 cm. Die zwei kleineren Größen benutzt man für die Fortpflanzung des Marijuana. Das sind 5 x 5 x 3,75 cm große, nicht umhüllte Würfel und 3,75 cm große, quadratische, mit Plastik umhüllte Würfel, die das Verdampfen verlangsamen. Die 10 cm großen quadratischen Würfel sind groß genug, um kleine Pflanzen zu versorgen. Bei größeren Pflanzen legen wir die kleinen Würfel auf die Oberfläche der Mineralwollplatten oder in andere Pflanzmedien.

Die Platten sind 7,5 cm hoch, 91 cm lang und werden in Breiten von 15, 20, 25 und 30 cm verkauft. Am populärsten sind die 15 cm und 20 cm großen Platten, sie sind groß genug, wenn man nur ein paar wenige Pflanzen ziehen will.

Die Platten werden in Plastik eingehüllt, das man nicht entfernen muss, um es vor Algen und Infektionen zu schützen. Entfernen oder schneiden wir das Plastik auf dem Boden, um eine Drainage zu ermöglichen, aber wir entfernen nicht das Plastik oben und von den Seiten. Wenn wir den Würfel in die Platte transplantieren wollen, schneiden wir ein „X“ in das Plastik, das so groß wie der Würfel ist. Dann knicken wir die Ecken des „X“ um und legen den Würfel direkt oben auf die Platte. Die Wurzeln wachsen schnell in die Platte hinein.

Lockere Mineralwolle ist eine weitere Möglichkeit. Sie ist entweder mit wasserabsorbierenden oder wasserabstoßenden Eigenschaften zu bekommen. Zusammen mit Mineralwolle kann man auch andere Pflanzmedien in die Behälter geben. Ein weiterer Vorteil der Mineralwolle ist, dass man sie so anpassen kann, dass sie genau die richtige Menge an Wasser hält.

Passen wir auf, wenn wir mit Mineralwolle arbeiten. Staub und Fäden stellen ein Gesundheitsrisiko dar. Sie können Hautausschlag verursachen oder die Lungen schädigen und zeitweilige Mikrogeschwüre verursachen. Wir feuchten sie zuvor an, damit die Fäden möglichst wenig mit der Luft übertragen werden können. Eine Maske, lange Ärmel und Gum-

Würfel aus Mineralwolle können verwendet werden, um große Pflanzen zu ziehen und während des Wachstums zu fördern.

mihandschuhe sind Pflicht, wenn wir mit feuchter Mineralwolle arbeiten. Wenn wir mit lockerer Mineralwolle arbeiten, ist der beste Schutz ein Overall mit Luftlöchern. Wird die Mineralwolle angefeuchtet, bevor man damit arbeitet, reduziert das den Staub.

Mineralwolle ist nicht umweltfreundlich. Sie lässt sich schwierig entsorgen, weil sie sich nicht zersetzt, auch nicht, wenn man sie verbrennt. Zum Glück lässt sich Mineralwolle einfach wiederverwenden. Obwohl die meisten Amateurgärtner sie nur einmal verwenden, wird sie in kommerziellen Treibhäusern, in denen Rosen und Tomaten gepflanzt werden, ein bis zwei Jahre benutzt, bevor sie beginnt zu zerfallen.

Um Mineralwolle für die Wiederverwendung vorzubereiten, ist es am besten, sie ein bisschen austrocknen zu lassen, man sollte also zwei Sets davon haben, die zwischen den Ernten gewechselt werden können. Würfel lassen sich einfacher entfernen, aber es ist leichter mit Platten zu arbeiten. Zuerst Stengel und Wurzeln aus- oder abreißen. Dann sterilisieren wir die Mineralwolle, indem wir sie für 24 Stunden in eine dreiprozentige Hydrogeniumlösung eintauchen oder indem wir den Tropfer oder die Ebbe und Flut benutzen, um die Lösung in das Material zu bringen. Nachdem sie mit der Hydrogeniumlösung für 24 Stunden bearbeitet worden ist, spülen wir die Mineralwolle gründlich aus.

Das Hydrokultursystem, das sich am einfachsten konstruieren und aufrechterhalten lässt, ist das Reservoir.

HYDROMETHODEN

FERTIGATION

Die Fertigation ist die einfachste Methode von allen Hydrokultursystemen. Die Pflanzen werden in normale Behälter gepflanzt. Sie werden mit einer nicht nutritiven Mischung gefüllt und manuell gegossen oder mit dem Tropfsystem gewässert oder indem man die Kapillarmatte benutzt. Die Nährstoffe werden durch eine Wasser-Nährstofflösung übermittelt.

Fertigationssysteme werden häufig in der Gärtnerei-Industrie verwendet, wo Topfpflanzen gezogen werden. Man kann sie einfach konstruieren und aufrechterhalten. Man kann ein beliebiges Medium nutzen, am beliebtesten sind aber Torf und Torfmischungen, weil sie billig sind und gute Pufferungsfähigkeiten und Kapillarwirkung haben.

Torf und Vermiculit oder Perlit verlangen weniger Bewässerung als andere hydroponische Medien, weil sie mehr Wasser halten. Die Fertigation wird häufig in Verbindung mit Kapillarmatten verwendet.

PASSIVE HYDROKULTUR-SYSTEME

Passive Hydrokultursysteme bedienen sich des Kapillareffekts, um Wasser durch das Pflanzmedium zu saugen. Wenn das Wasser verarbeitet wird, entsteht eine „Spannung", die die Moleküle des Wassers nach oben zieht. Es versorgt die Pflanzen mit mehr Wasser, als sie brauchen.

AKTIVE HYDROKULTUR-SYSTEME

Aktive Systeme verwenden eine Pumpe, um die frische Wasser-Nährstofflösung zu den Pflanzen zu transportieren, die Umgebung wird also mit einer Lösung erfrischt, die neue Nährstoffe und Sauerstoff enthält. Es gibt viele Typen von aktiven Systemen, die meisten von ihnen gehören in eine der fünf Kategorien: Tiefwasser-Kultur, Tropfsystem, Ebbe und Flut, Nutrient-Film-Technik und aeroponische Systeme.

DAS RESERVOIR

Das Resevoir ist ein System, das sich bei weitem am einfachstem konstruieren und aufrechterhalten lässt. Die Pflanzen werden in übliche Pflanzcontainer ausgewählter Größe gepflanzt. Sie werden in eine Wanne gelegt, die 10 bis 15 cm hohe Wände hat.

Die Container sind mit dem Tongranulat gefüllt. Eventuell kann man den Boden bis zu einem Drittel mit dem Granulat und den Rest mit einer Mischung aus Vermiculit und Perlit oder Torf (Sunshine Mix #4) oder sogar mit einer Non-Hydro-Mischung füllen. Den Container stellt man direkt in eine Wanne mit hydroponischer Wasser-Nährstofflösung, wobei der Container zu etwa 20 bis 25 Prozent im Wasser steht. Wir versenken den Container mit der 10 cm hohen Bodenmischung 2 bis 2,5 cm tief im Wasser. Ein 30 cm hoher Container sollte in 6,5 bis 7,5 cm hohem Wasser stehen.

Das Wasser im System wird mit einer Hilfe einer kleinen Pumpe zirkuliert und mit einer Luftpumpe oder einem Sprudler durchlüftet. Dessen Temperatur wird mit Hilfe eines Aquarienheizers bei 22 °C gehalten.

Es ist das einfachste System und auch das schnellste in der Installation, und es ist auch eine einfache Technik für Growing im Freien, denn das limitierte Reservoir kann mit Hilfe eines Schwimmerventils an einer größeren Wasserquelle angeschlossen werden.

Bedecken wir die Wanne mit einem hellen Plastikdeckel, damit das Regenwasser nicht hineinfliessen kann und die Wurzeln vor Kälte geschützt sind.

Diese Technik kann auch angepasst werden – und zwar so, dass die Container, statt der externen, ihre eigenen internen Reservoirs haben. Wir füllen den Boden des Containers zu 20 Prozent mit Wasser. Man kann einen Messstab in den Container geben, um den Wasserstand zu messen.

Einen Messstab kann man aus einem Plastikröhrchen herstellen, in das man kleine Löcher stanzt, damit das Wasser frei durchdringen kann. Wir legen es vertikal in den Container und befestigen es mit einem Silikonklebstoff

Wenn man ökologisch pflanzt, sollte man sich konsequent ökologisch verhalten. Die „Hugger"-Reservoirlinie von Humboldt Whole ist zu 90 Prozent aus Altplastik hergestellt – sie hat abgerundete Ecken und versteifte Innenwände.

Fast jeder beliebige Behälter kann als Reservoir verwendet werden.

oder schütten es mit Kieseln zu, damit es hält. Dann nehmen wir eine dünne Holz- oder Plastikstange und befestigen an einem Ende ein Stück Kork mit einem Silikonklebstoff. Für diesen Zweck eignet sich ein Bambusstäbchen. Dann stecken wir das Stäbchen in das Röhrchen. Der Kork wird auf der Wasseroberfläche schwimmen und dabei die Stange nach oben ragen. Wir markieren die Stange, so dass sie die maximalen gewünschten Werte anzeigt.

Damit das Wasser aus dem Behälter entweicht, entfernen wir die Stange und legen ein kleines Röhrchen ein, das an einer Pumpe oder einem Siphon angeschlossen ist.

Einen anderen Messstab kann man mit Hilfe eines Stücks durchsichtigen flexiblen Plastikschlauchs herstellen. Der Schlauch ist in einem Loch am Boden des Containers befestigt und der Silikonklebstoff dichtet alles ab. Der Schlauch ist vertikal zur Wand des Containers angeschlossen, er indiziert also dessen Wasserstand. Um das Wasser zu drainieren, verändern wir die Position des Schlauchs. Wenn man den Schlauch benutzt, können mehrere Container an einem Reservoir angeschlossen werden, die wiederum mit einem Schwimmerventil reguliert werden.

SCHRITTE ZUM EINRICHTEN EINES RESERVOIRS

1. Genügend Tongranulat zur Füllung des Containers besorgen.
2. Die Steine im Wasser solange abspülen, bis der pH-Wert annähernd neutral ist.
3. LECA in angemessen große Container geben.
4. Container in die Wanne stellen.
5. Container von oben her gießen. Sicherstellen, dass das Pflanzmedium gründlich feucht ist.
6. Die Nährstoff-Wasserlösung mischen und anpassen, EC- und pH-Wert der Lösung testen.
7. Eine kleine Tauchpumpe in die Wanne legen, die das Wasser zum Zirkulieren bringt.
8. Falls die Raumtemperatur kalt wird, kann auch das Wasser zu kalt werden. Dann den Aquarienheizer anschließen.
9. Die Wanne mit einer weiß-schwarzen Polyäthylen- oder anderen undurchsichtigen Blache bedecken. Die Bedeckung verhindert, dass Licht in die Nährstoff-Wasserlösung dringt, wo es das Algenwachstum fördern würde.
10. Fakultatives Zubehör: Das Wasserreservoir wird mit einem Schwimmerventil reguliert. Der Wasserstand dieses Systems sollte auf einem stabilen Niveau aufrechterhalten werden. Sowie die Pflanzen wachsen, brauchen sie mehr und mehr Wasser, man wird das Wasser also häufiger wechseln müssen, wenn der Garten zu blühen beginnt. Ein

Bei diesem System benutzte man ein Kinderplanschbecken als Reservoir und eine Stapelplatte als Untersatz.

HYDROKULTUR

Die Wurzeln ziehen häufig den Docht nach unten ins Wasser. Wurzeln, die im Wasser wachsen, sind dicker und haben weniger Wurzelhaare, sie versorgen aber die Pflanze mit einer enormen Wassermenge. Um sie gesund aufrechtzuerhalten, gönnen wir ihnen viel Sauerstoff mit Hilfe einer Pumpe oder eines Luftsprudlers, die das Wasser zirkulieren lassen.

System mit einem externen Reservoir arbeitet automatisiert und muss nicht so intensiv betreut werden. Man sollte das Wasser von oben durch Öffnungen hinzufügen, damit eventuelle Ablagerungen der Nährstoffsalze, die durch das Verdampfen entstehen, zurück in den Behälter gewaschen werden können.

NOTWENDIGES MATERIAL UND WERKZEUGE

- LECA (Lightweight Expanded Clay Aggregate)
- PH-Messer oder Lackmuspapier
- Pflanzcontainer
- Wannen (Behälter) mit Wänden von adäquater Höhe
- Hydroponische Nährstofflösung
- EC-Messer
- Tauchpumpe
- Aquarienheizer
- Wannendeckel (des Behälters)
- Reservoir (optional)
- Schwimmerventil (optional)

DAS DOCHT-SYSTEM

Das Dochtsystem lässt sich günstig konstruieren und einfach einrichten und pflegen. Die Pflanzcontainer werden über dem Reservoir angebracht. Beide Enden eines geflochtenen Nylonseils hängen aus den Löchern im Boden der Behälter nach unten ins Reservoir, das mit der Nährstoff-Wasserlösung gefüllt ist.

Das Prinzip, das diesem System zugrunde liegt, ist der Kapillareffekt – der gleiche Prozess, der dafür sorgt, dass Wasser sich wie automatisch durch eine Serviette zieht. Wenn das Wasser aus dem Docht entfernt wird, ziehen die Wassermoleküle die Nachbarmoleküle zu sich, um die elektrische Ladung aufrechtzuerhalten und vor allem, um die Wasserspannung auszugleichen. Somit wird die Flüssigkeit ohne fremdes Zutun vom Docht je nach Bedarf nach oben gezogen.

Der Docht ist aus geflochtenem Nylonseil hergestellt. In größeren Behältnissen sollte ein dickeres Seil Verwendung finden.

Man kann einen mit Substrat gefüllten Gartencontainer, einen Kübel oder einen Sack verwenden. Bevor wir den Container mit Substrat füllen, installieren wir die Dochte. Der Docht sollte lang genug sein, um vom Boden des Reservoirs durch ein Seitenloch im Container auf der anderen Seite durch ein anderes Loch wieder zurück in das Reservoir gezogen werden zu können. Jeder Container sollte mit zwei im 90-Grad-Winkel installierten Dochten versehen werden.

Wenn die Löcher im Container zu klein sind, haben die Wurzeln Probleme, in das Reservoir durchzudringen. Erreichen die Wurzeln das Wasser, beschleunigt sich das Pflanzenwachstum, weil die Wurzeln dann Zugriff auf Wasser und Nährstoffe haben.

Das Dochtsystem ist selbstregulierend; die Menge an Wasser, das geliefert wird, hängt von der Menge ab, die sich durchs Verdunsten verliert. Wird das Dochtsystem angewendet, muss nicht mehr häufig kontrolliert werden, ob der Boden feucht ist – man konzentriert sich einzig auf das Reservoir. Solange das Reservoir Wasser enthält, werden die Pflanzen bewässert.

Das Dochtsystem lässt eine Menge von verschiedenen Pflanzmedien zu – praktisch jede Mischung, weil alle Substrate allgemein Wasser ziehen. Der Vorteil einer Bodenmischung besteht darin, dass man den Pflanzen eine an Nährstoffen reiche Basis bietet, die jederzeit mit einer Nährstoff-Wasserlösung ergänzt werden kann. Falls das Medium kein Wasser zu ziehen scheint und zu trocken ist, fügen wir der Mischung 20 Prozent Vermiculit bei, dadurch wird die Saugkapazität erhöht.

Eine Mischung, die zur Hälfte aus Vermiculit und Perlit besteht, stellt ein nicht nutritives Medium dar, mit dem sich einfach arbeiten lässt, das eine schöne Konsistenz hat und das gut Wasser zieht. Wenn wir eine Vermiculit-Perlit-Mischung benutzen, werden wir die volle Kontrolle über die Nährstoffe haben, die den Pflanzen geliefert werden. Die Beigabe von zehn Prozent Wurmkompost oder Kompost erhöht die mikrobielle Sättigung und gewährleistet ein Substrat, in dem Pflanzen gut gedeihen. Die symbiotische Beziehung der mikrobiellen Lebensformen mit den Wurzeln erhöht die Pflanzenvitalität und das Wachstum.

Jedes Medium hat einen Grad, bei dem es saturiert wird. Wenn man diesen Punkt überschreitet, bringen auch mehrere Dochte nicht das erforderliche Feuchtigkeitsniveau.

Ein Dochtsystem lässt sich einfach konstruieren. Der Docht sollte sich vom Container bis zum Boden des Reservoirs ziehen. Die Stützen halten den Container in der Wanne über dem Wasserspiegel. Günstige Stützen sind aus Zement- oder Holzblöcken und Stapelplatten hergestellt. Wir sollten sicherstellen, dass die Dochte den Boden der Wannen berühren. Wir füllen die Wanne mit einer Nährstoff-Wasserlösung und füllen regelmäßig Wasser nach, weil es verdampft bzw. vom Medium absorbiert wird.

Eine Variante des Docht- und Reservoirsystems lässt sich konstruieren, indem man zwei Pflanzcontainer (20-Liter-Eimer) benutzt. Die

Das Nylon beginnt, sich aufzufasern, wenn es abgeschnitten wird. Wenn man die Enden aber anzündet, kann man sie wieder zusammenpressen. Im Notfall tut's auch Silikonklebstoff.

Durchmesser des Containers	Seildurchmesser
Bis zu 15 cm	0,6 cm
20-22 cm	1 cm
30-38 cm	1,5 cm
38 cm +	2–2,5 cm

Container sollten stapelbar sein. Der untere Container, der keine Drainagelöcher hat, funktioniert als Reservoir. Er ist mit einer Stütze auf dem Innenboden ausgerüstet, die den oberen Container hält, so dass er nicht zu knapp im unteren steht. Das stellt sicher, dass die beiden Container dann wieder einfach voneinander zu trennen. Für diesen Zweck kann man ein Stück Holz oder Styropor oder sogar einen Stein benutzen. Falls wir das System im Freien benutzen wollen, bohren wir Löcher in den äußeren Container, und zwar unterhalb des Niveaus, wo der Boden des inneren Container sich befindet. Diese Abflusslöcher verhindern die Überwässerung, wenn es regnet. Wenn wir einen Deckel auf den Container legen, gelangt das Wasser nicht hinein. Wir legen die Dochte in den inneren Container, diesen dann in den als Reservoir dienenden Container und füllen ihn mit Bodenmischung. Die geschlossenen Systeme verlangen nicht so häufige Bewässerung wie Container mit Drainagelöchern, aus denen das Wasser abfließt.

Diese Einheit kann mit einem Wassermessstab (siehe die Beschreibung oben) ausgerüstet werden.

Es ist einfach, die Eimer individuell zu automatisieren, so dass sie sich von selbst bewässern. Die Container werden per Schlauchsystem mit dem Reservoir verbunden, das mit einem Schwimmerventil reguliert wird. Das Ventil ist so eingestellt, dass er sich schließt, wenn das Wasser eine Höhe von 1,25 cm unter dem Containerboden erreicht.

Das automatisierte Dochtsystem benötigt keinen Strom. Das Wasser tröpfelt nach Bedarf in die Pflanzeimer. Um die Wasserabgabe zu starten, wird der Container mit dem Ventil gefüllt und auf das Niveau der einzelnen Wannen angehoben.

Das Wasser fließt aufgrund der Gravitation vom Ventil in die Pflanzwanne. Wenn die Container voll sind und die Luft aus den Schläuchen herausgedrückt ist, beginnt das Wasser, automatisch zu tröpfeln.

Ein einfaches System kann man aus einem Kinderplanschbecken und einer Stapelplatte herstellen. Wir legen die Stapelplatte ins Planschbecken und installieren die Dochte in die Container. Dabei positionieren wir sie so, dass sie fest auf der Stapelplatte aufliegen. Schließlich füllen wir das Planschbecken mit der Nährstoff-Wasserlösung bis zum Boden der Container. Die Dochte ziehen das Wasser automatisch und nach Bedarf in die Container.

Das Reservoir- und Dochtsystem ist von mehreren Herstellern erhältlich. Sie sind verlässlich, aber viel teuerer als selbstgemachte Systeme, die einfach zu konstruieren sind. Und obwohl solche Systeme von der Industrie verunglimpft werden, weil sie so einfach zu konstruieren und aufrechtzuerhalten sind, versorgen sie eine Pflanzung mit allem, was nötig ist, und produzieren hervorragende Ernten.

Zudem sind sie viel pflegeleichter als Systeme, die das Wasser von einem in den anderen Container pumpen.

SCHRITTE ZUM EINRICHTEN EINES DOCHTSYSTEMS

1. Wanne in den Pflanzraum bringen.
2. Eine Stütze suchen, mit der die Container 10 bis 15 cm über den Boden der Wanne gehoben werden können. Gut dafür eignen sich Holzblöcke, Stapelplatten und Zementblöcke.
3. Die Entfernung vom Boden der Wanne zum Container und zurück vermessen. Ein angemessen langes Seil zuschneiden. Die Enden verkleben.
4. Die Seile in die Container legen und mit Klebeband oder Klebstoff festkleben. Wenn die Pflanzmischung darauf geschüttet wird, darf es sich nicht mehr bewegen.
5. Die Container mit dem Pflanzmedium füllen.
6. Die Container auf Stützen setzen und sicherstellen, dass die Dochte nach unten in der Wanne hängen.
7. Die Wanne mit der Nährstoff-Wasserlösung füllen.
8. Zu Beginn, die Container von oben wässern und sicherstellen, dass Pflanzmedium und Dochte gründlich feucht sind.
9. Die Nährstoff-Wasserlösung mischen und deren pH- und EC-Wert anpassen.
10. Eine kleine Tauchpumpe in die Wanne geben, damit das Wasser zirkuliert.
11. Falls die Raumtemperatur zu sehr sinkt, kann das auch das Wasser abkühlen. Abhilfe schafft ein Aquarienheizer.
12. Die Wanne mit einer weiß-schwarzen Polyäthylen- oder einer anderen undurchsichtigen Blache bedecken. Die Bedeckung verhindert, dass Licht in die Nährstoff-Wasserlösung eindringt, wo es Algenwachstum fördern würde.
13. Optionales Zubehör: Mit einem Schwimmerventil ausgerüstetes Wasserreservoir. Der Wasserstand dieses Systems sollte ungefähr auf dem stabilen Niveau aufrechterhalten werden. Sobald die Pflanzen wachsen, brauchen sie immer mehr Wasser, man wird es also häufiger auswechseln müssen, wenn der Garten zu blühen beginnt.

AUSRÜSTUNG

- Eine Wanne
- Stütze für die Container-Stapelplatte, Zement-, Holzblöcke
- Nylonseil mit angemessenem Durchmesser
- Pflanzcontainer
- Klebeband oder Klebstoff
- Bodenmischung
- Tauchpumpe
- Aquarienheizer
- Wannenbedeckung
- Reservoir (optional)
- Schwimmerventil (optional)

KAPILLARMATTEN

Kapillarmatten sind ungefähr einen halben Zentimeter dick. Sie sind aus weichem Polyester hergestellt, bedeckt mit einer undurchsichtigen, perforierten Polyäthylenfolie. Sie haben eine große Saugfähigkeit und werden in Systemen benutzt, in denen die Pflanzen von unten her bewässert werden. Stellt man einen Container auf die Matte, wird sie zusammengepresst. Das passiert unterhalb des Wasserniveaus.

Das Medium zieht nur soviel Wasser wie nötig; der Wasserbedarf von Pflanzen verschiedener Größe, die sich auf der selben Matte befinden, wird gedeckt, ohne dass die einzelnen Container über- oder unterbewässert werden.

Um eine Wasserbarriere zu bauen, bedecken wir einen Tisch mit Polyäthylenplastikfolie. Der Tisch sollte eine kleine Neigung von etwa zweieinhalb Prozent pro 100 cm haben.

Kapillarmatten. Das Wasser sammelt sich in den Mulden, die von den Containern gebildet werden. Die Container ziehen soviel Wasser wie nötig.

Dieses System wird in großen Treibhäusern verwendet, weil es einfach konstruiert werden kann und sehr zuverlässig ist.

Darauf legen wir die Kapillarmatte und stellen sicher, dass unsere Container am Boden Drainagelöcher aufweisen. Wasser wird durch die Kapillarwirkung in die Matte eingesogen, ähnlich wie bei einer Serviette. Es gibt mehrere Methoden, die Matten feucht zu halten. Die einfachste ist, die Matte das Wasser aus einem Reservoir ziehen zu lassen. Eine andere Methode bedient sich einer kleinen Pumpe, die das Wasser aus dem Reservoir liefert. Das Wasser fließt durch die Matte und tropft dann zurück ins Reservoir.

Kapillarmatten sind wirksam bei der Bewässerung von Containern, die bis zu 25 cm hoch sind. Es handelt sich um eine Methode, die einfach angewandt werden kann und sehr effektiv ist, egal, ob man Nährstoffe oder Düngemittel benutzt.

TIEFWASSER KULTUR (DEEP WATER CULTURE, DWC)

Die Wurzeln unserer Pflanzen werden bei der Tiefwasserkultur in eine mit Sauerstoff angereicherte Nährstoff-Wasserlösung getaucht. Dieses System besteht aus einem in Wasser getauchten Container, der die Pflanzenstengel über dem Wasserspiegel hält. Die Wurzeln hängen nach unten in das mit Sauerstoff angereicherte Wasser. Die Wurzelfasern haben komplett Zugriff aufs Wasser, die Nährstoffe und den im Wasser gelösten Sauerstoff. Das fördert ein extrem

Pflanzen gedeihen in diesem Hydrokultursystem, weil es ihnen möglich ist, die Nährstoffe einfach zu erreichen. In aktiven hydroponischen Systeme oxidieren die Wurzeln durch konstante Zirkulierung. Die „Under Current by Current"-Kultur mischt in allen Containern die Nährstoffe mit dem sauerstoffangereicherten Wasser und zirkuliert die Lösung unterhalb der Wurzeln.

schnelles Wachstum und ertragreiche Ernten. Wer DWC-Systeme verwendet, sollte besonders auf seine Pflanzen acht geben. Im Unterschied zu Bodenmischungen, die die Nährstoff-unausgewogenheiten puffern, wird die DWC-Umgebung sofort von allen Veränderungen im Wasser beeinflusst. Das Resultat solcher Änderungen (hilfreichen wie schädlichen) wird sehr rasch sichtbar. Erfahrene Grower können „die Pflanze lesen" und ihre Gesundheit und Bedürfnisse bestimmen.

Der gemeinsame Nenner aller DWC-Systeme ist ein mit Wasser gefüllter Container, in den die Wurzeln hineinhängen. Der Container enthält oberhalb des Wassers ein hydroponisches Zuchtmedium wie z. B. Tonpellets oder Würfel aus Mineralwolle. Die Wasser-Nährstofflösung im Reservoir wird mit Hilfe eines Sprudlers oder Wasserfall-Prinzips durchlüftet.

Bei DWC-Systemen werden sowohl einzelne als auch Containergruppen mit einem zentralen Reservoir verbunden. Andere Modelle zirkulieren das Wasser mit Hilfe von Schläuchen, durch welche die Container miteinander verbunden sind. Die Pflanzen werden in kleinen Containern oberhalb des Wassers gezüchtet.

EINRICHTUNG EINES DWC-CONTAINERS

1. Wir nehmen einen Drei- bis Fünf-Gallonencontainer. Wichtig ist der Durchmesser. Die meisten Standardcontainer sind (in den USA) 29,2 cm breit.
2. Dann nehmen wir den harten Untersetzer eines Plastikblumentopfs mit Drainage, der auf den Container passt.
3. Einen 15-20 cm gerippten Container für das Zuchtmedium verwenden.
4. Mit Hilfe einer Stichsäge o. ä. sägen wir ein genügend großes Loch in den Untersetzer, damit der gerippte Container fest darin sitzt. Wir bohren ein Loch in den Untersetzer, damit ein 0,5 cm dicker Luftschlauch durchpasst.
5. Dann stecken wir den Schlauch durch das Loch im Untersetzer und befestigen einen Ausströmerstein am Schlauch, der in den Container führt. Am anderen Ende des Schlauchs bringen wir eine kleine Luftpumpe an.
6. Nun stellen wir einen Aquarienheizer auf 21° C ein und legen ihn in den Container.

7. Den Untersetzer am Container befestigen und den gerippten Container in den Untersetzer stellen. Mit LECA füllen.
8. Wasser einfüllen und etwa 10 cm Raum für Luft lassen. Zum Schluss Sprudler und Heizer anschließen.

AUSRÜSTUNG

- 3- bis 5-Gallonencontainer (11 bis 19 Liter)
- harter Plastikblumentopf-Untersetzer
- 15 bis 20 cm breiter, gerippter Container
- Luftpumpe
- Schlauch (63 cm)
- Ausströmerstein
- Aquarienheizer
- LECA

DWC Systeme fördern das Wachstum üppiger Wurzeln.

EBBE-UND-FLUT-SYSTEME (WASSERFLUTSYSTEME)

Geht es um hydroponische Systeme, ist den meisten die Ebbe-und-Flut-Technik bekannt. Bei dieser Technik befinden sich die Container oder Mineralwollewürfel in Behältnissen. Die Tiefe hängt von der jeweiligen Höhe eines Containers ab. Das Wasser wird periodisch in die Behälter gepumpt. Das Zuchtmedium bietet den Pflanzen soviel Wasser wie nötig.

Ebbe-und-Flut-Systeme lassen sich einfach konstruieren, fördern ein kräftiges Wachstum, und um die Instandhaltung braucht man sich nahezu nicht zu kümmern. Man kann damit Mineralwollewürfel und andere hydroponische Pflanzmedien bewässern.

EINRICHTUNG EINES EBBE-UND-FLUT-SYSTEMS

1. Wir nehmen einen etwa 15 Zentimeter tiefen Behälter und geben einen biegsamen 1,25 bis 2,5 cm langen Schlauch auf den Boden des Behälters. Dieser wird zur Entwässerung dienen.
2. Dann füllen wir die 20 cm hohen Pflanzcontainer mit einem der erwähnten hydroponischen Medien und stellen sie in den Behälter.
3. Mineralwolle lässt sich ebenso nutzen. Falls wir nur kleine Pflanzen züchten, benutzen wir nur 10 cm große Würfel. Falls wir größere Pflanzen ziehen wollen, legen wir zunächst die Platten aus Mineralwolle auf den Boden – und erst danach die Würfel.
4. Wenn wir die Pflanze gießen, halten wir den Schlauch über den Behälter, damit es nicht tropft. Dann gießen wir das Wasser aus dem Container in den Behälter. Danach bringen wir den Schlauch unter das Behältnis, sodass das Wasser in den Container fließt.
5. Falls wir LECA verwenden, füllen wir beim ersten Mal den Behälter bis zu 10 cm mit Wasser und lassen ihn stehen. Wir lassen immer 2 bis 4 cm Wasser im Behälter. Falls wir Kokosfasern, Torfmoos, Torfmischung oder Vermiculit-Perlit verwenden, füllen wir unseren Behälter bis zu 7,5 cm, im Fall der

ASK ED: MARIJUANA-FRAGEN

ABSPÜLEN VON LAVA

Ich habe gerade begonnen, Lavasteine in 8-Zoll-Containern und das Ebbe-und-Flut-System zu benutzen. Mir wurde gesagt, dass ich die Lavasteine vorher spülen soll. Ich habe sie gut durchgespült, aber das reichte nicht. Der Farbstoff hat sich ausgewaschen, und alles wurde rot gefärbt (außer den Pflanzen). Ich habe alles abfließen lassen, habe es gereinigt, aber es blieb dennoch etwas zurück. Ist dieser Farbstoff schädlich für die Pflanzen, und wie kann man die Lava gut abspülen?

Das Rote, das sich aus der Lava auswäscht, ist kein Farbstoff, es ist der Lavastaub. Die Lava hat natürlich rote Farbe wegen des Eisenoxidgehalts. Man kann die Lava aber durchaus nutzen, wenn der meiste Staub ausgespült ist. Machen Sie sich keine Sorgen, wenn sich eine kleine Menge davon im Wasser befindet. Wenn die Lava für einige Zeit benutzt wurde, wird auch das Wasser wieder klar.

Nutzung von Mineralwolle nur bis zu 5 cm mit Wasser. Wir geben nach und nach mehr Wasser bei, damit das Medium komplett durchtränkt wird. Dabei drainieren wir das Wasser mit Hilfe des biegsamen Schlauchs in den Container. Die Bewässerungsbedürfnisse der Pflanzungen unterscheiden sich je nach Pflanzmedium, Gartentemperatur und Größe der Pflanzen. Falls das Medium feucht ist, verlangen die Pflanzen keine Bewässerung. Eine genauere Methode, um zu bestimmen, ob eine Pflanze bewässert werden soll, ist der Feuchtigkeitsmesser. Diese Messgeräte können die Wassererreichbarkeit auf verschiedenen Niveaus des Containers messen. Das liefert uns einen besseren Einblick ins Geschehen.

6. Man kann diese Einheit ganz einfach automatisieren. Wir legen einen Topf über das Reservoir. Im Reservoir zieht ein an eine Tauchpumpe angeschlossener Schlauch das Wasser in den Behälter nach oben. Die Pumpe wird durch einen Zeitgeber und wenn möglich durch ein Schwimmerventil kontrolliert. Die Pumpe ist so entworfen, dass das Wasser langsam ins Reservoir abfließt. Wenn sich die Pumpe einschaltet, fließt das Wasser schneller in den Behälter, als es drainiert. Das im Kreislauf umgepumpte Wasser löst die abgetrockneten Salze auf und erfrischt das Wasser im Medium. Wenn sich die Pumpe ausschaltet, drainiert das Wasser zurück aus dem Behälter in den Container.
7. Wird ein Abfluss auf dem höchsten Wasserniveau installiert, verhindert das das Überfließen und andere Zwischenfälle, falls ein Zeitgeber das Ausschalten der Pumpe kontrolliert (es ist zudem verlässlicher als das Schwimmerventil). Das ist in der Tat eine Notwendigkeit.
8.

AUSRÜSTUNG FÜR EIN AUTOMATISIERTES EBBE-UND-FLUT-SYSTEM

- Ein Behälter, in dem Mineralwolle oder Container stehen.
- Mineralwolle oder Pflanzcontainer
- Pflanzmedium (im Falle der Container) – LECA oder Vermiculit-Perlit, oder Torfmoosmischung
- Zeitgeber
- Schwimmerventil (optional)
- Tauchpumpe
- Schlauch

Es können mehrere Ebbe-und-Flut-Gärten an einem zentralen Reservoir angeschlossen werden, für jeden Garten gibt es dann eine Pumpe. Das verlorene Wasser kann automatisch aus einem Zweitreservoir ergänzt werden.
Einrichtungen und Bestandteile für das Ebbe-und-Flut-System sind bereits kommerziell im Handel erhältlich. Fertigsysteme sind bequem

und zuverlässig, und alle Fehler, die ein Heimwerker machen kann, werden vermieden. Bestandteile, aus denen man ein eigenes System zusammenstellen kann, sind in Baumärkten und Indoor-Gartenzentren zu bekommen.

Düngerrückstände können sich im Lauf der Zeit sowohl in hydroponischen als auch in Bodenmedien ansammeln. General Hydroponics Flora Keen spült den Boden vor der Ernte gut aus. Es entfernt angesammelten Dünger und Salze und vermindert so den Druck auf die Pflanze. Man kann es monatlich benutzen, um den Boden zu spülen und die Bodensysteme zu pflegen.

TROPFSYSTEM

Die Tropfbewässerung funktioniert so: Wasser wird mit Hilfe eines Emitters, der am Ende des Schlauchs installiert ist, in das Pflanzmedium eingebracht. Emitter sind so hergestellt, dass sie eine vorgegebene Menge Wasser liefern, z. B. vier Liter pro Stunde. Das System besteht aus zwei Tauchpumpen, die das Wasser aus dem Reservoir in den biegsamen Schlauch liefern, der so lang ist, dass er den ganzen Garten erreicht. Die Spaghettischläuche werden mit Hilfe von Konnektoren an einem zentralen Schlauch angeschlossen, der in die Hauptleitung gepfropft wurde und in den kleineren Schlauch hineinpasst. Ein Emitter an der Spitze, der das System am Container oder dem Mineralwollewürfel anschließt, ist am anderen Ende installiert. Jeder Container oder Mineralwolleblock wird von einem

Zuerst wurde ein Rahmen konstruiert, damit der Behälter an Ort und Stelle bleibt. Man kann auch einen Tisch benutzen. Das Reservoir stellt man in die Mitte des Rahmens, damit das Wasser direkt rückwärts abfließen kann. Den Behälter stellt man in den Rahmen. Wir sehen, dass der Abfluss um 4 cm angehoben wurde. Nachdem das Wasser drainiert wurde, wurde das restliche Wasser im Pool benutzt, um LECA zwischen dem Bewässern feucht zu halten. Werden feuchtere Medien verwendet, z. B. Vermiculit-Perlit, ist dieses zusätzliche Wasser überflüssig, und der Abfluss sollte sich auf dem Niveau des Behälters befinden.

Pflanzen, die im Behälter kräftig wachsen.

eigenen Emitter bedient. Unterschiedlich große Pflanzen bekommen die jeweils angemessene Menge an Wasser, wenn die Tropfer mit unterschiedlichen Strömungslimits oder mit mehreren Emittern Verwendung finden.

Tropfringe liefern rund um den Container Wasser, versorgen die Pflanzung also deutlich besser. Sie stellen eine effektivere Methode des Bewässerns dar und sind besonders nützlich in Verbindung mit LECA. Fast alle hydroponischen Tropfsysteme rezirkulieren das Wasser und schließen ein Reservoir mit ein, das das drainierte Wasser auffängt.

Tropfemitter werden in Verbindung mit Mineralwolle, Kokosfasern, Vermiculit-Perlit, Torfmoos und LECA verwendet.

Sowohl die Reservoir- als auch die Dochtsystemeinheit kann in ein aktives System umgewandelt werden, wenn man dazu eine Pumpe, einen Schlauch, die Tropfemitter und optionales Zubehör wie ein zusätzliches Reservoir hinzufügt.

Ein Beispiel ist das Reservoirsystem in einem 122 x 122 cm großen Behälter, der 20 cm hohe, mit LECA gefüllte Container enthält. Die Pflanzen gedeihen hier gut, wenn man jedoch noch eine konstante Strömung der Wasser-Nährstofflösung herstellt, erhöht sich die Wachstumsgeschwindigkeit ebenfalls.

Kleine Tauchpumpen mit Schlauch legt man in das Reservoir, jeweils eine pro Container. Jeder Schlauch führt den Wasserstrom zum oberen Rand des Containers. Die Wurzeln erhalten genügend Wasser, und die Räume zwischen den Steinen liefern ausreichende Mengen an Sauerstoff.

EINRICHTUNG EINES TROPFSYSTEMS

1. Ein Tropfemittersystem lässt sich einfach konstruieren. Man nimmt einen robusten Tisch oder baut einen Holzrahmen aus z. B. zwei Sägeböcken. Die Rahmen können auch aus Stahlbrettern oder PVC-Rohren hergestellt werden. Falls wir einen Rahmen benutzen, legen wir ein Stück von 1,25 cm dickem Sperrholz als Deckel darauf. Wir

richten das Ganze so ein, dass es eine leichte Neigung von zweieinhalb Prozent hat – damit das Wasser einfach abfließen kann. Auf den Tisch legen wir ein gewelltes Stück Plastik, dass das Wasser entlang der Rinnen abfließen kann. Nun installieren wir eine Abflussrinne entlang des Tischs oder des Rahmens. Die Rinne kann man aus einer Plastikdachrinne herstellen. Unter das Ende der Rinne stellen wir einen Behälter, der das abfließende Wasser auffängt.

2. Wir stellen die Container oder die Mineralwolle auf das gewellte Plastik.
3. Wir stellen das Tropfsystem so ein, dass ein provisorisches Reservoir benutzt wird, z.B. ein Plastikkübel.
4. Wir schließen zuerst die Tauchpumpe an.
5. Dann legen wir die Pumpe in das provisorische Reservoir und installieren die Schläuche quer über die Mitte des Gartens.
6. Die Spaghettischläuche installieren. Wir messen zuerst die Länge der Leitung und schneiden das notwendige Stück von der Rolle. Wir stecken den Konnektor in den Spaghettischlauch und den Emitter in das andere Ende der Leitung. Wir bringen mit Hilfe von Werkzeug ein Loch in der Hauptleitung an. Dann stecken wir den Konnektor in die Hauptleitung und platzieren den Emitter in Mineralwolle oder Container. Das Gleiche mit jedem Mineralwollewürfel und Container machen. Verfeinerte Systeme nutzen Druckregulatoren und Filter. Diese Alternativen werden dringend empfohlen. Automatisierte Systeme messen ununterbrochen den pH-Wert des Wassers, und die Nährstoffe passen sich je nachdem an. Diese Systeme sind eher für Treibhäuser und kommerzielle Pflanzungen entwickelt worden als für kleine Gärten. Computerbegeisterte Bastler können sich informieren und mehr über Applikationen erfahren, die pH-Werte und Nährstofe über den Computer kontrollieren.
7. Um zu bestimmen, wie groß ein Reservoir sein muss, lassen wir das System mit den Emittern direkt auf dem Plastik laufen. Wir messen nach, wie viel Wasser in einer Minute ausgestoßen wird. Falls möglich, verwenden wir eine hundertmal so große Menge an Wasser. Falls solch ein Reservoir für unsere Zwecke zu groß ist, verwenden wir dennoch das größtmögliche. Je kleiner das Reservoir ist, desto mehr Pflege ist später notwendig.
8. Wir stellen einen Kübel, der das Wasser auffängt, ans Ende des Tisches, um das Wasser aufzufangen, das aus der Abflussrinne fließt. Im Kübel eine Schmutzwasserpumpe platzieren. Eventuell konstruieren wir ein Abflusssystem, welches das Wasser direkt ins Reservoir zurückführt.
9. Pumpe ins Reservoir, und fertig ist das System.

Tropfsystem: Das gewellte Plastik drainiert überschüssiges Wasser in die Abflussrinnen.

AUSRÜSTUNG FÜR EIN TROPFSYSTEM

- Tisch oder Rahmen mit einem robusten Deckel, z. B. 1,25 cm dickes Sperrholz.
- Gewelltes Plastik (erhältlich in Baumärkten).
- Rinne, die das abfließende Wasser aus dem Wellplastik auffängt – hergestellt aus einer Dachrinne
- Mineralwolle oder Pflanzcontainer
- Kübel – als provisorisches Reservoir
- Tauchpumpe, die das Wasser den Emittern zuführt
- Spaghettischläuche, die von der Pumpe bis zur Gartenfläche reichen
- Tropfemitter
- Konnektoren von der Hauptleitung
- Lochzange
- Reservoir
- Kübel, der das abfließende Wasser auffängt
- Schmutzwasserpumpe
- Druckregulator (optional)
- Filter (optional)

HYDROKULTUR

TROPFSYSTEM 2 (FÜR MINERALWOLLE)

Dieser Entwurf ist für ein System gedacht, das auf einem 122 x 244 cm Tisch Platz hat.

1. Wir nehmen einen Tisch oder Rahmen mit fester Oberfläche.
2. Wir erhöhen das Ende des Tischs mit Hilfe von Blöcken oder Stützen um etwa acht Zentimeter, um die Drainage zu ermöglichen.
3. Jedes Tischbein abgrenzen. Zu diesem Zweck eine 2,4 m Rinne in die Mitte aller markierten Beine platzieren. Eventuell acht 1,2er Rinnen benutzen, die quer über die Tischbreite gehen.
4. Die Rinnen am Tisch mit einem Silikonkleber befestigen. Falls das nicht fest genug ist, verwenden wir einen Metallkleber und dann dichten wir alles noch mit Silikonklebstoff ab.
5. Das obere Ende der Rinnen mit Hilfe eines Deckels schließen.
6. Die Rinne an Tisch oder Rahmen anschließen, um abfließendes Wasser aufzufangen.
7. Die Tauchpumpe mit dem Schlauch im Reservoir platzieren und den Schlauch im Garten ausbreiten.
8. Acht Mineralwollewürfel in jede Rinne legen.
9. Die Länge der Tropfleitung messen und ein entsprechendes Stück abschneiden.
10. Konnektoren und Emitter an jedem Spaghettischlauch und dann an der Hauptleitung anschließen.
11. Einen Emitter pro Würfel anschließen.
12. Der Ersatzemitter soll im System kontrollieren, was passiert. Wir bringen ihn in einem großen Messbehälter unter, um genau feststellen zu können, wie viel Wasser emittiert worden ist.

AUSRÜSTUNG

- Fester Tisch oder Rahmen mit Deckel
- Fünf Plastikrinnen, wenn vier benutzt werden, dann 2,5 m lang, wenn eine, dann 1 m lang.
- Silikonkleber und Klemmen
- Vier Deckel
- Kübel, der das Wasser auffängt
- Schmutzwasserpumpe
- Reservoir
- Tauchpumpe
- Schlauch
- Spaghettischläuche
- 33 Konnektoren
- 33 Tropfemitter
- 32 Würfel aus Mineralwolle von der Größe 10 × 10 × 10 cm
- Großer Messbehälter

NUTRIENT FILM TECHNIQUE

Die Nutrient Film Technique (NFT) nutzt den Wasserfilm aus, der sich ständig um die Wurzeln bewegt. Diese Technik wird in vielen kommerziellen Treibhäusern verwendet, um schnell wachsendes Gemüse, z. B. Salat, ohne Pflanzmedium zu züchten.

Die meisten NFT-Systeme nutzen Körbe, die auf Deckeln gewellter schwerer Plastikbehälter mit flachem Boden liegen, die 10 bis 15 cm breit und ebenso hoch sind. Der Wasserfilm passiert langsam den flachen Boden. Die Wurzeln hängen aus den Containern heraus und gedeihen in der feuchten Luft, die sich in dem geschlossenen Raum bildet. Innerhalb kurzer Zeit erreichen die Wurzeln das Wasser auf dem Boden der Rinne und gedeihen in der strömenden, sauerstoffangereicherten Wasser-Nährstofflösung.

Die Wurzeln wachsen im zugedeckten Behälter, der von einer seichten, langsam fließenden Lösung bewässert wird. Gute Lüftung der Wasser-Nährstofflösung ist also für das schnelle und gesunde Wachstum unentbehrlich. Die Lüftung des Wassers im Reservoir kann durch Wasserzirkulation, Luftsprudler oder Wassersprüher sichergestellt werden.

Man kann die NFT-Systeme optimieren, wenn man Befeuchter verwendet, die das Wasser in alle Richtungen spritzen. Das an Sauerstoff reiche Aerosol hält die Luftfeuchtigkeit im Raum aufrecht. Einige Züchter stellen Ausströmersteine in die NFT-Behälter, um sicherzugehen, dass die Wurzeln einen adäquaten Vorrat an Sauerstoff haben, der notwendig für den Gasaustausch ist. Denken wir daran, dass eine gute Lüftung in der Wurzelzone den Pflanzen hilft, die Nährstoffe schneller und einfacher aufzunehmen.

Reservoire, die große Mengen an Wasser auffangen, halten pH und Nährstoffniveau stabiler aufrecht als kleine Reservoire. Stellen wir uns vor, dass ein System für jede 600-Watt-Lampe ein Reservoir von 94 Litern Fassungsvermögen benötigt.

Jeder dieser rezirkulierenden Container, der ein Tropfsystem benutzt, erhält sein eigenes Reservoir. Die Röhrchen außerhalb der Töpfe zeigen den Wasserstand an.

Die Container, die die Tropfbewässerungstechnik nutzen, werden mit Hilfe eines Drainageschlauchs am Platz gehalten.

NFT-Systeme sind besser für das Züchten kleiner Pflanzen, und zwar aus zwei Gründen: Die Wurzeln großer Pflanzen werden erstaunlich umfangreich und können eine Verstopfung des Wasserkanals verursachen. Zweitens fördern sie den Stengelwuchs nicht so sehr. Bei kleinen Pflanzen stellt es kein Problem dar, aber große könnten umfallen, falls sie nicht abgestützt werden.

Eine andere Art von NFT-System nutzt keine Kanäle, sondern gewöhnliche Pflanzcontainer,

Dieses hausgemachte aeroponische System wurde mit Hilfe von eckigen PVC-Zaunpfosten, einem Spray und Gummi-Speichercontainern hergestellt. Die Wasser-Nährstofflösung wird in den Speichercontainern mit Sauerstoff angereichert und durch den Zaunpfosten zu den Wurzeln gepumpt, um sie zu beschlagen. Die Wurzeln im aeroponischen System verankern sich nicht im Pflanzmedium, sie brauchen also eine Stütze. Dieses System kann man mit Hilfe von PVC-Balken (siehe Bild) oder mit einem Grün-Rahmen ('Screen of Green' = SCROG). Foto: Stinkbud

die mit LECA gefüllt sind. Die Container stehen entweder in einem Behälter oder in Kanälen, die breiter als die Container sind. Das rezirkulierende System verwendet einen Tropfschlauch. Es sind keine Emitter angeschlossen, damit ein ununterbrochener Wasserstrom aus dem Reservoir in die Container geliefert wird. Das Wasser fließt in einem dünnen Film über die Kiesel, sodass die Wurzeln sowohl Wasser als auch Sauerstoff bekommen. Falls die Wurzeln aus den Containern hängen, werden sie von der Wasserströmung aufgenommen, die im Kanal oder Abfluss fließt, in einer Höhe von 2,5 bis 6 Zentimeter – das hält eine dünne Wasserschicht im Behälter zurück.

AEROPONISCHE SYSTEME

Aeroponische Systeme sprühen einen Nebel von Wasser-Nährstofflösung direkt auf die Wurzeln. Die winzigen Tröpfchen sind vom sich schnell bewegenden Wasser gut durchlüftet, sie versorgen also die Wurzeln ständig mit Sauerstoff. Dieses Wasser-Nährstoffspray liefert die Nährstoffe außerdem in einer besser aufnehmbaren Form und fördert damit ein extrem schnelles Wachstum.

Aeroponische Systeme werden meist für Klonen genutzt, und viele jener Klonmaschinen, die diese Technik verwenden, sind im Handel erhältlich. Mit geeigneten aeroponischen Systemen können wir unsere Pflanzen während der Blütezeit und der Reifung pflegen.

Die Klone und andere Pflanzen werden in kleinen, mit Mineralwolle oder LECA gefüllten Körben gezüchtet, meist von einem Durchmesser von 6,5 bis 12,5 cm. Die Pumpen produzieren mit hohem Druck (10 – 20 Mikron) einen Nebel, der die Wurzeln, die aus den Körben herauswachsen, mit einer ständigen Dusche oder einem Wasserfall bedeckt. Der Container sitzt in einer Wanne oder einem Behälter 15 bis 40 cm über dem Boden.Man kann auch einen Plastikcontainer mit Löchern im Deckel auf eine aereponische Einheit installieren.

Wir benutzen eine Pumpe, die 27,2 kg pro 6,45 cm^2 herstellt und stark genug ist, einen feinen Nebel zu produzieren. Schwächere Pumpen produzieren einen gröberen Nebel. Wir nutzen einen periodischen Zeitgeber und stellen die Pumpe so ein, dass sie eine Minute sprüht und dann drei Minuten Pause macht.

Um eine bakterielle Infektion zu verhindern, fügen wir alle drei Tage 3 Prozent Wasserstoffperoxid im Verhältnis 1:12 oder eine zehnprozentige Wasserstoffperoxidlösung im Verhältnis 1:40 hinzu.

Die Wurzeln wachsen zum Boden des Containers und noch weiter. Damit das Wasser abfließen kann, stellen wir die Wanne oder den Container in einen Neigungsgrad von 2,5 Grad, 1 cm pro 40 cm Länge. Falls die Wurzeln zu rasch und reichhaltig wachsen und den Wasserweg verstopfen, sodass es nicht abfließen kann, erhöhen wir den Winkel.

Ein anderer Weg, die Krankheiten im aeroponischen System zu vermeiden, ist die Verwendung eines sterilisierenden UVC-Wasserklärers. Es zerstört die DNS der Mikroorganismen, die im Wasserstrom schwimmen.

Aeroponische Gärten produzieren große Ernten und beschleunigen Wachstum und Reifezeit. Das Problem ist, dass man sich hier keinen Fehler leisten sollte. Sollte das Spray aufhören zu sprühen oder der Befeuchter versagen, geht die Pflanze in wenigen Stunden ein. Aus diesem Grund benutzen die Grower kleine zuverlässige aeroponische Kloneinheiten, aber nur wenige wagen es, diese Technik für die Anzucht der Pflanze bis zur Reife zu verwenden.

Züchter, die Pflanzen im aeroponischen System klonen, besprühen die Ableger mit einem feinen Nebel. Das liefert den Pflanzen viel Luft und Wasser.

HYDROPONISCHE SYSTEME IM FREIEN

Pflanzen wachsen auch im Freien sehr gut in hydroponischen Systemen. Im Vergleich zu den Bodensystemen, wo sich die Wurzeln in einer dynamischen Umgebung befinden, die manchmal ihren Zugriff auf Wasser und Nährstoffe begrenzen, stellt die hydroponische Umgebung den Zugriff auf die ausreichenden Mengen sicher.

Hydroponische Systeme sind wassersparend, weil sich kein Wasser unter dem Wurzelbereich befindet und nicht in Regionen abfließt, wo es nicht mehr benutzt werden kann. Es verdampft praktisch auch kein Wasser, weil die Groweinheiten oben geschlossen sind. Die Pflanze nutzt fast alles Wasser im Reservoir aus.

Hydroponische Einheiten können auch benutzt werden, um die Wurzeltemperatur zu kontrollieren. Der Wasserheizer hält die Wurzeln auf Temperatur, auch während kalten Wetters. Wasserkühler werden benutzt, um das Wasser bei heißem Wetter abzukühlen.

Fürs hydroponische Züchten einer großen Pflanze benötigt man einen großen Container. Der größte kommerzielle Container hat 60,5 Liter. Er bietet der Pflanze einen Durchmesser von etwa 2,5 m. Größere Einheiten können wir aus Plastikspeichercontainern machen.

Platten aus Mineralwolle kann man sowohl im Freien als auch im Treibhaus benutzen.

Die meisten hydroponischen Systeme sind nutzbar, einschließlich des Docht- und Reservoirsystems. Der Vorteil: Sie brauchen alle keinen Strom.

Die Pumpen für rezirkulierende Tropf-, Deep-Water-Kultur und Ebbe-und-Flut-Systeme können mit Hilfe kleiner tragbarer Solarkollektoren angetrieben werden. Der Kollektor treibt die Pumpe während sonniger Perioden des Tages an, wenn die Pflanze mehr Wasser verlangt.

Im Freien können auch kleinere Hydroeinheiten verwendet werden. Auch eine 19-Liter-Einheit kann eine große Pflanze versorgen. Das Problem mit kleineren Einheiten wird ersichtlich, wenn die Pflanzen größer werden. An warmen, sonnigen Tagen verbrauchen sie schnell alles Wasser im Reservoir. Man muss das Wasser gleich wechseln, sonst werden die Wurzeln irreversibel geschädigt.

Eine Lösung des Problems stellt ein Hilfs- oder Zentralreservoir dar, das die hydroponischen Einheiten bei Bedarf versorgt. Viele kommerzielle Einheiten verfügen über im System integrierte Reservoire.

Bei den kleineren hyroponischen Einheiten wird auch die Wurzelversorgung problematisch. Das Wurzelsystem steht lediglich in einer kleinen Menge Zuchtmedium, und der obere Teil der Einheit ist schwer.

Pflanzengruben kann man mit Hilfe von Poolauskleidung einfach in Hydroeinheiten umwandeln, die das Wasser auffangen. Wir werden die Wände versteifen müssen, damit sie nicht einstürzen.

Für das hydroponische Growen im Freien ist Lavakies in Erbsengröße oder anderer billiger Kies geeignet, der lokal zu bekommen ist. Diese Medien sind nicht teuer und schwerer als Tonpellets. Sie liefern also eine grö-

HYDROKULTUR

ßere Masse, die auch schwere Pflanzen halten kann. Lavakies hat häufig eine unregelmäßige Oberfläche, Brüche und Risse. Er hält die Wurzeln fest, ist wieder verwendbar und weist den Kapillareffekt auf. Um den Kapillareffekt des Zuchtmediums zu erhöhen, fügen wir Torfmoos oder Vermiculit im Verhältnis 1:10 hinzu. Die Steine werden mit einem absorbierenden Material bedeckt, das das Wasser aufsaugt.

DIE BEWÄSSERUNG HYDROPONISCHER OUTDOORSYSTEME

Wasser ist einer der fünf limitierenden Faktoren. Die Pflanzen reagieren auf ihre Umgebung, indem sie ihr Wachstum anpassen. Der Wachstumsunterschied zwischen einer Pflanze, die adäquat mit Wasser versorgt wird, und einer solchen, die nur begrenzt auf Flüssigkeit Zugriff hat, muss nicht sofort ersichtlich sein. Vor allem, wenn sich die Pflanzen in verschiedenen Gärten befinden. Die adäquat bewässerte Pflanze wächst schneller und liefert einen größeren Ertrag, allerdings reift sie ein wenig später als Pflanzen mit rationiertem Wasser.

Die Wasserbedürfnisse der Pflanzen unterscheiden sich unglaublich – und zwar auf Grund der individuellen Größe, klimatischen Bedingungen und der Temperatur, der Niederschläge und der Wasserspeicherkapazität des Bodens.

In Gebieten, wo es Niederschläge auch während des Sommers oder einen hohen Wasserspiegel gibt, was vor allem in Nordeuropa, Ostkanada und im Osten der USA der Fall ist, wird man vielleicht überhaupt nicht zu bewässern brauchen oder nur als Ergänzung zu den natürlichen Quellen.

In Gebieten, wo die Sommer trocken sind, wie z. B. in Teilen Südeuropas und im nordamerikanischen Osten, ist Bewässerung notwendig, denn sonst werden die Pflanzen eingehen.

Ein automatisches Tropfsystem erleichtert das Bewässern sehr. Das Wasser wird in die Zufuhrleitung geleitet und über die Spaghettischläuche verteilt.

Für die gleichmäßige Verteilung benutzen wir einen Schlauch, der das Wasser in das poröse Material eindringen lässt.

Pflanzen und Gärten im Freien kann man mit Hilfe von Schläuchen bewässern, die das Reservoir füllen, mit Hilfe von geneigten Kanälen, die das Wasser zu den Pflanzengruppen führen oder, am effektivsten, mit Hilfe eines Tropfsystems.

Die Beregnung von oben ist sehr unwirksam, weil dabei viel Wasser verdampft. Wenn die Pflanzen zu blühen beginnen, ist die Beregnung von oben gefährlich für die Knospen, die anfällig für Schimmelpilze sind, sobald sie nass werden.

TROPFSYSTEM IM FREIEN

Die Bewässerung mit Hilfe eines Tropfsystems ist eine um 90 Prozent effektivere Methode als die anderen. Es ist viel effektiver als Gießen mit einem Schlauch oder als Besprühen von oben. Das Tropfsystem bringt deutlich mehr Wasser in den Wurzelbereich als jedes andere Bewässerungssystem. Die Tropfbewässerung hat noch andere Vorteile. So lässt sie sich einfach installieren, entwerfen und ist damit günstiger.

Tropfsysteme nutzen den Druck der öffentlichen Wasserleitung, die Gravitation oder die Pumpe, um das Wasser an die gewünschte Stelle zu bringen. Die Spaghettischläuche liefern das Wasser von der Hauptleitung, die an der Wasserquelle angeschlossen ist. Ein Emitter am anderen Ende der Spaghettischläuche kontrolliert, wie schnell das Wasser fließt.

So wie bei anderen Installationssystemen, gibt es auch hier jede Art von Zubehör, mit dem man eventuelle Probleme lösen kann. Solche Probleme sind Gärten auf unterschiedlichen Niveaus, abseits liegende Gärten und Pflanzen verschiedener Größen mit verschiedenen Wasserbedürfnissen. Diese Pflanzen lassen sich mit Hilfe eines Düngerdosiergeräts in der Wasserleitung düngen.

Bewässerungssysteme unterscheiden sich sehr in ihrer Komplexität, die sich aus den Funktionen ergibt, für die sie entworfen wurden. Die im Laden gekauften Kits sind für die meisten Hinterhofgärten geeignet. Noch einfacher ist die Bewässerung im durchlöcherten Kübel oder mit Hilfe eines Bewässerungsbeutels. Man füllt einen Container mit Wasser. Das Wasser tropft langsam durch winzige, ins Reservoir gebohrte oder gestochene Löcher in den gewünschten Bereich. So wird den Pflanzen das Wasser langsam geliefert und nur wenig davon geht verloren.

SICHERHEIT

Einige wenige Richtlinien können uns helfen, unseren geheimen Garten wirklich geheim zu halten:

- Mund halten
- Sich nicht verdächtig benehmen
- Mutter Natur respektieren
- Indoor-Zuchtraum sauber, sicher und in akzeptablem Zustand halten
- Geruch kontrollieren
- Sich als guter Bürger, Nachbar und Freund benehmen
- Auf Internetaktivität aufpassen!

  ... und das Wichtigste:
- KENNNE DEINE RECHTE!

LERNE DIE GESETZE KENNEN

Innerhalb der Vereinigten Staaten gibt es in den Gesetzen über Anbau, Besitz und die medizinische oder gelegentliche Verwendung von Cannabis eine beträchtliche Ambivalenz. Laut Bundesrecht ist Marijuana immer noch verboten. Aber in mehr als einem Dutzend Staaten ist der medizinische Gebrauch legal, der Besitz von geringen Mengen für den gelegentlichen Konsum in vielen Gegenden entkriminalisiert. In jenen Staaten, wo medizinisches Marijuana legal ist, gewähren die Gesetzbücher häufig keinen Schutz gegen die bestehenden Bundesgesetze. Man sollte also seinen Garten umso sicherer halten, damit man nicht verhaftet wird oder, falls schon geschehen, sicherstellen, dass man kein Bußgeld aufgebrummt bekommt.

Das Wichtigste ist, die Gesetze des Landes, in dem man lebt, zu verstehen und seine Rechte zu kennen. Obwohl der Staat vielleicht medizinisches Marijuana erlaubt, verabschieden und setzen manche Städte und Bezirke in einigen Staaten ihre eigenen Maßstäbe und Einschränkungen durch.

Der Sprachduktus der Gesetze, die das medizinische Marijuana legalisieren, kann manchmal verwirrend sein, und der legale Status ist den sich schnell entwickelnden Interpretationen ausgesetzt, weil Gerichte, Gesetzgeber, staatliche Stellen und die Exekutivorgane danach streben, den Inhalt der Gesetze zu blockieren, zu verändern oder in unterschiedlicher Art durchzusetzen.

SO WIRST DU VERHAFTET

VERRÄTER

Am häufigsten wird man verhaftet, wenn die Polizei über einen Garten informiert wird. Es gibt zwei Typen von Informanten: die engagierten und die nicht engagierten Informanten. Der engagierte Informant oder Spitzel ist die schlimmste Art, aber zugleich kann man sich vor ihm am einfachsten schützen, indem man diskret ist.

Jedesmal, wenn wir jemandem über unseren Garten erzählen, sollten wir davon ausgehen, dass es zehn weitere Personen erfahren werden. Vielleicht halten wir diese Person für vertrauenswürdig, und unser Freund will sehr wahrscheinlich unser Geheimnis nicht boshaft verraten. Er könnte das Geheimnis aber „unbeabsichtigt" einem anderen Freund erzählen, der nicht so vertrauenswürdig ist.

Der Verräter ist häufig ein verschmähter Ex-Buhler, ein verärgerter ehemaliger Geschäftspartner oder jemand, den wir geärgert haben, z. B. der Nachbar, mit dem wir uns wegen des Parkens oder des Partylärms gestritten haben. Häufig wird man nach einem lockeren Gespräch oder einer anderen Unbesonnenheit verhaftet. Hüten wir uns also vor den Techtelmechteln mit den Geliebten unserer Freunde.

Bewerten wir außerdem ganz ernsthaft den Charakter der Personen, die wir um Hilfe beim Growing bitten, und bedienen wir uns dabei vor allem des gesunden Menschenverstands. In kleinen Städten kennen alle das lokale Geschwätz: wovon die Menschen leben, was ihre Hobbys und Gewohnheiten sind, ihr Tagesprogramm. Das lässt sich ohnehin nur schwer kontrollieren, man muss es sich aber nicht noch schwerer machen.

Wir sollten einen legitimen Job haben. Geerbtes Geld klingt nicht so außergewöhnlich, aber wenn wir sonst Sozialhilfe bekommen und plötzlich mit der Ernte reich werden, werden die Leute darüber sprechen.

Falls wir in der Erntezeit oder bei erhöhten Einnahmen zu viele Partys veranstalten, werden wir als Grower identifiziert. Die Leute werden über den Standort des Gartens spekulieren. Falls er sich nah bei oder neben unserem Haus befindet, wird er gefunden. Menschen, die sich in der Öffentlichkeit schlecht benehmen, werden häufig verhaftet und genau unter die Lupe genommen. Das verursacht Probleme, besonders, wenn sie nicht vorbereitet sind, Fragen zu beantworten, die die Geldquellen betreffen.

> ***"Gib nicht an und prahle nicht, Ärger kriegt, wer am meisten prahlt."***
> **Lyrics: Clancy Eccles, "Bag-A-Boo"**

Falls wir die Aufmerksamkeit der falschen Leute auf uns ziehen, könnten wir und unsere Familie in ernsthafte Gefahr geraten. Verräter und verdeckte Ermittler sind besonders böse, es gibt aber auch bewaffnete Diebe, die uns ruinieren könnten.

Erfolgreiche Züchter widerstehen der Versuchung, mit Fremden zu sprechen, die an Marijuana interessiert zu sein scheinen. Auch wenn der Fremde nicht wissen mag, wer wir sind, kann er oder sie durchaus Probleme verursachen. Verdeckte Ermittler behaupten häufig, dass sie Grower sind, sie scheinen viel zu wissen und zögern nicht, über ihre Projekte zu sprechen. Falls wir klug genug sind, werden wir dies nicht für ein Zeichen halten, dass es sich bei solchen Leuten um „wahre" Freunde oder freundliche Menschen handelt.

Lerne, die Warnsignale zu erkennen. Möchte der Freund plötzlich beim Telefonieren über die „alten Zeiten" sprechen – einschließlich spezifischer Daten, Namen oder Mengen? Spricht er über Freunde mit Spitznamen mit ihren wirklichen Namen? Hatte er Schwierigkeiten mit dem Gesetz? Hat sich der Freund plötzlich von einem Hardcore-Smoker in einen Gelegenheits-Smoker verwandelt? Hat er sich „komplett geändert" oder wurde er von der Polizei zu etwas gezwungen?

Dass jemand immer noch mit uns raucht, heißt noch nicht, dass er nicht auch ein potentieller Verräter sein kann. Polizisten und Spitzel rauchen, wenn sie in Tarnung sind (und wahrscheinlich auch in ihrer Freizeit), obwohl sie das wahrscheinlich vor dem Richter leugnen werden. Vor Gericht würden wir uns eher selbst verraten, wenn wir erwähnten, dass der Informant unser Smoke-Kumpel war.

NICHT ENGAGIERTE INFORMANTEN

Der nicht engagierte Informant oder anonyme Bürger wird für den verlässlichsten gehalten. Die Polizei braucht nur wenige von ihnen, um Berichte über Verbrechen zu bestätigen.

Meist ist der Bürger-Informant jemand, der zum Opfer oder Zeuge eines Verbrechens wurde. Wenn jemand Zeuge einer Beraubung wird und sagt „Das ist der Mann", wird die Polizei den Verdächtigen festhalten und verhaften. Das gleiche passiert, wenn ein Jäger, Fischer oder Tourist auf unseren Garten in einer unbewohnten Gegend stößt, oder wenn ein Stromableser das Licht durchs Garagentor strahlen sieht. Die Information reicht der Polizei aus, um eine Berechtigung für eine Hausdurchsuchung zu bekommen.

Bemerkt jemand im Elektrizitätswerk, dass unser Haus sehr viel Strom verbraucht, könnte er uns verdächtigen, ein Treibhaus zu haben und die Polizei rufen. Die Beschäftigten der öffentlichen Versorgungsbetriebe werden manchmal für einen Tipp belohnt, rechnen wir also damit, dass sie fleißig schauen werden. Eine solche Information reicht zwar nicht für eine Hausdurchsuchung, aber es ist recht wahrscheinlich, dass sie die Polizei auf der Suche nach Beweisen zu unserem Haus führen wird. Sie könnten unsere Mülltonne durchsuchen (ganz legal), einen zuständigen UPS-Beschäftigten nach den Lieferscheinen fragen und die Informationen in Zusammenarbeit mit den Growläden sammeln. All das erscheint in der eidesstattlichen Erklärung, die die Berechtigung zur Hausdurchsuchung liefert; meist wird sie angeordnet und der Garten normalerweise hochgenommen.

Sogar Diebe und Räuber werden manchmal zu Bürger-Informanten. Glauben wir nicht, dass Personen, die bewaffnet erscheinen, um uns zu berauben, mehr Strafe zu erwarten haben, als Menschen, die Marijuana züchten. Polizisten und Staatsanwälte sind selten mitfühlend, wenn es sich um Marijuana-Grower handelt.

Früher, aber das gilt nicht mehr, bekamen Grower vernünftige Strafen (und manchmal wurden sie sogar freigelassen), wenn sie gegen die Personen aussagten, die kamen, um sie zu berauben. Aber das gilt schon lange nicht mehr. Die Eskalation des War on Drugs sorgte dafür, dass die Strafen viel schärfer und unerbittlicher wurden, als je zuvor in der Geschichte der USA. Selbst wenn wir ein ausgewiesener Patient sind in einem Staat, wo medizinisches Marijuana legal ist, ist es reine Glückssache, ob die Polizei mit uns mitfühlen wird oder nicht.

VERDECKTE ERMITTLER

Ermittler müssen nicht zugeben, dass sie Polizisten sind, wenn man sie direkt fragt. Das Gesetz über Anstiftung zu einer Straftat gilt in diesem Fall nicht. Die Verdeckten brauchen sich nie zu entschuldigen.

Der Modus Operandi dieser Undercover-Polizisten ist, genügend gut zu lügen, um uns glauben zu lassen, dass sie nicht das sind, was sie sind. Ihr Leben hängt von der Fähigkeit ab, die Menschen zu betrügen. Sie haben selten Schwierigkeiten mit solchen Amateuren, wie wir es sind. Ein durchschnittlicher Richter hat keine Chance festzustellen, ob ein verdeckter Ermittler lügt. Die Leute sind professionelle Lügner, und sie lieben ihren Job!

SICHERHEIT

"Niemand weiß, niemand sieht, niemand außer mir weiß etwas."
Lyrics: Marijohn Wilkin and Danny Dill
"Long Black Veil"

Ein legaler Garten braucht keine Tarnung.

PATRIOT ACT DER USA

Im Oktober 2011, nach den Angriffen vom 11. September auf das World Trade Center, hat sich der Kongress beeilt, den USA Patriot Act (Gesetz zur Einigung und Stärkung Amerikas) zu verabschieden. Das gab der Bundesregierung das Recht, geheim persönliche Telefongespräche abzuhören und die E-Mail-Kommunikation, Kranken-, Finanzberichte und Bibliothekausleihen ohne Genehmigung zu kontrollieren.

Laut dem USA Patriot Act hat die Bundesregierung das Recht, unsere persönliche Kommunikation einzusehen, falls sie uns für potentielle Terroristen hält. Da es keine Richtlinien gibt, wann jemand als "verdächtiger Terrorist" zu betrachten ist, können wir nie sicher sein, ob und wann uns die Bundesregierung vielleicht für Terroristen hält. Am sichersten ist es, davon auszugehen, dass sie uns für welche hält. Von 763 ohne Bewilligung durchgeführten Abhöraktionen aufgrund des Patriot Acts im Jahre 2008 betrafen nur drei den Terrorismus, während 65 Prozent Drogenfälle waren.

Vermeiden wir Telefongespräche über unseren Garten. Falls wir Patienten versorgen oder Freunde oder Partner haben, die uns beim Growen helfen, rufen wir sie nur an, um ein persönliches Treffen zu verabreden. Wir vermeiden am Telefon die Nennung voller Namen, genauer Daten und Orte sowie expliziter Informationen über unsere Operationen. Wir haben wortwörtlich keine Ahnung, wer am anderen Ende der Leitung zuhört. Es ist schlecht genug, verhaftet zu werden, noch schlimmer ist es, die Information, die dazu führt, selber preiszugeben.

In Herbstfarben getarnte Pflanzen.

Es ist wichtig, knapp, diskret und selbstbewusst zu sein am Telefon, und es ist auch wichtig, sich nicht digital identifizieren zu lassen. Jeder Computer hat seine eigene besondere IP-Adresse, und man kann online den betreffenden Computer verfolgen. Im Falle, dass wir verhaftet werden und von der Polizei eine Hausdurchsuchung gemacht wird, werden häufig alle Computer als Beweismittel konfisziert. Eine Festplatte voller belastendem Material ist die Eintrittskarte ins Gefängnis.

Wenn wir Fotos oder anderes aus einem Grow-Raum aufheben wollen, speichern wir das Material auf externen Festplatten, Flashdisks, Cloud Memory Sites oder CDs. Keines dieser Speichersysteme ist völlig sicher, aber wenn wir schon digitale Fotografien speichern müssen, wird man sie auf einer gut versteckten externen Speicherplatte oder im Safe schwieriger finden als direkt auf unserem Hauscomputer.

Das Cannabis wuchs im Sonnenblumenfeld, die Sonnenblumen waren höher als die Cannabispflanzen. Sie waren am Anfang der Saison gut getarnt, die Sonnenblumen reiften jedoch früher und versteckten die reifenden Cannabispflanzen nicht mehr.

ASK ED®

DIE TOP 10 DER DÜMMSTEN GROWERFEHLER

10. Fahr mit dem Auto in den Growshop, das auf die Adresse, wo sich dein Garten befindet, registriert ist.

9. Kaufe alle Growartikel übers Telefon und Internet und lasse sie an die Adresse schicken, wo sich dein Garten befindet.

8. Erzähle zwei Freunden von deinem Garten. Die sagen es zwei weiteren Freunden, die es wiederum zwei weiteren Freunden sagen ...

7. Lade alle zu einer Party in deinen Garten ein.

6. Pflege ein Techtelmechtel mit der Geliebten deines besten Freundes, dem Geliebten deiner besten Freundin.

5. Pflege ein Techtelmechtel, das auch wirklich auffliegt.

4. Gestalte ein Outdoor-Areal zwei Blöcke vom Flughafen entfernt.

3. Mach bei der lokalen Polizei auf dich aufmerksam, indem du die Geschwindigkeit überschreitest, in der Bar streitsüchtig bist oder andere riskante Gewohnheiten auslebst.

2. Rauche zu Zeiten, da niemand anderer Marijuana hat.

1. Prahle damit, was für ein Topgrower du bist, und prahle mit den Erträgen deiner vorigen Ernte.

UNFÄLLE

Außer dem Spitzel gibt es einen anderen üblichen Weg, wie man leicht verhaftet werden kann, und zwar den Unfall. Obwohl niemand fähig ist zu gewährleisten, dass keine Unfälle passieren, kann man die gröbsten vermeiden oder die Gefahr verringern. So ist es z. B. bei einem aktiven Bewässerungssystem wahrscheinlicher, dass Wasser durchsickern wird, als bei einem passiven System. Das Rauchen eines Joints im Auto, während wir Cannabis transportieren, könnte eine Katastrophe verursachen. Probleme können auch entstehen, wenn man ein Auto ohne Lizenz benutzt oder ein Auto in schlechtem technischen Zustand fährt.

Feuer im Zuchtraum oder wenn sich jemand nah bei oder auf unserem Grundstück verletzt, all das könnte implizieren, dass wir Grower sind. Halten wir unser Haus und vor allem den Zuchtraum in einem akzeptablen Zustand. Ein funktionierendes Feuerlöschgerät ist Pflicht, außerdem vergewissern wir uns, dass kein Wasser in elektrische Steckdosen tropfen kann und dass kein Draht frei liegt.

SICH NICHT VERDÄCHTIG BENEHMEN

Wir sollten paranoid sein, weil man uns fangen will. Auf der anderen Seite, obwohl wir ständig auf der Hut sein und alles über unsere Umgebung wissen sollten, wenn wir schuldig aussehen, heißt es auch, dass wir schuldig sind, und die Nachbarn, Polizei und alle anderen werden das bemerken.

MUTTER NATUR RESPEKTIEREN

Es ist nicht nur moralisch verwerflich, sich nicht „grün“ zu benehmen, wenn man das Grüne züchtet. Die Missachtung von Mutter Natur kann auch zur Verhaftung führen. Ein Hof voller Abfall – ausgediente Pflanzmittel, leere Düngerkasten, zerbrochenes Leitungszubehör und anderer Schrott – irritiert die

Diese Pflanzen wurden im Freien gezogen, als man Hausdurchsuchungen erwartete. Man stellte eine Hütte auf Gleise, sodass man sie einfach verschieben und die Pflanzen verstecken kann. Als die Gefahr vorüber war, wurden sie wieder in die „provisorische Position" gebracht.

Nachbarn und zeigt wenig Respekt vor dem Eigentum.

Beim Outdoorgrowing kann das Ausästen und Roden der Vegetation tödlich sein. Der Flugverkehr beendete das Schneiden in den Siebzigern. Das abgeschnittene Ende eines Astes von 7,5 cm Durchmesser kann bis auf eine Viertelmeile sichtbar sein, weil dessen Farbe oder Form nicht natürlich aussieht. Es kann einfach erblickt werden, auch zufällig vom Flugzeug oder vom Hubschrauber aus – egal ob Polizist oder nicht. Kluge Züchter integrieren ihre Gärten in die natürliche Landschaft.

Jede Störung der Natur ragt optisch hervor. Unnatürliche Formen und Farben ragen dramatisch heraus. Eine kreisförmige Gestalt der Umzäunung aus angesammeltem Dickicht oder ein Pool, der als Wasserreservoir dient, ist auffällig. Auch Fußpfade sind aus der Luft ziemlich auffällig; falls sie zu etwas Interessantem führen, kann daraufhin eine Verhaftung erfolgen. Auffällige Pfade sollte man vermeiden; künstlich gebildete Tierspuren können funktionieren. Man kann auf Steine treten, Baumäste als Brücken benutzen. Alle anderen Pfade, die keine Spuren hinterlassen, sollten ausgenutzt werden, um jede Verbindung zwischen einem normalen und einem privaten Pfad zu vermeiden.

Pfade von Growexperten sehen fast wie Zengärten aus. Wer eine solche Umgebung sieht, kann daraus „lesen", welche Lebewesen sie besucht haben. Meist gibt es hier saubere, leere Flächen, wo man normalerweise eine Spur hinterlassen würde. Um jede Spur zu verwischen, werden sie gekehrt, damit man keine Spuren hinterlässt.

Marijuana hat eine besondere Farbe. Einige Studien belegen, dass Marijuanapflanzen über eine spezielle Licht-Wellenlänge verfügen. FBI-Agenten benutzen eine hochentwickelte, vom Computer kontrollierte, farbdifferenzierte, spektroskopische Satellitenanalyse und Flugzeuge, um das Ausmaß des Coca- und Cannabisanbaus in der Welt zu festzustellen. Die übliche Farbe ist das Ergebnis einer guten Pflege – genug Wasser und Nährstoffe – im Unterschied zur natürlichen, stets im Kampf begriffenen Vegetation. Eine Lösung: Wir bewässern und düngen alle Pflanzen in der näheren Umgebung. Eine andere: Blattspray von neutraler Farbe. Mancher züchtet auch Unkraut oder natürliche Vegetation zwischen die Cannabispflanzen, damit sie versteckt und von der Luft aus nicht sichtbar sind.

Auch die Wasserleitung kann zu Festnahmen führen. Falls die Leitung nicht mindestens 15 cm tief eingegraben ist, sendet sie ein markantes infrarotes Signal, das von Polizisten mit Infrarotkamera einfach geortet werden kann. Entdeckt ein Tourist oder ein Hirschjäger die Wasserleitung oder das System, das das Restwasser auffängt, kann auch schon bald eine Verhaftung erfolgen. Ein Garten, der ein Reservoir als Wasserquelle nutzt, stellt ebenso eine Gefahr dar. Ein Grower erzählte, dass er nie verhaftet wird, weil er zur Bewässerung ein Wassersackreservoir benutzt, das in seinem Pickup versteckt ist.

INDOORGARTEN ODER TREIBHAUS SAUBER, SICHER UND IN AKZEPTABLEM ZUSTAND HALTEN

Es ist wichtig für die Sicherheit unseres Gartens, wie unser Haus von außen wahrgenommen wird. Wir sollten den Hof sauber und ordentlich halten, das Grundstück absichern und das Wichtigste – einen guten Grund dafür haben, so viel Gärtnerausstattung zu besitzen. Beton vorm Haus und im Hof und eine Mülltonne voller Gartenausstattung kann mehr als verdächtig sein.

Am besten, wir growen gleichzeitig auch Gemüse und Blumen, die in unserer Region gedeihen. Also Pflanzen, die wenig Wasser brauchen, wie z. B. Sukkulenten und Weinreben aus trockenen Regionen, Gemüse und Blumen aus gemäßigten Klimazonen und Pflanzen wie z. B. die Kartoffel und andere Knollenfrüchte bei eher kühlen Klimabedingungen.

MÜLL

Das Oberste US-Gericht sagt, dass Müll kein Eigentum im eigentlichen Sinne sei. Das heißt für uns: Polizisten dürfen in unserem Müll wühlen, um festzustellen, was in unserem Haus passiert. Sie können sich auch mit der Müllabfuhr verbünden, um später in Ruhe herauszufinden, welchen Müll wir in der Tonne hatten. (Falls wir über ein gutes Müllkarma verfügen, können uns die Müllmänner sagen, dass die Polizisten nach uns gefragt haben, also tun wir uns selbst den Gefallen und trennen den Müll korrekt und kompostieren Speisereste, Papierhandtücher und biologisch abbaubare Abfälle.

LICHT

Wir dichten die Fenster des Growraums ab, so dass kein Licht nach außen dringt. Wir verhängen die Fenster mit Vorhängen oder Rollos.

Traditionelle Vorhänge und Jalousien verringern die Gefahr, verdächtigt zu werden. Ein offensichtlich zugenageltes Fenster mindert nicht nur das Aussehen des Hauses herab, sondern wirkt auch unglaublich verdächtig. Dichten wir also die Fenster von innen mit einem dicken, dunklen Stoff, schwarzem Plastik oder Holz ab.

GERUCH

Die meisten Grower müssen einen Weg finden, das Geruchsproblem zu lösen. Die Pflanzen riechen meist während der vegetativen Phase und der ersten Wochen der Blütezeit nicht so sehr. In der zweiten Hälfte der Blütezeit jedoch beginnen an den Blüten und den ihnen nahen

Der Geruch gedeihenden Marijuanas, vor allem der Pflanzen, die bereits reifen, kann für einen Indoor-Garten fatal sein. Ein Kohlefilter fängt die Geruchsmoleküle ab, bevor sie jemand wahrnimmt. Der Phat-Filter nutzt leicht abgedichtetes natives Karbon mit niedriger Dichte, um den verräterischen Geruch zu verhindern.

Blättern die Trichome zu wachsen. Wenn die Knospen reifen, konzentrieren sich auch die Moleküle, und der Geruch wird intensiver und schärfer. Der Geruch erreicht seinen Höhepunkt, wenn die Knospen reif sind.

Trichome sind Drüsen, die an der Oberfläche des Zellgewebes wachsen. Das THC wird in den Trichomen hergestellt und gespeichert. Die Krone am Ende des Stengels enthält auch jede Menge Terpene, d.h. Geruchsmoleküle. Die Terpene dampfen durch die poröse Membran der Trichome ab. Sie setzen sich aus diversen Variationen des Moleküls C_5H_8 (Karbon und Wasserstoff) zusammen, die ihnen die unterschiedlichen Gerüche verleihen. Terpene sind flüchtige Kohlenwasserstoffe (FKW), und daher kann der Geruch des Marijuanas die Umgebung rasch erfüllen.

Es gibt mehrere Wege, diese Gerüche zu eliminieren: Karbonfilter, negative Ionisatoren, Gels, die den Geruch absorbieren, und Ozongeneratoren.

Negativ-Ionengeneratoren reinigen die Luft und neutralisieren Gerüche.

KARBONFILTER

Karbonfilter nutzen aktiviertes Karbon, um die Moleküle durch Absorption, Adhäsion der Gas- und Flüssigkeitsmoleküle oder der Moleküle der gelösten Feststoffe an der Oberfläche zu erfassen. Die Kohle wird so zubereitet, dass sie in einen porösen Zustand übergeht, um eine möglichst große Oberfläche abzudecken. Ein Gramm genügt für die Oberfläche von 500 m^2. Das gewährleistet eine große Oberfläche, an der die chemischen Reaktionen erfolgen können. Die Atome an der Oberfläche des aktivierten Karbons sind bereit, die geeigneten Moleküle zu binden, beispielsweise Kohlenwasserstoffe. Ist die Oberfläche mit den angelagerten Molekülen bedeckt, büßt sie ihre Wirksamkeit ein und muss ersetzt werden.

Karbonfilter reinigen die Luft in Pflanzungen und halten sie geruchsfrei. Indoorventilatoren wandeln die Luft, die den Raum verlässt, in eine unschädliche geruchsfreie Form um.

Karbonfilter saugen mit einem Ventilator die Luft durch einen Filter auf. FKWs (Flüchtige Kohlenwasserstoffe) werden durch das aktivierte Karbon absorbiert, wenn sie die Oberfläche der Karbonpartikel im Filter passieren. Die FKWs werden vom Karbon angezogen, weil sie positiv geladen sind (es fehlt ihnen ein Elektron), und werden so in die Spalten der porösen Oberfläche gezogen.

Karbonfilter können sowohl in geschlossenen als auch in Systemen mit Ventilation verwendet werden. In ventilierten Räumen bringt man sie meist nahe der Öffnung an, wo die Luft angesaugt wird. In geschlossenen Räumen werden sie als alleinstehende Geräte verwendet, welche die Luft reinigen und rezirkulieren. Da die Effektivität des Filters von der Menge ungenutzter Poren abhängt, sinkt die Effektivität nach und nach. Die Lebensdauer des Karbons kann verlängert werden, indem man einen Vorfilter vor dem Hauptfilter installiert. Dieser fängt viele Partikel auf, bevor sie in den Hauptfilter kommen. Wenn der Filter seine Kapazität aufgebraucht hat, muss er ausgewechselt werden. Karbonfilter werden sowohl als allein stehende Teile oder als Zusatzteile, die an eine Ventilationsleitung angeschlossen werden, verkauft. Ihre Verwendung ist recht einfach, und diese Systeme sind zuverlässig.

GERUCHSABSORBIERENDE GELS

Geruchsabsorbierende Gels werden aus ätherischen Ölen und anderen Verbindungen pflanzlichen Ursprungs hergestellt. Einige Ingredienzien überdecken die Gerüche, andere verbinden sich mit den Geruchsmolekülen und neutralisieren sie so.

Sie sind in verschiedenen Formen erhältlich: Als Verdunstscheiben, Gels, Sprays und

Flüchtige Kohlenwasserstoffe (FWS) sind organische Verbindungen, die Karbon enthalten und die flüchtig sind (d.h., die unter normalen Bedingungen schnell verdampfen oder sich verflüchtigen). Sie verdampfen bei einer niedrigen Temperatur und zirkulieren in der Luft, bis sie abgesaugt oder getilgt werden.

Der Excel-Air-Geruchseliminator filtert Geruchsmoleküle durch fünf Behälter voller spezieller Kohle. Dadurch werden alle möglichen Gerüche entfernt. Man kann ihn in jedem Raum benutzen, er reinigt bis zu 80 Quadratmeter.

Flüssigkeiten. Es gibt verschiedene Marken, die unterschiedliche Formeln verwenden. Alle wurden von Growern benutzt und als gut bewertet.

NEGATIVE IONENGENERATOREN

(Für weitere Informationen siehe das Kapitel über Temperatur, Feuchtigkeit & Luftqualität).

OZONGENERATOREN

Ozon funktioniert als hocheffektiver, schnell wirkender Geruchseliminator, sollte aber nur in Räumen benutzt werden, in denen sich keine Menschen oder Tiere aufhalten.

Die übliche Form von Sauerstoff als Gas ist O_2. Zwei Sauerstoffatome bilden das Molekül. Durch die Wirkung von UV-Lampen und Lichtbögen bildet das instabile Sauerstoffmolekül ein Ozonmolekül (O_3), das aus drei Sauerstoffatomen besteht. Das Ozon zerfällt von selbst und bildet wieder stabile O_2-Moleküle – in etwa 90 Minuten. Ozon ist auch ein starker Oxidator. Es oxidiert in Reaktion mit FKWs, neutralisiert deren Geruch und Ladung, sodass sie schließlich nicht mehr in der Luft schweben. Ozon oxidiert nicht nur FKWs, sondern auch andere Partikel in der Luft, z. B. Schimmel, Pilzsporen, anderes Mikroleben und Staub.

Der größte Nachteil des Ozons ist, dass es für Mensch und Tier schädlich ist. Wir sollten nicht damit in Kontakt kommen. Kontakt mit Ozon lässt sich vermeiden, indem man den Raum, in dem es benutzt wird, etwa 90 Minuten nach Benutzung nicht betritt.

Ozongeneratoren sind kleine leichte Geräte, sie verbrauchen wenig Strom und sind einfach zu benutzen. Um Kontakt mit Ozon zu vermeiden, kann man die Generatoren per Zeitschaltuhr so programmieren, dass sie sich einige Stunden, bevor wir den Raum betreten, ausschalten.

Wenn wir zum ersten Mal mit Ozon in Kontakt kommen, werden wir dessen markanten Geruch wahrnehmen. Wir sollten uns und unsere Tiere von dem Raum fernhalten, bis das Ozon abgebaut ist oder abgesaugt wurde.

SICH VERHALTEN WIE EIN GUTER BÜRGER, NACHBAR UND FREUND

Einer der einfachsten Wege, es sich zu verscherzen, ist, sich mit den Menschen in der unmittelbaren Umgebung zu verfeinden. Schon wenn sie den geringsten Verdacht haben, dass wir growen, werden sie uns anzeigen. Deshalb sind wir immer höflich zu den Nachbarn und vermeiden die Konfrontation.

WIE MAN MIT DER POLIZEI UMGEHT: 10 VERNÜNFTIGE REGELN

1. *Nicht der Leibesvisitation, der Durchsuchung von Haus und Auto oder anderer persönlicher Dinge zustimmen.*
2. *Mit den Polizisten nicht über den Garten oder anderen Besitz sprechen. Krankenstatus nachweisen.*
3. *Einen Anwalt verlangen.*
4. *NICHTS glauben, was die Polizisten über uns, unsere Freunde, Geliebte, Nachbarn oder Partner sagen. Sie sind trainiert, den Verdächtigen in die Irre zu führen, um an Informationen zu gelangen.*
5. *Keine Erklärungen unterschreiben.*
6. *Keine Informationen freiwillig rausrücken.*
7. *Sich nicht von Drohungen beeindrucken lassen.*
8. *Fragen mit Gegenfragen beantworten. Zum Beispiel auf die Frage „Wo gehen Sie hin?" mit „Warum wollen Sie das wissen?" antworten.*
9. *Höflich, aber unnachgiebig sein.*
10. *Keinen körperlichen Widerstand leisten.*

Wir veranstalten keine lauten Partys, empfangen keine Besuche spät in der Nacht. Wir halten unser Auto sauber und ordentlich und werden nicht zu einem Dorn im Auge der Nachbarschaft oder zum Störenfried. Wir geben acht, wo und wie wir parken; viele Grower wurden schon hopsgenommen, weil sie Streit mit ihren Nachbarn wegen der Parkerei oder Lärmbelästigung hatten.

Wir räumen unser Haus und Auto auf. Je sauberer Auto und Haus sind, desto weniger droht die Gefahr, aufzufliegen. Wir sollten geschützte Räume nicht nur für die Pflanzen haben, sondern auch für das Lager, in dem wir die Ausrüstung verstauen, die wir häufig verwenden.

Wir zahlen unsere Steuern, Rechnungen und Miete oder Hypothek rechtzeitig und halten so die Behörden und das Finanzamt in sicherem Abstand von uns.

KEINE WAFFEN BESITZEN

Egal, was der 2. Zusatzartikel zur Verfassung der Vereinigten Staaten besagt: Eine Waffe kann und wird vor Gericht gegen uns verwendet werden. Growen und Waffenbesitz sind zusammen eine echte Gefahr für die Freiheit.

AUFPASSEN MIT INTERNETPRÄSENZ

Trend einer jeden neuen Generation des sozialen Online-Netzwerks ist eine erhöhte Vernetztheit und Kommunkationsbereitschaft. Manche Leute teilen im Internet Fotos, auf denen sie Hanf rauchend oder beim Growing gezeigt werden. Auch wenn die DEA (Drogenbekämpfungsbehörde) oder jede lokale Vollstreckungsbehörde die Zeit, das Geld und die Möglichkeit hätte, jedes Online-Profil zu durchsuchen und belastende Beweise zu unserer IP-Adresse zurückzuverfolgen – sie werden dies wahrscheinlich nicht tun. Wahrscheinlicher ist es schon, dass alles, was wir online gestellt haben, im Verdachtsfall durchstöbert und zur Erlangung eines Durchsuchungsbefehls benutzt wird. Wenn wir dann verhaftet werden, kann und wird alles, was unsere Computer hergeben, gegen uns verwendet werden. Wie bereits erwähnt: Wenn wir einem Menschen über unseren Garten erzählen, so ist das, als würden wir es zehn Menschen erzählen. Ähnliches gilt für jeden, der online ist und mit dem wir Bilder oder Informationen über unsere Pflanzung teilen: Wir sollten wissen, dass es Millionen Menschen auf der Welt sehen können. Soziale Netzwerke sind nicht nur ein Weg, mit Menschen in Kontakt zu bleiben; sie sind außerdem sehr effektiv, wenn man Informationen verbreiten will, zum Beispiel unsere Geheimnisse. Geben wir also Acht, welche Informationen wir online preisgeben oder über unseren Computer zugänglich machen. Wir hinterlassen eine elektronische Spur.

PROFILE IN SOZIALEN NETZWERKEN

Infos über unseren Grow zu teilen, ist riskant. Auf der anderen Seite hat das Internet den Growern der Welt ermöglicht, Tipps, Tricks und Ratschläge zu teilen, welche uns allen helfen, bessere Grower zu werden. Eine gute Methode zur Risikominimierung in sozialen Netzwerken ist die Erstellung geschützter Profile und E-Mail-Adressen. Falls wir Fotos unserer Person im persönlichen Profil haben und mithilfe dieses Bildes kommunizieren wollen, legen wir lieber ein neues Profil für unseren Garten an. Bei einer Durchsuchung des Computers kann dieses Profil zwar gefunden werden. Eine Beweiserhebung wird damit aber erheblich erschwert.

Am besten ist es, ein gesondertes E-Mail-Konto einzurichten, dass NUR für Profile in sozialen Netzwerken, Foren und Webseiten in Bezug auf Hanf genutzt wird.

Wir behandeln dieses E-Mail-Konto wie ein Telefon, das abgehört wird. Deshalb teilen wir niemals Details über das Wachstum unserer Pflanzen, unsere Identität oder Namen von Menschen, die wir kennen. Die Kommunikation sollte so kurz und unauffällig wie möglich sein. Es ist sicherer, gar kein E-Mail-Konto zu benutzen; wenn doch, dann nur als unechtes Konto für die Registrierung auf Webseiten, in Informationsforen und sozialen Netzwerken. Ein Trend der sozialen Netzwerke ist das „Mikroblogging“, eine kurze, aber öffentlich leicht zugängliche Weise der Kommunikation in Tagebuchform. Solche Informationen können definitiv Verdacht erregen und ein umfassender Schutz ist fast unmöglich. Daher verbreiten wir keine Informationen übers Growen über diese Webseiten.

DRINGEND MERKEN:

1. *Niemals einer Hausdurchsuchung zustimmen.*
2. *Laut und deutlich sagen: „Ich will nicht mit Ihnen sprechen. Ich will einen Anwalt sprechen“.*
3. *Glaube niemals dem Wort eines Polizisten, egal ob er unter Eid steht oder nicht.*
4. *Niemals eine Erklärung bezüglich einer „Straftat“ unterzeichnen.*

RECHTE KENNEN

Im schlimmsten Falle – wenn eine Strafverfolgung bevorsteht – bringen wir unser Recht zur Anwendung: Keine Fragen beantworten und einer Durchsuchung nicht zustimmen.

Wir haben das Recht zu schweigen und alles, was wir sagen, kann und wird vor Gericht gegen uns verwendet werden. Wir sollten von diesem Recht Gebrauch machen und erklären: „Ich will nicht mit Ihnen sprechen. Ich will einen Anwalt sprechen“. Wir sollten unseren Anwalt und nicht unsere Intuition entscheiden lassen, was der Polizei gesagt werden kann und was nicht.

TEIL III QUICK POINTS: DEN GARTEN EINRICHTEN

BODEN

Pflanzen, die in Gefäßen angebaut werden, benötigen mehr Pflege und Aufmerksamkeit. Im Unterschied zur natürlichen Umwelt können wir unseren Growraum, die Pflanzen sowie die Wasser- und Nährstoffbedingungen kontrollieren. Die Größe eines Pflanzgefäßes bestimmt in hohem Maß das Wachstum, die letztliche Höhe und den Ertrag.

Wurzeln verankern eine Pflanze im Boden und versorgen sie mit Wasser und Nährstoffen. Durch komplexe biochemische Prozesse absorbieren die Wurzeln Nährstoffe und geben Kohlenhydrate und Enzyme in die Umwelt ab. Wir prüfen den Boden immer auf seine Beschaffenheit, bevor wir ihn fürs Growing vorbereiten. Für den Anbau von Hanfpflanzen sollten wir den Boden auf drei Makronährstoffe prüfen: Stickstoff (N), Phosphor (P) und Kalium (K).

Ungeachtet der Bodenzusammensetzung ist die Bodenstruktur für gesunde Wurzeln von großer Bedeutung. Die Struktur spiegelt die Verdichtung des Bodens wider, die Größe der Bodenpartikel und die Konsistenz. Alle diese Faktoren beeinflussen die Fähigkeit des Bodens, Wasser zu halten oder zu drainieren. Die Gesundheit des Wurzelsystems und schließlich der ganzen Pflanze hängt zu einem beträchtlichen Teil von der Entwässerungsfähigkeit des Bodens ab. Ein gut drainierter Boden ermöglicht den Wurzeln, in Kontakt mit Wasser und Luft zu kommen, was für gesundes Wachstum unabdingbar ist. Der pH-Wert des Bodens bestimmt die Löslichkeit der Nährstoffe und beeinflusst die Regulierung des Stoffwechsels einer Pflanze sowie die Nährstoffaufnahme.

Gut zu wissen

- Wurzeln versorgen die Pflanze mit Wasser und Nährstoffen. Durch komplexe biochemische Prozesse absorbieren die Wurzeln Nährstoffe und geben Kohlenhydrate und Enzyme in die Umwelt ab.
- Der pH-Wert des Bodens bestimmt die Löslichkeit der Nährstoffe und beeinflusst die Regulierung des Stoffwechsels einer Pflanze und deren Nährstoffaufnahme. Leicht sauere Böden mit einem pH-Wert von 5,8 bis 6,5 können als hanffreundlich betrachtet werden.
- Mittlere Böden, d. h. Böden, die gut drainiert werden und dennoch eine ausreichende Wassermenge halten können, sind die besten für Cannabis. Lehm, Schlick und Sand lassen sich gut drainieren und sind generell genügend locker, um ein gesundes Wurzelwachstum zu fördern. Viele Tonböden und Düngemittel sind zu kompakt für die Ausbildung eines kompletten Wurzelsystems. Bilden dann trockene Tonböden noch feste Verkrustungen oder Schollen, können Hanfpflanzen einfach nicht gedeihen.

HYDROKULTUR

Wasser ist einer der fünf bestimmenden Faktoren. Die Pflanzen reagieren auf ihre Umgebung, indem sie ihr Wachstum anpassen.

Der Wachstumsunterschied zwischen einer Pflanze, die adäquat mit Wasser versorgt wird, und einer solchen, die nur begrenzt auf Flüssigkeit Zugriff hat, muss nicht sofort ersichtlich sein. Vor allem, wenn sich die Pflanzen in verschiedenen Gärten befinden. Die adäquat bewässerte Pflanze wächst schneller und liefert einen größeren Ertrag, allerdings reift sie ein wenig später als Pflanzen mit rationiertem Wasser.

Die Hydrokultur ist eine Anbaumethode, bei der Pflanzen durch eine im Wasser befindliche Lösung mit Nährstoffen versorgt werden. Die Pflanzen werden in Pflanzgefäßen angebaut, die mit einem nährstofffreien Substrat gefüllt werden und mit einem Tropfsystem oder einer Kapillarmatte feucht gehalten werden. Die Pflanzen werden unter Verwendung einer Nährstoff-/Wasserlösung mit Nährstoffen versorgt.

Die Höhe einer Pflanze und deren Ertrag werden weitgehend durch die Entwicklung des Wurzelsystems bestimmt. Auch Pflanzen, welche ausgiebig mit Wasser und Nährstoffen versorgt werden, brauchen, um ihr ganzes Potenzial zu entfalten, ausreichenden Raum fürs Wachstum und zur Ausbreitung ihrer Wurzeln. Hydrokultursysteme speichern Wasser, das nicht unter die Wurzelschicht sickern kann und bei der die Kapillarwirkung verlorengeht. In solchen Systemen geht fast kein Wasser verloren. Den Pflanzen steht alles angebotene Wasser zur Verfügung.

Gut zu wissen

- Es gibt zwei große Formen der Hydrokultur: passive und aktive. Die passiven Hydrokulturen, z. B. Wasserspeicher oder die Dochtbewässerung, nutzen die Kapillarwirkung, um der Pflanzung Wasser zugänglich zu machen. Die aktiven Hydrokulturen, z. B. Ebbe und Flut, Nährstoff-Film-Technik (NFT=Nutrient Film Technique) und die Tiefwasser-Kultur, nutzen eine Pumpe zur Versorgung der Pflanzen mit oxygeniertem Wasser und Nährstoffen.
- Das Prinzip der passiven Hydrokultur basiert auf der Kapillarwirkung, demselben Prozess, mit dem eine Serviette Wasser aufsaugt. Ist das Wasser vom Medium, z. B. vom Docht, beseitigt, ziehen Wassermoleküle die benachbarten Moleküle an, um letztlich die Saugspannung auszugleichen. Die Folge ist, dass der Docht ohne unser Zutun die Feuchtigkeit hält.

SICHERHEIT

Es gibt einige nützliche Tipps, unseren geheimen Garten auch tatsächlich geheim zu halten: Den Mund halten, keinen Verdacht erwecken, Mutter Natur respektieren, den Raum für die Indoor-Zucht sauber, sicher und abgeschlossen halten, den Geruch kontrollieren, ein guter Bürger, Nachbar und Freund sein, vorsichtig sein, wenn wir online sind und das Wichtigste: Wir sollten unsere Rechte kennen!

Die Gesetzeslage, die unseren Garten betrifft, ist von Ort zu Ort verschieden, in den meisten Gegenden gibt es gar eine rechtliche Grauzone. Im schlimmsten Falle – wenn eine Strafverfolgung bevorsteht – bringen wir unser Recht zur Anwendung: Keine Fragen beantworten und einer Hausdurchsuchung nicht zustimmen.

Wir haben das Recht zu schweigen, denn alles, was wir sagen, kann und wird vor Gericht gegen uns verwendet werden. Wir sollten von diesem Recht Gebrauch machen und erklären: „Ich will nicht mit Ihnen sprechen. Ich will einen Anwalt sprechen“. Wir sollten unseren

Anwalt und nicht unsere Intuition entscheiden lassen, was der Polizei gesagt werden kann.

Gut zu wissen

- Polizeibeamte müssen sich nicht als Polizisten zu erkennen geben, wenn sie gefragt werden.
- Das öffentliche Bild unserer Person und unseres Zuhauses ist entscheidend für die Sicherheit unseres Gartens. Daher halten wir unseren Hof sauber und gepflegt, unser Grundstück und Vermögen in Sicherheit und das Wichtigste: Wir haben immer einen guten Grund, so viel Gärtnereibedarf zu haben! Ein Haus, das von Mauern umzäunt ist, mit einer Abfalltonne voller Gärtnermaterial davor, kann durchaus verdächtig sein.
- Es gibt mehrere Methoden, den Hanfgeruch zu eliminieren: Kohlefilter, Negativ-Ionen-Generatoren, geruchsabsorbierende Gels oder Ozon-Generatoren.

Teil IV

AUF GEHT'S, WIR GROWEN!

ERSTE SCHRITTE

INDOOR

Die Beleuchtung ist korrekt installiert. Pflanzen, Hydrokultur oder Pflanzgefäße sind vorhanden. Ventilatoren werden so im Raum platziert, dass sie die Luftzirkulation gewährleisten. Jetzt müssen wir der Pflanzung CO_2 zur Verfügung stellen bzw. ein Ventilationssystem aufbauen, damit während der Beleuchtungszeit eine konstante CO_2-Quelle vorhanden ist.

Temperatur und Luftfeuchtigkeit werden mit Sensoren und einem automatischen System kontrolliert, und zwar unter Verwendung von Luftkühlern, Klimageräten oder Ventilationssystemen, welche die filtrierte Außenluft nutzen.

Wir müssen den Nährstoffmix mithilfe von Messung der vorhandenen Nährstoffe, der elektrischen Leitfähigkeit der Lösung (EC = Electric Current) oder des Gesamtgehalts gelöster Feststoffe (TDS = Total Dissolved Solids) überwachen. Wir benötigen auch ein pH-Meter oder einen Testsatz zur Messung des pH-Werts, nützlich sind auch ein Oberflächen-Temperatur-Messgerät und ein Belichtungsmesser.

TREIBHAUS

Das Treibhaus ist vorbereitet. Ventilatoren, Öffnungen, Zerstäuber, Swamp Cooler oder andere Kühlermethoden arbeiten vorzugsweise automatisch und werden mit einem Thermostat überwacht. Alle zusätzlichen Lampen sind betriebsbereit, um die Intensität des Lichts über Monate geringfügig zu erhöhen (eine Lampe mit 1000 Watt deckt ein Gebiet von neun bis 30 Quadratmeter ab, wobei eine Lampe mit 600 Watt für drei bis sechs Quadratmeter ausreicht).

Die Dunkelphase kann durch kurze Lichtperioden unterbrochen werden, um ein zu frühes Blühen der Pflanzen zu vermeiden. Diese Lampen werden genutzt, wenn die Dauer des Tageslichts nicht ausreichend ist.

Nutzen wir ein Substrat, sind unsere Pflanzbeete oder Pflanzgefäße bereits mit Nährstoffen und Bodenmitteln versehen und damit bereit zum Bepflanzen. Wenn wir die Hydrokultur richtig eingerichtet haben, ist unser Grow vorbereitet.

Beim Hanf hängt der Beginn der Blütezeit von der Länge der Dunkelperiode ab. Durch eine Unterbrechung der Dunkelphase mit kurzen Lichtperioden kann ein zu frühes Blühen der Pflanzen vermieden werden.

Eventuell werden Verdunkelungsvorhänge angebracht. Sie werden zum Hervorrufen der Blüte außerhalb der Saison genutzt. Die Ernte kann für Mitte des Sommers geplant werden, wenn die UVB-Strahlung am stärksten ist und die besten Blüten gedeihen können. Bei guter Planung kann in Treibhäusern zwei- oder dreimal pro Jahr geerntet werden.

OUTDOOR

Das Land, die Pflanzlöcher oder Hochbeete sind zum Anbauen vorbereitet.
In trockenen Gebieten, wo es im Sommer nur geringe Mengen an Niederschlag gibt, ist ein Bewässerungssystem für das Wachstum von Feldfrüchten unabdingbar.
Wenn die Pflanzen frühzeitig in die Blüte getrieben werden sollen, müssen Verdunkelungsvorhänge installiert sein.
Nun ist alles vorbereitet.

Hauchen wir unserem Garten Leben ein!

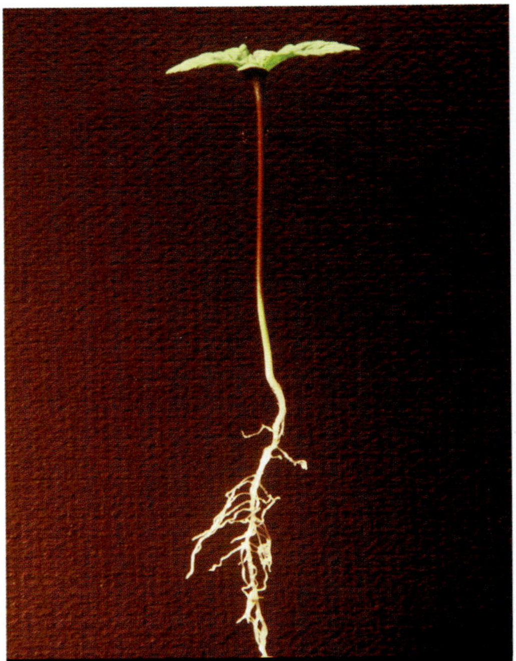

Die Pfahlwurzel dieser jungen Pflanze wird nach und nach in den Boden wachsen, bis sie gestoppt wird.

SAMEN ODER SETZLINGE?

Es gibt zwei Wege, einen Garten anzulegen: mit Samen oder Setzlingen.

SAMEN

Vorteile der Samen:

- Pflanzen aus Samen weisen eine kräftigere Pfahlwurzel auf als Setzlinge. Diese Pfahlwurzel ähnelt einem Hauptstengel. Sie wächst kerzengerade in den Boden hinein und bildet der Länge nach Seitentriebe. Eine tiefe Pfahlwurzel erreicht das Grundwasser oder feuchten Boden auf einer niedrigeren Ebene des Oberbodens bzw. des durchdringbaren Unterbodens.
- Samen weisen keine Krankheiten oder Schädlinge auf, auch keine Viren. Setzlinge können Krankheiten und Schädlinge übertragen.
- Bei Samen wissen wir, ob die von einer Saatgut-Firma zugestellte Sorte tatsächlich die gewünschte ist.
- Samen sind das Produkt der geschlechtlichen Vermehrung, sie vereinen also genetische Eigenschaften von beiden Elternteilen. Pflanzen aus Samen zeigen bestimmte genetische Variationen. So können wir gezielt die beste oder eine bevorzugte Pflanze wählen. Die Anzucht aus Samen ist abenteuerlicher, da wir nie sicher sein können, was genau für eine Pflanze dabei herauskommt.
- Saatgut verschiedener Hanfsorten sind in Shops, Apotheken, per E-Mail oder per Internet jederzeit verfügbar. Kommen die Samen von einer Saatgut-Firma, können wir sicher sein, eine Hanfsorte mit den von uns gewünschten grundlegenden Eigenschaften zu bekommen.
- Samen sind sehr gut transportierbar und auch über einen längeren Zeitraum leicht zu lagern.

Samen haben aber auch einige Nachteile:

- Hanfpflanzen können männlich oder weiblich sein. Dabei finden männliche Pflanzen keine Verwendung für das Growen, im Gegenteil, sie werden zu gefährlichen

AUF GEHT'S, WIR GROWEN!

Befruchtern, die die Kraft der weiblichen Blüten mit einer Bestäubung gefährden.

- In aller Regel ist etwa die Hälfte der Hanfpflanzen männlich. Diese müssen entdeckt und entfernt werden. Das kann sehr mühsam sein, und wenn wir auch nur einen Samen im Boden lassen, so wird möglicherweise später der ganze Garten voller samenbedeckter Knospen sein.

FEMINISIERTE SAMEN

Feminisierte Samen wurden entwickelt, um ausschließlich weibliche Pflanzen produzieren zu können. Sie stellen eine Lösung des Problems der unerwünschten männlichen Pflanzen dar.

Samen zum Keimen zu bringen, ist eine heiklere Aufgabe als die Verpflanzung.

Samen brauchen mehr Zeit fürs Wachstum und auch zum Blühen, Setzlinge mit Wurzeln sind bereits biologisch reif und haben somit einen Vorsprung in der Entwicklung des Wurzelsystems.

Pflanzen aus Samen kopieren die Eigenschaften ihrer Eltern nicht. Samen einer Sorte, die wir gesehen und probiert haben, werden nicht wie ihre Mütter sein – nur recht ähnlich.

Sobald das Geschlecht bestimmt werden kann, entfernen wir alle männlichen Pflanzen. Das hat jedoch zur Folge, dass entweder eine größere Anzahl Pflanzen wächst, als erlaubt ist, oder aber eine geringere Anzahl von Pflanzen wächst, als wir gewollt oder erwartet haben.

SETZLINGE

Es gibt mehrere Vorteile bei Setzlingen:

- Setzlinge werden von einer weiblichen Pflanze geschnitten, d. h. sie sind definitiv ebenfalls weiblich. Es gibt keine männlichen oder hermaphroditischen Setzlinge, die unsere Blüten durcheinanderbringen könnten.

Dieser Steckling wurde von einer Pflanze geschnitten, die drei Monate in einem Pflanzgefäß wuchs. Zu sehen sind seitliche Wurzeln, jedoch keine Pfahlwurzel.

Das Wurzelsystem einer drei Monate alten Pflanze hat sich in der Wuchsform bereits dem Topf angepasst, weil der Platz den Wurzelfasern nicht ausreichte.

AUF GEHT'S, WIR GROWEN!

Die seitlichen Wurzeln dieser Pflanze wachsen, bis sie die Innenwand des Pflanzgefäßes erreicht haben. Dann beginnen sie, sich entlang der Innenwand auszubreiten.

- Bei Setzlingen haben wir den Keimungsprozess einfach übersprungen. Bei Samen dauert es mehrere Monate, bis eine Pflanze in die Blüte geht.

Nachteile von Setzlingen:
- Setzlinge sind nur in solchen Staaten kommerziell erhältlich, in denen Hanf für medizinische Zwecke legalisiert ist.
- Setzlinge einer bestimmten Sorte sind auch dort nicht immer verfügbar, wo sie legal sind.
- Setzlinge können Krankheiten und Schädlinge übertragen, die den ganzen Garten anstecken können. Bei Setzlingen von Bekannten ist das Risiko einer Ansteckung höher als bei professionell gezüchteten Setzlingen.

Die grundsätzlichen Nachteile beim Outdoor-Anbau:
- Setzlinge wachsen nicht so kräftig wie aus Samen gezogene Pflanzen. Das betrifft insbesondere Outdoor-Pflanzen, da sie keine Pfahlwurzeln haben. Sie verfügen lediglich über sekundäre Wurzeln aus dem Stengel. Darüberhinaus wachsen sie eher seitlich als nach unten. Der größte Vorteil einer Pfahlwurzel ist die Fähigkeit, tief in den Boden zu wachsen und auch jenes Wasser zu erreichen, das sich weit unterhalb der Oberfläche befindet. Pfahlwurzeln weisen seitlich auch wachsende Wurzeln auf, die ein Wurzelnetz bilden und damit einen größeren Raum für sich „erobern". Die Folge ist, dass die Wurzeln mehrere Erdschichten erreichen und damit mehr Wasser und Nährstoffe gewinnen und das Wachstum der Pflanze fördern können. Dies betrifft indoor wachsende Pflanzen nicht in so großem Maß, da sie nicht so hoch werden, und die Pfahlwurzel in einem Gefäß keine große Rolle spielt.
- Die Pfahlwurzel einer aus Samen gezogenen Pflanze ist sozusagen eine Verlängerung des Stengels, die die Pflanze im Boden verankert und festhält. Setzlinge weisen lediglich eine Lage an seitlich aus dem Stamm wachsenden Wurzeln auf. Der Stengel an sich führt also nicht tief in den Boden, sondern endet an der Substratoberfläche. Daher ist eine solche Pflanze nicht so fest im Boden verankert wie Gewächse mit einer Pfahlwurzel.

Eine Pflanze aus Samen bildet im Wachstum eine Pfahlwurzel als Verlängerung des Stengels aus. Diese wächst gerade nach unten. Der Pfahlwurzel entspringen seitliche Wurzeln, die einen direkten Versorgungsweg zur Pflanze herstellen. Setzlinge haben keine Pfahlwurzel. Sie verfügen über ein Netz von seitlichen Wurzeln, die dem Stengelende entspringen. Diese Wurzeln wachsen leicht nach unten und bilden mit der Zeit weitere seitliche Wurzeln aus. Eine gerade wachsende Hauptwurzel haben solche Pflanzen jedoch nie. Beim Outdoor-Anbau oder bei der Indoor-Anzucht können bei älteren Pflanzen eine oder zwei seitliche Wurzeln zu einer kurzen Pfahlwurzel werden, die der Pflanze behilflich ist, sich zu verankern und wiederum seitliche Wurzeln bildet.

Diese Setzlinge wurden in größere Gefäße umgepflanzt, damit sie nicht im Wachstum gehemmt werden.

Die Pflanzen sind früh in der Saison aus Samen outdoor gewachsen, d. h. ihr Geschlecht kann in einigen Fällen bestimmt werden, noch bevor sie die vegetative Phase erreicht haben. Sie wurden über Nacht mithilfe einer Plane vor Schädlingen und niedriger Temperatur geschützt.

DIE KEIMUNG VON SAMEN

Grower, die standardisierte Samen nutzen, können davon ausgehen, dass ein Viertel oder sogar ein Drittel der Samen reifen werden. Frische Samen weisen normalerweise eine hohe Keimungsrate auf. Bei Samen, die zwei bis drei Jahre alt sind, ist die Rate deutlich geringer. Ältere Samen weisen eine größere Anzahl an schwachen Pflanzen auf, langsam keimende Samen hingegen sind in aller Regel anfälliger gegenüber Schimmelpilzen und bakteriellen Krankheiten.

Dunkelbraune oder graue Samen keimen am besten. Weißliche, ockergelbe oder eingerissene Samen sind meist nicht keimfähig. In vielen Handbüchern wird den Growern empfohlen, große Samen auszuwählen. Die Größe der Samen ist jedoch genetisch bedingt und von Umwelteinflüssen abhängig und muss nicht unbedingt mit dem Keimungspotenzial zusammenhängen.

Hanfsamen keimen am besten bei einer höheren Temperatur bzw. bei einer Raumtemperatur von 21 bis 26 °C. Bei einer niedrigeren Temperatur keimen die Samen langsamer und werden von Schimmel und Bakterien angegriffen.

Es gibt zwei Methoden der Keimung:Bei der ersten legen wir die Samen in die Falz eines nassen Papierhandtuchs oder eines nassen Stoffstücks und warten, bis der Keimling die Samenschale aufgerissen hat. Dann pflanzen wir den Keimling in ein Pflanzmedium.

Wir tränken ein Papiertaschentuch oder etwas Stoff mit Wasser. Dann legen wir die Hanfkeimlinge aufs Taschentuch und falten es. Wir geben das gefaltete Taschentuch bzw. den Stoff in eine Schüssel oder auf einen Teller und bedecken das Ganze mit einer Kunststofffolie. Wir kontrollieren die Samen ein- bis zweimal pro Tag, um festzustellen, ob die Samen keimen. Ist die Pfahlwurzel bereits erkennbar, pflanzen wir den Samen etwa einen halben Zentimeter tief in das vorbereitete Wachstumsmedium und halten es konstant feucht.

Wenn wir unser Gießwasser mit einer 0,5%-igen Wasserstoffperoxid-Lösung anreichern, verhindern wir, dass unsere zarten Pflänzchen von Krankheiten befallen werden. 30%-iges Wasserstoffperoxid aus der Apotheke wird zu einem Teil mit fünf Teilen Wasser gemischt. Verdünnter Komposttee schützt die keimenden Samen sowie Setzlinge, da er lebende Organismen enthält, die Krankheitserreger eliminieren und das Wurzelwachstum fördern.

WO ZÜCHTEN?

Samen können direkt im Boden, in einem Pflanzmedium, in kleinen Tassen oder Gefäßen keimen, welche mit Erde, Pflanzenerde, Torfbriketten, Steinwollewürfeln oder einem anderen Keimungsmedium gefüllt werden. Pasteurisierte oder sterile Medien wie Vermikulit oder Steinwolle und die meisten für die Indoor-Zucht bestimmten Pflanzenerden sind fürs Keimen hervorragend geeignet. Mit 0,5%-iger Wasserstoffperoxid-Lösung schützen wir unser Gießwasser vor Krankheitserregern. Komposttee und wurzelschützende Organismen wie Mykorrhizen (oder beide) schützen die Wurzeln ebenfalls.

"You know all the rules by now
And the fire from the ice.
Will you come with me?
Won't you come with me?
What I want to know is –
Will you come with me?"

Lyrics: Robert Hunter & Jerry Garcia
(Grateful Dead)
"Uncle John's Band"

Wir pflanzen nur reife, unbeschädigte Samen von dunkler oder brauner Färbung.

Papier- und Styroporgefäße sind geeignete Behältnisse. Leichte Gefäße sind ideal für Pflanzen, die an einem Ort keimen und später an einen anderen Ort gebracht werden sollen. Aus Stroh, Reis oder Papier hergestellte Gefäße können direkt in den Boden oder in ein größeres Gefäß platziert werden, ohne dass die Wurzeln in ihrem Wachstum behindert werden.

Wenn Hanf in Steinwollblöcken keimt, ist es nicht notwendig, die Jungpflanzen aus dem Medium zu entfernen. Steinwoll-Startersets sind in 50 oder 72 Würfel aufgeteilt und passen ideal. Nach einer Woche Keimung sollten die Setzlinge in größere Blöcke gesetzt werden. Würfel mit einem Durchmesser von vier Zoll (= ca. 10 cm) können die Pflanzen für zwei bis vier Wochen halten, ohne ihr Wachstum zu hemmen.

Egal ob die Samen Indoor oder Outdoor keimen, das Wachstumsmedium muss die ganze Zeit über feucht gehalten werden. Die Samen trocknen während des Prozesses schnell aus, und wenn das Medium trocken ist, sterben die Samen bald ab.

1. Der Keimling wächst aus dem Boden heraus. 2. Die Samen sind gekeimt. Es erscheinen kleine Pfahlwurzeln. Sie sollten rasch in ein Pflanzmedium gepflanzt werden, bevor ihre Wurzeln länger geworden sind. 3. Der Stengel hat gerade das Substrat durchdrungen und das Licht erreicht. Die Cotyledonen öffnen sich, indem sie die Samenschale wegschieben. 5. Die Cotyledonen haben sich geöffnet, und die ersten echten Blätter sind erschienen. 6. Die Blätter sind geöffnet, der Setzling ist bereit, schnell mit dem Wachstum zu beginnen. 7. Diese Setzlinge wuchsen in einem Keimungsbeet. Individuelle Gefäße sind jedoch zu bevorzugen, weil dann die Wurzeln bei Umpflanzung nicht so sehr gestört werden. 8. Jeder Setzling hat eine Identifikationsnummer erhalten und wird diese bis zur Ernte behalten. Diese Setzlinge sind ein wenig gestreckt, ihre Stengel werden aber wieder stärker, wenn sie mehr Licht und vielleicht auch etwas niedrigere Temperaturen erhalten.

Wenn möglich, bedecken wir die Pflanztabletts mit einem Glasdeckel oder im Freien mit einer klaren Kunststofffolie. Die Sonne kann die Oberfläche des Bodens sehr schnell austrocknen. Meist ist es also einfacher, die Keime draußen im Schatten keimen zu lassen und sie dann umzusetzen. Das gilt vor allem für den Spätsommer, wenn das Licht am intensivsten ist und hohe Temperaturen eine Verdunstung verursachen.

Die Samen brauchen zur Keimung drei bis zehn Tage. Die Keimungsdauer ist abhängig vom Alter und der Gesundheit der Samen und von der Temperatur des Pflanzmediums. Zuerst bildet sich die Wurzel. Kurz darauf erscheinen Stengel und ein Spross. Dieser wächst senkrecht. Oben am Stengel erscheint ein Paar Keimblätter, die sogenannten Cotyledonen. Diese beginnen, die Pflanze mit Kohlenhydraten versorgen, die für Wachstum und Atmung notwendig sind. Cotyledonen sind einfache runde Blätter, die nicht wie reife Hanfblätter aussehen.

Sobald die Keimlinge sich entfalten, brauchen sie Licht. Falls das Licht nicht intensiv genug ist, so strecken sie sich zur nächst erreichbaren Lichtquelle. Am besten benutzen wir T-8- oder T-5-Leuchtstoffröhren oder Kompaktleuchtstofflampen. T-8er platzieren wir etwa 15 cm, T-5er und Kompaktleuchtstofflampen mit hoher Leistung etwa 30 cm über unseren Keimlinge. Beim Keimen können auch eine Metallhalogenidlampe (MH), eine Natriumdampf-Hochdrucklampe (HPS) oder Hochdruck-entladungslampen benutzt werden. HPS mit 600 Watt und 1000-W-HPS sollten 45 bis 90 cm über den Keimlingen angebracht werden – wenn sie denn luftgekühlt sind. Ansonsten hängen wir sie 90 bis 120 cm über die Pflänzchen. Wir können also Samen unter HPS oder MH keimen lassen oder Setzlinge kurz danach unter die Lampen platzieren. Setzlinge können auch ins Freie gebracht werden.

Je früher wir Setzlinge nach der Keimung draußen pflanzen, umso schneller passen sie sich der Umwelt an. Hanf kann idealerweise immer dann draußen gehalten werden, wenn auch Tomaten und Mais angebaut werden können. In manchen Gegenden kann die Dunkelphase im frühen Frühling zu lang andauern, sodass einige Hanfsorten vorzeitig zu blühen beginnen. Für weitere Informationen hierzu siehe das Kapitel „Sorten und Blühen“.

Verlängerte Stengel bei Setzlingen sind Folge von mangelndem Licht oder zu hoher Temperatur.

SCHWÄCHEN DER SETZLINGE

Kurz nach der Keimung sind Sämlinge am anfälligsten. Ist das Medium zu feucht oder enthält es zu wenig Sauerstoff, werden die kleinen Pflanzen rasch von Stengelfäule und Pilzinfektionen befallen.

Das kann passieren, wenn das Substrat zu fein ist, so dass es zwar viel Wasser, aber dafür zu wenig Sauerstoff halten kann. Werden die Pflanzen dann zu sehr gegossen, verschlimmert sich die Situation nur. Feine Bodentypen müssen nicht so oft gegossen werden wie mittelfeine oder Böden mit hoher Porosität. Wie schon beim Keimen, schützt Komposttee oder eine 0,5-prozentige Wasserstoffperoxid-Lösung vor Pilz- und bakteriellen Infektionen.

Trockene Medien beschädigen sowohl die Wurzeln als auch die Blätter des Hanfs. Bei jungen Pflanzen, die über wenig Reserven verfügen, ist die Spanne zwischen den ersten Welk-Anzeichen und irreversiblen, durch Austrocknung verursachten Schäden sehr kurz. Trockene Bedingungen lassen die Blätter welken, weil die Pflanze das in den Blattzellen vorhandene Wasser nutzt, um zu überleben. Wird der Zustand rechtzeitig erkannt und behoben, erholen sich die Pflanzen nach der Bewässerung. Viel Zeit hat man in einem solchen Fall jedoch nicht, es muss sofort gehandelt werden.

Mäuse, Vögel, Hunde und Katzen sind bekannt für ihre Vorliebe für Hanfsprossen und Jungpflanzen. Diese Tiere sollten mit einer Barriere von unseren Pflanzen ferngehalten werden. Ein anderes Problem ist, dass Haustiere, insbesondere, wenn sie draußen und drinnen leben, die Gefahr des Insektenbefalls in einer Pflanzung erhöhen.

Setzlinge, die zu wenig Licht erhalten oder in einer zu warmen Umwelt leben, strecken sich. Die langen und dünnen Pflanzen haben dann ein Problem, gerade zu stehen, und werden instabil. Ein langer dünner Stengel weist darauf hin, dass die Pflanze mehr Licht braucht. Um die Streckung zu korrigieren, bieten wir den Setzlinge mit einem Zahnstocher, einem Stäbchen, einem Spieß oder einem dünnen Bambusrohr Halt.

Ein Behältersystem: Diese Gefäße sind groß genug, um ein schnelles Wachstum bis zur Blüte zu unterstützen.

Umpflanzung: Geben Sie eine kleine Menge Erde oder Pflanzmedium in ein Gefäß. Pflanzen Sie den Setzling im Medium ein. Gießen Sie dann die Erde um die Wurzeln und den Stengel herum. Wenn das Gefäß gefüllt ist, verdichten sie schonend die Erde so, dass sie die Pflanze fest hält. Ein gestreckter Stengel kann ein bisschen eingegraben werden, um die Pflanze stabil zu halten.

Das Gefäß mit Pflanzenerde so füllen, dass der Pflanzenballen noch etwa einen Zentimeter herausragt. Dann Pflanzenerde beigeben, bis der Ballen komplett bedeckt ist. Zum Schluss die Erde festdrücken. Falls nötig, mehr Erde beigeben.

Wenn wir nicht gleich pflanzen können, stellen wir die Setzlinge und Stecklinge in einen Kühlschrank (Achtung, nicht in den Tiefkühler!), dann verlangsamt sich das Wachstum. Wir können die Pflänzchen im Gemüsefach des Kühlschranks eine Woche oder länger lagern. In einer befeuchteten Plastiktüte und bei über 4 °C wird einer Beschädigung der Zellen vorgebeugt. Diese Behandlung hat keine negativen Auswirkungen auf die Wachstumsgeschwindigkeit und stellt die einfachste Weise einer Abhärtung von Pflanzen dar, die später draußen gehalten werden sollen.

Zu wenig und auch zu viel Sonne kann für junge Pflanzen ein Problem darstellen. Das betrifft vor allem Setzlinge, die im späten Frühling oder während des Sommers draußen gehalten werden. Wir können den Pflanzen helfen, sich an die intensivere Sonne zu gewöhnen, indem wir sie zunächst im Schatten oder unter Blenden pflanzen. Nach etwa fünf Tagen können sie vorsichtig in die volle Sonne gestellt werden.

Wir können die Pflanzen schützen, indem wir sie mit einem Antitranspirant besprühen. Diese Substanzen bilden eine Barriere zwischen Blatt und Sonne und verlangsamen die Verdunstung, so dass die Pflanzen nicht zu welken beginnen. Neue Blätter, die in der Sonne wachsen, werden längere mesophytische bzw. Palisadenzellen entwickeln, die mehr Licht absorbieren können, bevor das Chlorophyll entsteht. Sie beeinflussen den Blattfarbstoff so, dass er weniger Licht umsetzen kann. Auf diese Weise schützen sie ihn vor den Umweltbedingungen.

Neu gewachsene Blätter werden gegen die UV-Strahlung nicht derart empfindlich sein wie bei draußen gezogenen Pflanzen. Für Exemplare, die indoor gezogen wurden, ist die UV-Strahlung tödlich. Setzlinge, deren Samen im Freien keimten, gewöhnen sich leichter an die volle Sonne.

Pflanzen wachsen sehr schnell. Die Größe dieser Pflanze verdoppelt sich innerhalb von zehn Tagen.

SETZLINGE UND KLONE ZÜCHTEN

Setzlinge und Jungpflanzen sind für die Umpflanzung bereit, wenn sie ein Netz von Wurzeln und mehrere Blattpaare entwickelt haben, wenn sie also genug stark sind und den Umweltbedingungen standhalten können.

Beim Umpflanzen in die Erde platzieren wir den gesamten Wurzelballen im Medium – nur ein wenig tiefer als der Wurzelballen selber ist, also nur so, dass er gerade mit Erde bedeckt ist. Die Wurzeln werden aus dem kleinen Ballen nach unten und seitlich wachsen.

Die Wurzeln konzentrieren ihr Wachstum auf durchlässige Teile des Pflanzmediums, das Wasser, Nährstoffe und Sauerstoff enthält. Egal ob Nährstoffe in der Erde enthalten sind oder ob sie über eine Nährstoff-Wasser-Lösung hinzukommen: Die Wurzeln absorbieren Nährstoffe in Form von einfachen Salzen. Mikroorganismen im Pflanzmedium verdauen komplexe organische Nährstoffe und stellen sie den Pflanzen in einer wasserlöslichen Form zur Verfügung.

Um Raum zu sparen, können die Pflanzen Schritt für Schritt in größere Gefäße umgesetzt werden:

- *Gefäße mit 0,25 l nutzt man für einen Zeitraum von 7 bis 10 Tagen nach der Keimung.*
- *Gefäße mit 0,5 l nutzt man für einen Zeitraum von 10 bis 20 Tagen, allerdings können die Pflanzen in einem größeren Gefäß noch schneller wachsen.*
- *Gefäße mit 4 l reichen für 15 bis 30 Tage.*

Die Zucht wird deutlich leichter, wenn männliche Setzlinge entfernt werden. Falls weibliche Setzlinge mit anderen Generationen gekreuzt werden sollen, wählen Grower womöglich für die weitere Zucht versehentlich hermaphroditische Setzlinge. Was ist passiert? Die weiblichen Setzlinge, die mehr Pollen produzieren, neigen zur Zwitterbildung. Wenn diese über mehrere Generationen gemischt werden, so ist es wahrscheinlich, dass eine solche Pflanze hermaphroditische Züge annimmt.
In der Praxis haben Grower mehr Erfolg mit der Kreuzung von mehreren unterschiedlichen Pflanzen als bei Selbstkreuzungen. Die Selbstkreuzung hat mehrere hermaphroditische Pflanzen zum Ergebnis. Viele Grower erzählen, dass etwa fünf Prozent der Pflanzen aus feminisierten Samen hermaphroditisch bzw. männlich werden. Erstgenerationen haben weniger Hermaphroditen. Aber auch dann müssen Grower stets aufpassen und auf das Geschlecht ihrer Pflanzen achten.

Die Pflanzen „saugen" die Nährstoffe aus dem Wasser. Das Pflanzenmedium gibt dabei nach und nach mehr Nährstoffe ab, die im Wasser lösbar sind. Angereicherte Pflanzmedien und Erden enthalten eine Menge an natürlichen Verbesserungsmitteln oder Kompost, welche das Wachstum der Setzlinge unterstützen, wobei diese für mindestens eine Woche keiner Ergänzung bedürfen.

Manche Medien versorgen die Pflanzen noch länger. Sie enthalten Stoffe, die sich erst allmählich über die Wachstumsperiode auflösen. Die gesamte Dauer, in der Pflanzerde oder Substrat das Wachstum unterstützen kann, ist von mehreren Faktoren abhängig. Die wichtigsten sind: Das Volumen des Raumes, der den Wurzeln zur Verfügung steht, der Nährstoffgehalt der Pflanzerde und die Wachstumsrate der Pflanze.
In beiden Fällen (Wachsen in einem künstlichen Pflanzmedium oder in der Erde) wird das Blätterdach im Allgemeinen so groß wie das Wurzelnetz oder höchstens um ein Drittel größer wachsen. Böden, die reich an organischen Nährstoffen sind, die sich erst allmählich auflösen, und Böden mit Düngemitteln, die sich ebenfalls erst nach einer gewissen Zeit zersetzen, brauchen kaum zusätzliche Stoffe.

Eine Pflanze mit einem Blätterdach von drei Metern Durchmesser wird ein Wurzelnnetz mit zwei bis drei Metern Durchmesser bilden.
Im Gegensatz dazu können Pflanzen aus einer hydroponischen Zucht deutlich großflächiger wachsen als ihre Wurzelzone, da ein leichter Zugang zu Wasser und Nährstoffen die Wurzeln dazu anhält, dichter zu wachsen. Solange die Wurzeln Zugang zu Wasser und Luft haben, besiedeln sie das Wachstumsmedium sehr dicht. Blätterdächer von hydroponisch gezüchteten Pflanzen bedecken ein Gebiet bis zum dreifachen Durchmesser des Gefäßes. Das hängt davon ab, in welchem Maße die Pflanze mit lebensnotwendigen Stoffen versorgt wurde. Bei zwei Pflanzen, die unter identischen Bedingungen aufwachsen, ausgenommen der Größe der Gefäße, in denen sie gezogen werden, wird die Pflanze im größeren Gefäß einen größeren Ertrag liefern. Wird eine Pflanze in einem zu kleinen Gefäß gezogen, wird ihr Wachstum verlangsamt und gehemmt.
Wird eine Pflanze von Anfang an in einem Gefäß mit dem Inhalt einer Gallone (= ca. 3,75 l) gezüchtet, so haben die Wurzeln genügend Raum, sich auszudehnen,, bevor man ihr Geschlecht bestimmt. Danach kann sie immer noch in ein Gefäß der erforderlichen Größe umgepflanzt werden.

Pflanzen wachsen wahrscheinlich ein wenig schneller, wenn sie nicht umgetopft werden. Dennoch empfiehlt es sich, sie umzutopfen, da mit der Nutzung der passenden Gefäßgrößen das langsamere Wachstum wieder wett gemacht wird. Z.B. wird weniger Licht vergeudet, wenn es gezielt auf die Pflanze gerichtet wird statt auf den Boden um sie herum.

BELEUCHTUNG, TEMPERATUR, CO_2 UND NÄHRSTOFFE FÜR SETZLINGE UND KLONE

Nachdem Stecklinge bewurzelt sind, wachsen der Pflanze ganz oben am Sprossscheitel ein neuer Stengel und Blätter. Nach der Keimung der Samen entwickeln sich eine Pfahlwurzel und erste echte Blätter. Das neue Wachstum deutet bei Klonen und Setzlingen darauf hin, dass sie bereit sind, unter vollem Licht indoors zu wachsen. Sobald wir diese Pflanze in einen Garten stellen, gewöhnt sie sich an die Intensität des Lichts.

Im Stadium der Jungpflanze braucht der Hanf eine spezielle Pflege. Die Pflanze gewöhnt sich dann an die Umwelt und wächst so, wie immer die einschränkenden Faktoren es erlauben. Die meisten Setzlinge und Klone werden innerhalb weniger Wochen zu starken jungen Pflanzen.

GESCHLECHTSBESTIMMUNG VON JUNGEN PFLANZEN

Die Geschlechtsbestimmung wird detailliert im Kapitel "Blüte" beschrieben. Nur wenige Dinge sind für einen guten Grower wichtiger als die Pflanzen vor einer unerwünschten Befruchtung zu schützen.

Es ist von großer Wichtigkeit, das Geschlecht der Pflanzen so bald wie möglich zu bestimmen, auch wenn sie sich noch im Sämlingsstadium befinden.

1. Manchmal erscheint eine Blüte an Knotenpunkten einer jungen Pflanze, d. h. unterhalb des Blätterdachs. Dieser Steckling hat eine Narbe, die auf eine weibliche Blüte hinweist.
2. Diese Pflanze ist ein Hermaphrodit. Sie hat weibliche und männliche Blüten. Solche Pflanzen sollten dringend aus dem Garten entfernt werden.
3. Unreife männliche Blüten. Nach deren Öffnen werden die herabhängenden Köpfe aufrecht stehen. Wenn sich die Blütenblätter öffnen, wird der Pollen sich in Windrichtung bewegen. Diese Pflanzen sollten nach ihrer Bestimmung so schnell wie möglich beseitigt werden.

Wir zwingen die Pflanzen in die Blüte, bevor sie zu groß werden.

Klone und Pflanzen aus feminisierten Samen sind meist weiblich, trotzdem sollte ihr Geschlecht immer bestimmt werden. Das Verhältnis der weiblichen zu männlichen Pflanzen aus standardisierten Samen ist ungefähr 50:50. Wird ein Garten geplant, so haben die männlichen Pflanzen keinen Platz darin. Sie beeinträchtigen die Ernte, weil sie die weiblichen Blüten mit Pollen bestäuben werden. Nicht nur, dass die Befruchtung Knospen werden, sie verursacht auch die Verminderung der Kraft und des Gewichts. Mit der Eliminierung männlicher Pflanzen wird keine Energie an eine neue Generation verschwendet, die anschließend ohnehin keinen Ertrag an Sinsemilla liefert; der aus dem Spanischen stammende Terminus „sinsemilla" steht wortwörtlich für „ohne Samen".

Es gibt Methoden, das Geschlecht der Pflanzen leicht zu bestimmen, ohne bis zum späten Sommer warten zu müssen. Männliche Pflanzen tendieren in frühen Wachstumsphasen dazu, größer und stärker zu sein als weibliche. Grower sind oft enttäuscht, wenn ihre Lieblingspflanzen sich als unbrauchbar entpuppen; allerdings ist die Geschlechtsbestimmung nach der Pflanzenmorphologie nicht besonders einfach.

Es gibt zwei Methoden, das Geschlecht zu bestimmen:

- die Knotenpunkte der jungen Pflanze ansehen, wo Blattstengel und der Hauptstengel miteinander verbunden sind. Manchmal wächst hier eine kleine, einfache, männliche oder weibliche Blüte. Die Pflanze hat dasselbe Geschlecht wie diese Blüte. Obwohl diese Methode hilfreich sein kann, so ist es doch nicht möglich, sie bei allen Hanfsorten anzuwenden.
- frühe Blüte einleiten. Das „Umschalten" in den Blütezyklus dauert jedoch zehn Tage, und das "Umschalten" zurück in den normalen Rhythmus ebenso. Nutzen wir statt dessen einen Steckling:

Wir nehmen jeder Jungpflanze, deren Geschlecht zu bestimmen ist, einen Steckling ab und kennzeichnen Pflanze und Steckling. Dann platzieren wir den Steckling in Pflanzerde oder eine Tasse mit Wasser und bringen ihn dann unter eine entsprechende Beleuchtung mit einem Zyklus von jeweils 12 Stunden Licht und 12 Stunden Dunkelheit. Die Setzlinge beginnen zu blühen und zeigen ihr Geschlecht innerhalb von zehn Tagen. Wenn wir noch mehr Dunkelheit geben (16 Stunden Dunkelheit und 8 Stunden Licht pro Tag), beginnt die Blüte noch ein paar Tage früher. Das Geschlecht lässt sich noch früher erkennen, wenn wir die Stecklinge für drei Tage vor dem Beginn eines Zyklus' mit nur geringem Licht in vorwiegender Dunkelheit halten. Die Stecklinge und Mutterpflanzen haben grundsätzlich dasselbe Geschlecht.

Nach der Geschlechtsbestimmung beseitigen wir die männlichen Pflanzen aus dem Garten und vernichten sie. Sie sind ohne Nutzen mit Ausnahme der Hybridisierung, das heißt für das Kreuzen verschiedener Pflanzen. Wir sollten dabei keine Sentimentalität an den Tag legen. Die männlichen Stecklinge sind keiner Rettung wert.

(Für weitere Informationen über Sinsemilla und Geschlechtsbestimmung siehe das Kapitel „Blühen".)

Pollen kann jahrelang benutzt werden, wenn er mit einem Trocknungsmittel in einem abgedichteten Gefäß im Gefrierfach gelagert wird.

PFLANZENWACHSTUM IN DER FRÜHEN PHASE

In nur wenigen Wochen wachsen Pflanzen etwa 30 cm oder mehr und entwickeln sortentypische Zweige. In diesem Moment sollte das Geschlecht der Pflanzen aus standardmäßigen Samen bestimmt werden, wobei nur die weiblichen behalten werden. Falls die Pflanzen aus ihren Setzling- oder Klon-Gefäßen in kleinere Behältnisse umgesetzt wurden, sollten die Pflanzen in Gefäße der späteren Größe oder in den Boden umgesetzt werden.

Die in hydroponische Einheiten oder eine unangereicherte Pflanzenerde umgesetzten Setzlinge und Klone brauchen Düngemittel, um richtig mit Nährstoffen versorgt zu werden. Dabei nutzen wir ein Düngemittel mit Stickstoff-Phosphor-Kalium (N-P-K) im Verhältnis von 1:1:1, 3:5:5 oder 3:4:2 und mit Mikronährstoffen, deren Menge eher gering sein sollte. Wenn die Mengen von N im Verhältnis zu P und K kleiner sind, wird der Durchmesser des Stengels größer und stabiler.

Wenn möglich, halten wir die Temperatur nach der Umpflanzung ein wenig unter 20 °C. Die Photosynthese ist eingeschränkt, wenn die Luft kühl gehalten wird. Bei einer langsamen Photosynthese braucht die Pflanze weniger Wasser und Nährstoffe, so dass die Wurzeln nicht gestresst sind, und die Möglichkeit des Verwelkens niedriger ist. Wir halten das CO_2 auf 500 bis 60 ppm. Der Pflanze soll ein leichter Zugang zu dem Gas gewährleistet sein.

Nach etwa drei Tagen beginnen die Pflanzen das vegetative Wachstum. Dann erhöhen wir das Niveau von CO_2 auf 1200 ppm die Stärke der Wasser-Nährstoff-Lösung auf mittelstark und die Temperatur auf 26 bis 27 °C. Falls die Pflanzen indoors gezüchtet werden, beleuchten wir sie 24 Stunden am Tag. Falls sie outdoors gezogen werden sollen, müssen sie 18 Stunden pro Tag beleuchtet werden. Einige

Sorten (insbesondere Indicas) werden nicht in die Blüte „gezwungen", wenn wir sie outdoors halten. Das gilt für Pflanzen, die ihre Indoor-Phase in einem Zyklus von 16 Stunden Licht, 8 Stunden Dunkelheit verbracht haben.

PFLANZEN- UND GEFÄSSGRÖSSE

Ganz gleich, ob drinnen oder draußen gezüchtet, die Größe des Gefäßes bestimmt die Größe der Pflanze und auch den Ertrag. Wie erwähnt, wachsen zwei Pflanzen unter identischen Bedingungen, mit Ausnahme der Größe des Gefäßes, so wird die Pflanze im größeren Gefäß mehr Ertrag liefern. Aus diesem Grund ist es sinnvoll, den Wurzeln so viel Raum wie möglich zur Verfügung zu stellen. Bei einer Indoor-Zucht sollte das Gefäß nur so groß wie das Blätterdach sein.

Die aus einer Pflanzerde sowie hydroponisch gezogenen Pflanzen produzieren mehr Ertrag, wenn sie in einem möglichst großen Gefäß gezüchtet werden. Die Gefäße sollten leicht abgeschrägt sein, so dass die Pflanze und das Medium leichter herauszuziehen sind. Gefäße aus Kunststoff sind normalerweise besser geeignet, da sie einfach leichter sind. Zuchtbeutel aus Kunststoff sind auch geeignet, vor allem für Outdoor-Grower. Sie nehmen wenig Platz in einem Rucksack ein und sind leicht verwendbar. Ihre Unterseite ist rechteckig, sodass sie leicht das Gleichgewicht halten und aufrecht stehen können. Spezielle Kunststoff-Gewebe-Gefäße haben Griffe, die ein Drehen der Pflanzen erleichtern. Gefäße aus Fasern sind auch beliebt. Sie sind preisgünstig, halten über mehrere Wachstumsperioden und sind biologisch abbaubar. Gefäße aus Metall sind nicht empfehlenswert, da sie auf die Nährstoffe in einer Lösung reagieren.

Gefäßgrößen

Folgende Gefäße sind für einen Raum von 1 bis 1,5 m² geeignet, der mit 600-W- oder 1000-W-HPS beleuchtet wird.

- *eine Pflanze kann in einem Gefäß mit 190 Liter oder 6,7 Kubikfuß gezogen werden.*
- *zwei Pflanzen können in zwei Gefäßen mit je 113 Litern oder 4 Kubikfuß gezogen werden.*
- *vier Pflanzen können in vier Gefäßen mit je 75 Litern oder 2 2/3 Kubikfuß gezogen werden.*
- *acht Pflanzen können in acht Gefäßen mit je 38 Litern oder 1 1/3 Kubikfuß gezogen werden.*
- *sechzehn Pflanzen können in sechzehn Gefäßen mit je 19 Litern oder 2/3 Kubikfuß gezogen werden.*

VEGETATIVES WACHSTUM

Sobald sich die Wurzeln an die neue Umwelt gewöhnt haben, ist die richtige Zeit für die Erhöhung von Licht und Nährstoffen. Feste, angeschwollene Blätter und ein erkennbares Wachstum sind Indikatoren dafür, dass die Pflanzen zu einer rasanten Entwicklung bereit sind.

Während des vegetativen Wachstums schalten wir die Lampen auf Maximum und verwenden Düngemittellösung mit Stickstoff-Phosphor-Kalium (N-P-K) im Verhältnis 3:1:2, 4:2:3 oder 5:3:3. Die Pflanze sollte mit einem Düngemittel mit hohem Gehalt an N behandelt werden, damit wird eine frühe Blüte gefördert. „Wachstumselemente“, die Mikronährstoffe enthalten, fördern ein rasantes Wachstum.

INDOOR

Indoors kann das Wachstum beginnen, wenn wir die Umwelt der Pflanze regulieren und Saisonschwankungen simulieren können, die Pflanzen müssen sich nun an die Licht- und Dunkelperioden gewöhnen.

Dennoch können die Saisonbedingungen unsere Entscheidung zu pflanzen beeinflussen. In manchen Gebieten erschweren Sommerhitze oder Insektenbefall das Wachstum erheblich. In solchen Gegenden können wir Indoor-Gärten vergessen, es sei denn, wir reduzieren die Produktion auf Mutterpflanzen und Klone.

OUTDOOR

Züchter, die eher natürliches Licht als primäre oder sekundäre Lichtquelle nutzen, müssen die Saison berücksichtigen. Pflanzzeit und -strategien variieren je nach Umweltbedingungen.

Der früheste Zeitpunkt, zu dem Setzlinge oder Klone gepflanzt werden können, ist erreicht, wenn die Temperatur einer etwa 8 cm großen Bodenfläche unter der Oberfläche am Nachmittag unter 18 °C beträgt und in der Nacht nicht unter 10 °C sinkt. Die Pflanzen können zwar auch bei einer niedrigeren Bodentemperatur gepflanzt werden, sie werden jedoch langsamer wachsen, bis der Boden aufgewärmt wurde.

Hanfsamen werden am besten gepflanzt, wenn die minimale Bodentemperatur nicht unter 15 °C sinkt. Bei niedrigeren Temperaturen absorbieren Samen die Feuchtigkeit, und die Wurzeln und Sprosse verzögern sich in ihrem Wachstum. Das verursacht, dass die Samen für Pilzbefall und die Gärung anfällig sind. In Gebieten mit vier Jahreszeiten sollten die Klone oder Setzlinge im Freien zum selben Zeitpunkt wie Tomaten gepflanzt werden.

Pflanzen, mit denen im Zeitraum vom späten April bis Juli im Freien begonnen wurde, werden zwischen September und November (je nach Sorte) reif sein. Die Pflanzen benötigen kein künstliches Licht, wenn sie ausreichend Sonnenschein erhalten.

Wie im Kapitel über das Licht besprochen wurde, kann eine zusätzliche künstliche

Pflanzen benötigen Licht für ihr Wachstum. Im Schatten bekommen sie zu wenig Licht und verlangsamen ihr Wachstum.

Beleuchtung genutzt werden, um die Pflanzen im Herbst bei der Reifung zu unterstützen.

In höheren Breitengraden ist die Lichtintensität, die die Pflanzen im September oder Oktober von der Sonne bekommen, nur einen Bruchteil dessen, was beispielsweise im Juni an Sonnenlicht verfügbar ist. Die Menge an UV-Strahlung verringert sich also.

Der Winkel des Sonnenlichts ändert sich saisonal, sodass Pflanzen, die im Frühling und Sommer in der direkten Sonne gestanden haben, im Herbst im Schatten stehen dürften.

Sind unsere Pflanzen in Gefäßen untergebracht, können wir sie unter Umständen verschieben, damit sie mehr Licht bekommen.

Pflanzen, die im Boden gepflanzt sind, brauchen ein zusätzliches Licht, um zu wachsen und richtig zu reifen.

Bei geschlossener Wolkendecke absorbieren die Wolken einen Großteil des Sonnenlichts. Daraus ergibt sich, dass die Reifung an bedeckten Tagen verzögert wird. Auch sonnige Gärten, die direktes, aber schwaches Licht erhalten, brauchen mehr Licht, damit die Sprossen richtig wachsen können.

Damit unsere Pflanzen im September oder Oktober reifen, ist eine Versorgung mit zusätzlichem Licht mit einer Leistung von 110 bis 330 Watt pro m^2 nötig (je nach Typ der Lampe (HID, CFLs, HO oder T-5-Leuchtstoffröhre), und das während der klarsten Periode des Tages. Für weitere Informationen zur Auswahl der richtigen Lampe und ihrer Leistung siehe das Kapitel über Beleuchtung und Licht.

Grower in Breitengraden wie z.B. am Mittelmeer oder in subtropischen Gebieten können Pflanzen praktisch das ganze Jahr über züchten. Das betrifft auch südlicher gelegene Regionen Europas, der Vereinigten Staaten von Amerika und ganz Mexiko bzw. Zentralamerika. In diesen Breiten ändert sich die Länge des Tages und die Lichtintensität im Sommer und Winter nicht so sehr wie in höher gelegenen Breiten.

Indicas und Indica-/Sativa-Mischungen reifen meist recht früh, d.h. sie brauchen zum Blühen möglichst wenig Dunkelheit. Einige Sorten aktivieren sich, sobald wir sie ins Freie stellen. Für sie ist die Dunkelheitsperiode im Sommer wie im Winter genügend lang.

Eine Strategie, das auszunutzen ist, die Pflanzen drinnen wachsen zu lassen, bis sie die gewünschte Größe erreicht haben, und sie dann für die Blütezeit nach draußen zu stellen. Während der Blütezeit werden sie um 25 bis 50 Prozent größer werden.

Sativas und Sativa-/Indica-Mischungen sind normalerweise spätsaisonale Sorten, die eine längere Dunkelperiode benötigen, um die Blüte einzuleiten.

Einige äquatoriale Sativa-Sorten blühen erst Ende September und reifen im Dezember oder im Januar oder gar noch später. Die Blüte kann im Winter schnell beginnen, aber die Pflanzen können noch einen Monat oder länger vegetativ wachsen, bevor sie ihre Energie aufs Blühen konzentrieren. Das hat zur Folge, dass sie das ganze Jahr über gezogen werden können. Pflanzen, die im Frühling und Sommer draußen umgesetzt wurden, blühen im späten Herbst. Sativas, mit denen zwischen August und Dezember begonnen wurde, werden innerhalb von 120 Tagen reif, Indicas innerhalb von 60 Tagen oder weniger.

Treibhäuser und Gärten mit natürlichem Licht in gemäßigten Gebieten können unter Verwendung eines zusätzlichen Lichts drei Ernten pro Jahr liefern. Der entscheidende Faktor ist die Wurzel- und Lufttemperatur. Das Wachstum verlangsamt sich, wenn die Temperatur unter 15 °C sinkt. Das Tempo beschleunigt sich um ein Vierfaches, wenn die Temperatur unter Verwendung einer entsprechenden Lampe von 15 auf 26 °C steigt. Gleichzeitig beeinträchtigt eine Bodentemperatur unter 18 °C die Funktion der Wurzeln, welche für die Versorgung der Blätter mit Wasser und Nährstoffen aufkommen. Unter Berücksichtigung dieser Tatsachen planen wir einen Garten, der die Durchschnittstemperaturen in unserem Wohngebiet zur Grundlage hat. Diese Temperaturen können in Kalendern oder im Internet gefunden werden.

In den Subtropen können das ganze Jahr über Gärten angelegt werden. In einigen warmen Gebieten, wo der Frühling früh kommt, können Pflanzungen Anfang Februar angelegt werden, wenn sich die Lichtintensität zu erhöhen beginnt. Junge Pflanzen, die nach draußen gestellt werden, beginnen sofort zu blühen, da die Nachtphase stets länger ist als 12 Stunden.

Indicas und Indica-/Sativa-Mischungen setzen die Blüte fort, wenn die Tage länger werden. Sativas und Sativa-/Indica–Mischungen kehren in den Zustand des vegetativen Wachstums zurück, falls mit leicht mühsamen Methoden wie der Verdunkelungstechnik fortgefahren wird.

Die Größe oder das Alter einer Pflanze hat auf die Qualität der Knospen keine Auswirkungen. Kleinere Pflanzen sind für die Zucht oft besser geeignet, da sie leichter in die Sonne umplatziert werden können.

In einigen Gebieten ist es fürs Growen im Februar oder auch im April noch zu kalt. Mithilfe von Treibhäusern kann jedoch mit dem Pflanzen etwa drei Wochen früher begonnen werden. Ein geheiztes Gewächshaus schützt die Pflanzen zwar vor schlechten und kalten Wetterbedingungen, ein bewölkter Frühlingshimmel gibt ihnen aber nicht immer genügend Licht. HID oder CFLs können die Pflanzen in der hellsten Periode des Tages mit einem zusätzlichen Licht für fünf oder sechs Stunden versorgen.

Abnehmbare Bedeckungen sind eine andere Methode, in der Saison zu beginnen. Sie halten den äußeren Garten warm und vor Kälte, Wind und Regen geschützt. Ihre Bauausführung ist einfach, es werden Rippen oder Rohre aus Metall verwendet, die mit Polyethylen bedeckt werden. Der Kunststoff ist abnehmbar, er wird oberhalb der Pflanzen nur im Falle von kaltem oder schlechtem Wetter angebracht. Anfang Frühling kann er auch in der Nacht genutzt werden. Diese Bedeckungen sollten 1,75 m hoch sein, so dass sie während der Saison auch für die Förderung der Blüte durch Verdunkelung verwendet werden können. Sie sind oft 3 Meter breit, können aber in jeder gewünschten Größe geliefert werden.

Bei der Benutzung einer Bedeckung oder wenn in einem Gewächshaus gezüchtet wird, besteht die Möglichkeit, den Lichtzyklus zu beeinflussen. Wir können also das vegetative Wachstum verlängern oder die Pflanzen in die Blüte zwingen. Unter Verwendung dieser Methoden kann, je nach Sorte, in 90 Tagen oder weniger geerntet werden.

Ein Beispiel für eine „Gewächshaus"-Pflanzungsstrategie: Der Grow beginnt am 1.April. Die Pflanzen werden am 15. Juni oder früher reif sein. Nach der Juni-Ernte wird die nächste Reifung und Ernte für den 30. August geplant. Dann folgt die dritte Ernte. Die Pflanzen werden umgehend blühen und sind am 15. November reif.

Auch wenn wir nicht mehrmals pro Saison ernten wollen, so hat eine frühe Ernte einige Vorteile:

In den Tropen und Subtropen, wo die Pflanzen auch im Winter im Freien gezüchtet werden können, z. B. im Süden der USA, auf Hawaii und im Mittelmeergebiet, hat die pure Sativa selbst an kurzen Tagen des Winters genug Zeit zum Blühen. In nördlicher gelegenen Gebieten haben Sativas dieselbe Möglichkeit in Gewächshäusern. Die Pflanzen könnten jedoch zusätzliches Licht benötigen, um qualitativ hochwertige Knospen zu produzieren.

- Erstens: Die Ernte ist vor Dieben und Polizeibeamten geschützt, die Gärten vor allem im Herbst, d.h. in der üblichen Erntezeit, kontrollieren.
- Zweitens: Im Sommer geerntete Pflanzen haben keine Probleme mit Schimmel und der Witterung, die den Grow im Herbst erschweren.
- Drittens: Die Qualität der Buds ist besser, wenn die Pflanzen im Sommer unter starker UV-Strahlung blühen und geerntet werden.

Zu Frühlingsbeginn ist es notwendig, den Nachtzyklus der Pflanzen zu unterbrechen, damit sie nicht vorzeitig auf die Blühphase umschalten. Mithilfe eines Zeitschalters kann die Dunkelphase mit Licht während der Nacht unterbrochen werden. Eine 400-W-HPS liefert beispielsweise genug Licht, um die Dunkelphase auf einem Gebiet von etwa 55 Quadratmetern zu unterbrechen. Wir können auch CFLs im Verhältnis einer 24-W-Glühlampe pro Quadratmeter benutzen. Wir beleuchten die Pflanze mindestens einmal in der Mitte der Dunkelphase mithilfe eines Mehrfach-Zyklus-Timers für zehn Minuten. Grower mit großen Räumen staffeln manchmal auch die Nachtbeleuchtung. Es sind HPS-Reflektoren erhältlich, die eine sich hin und her bewegende Lampe haben, welche 130 m^2 abdeckt.

Glühlampen sind nicht besonders wirksam, bzw. nicht so effizient wie Leuchtstoffröhren, da sie ein tiefrotes Licht ausstrahlen, das der hemmenden Wirkung von rotem Licht entgegenwirkt. HPS-Lampen und Leuchtstoffröhren hingegen strahlen viel rotes Licht aus, das verwendet werden kann, um die Blüte zu vermeiden.

REGENERATION

Mit der Regeneration können Pflanzen, deren reife Knospen geerntet wurden, eine zweite Ernte liefern. Diese Methode kann zwar auch indoors angewendet werden, am häufigsten wird sie jedoch im Freien genutzt.

Da das Marijuana sein Wachstum und die Blüte nach der Stundenanzahl von Licht und Dunkelheit regelt, kann eine Manipulation des Lichtzyklus' die Pflanze zurück ins vegetative Wachstum versetzen.

Wenn die Buds geerntet wurden, lassen wir die unentwickelten Blüten und mehrere Blätter an der Pflanze und erhöhen die Licht-Kur, um das vegetative Wachstum zu fördern. Drinnen sollte das Licht ständig angeschaltet sein; draußen benutzen wir die Methode der Unterbrechung des Nachtzyklus. Die Pflanze beginnt ihr vegetatives Wachstum, einen Prozess, der auch als Regeneration bekannt ist. Die Blätter beginnen zu wachsen und die Pflanze gewinnt wieder an Kraft.

Das kann auch unter Verwendung natürlichen Lichts geschehen, wenn die Blüte in einem abgedeckten Beet oder Gewächshaus früh gestartet wurde. Pflanzen, die im Frühling geerntet werden, kehren wegen der langen Tage im Juni und Anfang Juli in den Zustand des vegetativen Wachstums zurück. Bei einigen Sorten muss die Dunkelphase mit künstlichem Licht unterbrochen werden. Wenn die Nächte wieder länger werden, kehrt die Pflanze in die Blütephase zurück und produziert Knospen, die im Herbst geerntet werden können.

Grower können dies in mehrerlei Hinsicht zu ihrem Vorteil nutzen. Pflanzen, die indoors unter Lampen gezogen und geerntet wurden, können nach draußen gestellt werden, um die zweite Ernte zu produzieren.

Indoor-Pflanzen, die wegen gesetzlicher Einschränkungen bezüglich ihrer Anzahl möglichst groß gezüchtet wurden, können geerntet, regeneriert und zur wiederholten Blüte angeregt werden. Da sie bereits über ein gut entwickeltes

Tag und Nacht sind an zwei Tagen des Jahres 12 Stunden lang: Zur Frühjahrs- und Herbst-Tagundnachtgleiche. Nach dem 22. März beginnt der Frühling auf der Nordhalbkugel, die Nächte sind bis zum 22. Juni kürzer – das ist dann der erste Sommertag. Zur Sommersonnenwende ist der Tag am längsten und die Nacht am kürzesten. Die Stundenanzahl variiert in Abhängigkeit von der geographischen Breite. Nach dieser Periode beginnen sich die Nächte wieder zu verlängern, bis es zur Herbst-Tagundnachtgleiche am 22. September kommt, mit 12 Stunden Sonnenschein und 12 Stunden Nacht. Die längste Nacht ist am 22. Dezember, zur Wintersonnenwende.

Die meisten Pflanzen kehren, wenn sie über lange Zeit beleuchtet werden, ins vegetative Wachstum zurück. Geerntete Pflanzen können draußen aufgestellt werden, um im Herbst eine neue Ernte zu produzieren.

Diese Pflanze signalisiert mit einem gewundenen Blatt ihre Rückkehr zum vegetativen Wachstum. Diese Tatsache entdeckte der berühmte Grower Soma.

System von Wurzeln und Stengel verfügen, können sie schneller in die Blüte gezwungen werden - und sogar der Zeitraum zwischen den Ernten kann sich verkürzen. Outdoor-Pflanzen, die im Juli oder Anfang August für eine Ernte in die Blüte gezwungen wurden, können regeneriert werden und wieder blühen, um eine zweite Ernte zu produzieren.

In warmen Gebieten können beim Growen drei Ernten geplant werden, mindestens zwei Ernten pro Pflanze sind eigentlich normal. Frühlingspflanzen, die drinnen geblüht haben und geerntet wurden, können draußen aufgestellt werden, ohne kontinuierlich beleuchtet werden zu müssen. Lange Tage zu Beginn des Sommers in Verbindung mit der sich erhöhenden Intensität des Sonnenlichts zwingen die Pflanzen zurück ins vegetative Wachstum.

Der Prozess der Regeneration beginnt mit der Ernte. Anstatt die ganze Pflanze zu ernten und den gesamten Stengel oder alle Zweige wegzuschneiden, lassen wir einige Zweige mit grünen Blättern und kleinen Knospen an der Pflanze unberührt. Dann stellen wir die Pflanze kontinuierlich unter Licht. Innerhalb von sieben bis zehn Tagen beginnt die Pflanze wieder, vegetativ zu wachsen.

Zu diesem Zeitpunkt können die Pflanzen nur 18 Stunden pro Tag beleuchtet werden. Wenn die Pflanzen genug gewachsen sind, um eine

Ist das natürliche Licht zu schwach, können wir es mit HPS-Lampen ergänzen und gleichzeitig die Lichtperiode verlängern.

Hier wurde eine Beschattung genutzt, um die Pflanzen während des Sommers zum Blühen anzuregen.

Dieses Gewächshaus wird passiv geheizt, indem dunkle, mit Wasser gefüllte Weinflaschen entlang der nördlichen Wand angebracht wurden. Die Flaschen absorbieren die Wärme aus der Sonne, bewahren die warme Luft während des Tages und geben sie in der Nacht ab.

schnelle und kräftige Blüte zu versprechen, ändern wir den Lichtzyklus, um die Blüte einzuleiten, d.h. 12 Stunden Licht, 12 Stunden Dunkelheit. Die Pflanzen beginnen wie gewöhnlich zu blühen.

Regenerierte Pflanzen haben normalerweise deutlich mehr Zweige als während der ersten Blütezeit, sodass wir eine Kontrolle der Zweige durchführen können (siehe Kapitel „Beschneidung"). Eine Beschneidung hat zwar weniger Blüten zur Folge, die gewonnenen Knospen sind dann jedoch größer und von höherer Qualität.

MANIPULATION MIT INDOOR-GEWÄCHSHAUS

Grower können eine Kombination aus Indoor- oder Outdoor-Zucht und Gewächshaus-Zucht nutzen. Die Samen keimen, und die kleinen Pflanzen wachsen zunächst drinnen, um einen Vorsprung zu gewinnen. Dann werden sie nach draußen gestellt. Wenn wir früh mit großen Pflanzen beginnen, können wir auf den nächsten Saisonzug aufspringen. Um mehr als eine Ernte pro Jahr zu produzieren, können Methoden hilfreich sein, die die Pflanzen leicht unter Druck setzen.

Pflanzen, die drinnen gewachsen und gegen Ende des Frühlings oder während des Sommers draußen aufgestellt wurden, müssen sich normalerweise erst an die starke UV-Strahlung gewöhnen. Deshalb halten wir sie zunächst im Schatten oder nutzen ein Antitranspirant, was die Verdunstung reduziert.

DIE INDOOR-GEWÄCHSHAUS-PFLANZUNG VERGRÖSSERN

Grower können die Indoor-Zucht mit der Anzucht in Gewächshäusern verbinden. Für die besten Ergebnisse beginnen wir Ende November und lassen die Pflanzen innerhalb von drei Monaten vegetativ wachsen – bis sie recht groß

Dieser Garten in der Schweiz liefert in der Saison drei Ernten von kleinen Pflanzen. Das vor kurzem geerntete Feld war gerade umgepflanzt worden.

Wir benutzen eine abnehmbare Folie aus Polyethylen, um den Effekt eines Gewächshauses zu erzielen und die Wärme auch die Nacht über zu halten. Dieser Garten in der Schweiz liefert unter Anwendung dieser Methode drei Ernten pro Jahr.

sind. Im Februar stellen wir die Pflanzen in ein geheiztes Gewächshaus.

In der Sonnenphase nutzen wir für acht Stunden pro Tag ein ergänzendes Licht für ein Gebiet von neun bis zwölf Metern.

Die Pflanzen beginnen sofort zu blühen, da sie mehr als zwölf Stunden Dunkelheit pro Tag bekommen, und werden Ende März reif sein.

Um die Pflanzen ins vegetative Wachstum zu bringen, nutzen wir das MH-Licht auf dem Timer, um die Dunkelphase zu unterbrechen, bis die Pflanzen regeneriert sind.

Um den 15. Mai herum, nachdem die Pflanzen sechs Wochen vegetativ gewachsen sind, zwingen wir sie erneut in die Blüte, indem wir im Gewächshaus jeden Abend eine Verdunkelung durchführen, sodass die Pflanzen nur zwölf Stunden Licht bekommen pro Tag. Das Ergebnis ist eine Ernte um den 15. Juli herum.

Jetzt verabschieden wir uns von den alten Pflanzen und ersetzen sie durch neue, die zwei, drei Monate indoors vegetativ gewachsen sind. Diese Exemplare sind nicht so groß und haben weniger Verzweigungen, als die im Februar ins Gewächshaus verlagerten Pflanzen. Diese Diese Pflanzen müssen im Sommer abgehärtet werden, indem wir sie kontinuierlich dem Sonnenlicht aussetzen. Wir nutzen in den ersten fünf Tagen ein 30%-iges Beschattungstuch und besprühen die Blätter mit einem Anti-Welk-Präparat oder einem Antitranspirant. Die Pflanzen sollen nun bis zum 15. August bei natürlichem Licht wachsen, die Blütezeit leiten wir dann mit Hilfe von Verdunkelungsvorhängen (also mit 12 Stunden Dunkelheit) ein. Die Pflanzen werden um den 15. Oktober herum für die Ernte bereit sein.

NÄHRSTOFFE FÜR DAS WACHSTUM

Wenn Marijuana im vegetativen Wachstum reichlich mit allen lebensnotwendigen Nährstoffen versorgt wird, wächst es sehr schnell. Wenn der Boden oder die Pflanzerde den Nährstoffbedarf der Pflanze nicht decken kann, benötigen die Pflanzen Düngemittel.

Falls die Pflanzen an einem Nährstoffmangel leiden, können wir diesen durch Beigabe individueller Nährstoffportionen beheben.

Es gibt verschiedene Marken an hydroponischen und speziellen Düngemitteln. Die meisten sind seit Jahren erhältlich und befriedigen die Bedürfnisse der Grower, sonst wären sie auch längst vom Markt verschwunden.

Auf den Blättern setzt sich Staub ab. Auch wenn wir die Blätter nicht mit einer Nährstofflösung versorgen, ist es dennoch klug, die Blätter alle zwei bis vier Wochen mit einem feinen Spray zu besprühen und die Flüssigkeit von den Blättern abtropfen zu lassen. Dies geschieht am besten zu Anfang des Lichtzyklus, wo die Blätter noch sicher trocknen können und die Lampen noch nicht heiß sind. Seien wir aber vorsichtig und sprühen wir das Spray nicht in der Nähe unserer Lampen. Wird der Reflektor dennoch besprüht, machen wir ihn sauber, sodass das Licht normal emittiert werden kann. Am besten, wir nutzen das Spray bei eingeschalteten HID-Lampen gar nicht, um die Glühlampen nicht aus Versehen zu besprühen.

Düngemittel sollten nur nach Anweisung verwendet werden. Wenn wir mit einem Düngemittel zufrieden sind, bleiben wir dabei, wenn nicht, probieren wir ein anderes.

Falls uns Freunde oder ein Growshop verschiedene Empfehlungen übers Mixen von Düngemitteln geben oder uns seltsame Kombinationen von Produkten empfehlen, probieren wir diese Tipps nur bei einer Pflanze, um festzustellen, ob der Ratschlag gut oder schlecht war. Im Allgemeinen gilt, dass wir eher milde als starke Nährstoffmischungen benutzen sollten. Mit einem Leitfähigkeitsmeter lassen sich die Eigenschaften des Wassers und die Stärke des Nährstoffs feststellen. Bei auflösbaren Düngemitteln ist eine Stärke von 1000 ppm oder eine EX von 2,0 mS normal. Falls wir hartes Wasser haben (z. B. 250 ppm), sollten wir ein Düngemittel zu 1000 ppm lösen. Falls der pH-Wert zu hoch oder zu niedrig ist, testen wir das Wasser und passen es auf 5,8 bis 6,4 an.

Die Qualität des Wassers ist wichtig. Es kann Probleme geben, wenn es zu hart ist, kontaminiert oder einen hohen Gehalt an Desinfektionsmittelresten wie Chlor oder Chloramin aufweist. Regenwasser ist im übrigen besonders weich.

Manche Grower vergleichen gerne Düngemittel, um zu sehen, was für Unterschiede mit der Nutzung der verschiedenen Dünger in ihrem Garten entstehen. Diese sind häufig durch die Wasserqualität bedingt. Düngemittel sind wie Jeans: Eine Marke passt der einen Person, einer anderen aber nicht. Unterschiede können jedoch, wie gesagt, durch die Wasserqualität verursacht werden. Jedes Düngemittel beeinflusst die Kombination der Umweltbedingungen und der Pflanzengenetik unterschiedlich. Manche Hersteller bieten spezielle Düngemittel für hartes Wasser an.

Für eine Verbesserung des Geschmacks des Endprodukts geben wir die letzten sieben Tage Wasser ohne Düngemittel. Viele Fächerblätter werden gelb und vertrocknen, wenn der restliche Stickstoff vom alten ins neue Wachstum wandert. Die Folge davon ist, dass die Knospen nur wenig grün werden und Minzgeschmack (Chlorophyll) aufweisen. Sie verlieren auch den typisch chemischen Geschmack überdüngter Buds. (Für weitere Informationen zu Nährstoffen siehe das Kapitel „Boden".)

BEWÄSSERUNG UND IRRIGATION

Marijuana ist eine wasserliebende Pflanze. Es gedeiht in Feuchtigkeit und reagiert auf trockene Bedingungen zunächst mit einer Verlangsamung, später mit einer Unterbrechung der Photosynthese. Beim Fortbestehen trockener Bedingungen verlieren die Blätter ihr geschwollenes Aussehen und beginnen zu welken. Schließlich vertrocknen sie. Auch eine kurze Periode ohne Wasser kann ein völliges Absterben der Pflanze bedeuten.

Wenn das Marijuana einen leichten Zugang zum Wasser hat, kann es sein Potenzial voll entwickeln. Es gilt dabei, dass das Wachstumsmedium

BEWÄSSERUNG AN HEISSEN TAGEN

Durchmesser der Pflanze	Fläche	Wasserbedarf
4 Fuß (1,2 m)	**1 m²**	**15 l**
10 Fuß (3 m)	**1 m²**	**25 l**

An heißen Sommertagen können die Pflanzen so viel Wasser verlangen wie ein Halbzoll (1,3 cm) Wasser.

feucht, aber nicht durchnässt gehalten werden sollte. Falls das Wachstumsmedium trockener wird, bindet das Wasser seine Moleküle fester. Dies äußert sich in einer erhöhten Wasserspannung. Die Pflanze benötigt mehr Energie, um das Wasser aus dem Medium herauszuziehen, wenn sich die Wasserspannung erhöht. Falls das Wasserdefizit kontinuierlich andauert, ist die Pflanze nicht mehr imstande, alle Nährstoffe zu gewinnen, die sie braucht. Infolgedessen verlangsamen sich alle Prozesse in der Pflanze, da sie sich den einschränkenden Faktoren der Umwelt anpassen muss.

OUTDOORS

Unter natürlichen Bedingungen braucht outdoors gezogenes Marijuana zwischen 20 und 30 Zoll (50 bis 75 cm) Wasser in der Saison. Der Großteil des Wassers wird im Juni, Juli und August verbraucht, wenn die Pflanze vegetativ und sehr schnell wächst. Das ist auch die Periode der Spitzentemperaturen, so dass der Wasserbedarf aufgrund der Photosynthese und der Transpiration der Pflanzen drastisch steigt. Die Photosynthese nimmt im Verhältnis zur hohen Lichtintensität und der steigenden Temperatur zu. Wenn diese ihren Höhepunkt erreichen, braucht die Pflanze große Wassermengen. Die Transpiration nimmt mit jedem Mehr an Licht und Wärme zu. Sie hilft, die Pflanzen durch Verdampfung zu kühlen und zieht das Wasser aus den Wurzeln.

Wie viel Wasser in einem Outdoor-Garten verfügbar ist, ist von mehreren Faktoren abhängig. In Gebieten mit regelmäßigen Niederschlägen oder hohem Wasserspiegel benötigen die Pflanzen keine Irrigation. Mittelmeergebiete oder Gebiete mit Wüstenklima können jedoch auf Irrigation nicht verzichten. Die Wasserverfügbarkeit variiert je nach Bodentyp. Tonböden, Mist und Lehmerden mit großem Gehalt organischer Substanzen halten mehr Wasser als ein Sandboden. Ein Wasserverlust bei Bodenverdunstung kann unter Verwendung von Mulch, Kieselsteinen oder Plastikplane aufgehalten oder verlangsamt werden, um den Boden vor der Sonne zu schützen. Dabei wird der Boden zugleich kälter gehalten. Gefäße, die den Wasserüberschuss sammeln und wiederverwerten, bewahren das Wasser ebenso.

Pflanzen, die im Boden oder in einem Medium ohne Erdegehalt gezüchtet werden, sollten noch vor der völligen Austrocknung des Mediums bewässert werden, allerdings nur für den Fall, dass die oberste ein bis zwei Zoll (2,5 bis 5 cm) hohe Bodenschicht Feuchtigkeit verloren hat. Wenn der Boden oder das Medium gut entwässert werden können, schafft die Überbewässerung keine anaeroben Bedingungen, weil der Wasserüberschuss alles gut versickert. Lösliche Nährstoffe laugen jedoch bei einer Überwässerung aus, und die übermäßige Nutzung von Wasser kann teuer werden und ist nur wenig ökologisch.

Pflanzen haben Probleme mit einigen Böden, nicht wegen deren Feuchtigkeit, sondern weil sie zu fein sind und keine Luft zwischen den Bodenpartikeln halten können. Wenn Wurzeln keinen Zugang zur sauerstoffreichen Luft haben, sind sie schnell gestresst und für Krankheitserreger anfällig. (Für weitere Informationen siehe das Kapitel "Boden").

HYDROPONISCHE WASSERNUTZUNG

Hydroponische Gärten nutzen gewöhnlich die Hälfte oder zwei Drittel der Wassermenge, die von im Boden gezüchteten Pflanzen benötigt wird, da fast das ganze Wasser im hydroponischen System von der Pflanze direkt genutzt wird.

Grower, die ein hydroponisches System nutzen, füllen das Wasser in ein Reservoir nach, wobei es entweder bei Verdampfung verloren geht oder für Transpiration, Photosynthese und im Allgemeinen für den Stoffwechsel genutzt wird. Vor der Wasserbeigabe prüfen wir die Wasser-Nährstoff-Lösung im Reservoir auf ihren Nährstoffgehalt. Wir ergänzen die entsprechende Menge an Nährstoffen so, dass pH-Wert und Nährstoffgehalt der fertigen Flüssigkeit im Reservoir in einem akzeptablen Bereich liegen.

Grower, die ein aktives hydroponisches System wie Tropfer oder Ebbe und Flut nutzen, sollten den Bewässerungszyklus so einstellen, dass das Medium seine Feuchtigkeit nie verliert. Jeder Mediumstyp benötigt eine unterschiedliche Wassermenge.

Die im aktiven hydroponischen System benutzten Medien können gut drainiert werden, sodass die Wurzeln immer in Kontakt mit der Luft sind. Der Wasserbedarf der jeweiligen Pflanze wird durch ihre Größe, das Wachstumsstadium sowie die Lufttemperatur und -feuchtigkeit beeinflusst. Wir sollten also all diese Tatsachen beim Bewässerungszeitplan berücksichtigen.

Jeder dieser Wasser-Timer ist für einen speziellen Gartenteil da. Die Ventile schalten das System von selber aus, die Einstellung ist also simpel. Jeder Wasserzähler ist manuell anzuschalten, nachdem der Grower seinen Garten kontrolliert hat. Der Zähler stellt die Anzahl der Minuten ein, nach denen sich die Bewässerung automatisch ausschaltet.

Aus den porösen Seiten eines ungenügend isolierten Schlauchs tropft das Wasser. Der Boden wurde vor dem Anbau angereichert, sodass der Schlauch die Pflanzen mit reinem Wasser versorgte.

Die Bewässerungszyklen in der Lichtperiode und während Frühstadien sollten alle sechs Stunden beginnen, ihre Häufigkeit mit fortschreitendem Wachstum steigen.

Mithilfe eines automatischen Tropfsystems brauchen wir die Pflanzen nicht mehr manuell zu bewässern.

DRINNEN BEWÄSSERN

Pflanzen benötigen Wasser, sobald die Oberschicht des Bodens ihre Feuchtigkeit verliert, wobei jedoch die Erde in der Wurzelschicht noch nicht vertrocknet sein darf. Eine Überwässerung stellt kein Problem dar, wenn der Boden oder die Pflanzerde porös sind und gut drainiert werden können. Wenn das Medium das Eindringen von Luft und Wasser erlaubt, bleiben die Wurzeln gesund. Haben die Wurzeln keinen Zugang zur Luft, werden sie schwach und sind für bakterielle Infektionen anfällig. Pflanzmedien unterscheiden sich erheblich in ihrer Wasserhaltekapazität. Aus diesem Grund muss sich der Bewässerungsrhythmus nach dem Medientypen und dem Wachstumsstadium richten.

Wenn die Pflanzen noch klein sind, verbrauchen sie nur wenig Wasser. Während des Wachstums muss sich die Wassermenge jedoch erhöhen, d. h. der Bewässerungszeitplan ist zu ändern.

Im Allgemeinen benötigen Pflanzen während des vegetativen Wachstums mehr Wasser als während der Blüte, wo die Pflanzen produktiver sind als sonst, wenn ihnen ein Zugang zum Wasser gewährt wird.

Manche Grower vermindern die Bewässerung vor der Ernte für einige Tage. Dies hat zwar eine etwas geringere Ernte zur Folge, erhöht aber die Potenz der Pflanze. Besser ist es jedoch, zwecks Geschmacksverbesserung das Düngen einzuschränken.

BLÄTTER DÜNGEN

Pflanzen absorbieren Wasser und Nährstoffe durch ihre Blätter, so dass eine für Wurzeln entwickelte Nährstofflösung auch auf Blätter gesprüht werden kann. Die Blätter haben Spaltöffnungen, die denselben Zweck wie Poren erfüllen: Sie öffnen sich und schließen sich, um die CO_2-, Wasser- und Nährstoffaufnahme zu regulieren. Pflanzen mit gedüngten Blättern wachsen schneller. Im Unterschied zum Boden sparen sie auch das Düngemittel; im Gegensatz zu konventionellen Methoden, bei denen zwischen zehn und 20 Prozent des Düngemittels absorbiert werden, werden bei Blätterdüngung etwa 95 Prozent des Düngemittels aufgenommen.

Eine Blätterdüngung ist insbesondere dann hilfreich, wenn die Pflanzen unter einem Nährstoffmangel leiden, da die Nährstoffe direkt zu den Pflanzenteilen befördert werden, welche die Düngung am meisten benötigen, nämlich zu den Blättern.

Wir können mit der Blätterdüngung gleich nach der Keimung des Samens anfangen. Klone mit bereits entwickelten Wurzeln wachsen schneller, wenn sie mit einer Wasser-Nährstoff-Lösung besprüht werden. Da die Wasseraufnahmefähigkeit der jungen Pflanzen eingeschränkt ist, ist fürs Pflanzenwachstum eine schwache Nährstofflösung notwendig. Wir setzen die Blätterdüngung während des vegetativen Wachstums sowie in der ersten Zeit der Blütephase fort und hören erst dann auf, wenn die Pflanzen drei bis vier Wochen alt sind. Knospen in dieser Phase sind für Schimmel und Infektionen anfällig, was durch überhöhte Feuchtigkeit nur gefördert wird.

Links: Untere Teile der Pflanze wurden beseitigt, um eine Luftzirkulation zu ermöglichen und um die Feuchtigkeit zu reduzieren. Die Blätter verloren keine Energie, da sie kein Licht erhielten. Rechts: Der ganze Prozess betrifft lediglich die Blätter, da das Licht nur dann genutzt werden kann, wenn die in Steinwollewürfeln gezüchteten Pflanzen in Steinwollplatten umgesetzt werden. Sie wurden mithilfe eines Tropfbewässerungssystems gedüngt, bis sie einmal in drei Tagen zu drainieren begannen.

BESCHNEIDUNG UND AUSRICHTUNG

Es gibt wahrscheinlich so viele Theorien über Beschneidung und Ausrichtung und deren Auswirkungen auf die Ernte, wie es Grower gibt. Der Grund hierfür ist die große Menge von Marijuanasorten, die unterschiedliche Verzweigungen aufweisen und verschiedene Wachstumsgewohnheiten haben. Das Ziel von Beschneidung und Ausrichtung ist fast immer nur eines: Den Ertrag zu maximieren.

Grower interessieren sich gewöhnlich für den Ertrag ihrer gesamten Pflanzung und nicht nur für den Ertrag einer einzigen Pflanze. Sie beschäftigen sich hauptsächlich erst damit, seit es eine gesetzliche Regelung der erlaubten Pflanzenanzahl gibt. So beschränken sich zum Beispiel Grower, die ihr Marijuana zu medizinischen Zwecken anbauen, meistens auf nur wenige Pflanzen. Jede Pflanze wird also ausgerichtet, um einen möglichst großen Ertrag zu liefern.

BESCHNEIDUNGSMETHODEN

Es gibt Beschneidungsmethoden, die erhöhen den Ertrag. Beschnittene Pflanzen benötigen normalerweise mehr Raum als unbeschnittene, sodass sie wesentlich mehr Ertrag liefern.

Beim Marijuana können viele Beschneidungsmethoden angewandt werden, um verschiedene Ziele zu erreichen: Eine Pflanze kann eher buschig wachsen als hoch, bis auf wenige Zweige beschnitten werden oder, je nach Platzangebot, gestreckt sein, um Verzweigungen auszubilden. Blühende Pflanzen können beschnitten werden, um die Blütenbildung zu maximieren. Für weitere Details zu den Methoden siehe das Kapitel „Blühen“.

Wir beschneiden die Sprossspitze, nachdem das dritte Blattpaar erschienen ist. Die Zweige um den obersten Zweig herum werden dann nicht mehr im Wachstum gehemmt, es wird eine Rosette von drei oder vier Zweigen ausgebildet.

Drei Pflanzen in einem Gefäß (auf dem Foto unten und oben links) liefern den größten Ertrag. Die beschnittene Pflanze lieferte den zweitgrößten Ertrag, gefolgt von der unbeschnittenen Pflanze.

Mittlerweile beginnen die zwei obersten Sprosse an den Blattknoten zu wachsen. Auch untere Zweige sprießen. Nachdem weitere drei oder vier Blattpaare gewachsen sind, schneiden wir wieder die obersten ab, damit die Pflanze später buschig wächst. Manchmal werden Pflanzen in der vegetativen Phase noch ein- oder zweimal beschnitten. Die Beschneidung der obersten Teile fördert ein buschiges Wachstum der Pflanzen.

Bei der Indoor-Zucht absorbiert das Blätterdach fast das ganze Licht, die unteren Blätter bekommen den Rest. Aus diesem Grund versorgt die untere Blätterschicht die Pflanze nicht mit Energie, im Gegenteil: Es kostet die Pflanze Nährstoffe, erhöht die Feuchtigkeit und beeinträchtigt die Luftströmung.

Ein Beschnitt der unteren Blätterschicht unterstützt die Luftströmung und sorgt für frische Stecklinge. Die Maßnahme hilft der oberen Blätterschicht zu wachsen, da sie mehr Licht erhält. Somit wird auch der Ertrag maximiert. Die unteren Blätter und Zweige sollten beseitigt werden, um Luft zu schaffen.

FLACH GEZOGENE PFLANZEN

Eine selektive Beschneidung bedeutet, dass Pflanzen „flach" bzw. zweidimensional wachsen. Das heißt, sie können z. B. an eine Wand oder sehr nah beieinander aufgestellt oder in andere ungewöhnliche Positionen gebracht werden.

Marijuana hat üblicherweise gegenständige Blätter, die senkrecht zum nächsten Blätterpaar wachsen. Jedes Blatt erscheint etwa in einem 90°-Winkel zum Stengel, parallel zum Boden und streckt sich zum Licht aus.

Diese Pflanzen wurden in „Lutscher“ geformt. Die unteren Zweige wurden beseitigt, da sie für die Ernte unwichtig sind und nicht benötigt werden.

Diese Pflanze wurde mehrmals beschnitten und wächst nun buschig.

Diese Pflanzen sind aufgrund der kontinuierlichen Beschneidung ihrer Blätter nicht völlig ausgewachsen. Wären die Blätter nicht beseitigt worden, hätte die Pflanze zweimal so groß werden können. Wenn die Pflanzen ihre Blätter nicht benötigten, würden sie diese nicht entwickeln. Ein Problem stellen schwarze Gefäße dar, die in der Sonne „gebacken" werden. Sie nehmen die Hitze der Sonne auf und „backen" das Wurzelnetz, sodass die Wurzeln absterben. Die Lösung: Die Gefäße mit einer hellen Farbe streichen, ein helles Papier, eine helle Kunstofffolie oder einen hellen Stoff herumwickeln oder in einen Korb stellen.

Von links nach rechts: Nur die oberen Schichten sind an der Pflanze geblieben. Jeder Zweig wurde mit einem Bambusrohr unterstützt. Wir benutzen ein Band, um den Stengel mit dem Rohr zu verbinden. Zwei Monate später lohnt sich die Beschneidung der vier Knospen.

Gegenüberliegende Zweige wachsen aus dem Knoten zwischen einem Blatt und Stengel, sodass die Pflanze im Prinzip vier Ecken hat.

Wenn wir Zweige aus jedem zweiten Blätterpaar beseitigen, bleiben an der Pflanze nur solche, die sich in zwei Dimensionen gegenüber liegen.

Diese Methode kann so modifiziert werden, dass von jedem zweiten Blätterpaar lediglich ein Zweig beseitigt wird, sodass ein Paar in einem 90°-Winkel zu dem gegenüber wachsenden Paar wächst – die Zweige bilden schließlich eine Dreiecksform. Eine Pflanze mit so geformten Zweigen kann mit der beschnittenen Seite an eine Wand gestellt werden.

Diese Pflanzen wurden mit einem Band an einem Stock fixiert, um ein Wachstum in die Höhe zu gewährleisten.

STUTZEN DER BLÄTTER (FIMMING)

Wir beschneiden 80 Prozent des Tops und lassen den Rest unberührt. An der Spitze wachsen Blätter, die eine buschige Pflanze mit schweren Zweigen bilden. Beschnittene Zweige entwickeln zwei bis vier neue Blätter pro Schnitt. Bei dieser Methode wachsen sechs bis acht Blätter an einem Zweig.

BESEITIGEN VON SONNEN- UND FÄCHERBLÄTTERN

Im Gegensatz zur gängigen Meinung sollten die Sonnen- und Fächerblätter während der vegetativen Phase nicht beseitigt werden. Die Pflanze benötigt sehr viel Energie, um diese Blätter zu entwickeln. Darüber hinaus stellen diese Blätter eine „Kohlenhydrat-Fabrik“ dar, die das Licht in chemische Energie umsetzt. Diese Kohlenhydrate treiben den Metabolismus an und werden auch für die Bildung von Gewebe genutzt, indem sie sich mit N und P verbinden, um Aminosäuren und Proteine zu bilden. Wenn ein Blatt beseitigt wird, verliert die Pflanze eine Energiequelle, und das Wachstum verlangsamt

Von links nach rechts: 1. Blühende Pflanze mit einem Bud, die an einem Stock befestigt ist. 2. Pflanze mit zwei Knospen: Jeder Stock stützt eine Knospe. 3. Mit drei Buds: Der Stock hält die Knospen gerade und auf Abstand. 4. Die Beschneidung von vier Knospen funktioniert bei Pflanzen in einem 25 bis 30 cm großen Gefäß wirklich gut.

sich entsprechend. Grower, die gewöhnlich die Fächerblätter beseitigen, beeinträchtigen das Wachstum der Pflanzen und vermindern ihren Ertrag.

Wer das nicht glauben mag, möge ein Experiment machen: Eine Pflanze mit zwei sich gegenüberliegenden Sonnenblättern so beschneiden, dass die eine Seite vollständig erhalten, die andere jedoch eines Sonnenblatts beraubt ist. Dann beobachten wir, welche Seite schneller wächst.

Manchmal hindern einige Fächerblätter das Licht daran, einen Großteil der Pflanze zu erreichen. Diese Blätter können beseitigt werden, wenn dann das Licht auf die gesamte Pflanze einfallen kann.

Blätter, die ständig im Schatten sind (wie z. B. Blätter bei einer im Haus gezüchteten Pflanze), können beseitigt werden, weil sie für das Wachstum unerheblich sind. Wie im Falle der „Lutscher"-Form vermindert dies das Risiko einer Infektion, verbessert die Luftzirkulation, reduziert die Feuchtigkeit und den Bedarf an Nährstoffen.

Diese Pflanze hat nur einen Bud, sodass sie weniger Energie für die Entwicklung einer Infrastruktur benötigt und mehr Energie für die Entwicklung ihrer Blüten nutzen kann. Eine Pflanze mit nur einer Knospe verbringt nicht so viel Zeit mit der Entwicklung einer Infrastruktur.

Blätter, die das Licht daran hindern, zu den Knospen oder Colas durchzudringen, sollten auch beseitigt werden. Das wird ersichtlich, wenn die Knospen zu wachsen beginnen und allmählich markanter werden. In der Nähe der Buds wachsende Blätter sollten nicht beseitigt werden – es sei denn, sie behindern den Lichteinfall. Zu beseitigen sind auch gelbe Blätter und infiziertes sowie verseuchtes Material.

PFLANZEN MIT EINEM BUD

Manche Pflanzen können auch mit nur 30 bis 60 cm Größe direkt in die Blüte gehen, bevor sie eine großartige Verzweigung ausgebildet haben. Sie wachsen dann mit nur einer Knospe. Am Hauptstengel werden Blüten, aber nur wenige oder gar keine Zweige gebildet. Diese Pflanzen sind für kompakte Gärten geeignet, da sie nur 7 bis 30 cm^2 Bodenfläche benötigen.

BIEGEN UND KRÜMMEN

Pflanzen sollten nur vorsichtig gebogen werden, um ein Abbrechen des Stengels oder der Zweige zu vermeiden. Die Pflanze repariert den Stengel, falls er bricht oder knickt, allerdings nur, wenn der Stengel nicht komplett abgerissen oder gespalten ist. Junge und grüne Zweige sind flexibler als alte. Alte Zweige sind holzig und ockergelb oder braun und können nicht gebogen werden, ohne zu brechen.

Eine Methode der Verbiegung ist das Wellen. Das Ziel dieser Methode ist es, den Zweig so zu bearbeiten, dass sich die obersten Stengel verdrehen. Die Pflanze kann beschädigte Stellen stärken und rasch reparieren. Der Stengel bleibt verbogen, und die Pflanze wird an der reparierten Stelle stärker als zuvor.

Um einen Stengel oder Zweig zu krümmen, halten wir ihn mit einer Hand fest und drehen

Große Ringe halten jede Pflanze fest an ihrem Platz.

ihn mit der anderen Hand vorsichtig hin und her, wobei wir den Stengel zwischen Daumen und Zeigefinger drehen. Das tun wir so lange, bis wir fühlen, dass das Gewebe knackt und/oder bricht. Bei größeren Zweigen bedeutet der laute Knackton, dass der Stengel beim Verdrehen gebrochen ist. Kleinere Zweige knicken in einem solchen Fall eher, als dass sie brechen.

TOMATENRINGE

Die Pflanzen können „geöffnet" werden, um das Licht auch den unteren Zweigen zugänglich zu machen. Das erfordert gewöhnlich eine Positionierung der Zweige, die ein Mehr an Licht auch auf der Innenfläche gewährleistet. Eine Schnur, ein Seil, Stoff, ein Gartenband, ein verdrilltes Band, Stöcke und Klammern sind beim Binden von Zweigen sehr nützlich. Pflanzen können auch kontrolliert wachsen, wenn wir die Zweige im Inneren eines Rank-Kegels halten. Auf diese Weise werden sie auf einen gekennzeichneten Bereich beschränkt.

Dieser Ring wurde umgekehrt auf den Boden gestellt. Die Zweige wurden von der Außenseite an den Ring gebunden, damit Licht an sie herankommt.

Tomatengitter (Kegel aus Metall) können zur „Öffnung“ von Pflanzen benutzt werden, wenn sie noch jung sind. Die Zweige erhalten damit mehr Licht und reagieren mit dickeren Buds darauf.

Wir platzieren die Pflanzen um die Außenseite des Kegels herum und binden sie mithilfe von Bändern an den Kegel. Bei der Indoor-Zucht können die kegelförmigen Gitter zum Binden von wilden Pflanzen genutzt werden. Das Blätterdach von Sativas und anderen großen Pflanzen kann an 1 bis 1,5 m große Kegel gebunden werden, so dass diese die benachbarten Pflanzen nicht stören.

Wir können auch eine Methode nutzen, die oft von Winzern verwendet wird. Dazu bringen wir Seile zwischen Stöcke, die im Abstand von 30 cm stehen. Dann binden wir die Zweige an die Seile und strecken jeden Zweig horizontal, so dass die Pflanze fast keine Tiefe mehr aufweist.

Eventuell können wir ein Drahtgeflecht nutzen, das an einem Rahmen befestigt ist. Während des Wachstums benutzen wir „verdribbelte Bänder“ = Draht-Clips, Gärtnerband oder dünne Schnur, um die Pflanzen ans Drahtgeflecht zu binden.

UMGEDREHTES TOP, SUPERCROPPING, BIEGEN

Beim Beseitigen der oberen Teile (im Jargon: des Tops), wird das Wachstum der Buds beeinträchtigt, und untere Zweige beginnen zu wachsen. Dieser Effekt kann jedoch auch erzielt werden, ohne das Top einer Pflanze einzubüßen: Wir biegen die oberen Pflanzenteile nach unten. Wenn sie auf Höhe der seitlichen Knospen sind, hört die Pflanze auf, den Stoff Auxin zu bilden. Die seitlichen Zweige werden in ihrem Wachstum nicht gehemmt, so dass sie zu wachsen beginnen. Jetzt kann die Hauptknospe losgebunden werden, damit sie wieder zu wachsen

Metallrahmen, die um die Pflanzen positioniert werden, sind eine willkommene Unterstützung, denn sie halten die Zweige in einem festgelegten Bereich. Der Holzrahmen ganz oben „öffnet“ die Zweige fürs Sonnenlicht, das nun der gesamten Pflanze zur Verfügung steht.

Ein Gittergeflecht/Flechtwerk wird benutzt, um die Knospen abzustützen. Das Geflecht wird eingesetzt, bevor die Pflanzen ihre Endhöhe erreicht haben. Damit werden die Buds während des Wachstums gestützt.

Um die Pflanze wurden Stöcke aufgestellt. Das Gewächs wird mit Seilen im Zaum gehalten.

beginnt. Die Folge dieser Maßnahme sind viele sehr große Knospen.

Supercropping ist eine ähnliche Methode der Beeinflussung der obersten Zweige. Die sollen angeregt werden, horizontal zu wachsen, sodass die Hauptknospe eine größere Lichtmenge abbekommt. Erhält die Pflanze mehr Licht, wird auch die Knospe größer als gewöhnlich. Diese Methode kann genutzt werden, wenn eine Knospe höher wird als der Rest des Blätterdachs. Dann verbiegen wir die Zweige, binden sie nach unten oder brechen sie sanft an.

Es gibt mehrere Wege, die oberste Knospe anzubinden. Der oberste Teil des Stengels bildet ein flexibles grünes Gewebe aus, sodass er sanft nach unten oder seitwärts gebogen werden kann. Um den Stengel und die Zweige zu fixieren, benutzen wir eine dünne Schnur, Stoff, Gärtnerband, ein verdrilltes Band oder einen Pfahl. Wir halten die Schlinge lose, um Schäden zu minimalisieren. Der Zweig kann mit einem Speil oder Bambusrohr abgestützt werden.

Wenn der oberste Zweig so gebogen wird, dass er niedriger als einige seitliche Zweige liegt, wachsen seitliche Sprosse – ähnlich als wäre der oberste Zweig abgeschnitten worden. Nachdem die seitlichen Zweige zu wachsen begonnen haben, können wir den obersten losbinden, damit er wieder in die Höhe wachsen kann. Die seitlichen Zweige werden nun schneller wachsen. Pflanzen mit mehreren Verzweigungen produzieren schwerere Buds als solche mit dominantem Top-Zweig.

DIE BLÜTE

Photo: Rachael Szmajda

Marijuana ist eine Kurztagspflanze. Wenn die Tage kürzer werden, bestimmt Cannabis seine Blütezeit nach der Anzahl von Stunden, in denen es kontinuierlich dunkel war. Die Pflanze misst die Länge der Dunkelphase mithilfe des Hormons Phytochrom, das in zwei Formen vorkommen kann. Als inaktive Form des Hormons (bezeichnet als „Pfr"), die dann entsteht, wenn die Pflanze das rote Lichtspektrum in 666 Nanometern absorbiert und gegen blaues Licht nur wenig empfindlich ist. Das Hormon wandelt sich innerhalb von zwei Stunden in seine aktive Form um („Pr"), nämlich dann, wenn die Pflanze in der Dunkelheit ist. Ist das „Pr"-Niveau des Blütezeithormons für eine kritische Zeitspanne von einigen Tagen konstant hoch, wechselt die Pflanze ins vegetative Wachstum und wird zur Blüte angeregt.

Die Dauer, für die die Pflanzen in der Dunkelheit bleiben sollten, um die Blüte einzuleiten, variiert je nach Sorte. Sativas erfordern eine längere Zeit im Dunklen als Indicas, weil sie sich in der Nähe vom Äquator entwickelt haben, wo mehr Tageslicht herrscht als in nördlichen geographischen Breiten, aus denen die Indicas stammen. Einige Sativas fahren nach 10 oder 11 Stunden Dunkelheit fort, vegetativ zu wachsen, was normalerweise die meisten Pflanzen in die Blüte zwingt.

Viele Sativas gehen nur dann in die Blüte, wenn der Dunkelheitszyklus zwölf Stunden oder länger dauert, was am 22. September in der Nordhemisphäre der Fall ist.

Im Vergleich dazu blühen die meisten Indicas bei einer konsistenten Dunkelheit von acht bis elf Stunden (13 bis 15 Stunden bei Licht). In südlichen Gebieten Europas oder der USA blühen einige Indicas bereits am 22. Juni, in der kürzesten Nacht des Jahres. Aus diesem Grund sollten Outdoor-Grower in diesen Regionen Sativa-/Indica-Mischungen und Sativas erwägen. In mittleren und nördlichen Regionen beginnen Indicas und Indica-Sativa-Mischungen üblicherweise im August zu blühen und sind für die Ernte von September bis Mitte Oktober bereit.

Einige Sativas und Sativa-Mischungen erfordern eine längere Dunkelperiode am Ende der Blütezeit, damit ihre Knospen reif genug werden. Draußen geschieht das, wenn die Nächte im Herbst länger werden. Indoors ändert sich der Lichtzyklus auf 14 Stunden Dunkelheit/10 Stunden Licht, um die Reife zu fördern. Das ist besonders nützlich, wenn man Sorten aus südlichen geographischen Breiten zum Blühen bringen will, die in ihren Herkunftsländern nicht reifen, weil es dort bis zur Mitte der Kurz-Tag-Periode keinen Winter gibt.

Sehen Sie sich einige Knoten in Richtung der Spitze einer Pflanze an. Manchmal erscheint eine kleine Blüte, die dem Grower die Geschlechtsbestimmung ermöglicht.

INDOOR-BLÜTE

Die Blütezeit weiblicher Marijuana-Pflanzen wird durch die Länge der Dunkelphasen bestimmt. Das hat zur Folge, dass die Pflanzen unseres Gartens jederzeit in die Blüte gezwungen werden können.

Um zu bestimmen, wann die Pflanzen in den Blütezyklus zu setzen sind, muss man sich die Blätter ansehen. Wenn zwei Drittel des Bodens vom Blätterdach bedeckt sind, kann der Blüteprozess beginnen. Die übrige Bodenfläche wird während des Blütestadiums ausgefüllt. Man sollte nicht nur die Breite, sondern auch die Höhe der Pflanzen berücksichtigen. Falls der Garten in seiner Höhe limitiert ist, sollten die Pflanzen in die Blüte gebracht werden, bevor sie zu hoch sind.

Sativas wachsen am intensivsten, nachdem sie in die Blüte gezwungen wurden – üblicherweise um weitere 60 bis 90 Zentimeter. Sativa-Indica-Hybriden werden um 30 bis 60 Zentimeter höher, Indica-Sativa-Hybride um 30 bis 45 Zentimeter, und Indicas wachsen bis zu 30 Zentimeter.

Um die Pflanzen in die Blüte zu bringen, muss das Licht regelmäßig an- und ausgeschaltet werden, und die Dunkelheit muss durchgehend sein. Aus diesem Grund ist es nötig, eine Zeitschaltuhr zur Regulierung des Lichts zu benutzen. Die stellen wir so ein, dass das Licht für zwölf Stunden an und für zwölf Stunden aus ist. In nur einer Woche kann eine Veränderung des Wachstums festgestellt werden. Die Pflanzen reagieren auf den neuen Lichtzyklus und beginnen zu blühen. Wir reduzieren das Licht von 18 Stunden täglich auf einen Blütezyklus von 12 Stunden permanenter und absoluter Dunkelheit. Die Änderung des Lichtzyklus' macht den Pflanzen nichts aus.

SINSEMILLA UND GESCHLECHTSBESTIMMUNG

Marijuanafreunde lieben weibliche Blüten, die keinen Samen ausbilden – auch als Sinsemilla bekannt. Solche produzieren viel besser Knospen als andere es tun, die Samen aufweisen. Sinsemilla ist außerdem attraktiver und deutlich bequemer in der Handhabe. Marijuana-Samen haben beim Verbrennen einen unangenehmen ölartigen Geruch, daher müssen sie vor dem Rauchen entfernt werden. Die Buds von Sinsemilla sind samenlos, es sind also keine Samen zu entfernen.

Damit Sinsemilla-Buds reif werden, müssen sie unbefruchtet bleiben. Da Hanf zweihäusig ist, befinden sich die männlichen und weiblichen Blüten an getrennten Pflanzen und müssen auch getrennt gehalten werden. Werden nichtfeminisierte Samen gepflanzt, wird etwa die Hälfte des gekeimten Materials männlich sein. Sobald die männlichen Pflanzen identifiziert sind, sollten sie entfernt werden. Männliche Pflanzen sollten bereits in ihrer frühen Entwicklung beseitigt werden, noch bevor große Blütenbüschel erschienen sind. Denn selbst eine einzelne geöffnete Blüte kann genug Blütenstaub abgeben, um Dutzende benachbarte weibliche Knospen zu befruchten.

Das Geschlecht von Cannabis kann frühzeitig bestimmt werden. Es gibt zwei Grundmethoden:

1. die Identifizierung unreifer Pflanzen
2. die Pflanzen durch Veränderung des Lichtzyklus' zum Blühen bringen

Es gibt mehrere Möglichkeiten, die Pflanzen in die Blüte zu zwingen, wobei jede ihre Vor- und Nachteile hat.
Eine visuelle Identifizierung des Pflanzengeschlechts ist einfacher, da es keine invasiven Maßnahmen erfordert. Wenn eine Pflanze vegetativ wächst, erscheint zuweilen am Blattknoten (dem Nodium; wo sich das Blatt mit dem Stengel verbindet), zwei bis vier Blattpaare von der Spitze entfernt, eine kleine Blüte. Das Geschlecht der Pflanze ist das gleiche wie jenes, das die Blüte aufweist. Diese Methode ist am anfälligsten für Irrtümer, da die Identifizierung der winzigen unreifen Buds eine Herausforderung sein kann und nicht alle Pflanzen diese winzige Blüte hervorbringen. Wir verwenden ein Augenglas oder eine Lupe, um eine bessere Sicht zu haben.
Die Pflanzen in die Blüte zu zwingen, ist eine sicherere Methode. Da die Blüte durch die Anzahl der Stunden völliger Dunkelheit pro Tag bestimmt wird, ist es einfacher, eine Geschlechtsbestimmung mit ihnen durchzuführen. Verlängern wir für eine Woche die Dunkelheitsperioden, wird eine Pflanze ihr Geschlecht zeigen. Dann entfernen wir die männlichen Pflanzen aus dem Garten (oder separieren sie, falls wir vorhaben, sie für die Samenzucht zu verwenden) und setzen unsere Pflanzung zurück in den vegetativen Wachstumszyklus. Um das zu erreichen, modifizieren wir den Lichtzyklus auf langen Tag und kurze Nacht.
Eine gute Alternative ist, die Pflanzen zu schneiden und sie so zum Blühen zu bringen. Wir markieren vorsichtig jeden Schnitt, um später identifizieren zu können, um welche Pflanze es sich handelte. Wir stellen die Klone auf ein mittleres Wachstum ein und gönnen ihnen einen Lichtzyklus von 16 Stunden Dunkelheit, 8 Stunden Licht. In wenigen Tagen werden die Klone das Geschlecht zeigen. Da jeder Klon das gleiche Geschlecht wie seine Mutterpflanze hat, sind wir nun auf der sicheren Seite, ohne die Pflanze in der vegetativen Phase gestört und im Wachstum beeinträchtigt zu haben.
Wir können die weiblichen Klone im Blütezyklus halten, um einen Vorgeschmack auf die zu erwartenden Buds der Mutterpflanze zu erhaschen. Das erlaubt uns zudem, die schwachen Pflanzen zu eliminieren. Wir sollten beim Kennzeichnen der Schnitte und Pflanzen vorsichtig sein, damit wir sie nach der Geschlechtsbestimmung genau zuordnen können.

Dämmerung und Morgengrauen sind Zustände vor Sonnenuntergang bzw. nach Sonnenaufgang. Sie markieren die Anfangs- und Endpunkte des Tageslichts.

BLAUES LICHT

Die Nutzung von blauem Licht ist eine andere Methode, das Geschlecht zu bestimmen. Wie bereits oben in diesem Kapitel erwähnt wurde, ist Marijuana gegen rotes

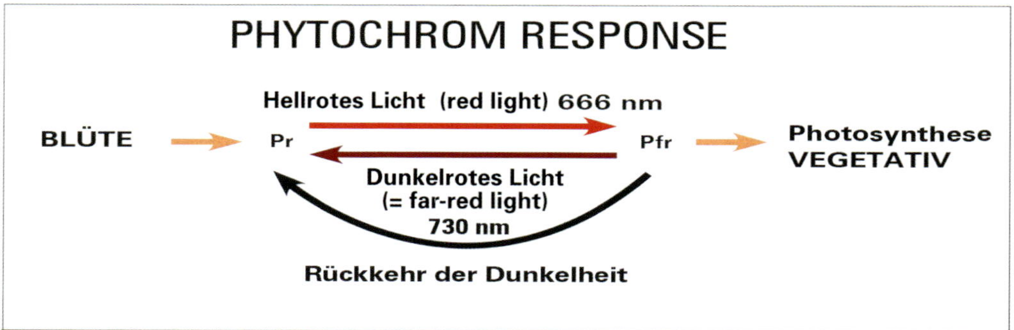

Die Phytochrom-Respons-Tabelle zeigt die Phytochrom-Pr-Pfr-Empfindlichkeit im Lichtspektrum.

Licht spezifischer Spektren sehr empfindlich. Jede Unterbrechung der Dunkelphase mit einem Licht, das das rote 660-nm-Spektrum emittiert, regt das „Pr"-Hormon an, wieder in seinen inaktiven „Pfr"-Zustand zurückzukehren. Und das verhindert die Blüte.

Blaues Licht mit 400 bis 450 nm hat auf die Blüte einen Verzögerungseffekt, der jedoch schwächer ist als bei rotem Licht.

Die Pflanzen entwickeln Blüten, wenn während der Dunkelphase blaues Licht auf sie einwirkt; sie setzen jedoch auch das vegetative Wachstum fort. Wenn blaues LED-Licht oder Fluoreszenzlicht benutzt wird, um die Pflanzen mit reinem blauem Licht zu versorgen, werden sie ausreichend stimuliert, um einige Blüten für die Geschlechtsbestimmung auszubilden, sie gelangen jedoch nicht in den vollen Blüterhythmus.

Das ist eine hervorragende Methode zur Geschlechtsbestimmung, die jederzeit angewendet werden kann, vor allem bei einer großen Menge Pflanzen. Es ist kein Schnitt und keine Präparation von Mutterpflanzen notwendig, es kommt also zu keiner Vermischung, und es gibt keine toten oder unbestimmbare Klone. Sobald eine Pflanze männliche Blüten produziert, ist sie zu beseitigen. Wenn alle Pflanzen ihr Geschlecht zeigen, ersetzen wir das blaue Licht durch ein Licht mit vollem Spektrum, um die Pflanzen ins vegetative Wachstum zu bringen.

Der Blühprozess ist eine lokal beschränkte Aktivität der Pflanze. Falls nur ein Teil der Pflanze einer die Blüte einleitenden Dunkelphase ausgesetzt wird, blüht nur dieser Teil der Pflanze – und der Rest nicht. Das ist auch eine leicht durchführbare Methode der Geschlechtsbestimmung.

Die Pflanzen nutzen blaues Licht zur Regulierung der Blüte und auch zur Photosynthese. Blaues Licht ist als Energiequelle für die Photosynthese nicht so effektiv wie rotes Licht, da blaues Licht einen höheren Energiewert hat und damit mehr Energie erfordert, um produktiv zu sein, als rotes Licht. Die Pflanze gewinnt jedoch die gleiche Energie von beiden. Wenn das blaue Licht während der Dunkelphase an ist, befinden sich die Pflanzen in der Photosynthese, das Wachstum ist jedoch nicht signifikant. Die Stengel wachsen dann ein wenig rundlicher.

Der Einfluss des blauen Lichts auf die Blüte ist wichtiger für uns. Sehen wir uns die Phytochrom-Response-Tabelle an, die die Empfindlichkeit des Phytochroms „Pr-Pfr" im Lichtspektrum zeigt.

Der rote Teil zeigt eine hohe Aktivität. Das blaue Spektrum weist hingegen nur eine Krümmung auf. Das signalisiert eine geringe Aktivität. Das Ergebnis ist ein sporadisches Blühen aller Pflanzen.

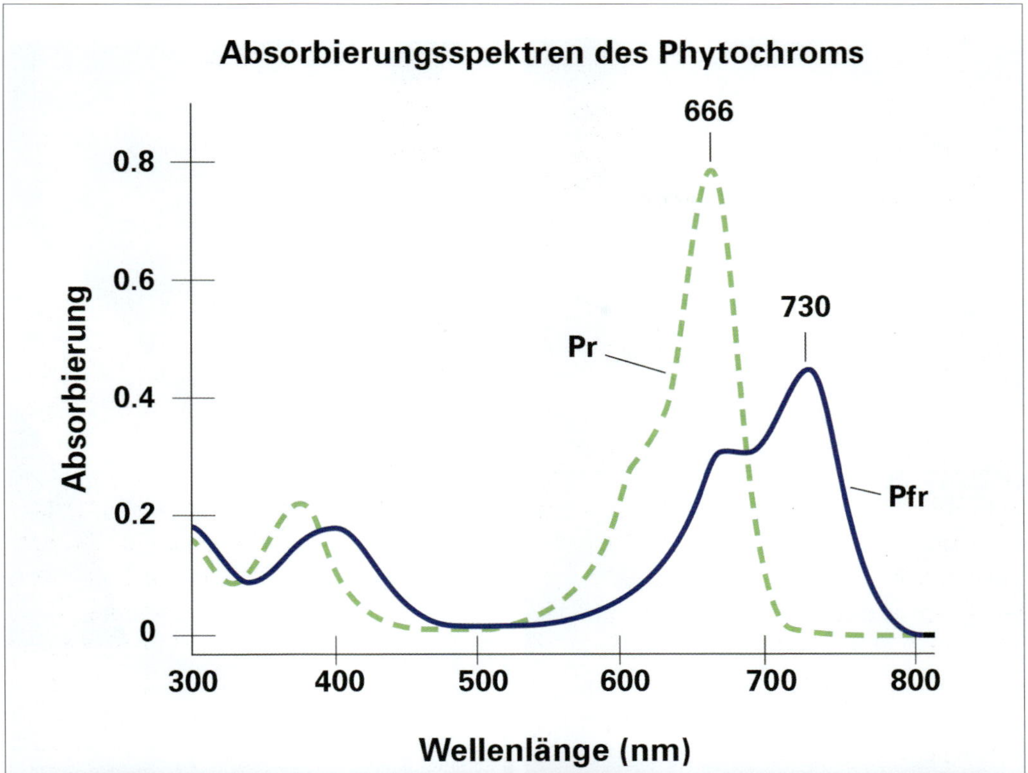

Pflanzen, die blauem Licht ausgesetzt wurden, produzieren während der Dunkelphase einige Blüten und und setzen gleichzeitig ihr vegetatives Wachstum fort. In diesem Fall wird blaues Licht genutzt, um die Pflanzen dazu zu bringen, das Geschlecht anzuzeigen, ohne das vegetative Wachstum zu sehr zu stören.

Man kann reines blaues Licht mit Hilfe von LED- und blauen CFL-Lampen erzeugen. Wir benutzen etwa 200 Watt gemischten blauen Lichts pro 1000 Watt regulären Lichts. Ich habe damit nur Anfangsexperimente gemacht, das ist also noch zu testen.

BLÜTEN

Das Geschlecht von Marijuana-Blüten ist einfach zu identifizieren, wenn man ihre Charakteristik kennt. Männliche Blütenknospen sehen wie Bälle aus, die von einem dünnen Stengel herunter hängen, einen gekrümmten Vorsprung am Ende der Knolle und eine stumpfe Spitze aufweisen. Wird die männliche Blüte reif, ändert sich die Position des Kopfes. Er stellt sich nun aufrecht. Die Blütenblätter, die der Knolle die Form verleihen, enthüllen fünf einfache Blütenblätter mit einer Farbskala von creme- bis gelbfarben. Jedes Blütenblatt hat ein Blütenstäbchen in der Mitte, das den Pollen bei einer Brise oder Wind abgibt.

Die weiblichen Blüten haben keine Blütenblätter, sie sind jedoch anhand ihrer Stempel identifizierbar. Die Stempel haben auffällige Stigmen, zwei weiße oder manchmal pastellrosarote oder lavendelfarbige Vorsprünge, die wie eine Antenne aussehen und mit einem Fruchtknoten verbunden sind, der die Struktur einer länglichen Schote hat. Die Stigmen ziehen den Pollen aus der Luft und übertragen ihn dann durch eine Hohlröhre

Gefüllte männliche Blüten öffnen sich, um fünf cremegelbe Blütenblätter zu enthüllen.

Bevor die Blüte beginnt, wächst manchmal eine eigenständige männliche Blüte aus unteren Teilen des Stengels. Das signalisiert das Geschlecht.

Eine hermaphroditische Knospe. Es sind sowohl männliche als auch weibliche Blüten ersichtlich. Manchmal haben die Hermaphroditen nur einige verborgene Blüten männlichen Geschlechts. Eine einzige hermaphroditische Pflanze kann den ganzen Garten bestäuben und sollte entfernt werden, bevor die Blüten ihren Pollen abgeben.

hinab zum Fruchtknoten. Im Fruchtknoten befruchtet der gefangene Pollen von einem Stigma aus das Ei, um das Embryo zu bilden. Der Pollen vom anderen Stigma wird auf Teile des Fruchtknotens gebracht, um dem Embryo im Samen eine Nahrungsquelle zu gewährleisten. Die Stigmen von befruchteten Blumen verdorren dann, wobei der Prozess an den Spitzen beginnt.

Jede befruchtete Blüte produziert Samen. Die Samenentwicklung beginnt, sobald die weibliche Blüte befruchtet wird - das ist innerhalb von drei Tagen ersichtlich. Der sich an der Unterseite des Stigmas befindende Fruchtknoten vergrößert sich, weil der neue Samen darin wächst.

Das wird in unserem Garten nicht passieren, wenn wir nicht fahrlässig sind oder nicht vorhaben, Samen zu produzieren. Da wir die männlichen Blüten beseitigt haben, suchen die weiblichen Stigmen den Pollen vergebens. Eventuell verdorren sie

Männliche Blüten signalisieren, dass die Knospe reif ist.

Ältere männliche Blüten. In einem Sinsemilla-Garten sind sie für Grower nützlich.

und werden Teil einer reifen, unbefruchteten Knospe. Die weiblichen Blätter beginnen, näher zusammen zu wachsen, da sie starke Stengel formen. Diese werden die Blütenbüschel entlang des Zweigs halten. Zweige mit reifenden Knospen werden Colas genannt.

Setzt die Blüte fort, beobachten wir sorgfältig jede Pflanze, die ihr Geschlecht nicht klar signalisiert hat. Männliche Pflanzen signalisieren ihr Geschlecht üblicherweise früher als weibliche, es ist also nicht wahrscheinlich, dass wir auf männliche Pflanzen stoßen, die ihr Geschlecht erst später in der Saison anzeigen.

HERMAPHRODITEN

Einige, primär weibliche Pflanzen werden Hermaphroditen und produzieren neben weiblichen auch männliche Blüten. Dies kann sowohl bei einer Indoor- wie auch bei einer Outdoor-Zucht passieren. Eine wichtige Rolle spielt der Stress. Einige Sorten sind für Hermaphroditismus anfälliger als andere.

Hermaphroditische männliche Blüten können auf mehreren Knospen zerstreut vorkommen. Sie können auch in Büscheln erscheinen oder einen oder mehrere eigenständige Zweige bilden.

Natürlich sind Hermaphroditen in jedem Sinsemilla-Garten gefährlich; selbst eine einzige männliche Blüte kann viele benachbarte Knospen ruinieren. Jede Pflanze mit männlichen Blüten sollte aus dem Garten entfernt werden. Das ist der einzige sichere Weg.

Eine hermaphroditische Pflanze durch Beseitigung männlicher Blüten unter Kontrolle zu bringen, ist eine extrem schwierige Aufgabe, eine solche Blüte zu übersehen, kann ernste Schäden verursachen. Auch wenn die Pflanze in Ordnung zu sein

Wir nutzen eine blaue Glühbirne oder LEDs, um die gekennzeichneten Pflanzen zum Blühen zu bringen. Wir geben der Pflanze 12 Stunden Licht und dann 12 Stunden blaues Licht. Die Pflanzen werden in ihrem vegetativen Wachstum fortfahren, aber auch einige Blüten produzieren.

scheint, lohnt es sich nicht, die übrigen Knospen im Garten einem Risiko auszusetzen.

Es gibt mehrere Gründe, aus denen eine Pflanze hermaphroditisch wird: Der Hermaphroditismus kann genetisch bedingt sein. Hanfzüchter aus Frankreich beispielsweise haben einhäusige Sorten entwickelt, d. h. Pflanzen, die männliche und weibliche Blüten zugleich aufweisen. Weibliche Pflanzen entwickeln manchmal männliche Blüten als Folge von Stress. Das kann zum Beispiel Stress durch unregelmäßige Lichtzyklen oder Hitze während der Blütezeit passieren, oder aufgrund drastischer Veränderungen der Umweltbedingungen.

Manche Pflanzen entwickeln männliche Blüten, wenn sie reif werden. Das ist ein Signal für ihre Reife und stellt keine Gefahr dar, falls die Pflanzen in Kürze geerntet werden.

BLÜTENWACHSTUM

Innerhalb von einigen Tagen seit Beginn der dunklen Phase ändert sich der Charakter des Wachstums. Die Wachstumsgeschwindigkeit, die während der vegetativen Phase mehr als 5 cm pro Tag betragen kann, sinkt. Bei einem Lichtzyklus während der Blütezeit wachsen Indicas gewöhnlich weiter um 20 bis 25 Prozent höher und breiter. Sativas können ihre Größe kurz vor Beendigung der Wachstumsphase verdoppeln. Die Wachstumsgeschwindigkeit der Mischungen bewegt sich zwischen diesen zwei Polen. Wenn wir vorhaben, Samen zu produzieren, und männliche sowie weibliche Pflanzen erhalten, so werden sich diese zu unterscheiden beginnen.

Die männlichen Pflanzen strecken sich und entwickeln neue Sprosse, welche die Blüten beherbergen, oder sie entwickeln entlang der Zweige Blüten. Bevor die Blüten völlig

JACK-HERER-SORTE, SATIVA-DOMINANT
Die Blütephase in Wochen:

Bild 1, 1. Woche: Das vegetative Wachstum hat sich verlangsamt, die Pflanze ist in einer Übergangsphase.
Bild 2, 2. Woche: Es erscheinen erste Stigmen.
Bild 3, 3. Woche: Das intensive Wachstum der Blüte beginnt.
Bild 4, 5.Woche: Das intensive Wachstum der Blüte fährt fort, mehrere Schichten von Stigmen erscheinen. Das dauert bis zur siebten Woche.
Bild 5, 8.Woche: Die neuen Blüten hören auf zu wachsen. Die Stigmen werden trocken und die Trichome auffälliger.
Bild 6, 10. Woche: Die Stigmen sind vertrocknet und haben ihre Farbe von klar zu milchig oder bernsteingelb verändert. Die Trichome stehen nun gerade und sind mit Harz gefüllt. Die Ovarien beginnen sich zu öffnen. Der Geruch wird scharf.
Bild 7, 11. Woche: Diese Knospe reift! Die Trichome stehen senkrecht und die Köpfe sind dicht mit Harz überzogen. Sie fluoreszieren im Licht, der Geruch wird intensiver.

Die Anwendung spezieller Mittel und Nährstoffe während des Blütezyklus' kann den Ertrag erhöhen. Home and Garden Shooting Powder (Pulver für Sprosse) fördert das Blühen bzw. regt einen neuen Blütezyklus nach der regulären Blütephase an. Er stimuliert frisches Wachstum über den bestehenden Blüten und erhöht den Ertrag um bis zu 20 Prozent.

Home and Garden BUD-XL kann in Verbindung mit dem Shooting Powder genutzt werden. Er gibt den Blüten direkte Energie für neues Wachstum.

Auf der äußeren Oberfläche der Blüte entwickeln sich Drüsenköpfchen. Sie sind auch an den kleinen Blätterteilen zu finden, welche die Blüte umgeben. Diese Trichome sollten nicht mit den Trichomen ohne Stengel verwechselt werden, welche sich an einer unreifen Pflanze, Sonnenblättern oder dem Stengel befinden. Die Trichome ohne Stengel sind klein und jeweils direkt mit den Blättern, dem Stengel oder dem Rest von einzelligen Stengeln verbunden. Die Trichome haben einen viel längeren, vierzelligen Stengel mit einem langen, zwiebelförmigen Köpfchen am Ende. Wenn diese Trichome zum ersten Mal erscheinen, sind die Köpfe noch klein. Sie schwellen jedoch an, wenn sie sich mit Harz füllen und dieses lagern. Sobald sie reif sind, sehen die Köpfe wie kleine Ballone aus: Sie sind so prall angeschwollen, als ob sie jeden Moment zerbersten müssten. Die meisten bersten auch, wenn sie irgendeine Art von Stress erleben, z. B. Wind, Regen oder auch nur eine Berührung.

reif werden, sind die Blütenkelche mit einer großen Menge an Pollen gefüllt und überragen die weiblichen Pflanzen. Die Natur hat es sich gut ausgedacht: Bei der natürlichen Bestäubung kann der Wind den höher liegenden männlichen Blütenstaub leicht zu den weiter unten liegenden weiblichen Stigmen transportieren. Der Pollen sinkt langsam zu den Stigmen ab.

Innerhalb der ersten Woche werden die Stengel der weiblichen Pflanzen stärker und weisen dann kürzere Nodien zwischen den Blättern auf.

Die Anzahl von Fingern verringert sich bei neuen Blättern, und die Pflanze entwickelt die Blätter nicht mehr gegenständig, sondern entweder auf der einen oder auf der anderen Seite. Das Wichtigste ist jedoch, dass zu diesem Zeitpunkt die ersten Stigmen erscheinen.

Die Farbe des Stigmas ist genetisch und temperaturbedingt. Die Stigmen vieler Indicas und der meisten Sativas sind rot. Die Farbe kann sich zu purpur ändern oder intensiver werden, insbesondere, wenn die Wurzeln einer kalten Umwelt (unter 12 °C) ausgesetzt sind.

In der zweiten Woche wachsen die ersten Stigmen wie wild. Die Pflanze steckt dann nämlich die meiste Energie in die Entwicklung von Blüten.

Der Charakter des Wachstums ändert sich, sobald die Stigmen absterben und zu trocknen beginnen, ihre Farbe ändert sich zu rot, purpur oder sogar hellbraun, d. h. ähnlich befruchteten Pflanzen. In der dritten Woche bilden sich eine Menge Stigmen entlang des Stengels oder im obersten Teil der Pflanze. Solange sie unbefruchtet bleiben, fährt die Pflanze fort, neue Blüten auszubilden.

Nach einigen Wochen werden die Büschel dichter. Entlang des Zweigs oder Hauptstengels bilden sich an jedem Blattknoten unbefruchtete Blüten. Die Knospen sind voll von Stigmen und strecken sich, um bestäubt zu werden. Gerade, wenn das Büschel aussieht, als befinde es sich in der Endphase, erscheint eine neue Flut von Blüten an einem relativ unbedeckten Ort.

Die Blüten beginnen zwischen der fünften und achten Woche, reif zu werden. Die Kelche (Ovarien) fangen an zu schwellen. Es sind falsche „Samenkapseln“; die Blüten wurden in diesem Fall nicht befruchtet, und es haben sich keine Samen entwickelt. Ein geschwollener Kelch ist ein Zeichen von Reife. Das beginnt etwa zwei Wochen vor der Reife, abhängig von der Sorte.

Um die Blüten herum beginnen kleine Blätter zu wachsen, auf denen sich die Drüsenköpfchen mit dem THC, Terpenen und anderen Cannabinoiden entwickeln. Die Blütenbereiche sind nun zur Gänze mit Harzhülsen bedeckt. Diese Phase kann zwei bis fünf Wochen dauern, abhängig von der Sorte. Bei Sorten, die innerhalb von sieben Wochen reif werden, dauert diese Phase etwa drei

Viele Grower versorgen die Blüten vor ihrer Reife gerne mit „bloom booster“. Bloom Booster sind Nährstoffergänzungen, die das Aroma und die Größe der Knospen zu entwickeln helfen. Ginormous von der Firma Humboldt Nutrients ist zu hundert Prozent biologisch abbaubar und kann als Spray während der ersten Blütewoche angewandt werden.

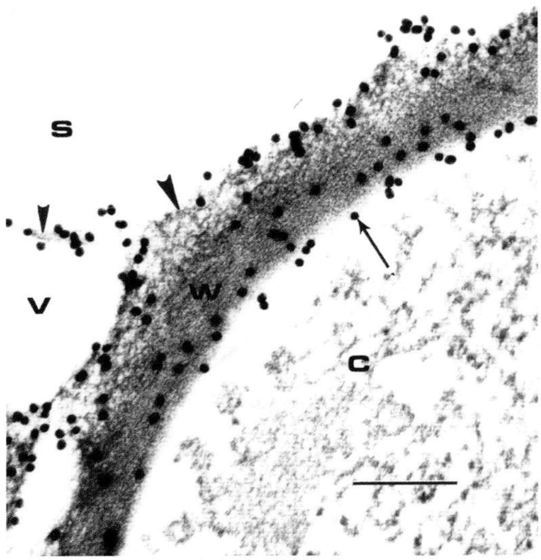

Das Röntgenbild zeigt die Ausbildung von THC an den inneren Wänden einer Trichom-Membran. Die kleinen Punkte sind THC-Moleküle auf der Oberfläche der inneren Wand. Das Foto wurde während der Ausbildung eines Antikörpers gemacht, der mit einer Goldanreicherung der THC-Moleküle vergrößert wurde. Dank des Edelmetalls sind THC-Moleküle mithilfe von Röntgenstrahlung gut sichtbar. Photo von Prof. Paul Mahlberg.

Viele Grower reißen die Buds ab, bevor sie reif sind. Die Knospen entbehren dann ihren intensiven Geruch und das typische Aroma, ganz zu schweigen von der entsprechenden Größe und den stärkeren Heileigenschaften. Geduld aufbringen und die Buds erst ernten, wenn sie fertig sind, ist also deutlich besser. Oder wollen wir wirklich unreife Pfirsiche essen?

Wochen. Sorten, die in der späten Saison oder sehr langsam reif werden, verweilen fünf Wochen oder mehr in dieser Phase.

Die Trichome werden auffälliger und stellen sich senkrecht. Der Kopf füllt sich mit Harz. Diese viskose, klebrige Flüssigkeit enthält Terpene und Cannabinoide, wie THC, welche durch die innere Membran des Trichomkopfs produziert werden. Nach der Anhäufung des Harzes im Kopf wird der Geruch der Blüten intensiver.

Die Ausbildung des Geruchs erreicht ihren Höhepunkt zum selben Zeitpunkt, an dem die Trichome im Licht wie Kristalle zu fluoreszieren beginnen. Bei manchen Sorten sind die Trichome derart auffällig, dass der gesamte Bud funkelt. Mit einem Vergrößerungsglas, einer Lupe oder einem Mikroskop können wir die Entwicklung der Knospen bis zum Ende der Reife verfolgen, indem wir das Harz an den oberen Teilen der Drüsen beobachten. Entsprechend vergrößert, können wir die Farbänderung der Drüsen während des Reifeprozesses von klar zu bernsteingelb oder milchig beobachten. Diese Farben weisen darauf hin, dass sich das THC in zwei andere Cannabinoide zu spalten beginnt (CBL und CBN, die nicht so potent wie THC sind). Wenn die Knospen beginnen, ihre Farbe von klar zu bernsteingelb oder milchig zu verändern, sollten sie geerntet werden. Das ist das Ende des Reifungsprozesses.

Unsere Buds sollten niemals vor diesem Moment geerntet werden. Wir müssen bedenken: Jede Pflanze hat ihren eigenen Reifeprozess, auch an einer einzigen Pflanze kommt es vor, dass nicht alle Buds gleichzeitig zur Reife gelangen. Manche werden gleichzeitig reifen, sodass die ganze Pflanze geerntet werden kann, andere Sorten reifen von oben nach unten. Manchmal reifen die auf der Außenseite eines Zweigs befindlichen Knospen schneller als diejenigen, die sich auf der Innenseite befinden, da diese nicht genügend Licht erhalten. Sobald die äußeren Buds geerntet sind, bekommen die inneren mehr Licht und reifen ebenfalls schnell. Die ganze Ernte dauert damit etwa zwei Wochen. Wenn wir den Reifeprozess als gegeben nehmen und die Buds erst dann lösen, wenn sie reif sind, dann können wir

Die Pflanze wendet zur Bildung von Cannabinoiden und Terpenen eine große Menge Energie auf. Daher muss sie einen guten Grund zur Entwicklung dieser Stoffe haben. THC und die wasserlöslichen Verbindungen, die den Marijuanablüten ihren Geschmack und ihr Aroma verleihen, stellen für die Pflanze einen Schutz dar:

- *Sie haben antibakterielle Effekte.*
- *Sie wehren Insekten ab oder machen sie unschädlich.*
- *Die psychoaktiven Effekte verursachen wahrscheinlich ein mentales Unbehagen bei Vögeln und Säugetieren, wenn sie die Pflanze essen.*
- *Der Gehalt an THC steigert sich mit zunehmender UV-B-Strahlung. Wahrscheinlich schützt das THC die Pflanze vor UV-Strahlen. Das ist im Pflanzenreich keine ungewöhnliche Nutzart eines chemischen Stoffes.*
- *Um zu gewährleisten, dass die Pflanzen und Samen vor ihrer Reife nicht aufgegessen werden, produzieren die Pflanzen Mengen an chemischen Stoffen. Dies dient dem Schutz vor Fraßfeinden.*
- *Sobald die Samen reif sind und aus ihrer mit Harz bedeckten Hülse hinausfallen, schmecken sie den Tieren besser, da diese das Harz nicht leiden können. Kleine Säugetiere und Vögel fressen die Samen, wobei manche Samenkörner das Verdauungssystem der Tiere unbeschadet passieren und lebensfähig bleiben. Mit der Abführung dieser Samen auf einen tauglichen Boden werden die Pflanzen an neuen Orten verbreitet.*

das maximale Potenzial und die maximale Qualität jeder Knospe erwarten.

LICHTSCHWANKUNGEN UND BLÜTEZYKLUS

Pflanzen, die ihre Blütezeit unter einem speziellen Verhältnis von Licht/Dunkelheit beginnen, werden intensiver blühen, wenn sich die Dauer der Dunkelperiode verlängert. Diese Reaktion ist auffälliger bei Indicas, die aus höheren geographischen Breiten stammen, wo der Lichtzyklus deutlicher ist. Alle Sorten reagieren auf eine längere Dunkelphase mit Beschleunigung ihrer Reife. Die Verkürzung des Lichtregimes auf 10 Stunden Licht/14 Stunden Dunkelheit zwingt alle Pflanzen (Indicas und lang blühende Sativas), schneller reif zu werden.

Beim Marijuana-Growing und auch im Umgang mit anderen Langnachtpflanzen ist eine kontinuierliche, ununterbrochene Dunkelphase der Schlüssel zu guten Resultaten. Die Chrysantheme ist ein gutes Beispiel für eine Pflanze, deren Wachstumsmodell und Blühverhalten von der Gärtnereiindustrie detailliert erforscht wurde. Forscher stellten fest, dass die größten Blüten mit dem höchsten Gesamtgewicht wachsen, wenn sie jede Nacht einen gleichmäßigen Dunkelheitszyklus erleben. Waren die Pflanzen nur sechs Nächte pro Woche in Dunkelheit, so sank deren Gesamtgewicht ein wenig und sie wurden zudem kleiner. Mit jeder verlorenen Nacht verringern sich Größe und Gewicht der Pflanze.

Bekommt eine Pflanze nicht die entsprechende Dauer an Dunkelphasen, werden die Marijuanabuds karger, dünner und von länglicher Gestalt sein. Jedesmal, wenn in der Blütezeit die Dunkelheit unterbrochen wird, verkürzt sich die Wachstumsperiode

Eine zur Ernte vorbereitete Knospe wurde mithilfe eines Bambusstabs und eines verdrillten Bandes gerade gehalten.

Eine zufällig wachsende männliche Blüte an älteren Knospen ist oft ein Signal der Reife.

der Blüte. Damit verringert sich auch der Ertrag. Eine Unterbrechung der Dunkelphase mit einer starken Lichtquelle kann die Pflanze zur Zwitterbildung anregen.

Einige Marijuana-Sorten reagieren auf normale Wachstumsbedingungen mit der Blüte. wenn sie jedoch einem ungewöhnlichen Lichtregime ausgesetzt sind, reagieren sie zuweilen auch ungewöhnlich. Frühblühende Indicas beispielsweise gehen in die Blüte, wenn sie mindestens zehn Stunden Dunkelheit bekommen. Sind sie jedoch unter kontinuierlichem Licht gewachsen, kann die Blüte bereits durch ein Regime von acht Stunden Dunkelheit angeregt werden.

Sobald Indicas zu blühen beginnen, lassen sie sich vom Lichtregime nur noch wenig beeinflussen. Die Blütenentwicklung ist nicht sehr empfindlich gegen gelegentliche Unterbrechungen des Dunkelheitszyklus'. Indica-Sativa-Mischungen, frühblühende Indicas und südafrikanische Sorten reagieren ähnlich.

Diese Pflanzen kehren nicht so schnell in ihr vegetatives Wachstum zurück wie einige Sativa-Indica-Sorten. Manche Sorten (insbesondere Indicas) reagieren auf unnatürliche Lichtzyklen mit Störungen der photoperiodischen Reaktion. Einige weibliche Pflanzen verwandeln sich beispielsweise in Hermaphroditen, wenn sie in der frühen Wachstumsphase langen Dunkelphasen ausgesetzt wurden.

Kälte kann bei nördlichen Sorten die Geschlechtsausprägung beschleunigen, die Blütenentwicklung jedoch nicht. Kaltes Wetter verlangsamt das Wachstum, vermindert den Ertrag und verhindert die Reife. Im Herbst schützen Grower ihre Pflanzen nördlicher Sorten oft vor dem schlechten Wetter und warten auf ein paar warme, sonnige Tage, damit die Knospen reifen können.

Schauen wir uns die gekennzeichneten Bereiche an. Die Drüsen stehen ganz gerade, sobald sie mit Harz gefüllt sind.

1-2. Nahaufnahmen von Buds. Die Trichome sehen wie kleine Kristalle aus, die im klaren Licht fluoreszieren. 3. Jede weibliche Blüte verfügt über zwei Stigmen, beide müssen befruchtet werden. Die eine wird zum Samen, die andere zum Endosperm – Nahrung für einen Embryo. Bei grober Behandlung würden die äußeren Drüsenköpfe abfallen. 4. Deshalb sollten wir unsere Buds behutsam behandeln.

Trichome: Tag 45-48

Trichome: Tag 53-56

Einige kommerzielle Sorten benötigen nur 55 bis 65 Tage, um die Reife zu erlangen. Dabei ist das letzte Viertel der Blütezeit das spannendste. Am 45. Tag sind die Stigmen stets fruchtbar und warten auf den Pollen. Die Trichome sind bereits erkennbar, die Drüsenköpfe jedoch noch nicht gefüllt. Am 48. Tag sind die Stigmen noch immer fruchtbar, die Köpfe sind nun etwas besser sichtbar. Am 53. Tag verfärben sich die Stigmen braun und die Knospen purpurfarben. Die Trichome sind noch nicht gefüllt, sodass sich die Membran nicht strecken kann. Der Geruch wird intensiver. Am 56. Tag streckt sich die Membran der Trichomköpfe schließlich und entwickelt Kristalle, die im Licht glänzen. Die Intensität des Geruchs erreicht ihren Gipfel. Fotos: Rachael Smzajda, mit freundlicher Genehmigung des Harborside Health Center

UNREIFE KNOSPE: Die Trichomköpfe sind noch nicht so angeschwollen, dass sie aussehen wie kurz vorm Zerbersten. Alle Drüsen sind klar, was auf Wachstum hinweist.

REIFE KNOSPE: Die Köpfe sind nun angeschwollen und die ersten werden milchig-weiß. Das ist ein Zeichen, dass der Verfall des THC begonnen hat. Die Trichomköpfe fluoreszieren.

ÜBERREIFE KNOSPE: Die Drüsenköpfe fallen von den Trichomen und verändern ihre Farbe. Fotos: Rachael Smzajda, mit freundlicher Genehmigung des Harborside Health Center

Männliche Sorten und Ruderalis aus dem hohen Norden sind überhaupt nicht photosensitiv. Alter und Entwicklung spielen eine Rolle bei der Frage, wann die Pflanzen zu blühen beginnen. Ruderalis-Sorten entwickeln bei kontinuierlicher Beleuchtung Blüten, also ganz unabhängig von Dunkelphasen – und das innerhalb von wenigen Wochen nach der Keimung. Männliche Pflanzen und die meisten Sorten beginnen bei kontinuierlicher Beleuchtung innerhalb von drei bis neun Monaten zu blühen. Einige männliche Sativas aus äquatorialen Breiten bilden da eine Ausnahme und benötigen eine Dunkelphase, um die Blüte einzuleiten. Bei 18-stündiger Beleuchtung beginnen männliche Pflanzen, eher zu blühen als bei einer kontinuierlichen Beleuchtung.

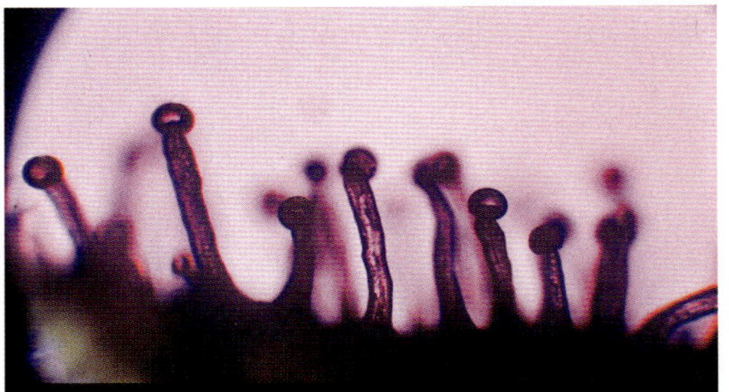

Ein ganzer „Wald" von unreifen Drüsenköpfchen. Die Köpfchen, die THC und Terpene enthalten, sind noch nicht gefüllt. Foto: Tom Flowers

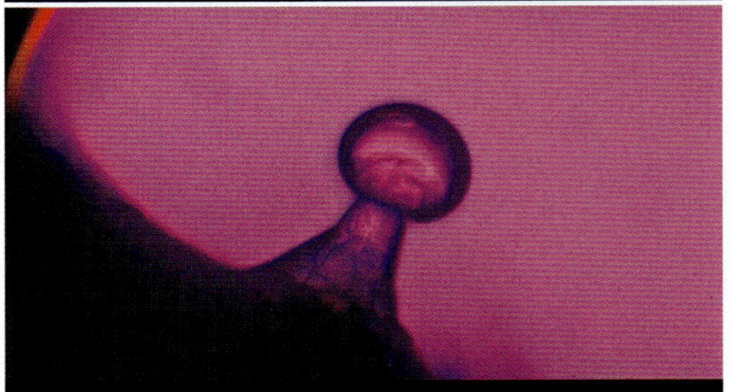

Ein eigenständiges Trichom. Der Kopf ist wie ein Ballon aufgeblasen. Foto: Tom Flowers

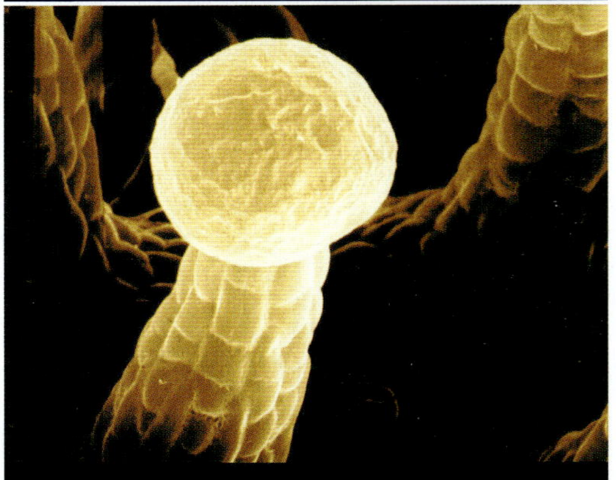

Elektronenmikroskopische Aufnahme eines einzelnen Trichoms unter vielen. Diese Drüse ist gefüllt und reif. Foto: Paul Mahlberg

SELBSTBLÜHENDE PFLANZEN (AUTO-FLOWERING)

Genau diese Eigenschaft wurde bei mehreren Sorten eingekreuzt, die nun kommerziell als „selbstblühende" Pflanzen erhältlich sind. Egal, unter welchem Lichtregime diese Pflanzen wachsen – sie keimen, wachsen und blühen nach einem bestimmten Muster. Das Leben einiger Sorten vom Keimling bis zur Ernte dauert 90 bis 100 Tage.

Diese Sorten produzieren meist recht kleine Pflanzen. Es ist extrem schwierig, wenn nicht unmöglich, Klone von ihnen zu nehmen. Deshalb greifen wir auf feminisierte Samen selbstblühender Pflanzen zurück.

KRITISCHE LICHTPERIODE

Die Methode „12 Stunden Licht/12 Stunden Dunkelheit" ist von allen Growern der Welt ohne Zweifel akzeptiert. Mit Sicherheit spielt da auch meine Abhandlung über diese Methode in einem meiner ersten Bücher maßgeblich eine Rolle. Das Regime 12 Stunden Licht/12 Stunden Dunkelheit wurde damals von meinem Co-Autor und mir empfohlen, weil wir annahmen, dass eine Pflanze nach zwölf Stunden Dunkelphase ungeachtet der

ÄNDERUNG DER PHOTOPERIODE NACH MONATEN UND GEOGRAPHISCHER BREITE

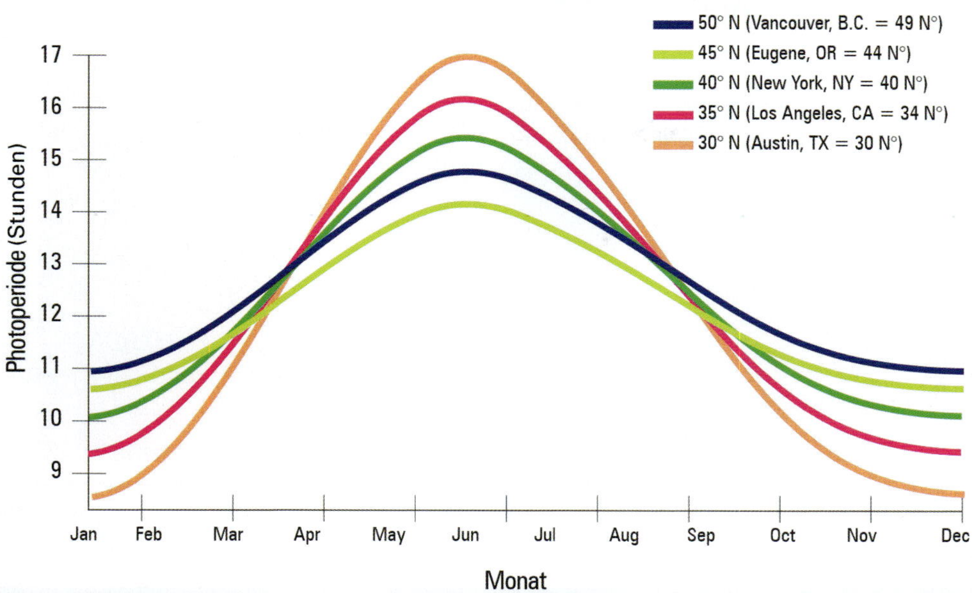

Je weiter eine Region vom Äquator entfernt ist, desto größer sind die Unregelmäßigkeiten der Lichtperiode.

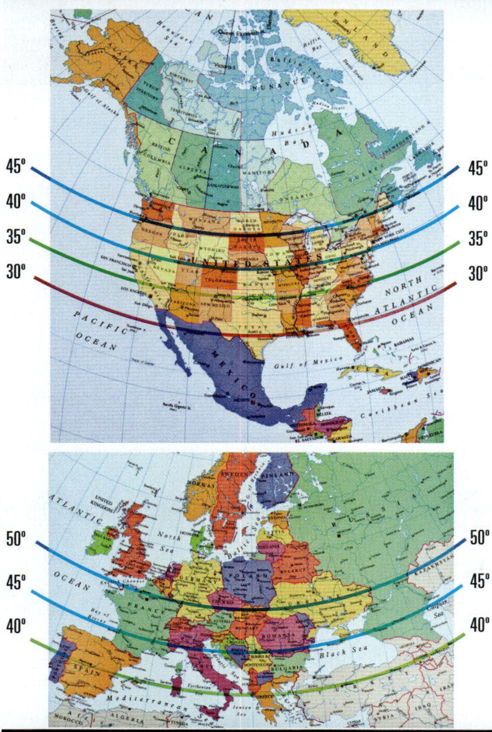

Die geographische Breite beeinflusst die Blütezeit der Pflanze. Berücksichtigen wir das beim Planen unserer „Growstrategie".

kritischen Periode einer spezifischen Sorte blühen wird. Die meisten Marijuana-Sorten benötigen jedoch weniger als 12 Stunden Dunkelheit.

Falls Marijuana-Pflanzen outdoor gezogen werden, wobei sie zum Blühen zwölf Stunden Dunkelheit brauchen, werden sie nach dem 21. September zu blühen beginnen (dem ersten Herbsttag; wenn der Tag und die Nacht gleich lang sind). Die Reife wird sechs bis acht Wochen später zu erwarten sein. Die meisten modernen Sorten werden zwischen Anfang September und Ende Oktober reif. Das Ausschießen der Pflanze hat sechs bis acht Wochen vorher begonnen. Eine neunwöchige Sorte zum Beispiel, die zur Reife 55 Tage benötigt und normalerweise am 1. Oktober reif wäre, würde am 1. August zu blühen beginnen. Zu dieser Zeit geht die Sonne in San Francisco um 05:14 auf und um 19:18 unter. Sie scheint also insgesamt 14 Stunden und 4 Minuten. Dämmerung und Morgengrauen spendieren

AKTIVES SPEKTRUM DER PHOTOSYNTHESE

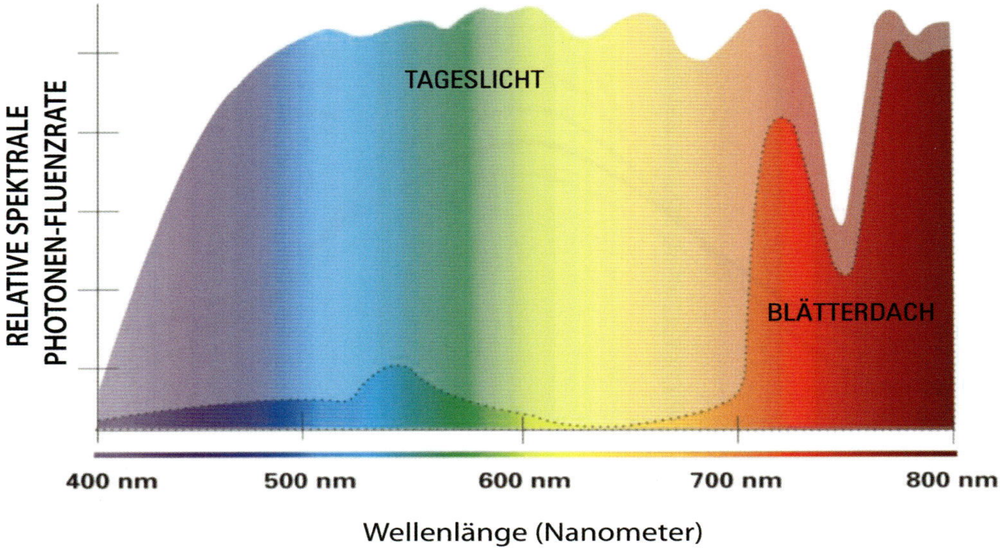

Die obere Linie zeigt das Licht an, das die oberen Teile des Blätterdachs erreicht. Die untere Linie zeigt das Licht an, das die unten liegenden Blätter erreicht. Pflanzen absorbieren oder reflektieren fast das gesamte blaue, grüne, gelbe und rote Licht. Einen Teil davon nutzen die Pflanzen für die Photosynthese. Fernes dunkelrotes Licht (730 nm) wird am häufigsten durchgelassen oder reflektiert, sodass das Verhältnis vom dunkelroten Licht zum hellroten Licht unter den Wolken viel höher ist als bei vollem Sonnenschein.

INTENSITÄT DES SONNENLICHTS AN SONNIGEN UND WOLKIGEN TAGEN

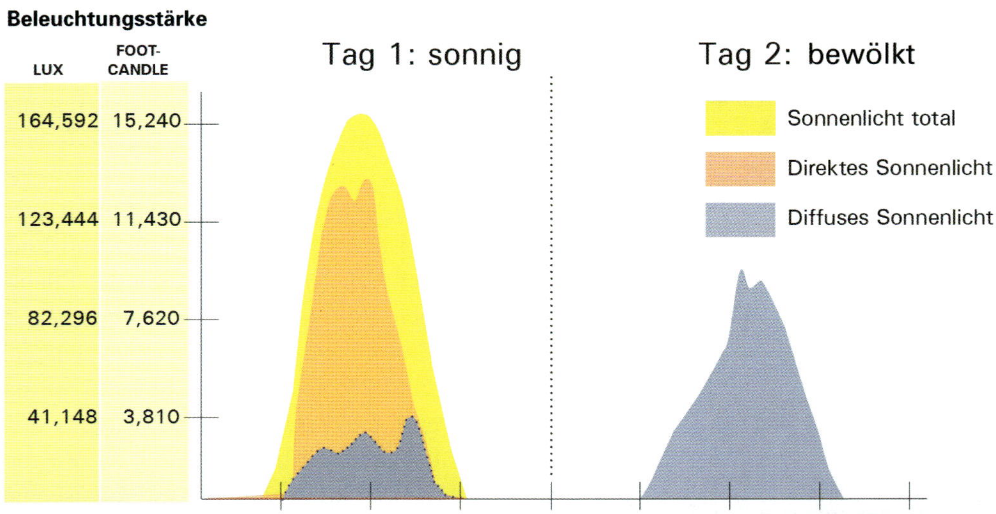

Wir merken uns den Unterschied der Lichtmenge an sonnigen und bewölkten Tagen.

jeweils weitere 15 Minuten roten Lichts. Der Zeitraum dazwischen wird von der Pflanze als Dunkelperiode behandelt. Die gesamte Lichtperiode macht also etwa 14 Stunden und 20 Minuten aus, die Dunkelheit dagegen 9 Stunden und 40 Minuten. Die kritische Periode dieser Pflanze ist also 9 Stunden und 40 Minuten lang. Falls die Pflanze indoors mit zehn anstatt zwölf Stunden Dunkelheit pro Tag versorgt würde, würde sie noch immer blühen.

Um den Reifeprozess anzuregen, schenken wir unseren Pflanzen nach den ersten drei oder vier Wochen des Blühens noch eine extra Stunde Dunkelheit.

Outdoor-Züchter können mit Wissen über die kritische Periode ihren Indoorgarten effektiver nutzen. Pflanzen, die unter dem 12/12-Zyklus wachsen, verbringen die Hälfte ihres Lebens in der Dunkelheit. Wenn die Pflanzen beispielsweise eine kritische Periode von zehn Stunden Dunkelheit pro Tag haben, können wir ihnen jeden Tag 14 Stunden Licht geben. Sie bekommen also um die 17 Prozent Energie mehr zur Ausbildung von Kohlenhydraten, die für schnelleres Wachstum sorgen.

BEEINFLUSSUNG DES LICHTS IM FREIEN

Manchmal denke ich, die Natur hat in puncto Reife beim Marijuana etwas falsch gemacht, zumindest was uns Menschen betrifft. Ginge es nach uns, würden die Buds im späten Sommer reifen und im frühen Sommer zur Party-Saison genießbar sein.

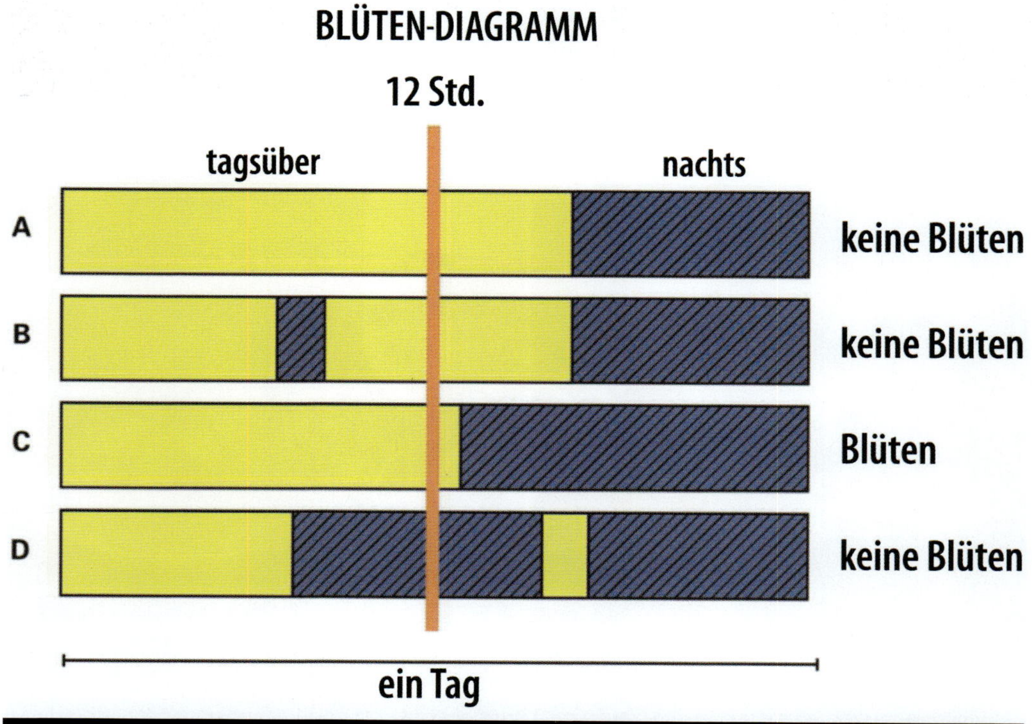

A. Wenn die Pflanzen 18 Stunden Licht bekommen, blühen sie nicht. B. Wenn der Lichtzyklus durch eine dunkle Periode unterbrochen wird, werden die Pflanzen nicht blühen. C. Wenn die Pflanzen zehn bis zwölf oder mehr Stunden ununterbrochener Dunkelheit ausgesetzt werden, blühen sie. D. Wird die Dunkelheit unterbrochen, werden die Pflanzen nicht blühen.

Der Hochsommer wäre der günstigste Zeitpunkt für Grower, wenn das Wetter warm ist und die Sonne stark. Leider hat die Natur den Herbst gewählt. Unsere Ernte kann trotzdem gut werden, wenn das Wetter uns nicht zuvorkommt. Mit ein wenig Aufwand kann man auch outdoors den Lichtzyklus beliebig manipulieren, damit die Pflanzen gut wachsen und blühen.

Ich denke, die beste und bequemste Erntezeit ist im Sommer und nicht im Herbst.

Buds, die im Hochsommer reif geworden sind, genießen ein deutlich intensiveres Licht mit höherem UV-Spektrum als Buds, die im Herbst reif geworden sind. Das intensive Licht gibt der Pflanze Energie, dickere Buds zu produzieren. Das UV-Licht erhöht die Potenz der Pflanze.

Im Spätsommer, während des Winters und Mitte des Frühlings währt die dunkle Periode lang genug, um Pflanzen zum Blühen zu bringen. Sativa-dominante Hybriden wachsen weiter, auch nachdem sie in die Blüte gegangen sind.

Indicas wachsen nur ein wenig, nachdem sie zum Blühen gebracht wurden. Eine weitere Technik ist, den Dunkelzyklus mit Licht zu unterbrechen. Es ist nicht nötig, die Pflanze lang zu beleuchten, schon ein paar Sekunden reichen.

Betrachten wir das Licht als eine Art Wassersprühstrahl. Durchtränken wir alle Blätter mit Licht, sind sie erst mal satt.

Diese kurze Unterbrechung des Dunkel-Zyklus reicht aus, damit die Pflanze ihre Zeitzählung an ununterbrochener Dunkelheit zurücksetzt.

Werden die Pflanzen alle paar Stunden während der dunklen Periode beleuchtet, wachsen sie weiter und blühen nicht.

Wenn es um den Wurzelballen herum zu kalt ist, kann die Pflanze im Wachstum behindert werden. Obwohl das Licht tagsüber ausreichend sein kann, ist es in kälteren Gebieten wegen der Frostgefahr schwierig, im Freien zu züchten. Thermo-Töpfe von Black River Nursery halten die Temperatur der Wurzelballen zwischen 24 und 26 °C, was Krankheiten des Wurzelsystems und Probleme mit Pilzen sowie einen Wurzelschock wegen Kälte verhindert. Sie verbrauchen weniger Wasser als herkömmliche Töpfe, weil der erhitzte Topf das Wasser wieder auf die Pflanze verdampft. Er ist mit einer Plastikabdeckung erhältlich, die ihn in ein beheiztes Miniatur-Gewächshaus verwandelt.

Die Pflanzung war in einem warmen Raum untergebracht, sodass die Pflanzen früh im März draußen aufgestellt werden konnten. Da die Nächte noch lang waren, haben die Pflanzen mit der Blüte begonnen. Durch Unterbrechung der dunklen Periode nach fünf Stunden mit hellem Licht wuchsen die Pflanzen wieder vegetativ. Mehrere warm-weisse 24-Watt-CFL-Leuchtstofflampen wurden in Schalenreflektoren mit Klammern an einer Stange angebracht, und normalerweise trugen zwei Leute die Stange über die Pflanzenreihen. Die Pflanzen mussten nicht lange unter den Lampen verweilen. Ein gemütlicher Spaziergang pro Nacht, und das während 45 Nächten, hielt die Pflanzen im vegetativen Wachstum.

Das ist ein Flimmer-Strahl-Gerät, welches die Lampe hin- und her bewegt, um die Pflanzen mit genügend Licht zu versorgen und den Dunkel-Zyklus zu unterbrechen. Es deckt eine Fläche von circa 190 m² ab und ist viel einfacher, als wenn jemand mit einer Stange hin und her gehen muss. Es wird mit Hilfe einer Zeitschaltuhr automatisch in Betrieb gehalten.

Wird die Licht-Unterbrechung aufgehoben, beginnen die Pflanzen gleich zu blühen.

So kann im August mit dem Grow gestartet werden und die Pflanzung kann den Winter durch anhalten.

Um das Wachstum zu erhöhen, kann natürliches Licht mit Hilfe von reflektierendem Material und elektrischem Licht verstärkt werden. Der Frühling beginnt am 22. März, und an diesem Tag sind Helligkeit und Dunkelheit von gleicher Dauer.

An der Tagundnachtgleiche oder kurz danach kann die dunkle Periode zu kurz sein, um die Blüte zu unterstützen, die Pflanzen werden dann vegetativ wachsen.

Um die bestmögliche Ernte zu erzielen, zwingen wir die Frühlingspflanzen im Juni in die Blüte. Werden die Pflanzen am 1. Juni in die Blüte gezwungen, werden sie ab Mitte bis Ende Juli reif sein. Wird die Blüte einen Monat später eingeleitet, werden die Pflanzen Mitte August reifen.

FRÜHERNTEN UND PHOTOPERIODISCHE MANIPULATION

In einigen Gebieten ist das Licht intensiv genug und die Temperatur ausreichend warm, um zu Beginn des Jahres – manchmal Anfang Februar – growen zu können.

Dieses selbstgebaute Gewächshaus stand auf einem Gebäude in Amsterdam. Das hilft, bei dem kühlen und trüben niederländischen Klima schöne Buds zur Reife zu bringen.

Gewächshäuser tragen dazu bei, dass sich die Anzahl der Grower erhöht, die sich dieser Methode bedienen. Das einzige Problem, dem die Grower gegenüberstehen, ist die tägliche Lichtversorgung für 14 bis 15 Stunden. Die Pflanze braucht das Licht für ein starkes vegetatives Wachstum.

Indoor-Pflanzen können im Februar oder Anfang März nach draußen gestellt werden, wenn sie mehr als zwölf Stunden Dunkelheit erhalten. Dann werden sie sofort zu blühen beginnen. Für das vegetative Wachstum unterbrechen wir den Dunkel-Zyklus mit periodischer Beleuchtung in der Nacht. Weil Photoperiodismus eine lokal begrenzte Wirkung hat, muss die ganze Pflanze für eine kurze Zeit dem Licht ausgesetzt werden, um die Blüte zu unterbrechen. Sowohl warmweiße Leuchtstofflampen als auch HPS-Lampen können benutzt werden, um die Blüte zu verhindern, weil sie starkes rotes, aber kein infrarotes Licht produzieren. Die Lampen können einmal während des Nachtzyklus verwendet werden oder für die besten Ergebnisse alle paar Stunden eingeschaltet werden. Sobald die Pflanzen die gewünschte Größe erreichen, schalten wir die Lichter aus, und sie werden zu blühen beginnen. Diese Technik der Unterbrechung des Nachtzyklus kann für bestimmte Sorten in Outdoor-Gärten in niedrigeren geographischen Breiten erforderlich sein. So blühen zum Beispiel Indicas und einige Indica-Sativa-Hybriden in den südlichen Bereichen der nördlichen Halbkugel sehr früh in der Saison, weil der Licht-Zyklus nie lange genug ist, um die Blüte zu verhindern.

50:50-Indica-Sativa Mischungen halten langen Sommernächten stand und wachsen ein wenig mehr während des Blütezyklus. Diese Gewächse sind gute Kandidaten für die Früherernte.

SPÄTSOMMERERNTE

Wir können eine Spätsommerernte erzielen, indem wir Indoor-Pflanzen spät in der Saison nach draußen stellen. Die meisten Sorten beginnen zu blühen, wenn sie täglich 10,5 bis 11 Stunden Dunkelheit ausgesetzt werden. Das geschieht in den meisten Ländern Mittelamerikas zwischen Ende Juli und Mitte August. Pflanzen, die im Juli nach draußen gestellt werden, haben die Möglichkeit, während der abnehmenden Tage ein wenig zu wachsen, bevor die langen Nächte im Herbst sie in die Blüte zwingen werden. Pflanzen, die im August nach draußen gestellt werden, wenn der Dunkelheits-Zyklus von 10,5 auf 11 Stunden erhöht wird, werden blühen, egal wie groß sie sind. Sativas wachsen immer ein wenig, sogar dann, wenn sie zu blühen beginnen.

Lichtentzug gibt dem Grower die Kontrolle über den Lichtzyklus im Freien und in Gewächshäusern, ermöglicht eine größere Ernte und auch eine Ernte außerhalb der Saison. Gewächshäuser von Forever Flowering mit Lichtentzug verwenden einen atmungsaktiven Stoff, der sich mit Betätigung eines Schalters ausrollt. Es ermöglicht dem Grower, das Licht im Inneren zu ergänzen und das Licht von außen zu blockieren. Sie sind sowohl umweltfreundlich als auch wegen ihrer Sicherheit praktisch.

Während des Blüteprozesses konzentrieren sie ihre gesamte Energie in die reproduktive Entwicklung, in die Produktion der Knospen. Oft benötigen die Pflanzen 90 Tage oder mehr, um reif zu werden, sodass sie nur dort angebaut werden können, wo sich die Anbausaison bis Ende Oktober oder Anfang November erstreckt.

Sativa-Indica-Hybriden wachsen etwas mehr, auch wenn sie zu blühen beginnen. Sie sind die besten Sorten zum Growen in Gebieten, wo Pflanzen Mitte bis Ende Oktober geerntet werden können. Indica-Sativa-Hybriden wachsen nicht mehr viel, nachdem sie begonnen haben zu blühen. Es könnte sein, dass sie einen Schock erleiden, wenn sie von drinnen nach draußen gestellt werden, was zur Folge haben wird, dass sie zu blühen beginnen. Deshalb sollten sie 18 Stunden täglich drinnen sein. Sie werden nach sechs bis acht Wochen reifen, nachdem sie in die Blüte gegangen sind. Während der intensiven Tage zu Anfang August brauchen die Indoor-Pflanzen eine Klimatisierung im Schatten, bevor sie unter helles Licht gestellt werden. Ein Sprühmittel kann verwendet werden, damit die Pflanzen keinen Sonnenbrand bekommen und sich an das UV-Licht gewöhnen, das meistens unter HPS-Lampen herrscht.

SCHNELLER BLÜTESTART

Lange Perioden ununterbrochener Dunkelheit verursachen, dass Marijuana zu blühen beginnt. Dies wird chemisch durch Phytochrom gemessen, das von rotem Licht deaktiviert wird. Die inaktive Form wird als Pr bezeichnet. Falls rotes Licht mit einem Maximum von 666 nm und einer Wirkung von etwa 500-700 nm abwesend ist, geht Pr für etwa zwei Stunden in die aktive Pfr-Form über. Das beginnt mit der Dämmerung oder wenn die Lampen ausgeschaltet sind. Der Übergangszeitraum, währenddessen Pfr eine begrenzte Wirksamkeit hat, kann drastisch verkürzt werden. Pr ist empfindlich gegen infrarotes Licht mit einem Maximum von 730 nm und ist betroffen im Bereich von etwa 700 bis 750 nm. Falls es anwesend ist, geht Pr praktisch sofort in die aktive Form Pfr über. Dieser Effekt trägt zur Verkürzung der Zwei-Stunden-Zeit bei, die die Pflanzen brauchen, um aus der inaktiven in die aktive Form überzugehen.

Indoors, nachdem die Lampen ausgeschaltet sind, setzen wir die Pflanzen infrarotem Licht (730 nm) aus, das Pf schneller in Pfr umwandelt und die Blüte in der kürzeren Dunkelheitsperiode auslöst. Wir können die infrarote Beleuchtung mit LEDs oder Leuchtstofflampen versorgen. Infrarotes Licht kann auch benutzt werden, um die aktive Form des Hormons wiederherzustellen, wenn die Dunkelheit durch Licht unterbrochen wird. Das kann die Folgen der Dunkelheitsunterbrechung verbessern.

Im Freien haben wir keine Kontrolle über das Morgengrauen und die Abenddämmerung, aber man kann die Pflanzen außerhalb der Saison mit Hilfe infraroter Beleuchtung in die Blüte zwingen, um die Zeit zwei Stunden zu verlängern, in der die Pflanzen unter dem blüte-einleitenden Einfluss des Pfrs sind. Pflanzen, die 15 Stunden dem Licht und neun Stunden der Dunkelheit ausgesetzt werden, reagieren wegen der zusätzlichen zwei Stunden aktiven Hormons, als hätten sie ein Beleuchtungsregime von elf Stunden Dunkelheit. Die meisten Pflanzen beginnen bei weniger als elf Stunden Dunkelheit zu blühen, nachdem sie infrarotem Licht von 730 nm ausgesetzt worden sind.

WINTERERNTE

Diese Technik funktioniert am besten bei der Indoorzucht, wodurch die Versorgung der Pflanzen gesichert ist. Die Idee dahinter: lange Nächte von Ende August bis Anfang Februar verursachen, dass die Pflanzen, die nach draußen gestellt wurden, in die Blüte gehen und nach acht Wochen reif sind. Diese Technik kann in subtropischen und niedrigen geographischen Breiten mit mildem Klima angewendet werden, z. B. in Florida, an der Golf-Küste, auf Hawaii, in Süd-Kalifornien und in der Mittelmeer-Zone. Hier herrscht genug Sonnenlicht, um ein schnelles Wachstum im Winter zu unterstützen. Winterpflanzung und Winterernte haben viele Vorteile:

Spät reifende Sativas können mit Hilfe von Lichtentzug in die Blüte gezwungen werden. Wenn man das im späten Frühjahr oder im frühen Sommer tut, haben sie genug Zeit zu reifen.

Diese Pflanzen wurden nach sieben Wochen der Blüte am 12. August mit Hilfe von Lichtentzug geerntet. Nach zwölf Stunden Licht wurden die weißen/schwarzen Vorhänge über den Pflanzen platziert. Das geschah zwischen 18 und 19 Uhr. Die Vorhänge wurden kurz nach Einbruch der Dunkelheit entfernt, um Feuchtigkeit zu vermeiden, die durch Transpiration der Pflanzen und Kondensation verursacht wird. Achten wir darauf, dass das Gerüst sicher ist.

- Wir benötigen weniger Bewässerung als bei einer Sommerpflanzung.
- Winterpflanzen wachsen in einem besseren Temperaturbereich. Temperaturen unter 29 °C unterstützen ein rasches Wachstum und dichte Knospenentwicklung. Temperaturen über 32 °C belasten die Pflanze und verlangsamen das Wachstum – das Ergebnis sind karge Buds.
- Wahrscheinlich werden Pflanzen weniger von Insekten heimgesucht.
- Die Pflanzen bleiben viel kleiner und sind besser kontrollierbar.
- Polizisten und Diebe suchen Hanf nicht außerhalb der Saison.

Weißer/schwarzer Polyethylen-Kunststoff ist eine ausgezeichnete Bedeckung, weil er undurchsichtig ist. Die weiße Seite ist außen, damit das Licht reflektiert und der Innenraum nicht erwärmt wird.

GEWÄCHSHÄUSER

Gewächshäuser sind ideal, um die Gartensaison zu verlängern. Auch in unbeheizten Gewächshäusern verlängert sich die Wachstumszeit um drei Wochen – sowohl zu Anfang wie auch am Ende der Saison. Wir können weitere zwei Wochen gewinnen, wenn wir passive Heiztechniken anwenden, wie z. B. geschwärzte Wasserbehälter, die das Sonnenlicht absorbieren und nachts

Hohe Temperaturen können zu Problemen führen, wenn man die Pflanzen während des Sommers in die Blüte zwingt. Die Buds strecken sich und werden lockerer, das Wachstum verlangsamt sich, wenn eine Pflanze Temperaturen über 29 °C ausgesetzt wird. Es gibt mehrere Lösungen: Wasser in Hydrokultur-Systemen kann mit einem Aquarienwasserkühler oder Hydrokulturwasserkühler gekühlt werden. Wir halten die Wurzeltemperatur um 19 °C; kühl gehaltene Wurzeln verringern die Hitzebelastung in den Pflanzenspitzen. Dunsterzeugende Lüfter und Mikroverdunster vernebeln winzige Wassertröpfchen, bevor sie die Oberfläche erreichen. Sie brauchen wenig Wasser, können aber eine ganze Fläche um minus 9 °C oder mehr abkühlen. Sie sind mit einem Thermostat geregelt und schalten sich ein, wenn die Temperatur der Pflanzenspitzen sich 26 °C nähert.

Wärme abstrahlen. Mechanisch beheizte Gewächshäuser können den ganzen Winter über verwendet werden.

Grower in allen geographischen Breiten können diese Technik verwenden. In nördlichen Gebieten benötigen die Pflanzen im Winter zusätzliche Beleuchtung und Wärme, weil die Intensität des Sonnenlichts von Mitte November an rapide sinkt, und das setzt sich bis Mitte Februar fort. Auch wenn wir uns bemühen, die Anforderungen der Pflanzen an Umwelt und Energie zu erfüllen, ist das Gärtnern in Gewächshäusern einfacher als die Indoor-Zucht.

Unbeheizte Gewächshäuser werden oft verwendet, um spätblühende Sativas zu ziehen, die einen gewissen Schutz vor dem sich ändernden Klima brauchen. Sie können auch verwendet werden, um eine Ernte bei später Anpflanzung zu produzieren. Um das schwache Sonnenlicht des späten Herbsts zu ergänzen, werden während der Lichtperiode Halogen-Metalldampflampen benötigt, was zu einer erheblichen Maximierung der Ernte beiträgt. Die Menge des tagsüber verwendeten Lichts kann so eingestellt werden, dass auch die Sonnenintensität berücksichtigt wird. Wir nehmen 20 bis 30 Watt pro Quadratfuß (0,09 m²), je nachdem wie schwach das Sonnenlicht ist. Wir beleuchten die Pflanzen zu Beginn oder am Ende der Nacht zwölf Stunden intensiv mit 60 Watt pro Quadratfuß (0,09 m²), um die Ernte zu erhöhen. So könnten unsere Lampen von 11 bis 14 Uhr ausgeschaltet werden, weil da die Sonnenintensität am höchsten ist.

Eine Zeitschaltuhr schaltet die Lampen, die 30 Watt pro Quadratfuß liefern, für drei Stunden ein – nämlich zu Beginn des Sonnenuntergangs. Der zweite Timer schaltet dann die Beleuchtung von 60 Watt pro Quadratfuß (650 Watt pro m²) für einige Stunden ein, um das notwendige Zwölf-Stunden-Licht zu erzielen – danach werden sie ausgeschaltet. Das kann entweder mit zwei komplett separaten Lampensets konfiguriert werden, wobei das erste Set bis zum späten Nachmittag 25 Watt pro m² und das zweite zusätzliche 30 Watt (325 Watt metrisch) produzieren. Wir benutzen keine luftgekühlten Reflektoren, wenn die Temperatur im Gewächshaus unter 26 °C sinkt; die Wärme von den Lampen und Vorschaltgeräten wird dazu beitragen, das Gewächshaus warm zu halten.

UVB-LICHT UND BLÜTENZWANG

Marijuana hat eine sehr erfolgreiche Überlebensstrategie entwickelt. Es kann leicht gezüchtet werden, und genau so einfach vermeidet es die Züchtung. Während fast der ganzen Zeit der symbiotischen Bezie-

UVB-LICHT-DIAGRAMM

Die Menge an UVB-Licht, die eine Pflanze erhält, beeinflusst die THC- und Terpenproduktion. Pflanzen, die unter höheren UV-Werten gezüchtet werden, sind potenter. Die Menge an UV-Licht, das ein Gebiet erhält, ist durch dessen geographische Breite, die Saison, das Klima und das Wetter bestimmt. Das Licht erreicht den Äquator am unmittelbarsten und intensivsten. Auf der nördlichen Halbkugel, die Nordamerika und Europa umfasst, ist das UV-Licht im Dezember und Januar am niedrigsten. Nach diesen Monaten beginnt es anzusteigen. Je weiter vom Äquator entfernt, desto länger dauert es bis zum Gipfel und desto kürzer die Gipfelperiode und schwächer das Licht. In San Francisco zum Beispiel (Breitengrad 37,75) erreicht das UVB-Licht seinen Gipfel mit einem UVB-Index zwischen 9 und 11 um den 15. Mai. Das bleibt so bis etwa zum 15. August. Am 1. September fällt der Index auf 8 und im Oktober auf bis zu 6. Wenn wir unsere Pflanzen während des UV-Gipfels reifen lassen können, werden sie am potentesten. Wenn die Saison vorangeschritten ist und die UVB-Werte sinken, erreicht das Marijuana nicht die gleiche Stärke. Mit Hilfe dieser Informationen, egal wo wir auch wohnen, auch im hohen Norden, können wir mit Hilfe von Lichtentzug starke Pflanzen ziehen, weil unsere Pflanzen während des Höhepunkts reifen anstatt spät in der Saison. Diese Tabelle kann helfen, eine Pflanzstrategie festzulegen.

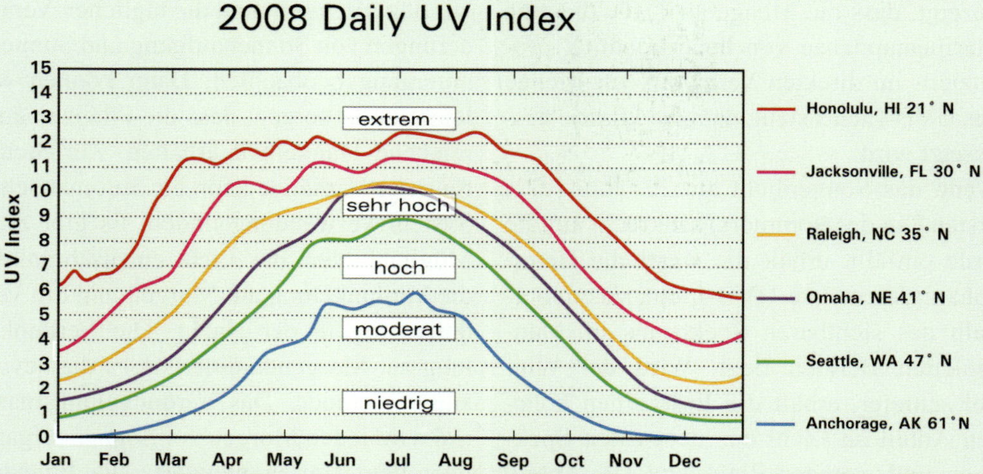

In Alaska (Breitengrad 61,22) erreicht das UV-Licht seinen Gipfel um den 20. Mai und beginnt Anfang September zu sinken. An seinem Höhepunkt bleibt der UV-Index innerhalb von 5 und 6, und zwischen dem 15. September und 1. April unter 2. Hawaiis UV-Gipfel ist extrem, der Index bleibt zwischen dem 1. März und 1. Oktober zwischen 10 und 12. An seiner tiefsten Stelle im Dezember ist er auf 6, ein höherer Wert als der Gipfel in Alaska je hatte. Mehr Informationen über den UV-Index sind online verfügbar unter: http://www.weather.gov/view/national.php?prodtype=ultraviolet

DIE BLÜTE

hung zwischen Mensch und Marijuana aktzeptierten wir dessen natürlichen Lebenszyklus, ohne zu versuchen, diesen zu verändern - abgesehen von der Entwicklung neuer Sorten, die ein wenig früher oder später reifen. Um den Lebenszyklus zu modifizieren, müsste ein Vorteil für mindestens eine Spezies vorliegen. Wir haben das Marijuana immer als herbstblühende und -reifende Kulturpflanze betrachtet. Es hat sich jedoch herausgestellt, dass unsere Interessen und die natürlichen Neigungen der Pflanze auseinandergehen. John Lydon veröffentlichte seine Doktorarbeit, in der er über Experimente berichtete, die er an Pflanzen durchgeführt hat. Sie haben gezeigt, dass die Menge an THC, die eine Marijuanapflanze von hoher Qualität produziert, im direkten Verhältnis zur Menge des UVB-Lichts steht, dem die Pflanze ausgesetzt wird.

Wenn das Sonnenlicht am 22. Juni (dem ersten Tag des Sommers) senkrecht auf die Erde einfällt, erhält die westliche Hemisphäre das meiste UVB-Licht, das außerhalb des sichtbaren Spektrums im blauvioletten Bereich liegt. Wird der Winkel schiefer, erhält die Erde einen höheren Anteil an Licht aus dem roten Spektrum und weniger Blau- und UV-Anteil. Im September oder Oktober, wenn Sinsemilla normalerweise reift, ist nicht nur das Licht viel weniger intensiv, sondern auch die Menge an geliefertem UVB ist nur ein kleiner Bruchteil jener Menge, die am 22. Juni auf die Erde einwirkt. Marijuanaknospen, die unter der intensiven Sonne des frühen Sommers reifen, sind größer, dichter und stärker als solche, die unter schwindender Sonne und beim unsteten Wetter des Herbstes wachsen.

Um die Blüte hervorzubringen, sollten die Pflanzen jeden Tag 12 Stunden der Dunkelheit ausgesetzt werden. Es sollten Verdunkelungsvorhänge über der Pflanzung platziert werden. Es gibt viele Möglichkeiten, Dunkelheit zu schaffen. Vom täglichen Umplatzieren der Pflanzen in und aus der Dunkelheit, über die Abdeckung des Gartens mit einer Folie bis zur automatisierten Verdunkelung von Kunststoff-Tunnnels. Um Pflanzen in die Blüte zu zwingen, müssen wir pünktlich sein und die täglichen Veränderungen von Sonnenaufgang und Sonnenuntergang beobachten. Dann können wir leicht dafür sorgen, dass die Pflanzen ausreichend Dunkelheit erhalten. Zur Steuerung der Vorhänge kann ein automatisches System Verwendung finden. Es gibt zwei Möglichkeiten, das Licht einzuschränken: die Verdunkelung am Morgen und die Verdunkelung in der Nacht. Die Verdunkelung zur Morgendämmerung ist die bevorzugte Methode. Das Verdunkelungsmaterial wird jeden Morgen vor Sonnenaufgang über dem Garten platziert. Die Pflanzen müssen zwölf Stunden vor Einbruch der Dämmerung beschattet werden. Wenn die Abenddämmerung um 21 und die Morgendämmerung um 6 Uhr beginnt, sollten die Vorhänge etwa um 5.30 Uhr über unserer Pflanzung angebracht werden.

UVB-Licht hat gesundheitliche Folgen für den Menschen. Es ist ein bekanntes Karzinogen und führt zu Grauem Star. Wir sollten UVB-Lampen immer ausschalten, bevor wir in unserem Garten arbeiten. Im Freien schützen wir uns vor den UVB-Strahlen der Sonne durch Sonnenschutzmittel, langer Bekleidung und Kopfbedeckung.

> *"Everyone smiles*
> *as you drift past the flowers,*
> *That grow so incredibly high."*
>
> Lyrics: John Lennon and Paul McCartney
> "Lucy in the Sky with Diamonds"

Sie sollten um 9 Uhr entfernt werden, nachdem die Pflanzen zwölf Stunden lang kein Licht bekommen haben. Eine andere Methode ist, die Vorhänge am Abend vorzubereiten. Die Vorhänge werden um 18 Uhr über dem Garten platziert. Um 21 Uhr, wenn die Nacht beginnt, werden die Vorhänge entfernt, sodass kondensierte Feuchtigkeit in der Nachtluft verdunsten kann. Um die Pflanzen während des Sommers in die Blüte zu zwingen, benötigen sie jeden Tag die entscheidende Dunkelperiode. Werden die Pflanzen täglich zwölf Stunden der Dunkelheit ausgesetzt, startet die Blütezeit. In späteren Stadien sollten Präventionsmaßnahmen gegen Schimmel getroffen werden, weil mehr Feuchtigkeit entsteht, wenn die Pflanzen abgedeckt sind. Wir besprühen die Pflanzen mit Serenade, biologischem Fungizid, Zero Tolerance, pflanzlichem Fungizid, mit Kaliumhydrogencarbonat, mit verdünnter Milch oder mit anderem organischen Fungizid, um Pilzbefall zu verhindern.

Die Pflanzung in den frühen Morgenstunden anstatt vor oder nach dem Einbruch der Dunkelheit abzudecken, bringt einen Vorteil. Die Pflanzen transpirieren, und nach der Dämmerung entsteht Tau. Das hat zur Folge, dass die Pflanzen unter der Plane feucht bleiben. Je weiter die Vorhänge von den Pflanzen entfernt sind, desto weniger Auswirkungen hat die Kondensation auf den Garten. Mit dieser Technik wird das beste Outdoor-Marijuana gezogen. Die Gründe dafür sind das intensivere Licht, der größere UVB-Anteil und die besseren Wetterbedingungen.

FAKTEN ÜBER UVB-LICHT

Ultraviolett-B-Licht (UVB-Licht) ist ein Lichtspektrum, das für uns unsichtbar, aber für Insekten und andere Organismen sichtbar ist. Bei Menschen sorgt es für Sonnenbräune und Sonnenbrand und kann Grauen Star verursachen. Bräunungslampen emittieren UVB-Licht.

UVB-Licht wirkt sich auch auf die Stärke von Marijuana aus. Die Potenz des Marijuanas von hoher Qualität steigert sich im direkten Verhältnis zur Menge des UVB-Lichts. Das hat größere Bedeutung. In Kalifornien, wo Apotheken Cannabis ankaufen, lehnen sie Outdoor-Material, das im Herbst geerntet wurde, häufig ab, weil sie

Eine grüne CFL kann in einem blühenden Garten ohne Störung des Blütezyklus zum Einsatz kommen.

Diese Lampe hat eingebaute grüne LEDs an einer Mütze befestigt, damit der Grower die Hände frei hat.

es als minderwertig erachten. Sie haben herausgefunden, dass es nicht die Potenz von Indoor-Pflanzen aufweist und dazu einen raueren Rauch produziert. Allerdings wurde Outdoor-Marijuana akzeptiert, das am 10. August in die Reife gezwungen wurde, – weil es eine enorme Potenz hatte und die Rauheit fehlte. Rauheit kann ein Ergebnis kühler Nächte sein.
Indoor unter Leuchtstofflampen und Natriumdampf-Hochdrucklampen (HPS) erhalten die Pflanzungen nur wenig UVB-Licht. Halogen-Metalldampflampen (MH) ohne Glasreflektoren emittieren etwas mehr. Es gibt jedoch Möglichkeiten, den Garten mit UVB-Licht zu versorgen. Bräunungslampen bräunen, weil sie UVB-Licht emittieren. Mit Bräunungslampen steigt der THC-Gehalt der Ernte. Reptilien und Echsen benötigen das UVB-Spektrum, um gesund zu bleiben, so dass das Licht der „Reptilien-Leuchtstoffröhren" zu zehn Prozent aus UVB-Licht besteht. Bräunungslampen sind im Internet erhältlich. Diese Lampen benötigen fünf bis zehn Prozent des totalen Stromverbrauchs. Für einen Garten, der 1000 Watt verbraucht, benutzen wir 100 Watt für diese spezielle Beleuchtung.
Durch UVB-Licht im Garten verbessert sich das Marijuana auf natürlichem Weg, ohne besondere Formeln und Chemikalien.

GRÜNES LICHT IN DER NACHT

Die Pflanzen haben sich über Hunderte von Millionen Jahren entwickelt und sind dabei niemals einer Trennung der Lichtspektren oder ungewöhnlichen Beleuchtungregimes ausgesetzt gewesen. Wenn sie Licht bekamen, dann immer von der Sonne. Und die bietet eine Mischung verschiedener Spektren, aus denen die Pflanzen wählen konnten. Mit Erfindung der Gasbeleuchtung und später der elektrischen Beleuchtung wurden die Pflanzen mit ungewöhnlichen Regimes und aufgesplitterten Spektren konfrontiert. Pflanzen messen die Tageslänge mit Hilfe von roten und infraroten Lichtspektren. Sie benötigen grünes Licht deutlich weniger als andere Spektren, sie reflektieren viel von davon, während sie andere Spektren meist absorbieren. Die Tatsache, dass Pflanzen gegen grünes Licht unempfindlich sind, kann für Grower von Vorteil sein. Wenn wir die Lampen in der Mitte des Dunkelzyklus einschalten, stören wir das Paradigma der blühenden Pflanze.
HPS-, Leuchtstoff- und MH-Lampen emittieren rotes Licht. Grüne Leuchtstoff- und LED-Lampen enthalten kein rotes Licht und verursachen dadurch keine Störung der Dunkelheitsperiode. Wir können im Garten unter adäquatem Licht arbeiten, solange es grün ist.

TEIL IV QUICK POINTS: AUF GEHT'S – WIR GROWEN!

VEGETATIVES WACHSTUM

Sobald sich die Wurzeln an die neue Umgebung gewöhnt haben, ist es an der Zeit, sie mit mehr Licht und Nährstoffen zu versorgen. Harte, pralle Blätter und neues Wachstum weisen darauf hin, dass die Pflanze auf rasantes Wachstum vorbereitet ist. Die Pflanzen sollten gut mit Stickstoff (N) gedüngt werden, bis sie in die Blüte versetzt werden. Wenn Marijuana während der vegetativen Phase all seinen Anforderungen entsprechend reichlich versorgt wird, einschließlich aller Nährstoffe, wächst es sehr schnell. Wenn Boden oder Erdmischung die Nährstoffbedürfnisse der Pflanzen nicht erfüllen können, bedürfen sie der Düngung. Die Blätter haben Spaltöffnungen, die dem gleichen Zweck wie menschliche Poren dienen: Sie öffnen und schließen sich nach Bedarf, um die Absorption von CO^2, Wasser und Nährstoffen zu regulieren. Blattgedüngte Pflanzen wachsen schneller. Blattdüngung ist besonders hilfreich, wenn Pflanzen an einem Mangel leiden, weil die benötigten Nährstoffe direkt in die Blätter gelangen.

Einige Schnitttechniken erhöhen den Ertrag in einem bestimmten Gebiet. Darüberhinaus nehmen beschnittene Pflanzen in der Regel mehr Platz in Anspruch als unbeschnittene, so dass der Ertrag pro Pflanze durch Beschneiden wesentlich erhöht werden kann. Beschneiden, Biegen und Supercropping können angewendet werden, um den Ertrag zu erhöhen und um die Form und die Richtung des Pflanzenwachstums zu beeinflussen.

Gut zu wissen

- Es ist wichtig, die unteren Blätter der Pflanze zu beschneiden, um Luft für den oberen Teil zu sichern und um Stecklinge fürs Kloning zu bekommen. Das maximiert auch den Ertrag, indem die Energie für das Pflanzenwachstum in die oberen Zweige gezwungen wird, wo das meiste Licht zur Verfügung steht.
- Im Gegensatz zur allgemeinen Annahme sollten die Laubblätter während der vegetativen Phase nicht entfernt werden. Sie sind Zuckerfabriken, die Licht in chemische Energie umwandeln. Sie versorgen den Stoffwechsel mit Energie und produzieren mithilfe von Stickstoff und Phosphor Aminosäuren und Proteine.

BLÜTEZEIT

Marijuana ist eine Kurztagspflanze. Wenn die Tage kürzer werden, bestimmt die Pflanze auf Grund der Stunden ununterbrochener Dunkelheit, wann es an der Zeit ist zu blühen. Der natürliche Lebenszyklus des Marijuana, das jährlich im Herbst blüht, beginnt im Frühjahr mit Keimung der Pflanze. Dann folgt das kräftige vegetative Wachstum in der Mitte des Sommers und schließlich die Blüte und die Samenproduktion im Herbst. Wir können mithilfe des natürlichen Kreislaufs manipulieren und die Produktion durch eine Veränderung des Lichtregimes sogar outdoors erhöhen. Solange die Pflanze dem roten Licht im 680-Nanometer-Bereich ausgesetzt ist, bleibt Phytochrom, das für die Blüte verantwortliche

Hormon, inaktiv. Wenn sich die Pflanze in der Periode der verlängerten Dunkelheit befindet, geht das Hormon allmählich innerhalb zwei Stunden in seine aktive Form über.

Bleibt der Hormonspiegel für eine entscheidende Zeit über mehrere Tage hoch, gehen die Pflanzen vom vegetativen Wachstum in die Blüte über. Die Anzahl der Dunkelheitsstunden, die die Pflanzen brauchen, um die Blüte zu beginnen, ist sehr unterschiedlich. Um die Blüte zu erzwingen, müssen die Lampen regelmäßig ein- und ausgeschaltet werden, und die Dunkelheit darf nicht unterbrochen werden. Eine konsistente, ununterbrochene Dunkelheitsperiode ist für Marijuana und andere nachtblühende Pflanzen der Schlüssel zu guten Ergebnissen. Damit die weiblichen Pflanzen reifen, ohne Samen zu produzieren, müssen sie unbefruchtet bleiben. Da Cannabis zweihäusig ist, erscheinen männliche und weibliche Blüten auf verschiedenen Pflanzen. Männliche Blütenknospen sehen wie Zwiebeln aus, die aus dünnen Stielen wachsen. Weibliche Pflanzen haben keine Blütenblätter, sie sind an ihren Stempeln erkennbar. Manchmal können Pflanzen, die ursprünglich weiblich waren, zu Hermaphroditen werden und neben den weiblichen auch männliche Blüten produzieren.

Nähern sich die Buds der Reife, beginnen die Trichome, die winzigen, stengelartigen Harzdrüsen, die THC, Terpene und andere Cannabinoide enthalten, auf den Blättern rund um die Blüten zu wachsen. Die Blüte wird komplett mit Harzdrüsen bedeckt sein. Die Trichome werden markanter und stehen aufrecht. Wenn sich Harz in den Trichomköpfchen sammelt, wird das Aroma intensiver, dies erreicht seinen Höhepunkt in derselben Zeit, in der die Trichome beginnen, im Licht zu fluoreszieren.

Weil Marijuana wächst und die Blütenbildung von der Dunkelheit abhängig ist, kann die Manipulation des Lichtzyklus eine blühende Pflanze ins vegetative Wachstum zurückzwingen.

Gut zu wissen

- Der aktive Zustand des Blühhormons Phytochrom heißt Pr. Der inaktive Zustand ist Pfr.
- Einige Pflanzen, primär weibliche, können Hermaphroditen werden und neben den weiblichen männliche Blüten produzieren. Das kann aus mehreren Gründen passieren, zum Beispiel aus genetischen oder aufgrund von Stress oder drastischen Umweltveränderungen.
- Alle Marijuanasorten reagieren auf längere Dunkelheitsperioden mit einer Beschleunigung der Reifung. Die Verkürzung der Lichtperiode auf zehn Stunden Licht und 14 Stunden Dunkelheit zwingt die Pflanzen, schneller zu reifen.
- Wenn sich die harzgefüllten Trichomköpfchen von einer klaren zu entweder gelber oder trübweißer Farbe verfärben, sind die Buds bereit, geerntet zu werden.

Teil V

ERNTE UND VERARBEITUNG

DIE ERNTE

Wenn die Buds reif sind, ist es an der Zeit zu ernten. Wie erwartet, gibt es mehr als eine Möglichkeit, unsere Pflanzen zu ernten. Die Methoden lassen sich in zwei Hauptkategorien unterteilen: die Ernte der ganzen Pflanze oder die Ernte der einzelnen Buds, sobald sie reif sind.

Der Vorteil der Ernte von einzelnen reifen Buds ist, dass damit die unteren und oberen versteckten Buds die Möglichkeit haben, voll auszureifen. Das ist in aller Regel innerhalb von zehn Tagen geschehen. Es besteht ein signifikanter Unterschied in Potenz und Qualität zwischen reifen und unreifen Buds, sodass die zusätzliche Zeit und Arbeit, die mehrere Ernten und die täglichen Kontrollen der Buds mit sich bringen, den Aufwand durchaus wert sind.

PFLÜCKE KEINE BUDS, BEVOR ES AN DER ZEIT IST

Einige Knospen reifen früher als andere, weil der obere Teil der Pflanze mehr Licht bekommt. Wenn indoors nur eine oder zwei fixe Lampen installiert sind, befindet sich ein großer Teil der Pflanzenteile in Spitzennähe ständig im Schatten. Die Buds und die Blätter unmittelbar darunter befinden sich auch im Schatten. Deshalb empfiehlt es sich, Lampenbeweger oder mehrere Lichtquellen zu verwenden. Allerdings sind da noch die Buds im Unterwuchs (der Bereich unterhalb des Oberteils), die noch nicht reif sind und mehr Zeit brauchen. Outdoors können Buds durch Laubblätter oder andere Pflanzenteile versteckt sein. Auch wenn die Pflanze beschnitten und gebunden wurde, können manche Teile sich für einige Zeit im Schatten befinden. Es hängt von der Sorte ab, wie eine Pflanze reift. Einige Pflanzen reifen zunächst oben, andere reifen von unten nach oben. In der Regel reifen die äußeren Buds zuerst. Wenn wir warten und nicht die unreifen Buds pflücken, haben wir die feinste Ernte zu erwarten. Ein weiterer Vorteil der teilweisen Ernte, besonders für große Ernten, ist das Mehr an Zeit, das wir für die Verarbeitung des Materials haben. Eine große Ernte, die länger als zwei Wochen dauert, ist viel einfacher zu verarbeiten, als eine, die auf einen Rutsch durchgeführt wird.

MANIKÜRE

Die Maniküre ist der Prozess, bei dem die Blätter von den Blüten entfernt werden. Die beste Zeit für die Maniküre ist direkt nach der Ernte. Frische, feuchte Knospen sind leichter zu behandeln. Genauso wichtig ist, dass die Trichome, die das THC und die Terpene enthalten, biegsam und nicht spröde sind, weil es dann wahrscheinlicher ist, dass sie an der Pflanze bleiben. Wenn sie trocken sind, brechen viele Drüsen während der Maniküre ab. Viele Grower maniküren ihre Buds schon, wenn die Pflanzen noch stehen. Die Pflanzen stehen in einer praktischen Position, um die Laubblätter und andere Vegetation zu entfernen, und die Knospen werden zudem weniger beschädigt. Wir sollten diese Technik jedoch nur ein paar Tage vor der Ernte

Die Pflanze wird mit einer großen Schere abgeschnitten.

Nahaufnahme des Schnitts.

Die Pflanzen werden gestapelt und in wenigen Minuten in den Bearbeitungsbereich geschoben.

anwenden. Nach der Ernte verwenden wir während der Maniküre viel Licht, damit wir deutlich sehen können, was wir machen. Decken- und Schreibtischlampen bringen uns das Licht dorthin, wo wir es brauchen. Wir arbeiten auf einer glatten Oberfläche, so dass Schnittreste und lockere Trichome einfach gesammelt werden können. Einige Manikürer arbeiten über einem Sieb aus Seide, Nylon oder Stahldraht, das fest auf einen Rahmen gespannt ist. Ein Sieb mit der Maschenzahl von 100 Strängen pro Quadratzoll fängt alle Drüsen sicher auf, die während der Maniküre abgebrochen wurden.

Die losen Trichome enthalten Cannabinoide, und sobald sie gesammelt wurden, können sie geraucht, verdampft oder gegessen werden. Es gibt viele Möglichkeiten, eine Maniküre zu machen, und die Grower nutzen alle möglichen Scheren. Wichtig ist, dass die Scherenblätter lang und dünn genug sind, um an den Blattstiel (Petiolus) heranzukommen. Gefederte Trimmer sind wohl die beliebtesten. Sie öffnen sich wieder von alleine, nachdem sie zusammengedrückt worden sind. Die Maniküre der frisch geernteten Pflanzen beginnt mit dem Beschneiden der Äste vom Stamm. Wir können dann die Blätter maniküren, während die Knospe am Zweig verbleibt, oder wir pflücken die Knospen von den Zweigen. Dann entfernen wir die großen Sonnenblätter (Laubblätter) rund um die Buds. Die größeren Blätter können auch mit der Hand abgerissen werden.

Als nächstes schneiden wir die vielen kleineren Blätter rund um die Buds ab. Dies wird als Trimmen bezeichnet. Die Knospen sollten nun fast nackt erscheinen, mit Ausnahme einiger einzelnen Blätter, die sich zwischen den Blüten befinden. Wir können einige von diesen Blättern am Blattstiel abschneiden. Alternativ schneiden wir die Blätter unten bis zur Knospe ab.

Diese vier Schritte: Die Beschneidung des Stiels und des Buds am Stiel, die Beseitigung der großen Blätter und der Knospenblätter, können in verschiedenen Stufen durchgeführt werden. Das ist abhängig von der Größe der Ernte, der Anzahl der Menschen, die beim Trimmen helfen, und vor allem von unseren Präferenzen.

Es gibt viele andere Maniküre-Techniken. Hier sind einige:

1. Die Pflanzen kopfüber an ein gespanntes Seil oder eine dünne Stange hängen. Die großen Blätter beschneiden, während sie noch am Stiel sind.

Ganja wird in Khandwa, Indien, mit bloßen Händen verarbeitet. (1981)

Diese Blätter sind bereit für die Weiterverarbeitung.

DIE ERNTE

Maniküre mit den Händen. Wir halten die Knospe vorsichtig in einer Hand, während wir überflüssiges Material mit einer gefederten Schere abscheiden.

Dieses Maniküre-Sieb fängt die Drüsen auf, die von den Buds fallen, während sie manikürt werden. Nach dem Trimmen können wir die Drüsen zusammenkratzen und rauchen!

2. Die Stiele in eine passende Länge schneiden, etwa 25 cm. Dann können wir sie halten, während wir die Buds trimmen.
3. Der Markt bevorzugt nackte Buds, aber Homegrower können mit dem Trimmen der kleinen Blätter rund um die Buds warten. Wir entfernen sie erst kurz vor Verwendung. Die Blätter bilden ein Schutzschild um die Knospe, was die Trichome während der Lagerung und Verarbeitung schützt.

Wenn wir uns mit verschiedenen Sorten bekannt machen, werden wir feststellen, dass deren Eigenschaften ziemlich variieren: Einige bilden dickere Buds aus, andere längere. Die Knospengröße variiert je nach Position, die sie an der Pflanze hatte.

DER AUFBEWAHRUNGSORT

Hier wird das unverarbeitete Material gelagert. Ganze Pflanzen können aufgehängt werden. Wenn wir die Pflanzen in handliche Größen zwischen 25 und 60 cm schneiden, sparen wir durch die Beseitigung der Stiele und der kahlen Äste Platz, und es ist dann leichter, sie auf Tabletts oder in Kartons zu lagern.

Wenn die Buds verarbeitet werden sollen, während sie noch geschwollen sind, halten wir die Temperatur des Aufbewahrungsorts so niedrig wie möglich. Die Pflanzen bleiben frisch und prall, wenn sie bei niedrigen 4 bis 6 °C gehalten werden, also bei der Temperatur eines Kühlschranks. Für bescheidene Mengen können wir das Gemüsefach im Kühlschrank nutzen. Die Lagerung einer neuen Ernte bei niedrigen 15 bis 16 °C verringert den Feuchtigkeitsverlust beträchtlich, allerdings macht eine Lagerung bei dieser Temperatur die Buds anfällig für Schimmel. Eine Senkung der Temperatur auf 10 bis 15 °C hält die Vegetation frisch. Eine starke Luftzirkulation bewahrt die Buds davor, angegriffen zu werden. Wenn die Buds vor der Verarbeitung getrocknet werden sollen, sollten sie zuerst behandelt werden. Die Buds an den Pflanzen trocknen zu lassen, dauert länger

Die große Ernte wurde in die Scheune gehängt, um zu trocknen. Manikürt wird später.

Die hängenden Pflanzen warten ungeduldig darauf, verarbeitet zu werden.

Diese Zweige mit Buds wurden auf etwa 35 cm geschnitten und hängen an Schnüren. Sie werden manikürt, sobald sie trocken sind.

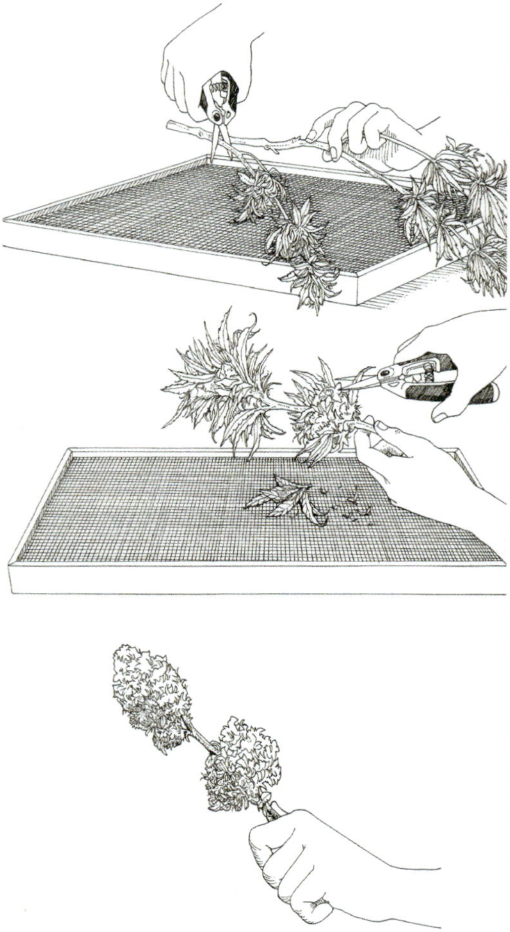

Die Drüsen fallen durch das große Manikürsieb und werden später gesammelt.

Schlechte Planung und falsches Mobiliar verlangsamen die Bearbeitung. Die Manikürer sollten möglichst nahe an den Arbeitstischen sitzen. Plastik-Gartenstühle bewirken, dass sie sich nach vorne beugen müssen. Das ist eine unbequeme Haltung, welche das Arbeiten erschwert. Man sollte geeignetes Mobiliar verwenden für diese Arbeit.

als an abgeschnittenen Ästen, weil viel Blattwerk beseitigt wird, wenn die Äste geschnitten werden. Die langsamere Trocknung mildert den Geschmack ab.

DER VERARBEITUNGSORT

Pflanzen oder Äste werden für die Maniküre an diesen Ort geholt. Passende Tische, Stühle und eine helle, hochwertige Beleuchtung verbessern die Voraussetzungen und beschleunigen die Arbeit. Andererseits erschweren ungeeignete Möbel wie niedrige Tische, Plastikstühle für Terrassen und ungleichmäßiges Licht von niedriger Intensität die Arbeit. Der Verarbeitungsort sollte unterschiedliche Bereiche für die unverarbeiteten und verarbeiteten Buds und für die abgeschnittenen Blätter und Laubblätter haben, die nicht weggeworfen werden sollten.

Eine Maniküre-Party für die jährliche Ernte ist ein Spaß, ein fröhlicher Anlass. Ein komfortables Arbeitsumfeld ist wichtig für die Manikürer. Wir sollten beachten, dass der Raum gut beleuchtet ist und dass um den Tisch herum auf stabilen Stühlen gearbeitet werden kann.

DER RAUM ZUM ABBINDEN UND TROCKNEN

Hier werden die verarbeiteten Knospen ungestört gelagert, bis sie abgepackt werden. Die manikürten Buds werden entweder in Kästen oder auf Tabletts in einer flachen Schicht gelagert, sodass alle Buds genügend Luft bekommen. Sie können auch aufgehängt werden, um zu trocknen. Lüfter verteilen die Luft. Ventilatoren versorgen den Raum mit kühler, trockener Luft, Luftentfeuchter entfernen die Feuchtigkeit.

MANIKÜRE-CREWS

Wenn Marijuana kommerziell angebaut wird, werden zuweilen Maniküre-Crews bemüht, um die Ernte zu verarbeiten. Das funktioniert in den meisten Fällen gut. Die Arbeit im Freien hat jedoch inhärente Mängel:

- Die Geheimhaltung ist gefährdet, weil mehrere Personen beteiligt sind, die mit anderen reden werden.
- Die Fähigkeiten und das Arbeitstempo der Arbeitskräfte sind unterschiedlich.
- Essen und gegebenenfalls eine Unterkunft müssen für die Arbeitskräfte besorgt werden.
- Taschendiebstähle und Diebstähle von Marijuana sind üblich.

Die Lösung für eine große Ernte, die nicht auf einmal manikürt werden kann, ist, sie rechtzeitig zu verarbeiten, damit sie nicht schimmelt oder verrottet. Sobald wir sie gesichert haben, beginnen wir mit der Maniküre. Die Trocknung ist der Schlüssel. Pflanzen können als Ganzes aufgehängt und dann getrocknet werden, oder sie können vor dem Trocknen in einzelne Äste oder die Knospen vom Stiel geschnitten werden und auf ein Sieb oder Tablett gelegt werden. Es dauert länger, ganze Pflanzen zu trocknen als geschnittene Äste.

Wenn wir die Knospen von den Stielen entfernen, legen wir sie in Schichten auf Tabletts, damit sparen wir eine enorme Menge Raum. Sobald die Buds trocken sind, geht die Maniküre schneller. Die Blätter sind spröd und brechen leicht vom Stiel ab. Scheren brauchen wir nicht groß zu benutzen, weil die Blätter leicht vom Stiel abzureißen sind.

Mit einer Schere können Knospen-Reste oder Blattstile vom Stamm entfernt werden. Die Verarbeitung von Hand ist eine anstrengende, zeitaufwendige Aufgabe, die mit automatisierten Geräten beschleunigt werden kann.

Die elektrische Bonsai-Schere verfügt über drei stationäre feste Klingen und eine Klinge, die sich hin- und herbewegt. Der Manikürer führt lediglich den Griff hin und her, und die Klingen schneiden die Pflanze wie eine summende Schere. Nach einigen Minuten der Übung schneidet diese Schere summend frische große Knospen, die sich am Zweig befinden.

Der Big Red Shredder beschleunigt die Maniküre von Hand. Man kann ihn für Buds aller Größen einsetzen.

- Bonsai Hero ist eine elektrische Schere mit zwei festen Klingen und einer zweiseitigen mittleren Klinge, die sich hin- und herbewegt und in alle Richtungen schneidet. Die Klinge vollführt sechs komplette Umdrehungen in einer Sekunde. Der Anwender hält den Griff und führt die Klinge über den Bud, der damit hervorragend getrimmt wird. Nach einer kurzen Einarbeitungszeit kann der Anwender zwei- bis dreimal schneller trimmen, als es manuell der Fall wäre.
- Big Red Shredder ist eine kleine, ziemlich leichte und portable Maschine, die als Ergänzung zum Handtrimmen verwendet wird. Es handelt sich um ein Rohr mit Schlitz an der Oberseite, das mit einer rechteckigen Box verbunden ist. An der Box ist ein Staubsauger angeschlossen, der einen Saugeffekt am

Manuelles Trimmen kann bei großen Kolabäumen die beste Methode sein, ist aber auch für mittelgroße Projekte geeignet. Das Trimmen von Hand ist sehr zeitaufwendig. Spin Pro ermöglicht dem Grower eine Unze nassen Marijuanas in weniger als einer Minute zu trimmen. Das Gerät ist leicht zu reinigen und erleichtert es, die Blütenstände zu sammeln.

Trim-Pro reduziert die Bearbeitungszeit um etwa zwei Drittel. Von oben nach unten: Die unmanikürten Knospen werden auf den Grill gelegt. Die Klingen ziehen die Blätter nach unten und schneiden sie. Die Blätter werden entfernt; die Knospe ist bereit für Schnitt oder Trocknung.

Schlitz verursacht. Unter der Oberfläche des Schlitzes (aber außer Reichweite der Hände) dreht sich eine Klinge. Wird die Maschine eingeschaltet, beginnt der Sauger zu saugen, und die Klinge dreht sich. Die Maniküerer entfernen mithilfe der Maschine das Blattwerk von den Buds. Die Blätter werden in den Schlitz eingezogen und abgeschnitten. Die Maschine verkürzt die Zeit des Handtrimmvorgangs aller Buds um 50 Prozent und mehr. Die Maschine ist aber sehr laut, besonders wenn der Staubsauger im selben Raum steht. Wir sollten also einen Ohrenschutz tragen, z. B. Ohrenstöpsel.

- Der "Hand-Spinner" besteht aus einer Schüssel mit Grill, auf den die Buds gestellt werden. Der obere Teil wird befestigt, dann dreht der Anwender den Griff am Deckel. Die Knospen kommen in Kontakt mit den Klingen, die Blätter werden schnell getrimmt. Der Spinner ist auch als elektrisches Modell erhältlich, das schneller arbeitet und keinen starken Arm erfordert.
- Trim-Pro und Hedge Hog sind Maschinen für die Hand-Maniküre mit Grill, einer sich drehenden Klinge und einem Staubsauger, der einen Sog erzeugt. Der Vorteil dieser Maschinen ist, dass sie nicht nur einen einzelnen Schlitz haben, sondern einen regelrechten Grill, der ein wenig an einen Party-Grill erinnert, nur sind die Schlitze länger, um die Fin-

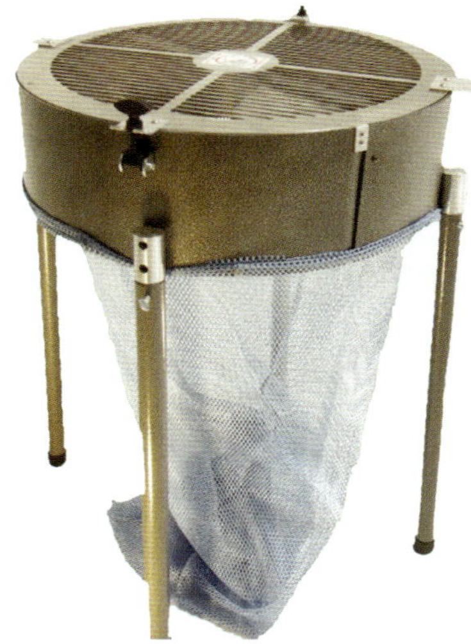

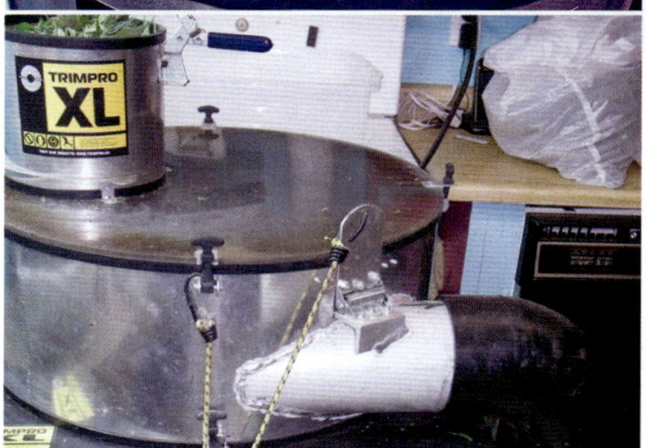

Die Trim-Pro-Gasoline wird von einem ruhigen Honda-Benzinmotor angetrieben und kann leicht von einem „Table Top"-Trimmer an einen automatischen Prozessor angepasst werden.

Die Maniküre kann eine zermürbende Arbeit sein. Trimm-Maschinen reduzieren die Zeit und die Arbeitskraft, um die Ernte für den Verbrauch vorzubereiten. Die Hedge Hog von Best Coast Growers trimmt Laubblätter und manikürt die Buds – darüber hinaus hält sie alle Blüten gleichförmig. Das Gerät umfasst ein Reservoir, um das Trimm-Material für die spätere Verarbeitung in Nahrungsmitteln und Extrakten aufzuheben.

ger vor den Klingen zu schützen. Allerdings sollte diese Maschine aus Sicherheitsgründen nur mit dicken Leinwandhandschuhen bedient werden. Die größere Anzahl Schlitze und die größere Behandlungsfläche reduzieren die Maniküre-Zeit um zwei Drittel im Vergleich zur Hand-Maniküre.

- Die Trim-Pro-Auto ist eine Maschine, die vollautomatisch funktioniert. Die Buds werden vom Stiel entfernt und in einen Trichter gelegt, der manuell freigegeben wird. Sie fallen in eine Wanne, die etwa die Form eines Autoreifens mit Unterteller hat, wo sie umherwirbeln und in Kontakt mit der Schneidklinge kommen. Wenn der Anwender befindet, dass die Buds fertig getrimmt sind, öffnet er eine Röhre, und die Buds fallen heraus.

Tunnel-Maschinen sind die schnellsten, leistungsfähigsten Maniküre-Maschinen. Sie benötigen am wenigsten menschliche Aufmerksamkeit, um sicher zu laufen. Die Buds werden in einen

Große Gewächse erfordern viel Zeit und Arbeit bei der Ernte. Alle zusätzlichen Augen und Hände können auch eine Sicherheitslücke sein. Trimm-Maschinen reduzieren die benötigte Zeit und Arbeitskraft, um die Ernte einzuholen. Die Twister-Maschine hat selbstreinigende Klingen und schafft bis zu 320 Schnitte pro Sekunde.

rotierenden Tunnel gebracht. Während sie auf einem ein wenig geneigten Weg nach unten rollen, drehen sie sich ständig. Der Tunnel besteht aus einem Rohr mit Lamellen. An der Unterseite des Rohrs wird ein Sog erzeugt. Die Knospenblätter werden in die Lamellen reingezogen und von einer sich schnell drehenden Klinge abgeschnitten. Die Buds passieren die Maschine in wenigen Minuten. Wenn sie aus dem Tunnel fallen, sind sie fertig manikürt.

NACHBEHANDLUNG

Die Nachbehandlung ist ein Prozess nach der Ernte, aber vor der Trocknung, bei dem viele zelluläre Stoffwechselprozesse für eine Weile bestehen bleiben. Die Buds trocknen weiter, wenn sie bei 15 bis 21 °C mit fünfzigprozentiger Luftfeuchtigkeit gelagert werden. Die Zellen behalten ihre Feuchtigkeit und wandeln komplexe Kohlenhydrate zurück in einfache Zucker

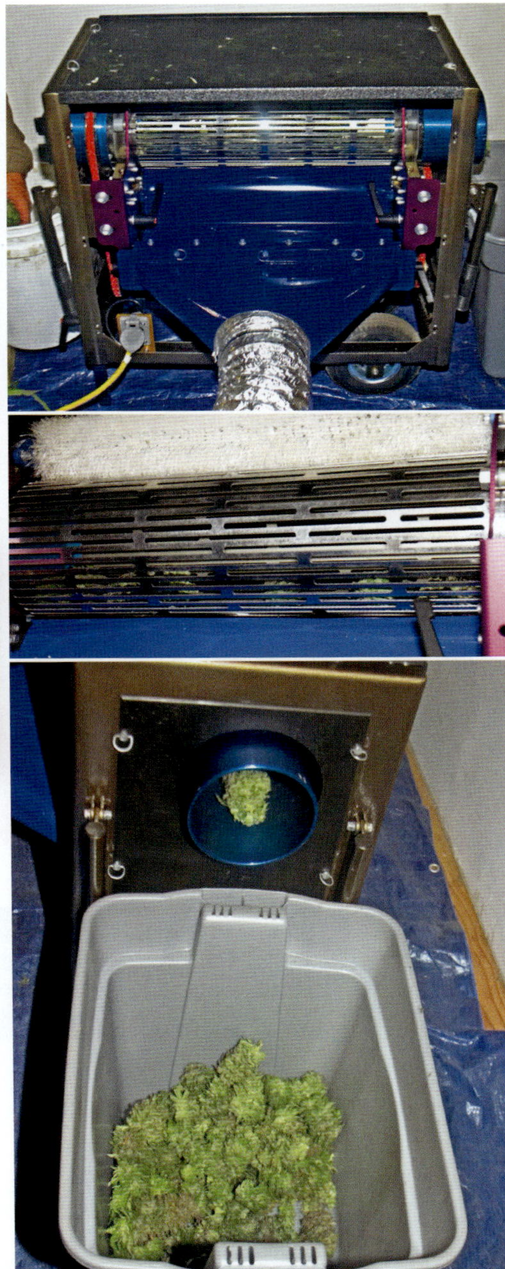

Die Tunnel-Maschine macht kurzen Prozess mit Buds aller Größen. Die Blüten werden in das eine Ende des langen Röhrchens gegeben und fallen aus dem anderen Ende heraus. Die Blätter sind mittels Saugkraft durch die Schlitze in die Röhre eingezogen worden. Eine rotierende Klinge unter dem Rohr schneidet sie ab. Die Buds fallen nach der Verarbeitung heraus.

Rolling Thunder trimmt 20 oder mehr Pfund (10 kg) pro Stunde, mit elf verschiedenen Klingen, die mehr als 320 Schnitte pro Sekunde schaffen. Arbeit mit der Rolling Thunder ist eine der schnellsten, effizientesten Möglichkeiten, eine große Ernte zu trimmen.

um und bauen einige Pigmente ab, einschließlich Chlorophyll. Wenn Chlorophyll metabolisiert, färbt sich die Knospe in ein helleres Grün. Es werden Pigmente sichtbar, die früher durch das Chlorophyll versteckt waren. Deshalb entwickeln Buds rote, gelbe und lila Akzente. Buds können höchstens bis zu drei Tagen lebendig bleiben und solche Vitalprozesse fortsetzen. Sie verlieren allmählich an Feuchtigkeit, und nach einigen Tagen sind alle Zellen abgestorben. Knospen, die zu schnell getrocknet werden und keine Nachbehandlung erfahren, enthalten mehr Chlorophyll, das dem Rauch diesen „grünen" Pfefferminzgeschmack und die typische Rauheit verleiht, und das den intensiven Geruch oft verringert. Knospen, die richtig nachbehandelt und langsam getrocknet werden, haben den milden Geruch feiner Kräuter.

Wir sollten den Nachbehandlungsraum schwach beleuchtet halten und Luftzirkulation gewährleisten. Es ist wichtig, die Feuchtigkeit zu regulieren, sie sollte sich zwischen 45 und 55 Prozent bewegen. Übermäßige Luftfeuchtigkeit fördert Schimmel, unzureichende Feuchtigkeit, 40 Prozent oder niedriger, fördert eine zu rasche Trocknung und erschwert den Nachbehandlungsprozess.

Behälter mit Buds, vor und nach dem Trimmen.

Nachdem die Buds nachbehandelt wurden, werden sie getrocknet. Bei 50 Prozent Feuchtigkeit trocknen die Knospen nach und nach über eine oder zwei Wochen, je nach Größe.

Eine Senkung der Luftfeuchtigkeit auf 40 bis 20 Prozent beschleunigt den Trocknungsvorgang. Knospengröße und die Größe des Trocknungsraums im Vergleich zur Menge an Buds, Temperatur und Luftfeuchtigkeit – all diese Faktoren haben Einfluss auf die Trocknungsdauer. Eine Möglichkeit, um die Temperatur und die Luftfeuchtigkeit niedrig zu halten, ist eine Klimaanlage mit einem auf 18 °C eingestellten Thermostat. Wenn die Temperatur draußen wärmer ist, entfernt die Klimaanlage Feuchtigkeit aus der Luft. Wenn die Temperatur im Freien auf etwa 18 °C sinkt, wärmen wir das Zimmer mit einem Luftentfeuchter. Wenn nötig, schalten wir zur gleichen Zeit die Klimaanlage ein,

Nahaufnahme der im Tunnel getrimmten Buds.

Buds trocknen auf einem Sieb.

Der Trockenraum ist mit Netzregalen ausgestattet, so dass die Buds dem Luftstrom ausgesetzt sind.

damit der Raum kühl bleibt. Diese zwei Geräte, die, was die Temperatur betrifft, entgegengesetzt wirken, entfernen im Zusammenspiel die Feuchtigkeit aus dem Raum, sodass es einfacher für die Pflanzen ist, mehr Wasser zu verdampfen.

Wir halten die Luftfeuchtigkeit niedrig, andernfalls werden die Knospen schimmeln. Nicht viele Grower nutzen diese Technik, weil sie Zeit, Geduld und Raum erfordert, aber ein fertig getrockneter Bud ist des Wartens wert. Er brennt gleichmäßig und behält mehr von seinem Aroma – im Gegensatz zu der bei Hitze getrockneten Knospe, die die flüchtigen Terpene während des Prozesses verliert. Die meisten Grower erhöhen die Temperatur zum Trocknen der Buds auf 21 bis 30 °C. Zwar beschleunigt das den Prozess, allerdings verdampfen dabei viele Terpene, die Geruchsmoleküle, die den Marijuanasorten ihre „persönliche Note“ verleihen.

Schnell getrocknete Knospen, etwa bei Temperaturen zwischen 32 und 35 °C, verlieren mehr Terpene, also Geruchsmoleküle.

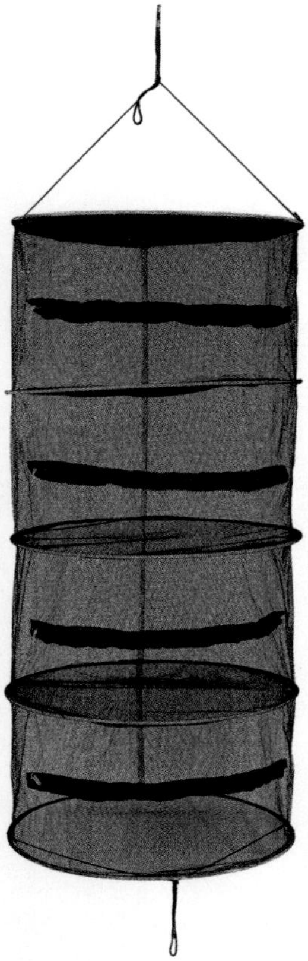

Es gibt viele Methoden, um getrimmtes Marijuana zum Trocknen zu lagern. Die meisten Grower hängen die Pflanzen umgekehrt an Leinen oder legen sie auf ein Regal. Das Regal von der Amerinada Distribution ist zusammenlegbar und einfach überall aufzuhängen. Es bietet vier Schichten für die Trocknung, um den Raum am besten auszunutzen und zugleich die Knospen mit Luft zu versorgen, damit sie trocknen. Das Regal kann über 9 kg getrockneter Knospen tragen.

Folge der starken Hitze ist, dass die getrockneten Buds nicht so wohlriechend sind wie solche, die im Kühlen getrocknet wurden. Hohe Temperaturen verursachen eine unregelmäßige Trocknung.

Die Außenseite trocknet, während das Innere feucht bleibt. Wahrscheinlich ist der beste Weg zur Erhaltung der Terpene und Drüsen, die Knospen gefrierzutrocknen, nachdem sie einige Tage an der Luft getrocknet worden sind. Gefriergetrocknete Knospen behalten ihren vollen Geschmack und ihr volles Aroma. Sie produzieren einen feinen, voll-aromatischen und weichen Rauch. Die Drüsen und Terpene bleiben in gefrorenem Zustand ungestört, das hält die Knospe frisch – wie gerade erst gesammelt.

Gefriertrocknung macht sich die Sublimation zunutze, den Übergang eines Stoffes von seinem festen in seinen gasförmigen Zustand. Der Stoff wird dabei nicht flüssig. Zunächst wird die Knospe gefroren, das Wasser in den Zellen wird zu Eis. Dann befindet sich die Pflanze in einer Art Vakuum. Das Eis wird unter Niederdruck abgezapft und verdampft.

Jeder hat wahrscheinlich einen Gefriertrockner zuhause: Das ist das frostfreie Gefrierfach, das zu einem Kühlschrank gehört. Wir geben die teilweise getrockneten Knospen idealerweise auf Gefriergestelle. Zusätzliche Gestelle bieten mehr Platz für mehr Buds. Die Knospen werden innerhalb einer halben Stunde eingefroren. Das Wasser sublimiert und geht direkt und ohne Umweg über den flüssigen Zustand in Eis über. Die Buds trocknen in zehn bis 20 Tagen.

Große Mengen an Buds können mit kommerziellen Gefriertrocknern verarbeitet werden, die die Knospen schneller trocknen.

Kleine Mengen Marijuana trocknen wegen der niedrigen relativen Luftfeuchtigkeit schnell in einem offenen Raum.

Wenn wir die Buds in große Papiersäcke geben, verlangsamt das die Verdunstung, sodass sie mehr Zeit zum Trocknen haben. Wir halten die Säcke geöffnet, damit die Buds atmen und überschüssige Feuchtigkeit ablassen können.

Wir füllen nicht mehr als drei oder vier Schichten großer Buds in die Säcke, weil die freigegebene Feuchtigkeit flugs die Schimmelbildung fördert. Hohe Feuchtigkeit verhindert, dass die Knospen trocknen. Eine feuchte Umgebung fördert ebenfalls Schimmel, sodass die Feuchtigkeit niedrig gehalten werden muss.

Wenn es draußen feucht ist, kann die Raumluftfeuchtigkeit schon zu hoch für die Buds sein, um im offenen Raum getrocknet zu werden.

Feuchte Buds gehören nicht in die Plastiktüte, denn dort schimmeln sie.

Daher lagern wir sie in einer geschlossenen Umgebung, wie in einer Kammer oder einem Zimmer, und verwenden die Klimaanlage oder die Kombination Klimaanlage/Luftentfeuchter. Die Trocknung großer Mengen Buds erfordert eine gewisse Luftzirkulation und Ventilation.
Ventilatoren erzeugen einen Luftzug, der die Verdunstung fördert. Die Ventilation tauscht feuchte Luft gegen trockenere Luft aus. Wenn sich Schimmel bildet, ist das ein Zeichen, dass zu viel Feuchtigkeit in der Luft liegt. Dann senken wir rasch die Luftfeuchtigkeit auf 40 Prozent oder weniger und erhöhen die Temperatur auf 24 °C.
Pilze und Schimmel lieben kühle Temperaturen. Unter warmen Bedingungen hören sie auf zu wachsen. Wenn die Temperatur steigt, enthält die Luft mehr Feuchtigkeit, und die relative Luftfeuchtigkeit sinkt.

Wir achten darauf, dass die Buds trocken sind und nicht „schwitzen", wenn sie verpackt werden. Wenn sie „schwitzen", enthalten sie zu viel Feuchtigkeit und sollten weiter getrocknet werden.

Braunes „Ziegelweed" war vormals grün, wurde während der Fermentation jedoch braun. Die feuchten und sauerstoffarmen Bedingungen förderten an dem Pflanzenmaterial die Bakterienbildung, bis es getrocknet und der Ammoniakgeruch verflogen war.

SIND MEINE BUDS BEREIT?

Der „Stiel-Test" ist ein guter Indikator für die Trockenheit eines Buds. Wir biegen den kleinen Stamm, der die Knospe zusammenhält. Wenn er sich biegen lässt, ist die Knospe noch zu feucht. Bricht er ab, ist die Knospe ausreichend getrocknet. Der nächste Test ist der Jointtest. Wir rollen einen dünnen Joint und zünden ihn an. Wenn der Joint zwischen den Zügen nicht erlischt, dann ist die Knospe bereit für die Lagerung und Auslagerung. Muss sie immer wieder angezündet werden, ist sie noch zu feucht.

Feuchte Buds sind nicht nur lästig, sondern sie werden uns nicht so antörnen wie trockene, weil viele Cannabinoide nicht in ihre aktive Form übergegangen sind.
Buds, die feucht verpackt werden, sind anfällig gegenüber Schimmel und Fäulnis. Schimmelsporen sind überall und keimen unter den verschiedensten Bedingungen: feuchte Umgebung, Sauerstoff, Temperatur zwischen 10 und 21 °C und eine saure Oberfläche auf einem Wirt. Schimmelsporen keimen auf feuchtem Gras, sie senden Bindfäden von Hyphen, um

Nahrung von vegetativem Gewebe aufzunehmen. Hanfpflanzen, die mit pulvrigem Mehltau oder anderen Schimmelpilzen infiziert wurden, sind für den Konsum ungeeignet. Sie können benutzt werden, um Water Hash herzustellen, weil der Hasch-Herstellungsprozess die Schimmelpilze aus den Drüsen wäscht. Sobald der Schimmelpilz den Sauerstoff im Glas verbraucht, beginnen die anaeroben Bakterien zu arbeiten. Wir können ihre Wirkungen sehen und riechen. Das Gras wird braun und krümelig, und die Kräuterdüfte werden durch den beißenden Ammoniakgeruch ersetzt.

Wenn feuchte Hanfpflanzen in einem verschlossenen Behälter unter warmen Bedingungen gelagert werden, werden wahrscheinlich keine Schimmelpilze keimen. Stattdessen werden Bakterien aktiv. Erstens nehmen aerobe Bakterien Gewebe auf. Wenn sie den Sauerstoff verbraucht haben, beginnen anaerobe Bakterien zu "schlemmen" und setzen Ammoniak frei. Wenn wir die Hanfpflanzen falsch gelagert haben und sie zu schwitzen beginnen, und wenn an der Box oder am Glas Kondensation entsteht, sind die Hanfpflanzen zu nass und müssen getrocknet werden. Dann entfernen wir sie aus der Verpackung, damit sie atmen können.Nicht wieder verpacken, erst nach dem Trockenheitstest!

Hanfpflanzen sollten so wenig wie möglich gestört werden, bevor sie geraucht werden. Jedes Mal, wenn sie bewegt, ausgepackt oder sonstwie behandelt werden, fallen Harzdrüsen ab. Wir können sehen, wie sie durch die Luft wirbeln, wenn eine Hanfpflanze grob behandelt wird.

Behälter aus Glas, Keramik, Metall und Holz sind am besten geeignet für die Lagerung von Marijuana. Im Gegensatz zu vielen Kunststoffen weisen sie keine elektrische Ladung auf, die die Drüsen anzieht, und sie sind luftdicht. Trotzdem werden oft große Plastikbehälter benutzt, um große Mengen von getrockneten Buds zu lagern. Die Terpene, die den Pflanzen ihren Duft verleihen, sind flüchtig, und einige von ihnen verdampfen bei Raumtemperatur.

Diese Knospen bekommen noch Luft, die erlaubt, noch ein wenig zu trocknen, bevor es in die Verpackung geht.

Um sie zu schützen und die Frische der Pflanzen zu bewahren, sollten die verpackten Pflanzen für eine mittel- bis langfristige Lagerung im Kühlschrank aufbewahrt werden. Wenn sie gekühlt und in Dunkelheit gehalten werden, gibt es nur wenig Cannabinoid- und Terpenverlust.

Für längerfristige Lagerung geben wir die Behälter mit den getrockneten Buds in einen Gefrierschrank. Sie können dort jahrelang bleiben, ohne viel von ihrer Qualität einzubüßen. Sonnenblätter und Trimm-Reste sind ungeeignet zum Rauchen, können aber für die Zubereitung von Kif, Bubble-Haschisch und die Verarbeitung in Speisen verwendet werden.

Die Qualität von Marijuana verbessert sich über mehrere Wochen, nachdem es getrocknet worden ist, weil die THC-Säure ihre

Wassermoleküle verliert und in das psychoaktive THC übergeht. Es gibt mehrere Methoden, um Marijuana zu Testzwecken schnell zu trocknen. Allerdings eignet sich keine dieser Methoden für die Produktion einer hochwertigen, gut getrockneten, gut nachbehandelten Knospe. Aber eine schnell getrocknete Knospe gibt uns einen Vorgeschmack dessen, was wir erwarten können, wenn der Rest der Ernte getrocknet ist. Schnell getrocknete Buds behalten ihren Pfefferminz-Chlorophyll-Geschmack und haben einen rauen Rauch.

- Mikrowelle. Cannabis für 30 Sekunden oder mehr in den Ofen legen, so dass einige Feuchtigkeit entfernt wird; dann die Temperatur auf 2 senken und die Knospe trocknen, bis sie brauchbar wird. Mikrowellen zerstören Samen, sodass die Knospen, die gewünschtes Saatgut enthalten, nicht in der Mikrowelle erhitzt werden sollten.
- Lebensmittel-Dehydratoren trocknen die Knospen, allerdings verdampfen viele Terpene bei den hohen Temperaturen. Sie werden nie sehr heiß, so dass das THC bleibt, aber das Aroma verschwindet. Samen werden abgetötet.
- Die Knospe auf ein warmes Gerät legen, z. B. auf den Computer, Kühlschrank, Transformator oder ein Vorschaltgerät. Das kann Samen zerstören.
- Das Marijuana nicht in einem Ofen zu trocknen versuchen, es sei denn, er hat eine „Wärmestellung“ und einen Timer. Die Hitze kann die Terpene dennoch verdampfen, bevor die Knospen getrocknet sind. Die Temperatur auf 38 °C stellen. Das kann Samen zerstören.

In extremen Fällen haben wir vielleicht nur reife Blätter und Trimm-Reste. Diese sind am besten für die Herstellung von Konzentraten, aber sie können auch fürs Rauchen vorbereitet werden, indem sie für mehrere Stunden in kaltem Wasser eingeweicht und dann gespült werden. Das Wasser löst viele Pigmente und Harze, einschließlich des Chlorophylls, das THC bleibt jedoch auf den Blättern. Dann entfernen wir das Wasser und trocknen die Blätter. Der Rauch ist nun viel feiner als ursprünglich. Die Blätter können auch zum Kochen oder Brühen verwendet werden. Die kleineren Blätter, die von den Buds geschnitten wurden, sind sehr stark, aber deren Rauch ist nicht so fein. Beschnittene Blätter können vaporisiert, in einer Wasserpfeife geraucht oder zuvor in Wasser eingeweicht werden. Normalerweise sind aber die Buds zum Rauchen gedacht.

*"Tell me how long do I have to wait?
Can I get you now, I said, must I hesitate?"*

*Lyrics: Smythe, Middleton
"Hesitation Blues"*

DIE ERNTE

DEN GARTEN NEU ANLEGEN

KLONEN

Vermutlich hat fast jeder schon mal den Trieb einer Pflanze genommen und ihn ins Wasser oder in die Erde gestellt, bis sich Wurzeln entwickelten. Als unser Steckling größer geworden war, waren Blätter, Blüten, Früchte und die anderen Merkmale der Pflanze genau die gleichen wie diejenigen der Mutterpflanze, der er entnommen wurde. Dieser Vorgang nennt sich ungeschlechtliche Vermehrung.

Marijuanaklone sind das Ergebnis des gleichen Prozesses, daher erhalten sie den genetischen Code der Mutterpflanze. Stecklinge zu schneiden ist am einfachsten, wenn die Pflanze noch im vegetativen Stadium ist. Sie können jedoch auch zur Ernte genommen werden.

Stecklinge bewurzeln innerhalb von zwei Wochen, wenn sie in sauberer, schwüler, feuchter und warmer Umgebung sind. Stecklinge ohne Wurzeln sind nur begrenzt fähig, Wasser zu absorbieren. Daher halten wir die Luftfeuchtigkeit zwischen 75 und 85 Prozent, damit unsere Klone keinem Stress ausgesetzt werden. Die Wurzelfasern wachsen am schnellsten, wenn Stecklinge bei etwa 27 bis 29 °C gehalten werden. Es ist wichtig, dass sowohl die Luft als auch das Wurzelsystem warm gehalten werden. Bei niedrigeren Temperaturen bewurzeln die Klone behäbiger. Zuerst verwenden wir angemessen viel Licht, etwa 110 bis 160 Watt pro Quadratmeter. Ein 120 cm langes Gestell hält vier Tabletts der Größe 25 × 50 cm.

Zwei Standard-T-8-Leuchtstoffröhren oder eine einzelne HO-T-5-Leuchtstofflampe bieten genügend Licht, bis die Stecklinge zu bewurzeln beginnen. Nachdem sie bewurzelt sind, benötigen sie doppelt so viel Licht, so beispielsweise von zwei T-5-HO-Leuchtstoffröhren.

Pflanzmedien: Stecklinge können in Kokos, Vermiculit, Perlit, Torf, Moos, Jiffy-Töpfen, Oasis-Würfeln und in Steinwolle bewurzeln. Die meisten Profis bevorzugen Steinwolle zum Klonen, weil sie die Wurzelbildung fördert. Klonmaschinen verwenden stattdessen Aeroponik oder belüftetes Wasser.

KLONEN SCHRITT FÜR SCHRITT

BENÖTIGTE AUSRÜSTUNG:

- Schere: Wir wählen eine bequeme, mit einer Feder versehene Schere. Diese lässt sich sehr einfach bedienen, da sie sich von selber wieder öffnet.
- Sauberer, gut beleuchteter Raum.
- Kleine Gläser oder mit Wasser gefüllte Gläser für die Stecklinge zum Bewurzeln.
- Alkohol oder Wasserstoffperoxid in einer Sprühflasche und Lappen oder Papiertücher für die Sterilisation.

Diese Stecklinge wurden in einen kleinen Styroporbecher gestellt, der mit Vermiculit und Wasser gefüllt war. Sie brauchten vor der Bewurzelung kein Wasser mehr; das Wasser verdunstet langsam, sodass die Wurzeln mehr Luft bekommen.

- Wurzeltauchlösung. Sie sollte Naphthalin-Essigsäure (NAA), Indol-3-Essigsäure (IAA) und 4-(Indol-3-yl)-Buttersäure (IBA) oder eine Kombination aus diesen drei Wurzelstimulatoren beinhalten. Es stehen viele Marken zur Verfügung.
- Behälter mit sterilem Medium oder Würfel. Wenn wir Steinwolle verwenden, legen wir sie für 24 Stunden in Wasser mit einem pH-Wert von 5,5. Das entfernt Kalkreste.
- Beleuchtetes Regal mit Tabletts. Wir wischen den Tisch, auf dem wir arbeiten, und die Arbeitsschere mit Wasserstoffperoxid oder Alkohol ab, um sie zu sterilisieren.

1. Diese Stecklinge wurden getrimmt und sind bereit gepflanzt zu werden. 2. Die Stecklinge werden in Oasis-Würfel gesetzt. Diese sind neutral, benötigen also keine Pufferung und bieten ausreichend Luftraum für die Wurzeln. Die Stecklinge etwa 2,5 cm tief einpflanzen. 3. Nach der Pflanzung wird eine Abdeckung über dem Tablett angebracht.

1. Abdeckungen erhalten die Feuchtigkeit. Sie sollte sich in der ersten Woche zwischen 70 und 80 Prozent bewegen. 2. Stecklinge in 5 cm großen Steinwolle-Würfeln. 3. Die Klone auf dem oberen Gestell sind noch jung. Von den älteren Klonen werden die Abdeckungen entfernt. 4. Etwa eine Woche nach der Pflanzung sind die Wurzeln durch die Steinwolle gewachsen.

- Wir waschen die Hände und ziehen Latexhandschuhe an.
- Wir nehmen die Stecklinge von den Pflanzen und geben die abgeschnittenen Enden in ein Glas mit Wasser, um eine Austrocknung zu verhindern.
- Wir schneiden die Stecklinge und geben sie in das zweite Glas Wasser, bis sie bewurzelt sind.
- Wir stellen die Klone auf und schneiden die Stiele, sodass alle Klone gleich lang werden.
- Wir wischen die Schere mit Sterilisationslösung ab und schneiden den Stielen 3 mm vom Ende ab.
- Wir stellen die Stecklinge etwa 10 mm tief in die Lösung.
- Wir stecken die Klone mindestens 25 mm tief ins Pflanzmedium.

Die Wurzeln wachsen an der Seite des Stämmchens, nicht jedoch am unteren Ende.

Nahaufnahme der Wurzelfasern.

- Wir bewässern mit Wasser, das einen pH-Wert zwischen 6 und 6,3 hat. Verschiedene Wurzelverstärker stehen zur Verfügung. Sie enthalten pflanzliche Hormone und Nährstoffe und werden zur Wasserlösung hinzugefügt. Komposttee oder Mischungen aus Mykorrhiza und positiven Bakterien können ebenfalls beigegeben werden. Sie enthalten Organismen, die symbiotische Beziehungen zu den Wurzeln entwickeln, sobald sie entstehen.
- Wir besprühen die Oberseite des Mediums mit Wasserstoffperoxid als Antiseptikum.

SCHNEIDEN DER KLONE

Die stärksten Klone werden am Ende eines Zweiges geschnitten. Diese Triebe sind zehn bis 16 cm lang. Wir entfernen die großen Blätter und das Kraut mit Ausnahme von drei mittelgroßen Blättern rund um die Spitze. Am Ende des Trimms sollten nur etwa 25 mm des Blätterdachs bleiben. Der Rest des Stiels ist kahl. Es sollte darauf geachtet werden, dass sich mindestens ein Blattansatz nahe dem Stielende befindet, und man sollte sich vergewissern, dass er in ein Pflanzenmedium gesetzt wird. Stecklinge mit Blattansätzen im Medium wurzeln schneller als solche, die keine Blattansätze haben.

Die Wurzeln entwickeln sich aus den Blattansätzen schneller als entlang des Internodiums. Die Präparationstechniken fürs Klonen variieren. Es können größere und auch kleinere Klone genommen werden. Beide haben ihre Vorteile. Größere Klone benötigen weniger Zeit im vegetativen Stadium. Kleinere Klone ermöglichen es, viele Triebe von einer Mutterpflanze zu nehmen und sie auf kleinem Raum zu produzieren. Wenn eine große Anzahl Stecklinge genommen wird, dann wird ein System bevorzugt, das möglichst wenig Mutterpflanzenmaterial aufweist. Die Triebe können von vielen Internodien entlang des Stamms genommen werden. Diese Triebe

Die Stecklinge sind sozusagen operiert worden, und sie haben offene Wunden. Sie sollten in einer Umgebung gelagert werden, in der sie nicht kontaminiert werden können. Wir sterilisieren den Raum, die Werkzeuge und unsere Handschuhe mit Alkohol oder dreiprozentigem Peroxid.

sind mindestens zwei Zentimeter lang, weisen einiges Blattmaterial auf und einen Knoten zum Pflanzen. Wenn die Technik gut funktioniert und wir mit den Ergebnissen zufrieden sind, dann ist es der richtige Weg.

WURZELN IM WASSER

Marijuanastecklinge können bei Zimmertemperatur im Wasser bewurzeln. Wir wechseln das Wasser jeden Tag, um sicherzustellen, dass es genügend Sauerstoff enthält. Wir schütteln das Wasser vor Anwendung, um es mit Sauerstoff anzureichern.

Manche Grower verwenden sauerstoffreiches Wasser als Wurzelmedium. Eine andere Technik nutzt ein Styroporbrett mit Löchern, in denen die Klone stehen. Das Brett schwebt in einer Schale mit Wasser, das erwärmt wird und mit Hilfe einer Luftpumpe und eines Bubblers belüftet wird. Wenn die Stecklinge zu bewurzeln beginnen, werden sie in ein festes Pflanzmedium gegeben. Eine Belüftung des Wassers und Erhitzung auf 30° C beschleunigt den Bewurzelungsprozess.

AEROPONIK

Die meisten Maschinen zum Klonen nutzen die Aeroponik für die Bewurzelung. Das Blätterdach wird über dem Reservoir gehalten, während der Stiel in einen Behälter hinabhängt oder in einer Siebtasse gehalten wird. Eine Pumpe und ein Sprinkler sprühen ein feines Spray hochoxygenierten Wassers. Klonmaschinen fördern eine sehr schnelle Bewurzelung und bieten den Wurzeln hervorragende Bedingungen. Im Wasser bewurzelte Stecklinge und aeroponische Systeme benötigen keine so hohe Luftfeuchtigkeit wie Pflanzen in Substraten. Sie können bei 50 bis 60 Prozent Luftfeuchtigkeit gehalten werden. Wir geben die Stecklinge aus aeroponischen oder Wassersystemen in andere Medien, sobald die Wurzeln erscheinen. In diesen beiden Systemen entwickeln die Pflanzen „Wasserwurzeln“, die

Klonschalen sind geeignet für Stecklinge, die gerade von der Mutterpflanze genommen wurden. GroClone hat eine eingebaute Pumpe, um das Wasser zu oxigenieren, wodurch die Wurzeln sich entwickeln können. Bis zu 53 Stecklinge können in einer 30 x 60 x 10 cm große Schale platziert werden.

Die Vernebler (rot) sprühen ständig sehr feines oxygeniertes Wasser auf die Stecklinge.

Diese Pflanze wurde mit Silberthiosulfat behandelt. Sie hat Blüten beider Geschlechter.
Foto: Mit freundlicher Genehmigung von Dutch Passion

DIE SILBERTHIOSULFAT-FORMEL

Wir mischen 0,1 g Silbernitrat mit 100 ml destilliertem Wasser und rühren kräftig, bis es sich auflöst (Lösung A). Wir mischen 0,5 g Natrium-Thiosulfat mit 100 ml destilliertem Wasser und rühren kräftig, bis es sich auflöst (Lösung B). Wir gießen Lösung A in Lösung B und verdünnen das Ganze 1:9 mit destilliertem Wasser. Dann gießen wir 200 ml dieser Lösung in einen 2-Liter-Behälter und füllen diesen anschließend bis zum Rand mit destilliertem Wasser. Die Lösung ist nun zum Sprühen bereit.

an die feuchte Umgebung angepasst sind. Diese Wurzeln wachsen ohne Haare, sodass sie sich nur langsam an die trockene Umgebung anpassen. Wenn wir sie, sobald die Wurzeln entstehen, in ein festes Medium überführen, werden die Pflanzen aeroponisch versorgt, und die Wassersysteme helfen den Stecklingen die schwerste Phase zu überwinden: die ersten Tage, nachdem sie geschnitten worden sind.

Wir wechseln das Wasser täglich oder verwenden eine kleine Luftpumpe, um dem Wasser Luft zuzuführen, damit auch die Pflanzenteile unter Wasser Zugang zu Sauerstoff haben. Ein wasserlöslicher B1 enthaltender Wurzelwirkstoff und das Wurzelhormon IBA fördern das Wurzelwachstum. Eine verdünnte Nährlösung mit relativ hoher Phosphorkonzentration (P) wird dem Wasser beigegeben, sobald die Wurzeln erscheinen. Sobald die Stecklinge beginnen, Wurzeln zu entwickeln, pflanzen wir sie in ein feuchtes Medium wie Vermiculit, Steinwolle, Oasis oder Torfpellets und bewässern sie für zehn bis 15 Tage mit einer verdünnten Nährstofflösung. Ein beliebtes kommerzielles Klonset besteht aus einer Schale Torfpellets in einem Miniaturgewächshaus. Die Stecklinge werden in den Torfpellets platziert. In diesen Torfpellets können sowohl sehr kleine als auch große Stecklinge untergebracht werden. Torfquelltöpfe sind besonders für die Bewurzelung geeignet, sie können nämlich später in Erdmischung oder draußen in die Erde gesetzt werden.

AUFRECHTERHALTUNG VON TEMPERATUR UND FEUCHTIGKEIT

In Gärten, in denen nur wenige Klone oder ein paar Tabletts mit Klonen gehalten werden, können wir hohe Luftfeuchtigkeit und Temperatur aufrecht halten, indem wir eine Garten-Heizmatte oder ein beheiztes Zimmergewächshaus mit einem hohen Deckel verwenden.

Die Wahrung hoher Temperatur und Feuchtigkeit in einem kleinen Raum oder sogar einer Kam-

Gewebekultur-Klonen erlaubt die Produktion von Tausenden Pflanzen aus einer einzigen hervorragenden Pflanze. Hier sind die Klone in den Vermehrungsgläsern eingeschlossen, wo sie bewurzeln. In vier bis sechs Wochen werden sie bereit sein und mit vier T-5-Leuchtstofflampen beleuchtet, die 10 Watt pro Quadratfuß bieten. Dieser Kloner ergänzte die vier T-5- mit drei 18-Watt-Leuchten.

mer ist anspruchsvoll. Die Beleuchtung hilft, die Temperatur zu erhöhen, und die Luftbefeuchter halten die Feuchtigkeit konstant hoch. CO_2-Generatoren verbrennen Propan oder Erdgas. Sie produzieren auch Wärme und Feuchtigkeit. Wir nutzen einen Thermostat zur Regulierung des Generators. Aber selbst mit der zusätzlichen Feuchtigkeit steigt auch die Luftfeuchtigkeit im Raum nicht auf 80 Prozent oder höher. Deshalb nehmen wir einen Luftbefeuchter, der durch ein Hygrostat geregelt wird. Fünf-Mikron-Sprinkler sind eine effiziente Alternative. Nach der Installation benötigen sie nur wenig Wartung, und ihr Betrieb ist kostengünstig.

GEWEBEKULTUR-KLONEN

Gewebekultur-Klonen oder Mikrovermehrung ist eine Alternative zu den herkömmlichen Klontechniken. Wir benötigen keine Mutterpflanzen, es wachsen vielmehr neue Pflanzen und wurzeln in kleinen Gläsern auf einem Nährgel aus Zucker, Agar und Pflanzenhormonen. Klone aus Gewebekultur können zu Hause auch ohne Labor vorbereitet werden. Die Gewebekultur wird von der Landwirtschaft, der Blumenzucht und der Gartenbauindustrie verwendet. Anstatt mit einer Vermehrung neue Sorten entwickeln zu wollen, gehen industrielle Gärtner bei neuen Pflanzen vom Modell der „besten Pflanze" aus. Nachdem ein besonderes Muster mit überragenden Eigenschaften entwickelt wurde, wird es ungeschlechtlich vermehrt. Mit der Gewebekultur können Millionen von Kopien sehr kostengünstig und in kurzer Zeit erzeugt werden. Die Pflanzengewebekultur gewinnt, was die Bewurzelung der Klone betrifft, als Methode an Popularität, weil der Handel die dafür nötigen Sets bereithält. Kommerzielle Gewächshäuser nutzen diese Technik, um ihre Pflanzen zu Hunderten von Millionen zu klonen. Die meisten Kulturpflanzen, zum Beispiel Zimmerpflanzen, Ananas, Fruchtbäume und Agaven, beginnen ihr Leben in diesen kleinen Dosen und wachsen dann auf ihre natürliche Größe.

Die Pflanzen beginnen als kleine Nodienstecklinge, die in die Pflanzkultur gesetzt werden. Typische Gläser für Gewebekultur-Klone produzieren alle vier bis sechs Wochen fünf bis acht neue Pflanzen. Wenn Pflanzen 2 cm oder mehr erreichen, sind sie zur Bewurzelung bereit. Kleinere unreife Pflanzen werden in frische Vermehrungsbehälter gesetzt, um ganz von neuem zu wachsen. Diese Exemplare werden Mutterglaspflanzen genannt, weil sie identisch mit der Mutterpflanze sind. Die Klone wurden in Gewebekultur mit den gleichen Hormonen bewurzelt, wie sie auch für Stecklinge genommen werden. Diese Klone sind jedoch kleiner und konnten in einem kleinen Raum produziert werden. Sobald die Pflanzen im Glas sind, verfügen sie über alles, was sie brauchen, um selbst zu wachsen.

Klone in Gewebekultur wachsen in steriler Umgebung, sodass sie gegenüber Schädlingen und Krankheiten resistent sind. Nur ein kleiner Teil des Triebs ist erforderlich, um ein Glas voll neuer Pflanzen zu züchten.

Wenn die Pflanze das Glas ausfüllt, wird der Inhalt auf eine sterile Platte verbracht, wo die größten Pflanzenteile, die Mikroklone, abgeschnitten und in die Wurzelbox gegeben werden, um den Pflanzen Raum zum Wachsen zu gewähren.

Die verbliebene Basis der unentwickelten Pflanzen wird in ein neues Vermehrungsglas gepflanzt, in dem sie weiter wächst. Die „ausgebetteten" Klone werden wie normale Klone behandelt; sie bleiben für ein paar Tage unter der Feuchtigkeitshaube, bis sie eine schützende Wachshülle oder Kutikula entwickeln. Die Pflanzen bewurzeln in einigen Wochen und sind dann für die Umpflanzung bereit.

Es gibt nur zwei Schritte im Prozess der Klonerzeugung in Gewebekultur. Erstens, das Medium wird ähnlich vorbereitet wie Jell-O, und dann wird es im Dampfdruckkochtopf sterilisiert. Der zweite wichtige Schritt ist, 100 Prozent sterile Bedingungen zu sichern. Der Vorgang wird mit Skalpell und Pinzette in einer schützenden Plastikbox ausgeführt. Alle Werkzeuge und Oberflächen werden mit Alkohol gereinigt. Die Behälter halten die Pflanzen klein, weil sie nur innerhalb des Behälters wachsen.

Zucker liefert den Pflanzen direkte Energie und fördert das Wachstum, die Hormone steuern die Verzweigung und Bewurzelung, die Konservierungsstoffe halten alles sauber. Es ist ein ideales automatisch wachsendes System nicht nur fürs Klonen und die Aufbewahrung der Pflanzen, sondern auch für den Austausch und Transport von Kulturpflanzen. Tausende Klone aus Gewebekultur werden weltweit jeden Tag versendet; Gewebekultur schafft Möglichkeiten, Cannabis-Pflanzen genetisch zu verbessern.

Zum Beispiel hat die Gewebekultur das Potenzial, Polyploidie (= Chromosomenverdoppelung) zu induzieren, eine natürlich vorkommende Mutation, die die Zahl der Chromosomen einer Pflanze oder eines Tiers erhöht. Polyploide Pflanzen neigen in der Regel dazu, größer und kräftiger zu sein; sie können auch eine verborgene Genetik offenbaren, Samen wie Embryos ohne Bestäubung produzieren und sogar „synthetische" Samen. Die Skala der Gewebekultur kann erhöht werden, um einen Gewebekultur-Bioreaktor zu erzeugen, Behälter mit Pflanzen, die sich wie Hefe in Bier vermehren. Chromosomenverdoppelung kann in der Gewebekultur durch Zugabe der Chemikalien Colchicin oder Sulfluran hervorgerufen werden. Obwohl Colchicin am häufigsten verwendet wird, ist das chemische Sulfluran weniger toxisch und kann in Hofläden und einigen Eisenwarenhandlungen gekauft werden. Die Chemikalien stören den Zellteilungsprozess. Statt der normalen Teilung in zwei neue Zellen, nachdem sich die Chromosomen dupliziert haben, hört die Teilung auf, und die Zelle beginnt wieder zu wachsen, aber mit der doppelten Menge DNA als sie aufweisen sollte. Pflanzen, die aus polyploiden Zellen wachsen, haben das Potenzial, noch größer und stärker zu sein als ihre Mutterpflanzen. Viele Cannabispflanzen haben eine verborgene Genetik, die durch polyploide Gewebekultur offenbart werden kann.

FEMINISIERTE SAMEN

Feminisierte Samen produzieren nur weibliche Pflanzen. Wenn sie keimen, gibt es nur wenige männliche Exemplare unter ihnen. Die Gefahr ist nur minimal, dass die Ernte zufälligerweise von einer falsch identifizierten männlichen Pflanze befruchtet wird. Die Ernte ohne männliche Pflanzen ist ein Grund für die Verwendung rein weiblicher Samen: ein anderer Grund könnte die Bewahrung einer bestimmten Pflanzenart oder eines Merkmals sein.

Männliche und weibliche Blüten an einer Pflanze.

Mit Hilfe von Gibberellinsäure 3 hat diese weibliche Pflanze männliche Blüten entwickelt.

Die beste Art und Weise, die Genetik einer Pflanze zu erhalten, ist das Klonen. Allerdings produziert eine Pflanze, die mit sich selbst gekreuzt wird, Samen, die die vorteilhaften Eigenschaften ihrer Eltern behalten. Ein anderer Grund, diese Technik zu verwenden, ist die Kreuzung von zwei weiblichen Pflanzen. Wenn ein Zweig einer weiblichen Pflanze „männlich" wird, produziert er Blütenstaub, mit dem der Rest der Pflanze befruchtet wird und mit dem Samen entstehen werden. Feminisierte Samen werden produziert, indem eine normale weibliche Blüte genutzt wird – kein Hermaphrodit –, um männliche Blüten mit entwicklungsfähigen Pollen zu erhalten. Der Blütenstaub enthält nur weibliche oder X-Chromosomen, weil die Pflanze über kein Y- oder männliches Chromosom verfügt. Die Nachkommen erben das X vom männlichen Blütenstaub der Pflanze und das X von der spendenden weiblichen Pflanze. Die entstandenen Samen können nur zwei X-Chromosomen erben, was bedeutet, dass fast alle entstandenen Samen weiblich sind! Glückwunsch!

FEMINISIERTE SAMEN | VON HENK VAN DALEN*

Ich begann im Jahr 1972 in den Niederlanden, Hanf für mich selbst outdoors zu züchten, und im Jahr 1987 gründete ich die Firma Dutch Passion Seed. Angespornt von Ed Rosentahls und Mel Franks "Marijuana Grower's Guide" (1975) träumte ich von Samen, die nur weibliche Pflanzen produzieren würden. Es war noch vor 1995, als ich anfing, eine Technik zu entwickeln, mit der ich feminisierte Samenlinien produzieren konnte. Es war offensichtlich, dass fast alle unbefruchteten weiblichen Pflanzen unvermeidlich etwas männlichen Blütenstaub produzieren würden. Das ist ein Überlebensmechanismus: Wenn eine weibliche Pflanze nicht von einer männlichen Pflanze bestäubt wird, produziert sie selber männlichen Blütenstaub, um sich befruchten zu können. Nach der Selbstbestäubung trägt die weibliche Pflanze Samen.

Weil ich systematisch den Blütenstaub sammelte, den diese weiblichen, hermaphroditischen Pflanzen produzierten, und die Blüten an anderen weiblichen Pflanzen befruchtete, war ich in der Lage, feminisierte Samen zu produzieren. Zu sehen, wie sie alle zu weiblichen Pflanzen heranwachsen, war eine befriedigende Erfahrung. Ich fing bald an, feminisierte Samen auf dem deutschen Markt zu verkaufen, was in der Mitte der Neunzigerjahre legal war. Die Kunden waren mit den Ergebnissen zufrieden, und alles war ausverkauft.

Aber wir konnten leider nicht mehr produzieren. Der Prozess, den wir verwendeten, gestattete uns, nur eine kleinere Menge weiblicher Pollen zu produzieren und zu ernten, was die Produktion ernsthaft limitierte.

Es war sehr mühsam, einige Tausend Samen zu produzieren. Die Frage war dann, wie wir an reichlich „weiblichen" Pollen kommen konnten, um so viele feminisierte Samen zu produzieren, wie sie der Markt verlangte? Ich fand die Antwort an der landwirtschaftlichen Universität in Wageningen. Forscher arbeiteten dort auf ähnliche Weise mit anderen Pflanzenarten, z. B. Gurken. Sie entdeckten, dass pflanzliche Hormone und weniger komplexe Mittel die Physiologie und die Morphologie der Gurke drastisch verändern können. Dann dauerte es etwa zwei Jahre, bis wir herausfanden, welche Hormone und andere Mittel die Blütenstaubproduktion weiblicher Cannabispflanzen erhöhen konnten, ohne ihre normale Wachstumsstruktur zu stören.

Feminisierte Samen sind heute der Standard für alle Samenfirmen, was beweist, dass feminisierte Samen funktionieren – was anfangs sehr bezweifelt wurde. Feminisierte Samen sind eine ausgezeichnete Wahl für die Marijuana-Kultivierung.

** Dutch Passion Seeds war die Firma, die die feminisierten Samen entwickelte und sie zum Verkauf anbot. Henk van Dalen ist ihr Gründer.*

Nahaufnahme einer mit Silberthiosulfat behandelten Pflanze.

Ausschließlich weibliche Pflanzen zu erhalten – das war die ursprüngliche Motivation für die Schaffung feminisierter Samen, aber sie bieten auch noch andere Vorteile. Feminisierte Sorten sind homogener als „normale" Samen. Pflanzen von feminisierten Samen neigen dazu, gleich auszusehen und eine einheitlichere Ernte zu produzieren. Auch wenn wir feminisierte Samen verwenden, besteht da noch ein kleines Restrisiko, dass wir einige Pflanzen dabeihaben, die Hermaphroditen (männlich und weiblich) oder gar männlich sind.

Wir sollten alle unsere Pflanzen das ganze Wachstumsstadium über gut im Auge behalten, um das zu kontrollieren. Stabile Wachstumsbedingungen zu fördern, ist die beste Art, männliche oder hermaphroditische Pflanzen zu verhindern. Umweltstress, z. B. Licht oder Lichtunterbrechung oder ein Übermaß an Trimmen, regt weibliche Pflanzen an, Blütenstaub zu produzieren. Wenn wir eine männliche Pflanze oder eine Zwitterblüte finden, entfernen wir sie.

Feminisierte Samen sind nicht so mysteriös oder sonderbar, wie es scheint. Beim Menschen verursacht die Aufnahme männlicher Hormone Symptome wie Brustschrumpfung, kräftigen Muskelbau und Senkung der Stimmlage. Die primären Geschlechtsorgane schrumpfen sozusagen. Ähnliches geschieht, wenn weibliche Pflanzen mit vermännlichenden Substanzen behandelt werden. Der Unterschied ist, dass ein reifer Mensch seine Geschlechtsorgane bereits ausgebildet hat, während eine Pflanze, die eine neue Blüte produziert, jedesmal ein neues Geschlechtsorgan ausprägt. Pflanzen unter chemischem Einfluss produzieren entwicklungsfähige männliche Blüten. Obwohl die Pflanze ein Weibchen mit zwei X-Chromosomen ist, enthält der Blütenstaub nur weibliche Chromosomen.

Es gibt einige Methoden, feminisierte Samen zu produzieren. Die bei weitem einfachste Methode entwickelte der bekannte Züchter Soma. Er bemerkte, dass die Colas vieler Sorten ihre späte Reife erreichen (die ich übrigens als die Erntezeit bevorzuge), wenn entwicklungsfähige männliche Blüten erscheinen. Dieses ist auch ein Zeichen, dass die Knospen reif sind. Wir ernten den Blütenstaub unter Verwendung einer neuen Aquarellbürste und bürsten ihn direkt auf die Blüten oder bewahren ihn in einem kleinen Glas- oder Metallbehälter auf.

Nicht alle Sorten produzieren am Ende der Reife männliche Blüten, aber viele tun es, und sie tun es zuverlässig. Unter Verwendung dieser Methode werden sehr kleine Mengen an Blütenstaub produziert, aber ein wenig Blütenstaub, der richtig angewendet wird, reicht bereits. Einige Sorten blühen normalerweise im Freien, empfinden aber die Bedingungen im Innenraum als stressig und erzeugen Zwitterblüten. Der Blütenstaub von diesen männlichen Blüten kann für die Zucht benutzt werden, vorausgesetzt, dass die resultierenden Pflanzen draußen wachsen werden, wo sie vor dem unerwünschten Hermaphroditismus geschützt sind.

Wenn man die Pflanzen mehrmals leicht mit Gibberellinsäure (GA 3) besprüht, wird Hermaphroditismus hervorgerufen, und die Pflanze streckt sich.

Pflanzenbelastungen wie unregelmäßige Lichtzyklen und Hitze verursachen zuweilen Hermaphroditismus. Stresstechniken sind jedoch nicht zuverlässig. Sie scheinen nur dann zu funktionieren, wenn wir es nicht wünschen, und ich habe kein Stressregime gefunden, das eine Vermännlichung bewirkt. Wenn das versehentlich in einem Garten mit einer wertvollen Zucht geschieht, seien wir nachsichtig und sammeln wir den Blütenstaub, selbst wenn wir nicht wissen, was wir damit anfangen sollen. Labors- und Handelssamenproduzenten benutzen drei Chemikalien, um männliche Blüten an weiblichen Pflanzen zu induzieren: Gibberellinsäure, Silbernitrat und Silberthiosulfat. Sie verhindern die Pflanzenproduktion des Äthylens, eines Hormons, das die weibliche Blüte fördert. Ohne Äthylen wird die weibliche Blütenproduktion gehemmt oder gestoppt. Die Wirkung dieser Substanzen ist lokal begrenzt. Wenn nur ein Zweig einer Pflanze besprüht wird, ist dieser Zweig der einzige, der beeinflusst wird. Der Rest der Pflanze fährt fort, weibliche, nicht männliche Blüten zu produzieren. Gibberelline sind Hormone, die die Pflanzen produzieren, um Phasen ihres Wachstums zu regulieren. Mehrere der Gibberelline, wie GA3, 4, 5 und 7, erzeugen männliche Blüten, wenn sie auf weibliche Pflanzen gesprüht werden, bevor diese anfangen zu blühen. GA3, im Handel allgemein verfügbar als Gibberellin, ist auch das effektivste Mittel. Für beste Ergebnisse benutzen wir eine 0,01%-Lösung (0,1 Gramm GA3 in einem Liter destilliertem Wasser). Gibberellin muss sorgfältig angewendet werden. Niedrigere Dosierungen führen zu wenigen männlichen Blüten. Höhere Mengen haben einen hemmenden Effekt. Wir besprühen die Spitzen der Pflanzen an fünf nachfolgenden Tagen leicht und zwingen dann die Pflanzen zu blühen, und zwar durch die Erhöhung der ununterbrochenen Dunkelheitsperiode bis zu zwölf Stunden pro Tag. Der besprühte Bereich dehnt sich ein wenig aus, innerhalb von zwei Wochen erscheinen die ersten Anzeichen männlicher Blüten. Sie sind reif und bereit, den Blütenstaub in den nächsten zwei Wochen freizugeben. Silberthiosulfat ist effektiver als Silbernitrat – das heißt, es bringt mehr männliche Blüten hervor. Manchmal werden die zwei Chemikalien zusammen verwendet. Wir besprühen die Pflanze, bis die Flüssigkeit von den Blättern tropft. Dann ändern wir sofort das Lichtregime vom vegetativen Wachstum zur Blüteperiode. Die Blätter hängen herab und hören für einige Tage auf zu wachsen, färben sich ein wenig gelb und gewinnen dann wieder an Masse. Männliches Blütenwachstum wird in ein paar Wochen deutlich. Die Pflanzen reifen einige Wochen später.

Silberthiosulfat wird hergestellt, indem man zwei Wasserlösungen kombiniert, eine mit Silbernitrat und die andere mit Natriumthiosulfat. Silbernitrat kann auch benutzt werden, um männliche Blüten zu erzeugen. Eine 0,02- bis 0,03%-ige Lösung auf die Pflanze sprühen und dann das Licht in einem 12-Stunden-Blütezyklus verändern. Die Blätter hängen für einen Tag oder so herab und dann schwellen sie wieder an. Männliches Blütenwachstum wird sich in wenigen Wochen zeigen und einige Wochen später reifen.

Um eine 0,02%-Lösung herzustellen, geben wir 0,1 Gramm Silbernitrat auf 0,5 Liter destillierten Wassers. Wegen der Nachfrage bieten fast alle Samenfirmen die meisten ihrer beliebten Sorten als feminisierte Samen an. Sie sind die beste Wahl für die meisten Grower. Eine Ausnahme bilden Grower, die auch an der Zucht interessiert sind.

NACH DER ERNTE

ALLGEMEINES ÜBER ABFALL

Blätter und Trimm, die natürlichen Nebenprodukte der Knospen, stellen ein interessantes Paradoxon dar. Der Bud enthält fünf bis 20 Prozent THC und ist das Kronjuwel der Pflanze. Cannabis produziert jedoch auch THC in der Pflanze. Die klebrigen Harzdrüsen bedecken die Blätter und Deckblätter und bilden eine natürliche Schutzbarriere gegen Insekten, Krankheiten, Pflanzenfresser und UV-Strahlung.

Die Drüsen auf Blättern und Trimm enthalten ein Fünftel bis die Hälfte des THC, das in den Buds gefunden wird. Die Laubblätter haben einen THC-Gehalt von nur einem bis drei Prozent und produzieren einen rauen Rauch. Der Trimm mit zwei bis sechs Prozent THC-Gehalt ist nur ein wenig wertvoller als die Blätter. Knospen wiegen gewöhnlich viermal mehr als das Blatt einer reifen weiblichen Marijuana-Pflanze, obwohl das je nach Sorte und Anbautechnik enorm variiert. Wenn aber der Trimm und die Blätter weggeworfen werden, werden zehn bis 20 Prozent der Gesamt-Produktion an THC der Pflanze weggeworfen.

Die Verwertung des Abfalls erhöht den Aufwand der Ernte nicht besonders. Blätter und Trimmreste wurden ja bereits in Beuteln verpackt, und ob man sie nun für den Abfallkübel oder für das Lager bereit macht, spielt keine große Rolle. Zudem kann man das gut noch nach der Haupternte erledigen.

ABFALL ERKENNEN / RESTE SAMMELN

Vereinfachend gesagt ist alles Abfall, was nicht Bud ist. Wenn wir den Abfall verwerten wollen, sollten wir ihn sortieren. Stämme und grobe Teile der Pflanze sind nicht rettenswert. Stiele und Stämme enthalten wenig THC, sie sind also wirklich Abfall.

ABFALLSORTEN

Alle Blätter von reifen weiblichen Pflanzen enthalten THC. Männliche Pflanzen enthalten auch THC und sind am stärksten im Stadium der Vorblüte. In beiden Fällen sind die kleinen Blätter nahe der Blüten die stärksten, gefolgt von den jüngeren und dann älteren Laubblättern.

Es ist möglicherweise nützlich, ein Vergrößerungsglas zu verwenden, um einen genauen Blick auf das Pflanzenmaterial zu werfen. Die Drüsen auf den Laubblättern sind häufig klein und bedecken die Oberfläche des Blattes, während die Drüsen auf den Blüten insgesamt wie ein gewölbter Pilzhut aussehen. Das Material mit den sichtbaren Drüsen ist es wert, behalten zu werden. Während unreifes Material auch gesammelt werden kann, ist es am besten, die Blätter zu nehmen, die von reifen Pflanzen gesammelt wurden, um die besten Ergebnisse zu erhalten. In seinem Bemühen um die Wiederverwertung kann ein Grower entscheiden, das Material mit den dünnsten Drüsen, wie z. B. die großen Laubblätter, wegzuwerfen und die kleineren Blätter, Trimm und Knospen, für den Gebrauch zu retten.

Die Verarbeitung der Blätter und der Trimm-Reste für die Verwendung als Kif, Haschisch, Tinktur, Butter oder Speise erfordert zusätzliche Anstrengungen, die möglicherweise jemandem, der vor allem auf gutes Gras aus ist, nicht der Mühe wert scheinen. Dieses Material zu retten ist eine zeitintensive Aufgabe, mitten in der Erntezeit, wo es ohnehin schon genug zu tun gibt. Die Gefahr der Abzocke oder des Auffliegens kann einen Grower durchaus davon abhalten, sich sowas zusätzlich zur Ernte noch aufzuhalsen. Vielleicht wäre es am besten, sich dafür an einen professionellen Verarbeiter zu wenden.

KIF

Kif ist ein einfacher Vorgang, aber ein umstrittenes Wort. Alternativ buchstabiert als kif, kef und kiff, wird es in vielen Sprachen der Welt genutzt. Kif ist ein einfaches Produkt, aber ein auf verschiedene Weisen geschriebenes Wort. Es wird buchstabiert als Kif, Kief, Kef, Kiff, Kayf, je nach Sprache. Im Arabischen, aus dem das Wort stammt, bedeutet es ursprünglich ‚Wohlbefinden'. Kif ist ein Pulver, das aus Teilen - genauer Drüsen - der Marijuana-Knospen besteht. Sie sehen aus wie winzige Sandkörner. Einige Marijuana-Enthusiasten debattieren über den Gebrauch des Worts Kif, weil dieser Ausdruck ursprünglich aus dem Marokkanischen stammt und eine Mischung von Gras und Tabak beschreibt. In Amsterdam und in anderen Teilen von Europa wird Kif manchmal als Pollen oder Polm bezeichnet. Bei den Franzosen und Afrikanern ist das Wort Kif auch eine umgangssprachliche Bezeichnung, die toll und großartig bedeutet. Länder in der Nähe des 30. Breitengrades einschließlich Afghanistan, Libanon, Marokko und Nepal produzieren Kif traditionsgemäß als ersten Schritt in der Haschisch-Herstellung. Es gibt viele Techniken, das THC von der Pflanze zu gewinnen, die es enthält. Die einfachste Weise ist die Verwendung von Seidentuch, das fest über eine Schüssel gespannt ist. Das feine Gewebe des Tuchs lässt die THC-Drüsen durchgehen und trennt sie vom Pflanzenmaterial. Das Sieben funktioniert, weil die Drüsen innerhalb eines bestimmten Größenbereiches konsistent sind und durch die flexiblen Löcher des Siebgewebes hindurchgehen. Die Größe der Drüsenköpfe wird in Mikrometern gemessen, das ist ein metrisches Maß, das einem Millionstel eines Meters gleich ist.

Die Drüsen sind zwischen 75 und 125 Mikrometer groß. Reifegrad, Sorte und Umgebungsbedingungen bestimmen die Drüsengröße. Drüsen von marokkanischen Sorten sind normalerweise unter 80 Mikrometer groß. Sativa-Drüsen sind auch klein. Drüsen von „Haschischsorten" sind häufig 120 Mikrometer groß oder größer. Sinsemilla haben die meisten Drüsen im Mittelbereich zwischen 80 und 110 Mikrometern.

"Talk about your plenty
Talk about your ills
One man gathers what
another man spills"

Lyrics: Robert Hunter
The Grateful Dead, "St. Stephen"

NACH DER ERNTE

GEHALT DER BLÄTTER

Diese Liste klassiert das rettenswerte Material entsprechend seinem THC-Gehalt.

1. *Kleinteile von Knospen – nicht so schön aussehende „Popcorn-Buds“*
2. *Taschenschütteln – der Rest auf der Unterseite der Erntetasche*
3. *Der primäre Trimm – die kleinen Blätter nahe der Knospen.*
4. *Reife Laubblätter – die großen Sonnenblätter.*
5. *Unreife Knospen – diese schwanken im THC-Gehalt – abhängig vom Stadium der Entwicklung.*
6. *Unreifes Timm/unreifes Blatt – auch unterschiedlich und abhängig vom Stadium der Entwicklung.*
7. *Vegetatives Blatt – das Blatt der Pflanze, die die blühende Phase des Wachstums nicht erreicht hat (hat den niedrigsten THC-Gehalt)*

In Marokko wird Marijuana einige Monate gelagert und dann im kalten Winter verarbeitet, wenn sich nur wenig Feuchtigkeit in der Luft befindet. Ein Seidentuch ist über eine Schüssel gespannt und trockenes Marijuana wird darüber gerieben, das Ergebnis ist Kif.

Pflanzenmaterial wird über einem feinen Sieb gerüttelt, sodass die Drüsen nur mit minimalem Anteil Pflanzenmaterial durchfallen lässt. Die Kif-Sorten sind abhängig von der Dauer des Siebens, von der Größe des Siebs und dem Druck beim Siebvorgang. Häufig wird das gleiche Material mehrmals gesiebt. Bei jedem wiederholten Siebdurchgang mischt sich ein höherer Anteil an Unreinheiten, feines Blattpulver, etc. unter die Drüsen, was zu einer niedrigeren Qualität führt. Die Farbe reicht von blond für das reinste Kief bis grün; Grün bedeutet, dass auch pflanzliches Material mit Chlorophyll zusammen mit den Drüsen durch das Sieb gefallen ist.

BLÄTTER FÜRS SIEBEN VORBEREITEN

Um Pflanzenmaterial für Kif zu sieben, ist nur wenig Vorbereitung erforderlich. Tatsächlich geht die Kif-Herstellung so schnell, dass schon kleine Mengen davon entstehen können, während der Abfall für einen anderen Prozess sortiert oder vorbereitet wird. Das beste Kif kommt vom Trimm und vom Blatt, das trocken ist, aber nicht brüchig. Sehr trockenes Material ist spröde und zerfällt in kleinere Stücke oder in Staub, der durch das Sieb fällt. Kief von solchem Material enthält mehr pflanzliches Material. Gepresstes Material oder "Ziegel"-Marijuana funktionieren nicht so gut bei der Kif-Herstellung wie lockeres Material, weil die Drüsenkappen gebrochen sind und ihren Inhalt vergießen, der auf den

Blättern gerinnt. Andererseits warten die Haschhersteller in den Bergen der Hindu-Kusch-Region auf kaltes, trockenes Wetter, um Pflanzenmaterial zu sieben. Die Verbindung zwischen den Drüsen und den trockenen Blättern wird spröde, sie brechen also leicht ab, wenn sie eingefroren werden. Ein anderer Vorteil der Anwendung kalten Materials ist, dass die zähflüssigen Öle des Harzes das Siebmaterial nicht verstopfen, aber trotzdem sollten wir vorsichtig sein, weil Kälte auch Zerfall fördert, sodass das fein gemahlene Pflanzenmaterial durchgeht. Ausgezeichnetes Kif kann bei mäßigen Raumtemperaturen hergestellt werden. Um Kif vom feinsten Kaliber herzustellen, sind kühle Temperaturen, weniger als 15 °C, am besten. Geringe bis mäßige Feuchtigkeit ist in Ordnung, und ein wenig Feuchtigkeit ist sogar willkommen, wenn das Material besonders trocken ist.

MANUELLE SIEBUNG

Die manuelle Siebung ist kostengünstig und nicht arbeitsintensiver als die Siebung von Mehl. Es ist möglich, gebrauchsfertige Siebe oder Kif-Boxen in vielen Größen zu kaufen. Das Sieb, normalerweise aus Maschendraht, ist eingerahmt und schließt häufig ein festes unteres Fach ein, in dem das Kif gesammelt wird. Siebe sind besonders nützlich beim Maniküren. Drüsen, die von den Knospen fallen und normalerweise verloren wären, fallen durch das Sieb und werden konserviert. Es ist auch möglich, ein eigenes Sieb herzustellen. Maschendraht oder Siebmaterial aus Seide können leicht besorgt werden. Einige Quellen sind am Ende des Kapitels aufgeführt. Wenn wir unser eigenes Sieb herstellen oder ein Sieb ohne einen Behälter haben wollen, ist ein Stück Glas oder Spiegel nützlich, um das gefilterte Material aufzufangen. Eine Kreditkarte, eine Visitenkarte oder etwas anderes kann man als Spachtel benutzen, um das gefilterte Material zusammenzukratzen.

DER SIEBPROZESS

Wir platzieren den Behälter unter dem Sieb und beginnen mit einer Handvoll Trimm und Blättern. Wir reiben das Material sanft auf dem Sieb. Eine sanftere Berührung lässt die Drüsen ohne viel pflanzliches Material durchgehen. Diese erste Pulverschicht ist die sauberste und die stärkste. Sogar das sauberste Kif enthält immer ein wenig Pflanzenmaterial. Einige Leute passieren das Material durch verschiedene Siebe, um die Reinheit zu erhöhen. Beim ersten Sieben verwenden sie ein Sieb, das größer ist und weniger als 100 Fäden pro 2,5 cm hat. Diese erste Siebung säubert den Großteil des vegetativen Materials. Das gesiebte Material wird dann auf ein feineres Sieb gebracht und gerüttelt oder leicht abgeklopft. Weil das vegetative Material durch das zweite Sieb nur abgeklopft wird, nicht aber gedrückt, bringt die Multisiebungsmethode sauberere Ergebnisse zustande.

Kif-Hersteller sieben normalerweise dasselbe Material mehrmals. Die erste Siebung ist nor-

Dieses Sieb hat 100 Fäden pro 2,5 cm aus rostfreiem Stahlgeflecht. Das ist auch praktisch zum Einreiben des verstreuten Trimms.

malerweise hell und geht recht schnell, eine bis drei Minuten, abhängig von der Menge des Materials und der Größe des Siebs. Die größten, reifsten Drüsen sind die ersten, die durch das Sieb hindurchgehen. Das ist das hochwertigste Kif, aber der Ertrag ist ziemlich gering. Das Material wird wieder gesiebt. Die weniger reifen Drüsen fallen hindurch, aber auch das Pflanzenmaterial, das zu Staub zerfiel und auch klein genug ist, um durch das Sieb hindurchzugehen. Die zweite Siebung produziert eine große Menge an Kif, das vegetatives Material enthält und nicht so rein wie die erste Siebung ist. Die Farbe gibt darüber Aufschluss. Die Farbe ist dunkler und grüner. Die manuelle Kif-Siebung ist gut für die Herstellung von kleinen Mengen, billig und einfach. Um größere Mengen zu verarbeiten oder ein saubereres Produkt mit weniger Anstrengung zu produzieren, ist eine Siebtrommel eine lohnenswerte Investition.

Der Pollinator dreht sich wie eine Waschmaschine mit Seitenladung. Das Marijuana stößt gegen ein Sieb, und die Drüsen werden auf der Unterseite der Maschine gesammelt.

SIEBTROMMEL

Wenn man viele Blätter und Trimm hat, die für Kif gesiebt werden sollen, kann die manuelle Siebung ermüdend sein. Glücklicherweise haben andere Leute das bereits entdeckt und sind mit Erfindungen dahergekommen, die die Arbeit bei der Kif-Herstellung erleichtern. Siebtrommeln sind einfache Geräte, die einen höheren Drüsen-Anteil vom Pflanzenmaterial sammelnals bei der einfachen Siebung.

DER POLLINATOR

Der Pollinator ist die ursprüngliche Siebtrommel, die von Mila Jansen in den Niederlanden entwickelt wurde. Mila ist ein Pionier. Eine Cannabisfreundin, die in den Niederlanden geboren ist und mehrere Jahre in der Hindukusch-Region lebte. Mila siebte einige Zeit Blätter und Trimm manuell, um Kif zu machen. Vor vielen Jahren herrschte einmal kaltes Wetter in den Bergen von Nordindien. Seitdem glaubt man, dass die Trichome sauberer abbrechen, wenn das Pflanzenmaterial eingefroren ist; kaltes Wetter bedeutete, dass es Zeit zum Sieben war. Sie und ihre Freunde siebten an kühlen Tagen manuell eine Menge von Trimm, um Pulver zu gewinnen. Die sich wiederholende Art der Siebung war langwierig und ermüdend. Eines Abends, nach einem langen Tag des Siebens, kehrte Mila nach Hause zurück, und in den Nachtstunden stand sie da, erschöpft von der Tagesarbeit und wartete darauf, dass ihre Wäsche fertig wurde. Plötzlich lenkte sie ihre Aufmerksamkeit auf den Wäschetrockner. Sie erschrak über die erstaunliche Einfachheit ihrer Idee: Der Trockner tat im Wesentlichen das, was sie

1. Marijuana wird in die Trommel des Pollinators gegeben. 2. Die Trommel wird im Pollinator platziert und in Bewegung gesetzt. 3. Nach einigen Minuten des Schleuderns wird die Trommel wieder herausgenommen. Die in der Trommel verbliebenen Reste werden weggeworfen oder zum Kochen verwendet. 4. Der Kif fiel auf den Boden des Pollinators und kann nun eingesammelt werden.

den ganzen Tag über getan hatte! Bald darauf erfand sie den Pollinator. Mila stellte ein Modell für den persönlichen Gebrauch her, allerdings dauerte es einige Jahre, bis diese Maschine marktfähig wurde. Der Pollinator ist in verschiedenen Größen verfügbar. In der Tat einem Wäschetrockner ähnelnd, wird er elektrisch angetrieben. Der Abfall wird in den Pollinator gegeben und die Maschine eingeschaltet. Das Material wird sanft gegen ein feines Sieb von etwa 130 Fäden pro Zoll (2,5 cm) geworfen. Die Dauer des Schleuderns hängt von der Qualität des Kifs ab, das gesammelt wird.

Diese Maschine macht Kif- oder Haschherstellung lächerlich einfach. Sie kann immer wieder verwendet werden. Dasselbe Material kann entsprechend der Wünsche des Sammlers wieder aufbereitet werden. Hasch der Güteklasse A+ kann gesammelt werden, indem man das Material kurz „polliniert" und das gewonnene Pulver entfernt. Dann kann dasselbe Material wieder gesiebt werden.

Ob manuell oder mit Hilfe einer Maschine, das Sieben ist ein fabelhafte Möglichkeit, Kif herzustellen und Pflanzenmaterial, das schon für den Komposthaufen bestimmt war, wieder aufzuarbeiten. Es ist weniger arbeitsintensiv, günstiger und weniger zeitaufwendig als die meisten anderen Prozesse, was den Ertrag betrifft.

WASSERHASCH

Wasserhasch hat schnell weltweit an Popularität gewonnen. Sein Name kommt vom Prozess, der angewendet wird, um die Harzdrüsen vom Trimm, von den Blättern und von Knospenteilen zu sammeln. Wasserhasch ist eine Kif-Art, die einfach so geraucht oder in traditionelle Haschischform gebracht werden kann. Wie auch immer, viele Leute, die dieses reine und starke Produkt probiert haben, gingen dazu über, Wasserhasch zu produzieren.

Es kann in kleinen und großen Mengen hergestellt werden. Es gibt außerdem gebrauchsfertige Systeme zu kaufen, die den Prozess erheblich vereinfachen. Diese Systeme haben die Präzision und Leistungsfähigkeit der Wasserhaschproduktion erhöht und zum Anstieg seiner Beliebtheit beigetragen. Es ist aber auch möglich, Wasserhasch unter Verwendung von Utensilien, die man zu Hause hat, herzustellen.

WIE WASSERHASCH GEMACHT WIRD

Die Qualität von Wasserhasch, besonders, wenn es aus feinstem Material gemacht wurde, ist beeindruckend. Wie bei den anderen Prozessen, hängt das High des Wasserhaschs selbstverständlich von der Qualität der Pflanzen ab, die verwendet werden. Die Verarbeitung des Pflanzenmaterials mit Wasser ergibt ein Haschisch, das gewaschen wurde und nun von Schadstoffen frei ist: von Grünpflanzenmaterial, Schimmel, Pilzen und Chemikalien.

Jedes drüsentragende Pflanzenmaterial kann verwendet werden, um Wasserhasch zu machen, einschließlich Blatt, Trimm, Knospen sowie einem Mix oder einer Kombination dieser Bestandteile. Frisches Material kann ebenso benutzt werden wie getrocknetes. Wasserhasch schwankt in der Farbnuancierung genauso wie Kif. Die feinste Sorte ist gewöhnlich hellbraun, während das gröbere, zweitrangige Material etwas dunkler und aufgrund des Anteils an Pflanzenmaterial ein wenig grün ist. Hochwertiges Wasserhasch wird flüssig und schmilzt und blubbert, wenn es erhitzt und geraucht wird. Es ist möglich, 7 bis 28 Gramm Hasch aus einem Viertelkilogramm Pflanzenmaterial zu extrahieren. Der Ertrag hängt zum Teil von der Anzahl Drüsen ab, die im Material vorhanden sind. Knospen und Trimm der Güteklasse A+ haben eine höhere Konzentration an THC-gefüllten Trichomen, die Erträge sind also höher. Bei der Wassermethode wird das Cannabis mit Wasser und Eis angerührt, um damit die Drüsen vom Pflanzenmaterial zu trennen.

Das Eis erfüllt einen doppelten Zweck: Es kühlt das Material, bis es spröde wird, sodass die Verbindung zwischen Drüsen und Pflanzen sich auflöst, und es wirkt als Widerstand, das das Material abreibt. Nachdem das Pflanzenmaterial im Eiswasser gerührt wurde, muss sich das Wasser beruhigen, dann werden die Beutel getrennt.

Die Filtrationsbeutel sind ähnlich den Sieben, die für die Herstellung von Kif benutzt werden. Sie filtern die Drüsen nach der Mikrongröße und trennen den Abfall vom Haschisch. Ein Mikron ist ein Millionstel von einem Meter oder 0,001 Millimeter. Das Material wird aufgefangen und schwebt im oberen Beutel, während die Drüsen, die schwer genug sind zu sinken, im unteren Beutel gesammelt werden. Nachdem das Wasserhasch getrocknet ist, ist es fertig zum Rauchen.

Der Gesamtprozess dauert drei bis sechs Stunden. Einige gebrauchsfertige Systeme verwenden mehrere Beutel, die die Drüsen sortieren. Im Gegensatz zur Kif-Herstellung, wird das Material in einem Schritt getrennt, statt durch wiederholtes Sieben. Der Prozess funktioniert am besten, wenn das Material gefroren ist. In eher feuchten Regionen ist es eine gute Idee, getrocknetes Material in der Tiefkühltruhe aufzubewahren, um einem Wertverlust und Schimmel vorzubeugen. Bei der Verwendung von Material, das nicht so gelagert wurde, geben wir es in die Tiefkühltruhe, bis es gefroren ist.

Weil die Drüsen auf der Oberfläche der Pflanze liegen, braucht dieses Material nicht gerieben zu werden, um Wasserhasch herzustellen. Kleingeschnittene oder grob gehackte Teile sind am geeignetsten. Wir entfernen alle großen Zweige und Stämme, weil sie die Beutel zerreißen könnten. Egal, ob ein gebrauchsfertiges Beutelsystem oder Materialien aus der

Die Payload-Beutel trennen das Wasserhasch unter Verwendung eines farbkodierten Beutelsystems von unterschiedlich starken Fasern. Viele Kenner ziehen Wasserhasch dem gesiebten Kif vor.

Bubble Bags kommen mit einer Reihe immer feiner werdender Siebe daher, die benutzt werden, um die verschiedenen Kif-Qualitäten zu sortieren.

Küche verwendet werden – die Grundprinzipien der Herstellung von Wasserhasch sind immer dieselben. Abgesehen von der Qualität des Pflanzmaterials bestimmt die Qualität des Filters die Reinheit der Resultate.

GEBRAUCHSFERTIGE BEUTEL

Es gibt einige gebrauchsfertige Beutelsysteme auf dem Markt, zwei davon sind zu den beliebtesten Systemen für die Wasserhasch-Herstellung geworden. Das sind der Ice-o-Lator von Milas Pollinator Company und die Bubble Bags von Fresh Headies in Kanada. Beide Systeme liefern hochwertige Beutel, die haltbar, einfach zu reinigen und zu nutzen sind. Die Beutel sind farblich zweckmässig kodiert. Bubble Bags ist bekannter in Nordamerika, weil das Unternehmen aus Kanada kommt, während der Ice-o-Lator aus Amsterdam stammt und vermutlich in Europa bekannter ist, beide Produkte sind aber international verfügbar.

ICE-O-LATOR

Mila Jansens erste Erfindung war der Pollinator. Ihr Interesse an der Verbesserung des Herstellungsverfahrens von Haschisch führte dazu, ein gebrauchsfertiges Wasserextraktionssystem zu entwickeln, das Ice-o-Lator genannt wird.

Der Ice-o-Lator besteht aus zwei Beuteln, die in einem Verschlusseimer von entsprechender Größe angebracht sind. Zunächst werden Eis und Wasser und schließlich getrocknetes Cannabis in den Eimer gegeben. Ein Standard-Küchenmixer wird am Deckel angebracht und rührt das Material auf. Der obere Beutel hält das gesamte Pflanzenmaterial. Die Drüsen werden durch das Sieb des ersten Beutels gefiltert und auf dem feineren Sieb des zweiten Beutels gesammelt. Das restliche Wasser im Eimer enthält die Pflanzenteile, einschließlich einiger Nährstoffe, die für die Bewässerung von Zimmerpflanzen und des Gemüsegartens geeignet sind.

GROSSES THEMA: KIF UND HASCH

Wenn Kif produziert wird, kann es auf verschiedene Weisen verwendet werden. Die Drüsen sind köstlich, wenn man sie frisch und locker raucht. Einige Traditionalisten bestehen jedoch darauf, dass sie zu Haschisch gepresst werden. Das Hasch, das aus gesiebtem Kif, besonders aus der Erstsiebung, hergestellt wird, ist ausgezeichnet. Kif ist außerdem eine ausgezeichnete Zutat zum Kochen und für die Verwendung in Kapseln. Ohne Pflanzenmaterial geben die Trichome Esswaren nicht diesen dominierenden „grünen Geschmack“.

Der Bubbleator und der Ice-o-Lator (unten) sind praktische Werkzeuge, um Wasserhasch herzustellen. Der Bubbleator rührt das Pflanzenmaterial auf, die Drüsen lösen sich im Wasser ab und werden herausgefiltert.

BUBBLE BAGS

Bubble Bags sind in diversen Größen verfügbar: 1 Gallone, 5 Gallonen und 20 Gallonen. Jede Größe ist entweder mit vier oder acht Beuteln verfügbar. Das Acht-Beutelsystem trennt das Hasch in feinere Siebgrade. Die Größe unterscheidet zwischen gerade reif gewordenen, allzu reifen oder reifen THC-Drüsen und ermöglicht es, sie danach zu trennen. Es gibt auch einige Unterschiede, was die Größe der THC-Drüsen bei den verschiedenen Pflanzensorten betrifft.

Für die Verwendung der Bubble Bags geben wir alle Beutel in einen Eimer, beginnend mit dem 25-Mikrometer-Beutel und endend mit dem 220-Mikrometer-Arbeitsbeutel oben. Pflanzenmaterial, Eis und Wasser werden hinzugegeben und dann mit einem Holzlöffel per Hand gemixt. Nach dem Mixen wird der Arbeitsbeutel herausgezogen und kräftig ausgepresst. Das Material im 220-Mikrometer-Beutel kann später noch einmal bearbeitet werden. Die restlichen Bubble Bags werden eins nach dem anderen herausgezogen, und

Der Ice-o-Lator rührt das Pflanzenmaterial in Eiswasser auf, um die Drüsen abzutrennen.

Dieses Cannabis in Marokko wird von der Ernte im September bis zur Verarbeitung im Januar gelagert. Die Dauer der Lagerung und das kalte Wetter garantieren trockenes Pflanzenmaterial und maximalen Ertrag.

das Material am Boden wird von jedem Beutel gesammelt und getrocknet. Das restliche Wasser kann weggegossen oder zum Blumengießen verwendet werden.

Alternative Methoden des Mischens sehen die Verwendung eines Küchenmixers oder eines Aufsatzes für die Bohrmaschine vor, um alles in einem Eimer zu mischen, bevor es durch die Bubble Bag getrieben wird; Fresh Headies bietet auch eine Bubble-Now-Maschine in 5- oder 20-Gallonen-Größe an. Diese Maschine nimmt uns das Rühren ab.

Der leere Eimer wird mit zusätzlichen Beuteln ausgekleidet – je nach System mit zwei oder fünf. Der feinste Beutel kommt zuerst, er ist also der unterste. Dann werden die anderen Beutel beigegeben, der gröbste kommt zuoberst. Das grüne Wasser wird in den zweiten Eimer gegossen, der mit den Filterbeuteln ausgekleidet ist. Diese Beutel werden einer nach dem anderen herausgezogen, und das Material am Boden wird gesammelt und getrocknet. Das verbleibende Wasser kann wiederum weggegossen oder zum Blumengießen verwendet werden.

HASCHISCH

Haschisch besteht aus den harzhaltigen Drüsen des Marijuanas, die zu Bällen, Kuchen oder Platten zusammengepresst werden. Der Ursprung des Haschischs reicht Jahrtausende zurück. Alles fing entlang des 30. Breitengrades in den Vorbergen des Himalaja an, in den berühmten Haschisch-Herstellungsländern, zum Beispiel Afghanistan, Bhutan, Indien, Nepal und Pakistan. Die Hasch produzierenden Länder Marokko und Libanon liegen ebenfalls in der Nähe des 30. Breitengrades. Haschisch zu produzieren ist ein zweistufiger Prozess. Zuerst werden die Drüsen gesammelt. Alle Sammlungsmethoden haben bereits ein brauchbares Produkt zur Folge, aber Haschisch ist es noch nicht. Haschisch herzustellen, erfordert einen zweiten Schritt: das Zusammenpressen des gesammelten Materials zu Platten oder Bällen.

Sieben ist die Erstmethode, die Drüsen zu sammeln. Sobald sie gesammelt sind, können sie gepresst werden. Wasserhasch kann unter Verwendung der gleichen Methode gepresst werden, allerdings muss es erst getrocknet und das Wasser entfernt werden, oder das Hasch wird schimmeln. Wir drücken das Wasser heraus, indem wir das Hasch zwischen zwei saugfähige Tücher legen und es dann pressen. Wir wiederholen diesen Prozess mehrmals.

Eine andere Methode ist die Handreibung, wie es in alten Zeiten üblich war. Während der Ertrag dabei eher gering ist, ist das Hasch meist hochwertiger Natur. Handgeriebenes Haschisch wird frisch von der Pflanze gesammelt, das Harz ist noch klebrig, die Methode

Einige Arten von Hasch: Nepali Temple Balls, Blonder Libanese und Platten aus Afghanistan.

des Pressens stellt da ein etwas anderes Verfahren dar. Das Pressen von Hasch erfordert Fingerspitzengefühl, nämlich die Kombination von Kraft und sanfter Wärme, um die Drüsen zu einer festen Masse zu verdichten.

Form und Größe von Hasch können variieren, sie sind von der Pressmethode abhängig. Wenn es mit der Hand gepresst wird, ist es häufig kugelförmig. Flachgepresstes Hasch kann wie dünnes Schiefergestein aussehen – mit verhärteten, plattenartigen Schichten, die entlang der Kanten abbrechen.

Mechanisch gepresstes Hasch ergibt normalerweise einen ordentlichen Kuchen, der wie ein Stück Seife aussieht. Haschisch unterscheidet sich in der Farbe und in der Biegsamkeit. Die Marijuanasorte, die Pressmethode und die Reinheit des Haschs beeinflussen seine Farbe, die von hellgelb bis holzkohleschwarz reichen kann. Kenner beschreiben das High, das Hasch verursacht, häufig als komplexer als jenes von ungepresstem Material. In Regionen, in denen Haschisch traditionell hergestellt wird, wird Kif von der Ernte im August oder September bis in den Januar oder Februar gelagert. Manchmal wird es sogar ein Jahr länger gelagert, bevor es weiterverarbeitet und gepresst wird. Die meisten modernen Haschhersteller oder diejenigen, die Hasch zu Hause herstellen, warten nicht so lange. Sobald es gepresst ist, unterliegt Haschisch nur einem geringen Alterungsprozess. Solange es frei von Feuchtigkeit ist, schimmelt es nicht und kann für eine lange Zeit gelagert werden. Die Außenseiten oxidieren ein wenig und bilden eine Haut, die den inneren Inhalt schützt.

Hasch von guter Qualität ist bei Zimmertemperatur von fester Konsistenz. Es kann geschmeidig sein und leicht biegsam oder auch dicht und spröde. Unterschiede bezüglich der Farbe und Dichte liegen in der Qualität des Ausgangsmaterials, dem Ernteverfahren, der Presstechnik, der Aufbewahrungsmethode, dem Alter und eventuellen Verunreinigungen. Haschisch wird mit der Zeit dunkler, weil es auf Licht, Sauerstoff und Wärme reagiert. Unabhängig von seiner Beschaffenheit sollte hochwertiges Hasch in der Hand recht rasch weich werden.

FEUCHTIGKEIT ENTFERNEN

Vor dem Versuch, Kif oder Wasserhasch zu pressen, sollte das Material vollständig trocken sein. Kurz vor dem Pressen kann das Material eine letzte Trocknungsphase durchlaufen, um zu garantieren, dass alle Feuchtigkeit beseitigt wurde. Wir geben das Kif oder Wasserhasch in einen Trockenobstbereiter oder in eine Mikrowelle, die auf niedrigste Stufe eingestellt werden und die letzten Spuren von Wasser aus dem Material entfernen.

Diese Maßnahmen gegen Feuchtigkeit verbessern die Lebensdauer des Haschs, es kann also ohne die Gefahr der Schimmelbildung oder sonstigen Verderbens aufbewahrt werden.

EIGENHÄNDIGES SAMMELN: HASCH REIBEN

Es gibt viele Geschichten über die Haschgewinnung von frischen Pflanzen. Die Handreibung ist in Teilen Asiens seit Jahrhunderten eine der Haschisch-Sammelmethoden. Auch heute noch wird in manchen Teilen der Welt diese Form der Haschgewinnung bevorzugt angewandt. Weil es keine Geräte erfordert, ist die Handreibung spontan durchführbar, allerdings hat diese Methode auch einige Schattenseiten. Der Aufwand zur Produktion eines groß-volumigen Ertrags ist größer als bei den anderen Methoden. Die Sache kann sehr schmutzig und arbeitsintensiv werden. Das auf diese Weise gesammelte Hasch ist mehr den Schadstoffen ausgesetzt, die von Pflanzenresten und unseren Händen ausgehen, und es enthält mehr Wasser. Daher ist es wahrscheinlicher, dass es verderben wird, wenn wir es nicht peinlich genau trocknen.

Die Handreibung erfordert lebendige, reife Pflanzen – und keinen getrockneten Trimm. Im Vergleich zu anderen Methoden kann die Handreibung nicht jederzeit vorgenommen werden und auch nicht aus dem Abfall, den wir gesammelt und aufbewahrt haben. Das Entfernen des Harzes von Hand kann ein komplizierter Vorgang sein. Eine Möglichkeit, dies zu erleichtern, sind Latex- oder Gummihandschuhe. Wenn wir mit dem Reiben fertig sind, legen wir die Handschuhe in die Gefriertruhe, und das am Gummi haftende Haschisch fällt ab. Nachdem auf diese Mängel hingewiesen wurde, kann die Handreibung dennoch verwendet werden, wenn das Ziel eine nur kleine Menge an Qualitätshasch ist, das direkt nach der Reibung benutzt wird. Das Reiben von Hand ist eine gute Möglichkeit, etwas THC vor oder während der Ernte und der Maniküre zu gewinnen.

Die Menge des Materials, das durch Handreibung gesammelt wird, ist vom Timing und der guten Technik abhängig. Am besten ist es, Haschisch zu reiben, wenn die Pflanzenblüten zu vergilben beginnen, wenn sie also die Vollreife erreichen, jedoch bevor das Blatt braun oder trocken wird. Je toter oder trockener das Pflanzenmaterial ist, desto mehr Pflanzenreste werden ins Hasch gemischt. Welkes oder getrocknetes Material sollte vor der Reibung entfernt werden - das erhöht die Qualität des Haschischs. Die Reibung sollte nicht erfolgen, wenn die Pflanzen feucht sind, weil das den Wassergehalt des Harzes erhöht. Der Morgen ist die beste Zeit für die Reibung, bevor die Terpene verdunsten.

HASCHISCH PRESSEN

Das Pressen wandelt das gesammelte Material chemisch und physikalisch um. Die Drüsen werden erwärmt und aufgebrochen, sie geben die klebrigen Öle frei, die die psychoaktiven Cannabinoide enthalten, sowie die Terpene,

Klebriges Harz sammelt sich an Werkzeugen und Händen an, während die Knospen getrimmt werden. Das Harz ist reich an cannabinoidhaltigen Trichomen, die an der Knospe sitzen.
Wir waschen unsere Werkzeuge und Hände erst, wenn wir so viel Harz wie möglich abgerieben und gesammelt haben. Das wird übrigens "Finger-Hasch" genannt.

die für Geruch und Geschmack des Marijuana verantwortlich sind. Die Terpene verleihen dem Hasch den Duft.

Die Gerüche und Aromen, die für Haschisch charakteristisch sind, reichen von würzigen oder pfeffrigen bis zu floralen Gerüchen. Terpene sind flüchtig und tragen zur Lungenausdehnung bei, d. h. zum Hustenfaktor – aber auch zum Geschmacksfaktor. Gealtertes Kif ist im Geruch und Geschmack milder und weniger Hustenreiz erregend, weil einige Terpene – nicht jedoch THC – sich in neue Verbindungen umgewandelt haben. Das Material kann manuell oder mechanisch zu Haschisch gepresst werden. Manuelle Methoden erfordern mehr Arbeit und funktionieren nur für kleinere Mengen Haschisch. Die mechanische Pressung ist dagegen sehr schnell, bequem und effizient.

Um eine kleine Menge Hasch zu produzieren, wickeln wir etwas Kif in Zellophan ein und platzieren es unter die Einlegesohle unseres Schuhs. Die leichte Körperwärme und der Druck wandeln das Kif schnell in Hasch um.

KAPSELN

Möglicherweise haben wir uns schon mal gefragt, ob es möglich wäre, eine Cannabis-Pille zu nehmen. Wir stecken sie einfach in den Mund, schlucken sie mit etwas Wasser, und schon genießen wir die therapeutischen und geistig beflügelnden Effekte von Cannabis. Cannabis-Kapseln oder „Maripillen“ sind

Dieses Hochleistungsgerät presst große Mengen an Kif. Der Trimpro Jack Puck ist in 2-, 6- und 8-Tonnen-Modellen verfügbar.

Pressmaschinen für Hasch, wie der Piecemaker, verwenden eine Kombination aus Hitze und Druck, um praktische Haschblöcke herzustellen. Dieses handliche Werkzeug drückt kleine Mengen Kif in Hasch-„Münzen" von ungefähr 37 Millimetern Durchmesser.

Gelatinekapseln sind nicht vegetarisch, sie werden aus einem tierischen Produkt (Kuh) hergestellt. Einige vegetarische Kapseln lösen sich auf, wenn sie in Öl gegeben werden.
Wir testen eine Kapsel, bevor wir sie zur Herstellung von „Maripills" verwenden.

sehr effektiv und ziemlich einfach herzustellen. Einige Menschen genießen das High gegessenen Marijuanas, aber diese Nahrungsmittel sind nicht immer berechenbar.

Cannabis-Pillen können eine gute Alternative sein. Medizinische Marijuanapatienten finden Kapseln für die Schmerztherapie häufig effektiver als das Rauchen. Neue Studien behaupten, dass Hanf stärkere schmerzstillende und entzündungshemmende Eigenschaften hat, wenn er gegessen wird.

Cannabis-Kapseln beginnen 30 bis 90 Minuten nach dem Verzehr zu wirken. Auf diese Weise ist es einfacher, die genaue Menge des Hanfs zu kontrollieren, die eingenommen wird. Psychoaktive Effekte dauern gewöhnlich fünf bis acht Stunden, aber die medizinischen Effekte des Krauts können zwölf Stunden andauern. Weil Cannabis-Pillen erlauben, dass Cannabis auch ohne Nahrung oral eingenommen werden kann, bieten diese Kapseln den Betroffenen zwei Optionen: Wenn sie auf leeren Magen genommen werden, kommt das High wahrscheinlich schneller und ist stärker. Werden sie nach einer Mahlzeit gegessen, dauert die Aufnahme länger und der Effekt ist milder, hält aber länger an. Medizinische Benutzer könnten diese Information praktisch finden, um die Wirkung des Haschischs besser zu kontrollieren. Der erste Schritt zur Herstellung von Cannabis-Kapseln ist das Reiben des Pflanzenmaterials zu einem Pulver. Die Wirksamkeit der Pille hängt von den Zutaten ab, die man verwendet.

DIE ENTCARBOXYLIERUNG

THC im Harz ist in Form von THC-S anwesend, der THC-Säure (auch THC-A vom englischen acid). Diese Form von THC umfasst ein Karbonatmolekül (COOH). TH-Säure ist nur minimal psychoaktiv. Um sie zu entcarboxylieren, muss das Karbonatmolekül entfernt werden. Das bedeutet vereinfacht, dass die Bindung zwischen dem COOH-Molekül und dem THC-Molekül unterbrochen werden muss. Das wird normalerweise durch Wärme erreicht. Wenn das Karbonatsmolekül von der THC-Säure entfernt wird, verdunstet das COOH in Wasserdampf (H_2O) und Kohlendioxyd (CO_2), und das aktive THC wird zurückgelassen. Die Umwandlung von THC-S durch Entcarboxylierung verbessert den verfügbaren THC-Gehalt, manchmal auch „Potenzierung" genannt.

Die Hierarchie der Potenz ist: Kif, Knospen, Trimm und Blatt. Wenn das Füllmaterial nicht knackig ist, erwärmen wir es einige Minuten oder stecken es in die Mikrowelle. Wir mischen es mit Speiseöl, um eine Paste mit der Konsistenz einer trockenen Mehlschwitze (= eine erhitzte Mischung aus Mehl und Fett) zu erhalten. Olivenöl ist eine ausgezeichnete Wahl, weil es unwahrscheinlich ist, dass es ranzig wird. Butter ist keine gute Wahl, es sei denn, die Pillen sollen gekühlt aufbewahrt werden.

Wir füllen die Mehlschwitze unter Verwendung des Kapselfüllgerätes in Gelatinekapseln ab.

Sie sind in vielen Naturkostläden erhältlich. Kapselfüllgeräte sind klein (etwa die Größe eines Ziegelsteins) und billig (unter 40 Euro). Wir bringen einfach die Gelatinekapsel an die richtige Stelle und erlauben, dass mehrere Pillen auf einmal gefüllt werden – dabei sei die Kapselgröße 0 empfohlen. Diese Größe ist leicht zu schlucken und kann 3,25 Gramm Marijuana aufnehmen. Die Dosierung kann sehr unterschiedlich sein – zwischen einer und fünf Kapseln, abhängig von der Stärke des Haschischs.

KOCHEN

Cannabis zu essen ist ein guter Weg, es zu konsumieren, ohne es rauchen zu müssen. Es ist eine Geschichte, die Jahrhunderte vor das Verbot zurück reicht. Im Paris des 19. Jahrhunderts traf sich der „Club des Hachichins", um Haschisch zu essen.

Der Club bestand aus Dichtern und Autoren, deren Werke heute als klassisch gelten. In den 1920er Jahren veröffentlichte Alice B. Toklas ihr berüchtigtes Brownies-Rezept, welches Brownies als Haschkekse empfahl.Vor kurzem sind „medizinische" Nahrungsmittel eine übliche therapeutische Alternative zu medizinischem Marijuanagebrauch geworden.

Marijuana zu essen ist eine andere Erfahrung, als es zu inhalieren. Es ist kein unmittelbarer Effekt zu verspüren. Stattdessen steigert sich die Empfindung allmählich – der Anstieg dauert von einer halben Stunde bis zu einer Stunde nach Einnahme. Die Länge der Verzögerungszeit hängt größtenteils vom Mageninhalt ab. Wenn wir satt sind, dauert es länger, bis das High kommt – es ist dann auch nicht so intensiv. Das High kommt in Wellen, die ihre Spitze nach einer oder zwei Stunden erreichen. In der folgenden Stunde geht der Zustand in den gewöhn-

Nahrungsmittel eignen sich gut für die Einnahme von Cannabis zu medizinischen Zwecken.

lichen Cannabisrausch über. Insgesamt dauert das High normalerweise drei bis vier Stunden.

Beim Essen muss man mehr auf die Dosis achten als beim Rauchen. Weil das High schnell erreicht ist, wenn Marijuana inhaliert wird, ist die Selbstdosierung einfacher, um das richtige Niveau von High oder Medikation zu finden. Weil es aber länger dauert, bis die Effekte sich zeigen, nachdem wir es gegessen haben, ist es schwieriger, die passende Dosis zu finden.

Wenn wir mit der Wirkung nicht vertraut sind, ist es am besten, weniger einzunehmen als zu viel. Mehr können wir immer noch essen, zuvor sollten wir die Auswirkungen abwarten, nicht dass sie zu intensiv werden. Das kann eine unangenehme Erfahrung sein, ist aber nicht gefährlich. Unser Körper wird weiterhin funktionieren, und wir kommen in einigen Stunden wieder zu uns.

Das Geheimnis einer leckeren und effektiven Hanfspeise liegt im richtig zubereiteten Hanf und den passenden Kochzutaten. Unter Verwendung der passenden Hanfzubereitungen und mit ein wenig Scharfsinn können beliebige Kochbuchrezepte in Cannabis-Leckereien umgewandelt werden. Die Rezepte, die speziell für die Marijuanaverstärkung bestimmt sind, sind in den Hanfkochbüchern und im Internet verfügbar.

Wenn wir nicht gut kochen können, können wir uns die Sache erleichtern, indem wir eine gebrauchsfertige Mischung benutzen. Es ist einfach, gute Hanfnahrung herzustellen, wenn wir verstehen, wie das THC extrahiert wird und wie der Körper eingenommenes Marijuana verarbeitet.

WIE ES FUNKTIONIERT

Es ist offensichtlich, dass das Kochen mit Marijuana kein Hexenwerk ist; es folgt einigen simplen Verfahren der Zubereitung des Krauts, um ein besseres Produkt und Erlebnis zu erhalten. THC und die anderen Cannabinoide sind nicht wasserlöslich. Um ein zufriedenstellendes Cannabis-Produkt zu schaffen, muss das THC-haltige Pflanzenmaterial mit einer Zutat kombiniert werden, die es lösen kann. Zutaten mit dieser Fähigkeit sind Alkohol, Öl, Butter oder Fett sowie Lecithin, das in vielen Milchprodukten enthalten ist. Wärme spielt auch eine Rolle beim Kochen mit Hanf.

THC liegt in der frischen Marijuanapflanze in Form von THC-Säure (THC-S) vor. Um psychoaktiv zu sein, muss THC-S das Karbonatsmolekül COOH verlieren, das schon bei geringer Wärme verdunstet.

Wenn man Hanf erwärmt, sollte die Temperatur unter 38 °C gehalten werden, damit die Terpene nicht verdunsten. Das Wasser verdampft, und das Pflanzenmaterial ist spröde und gebrauchsfertig. THC hat eine Siedetemperatur von etwa 200 °C. Sobald es diese Temperatur erreicht oder überschreitet, beginnt es zu verdampfen. Um das THC ohne Verdampfung zu aktivieren, achten wir auf die Kochtemperatur. In den Rezepten für die berühmten Brownies ist die Ofentemperatur oft auf 205 °C vorgeschrieben. Das ist okay. Der Teig erreicht nie diese Temperatur.

Wenn wir je Speisen unter Verwendung eines Thermometers geröstet haben, wissen wir, dass die eingestellte Temperatur auch nach Stunden nicht wirklich erreicht wird. Backtemperaturen weisen auf die Einstellungen der Ofentemperatur hin, nicht auf die Temperatur des Gerichts. Die wirkliche Gefahr, Cannabinoid zu verlieren, kommt beim Kochen auf der Herdplatte ins Spiel. Sautier- oder Brattemperaturen erreichen bis zu 200 °C oberhalb des THC-Siedepunkts. Bei dieser Temperatur verlieren sich die Cannabinoide.

Wir sollten die Herdplatte genau kontrollieren, um ein Verkochen des THC zu vermeiden. Am besten geben wir Marijuana zu sautierten Gerichten erst kurz bevor diese fertig sind bei. Wir sollten Cannabis behandeln, als ob es Basilikum wäre und es nur kurz erhitzen. Auf diese Weise erwärmt sich der Wirkstoff nicht und verdampft nicht.

HERSTELLUNG DER HANF-SPEISEN

Herstellung von Hanf-Speisen ist nicht schwer, wenn wir die entsprechenden Cannabis-Grundzutaten vorbereitet haben. Wenn zerlassene Butter oder Öl verfügbar sind, können sie problemlos für jedes Rezept verwendet werden. THC ist öllöslich, sodass es sich in Fett und Alkohol löst. Bei den meisten Rezepten gewinnen wir das Marijuana am Anfang mittels Fett oder Öl. Wenn wir keine fettige Zutat verwenden wollen, können wir Kif oder Grundtrimm mit Mehl oder den trockenen Zutaten eines Rezepts verwenden.

WIE MAN BUTTER MACHT

Um Lebensmittel herzustellen, ist es am einfachsten, zerlassene Butter zu verwenden.

Der Schlüssel einer guten, starken Butter ist, dass sie für längere Zeit auf kleiner Flamme geköchelt wird. Sowohl Butter als auch Butterschmalz können verwendet werden. Wir zermahlen die gewünschte Menge Canna-

Herstellung von Cannabisbutter.

NACH DER ERNTE

bis in einer Kaffeemühle oder in einem Mixer. Dann kochen wir Butter oder Öl und das Cannabis bei mittlerer oder niedriger Temperatur für etwa eine Stunde. Für stärker wirkende Speisen seihen wir die Blätter durch ein Stück Tuch oder ein Sieb ab. Für ein leichteres, traditionell aussehendes Mahl seihen wir die Blätter durch ein Stück Tuch oder ein Sieb ab. Butter oder Öl sind gebrauchsfertig.

Wir können auch zerriebene Kif, Knospen oder Blätter hinzufügen oder die Speisen damit bestreuen. Sie binden sich vor oder nach dem Verzehr an die Fette in den Nahrungsmitteln.

BioGreenClean entfernt das Harz, das sich auf Rauchpfeifen angesammelt hat.

REINIGUNG

Wir haben die Pflanzen geerntet, getrimmt und die Knospen getrocknet. Wir haben frischen Hasch und Kif genossen – aber die Pflanzenteile sind nun überall!

Nach der Ernte ist unvermeidlich alles in unserem Haus oder Gewächshaus, von den Fußböden bis zu den Fenstern, Türgriffen und Möbeln, mit Harz und Blättern bedeckt. Zur Reinigung harter Oberflächen wie Tischplatten, Schränke, Fenster und Böden sprühen wir eine Schicht verdünnten BioGreen-Clean und lassen die Lösung einige Minuten einwirken, bevor wir sie abwischen. Hasch und Harz werden ganz beseitigt. Wir verwenden Wasserstoffperoxid, um Oberflächen und Werkzeuge zu sterilisieren.

Um unsere Rauchpfeifen zu reinigen, füllen wir einen Eimer oder ein Fass mit verdünntem Bio-GreenClean und lassen es ein Paar Stunden einwirken, je nach Menge des Harzes, das sich angesammelt hat. Sie brauchen nur eine schnelle Spülung, um so gut wie neu auszusehen!

TEIL V QUICK POINTS: ERNTE UND VERARBEITUNG

ERNTE

Wenn die Buds reif sind, ist es Zeit, sie zu ernten, zu trimmen und zu maniküren. Maniküre ist der Prozess, bei dem jene Blätter beseitigt werden, die rund um die Buds wachsen. Die beste Zeit für die Maniküre ist, wenn die Pflanzen frisch geerntet sind. Frisches Pflanzenmaterial ist mit Feuchtigkeit durchsättigt, sodass es leicht zu behandeln ist, wenn es abgeschnitten wird. Genauso wichtig ist, dass die Trichome, die das THC und die Terpene enthalten, biegsam und nicht spröde sind und so auf der Pflanze haften bleiben. Wir verwenden viel Licht während der Maniküre, um deutlich zu sehen, was wir genau tun. Es gibt vier Schritte zum Trimmen von reifem Marijuana: Abschneiden der Zweige vom Stamm, Abschneiden der Knospen von den Zweigen, Beseitigung der großen Blätter und Entfernen der kleinen Blätter von den Buds. Die Schritte können auf einmal oder in Stufen durchgeführt werden. Die Wahl hängt von der Größe der Pflanzen, der Anzahl der trimmenden Helfer und vor allem von unserer Präferenz ab.

Der Raum fürs Trimmen sollte drei Bereiche umfassen: den Aufnahmeraum, den Verarbeitungsraum und den Raum zur Fermentierung und Trocknung. Die Fermentierung ist der Prozess nach der Ernte, aber noch vor der Trocknung, bei dem viele Stoffwechselprozesse in den Zellen für eine kleine Weile aufrecht erhalten werden. Wir bewahren Trimm im Aufnahmeraum auf. Während Sonnenblätter und Trimm zum Rauchen ungeeignet sind, können sie für die Herstellung von Kif, Bubble-Hasch und Lebensmitteln verwendet werden.

Die Trocknung großer Mengen an Buds erfordert Luftzirkulation und Ventilation. Ventilatoren erzeugen Luftzug, der Verdunstung fördert, und die Lüftung tauscht die feuchte Luft gegen trockenere aus. Die Qualität von Marijuana verbessert sich über mehrere Wochen, nachdem es getrocknet ist, weil die THC-Säure ihre Wassermoleküle verliert und damit in das psychoaktive THC übergeht. Knospen, die richtig fermentiert und langsam getrocknet werden, haben den milden Geschmack feiner Kräuter. Schnell getrocknetes Marijuana hat einen härteren, raueren Rauch. Die Buds sollten so wenig wie möglich gestört werden, bevor sie geraucht werden. Jedes Mal, wenn sie bewegt, ausgepackt oder verarbeitet werden, fallen Harzdrüsen ab.

Gut zu wissen

- Der Vorteil, Knospen zu ernten, wenn sie reifen, ist, dass die vorher im unteren Laubdach versteckten Knospen ebenfalls die Möglichkeit haben, voll auszureifen.
- Die lockeren Trichome, die während der Maniküre zerbrochen werden, sind als Kif bekannt. Weil Kif Cannabinoide, aber wenig Pflanzenmaterial enthält, ist es viel konzentrierter und stärker als die Buds an sich. Ein Sieb mit einer Maschenzahl von etwa 100 Fäden pro 6,5 cm^2 ermöglicht es den Drüsen, hindurchzugehen, hält aber das pflanzliche Material zurück.
- Viele Grower erhöhen die Temperatur im Raum zur Fermentierung und Trocknung, um die Trocknung zu beschleunigen. Viele Terpene verdampfen jedoch zwischen 21 und 29° C. Wenn sie verdampfen, schmecken die Knospen schal und verlieren ihre Individualität. Aus diesem Grund ist es wichtig, die Temperatur des Raums zur Fermentierung und Trocknung zu kontrollieren.

- Es gibt zwei gute Möglichkeiten, um die Trockenheit einer Knospe zu bestimmen: den Stamm- und den Jointtest. Für den Stammtest biegen wir einige Stämme um, die die Buds zusammenhalten, und wenn sie zerbrechen, sind sie trocken genug. Für den Jointtest rollen wir einen dünnen Joint, um zu sehen, ob er zwischen den Zügen angezündet bleibt. Wenn nicht, ist die Knospe noch zu feucht.

NACH DER ERNTE

Blätter und Trimm, das natürliche Nebenprodukt der Buds, stellen ein interessantes Paradoxon dar. Die Knospe ist mit 5 bis 20 Prozent THC das Kronjuwel der Pflanze. Allerdings erzeugt Cannabis THC in der gesamten Pflanze. Klebrige Harzdrüsen bedecken Blätter und Deckblätter, was eine natürliche Schutzbarriere gegen Insekten, Krankheiten, Pflanzenfresser und UV-Strahlen darstellt. Werden Trimm und Blätter weggeworfen, werden zehn bis 20 Prozent der gesamten THC-Produktion der Pflanze weggeworfen. Zusammengefasst ist alles Müll, außer die Buds. Wenn wir vorhaben, ihn zu verwerten, sollte er gelagert werden. Stämme und holzige Pflanzenteile sind nicht rettenswert. Sie enthalten nur wenig THC, sodass sie weggeworfen werden können. Die kleinen Blätter in der Nähe der Blüten sind die stärksten, gefolgt von den jüngeren, und dann den älteren Laubblättern. Jedes Material, das sichtbare Drüsen aufweist, sollte behalten werden. Es gibt viele Einsatzmöglichkeiten für den Müll, wobei die beliebtesten Kif, Hasch, Maripillen und Cannabis-Nahrungsmittel sind. Kif ist ein Pulver, das aus den losen Drüsen besteht, die von Marijuana-Buds und vom Pflanzenmaterial entfernt wurden. Kif sieht aus wie winzige Sandkörner. Kif kann in vielfältiger Weise benutzt werden. Die Drüsen sind köstlich, wenn man sie frisch raucht. Kif ist auch eine hervorragende Zutat zum Kochen und zum Gebrauch in Kapseln. Ohne das pflanzliche Material verleihen die Drüsen den Lebensmitteln nicht diesen dominanten „grünen Geschmack“. Haschisch besteht aus den Harzdrüsen des Marijuanas, die in Kugeln, Kuchen oder Platten zusammengepresst werden. Das Pressen von Haschisch wandelt das gesammelte Material sowohl chemisch als auch physikalisch um. Die Drüsen werden erwärmt und einige aufgebrochen, wobei klebrige Öle frei werden, die psychoaktive Cannabinoide und auch Terpene erhalten. Terpene stellen die Quelle des Geruchs und Geschmacks von Marijuana dar. Essen von cannabishaltigen Nahrungsmitteln ist ein gesunder Weg, Marijuana zu verwenden. Allerdings bietet das Essen von Marijuana eine andere Erfahrung als das Inhalieren. Es ist kein sofortiger Rausch zu erwarten. Stattdessen beginnt die Wirkung allmählich, etwa eine halbe Stunde bis eine Stunde nach Verzehr.

Gut zu wissen

- Maripillen sind Kapseln, die mit verarbeitetem Marijuana gefüllt sind und oral eingenommen werden. Für Patienten sind sie eine einfache Möglichkeit, die Dosis zu bemessen und eine sicherere Alternative zum Rauchen von getrockneten Knospen.
- Im Paris des 19. Jahrhunderts traf sich der „Club des Hachichins“ zum gemeinsamen Haschischverzehr. Der Club bestand aus Dichtern und Autoren, deren Werke heute als klassisch gelten. In den 1920er Jahren veröffentlichte Alice B. Toklas ihr berüchtigtes Brownie-Rezept, das Brownies als Cannabis-Nahrungsmittel der „heutigen“ Zeit populär machte.

GLOSSAR

Aeroponik: *Anbautechnik, bei der die Wurzeln in einem geschlossenen Raum in der Luft hängen. Ein kontinuierlicher feiner Sprühnebel bewässert die Wurzeln mit Tröpfchen. Die Pflanzen sind mit einer dünnen Schicht sehr sauerstoffhaltigen Wassers bedeckt.*

Anti-Transpirants (Verdunstungsschutzmittel): *Präparate, die auf Blätter gesprüht werden und die Verdunstung reduzieren (siehe transpirierend) und die Pflanzen vor einem schnellen Austrocknen bewahren. Anti-Transpirants können auch gegen Salzbrand und Pilzkrankheiten der Blätter benutzt werden.*

Apikalmeristem: *Wachstumstyp des Stiels. Zellen in Apikalmeristemen sind fähig, sich unendlich zu teilen, ihre Hauptfunktion ist die Produktion von neuem Wachstum.*

ATP (Energie-Molekül): *Steht für Adenosin-Triphosphat und stellt die Energie in den Zellen dar.*

Automatisch blühend (Auto Flowering): *Pflanze, die unabhängig von Licht und Wärme blüht.*

Auxine: *Sind Hormone, die das Wachstum von Pflanzen regeln oder verändern, einschließlich Form und Gestalt, Wurzelbildung und Wachstum der Knospen.*

Blattstiel: *Stiel, der die Spreite eines Blattes mit dem Stamm verbindet.*

Bröckelig: *Bezieht sich auf die Konsistenz von Erde; bröckelige Erde bildet eine Scholle, wenn sie in der Hand gepresst wird, aber sie zerfällt, wenn man in ihr stochert.*

Cannabidiol (CBD): *Cannabinoid in Cannabis. CBD ist nicht berauschend. Es lindert Krämpfe, Entzündungen, Angst und Übelkeit und verhindert das Wachstum von Krebszellen. Es hat eine höhere Affinität für den CB2-Rezeptor als für den CB1-Rezeptor, der sich außerhalb des Gehirns befindet.*

Chlorose: *Ist eine Reduzierung oder ein Verlust der normalen Grünfärbung – verursacht durch Chlorophyllmangel.*

Chlorophyll: *Ist das grüne Photosynthesepigment in Pflanzen, welches das Licht absorbiert. Chlorophyll absorbiert blaues und rotes Licht.*

Chloroplast: *Ist eine semi-autonome Organelle, die Chlorophyll enthält. Es enthält einiges von seinem eigenen genetischen Material und hat eine gewisse Fähigkeit, die Synthese der eigenen Proteine zu steuern.*

Consemilla: *Bezieht sich auf eine reife Marijuana-Knospe mit Samen. Vom Spanischen „con" für „mit" und „semilla" für „Samen", was „mit Samen" bedeutet.*

Crimp: *Ein Verfahren, bei dem man Äste biegt, wobei Gewebe beschädigt wird, um einen stärkeren Stamm zu bilden.*

Cytokinine: *Pflanzenhormone, die zusammen mit Auxin die Zellteilung fördern (allgemeines Wachstum) und laterales Wachstum.*

Dopamin: *Ist eine wesentliche Gehirnsubstanz, die Bewegung und Stimmung reguliert. Bei Mangel an Dopamin kann es zur Parkinson-Krankheit kommen.*

Fertigation: *Ist die Anwendung von Düngemitteln auf Erdmischungen mit Hilfe eines Bewässerungssystems.*

Foot Candle (fc): *Ist eine Maßeinheit von Beleuchtungsmessung.*

Ganja: *Bezeichnung für Marijuana in Jamaika, dasselbe Wort wird in Indien benutzt. Indische Einwanderer brachten die Tradition mit nach Jamaika.*

Gibberelline: *Pflanzenhormone, die das Wachstum und die Streckung von Blättern und Trieben fördern. Im Gegensatz zu Auxinen neigen sie dazu, auf die ganze Pflanze zu wirken.*

Glühlampen: *Sind gewöhnliche Schraublampen, die von einem elektrisch beheizten Glühfaden angetrieben werden.*

Hanf: *Ist der gebräuchliche Name für Pflanzen der gesamten Gattung Cannabis, obwohl der Begriff allgemein auf kultivierte Cannabis-Stämme für Industrie (nicht Drogen) verweist. Hanf wird für Öl und Fasern kultiviert.*

Hermaphrodit: *Ist eine Pflanze, die sowohl männliche als auch weibliche Blüten hat. Dies kann genetisch, durch Stress oder durch Anwendung von Hormonen und Chemikalien verursacht werden.*

Kali: *Einerseits Name der indischen Göttin des Todes, anderseits die jamaikanische Bezeichnung für das beste Gras.*

Kapillarmatten: *Sind etwa 60 mm dick. Sie bestehen aus weichem Polyester, der mit opakem Polyethylen überzogen ist; Polyethylen hat kleine Löcher. Sie haben eine große Saugfähigkeit und werden in Bewässerungssystemen verwendet.*

Keimblätter: *Das Paar embryonaler Blätter, die bei der Keimung erscheinen.*

Kelch: *Die äußeren Blätter, welche die Knospe umhüllen.*

Knoten: *Stelle, wo sich das Blatt mit dem Stamm verbindet.*

Kohlenwasserstoffe: *Sind Verbindungen, die Kohlenstoff und Wasserstoff enthalten.*

Kurztagpflanze: *Pflanzen, die auf einer kritischen Dunkelperiode basieren.*

Laubblätter: *Sind große Blätter, die Sonnenlicht aufnehmen. Das Blatt-Symbol wird gemeinhin mit Cannabis assoziiert.*

Lichtbeweger: *Bewegen Lampen entlang einer Schiene oder im Kreis – für eine bessere Lichtverteilung.*

Limonen: *Ist ein Terpen, das in Schalen von Zitrusfrüchten und in vielen anderen Früchten und Blumen, inklusive Cannabis, vorkommt. Limonen hat antibakterielle, antimykotische, antidepressive und Anti-Krebs-Eigenschaften.*

Lumen: *Ist eine Einheit zur Messung von Licht.*

Lux: *Ist eine metrische Maßeinheit des Lichts.*

Makronährstoffe: *Nährstoffe, die in großen Mengen von der Pflanze genutzt werden: Stickstoff (N), Phosphor (P) und Kalium (K).*

Mikronährstoffe: *Nährstoffe, die in kleineren Mengen von der Pflanze genutzt werden: Calcium (Ca), Schwefel (S), Magnesium (Mg), Eisen (Fe), Kupfer (Cu), Mangan (Mn), Zink (Zn) und Bor (B).*

Myrcen: *Ist das häufigste Terpen, das in den meisten Marijuana-Sorten vorkommt. Es riecht nach Nelken, erdig, grün-pflanzlich, nach Zitrusfrüchten, fruchtig mit tropischen Mango- oder Minze-Nuancen. Es ist ein potentes Schmerzmittel* *und Antibiotikum und hat entzündungshemmende Wirkung.*

Nekrotisch: *Abgestorbene Flächen des Gewebes auf einem Blatt.*

Organellen: *Spezielle Einheiten innerhalb der Zelle, die eine spezialisierte Funktion haben. In den meisten Fällen ist die Organelle vom Rest der Zelle durch teilweise durchlässige Membranen abgetrennt und enthält eine eigene DNA.*

PAR = Photosynthetically Active Radiation: *Photosynthetisch Aktive Strahlung: Bezieht sich auf das Licht im Bereich von 400 bis 700 nm.*

Photosynthese: *Ist eine chemische Reaktion mit Licht. Die Pflanze nutzt die Lichtenergie, um Wasser mit CO2 zu kombinieren, wobei Zucker entsteht und Sauerstoff freigesetzt wird.*

Phytochrom: *Photoreversibles Pigment, das den Blüteprozess kontrolliert. Es existiert in zwei Formen: in der Pr- und Pfr-Form.*

Pinen: *Terpen mit Geruch, der mit den Pinien assoziiert wird. Es ist in vielen Pflanzen, einschließlich Cannabis, Rosmarin, Salbei und Eukalyptus zu finden. Es verbessert das Gedächtnis und stärkt Konzentration, Selbstzufriedenheit und Energie.*

Rhizosphäre: *Bereich des Bodens, der sich unmittelbar rund um die Pflanzenwurzeln befindet, der viele in einer Gemeinschaft lebende Organismen enthält.*

Ruderalis: *Cannabis-Sorte, deren Blüte nicht vom Lichtzyklus und anderen Umwelteinflüssen abhängig ist.*

Serotonin: *Ist ein Neurotransmitter, der am Schlaf, an Depressionen, am Gedächtnis und anderen neurologischen Prozessen beteiligt ist.*

Sinsemilla: *Spanisch für „ohne Samen"; es handelt sich um weibliche Blüten, die keine Samen entwickeln.*

Stempel: *Samenanlage einer Blume.*

Streckung: *Dehnung des Stamms, verursacht durch eine Kombination von Wärme und unzureichendem Licht.*

Supercropping: *Technik, die oberen Äste in horizontales Wachstum zu versetzen, so dass die primäre Blüte mehr Licht empfängt.*

Terpene: *Ätherische Öle von Pflanzen, die Gerüche erzeugen. Pflanzen produzieren Terpene aus drei Gründen: um Bestäuber und Fraßfeinde der Herbivoren anzulocken und um Herbivoren abzuschrecken oder zu töten. Marijuana ist ein Windbestäuber, es braucht also keine Bestäuber anzulocken, sie ist widerstandsfähig gegen Insektenfraß.*

Tetrahydrocannabinol (THC): *Die wichtigste psychoaktive Substanz in Cannabis.*

Transpiration: *Ist der Verlust von Feuchtigkeit bei einer Pflanze. Sie erfolgt hauptsächlich durch die Spaltöffnungen der Blätter. Die Funktion der Blattkühlung ist umstritten. Wasserdampf wird durch die Blätter emittiert, und Feuchtigkeit geht verloren.*

Trichome: *Sind THC enthaltende Drüsenhaare, die auf den Blättern und Knospen wachsen.*

Überwintern: *Beschreibt Techniken, die zum Leben einer Pflanze während der Wintersaison benutzt werden. Insekten überwintern als Larven, Puppen oder Eier.*

Vorschaltgerät: *Anlage, die den elektrischen Strom in adäquaten Strom umwandelt, der gebraucht wird, um eine Lampe mit Energie zu versorgen.*

SCHÄDLINGE

Schädlinge gehören zu den lästigsten und schwierigsten Problemen der Grower. Der beste Weg, mit ihnen fertig zu werden, ist die Prophylaxe. Unabhängig von der Growmethode werden Schädlinge unseren Garten infizieren, wenn sie die Möglichkeit dazu erhalten.

Hier sind einige Tipps, mit deren Hilfe man verhindern kann, dass Schädlinge in den Garten kommen:

Haustiere: Schädlinge werden durch Haustiere eingeschleppt, die für sie Transportmittel darstellen. Lasse dein Haustier nicht in den Garten! Das Fell bleibt zudem an den klebrigen Buds hängen.

Kleidung: Durch Kleidung, die draußen getragen wird, können Schädlinge eingeschleppt werden. Sogar ein einziger Schädling kann Grundlage für eine schnell wachsende Kolonie sein. Nachdem du draußen warst, wasch dich und zieh dir frisch gewaschene Kleidung an.

Pflanzenquarantäne: Bevor du die Pflanze in den schädlingsfreien Garten gibst, stelle sie in Quarantäne und verwende ein Pestizid bzw. Fungizid.

Erdmischung: Achte darauf, dass die Erdmischung aus inerten oder pasteurisierten Zutaten besteht. Die Erdmischung, die nicht inert oder pasteurisiert ist, kann viele Schädlinge und Krankheiten enthalten.

Wege und Luftverkehrswege der Schädlinge: Versichere dich, dass alle Luft, die in den Garten kommt, filtriert wird. Repariere Risse, Löcher und andere offene Stellen. Je größer die Insektenplage, desto schwieriger ist es, sie zu beseitigen. Es ist einfacher, eine kleine Infektion zu behandeln als eine große. Dieser Abschnitt enthält Informationen, die dir ermöglichen, Schädlinge, die Cannabis häufig befallen, zu erkennen und zu beseitigen. In diesem Handbuch sind die Schädlinge in alphabetischer Reihenfolge aufgelistet, aber die, die höchstwahrscheinlich deine Pflanzen angreifen, sind Blattläuse, Trauermücken, Wollläuse, Spinnmilben, Blasenfüße und Weiße Fliegen.

Die Beschreibung jeder Plage wurde so vorgenommen, dass du den Schädling erkennen kannst oder den Schaden, der verursacht wurde. Es werden vorbeugende und kontrollierende Methoden vorgestellt, die helfen, den Schädling in sicherer Entfernung zu halten und die Insektenplage loszuwerden.

AMEISEN

Ameisen sind häufig sowohl im Innen- als auch im Außenbereich. Die meisten Spezies, die Marijuana angreifen, nutzen es als Weide für ihre Herden von Blatt- und Wollläusen.

Ameisen können sich im Boden oder in Erdmischung befinden, wo sie nisten. Sie klettern am Stiel hoch und hüten die Herden an Blatt- und Wollläusen auf den Blättern. Sie nisten in unterirdischen Kolonien und beschädigen die Wurzeln. Blattläuse und Wollläuse stellen eine Gefahr für die Pflanzen dar, weil sie wichtige Säfte absaugen.

Ameisen werden von den Pflanzen angezogen, die bereits von Blattläusen, Weißen Fliegen, Wollläusen und Schildläusen befallen sind. Dann tragen sie diese Schädlinge auf neue Weideflächen über. Zuerst breiten sie sich über die Pflanze aus, danach verfrachten sie die Herde auf eine neue Pflanze. Blattläuse, Wollläuse und Weiße Fliegen sondern eine klebrige Substanz ab, bekannt als „Honigtau", ein Zuckerkonzentrat des Pflanzensaftes. Ameisen essen es, aber es fördert auch Rußtau. Es ist wichtig, die Ameisen zu vernichten, weil sie Insekten horten und weil sie die Wurzeln beschädigen.

Ameisen sind soziale Wesen. Sie leben in Kolonien ihrer Königinnen – unterstützt von Arbeitern. Einige Arten haben nur eine Königin pro Kolonie, während andere mehrere haben können. Der Lebenszyklus der Ameisen beginnt mit einem Ei, das von der Königin gelegt wird, danach kommt das Larven- und Puppen-

Ameisen hüten die Blattläuse

stadium, dann das Erwachsenenstadium. Bei vielen Arten arbeiten nur die ältesten Erwachsenen außerhalb der Kolonie. 90 Prozent der Ameisen arbeiten im Nest. Kolonien vermehren sich, wenn die neu ausgeschlüpfte Königin mehrere Männchen auswählt und sie zu einem neuen Standort übersiedeln. Ameisen regulieren ihre Reproduktionsrate je nach den Bedingungen in der Kolonie und je nach der äußeren Umgebung. Sie tun dies zum Teil durch die Regelung der Länge des Puppenstadiums und teils durch Bestimmung, wie viele Larven oder Puppen in Königinnen umgewandelt werden. Geeignetes Wetter, genug Nahrung und Wasser tragen zur Erhöhung der Reproduktionsrate bei. Um die Pflanze zu schützen, müssen wir die ganze Kolonie beseitigen, weil verlorene Arbeiter schnell ersetzt werden.

PRÄVENTION

Es gibt viele Möglichkeiten, die Ameisen davon abzuhalten, in den Anbaubereich zu wandern und zu den Pflanzen zu kommen.

- **Gräben:** Ameisen schwimmen nicht, sodass Gräben verhindern, dass sie vom Boden oder Tisch zum Behälter kriechen. Ein einfacher Graben kann aus einer breiten Schale und einer Stütze wie einem dicken Stück Styropor oder einem Stück Holz gemacht werden. Stell den Pflanzenbehälter oben auf die Stütze. Fülle die Schale mit Wasser. Platziere die Tischbeine im Wasser.
- Ameisen werden durch Zimt, Nelken und Lorbeer blätter abgestoßen. Streue einen Schutzwall aus gemahlenen Gewürzen rund um den Garten, den die Ameisen nicht überschreiten.
- Ein aus diesen Gewürzen gekochter Tee stößt Ameisen auch ab.
- Borsäure, die manchmal als Augentropfen verwendet wird, bildet auch eine gute Barriere.
- Geschliffene Kieselgur wird häufig im Schwimmbad-Filter verwendet und tötet Insekten mit ihren scharfen Spitzen, die das darüber kriechende Insekt durchbohren. Das ist nur wirksam, wenn es trocken ist, nicht aber bei Nässe.
- Klebrige Karten, Fliegenfänger oder Vaseline sind wirksam, wenn sie rund um den Stiel gewickelt sind.

Wende sie nicht direkt an. Wickle stattdessen Papier um den Stiel und streiche die klebrige Substanz dann auf das Papier. Das ist eine einfache, ungiftige Lösung für Ameisen. Zwei Produkte, die dafür entworfen sind, sind Klebefallen und Tanglefoot, eine klebrige Substanz, die auf den Flächen verbreitet ist. Klebrige Karten sind auch gute Barrieren.

KONTROLLE

- **Gewürze:** Benutze einen Zimt-Nelken-Tee, um Ameisen von Pflanzmedien wegzuspülen. Ameisen verlassen den Ort entweder in Gegenwart eines trockenen, pulverisierten Gewürzes oder eines Gewürztees.
- Zu anderen natürlichen Substanzen, die Ameisen abstoßen, gehören Cayenne-Pfeffer, Zitronen-Extrakte, Minz-Extrakte und Weinstein.
- Borsäure-Köder: Ameisen werden entweder durch fettige oder zuckerhaltige Nahrungsmittel angelockt. Süßigkeiten und Fette, die mit Borsäure gemischt werden, stellen ein giftiges Mittagessen für die Ameisen dar.
- Pyrethrum: Pyrethrum ist natürlich und wird aus Chrysanthemen gewonnen, die für Ameisen tödlich sind. Es ist als Pulver und Flüssigkeit verfügbar.
- Kommerzielle Ameisenköder benutzen winzige Mengen von Gift, um Ameisen zu töten – die toxischen Stoffe werden zurück ins Nest getragen. Viele Marken stehen zur Verfügung.
- *Saccharopolyspora spinosa* ist eine nützliche Bakterie, die Feuerameisen und einige andere Arten tötet.

BLATTLÄUSE

Blattläuse sind häufige Indoor-Schädlinge. Sie greifen die Pflanzen draußen bei warmem Wetter an. Blattläuse sind kleine birnenförmige, weichhäutige Insekten, etwa 1 bis 3 Millimeter lang. Es gibt Tausende Arten, die sich in der Farbe von grün bis zu gelb, schwarz oder braun unterscheiden. Abhängig von der Art und dem Lebensstadium, in dem sich die Blattlaus befindet, kann sie Flügel, Wachs oder „Wolle", die durch Weben der Sekrete entsteht, oder andere spezielle Eigenschaften haben. Ein gemeinsames Merkmal der Blattläuse, das sie von allen anderen Insekten unterscheidet, ist das Paar von Strahlrohren, die sich wie Saugröhren von ihrem Abdomen ausbreiten.

Blattläuse besiedeln die Stiele und Unterseiten der Pflanzenblätter. Einige Arten, wie die Schwarze Bohnenlaus, sind gut auszumachen, weil ihre Farbe sich von der Pflanzenfarbe abhebt. Andere, die unreife Orchideen befallen, sind oft frühlingsgrün und gleichen sich optisch den jungen Blättern an. Blattläuse bohren Stiele, Zweige und Blätter an und saugen mit ihrem Strohalm-ähnlichen Mund, genannt Saugröhre, den den Pflanzensaft auf.

Um genügend Protein zu erhalten, saugen Blattläuse viel Saft auf, verfeinern das Protein und sondern eine starke Zuckerlösung auf, die als „Honigtau" bezeichnet

Blattläuse. Foto mit freundlicher Genehmigung von Nature´s Control

Marienkäfer isst Blattläuse. Foto mit freundlicher Genehmigung von Nature´s Control

wird, wodurch Ameisen angelockt werden, die wiederum Blattläuse hüten und sie vor Feinden schützen.

Honigtau ist ein Nährboden für Rußtaupilze, die Nekrose des Pflanzengewebes verursachen. Schwerer Blattlausbefall verursacht Kräuselkrankheit, Verwelken, gehemmtes und verzögertes Wachstum. Blattläuse sind Einfallstore für Hunderte Krankheiten und können schnell eine Epidemie verursachen. Sie übertragen Viren, Bakterien und Pilze von Pflanze zu Pflanze. Bei warmem Wetter lebt jede Generation nur 7 bis 14 Tage und jede Blattlaus kann – je nach Art – bis 100 Junge produzieren. Diese hohe Reproduktionsrate lässt Blattläuse über Nacht erscheinen. Ohne Feinde, die sie unter Kontrolle halten, können sie einen Garten sehr schnell überfluten.

PRÄVENTION

- **Luft-Filtration:** Blattläuse befinden sich einen Teil ihres Lebenszyklus über in der Luft, sodass ein Feinstaubfilter in der Luft den Blattläusen den Eintritt verwehrt.
- **Überwachung:** Überprüfe die Pflanzen regelmäßig auf Blattläuse – mindestens zweimal wöchentlich, wenn die Pflanzen schnell wachsen. Die meisten Arten von Blattläusen verursachen den größten Schaden, wenn es warm, aber nicht heiß ist (18 bis 26° C). Sie kommen besonders häufig entlang des Randes eines Gartens vor, der windwärts gelegen ist; überprüfe die Blattunterseiten, wo viele Tierchen hängen.
- **Kontrolle der Ameisen:** Wenn sie ebenfalls da sind, sind die Blattläuse viel schwieriger zu kontrollieren, sie müssen also auch beseitigt werden.
- **Entdecke den Befall rechtzeitig**. Sobald Blattläuse in großer Anzahl vorhanden sind und begonnen haben, Blätter zu verzehren und zu kräuseln, sind sie schwer zu kontrollieren, weil die gekräuselten Blätter sie vor Insektiziden oder natürlichen Feinden schützen.
- Outdoor stellen Blattläuse in der Regel wegen der natürlichen Feinde, wie Marienkäfern, Florfliegen und Schwebfliegenlarven, kein Problem dar.

KONTROLLE

Outdoor: Manchmal müssen Blattläuse draußen kontrolliert werden. Dies wird oft so durchgeführt, dass man sie mit Wasser absprüht. Wenn sie weiterhin ein Problem darstellen, greife zu einer Maßnahme, die für den Indoor-Bereich angeführt ist.

Indoor: Blattläuse haben ein leichtes Leben in Innenräumen und im Gewächshaus. Sie werden nicht vom Wetter und von Feinden bedroht. Ohne Naturkatastrophen wachsen die Blattlauspopulationen exponentiell.

- **Blattlausparasiten und Feinde:** Parasiten sind am wirksamsten, wenn der Ausbruch noch keine epischen Proportionen erreicht hat. Für schwere Befälle werden Nützlinge dringend empfohlen. Fraßfeinde verbringen einen Teil ihres Lebens mit Essen und Töten der Blattläuse, im Grunde sind ihre Aktionen so grausam und drastisch wie die eines Alligators. Parasiten infizieren Eier in Blattlauslarven. Das Ei wird gebrütet, und die Parasitenlarven schlemmen im Innern. Die Blattlaus taucht im „Alien"-Stil ausgewachsen aus der Mumie auf.
- Zwei Arten von **Schlupfwespen** (*Aphidius matricariae* und *Aphidius ervi)* legen ihre Eier in Blattlauslarven. Die parasitierte Larve wird braun oder schwarz, sie wird als Mumie bezeichnet. Die Wachstumszeitder meisten Parasiten ist ziemlich kurz, wenn das Wetter warm ist. Sobald Mumien auf den Pflanzen erscheinen, ist es wahrscheinlich, dass der Blattlausbestand innerhalb von einer oder zwei Wochen wesentlich reduziert wird.
- *Aphidoletes aphidimyza,* die kommerziell verfügbar sind, sind räuberische **Gallmücken,** die Indoor und in Gewächshäusern wirksam sind. Sie sind empfindlich

aussehende schwarze Fliegen, weniger als 3 Millimeter lang, die durchschnittlich zehn Tage leben und sich von Honigtau ernähren. Sie verstecken sich während des Tages unter den Blättern und sind nachts aktiv, wenn Weibchen ihre Eier in Blattlauskolonien legen. In zwei oder drei Tagen entstehen kleine, hell-orange Larven und beginnen, sich von den Schädlingen zu ernähren. Dann verpuppen sie sich im Boden, und nach 7 bis 14 Tagen schlüpft eine erwachsene Gallmücke aus. Aus diesem Grund können sie nicht zusammen mit an sich nützlichen Nematoden (= Fadenwürmern) verwendet werden, da diese die Puppen essen.

- *Beauveria bassiana* ist ein nützlicher Pilz, der für viele Insekten einschließlich Blattläuse tödlich ist.
- Schädlingsbekämpfungsmittel aus Kräuteröl enthalten ätherische Öle, die von Pflanzen destilliert sind und die für Menschen und Tiere effektiv und gefahrlos sind, aber nicht für Schädlinge. Mehrere Marken stehen zur Verfügung. Zero Tolerance aus Zimt, Nelke, Rosmarin- und Thymianölen ist sehr wirksam, genauso wie andere Marken.
- Kräutertee, der Capsaicin, Zimtöl, Nelken, Korianderöl, Knoblauch und italienische Gewürze enthält, ist ebenfalls wirksam. Mische 1 Esslöffel Gewürz mit 250 ml Wasser. Wenn die Pflanze eine starke Nekrose aufweist, verdünne die Brühe. Die Kräuter können zu Eigenkreationen gemischt werden.
- Insektizide Seifensprays bedecken und ersticken Blattläuse.
- Neemöl erstickt Insekten, hinterlässt aber einen öligen Rest.
- Pyrethrum ist ein Pestizid, das natürlich und überall verfügbar ist.

RAUPEN (ERDRAUPEN, KOHLWÜRMER, BLÄTTERFRESSER, MAISZÜNSLER)

Im Frühling und Sommer sind Raupen outdoor häufig, aber selten indoor. Raupen sind das Larvenstadium von Schmetterlingen und Motten. Sie haben weiche, segmentierte Körper mit Kopf, Thorax und Abdomen. Dem Thorax entspringen drei Paare gegliederter Beine mit Häkchen, und das Abdomen trägt fünf Paare stämmige Beine. Raupen haben oft die gleiche Farbe wie die Blätter, auf denen sie sitzen, und sind so schwer zu entdecken. Neben diesen allgemeinen Grundzügen gibt es einige Besonderheiten der Raupenarten, die Cannabis häufig befallen:

Erdraupen: Die erwachsenen Exemplare sind graue bis dunkelbraune Motten mit einer Spannweite von 3 bis 4,5 cm. Die Raupen wachsen von 2,5 bis 3,75 cm. Sie können braun-, grün-, grau- und schwarzfarbig sein.

Raupen

Die Eier sind bei den Arten sehr unterschiedlich, aber werden in der Regel auf die Stengel oder die Oberseiten der Blätter abgelegt.

Kohlwürmer: Auch als Kohlraupen bezeichnet. Die erwachsenen Motten sind grauweiß, mit einem oder zwei schwarzen Flecken auf jedem Flügel. Sie haben eine Flügelspannweite von etwa 3,75 bis 5 cm. Die Raupen sind grün, meist mit schmalen weißen Streifen entlang des Körpers, und können bis zu 3,75 cm wachsen. Kohlwürmer bewegen sich, indem sie ihre Rücken wölben, um ihre Hinterbeine nach vorne zu bringen, dann verlängern sie ihre Körper. Die Eier sind geriffelt und kuppelförmig und werden in der Regel einzeln auf die Unterseiten der Blätter gelegt.

Blätterfresser: Viele verschiedene Arten. Die erwachsenen Blätterfresser sind in der Regel Motten, die sich stark in Farbe und in Spannweite, die von 3 bis 4,5 cm reicht, unterscheiden. Die Raupen sind meist grün, können aber grau bis braun und bis zu 3,75 cm lang sein. Einige Blätterfresser sind „wollige" Raupen, ihre Körper sind mit langen Haaren bedeckt, die wie ein Pelz aussehen. Die Eier können je nach Art irgendwo auf der Pflanze gefunden werden.

Maiszünsler: Die erwachsenen Tiere sind gelbe oder beige Nachtfalter mit einer Spannweite von etwa 2,5 cm. Die Raupen sind etwa 1 Zoll lang, hellbraun mit einem braunen Kopf und Flecken auf jedem Segment. Die Eier sind weiß bis gelblich und werden in Gruppen von 20 bis 30 auf die Unterseiten der Blätter gelegt.

Einige Raupen fressen Blätter. Andere bohren sich in den Stamm und essen das Mark, das weiche innere Gewebe des Stammes.

Erdraupen ernähren sich in der Nacht und verbringen den Tag in seichten Höhlen in der Nähe der Pflanzen. Maiszünsler befallen reife Pflanzen – sie brauchen einen Stiel, der groß genug für ihre Körper ist. Nachdem die Eier, die auf die Blätter gelegt wurden, ausgebrütet sind, essen die jungen Larven für zwei Wochen bis zu einem Monat die Blätter um die Eier herum und hinterlassen Gruppen kleiner Löcher. Um die Bohrer früh zu fangen, suche nach diesen kleinen Löchern. Später in der Saison suche nach kleinen Löchern in den Pflanzstielen, die mit dünnem, seidigem, gewebtem Material bedeckt sein können. Nachdem Bohrer für eine Weile gearbeitet haben, verursachen sie, dass der Stiel eine „spindelförmige Delle" erzeugt. Das sind Ausbuchtungen in den Pflanzstielen, die sich in der Mitte verbreitern und sich an beiden Enden verengen. Die Bohrer können sichtbare Spuren an den Stielen hinterlassen, die zur Delle führen. Raupen fressen sowohl Blätter als auch weiche Stengel. Bohrer durchbohren den Stengel und essen das weiche innere Gewebe. Die Äste und Blätter oberhalb verwelken, da sie weder Wasser noch Nährstoffe erhalten. Wenn der Hauptstamm befallen ist, stirbt die ganze Pflanze. Ist es ein Seitenstamm, erliegt nur dieser Zweig dem Raubbau. Zusätzlich zum direkten Schaden, den sie verursachen, hinterlassen die Raupen beschädigtes Gewebe, das für Infektionen anfällig ist.

Raupen sind unersättliche Fressmaschinen und können Pflanzen sehr schnell befallen. Sie kauen ununterbrochen, um ihre hohe Wachstumsrate zu halten. Sie können einen Behälter mit Sämlingen über Nacht zerstören. Blätterfresser hinterlassen große Löcher (wie Kreditkarten) in den Blättern, die sie essen. Kohlwürmer und andere Raupen befallen auch Knospen. Eine Knospe, die sich braun verfärbt und „ohne Grund" verwelkt, kann einen Kohlwurm beherbergen, der sie von innen auffrisst.

Erdraupen sind vielleicht die auffälligsten aller Raupen: Pflanzen, die durch Erdraupen beschädigt wurden, sind buchstäblich bis zur Bodenlinie abgekaut, wodurch die Pflanze umstürzt. Sämlinge und Jungpflanzen sind komplett verzehrt. Motten legen gewöhnlich jedes Jahr ein bis zwei Bündel Eier, obwohl einige Arten in warmen Klimazonen bis zu sechs Generationen pro Jahr produzieren. Jedes Weibchen legt mehrere Hundert Eier.

Die erwachsenen Tiere paaren sich vom Frühjahr bis zum Frühsommer, und die Raupen entstehen von Frühsommer bis Herbst. Die Raupen ernähren sich, bis sie für das Puppenstadium vorbereit sind. Dann spinnen sie Kokons oder graben Höhlen und überwintern, bis sie zu Faltern werden. Die Generation, die im Spätsommer und Herbst entsteht, überwintert häufig als Raupe und taucht im frühen Frühling auf, um wieder anzufangen, sich zu ernähren. Dies ist besonders häufig bei Erdraupen. Raupen reproduzieren sich langsam im Vergleich zu Schädlingen, aber sie haben großen Hunger, und jede einzelne kann eine Menge Schaden verursachen.

PRÄVENTION

- Raupen sind sehr unterschiedlich in ihren Gewohnheiten, so dass präventive Methoden dem Schädling angepasst werden müssen.
- Pflanze indoor, das hindert die Raupen daran, Jungpflanzen zu befallen. Halte Sämlinge vor dem Umpflanzen so lange wie möglich drinnen.
- Entferne das ganze Jahr über Unkraut, Gräser und Pflanzenreste aus dem Garten, besonders aber am Ende der Vegetationsperiode. Verwende elektrische Insektenvernichter mit blauem oder ultraviolettem Licht, das Nachtfalter anzieht und tötet.
- **Knoblauch:** Stößt eierlegende Motten ab.
- **Erdraupen:** Pflanze Sämlinge so groß wie möglich. Grabe den Boden zwei Wochen vor der Pflanzung um und zerstöre alle Larven, die du findest. Baue eine „Erdraupenbarriere" um jeden Sämling. Benutze eine Erdraupenbarriere, die mindestens 2,5 cm in den Boden und 10 cm über dem Boden ist und die mit Tanglefoot-Insektenbekämpfer ummantelt wird.
- **Kohlwürmer:** Verwende im Frühjahr eine Schutzfolie, wenn sich die Falter vermehren, um zu verhindern, dass sie Eier auf die Pflanzen legen.
- **Blätterfresser:** Verwende eine Schutzfolie, um eierlegende Erwachsene auszusperren. Umwickle die Stiele und großen Äste mit Alufolie und schmiere eine Schicht Tanglefoot oder ähnlichen Klebstoff auf die Folie. Grabe den Boden vor dem Einpflanzen um, vor allem im Frühjahr, und zerstöre überwinternde Larven und Puppen.
- **Maiszünsler:** Vernichte Stiele und andere Pflanzenreste nach der Ernte.

KONTROLLE

- Wenn du nur ein paar Pflanzen hast und Schaden entdeckst, der durch Erdraupen verursacht wurde, können die Raupen in der Regel innerhalb von etwa 25 cm von der geschädigten Pflanzen gefunden werden. Andere Raupen können von den Pflanzen abgeschüttelt oder mit der Hand gepflückt werden.
- **Wassersprays** waschen die Raupen ab, und sie ertrinken. Ein Staubsauger kann sie auch entfernen.
- **BT,** *Bacillus thuringiensis,* ist ein lebendes Bakterium, das die Raupen aufnehmen. Es macht die Raupen krank, sodass sie aufhören zu fressen und innerhalb kurzer Zeit sterben. Wenn sie sterben, entwickeln sie neue Generationen von Bakterien, die hungrig nach Raupen sind. Sie sind harmlos für Menschen und Haustiere. Das Insektizid sollte bei den ersten Anzeichen von Raupen verwendet werden.

- **Zimt:** Koche Zimttee, indem du etwa eine Unze Zimt für eine Gallone sehr heißen Wassers verwendest. Lasse es abkühlen, dann seihe es ab und sprühe es am besten direkt auf die Schädlinge.
- Insektizide Seife funktioniert am besten, wenn sie direkt auf die Schädlinge gesprüht wird.
- **Neemöl:** Verdünntes Neemöl kann alle 10 Tage auf die Pflanzen gesprüht werden. Es macht sie unappetitlich für die Raupen. Direkte Treffer sind giftig für Blätterfresser. Das Öl hinterlässt einen Rückstand auf den Blättern. Pyrethrum ist ein Pestizid, das auf der Chrysantheme basiert und harmlos ist für Menschen und andere warmblütige Tiere.
- **Spinosad:** Aktivsubstanz von Spinosad wird von einer im Boden lebenden Bakterie, Saccharopolyspora spinosa, abgeleitet. Die Bakterie produziert eine Vielzahl von insektentötenden Mitteln, wenn sie in Gärungsbehältern gezüchtet wird. Spinosad muss aufgenommen werden, so dass es keinen Effekt auf saugende Insekten und Prädatoren (Beutetiere) hat, aber für Fresser wie Raupen ist es tödlich. Sobald Insekten die Substanz verschlucken, erkranken sie und sterben. Es ist ungiftig für Tiere, Haustiere und Menschen – mit nur minimaler Auswirkung auf die Pflanzen. Verwende Spinosad jedoch mit Vorsicht in der Nähe von Honigbienen.
- **Trichogramma:** Mehrere Arten von kleinen stachellosen Wespen, die Raupeneier attackieren und zerstören, bevor sie ausbrüten. Sie müssen benutzt werden, wenn man die frühesten Anzeichen von Befall erkennt, und können nicht zusammen mit den meisten Insektiziden (BT und Spinosad sind Ausnahmen) verwendet werden. Wende dich an die Lieferanten, welche Arten und Mengen sie empfehlen würden.
- **Besondere Bemerkung über Stielbohrer:** Wenn Stielbohrer nicht schnell in den Griff zu bekommen sind, wird der Ertrag stark gemindert oder sogar komplett unterbunden. Bevor sie sich in die Stengel bohren, können sie mit den gleichen Techniken wie Raupen beseitigt werden. Es ist etwas anderes, wenn sie im Stammgehäuse eingesiedelt sind. Manchmal kann man Bohrer aus den Löchern herausziehen, die sie gekaut haben. Eine andere Methode ist, ein Loch in den Stamm über dem Bohrer zu bohren und eines der empfohlenen Insektizide gegen Raupen in den Stamm zu spritzen, entweder unter Verwendung einer Spritze oder einer Pipette.

ROTWILD

Rotwild-Populationen sind sehr unterschiedlich, sowohl geographisch als auch im Habitat. Rotwild bevorzugt helle Wälder und Wiesen in der Nähe von Waldgebieten, weil es nicht gerne mehr als einige Hundert Yards von seinem Schutz entfernt ist.

Gärten in vorstädtischen Gebieten, die in der Nähe von geeigneten Waldflächen angebaut wurden, können Probleme mit dem weidenden Rotwild haben.

Gärten, die in wilden oder ländlichen Gebieten angelegt wurden, werden sehr wahrscheinlich vom Rotwild besucht, wenn das Habitat für es geeignet ist.

Um welche Tiere handelt es sich?

Rotwild sind Weidetiere mit anmutigen Körpern, dünnen Beinen und langen Hälsen. Sie variieren je nach Art stark in Größe, Alter und Geschlecht, aber in der Regel sind sie 1,2 bis 1,8 m lang und wiegen 35 bis 100 kg. Normalerweise leben die schwereren Arten im Norden und die kleineren helleren im Süden. Die Männchen tragen ab Ende Sommer ein Geweih, und in der Regel verlieren sie es sehr spät im Winter oder im Frühling.

Rotwild verlässt den Waldschutz während der Nacht, um sich an den Pflanzen gütlich zu tun, aber es flieht schnell, wenn sich jemand nähert.

Es hat hervorragende Sinne, sodass die meisten Grower es nur an seinen Spuren und am Schaden erkennen, die es hinterlassen hat. Einige Rotwild-Arten haben sich an die Menschen gewöhnt und fliehen nicht, wenn sie uns sehen. Rotwild bevorzugt frische Blätter, Früchte und anderes ergiebiges Pflanzenmaterial.

Im Marijuanagarten zerreißt und frisst das Rotwild kleine Pflanzen, entfernt Blätter von den Pflanzen und zertrampelt sie. Marijuana entwickelte seine Cannabinoide teilweise als Schutz gegen Herbivoren. Die meisten Säugetiere finden die Blätter und Blüten abstoßend. Rotwild gehört zu den wenigen Ausnahmen. Das heisst, dass in Gebieten, wo Rotwild vorkommt, es sich von unserem Garten angezogen fühlen kann, weil er Nahrung hat, welche die meisten Pflanzenfresser in Ruhe lassen. Allerdings bevorzugt das Rotwild junge, zarte Pflanzen. Wenn also Marijuana reift und mehr Cannabinoide enthält, wird es für Rotwild weniger schmackhaft.

Rotwild hat keine oberen Schneidezähne. Es beißt nicht wie Kaninchen oder ähnliche Tiere in die Pflanzen. Stattdessen fasst das Rotwild die Blätter mit seinen Lippen und unteren Zähnen und reißt sie ab. Das verursacht einen Schaden an den Ästen, sie sehen abgefressen aus, sehr unterschiedlich von den ordentlich abgeschnittenen Blättern, die die Nagetiere hinterlassen. Suche auch nach Rotwildspuren und Tierexkrementen in der Nähe des Gartens.

Reproduktionsrate und Lebenszyklus: Rotwild folgt dem normalen Lebenszyklus der Säugetiere. Erwachsene vermehren sich Ende Herbst bis Mitte Winter und das Weibchen gebärt vom späten Frühling bis zum Frühsommer ein oder gelegentlich zwei Junge. Rotwild ist normalerweise in einem bis zwei Jahren erwachsen und lebt 10 bis 20 Jahre, wenn es nicht durch Beutetiere oder eine Krankheit getötet wird.

PRÄVENTION

- Rotwild stellt indoor keine Gefahr für Pflanzen dar. Jedoch sind alle Outdoor-Gärten gefährdet, die sich in der Nähe von Lebensräumen des Rotwilds befinden.
- Um dem Schaden, der durch Rotwild verursacht wird, vorzubeugen, muss Rotwild weit von den Pflanzen gehalten werden. Es gibt zwei Möglichkeiten: Abwehrmittel (= Substanzen, die abstoßend wirken) und Zäune. Abwehrmittel sind weniger teuer und können die einzige Wahl sein, wenn Diskretion wichtig ist. Aber der Zaunbau ist sicher, wenn man praktisch denkt.
- Rotwild findet die Gerüche von Knoblauch, Capsaicin und faulen Eiern abstoßend, und es gibt einige Marken kommerzieller Abwehrmittel, die diese Bestandteile enthalten. Andere Materialien stoßen Rotwild durch ihren Geruch ab:
- Alles, was Menschengeruch trägt, wie abgenutzte Kleidung oder menschlicher Urin.
- Urin oder Kot von Hunden oder anderen Beutetieren. Urin der Prädatoren ist im Handel erhältlich. Exkremente sind im örtlichen Zoo verfügbar.
- Duftende Seife, aufgehängt im Netzbeutel in der Nähe von den Pflanzen.
- Wenn du nicht sicher bist, ob ein Repellent wirkt oder nicht, dann umgib die Marijuanapflanzen mit anderen Pflanzen, die du nicht rauchen oder konsumieren willst. Wenn der gewünschte Effekt nicht eintrifft, dann ersetze die Abwehrmittel nach ein paar Tagen durch andere, um herauszufinden, welche wirksam sind und welche nicht.
- Alles, was das Rotwild überrascht oder erschreckt, ist effektiv. Kaufe im Baumarkt mehrere Bewegungsdetektoren fürs Haus und stelle sie in einem Umkreis um das Pflanzungsgebiet auf. Abhängig von den Betriebsmitteln am Standort können Bewegungsdetektoren, Hochdruckwasser-Sprenger (diese werden als „Vogelscheuchen-Sprenger" verkauft), helle Lichter, batteriebetriebene Radios oder Ultraschallgeräusche auslösen, wenn sich Rotwild nähert. Denke daran, die Lichter so einzustellen, dass sie in Richtung der Pflanzen zeigen, und wenn Diskretion wichtig ist, dann schirme die Lichter ab oder senke die Lautstärke des Radios, so dass das Rotwild noch vertrieben wird, aber keine Beobachter in der Nähe angelockt werden. Rotwild kann sich rasch an die meisten Töne, Anblicke oder Gerüche gewöhnen. Sobald es feststellt, dass das Abwehrmittel nicht schadet, lernt es, es zu ignorieren. Dies bedeutet, dass wir unser Abwehrmittel von Zeit zu Zeit ändern müssen – und nicht nur die Marken, sondern auch die Bestandteile und Methoden. Das Kombinieren von Methoden ist ebenfalls nützlich. Zum Beispiel der Einsatz eines Geruchabwehrmittels zusammen mit einem Vogelscheuchen-Sprenger.
- Beim Zaunbau muss man an die Fähigkeiten und Gewohnheiten des Rotwilds denken. Ein Rotwild kann jeden Zaun überspringen, der weniger als 2,5 m hoch ist, wenn es nah genug herankommen kann. Zäune müssen auch in den Boden reichen, sonst kann das Rotwild unter ihnen durchkriechen. Eine Alternative zu einem 2,5 m hohen Zaun ist ein Elektrozaun. Rotwild bevorzugt, unter einer Barriere durchzuhuschen anstatt darüber zu springen. Ein normaler Elektrozaun von 2 oder 3 Strängen eines 20-Gauge glatten Drahts auf Isolierposten hält sie häufig ab. Sobald es versucht, zwischen den Strängen hindurch zu schlüpfen und einen Schock bekommt, hält es sich in der Regel mehrere Meter vom Zaun entfernt – zu weit, um ihn zu überspringen. Eine Variante, genannt „Minnesota-Zaun", nutzt tatsächlich einen attraktiven Köder wie Erdnussbutter, damit das Rotwild den Zaun oder einen Folienumbau ableckt, der am Zaun befestigt ist. Das Rotwild bekommt einen leichten Schlag und vermeidet danach den Zaun für immer.

KONTROLLE

- Es gibt kein praktisches Mittel, mit dem man Rotwild kontrollieren kann, im Sinne von Ausrottung. Das wäre auch keine gute Wahl, selbst wenn es ein solches Mittel gäbe. Die Outdoor-Marijuana-Gärtner sollten sich auf andere natürliche Feinde des Rotwilds, Beutetiere wie Kojoten oder wilde Hunde zum Beispiel, verlassen, weil diese die Rotwild-Population kontrollieren. Abgesehen davon sind die oben aufgeführten Möglichkeiten der Vorbeugung die beste Wahl.

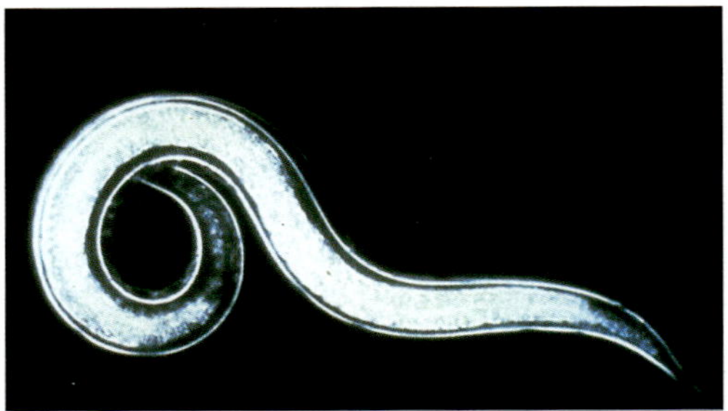

Gierige Nematoden. Foto mit freundlicher Genehmigung von Nature´s Control

TRAUERMÜCKE

Trauermücken sind häufig in Innenräumen. Sie werden outdoor in feuchtwarmen Gebieten gelegentlich gefunden. Trauermücken sind 3 bis 4 mm groß, dunkelgrauschwarz und haben eine schlanke Gestalt mit feinen langen Beinen und langen Flügeln. Die Larven sind durchsichtig bis cremig weiß mit einem glänzenden schwarzen Kopf und können bis zu 6 mm lang sein.

Erwachsene Tiere fliegen in Bodennähe und im unterem Bereich der Pflanze. Trauermückenlarven leben auf Wurzelniveau, in der Regel 2,5 bis 7,5 cm unterhalb der Bodenlinie. In flachen Behältern können die Larven nach der Bewässerung in Abflussschalen gefunden werden. Draußen leben Erwachsene und Larven in feuchten, schattigen Bereichen. Trauermückenlarven schwächen die Pflanze, indem sie die Wurzeln, Wurzelhaare und organische Substanz essen, die in Erdmischung, Steinwolle und anderen Pflanzenmedien wachsen. Sie sind auch Anzeichen von Krankheiten. Erwachsene Mücken fressen nicht. Sie leben nur, um sich zu reproduzieren. Erwachsene Weibchen legen ihre Eier auf die Oberfläche des feuchten Bodens, in der Nähe des Pflanzenstamms. Die Larven brüten in vier bis zehn Tagen aus, je nach Temperatur und Zufuhr von Pilzen und Pflanzensubstanz (einschließlich Pflanzenwurzeln), dann verpuppen sie sich im Boden und tauchen als Erwachsene auf. Die Gesamtzeit vom Ei bis zum reproduktiven Erwachsenen dauert etwa vier Wochen, und die Weibchen legen im Laufe ihres Lebens mehrere hundert Eier in kleinen Bündeln. Indoor vermehren sie sich kontinuierlich während des ganzen Jahrs und reproduzieren sich sehr schnell.

TRAUERMÜCKE

PRÄVENTION

- Wenn die Pflanzen outdoor wachsen, überprüfe, ob im Boden keine erwachsenen Mücken oder Larven sind, bevor du sie rein bringst.
- Hindere die Mücken daran, rein zu kommen, indem du Gitter an allen geöffneten Fenstern anbringst.
- Lege eine Barriere über den Boden, so dass die Mücken keinen Platz haben, ihre Eier zu legen. Ein Stück Stoff, Pappe oder eine Schicht aus Sand, Marijuanaschutz aus Kokosmatte und Plastikdeckel für Steinwolle – alles funktioniert.
- Trauermücken benötigen feuchten Boden nahe der Oberfläche um sich zu vermehren. Lasse den Boden zwischen der Bewässerung so trocken, wie die Pflanzen es ertragen (in der Regel zu einer Tiefe von etwa 2 bis 3 cm). Eine Schicht leichten, gut durchlässigen Bodens wie Vermiculit, Perlit oder Kieselgur hilft. Das hindert die Mückenlarven daran, sich mit Lebensmitteln zu versorgen, und erschwert einen Befall.

KONTROLLE

- *Bacillus thuringiensis* (nützliche Bakterien)
- Barriere (Sand, Stoff, Pappe usw.)
- Zimtöl und Tee.
- **Kieselgur** hat scharfe Punkte, die die kleinen, weichen Körper solcher Kreaturen wie Trauermückenlarven durchbohren und austrocknen. Kieselgur ist aus Schalen versteinerter Kieselalgen (eine Art von Algen) zusammengesetzt, die aus 86 Prozent Kieselsäure, 5 Prozent Natrium, 3 Prozent Magnesium und 2 Prozent Eisen bestehen.
- **Raubmilben** (*Hypoaspis*-Arten): Diese im Boden lebenden, fleischfressenden Milben suchen alle Art von Beute, die sie fangen können.
- Räuberische **Nematoden** (*Heterorhabditis* und *Steinernema*-Arten) sind mikroskopische, fleischfressende, im Boden lebende Würmer, die ihren Wirt befallen und von innen auffressen. Dann reproduzieren sie sich und bersten aus der Leiche heraus.
- **Pyrethrum** kann als Spray verwendet werden oder in den Pflanzenstamm injiziert werden, um die Bohrer zu erreichen.
- Spinosad

ERDHÖRNCHEN

Erdhörnchen stellen nur selten ein Problem im Garten dar. Sie werden hauptsächlich in der Mitte und im Westen der USA, in Florida und in Mexiko gefunden. Erdhörnchen sind mittelgroße Nagetiere, die von etwa 13 bis 36 cm lang sind (den Schwanz nicht eingeschlossen). Ihr Fell ist sehr fein und kann fast schwarz bis hellbraun sein. Die Vorderpfoten haben starke Krallen. Der Kopf ist klein und flach, mit kleinen Ohren und Augen und sehr hervortretenden Schneidezähnen. Erdhörnchen wühlen unter Gärten und Rasenflächen. Erdhörnchen ernähren sich auf drei Arten von Pflanzen: 1) sie ernähren sich von Wurzeln, die sie beim Graben ihrer Tunnels antreffen, 2) sie können kurze Entfernung von ihren Tunnels (nur eine Körperlänge oder so) riskieren, um die Vegetation auf der Oberfläche zu essen; und 3) sie ziehen Vegetation von unten in ihre Tunnels. Erdhörnchen können Dachse anziehen (die sie essen), und die Dachse können erhebliche Schäden verursachen, wenn sie ihre Nahrung im Boden suchen.

Wenn man vermutet, dass im Garten ein Erdhörnchen ist, ist die erste Aufgabe zu überprüfen, ob es sich stattdessen nicht um Maulwürfe handelt. Maulwürfe verursachen wenig direkten Schaden an Gärten, und infolgedessen sind sie selten der Mühe wert, sie zu beseitigen. Beide sind selten an der Oberfläche zu sehen, also sind die besten Möglichkeiten, sie zu unterscheiden, die Zeichen, die sie hinterlassen.

Zuerst überprüfe ihre Ausgrabungen: Ein Maulwurfshügel ähnelt einem rauen Kegel mit einem Loch oder einem irdenen „Stecker" in der Nähe der Mitte. Ein Erdhörnchen-Hügel ist fächerförmiger mit dem Loch in der Nähe des Randes. Als Nächstes suche nach dem Schaden. Maulwürfe verursachen im Allgemeinen sehr wenig Schaden. Erdhörnchen können die Pflanzenwurzeln kauen, wodurch sie verwelken, und sie verursachen, dass sie mit einem leichten Zug ausgezogen werden können. Wenn die Pflanzen vollständig an der Bodenlinie zerkaut werden oder vollständig mit den Wurzeln verschwinden, dann handelt es sich höchstwahrscheinlich um ein Erdhörnchen-Problem.

Reproduktionsrate und Lebenszyklus: Erdhörnchen paaren sich einmal jährlich im Frühjahr und produzieren vom späten Frühling bis zum Frühsommer einen Wurf mit bis zu fünf Jungen. Sie leben bis zu 12 Jahren. Behälter, Indoorgärten und Hydrokultursysteme bieten einen kompletten Schutz gegen Erdhörnchen. Wenn wir direkt im Boden pflanzen, minimieren wir das Unkraut; polstere das Pflanzloch auf der Unterseite und den Seiten mit hartem Stoff aus.

SCHADEN verursacht durch Miniermotten

Eine Grenze von Oleander rund um den Garten kann Erdhörnchen abstoßen. Kommerzielle Abwehrmittel gegen Erdhörnchen (die meisten enthalten Rizinusöl, Knoblauch oder Capsaicin), die in die Mündung des Hügels gelegt werden, können sie vertreiben.

KONTROLLE

- Im Allgemeinen ist es am besten, zuerst Abwehrmittel zu versuchen, da sie bei weitem der einfachste Weg sind, Erdhörnchen zu bekämpfen. Manchmal ist jedoch die einzige Lösung, sie zu beseitigen.
- Das einfachste Mittel zur Beseitigung der Erdhörnchen ist die Räucherung. Kommerzielle Begasungsmittel sind Papier- oder Papppatronen gefüllt mit Holzkohle- und Kaliumnitrat. Sie werden angezündet und in die Tunnelöffnungen geworfen, Gase, die sie produzieren, während sie brennen, töten die Erdhörnchen. Achte auf Rauchschwaden, die aus dem Boden steigen, diese können andere Tunnel-Ausgänge der Erdhörnchen anzeigen. Versiegele die Ausgänge mit fester Erde oder schweren Steinen, sodass das Erdhörnchen nicht fliehen kann.
- Kohlendioxid (CO_2) ist ein Begasungsmittel. Benutze einen CO_2-Behälter, lege den Zapfschlauch in die Tunnelöffnung oder lasse 225 bis 450 Gramm Trockeneis in den Tunnel fallen. Wenn die Räucherung nicht effektiv ist, versuche, sie zu fangen. Die Fallen sind in Gartengeschäften verfügbar.

MINIERMOTTEN

Miniermotten sind nicht häufig in Indoorgärten. Im Freien werden Blätter gelegentlich angegriffen, aber sie stellen in der Regel keine Bedrohung für die Pflanze oder den Ertrag dar. Miniermotten sind in der Regel Larvenstadien verschiedener Fliegenarten, obwohl einige Arten von Motten und Käfern auch blattminierende Larven produzieren. Diese Larven sind sehr kleine Maden, selten mehr als 3 mm lang, und variieren

Schildläuse

in der Farbe von weiß bis hellgrün. Die erwachsenen Fliegen ähneln winzigen Stubenfliegen, etwa 2 mm lang. Miniermotten befinden sich unter der Oberfläche und im Blattgewebe.

Die Blätter sehen aus, als ob jemand gekritzelte Linien in sie geschnitzt hätte. Gleichzeitig legen sie ihre Eier tief ins Innere und vermehren sich. Wenn sie ausbrüten, ernähren sich die Larven von Blättern, bis sie groß genug sind, um sich zu verpuppen. Die Verpuppung erfolgt innerhalb des Blattes oder im Boden unter der Pflanze. Sobald sie sich entpuppen, wiederholen sie diesen Zyklus und verursachen einen größeren Befall.

Miniermotten setzen die Pflanzen der Gefahr von Krankheitserregern und Pilzen aus. Der Blattschaden verursacht geringe Erträge. Wenn Weibchen graben, um Eier zu legen, sondern die Pflanzen einen Saft ab, der Ameisen und Fliegen anlockt. So kann es zu mehreren Befällen und Problemen kommen.

Es gibt viele Arten von Miniermotten, ein Experte kann die Arten durch das charakteristische Aussehen der Tunnels unterscheiden, die gebaut werden.

Die Weibchen implantieren ein Ei fast in derselben Zeit. Die Arten unterscheiden sich in der Fruchtbarkeit. Einige produzieren bis zu 350 Eier. Die Eier brüten in zwei bis sechs Tagen aus, und die Larven beginnen, einen Tunnel anzulegen. Schließlich werden sie zu Puppen, und entweder fallen sie auf den Boden, oder sie bleiben je nach Art am Blatt.

Die Puppen entwickeln sich zu Erwachsenen, und der Zyklus wiederholt sich. Erwarte zwei bis sechs Generationen pro Jahr draußen, aber drinnen kann eine einzige Generation nur einen Monat dauern, sich aber das ganze Jahr über reproduzieren.

PRÄVENTION

- Im Freien pflanze Abschreckungsmittel wie Gänsefuß, Akelei und Malve.

KONTROLLE

- Wenn nur ein paar Blätter betroffen sind, entferne sie und wirf sie weg.
- Natürlich vorkommende parasitäre Wespen helfen in der Regel, die Population zu regeln.
- *Beauveria bassiana* (nützliche Pilze)
- Capsaicin
- Kräutertee
- Pestizide aus Kräuteröl wie ZeroTolerance
- Gartenbauöl
- Neem-Öl
- Parasitäre Wespen
- Pyrethrum
- Spinosad

SCHMIER- UND SCHILDLÄUSE

Schmier- und Schildläuse greifen Cannabis gelegentlich an. Sie sind häufiger ein Problem für langlebige Mutterpflanzen. Diese Schädlinge sind eng miteinander verwandt, haben aber ihre Namen nach ihrem Aussehen. Schmierläuse sind nach ihrem weißen, „mehligen" Wachs benannt, das ihre Körper bedeckt. Auf den Pflanzen sehen sie aus wie ein winziger Hauch von Baumwolle, meist in Ritzen und Fugen zwischen den Ästen.

Die erwachsenen weiblichen Insekten unter dem Wachs sind 2 bis 4 mm lang, mit flachen, ovalen, segmentierten Körpern. Die Männchen sind kleine Fliegen, die die wachsartige Bedeckung der Weibchen nicht haben. Schildläuse leiten ihren Namen von den harten Schalen ab, die erwachsene Weibchen produzieren, die wie Beulen oder „Schilder" an den Stengeln und Blättern der Pflanzen aussehen. Schildläuse variieren stark innerhalb dieses allgemeinen Modells: vom runden bis zum ovalen, von weißer bis dunkelbrauner Farbe und von 3 bis 15 mm im Durchschnitt. Wie die Schmierläuse, ähneln die erwachsenen männlichen Schildläuse winzigen Fliegen.

Weibliche Schmierläuse siedeln auf den Knoten in der Nähe des Ausbrütstandorts.

Schmierläuse befinden sich auf Blattoberflächen, besonders auf den Unterseiten und an Stielen und in Spalten. Gelegentlich besiedeln Schmier- und Schildläuse den Stiel direkt auf dem Bodenniveau, wo sich der Stiel an die Wurzeln anschließt.

Weibliche Schildläuse und Schmierläuse ernähren sich von Pflanzensaft. Sie leben nur so lange, um die Weibchen zu befruchten. Einige Arten haben eine symbiotische Beziehung mit Ameisen entwickelt, ähnlich wie die Blattläuse. Ameisen schützen sie und treiben sie an, „Honigtau" zu sammeln, es geht um konzentrierten Zucker, den sie als Abfall ausscheiden. Wenn es keine Ameisen gibt, die ihn essen, wird er schnell durch Rußtau kolonisiert. Die Pflanze wird durch die Insekten geschwächt, die sich wie Egel von ihren wesentlichen Säften ernähren, und der Abfall des Honigtaus verursacht Schimmelpilzinfektionen an den Stengeln und Blättern. Schmier- und Schildläuse sind häufig Anzeichen von Pflanzenkrankheiten. Schmierläuse gelten als spezialisierte Schildläuse. Beide sind von derselben Art wie Blattläuse und Weiße Fliegen und wahre Wanzen im biologischen Sinn: Sie haben bohrende und saugende Mundpartien, die sie zum Trinken der Pflanzensäfte nutzen.

Weibliche Schildläuse und Schmierläuse neigen dazu, sich nicht so viel zu bewegen wie erwachsene. Sie befestigen sich an der Pflanze und erzeugen eine Schutzschicht, um Raubtiere abzuwehren, während sie die Pflanzensäfte saugen. Schmierläuse bedecken sich mit einem Netz aus weichem Wachs, um potentielle Feinde zu vertreiben. Schildläuse produzieren harte Schalen als Rüstung gegen ihre Feinde.

Reproduktionsrate und Lebenszyklus: Der Gesamtlebenszyklus ist bei Schmier- und Schildläusen gleich. Weibchen produzieren 200 bis 1000 winzige Eier, die sie entweder auf oder unter ihren Körpern schützen. Wenn die Eier ausbrüten (in 1 bis 4 Wochen), verbreiten sich sehr kleine Nymphen (weniger als 1 mm) über die Pflanze und beginnen, sich zu ernähren. In wenigen Wochen entwickeln sie sich entweder in geflügelte Männchen oder stationäre Weibchen. Die ganze Generation lebt 1 bis 2 Monate, und je nach Art produzieren sie überall eine bis sechs Generationen in einem Jahr.

KONTROLLE

- Schmierläuse sind relativ leicht von Marijuana-Pflanzen zu beseitigen, weil die Pflanzstruktur keinen Platz bietet, wo sie sich verstecken und schützen können.
- Wischen mit einem Schwamm oder Ohrenstäbchen: Schmierläuse neigen dazu, sich in Spalten und anderen schwer zugänglichen Orten der Pflanze anzusiedeln. Ein mit Isopropylalkohol befeuchtetes Ohrenstäbchen ist ein ideales Mittel, zu ihnen zu gelangen.
- Alkohol-Spray
- **Limonenprodukte** töten Schmierläuse und Schildläuse beim Kontakt.
- Kräutersprays wie ZeroTolerance®, die Zimt, Nelke oder andere insektenabstoßende Kräuter-Öle beinhalten, sind wirksame Mittel. Sie töten sowohl beim Kontakt als auch bei Verdampfung, besonders in Schutzgebieten, die Schmierläuse als ihre Lebensräume auswählen.
- Pyrethrum
- Neem-Öl
- Es gibt parasitäre Wespen, die spezifisch für verschiedene Arten von Schmierläusen und Schildläusen sind. Einige Wespenarten schließen Leptomastix dactylopii, Anagyrus pseudcocci und Metaphycus helvolus ein.
- **Schmierlaus-Zerstörer:** *Cryptolaemus montouzieri* ist ein Marienkäfer, der viele Arten von Schmierläusen verzehrt.
- Die winzige **Piratenwanze** (*Orius*-Arten) isst Schmier- und Schildläuse, unter anderen Schädlingen.
- Der **Marienkäfer** *Ryzobius lophanthae* ist ein unersättlicher Fraßfeind der weichen Schildläuse. Er ist nicht wählerisch und frisst auch Blattläuse und Schmierläuse, wenn er sie antrifft. Er ist jedoch am effektivsten gegen Schildläuse.
- Gartenbauöl, besonders Sesamölprodukte.
- Insektizide Seifen

MAULWÜRFE

Maulwürfe sind häufig in gemäßigten ländlichen Gebieten, weniger in Städten und Vororten. Sie können Hanffelder im Freien befallen, weil der Anbau den Boden lockert und ihn gastfreundlich für die Insekten macht, die Maulwürfe gerne fressen. Maulwürfe sind unterirdisch lebende Säugetiere, etwa 13 bis 17 cm lang, und wiegen 85 bis 115 g. Sie haben ein weiches, dunkles Fell, sehr kleine Augen, eine spitze Schnauze und kräftige Grabkrallen an ihren Vorderpfoten. Allerdings erscheinen Maulwürfe selten an der Oberfläche. Stattdessen bemerkt der Gärtner in der Regel nur ihre Bauten. Maulwürfe bauen Tunnelkomplexe in fruchtbarem Boden. Sie fressen Insekten und Regenwürmer, und daher bevorzugen sie feuchte Böden mit vielen im Boden lebenden Insekten.

Maulwürfe beschädigen selten direkt die Pflanzen. Jedoch können ihre Tunnels und Hügel verursachen, dass die Pflanzenwurzeln trocken werden. Im Allgemeinen ist das Wichtigste im Umgang mit Maulwürfen, sie von Erdhörnchen zu unterscheiden, die destruktiver sind. Der Marijuanalandwirt muss sich wegen Maulwürfen nur wenige Sorgen machen.

Der deutlichste Unterschied zwischen ihnen ist die Form ihrer Ausgrabungen: Ein Maulwurfshügel ist eher ein rauer Kegel mit einem Loch in der Mitte. Ein Erdhörnchenhügel ist fächerförmig, mit dem Loch in der Nähe des schmalen Endes.

Reproduktionsrate und Lebenszyklus: Maulwürfe haben in der Regel einen Wurf von zwei bis fünf Jungtieren pro Jahr, in der Mitte bis zum späten Frühjahr.

Außer der Brutzeit im Frühling neigen sie dazu, Einzelkämpfer und in hohem Grade territorial zu sein. Sie kämpfen sogar bis zum Tod gegen andere Maulwürfe, wenn einer ins Tunnelsystem des anderen eindringt.

PRÄVENTION

- Wenn wir direkt im Boden pflanzen, polstern wir das Pflanzloch auf der Unterseite und an den Seiten mit hartem Stoff aus. Repellentien können in Outdoor-Gärten funktionieren. Das am besten bewertete Repellent ist Rizinusöl, das unter verschiedenen Markennamen verkauft wird. Die Geruchsabwehrmittel wie Urin der Fraßfeinde funktionieren auch.

KONTROLLE

- Wenn Maulwürfe keinen Wurzelschaden verursachen, gibt es keine Notwendigkeit, sie loszuwerden. Wenn es jedoch notwendig ist, die Maulwürfe loszuwerden, dann sind die Methoden dieselben wie für die Erdhörnchen: Begasung oder Fangmethode. Die kommerziellen Begasungspatronen, die gegen Erdhörnchen verkauft werden, sind auch gegen Maulwürfe wirksam, ebenso wie Kohlendioxid von Trockeneis oder aus dem Tank. Gartengeschäfte verkaufen viele Arten von Fallen für Maulwürfe, sowohl Lebendfallen als auch tödliche.

RATTEN

Ratten sind keine üblichen Schädlinge in Marijuanagärten, sie können aber manchmal durch Nagen oder Graben Pflanzen töten. Sie sind ein umweltspezifisches Problem, da sie Cannabis gelegentlich als Nahrungsquelle betrachten. Ratten sind Nagetiere und 25 bis 40 cm lang – ohne ihre langen Schwänze. Sie wiegen 170 bis 340 Gramm und haben ein dunkles Fell – braun bis schwarz. Ihre Köpfe sind lang und spitzen sich zu einer Schnauze mit langen Schnauzhaaren zu, und ihre Ohren sind abgerundet und auffallend. Ratten sind überall dort, wo Menschen leben, obwohl sie nicht immer sichtbar sind. Einige Ratten leben in freier Wildbahn, sie ernähren sich von Insekten, andere von kleinen Tieren, Nüssen, Früchten und natürlichem Abfall. Sie siedeln in Höhlen, Wänden, Müllhaufen, im dichten Gebüsch, auf Dachböden – überall, wo sie ein sicheres Nest bauen können.

Marijuana ist keine primäre Nahrungsquelle für Ratten, aber sie mögen die holzigen Stengel der Pflanzen gern kauen. Deswegen brechen die Pflanzen ab. Rattenzähne wachsen ständig nach, und das Nagen ist ein instinktives Verhalten. Cannabis ist wie ein Kaugummi für Ratten.

Ratten sind nur dann ein Problem für Marijuanagärten, wenn deren Standort in der Nähe von etwas ist, das sie gerne essen. Gärten in der Nähe von Getreidefeldern, Obstgärten, Lebensmittellagerhallen, Flächen mit wild wachsenden Nüssen oder Beeren und ähnliche Orte sind eine Gefahr. Lebensmittel auf Campingplätzen ziehen Ratten an. Sichere also alle Lebensmittel und vernichte oder entferne alle Lebensmittelabfälle. Ratten sind sehr fruchtbar. Sie brüten das ganze Jahr über, wenn sie ausreichend Nahrung und einen warmen Ort für ihre Jungen haben. Ein Weibchen produziert vier bis neun Würfe pro Jahr. Durchschnittlich acht Jungtiere pro Wurf, sodass ein fruchtbares Weibchen 12 bis 60 Nachkommen pro Jahr brüten kann. Sie stellen ihre Population automatisch auf die lokale Nahrungsversorgung ein.

PRÄVENTION

Ratten können bereits in einer Minute schädlich sein, und eine einzige Ratte kann mehrere Pflanzen in einer Nacht zerstören. Bis wir feststellen, dass wir es mit einer Ratte zu tun haben, ist es oft schon zu spät.

- Eliminiere schmackhafte Nahrung und Nistplätze im Gebiet. Entferne Gebüsch und wirf es weg. Cannabis ist keine primäre Nahrungsquelle für Ratten, sodass sie nicht so sehr versuchen werden, es zu bekommen.
- Pflanze so weit wie möglich von Obstbäumen oder Beerensträuchern und anderen Lebensmittelquellen entfernt.
- Wenn es verirrte Katzen in der Nachbarschaft unseres Gartens gibt, bereite Nahrung vor, um sie anzulocken. Ratten meiden Gebiete, die nach Katzen riechen.
- Die wirksamste Prävention ist ein physikalisches Hindernis, das die Ratten von den Pflanzen entfernt hält. Es muss mindestens 45 cm hoch sein und eine Öffnung haben, die kleiner als 12,5 mm ist. Ein einfacher Weg, um diese Anforderungen zu erfüllen, ist ein Tomatenkäfig aus Hasendraht oder hartem Stoff; lege ihn rund um jede Pflanze, wenn du die Pflanzen nach draußen stellst. Eine andere Möglichkeit ist, grobe Stahlwolle zu kaufen (wird in großen Gebinden in Baumärkten verkauft) und sie rund um den Stiel jeder Pflanze zu wickeln und mit Pflanzenbindern zu befestigen.

KONTROLLE

- Fallen und Gift bieten Schutz. Bau- und Gartenmärkte bieten viele wirksame Rattenfallen an. Gib die Fallen rund um den Pflanzenzaun und verwende ein Lockmittel wie Erdnussbutter. Nachdem ein paar Ratten gefangen wurden, können Fraßfeinde kommen, um das Aas zu genießen, was das Gebiet unattraktiv für Nagetiere macht.

- Die Ratten haben begonnen, Widerstand gegen Warfarin zu entwickeln, das klassische „Rattengift". Ein weiteres Problem mit diesem Gift ist, dass es Raubtiere töten kann, die tote Ratten essen. Ein neueres Gift ist Cholecalciferol (Vitamin D3). Ein weiteres Zinkphosphid. Beide Nagetierköder stehen unter verschiedenen Markennamen zur Verfügung. Lege einen solchen giftigen Köder in eine manipulationssichere Position.

NACKTSCHNECKEN UND SCHNECKEN

Schnecken greifen Outdoor-Gärten gelegentlich an, vor allem junge Pflanzen, die Blätter in der Nähe des Bodens haben. Sie sind selten indoor. Nacktschnecken können hellgrau bis hellbraun sein und wachsen bis 5 cm. Ihre Körper sind weich und fleischig und glänzen wegen des klaren Schleims, den sie absondern, um die Feuchtigkeit zu halten und der Motorik zu helfen. Zwei kleine „Hörner" oben auf dem Kopf der Schnecke sind in Wirklichkeit „Augen", die das Licht wahrnehmen (Schnecken haben keinen Sehsinn). Schnecken sind Nacktschnecken mit einem Gehäuse. Sie sind fast identisch wie Nacktschnecken gebaut, mit Ausnahme des aufgerollten Gehäuses aus Calciumcarbonat, das den größten Teil ihres Körpers schützt. Schnecken können sich vollständig in ihre Schalen zurückziehen, wenn sie bedroht werden. Schalen der üblichen Gartenschnecken können bis zu 3,75 cm im Durchmesser reichen und sind grau, braun und schwarz gefärbt. Schnecken und Nacktschnecken sind auf Blättern, Blattkanten und Blüten zu finden, wenn es draußen feucht ist, meist nach der Dämmerung.

Wenn es trocken oder hell ist, verbergen sie sich in dunklen, feuchten Bereichen wie in Haufen von Blättern, Spalten und feuchten schattigen Bereichen. Schnecken und Nacktschnecken fressen Blätter. Löcher in den Blättern und/oder abgeschnittene Kanten der Blätter und Blumen mit einer silbernen, schleimigen Spur deuten auf Schnecken- oder Nacktschneckenschäden hin. Eine einzelne Schnecke kann viele kleine Pflanzen in einer Nacht zerreißen. Diese Schädlinge gedeihen in feuchter, dunkler Umgebung. Sie verstecken sich in Mulch, kurzen und stämmigen Pflanzen, unter Brettern und im Boden, und sie meiden das Sonnenlicht, deshalb sind sie selten während des Tages zu sehen, aber sie schlemmen in der Nacht. Es gibt eine besondere Art von Schnecke, die wir in Ruhe lassen sollten. Raubschnecken befallen manchmal Pflanzen, aber ihre Hauptnahrung sind andere Schnecken oder Nacktschnecken.

Die effizienteste Art, eine Schnecke im Unterschied zu pflanzenfressenden Schädlingen als "gut" zu erkennen, ist die Form des Hauses: übliche Gartenschnecken haben in der Regel runde Häuser, die in eine einfache Spirale aufgerollt sind. Die meisten Arten von Raubschnecken haben kegelförmige Häuser. Wenn dies die einzigen Schnecken sind, die wir jemals in unserem Garten gesehen haben, dann sollten wir sie loswerden, weil sie Pflanzen fressen, wenn es keine anderen Lebensmittel in ihrem Lebensraum gibt. Aber wenn wir auch andere Schnecken haben, dann sind Raubschnecken unsere Freunde.

Reproduktionsrate und Lebenszyklus: Nacktschnecken und Schnecken sind zwittrig, jede einzelne legt 30 bis 120 Eier, 2,5 bis 5 cm tief in feuchten Boden. Wenn die Bedingungen geeignet sind (nicht zu trocken oder zu kalt), können Nacktschnecken und Schnecken einmal im Monat Eier legen, sodass ihre Zahl im feuchten Frühlings- und Herbstwetter schnell ansteigen kann.

PRÄVENTION UND KONTROLLE

- Der beste Weg, um Schnecken und Nacktschnecken vorzubeugen und zu töten, ist Eisenphosphat, manchmal auch Ferrum phosphoricum genannt. Es ist völlig wirksam und erfordert wenig Aufwand. Es ist als Pulver oder Granulat verfügbar und ist nicht schädlich für Pflanzen, Tiere oder Menschen. Bestreue den Boden wie angewiesen. Viele Marken sind verfügbar – Escar-Go, Sluggo, Slug Magic und Worry-Free.
- Kupferdraht, Band oder Gitter schützen den Garten oder die Basis der Pflanzen. Kupfer erschreckt die Schädlinge und hält sie ab. 10-Cent Stücke und 25-Cent-Stücke enthalten Kupfer, so dass sie auch verwendet werden können. Wenn du den Garten oder die Pflanzen mit Kupfer umschließt, vergewissere dich, dass keine Schnecke darinnen gefangen ist.
- Reduziere die Schäden durch Gießen am Morgen, statt am Abend. Der Boden hat Zeit auszutrocknen und wird für die Schädlinge damit unattraktiv.
- Schnecken und Nacktschnecken können gefangen werden. Konstruiere eine kühle feuchte Umgebung, wohin sie sich während der Tageshitze zurückziehen, und dann sammle die Flüchtlinge ein.
- Leuchtkäferlarven, Kröten, Frösche, Glühwürmchen, Schlangen, Vögel und schwarzschillernde Käfer ernähren sich von Schnecken.

SPINNMILBEN

Spinnmilben sind sehr häufig und für die ernsthaftesten Schäden im Cannabisgarten verantwortlich. Spinnmilben sind mit bloßem Auge kaum sichtbar, weil sie nur 0,4 mm lang sind. Sie sind Spinnentiere, und wie andere Spinnentiere haben sie vier Beinpaare und keine Fühler. Im Gegensatz zu Spinnen haben aber Milben nur ein einziges Körpersegment. Ihre Farbpalette umfasst rot, braun, schwarz, gelb und grün. Das hängt von der Nahrung, der Art und der Jahreszeit ab. Spinnmilben sind so winzig, dass die meisten dieser Details nur mit einer Lupe sichtbar sind. Sie leben auf den Pflanzen, meist auf der Unterseite der Blätter, können aber auch rund um die Knospen gefunden werden. Sie können auch gefunden werden, wie sie sich von Blatt zu Blatt, von Pflanze zu Pflanze bewegen, indem sie ihr silbriges Gewebe wie Autobahnen benutzen. Spinnmilben durchbohren die Oberfläche der Blätter, dann saugen sie die Pflanzensäfte aus. Diese Löcher erscheinen auf den Blättern als winzige braune Flecken, die von einem gelben Ring umgeben sind. Wenn die Population wächst, produzieren Milben Gewebe, das sie als eine Art Brücke zwischen den Zweigen oder Pflanzen benutzen.

Spinnmilben sind auch Anzeichen von Krankheiten, die sie von Pflanze zu Pflanze tragen. Spinnmilben sind wie viele andere Gartenschädlinge Saftsauger. Wegen ihrer hohen Vermehrungsrate sind sie eher eine Bedrohung als die anderen Schädlinge. Spinnmilben sind am gefürchtetsten unter allen Pflanzenschädlingen. Sie saugen die Pflanzensäfte aus, was die Pflanzen schwächt. Spinnmilben vermehren sich schnell. Sie sind aktiver in den in wärmeren Klimazonen als in den kalten.

Reproduktionsrate und Lebenszyklus: Frisch geschlüpfte Milben haben ein 3:1-Verhältnis von Weibchen zu Männchen, und jedes Weibchen legt bis zu 200 Eier. Dieser Lebenszyklus kann sich unter warmen, trockenen Bedingungen alle acht Tage wiederholen, z. B. in einem Growraum. Dies bedeutet, dass eine Spinnmilbenpopulation mit schockierender Geschwindigkeit explodieren kann, und diese schnelle Reproduktion ist das, was sie so lästig macht.

Spinnmilbe Foto mit freundlicher Genehmigung von Nature´s Control

Spinnmilbe

Milbengewebe

PRÄVENTION

- Fast alle Spinnmilbenplagen kommen mit einer befallenen Pflanze in den Garten oder durch das Lüftungssystem, oder sie werden von den Growern selbst eingeführt, die sie wie „Trittbrettfahrer" in den Garten tragen.
- Stelle alle Pflanzen unter Quarantäne.
- Benutze einen Feinstaubfilter im Lüftungssystem, so dass ankommende Luft gereinigt wird. Trage niemals Kleidung im Growraum, die du vor kurzem im Freien, insbesondere in einem Garten anhattest.
- Suche nach dem Gewebe und gelb-braunen Flecken, die die Folgen der Milben sind. Infizierte Mutterpflanzen übertragen Milben auf die Klone, sodass es besonders wichtig ist, nach Milben zu suchen. Wenn du Symptome der Milben entdeckst, triff sofort Maßnahmen.
- Neem-Öl wird häufig präventiv verwendet, aber es hinterlässt einen öligen Rückstand nach dem Sprühen.

KONTROLLE

- Spinnmilben gedeihen in trockenen Klimazonen. Hohe Luftfeuchtigkeit verlangsamt die Entwicklung und Fortpflanzung der Spinnmilben. Dieses Wissen kann man sich in der frühen Blütephase zunutze machen, um die Populationserhöhung etwas zu verlangsamen.
- **Insektizide Seife** erstickt viele Milben, reduziert die Bevölkerung und den Schaden, beseitigt aber nicht die Population. Auch wenn wir sie zweimal wöchentlich benutzen, kann sich die Milbenpopulation erhöhen.
- **Pyrethrum** ist nur gegen einige Milbenpopulationen wirksam, andere haben dagegen eine Immunität entwickelt.
- **Zimt-Nelke-Tee** kann aus zerriebenem Zimt und Nelken gekocht werden. Beginne mit 0,75 ml pro Liter. Bringe das Wasser zum Kochen. Lass es ein paar Minuten stehen. Gib die Kräuter dazu und lass es zusammenkochen und dann das Wasser abkühlen. Siebe es.
- **Raubmilben:** Es gibt viele Sorten. Hol dir diejenigen, die am besten zur Umgebung in deinem Garten passen. Verwende Raubmilben beim frühesten Zeichen des Befalls. Die meisten Raubarten vermehren sich schneller als Spinnmilben, aber wenn die Milben einen guten Vorsprung bekommen, kann sie die Prädatoren-Population nicht einholen. Selbst unter optimalen Bedingungen ist die Kontrolle mit Hilfe der Raubmilben sehr schwierig.
- *Beauveria bassiana* (nützliche Pilze) sind in geringem Maße wirksam. Marken sind Mycotrol und Naturalis.
- **Kohlendioxid (CO_2):** Milben können hohe Konzentrationen von CO_2 nicht überleben. Halte die Konzentration auf über 5000 ppm für eine halbe Stunde im Garten. Komme wieder, nachdem der CO_2-Gehalt wieder zum Normallevel zurückkehrt. Die Pflanzen werden durch das zusätzliche CO_2 nicht beschädigt.
- **Fischöl** ist ein effektiver Milbenkiller, aber es hinterlässt einen leichten Rückstand. Eine Marke ist Organicide®, die aus Speisefischen und Sesamsamen besteht.
- **Pestizidöle** aus Kräutern und Gewürzen sind wirksame Milbenkiller. Es stehen viele Erfindungen zur Verfügung. Sie können als schützendes Spray verwendet werden, um die Pflanzen vor Befall zu bewahren. ZeroTolerance ist eine wirksame Marke, die aus Zimt-, Nelken-, Rosmarin- und Thymianölen hergestellt wird.
- **Neem-Öl** stammt aus dem Neem-Baum und ist heimisch in Westasien. Es hat viele schützende Eigenschaften, die Arthropoden, einschließlich Milben, sowohl abstoßen als auch töten. Es kann als schützendes Spray verwendet werden, um die Pflanzen vor Befall zu bewahren.
- **Sesamöl** ist giftig für Spinnmilben. Verwende 1 EL pro Liter Wasser. Zur Verbesserung der Mischung füge dem Wasser 1 Teelöffel (5 ml) trockenen Lecithin-Granulats bei und mische es in einem Mixer. Das Spray ist dann sofort gebrauchsfertig.
- **Schwefel** wird seit vielen Jahren benutzt, um Milben zu töten. Schwefelkerzen und Kessel produzieren Dämpfe, die Milben und andere Schädlinge töten. Das ist sehr effektiv, sollte aber nicht in der Nähe von Personen benutzt werden. Der Raum sollte gelüftet werden, bevor man ihn betritt. Benutze es nicht in der Nähe von Wohngebieten.

Blasenfüße Foto mit freundlicher Genehmigung von Nature´s Control

BLASENFÜßE (THRIPSE)

Blasenfüße werden gewöhnlich nicht als Schädlinge des Marijuana betrachtet. Aber sie können unter einigen Gewächshausbedingungen zu ernsthaften Schädlingen werden. Blasenfüße sind winzig, nicht mehr als 1,5 mm lang, können aber immer noch mit dem bloßen Auge gesehen werden. Erwachsene Exemplare haben Flügel, aber sie können nicht gut fliegen; sie springen, wenn sie aufgeschreckt werden. Kopf und Körper sind gelb bis dunkelbraun. Die Larven sind etwa halb so groß wie Erwachsene, heller und ohne Flügel.

Thripse greifen die Blätter an und befinden sich in der Regel auf der Oberseite des Blattes. Blasenfüße haben einen sägenähnlichen Aufbau, um Fleisch zu durchbohren und zu schaben, bis der Saft zu fließen beginnt. Dann saugen sie die Säfte auf und hinterlassen fleckige Flächen weißer oder silbriger Kratzer. Die Blattoberfläche sieht narbig oder grindig aus. Im Endeffekt sehen die Blätter so aus, als ob das ganze Chlorophyll trockengelegt würde, schließlich werden sie weiß. Blasenfüße hinterlassen grünlich schwarze Mistflecken auf und unter den Blättern. Das Narbengewebe zeigt sich an silbernen Stellen. Die Schäden von Blasenfüßen können zuerst ähnlich sein, wie diejenigen von Spinnmilben oder Miniermotten, aber schwerere Fälle haben zur Folge, dass die Blätter gestreift sind.

Beschädigte Blätter können nicht geheilt werden, und ihre Fähigkeit, Licht zu absorbieren, ist gefährdet. Wenn die Blasenfüße nicht kontrolliert werden, sterben die Pflanzen. Blasenfüße tragen auch Krankheitserreger, die sie übertragen. Im Freien überwintern Blasenfüße in Boden- und Pflanzenresten. Blasenfüße werden aktiv, wenn die Temperatur über 16 ° C steigt. Die warmen, stabilen Temperaturen der Indoorgärten ermöglichen ihnen, ganzjährig aktiv zu sein. Aus diesem Grund sind Blasenfüße ein ernsteres Problem drinnen und auch deswegen, weil ein natürlicher, im Boden lebender Pilz, der Blasenfußpuppen infiziert, nicht im Innenbereich vorkommt.

Reproduktionsrate und Lebenszyklus: Die Weibchen legen Eier (überall von 40 bis 300, je nach Art) in Pflanzenspalten oder auf die Blätter und Stengel. Die Larven ernähren sich bis zum Puppenstadium, wenn sie zu Boden fallen (und wenn die Bodenpilze eine biologische Kontrolle im Freien bieten). Je nach Art und Temperatur (Optimum ist von 26 bis 28 °C) schlüpfen, verpuppen sich und reifen die Blasenfüßelarven in 7 bis 30 Tagen zu eierlegenden Erwachsenen.

PRÄVENTION

- Blasenfüße werden von Blau und Gelb angezogen, so dass es am besten ist, gelbe Wände oder Gegenstände rund um Cannabis-Gärten zu vermeiden. Gelbe und blaue klebrige Karten können als Indikatorfallen verwendet werden, um einen Befall von Blasenfüßen festzustellen. Verwende Knoblauch in Outdoor-Gärten, um Blasenfüße abzuschrecken.

KONTROLLE

- **Barriere:** Blasenfußpuppen leben im Boden, nachdem sie von der Pflanze gefallen sind. Wenn wir eine Barriere rund um die Oberseite des Behälters errichten, können die Puppen nicht in den Boden kommen und sterben. Wie bei Trauermückenlarven hilft auch eine Schicht von Kieselgur auf der Oberseite des Bodens, um die Blasenfußpuppen zu töten.
- *Beauveria bassiana* (nützliche Pilze)
- **Nützlings-Nematoden:** Nützlings-Nematoden greifen die Puppen im Boden an.
- Capsaicin
- Pestizide aus Kräutern und Gewürzen wie ZeroTolerance
- Insektizide Seifen
- **Raubwanzen** *(Orius)*: Diese winzigen Insekten befallen erwachsene Blasenfüße. Sie arbeiten auch in Kombination mit nützlichen Nematoden.
- Neem-Öl
- **Raubmilben** *(Amblyseius cucumeris)* sind Milben, die sich gerne von Blasenfüßen ernähren. Verwende viele von ihnen, um sicher zu sein, dass die Prädatoren die Schädlinge schnell unter Kontrolle haben.
- Pyrethrum ist ein wirksames Pestizid gegen Blasenfüße. Besprühe die Blätter gründlich.
- Saccharopolyspora spinosa (nützliche Bakterien)

WEISSE FLIEGEN

Weiße Fliegen sind häufige Schädlinge indoor und im Freien. Weiße Fliegen ähneln winzigen Motten, sind aber weder Motten noch echte Fliegen. Sie sind mit den Blatt- und Schildläusen verwandt. Sie sind 1 mm lang, und ihre weichen Körper sind mit einem pulverförmigen Wachs bedeckt, das ihnen Schutz und ihre weiße Farbe verleiht. Weiße Fliegen befallen die Unterseiten der Blätter. Wenn sie gestört werden, fliehen sie und eine Masse von winzigen weißen Fliegen flattert rund um die Pflanze. Sie saugen Saft aus den Pflanzen und sind Überträger von Viren. Die Pflanzen sondern klebrigen Honigtau ab, und das kann zu Problemen mit Schimmel auf den Pflanzen führen.

Die Blätter werden fleckig, verwelken und verlieren ihre Stärke. Weiße Fliegen sind Saftsauger, wie ihre Verwandten, die Blatt- und Schildläuse.

Weiße Fliegen sind Schädlinge, die schnell große Populationen bilden und das Leben aus den Pflanzen saugen, aber sie sind nicht schwer loszuwerden. Wenn wir glauben, dass unsere Pflanzen von Weißen Fliegen befallen sind, schütteln wir sie. Wenn Schädlinge anwesend sind, werden sie wegfliegen und sich später wieder auf den Blättern ansiedeln.

Reproduktionsrate und Lebenszyklus: Jedes Weibchen legt etwa 100 winzige Eier an den Unterseiten der Blätter. Die Eier brüten in ungefähr sieben bis zehn Tagen und die Larven trinken den Saft aus den Blättern. Larven reifen in 2 bis 4 Wochen, und die Erwachsenen leben danach 4 bis 6 Wochen. Die Reproduktionsrate ist von der Temperatur abhängig: Die meisten Arten der Weißen Fliegen gedeihen am besten in einem Temperaturbereich von 27 bis 33 °C.

Weiße Fliegen. Foto mit freundlicher Genehmigung von Nature´s Control

Weiße-Fliege-Parasit. Foto mit freundlicher Genehmigung von Nature´s Control

PRÄVENTION

- Halte die Temperatur des Gartens unter 27 °C, um die Reproduktion der Weißen Fliege zu verlangsamen. Entferne Pflanzenreste rasch. Installiere einen Feinstaubfilter in den Lufteinlass zum Growraum, um die Weißen Fliegen daran zu hindern, reinzukommen.

KONTROLLE

- Gelbe Klebeflächen – Weiße Fliegen werden durch gelbe, klebrige Karten angezogen. Diese fangen nur einen geringen Teil der Population, sind aber gute Indikatoren für Befall.
- Schüttele die Pflanzen, um Weiße Fliegen zu entfernen, und dann sauge sie mit dem Schlauchanschluss eines Staubsaugers aus der Luft. Stark befallene Pflanzen sollten vor der Behandlung aus dem Garten oder Growraum entfernt werden.
- *Encarsia formosae* sind winzige Wespen, die ihre Eier in unreife Weiße Fliegen legen. Sie bilden keine Stöcke und sind so klein, dass wir sie niemals wiedersehen, sobald sie freigelassen werden.
- *Beauveria bassiana* (nützliche Pilze)
- Nützliche Insekten (Florfliegenlarven, Raubwanzen)
- Capsaicin
- Kohlendioxid
- Kräuter- und Gewürzöle
- Insektizide Seife
- Neem-Öl
- Pyrethrum
- Sesamöl

KRANKHEITEN

Krankheiten können Marijuana-Pflanzen in jeder Phase heimsuchen. Die meisten Krankheiten, die Marijuana befallen, kann man in zwei große Kategorien teilen: pilzartige und bakterielle. Die Sporen und Bakterien, die Pflanzenkrankheiten verursachen, sind allgegenwärtig.

Die Anfälligkeit eines Gartens gegenüber Krankheiten ist unter anderem oft zurückzuführen auf Ungleichgewichte in Temperatur, Feuchtigkeit, Lichtbedingungen, Luftstrom und pH-Wert.

Ein Pilz wächst, wenn er das richtige Niveau von Feuchtigkeit, Temperatur (die Reichweite variiert je nach Art), säurehaltigen Zuständen und eine zuverlässige Nahrungsquelle vorfindet. Bakterien dringen viel leichter ein, wenn die Umgebung gefährdet ist, und Bedingungen wie Sauerstoffmangel vorliegen, die ihren Angriff erfolgreicher machen. Sobald Krankheiten erscheinen, ist es wichtig, schnell zu handeln und das Gleichgewicht der Umwelt wiederherzustellen. Allerdings ist Prävention durch die Bereitstellung einer ausgewogenen Umgebung für die Pflanzen die beste Lösung.

LUFTFILTERUNG

Pilzsporen kommen durch Luftströmungen oft in den Growraum. Verwende einen HEPA-Filter im Lufteintrittsystem, um diese Sporen zu erfassen und die Wahrscheinlichkeit der Pilzinfektion zu verringern. Eine weitere Möglichkeit, ist eine UVC-Lampe im Ansaugkanal. Das Licht dieser Lampen tötet Mikroben und zerstört Sporen. Diese beiden Methoden können kombiniert werden.

ALGEN

Algen sind wie mikroskopische Organismen. Sie betreiben wie größere Pflanzen Photosynthese, aber Stengel, Wurzeln und Blätter fehlen. Algen wachsen gelegentlich in Hydrokultursystemen und aeroponischen Systemen. Sie gedeihen in Umgebungen, die warme Temperatur, Licht und Nährstoffe bieten. Die Wassertemperatur sollte 22 °C betragen, das ist die beste Temperatur für maximales Pflanzenwachstum. Leider ist es auch eine gute Temperatur für Algen. Wenn Licht auf nährstoffreiches Wasser fällt, ist es fast garantiert, dass Algen wachsen werden. Algen können überall im System wachsen. Sie sind häufig in Rohren, Nährstoff-Reservoirs, Eimern, auf Würfelflächen aus Steinwolle und DWC-Eimern (vor allem wenn die Behälter Licht reinlassen) zu finden.

Alle Behälter müssen lichtundurchlässig sein. Einige Algen kommen auf den Oberflächen der Rohre und der Reservoirs und auch an den Wurzeln vor. Sie bilden eine grüne Schicht, die entweder samtartig oder schleimig aussieht und sich auch so anfühlt. Wenn sie die Wurzeln umfassen, bekommen diese keinen Sauerstoff. Sie suchen auch Nährstoffe und können die Systemleitung, Motoren und Sprüher in Aeroponik-Systemen verstopfen. Andere Algen schwimmen frei und kommen auf den Oberflächen nicht vor. Diese Algen können auch Rohrleitungen verstopfen.

Bei beiden Arten von Algen läuft die Photosynthese während des Tages, indem sie im Wasser ausgelöstes CO_2 nutzen und Sauerstoff (O_2) produzieren. Doch während der dunklen Periode verwenden Algen den im Wasser gelösten Sauerstoff und produzieren CO_2. Das verbraucht den Sauerstoff im Wasser, den die Wurzeln benötigen, um gesund zu bleiben.

PRÄVENTION

- Der beste Weg, um Algen zu vermeiden, ist, sie des Lichts zu berauben. Das ist eine sichere, nicht-chemische Methode der Prävention. Verwende schwarze Schläuche anstatt heller oder lichtdurchlässiger, um das Licht daran zu hindern, in die Leitung zu gelangen. Verwende einen schwarzen oder lichtundurchlässigen Behälter für Wasser und Nährstoffe. Blumentöpfe sollten ebenso lichtundurchlässig sein.
- Alles sollte lichtdicht sein. Würfel aus Steinwolle sollten auch abgedeckt werden. Wir können einen Stoff mit Landschaftsmotiv als Sonnenblocker verwenden, weiß-schwarze Plastikdeckel (weiße Seite nach oben) oder solche, die für die Würfel aus Steinwolle gemacht sind.

KONTROLLE

- Die beste Methode der Algenbekämpfung ist, dem Problem durch Verdunkelung vorzubeugen. Das sollte der Schwerpunkt in Systemen mit Algenproblemen sein. Wenn wir bereits wachsende Algen haben, reinigen wir das System, und wechseln oder überdecken lichtdurchlässige Schläuche und Behälter mit lichtundurchlässigen Materialien.
- Hier sind nur einige Produkte, die wir verwenden können, um Algen zu kontrollieren oder den Algenangriff auf das System zu verhindern:
- Wasserstoffperoxid (H_2O_2) - eine ½- bis 1-prozentige Wasserstoffperoxid-Lösung stoppt Algen und andere Organismen, muss aber regelmäßig angewendet werden. Es sollte nicht verwendet werden, wenn Mykorrhiza vorhanden ist, weil H_2O_2 alle Mikroorganismen abtötet.
- Kolloidale Silberlösung von wenigen Teilen pro Million (ppm), kolloidales Silber verhindert Algenwachstum, und wie H_2O_2 tötet es alle Mikroorganismen.
- UVC-Licht – Dies wird als keimtötendes Licht betrachtet und oft verwendet, um Whirlpools, Aquarien und andere Wasserbassins frei von Mikroorganismen zu halten.
- Pampelmusesamenextrakt – Pampelmusesamenextrakt tötet Algen, ohne die Pflanzen zu beschädigen. Diese Methode wird von Wasserversorgungssystemen verwendet, um Trinkwasser, Fischteiche und Seen frei von Algen zu halten.
- Floße mit Gerstenstroh werden zur Algenbekämpfung in Teichen, Seen und anderen Gewässern eingesetzt. Sie können auch in Hydrokultur-Reservoirs verwendet werden, sie sind jedoch nur begrenzt wirksam.

GRAUSCHIMMEL UND BRAUNSCHIMMEL (BOTRYTIS)

Grauschimmel, *Botrytis cinerea,* befindet sich fast überall und kann bei den meisten Pflanzen Krankheiten verursachen, auch beim Marijuana. Es bewirkt Umfallkrankheit und Stammkrebs und Knospenfäule.

Grauschimmel ist eine der häufigsten Pilzkrankheiten beim Marijuana. Der Pilz kann nur auf feuchtem Pflanzengewebe bei Temperaturen zwischen 13 und

Grauschimmel

Wetter, wenn sich Tau auf den Blättern sammelt. Sobald er beginnt zu wachsen, kann er einen breiten Bereich an Feuchtigkeit und Temperaturen tolerieren, hohe Luftfeuchtigkeit und kühle Temperaturen helfen ihm zu gedeihen. Die Senkung der Luftfeuchtigkeit trägt oft dazu bei, dass er aufhört zu wachsen.

Grauschimmel, wie die meisten anderen Pilze, infiziert leicht jeden Teil der Pflanze, der von Schädlingen und durch Beschneidung verwundet oder beschädigt ist oder der beginnt zu sterben. Deshalb ist es sehr wichtig, Geräte zum Schneiden zwischen den Arbeitsgängen zu desinfizieren. Schnitte und Verletzungen sind ein normaler Bestandteil pflanzlichen Lebens, sodass alle Pflanzen angegriffen werden können, wenn die Bedingungen für Schimmel günstig sind. Ungesunde oder schattige Bereiche der Pflanzen oder Spalten in Knospen sind ideale Bedingungen für Schimmel.

Sporen reisen vor allem über Wind und Regen und sogar in Leitungswasser, aber sie können auch mit der Kleidung und über Haustiere in Growräume gebracht werden. Schattige Bereiche einer Pflanze, die nicht viel Licht bekommt, werden in der Regel zuerst infiziert. Dann verbreitet sich die Krankheit durch Wachstum und Sporen schnell.

Grauschimmel schadet am meisten während der Blüte. Er greift die blühenden Spitzen, Blätter und Stiele an. Keimlinge und Samen können auch infiziert und getötet werden. Der Schimmel ist zuerst weißlich wie Mehltau, aber dann verdunkelt er sich zu einer rauchig grauen oder braunen Farbe. Er ist von flauschigem Aussehen und bildet hell- bis dunkelbraune Formen im beschädigten Gewebe. Blätter und Knospen vergilben, weil sie vom Schimmel erstickt werden. Bei höherer Luftfeuchtigkeit hinterlässt der Grauschimmel eine braune, schleimige Substanz auf den Blättern, und die Knospe verrottet, besonders, wenn das Gewebe spät in der Blüte ist. Stämme mit ungeheilten Brüchen können mit B. cinerea infiziert werden, der Stammkrebs verursacht und dann den Rest der Pflanze angreift und Nährstoffe und Wasser entzieht.

PRÄVENTION

- Indoor vermeide günstige Bedingungen für Schimmel, indem du Temperatur und Feuchtigkeit kontrollierst. Braunschimmel kann als Umweltkrankheit angesehen werden, die durch überschüssige Feuchtigkeit entsteht. Halte die Feuchtigkeit unter 50 Prozent. Bewässere, wenn die Lampen an sind oder während des Tages. Entferne totes oder sterbendes Pflanzengewebe und wirf es weg. Vergewissere dich, dass keine Feuchtigkeit auf den Blättern und Knospen ist, wenn es dunkel wird. Indoor wird Grauschimmel in der Regel durch hohe Luftfeuchtigkeit verursacht.
- Outdoor können wir das Wetter nicht kontrollieren, aber Knospenfäule verhindern. *Bacillus subtilis* ist ein Bakterium, das *B. Cinerea* angreift. Es kann präventiv an die Pflanze gesprüht werden. Mehrere Marken stehen zur Verfügung, zum Beispiel Serenade.
- Kaliumbicarbonat ($KHCO_3$) und pH Up wechseln den pH-Wert der Umgebung vom alkalischen zum sauren. Alkalische Umgebungen hemmen die Keimung von Schimmel und Pilzen einschließlich Grauschimmel. Es stehen viele Marken zur Verfügung.
- Neem- und Sesamöl bilden eine Barriere und hemmen die Schimmelbildung.

KONTROLLE

- Wenn wir Schimmel oder Stammwunden bemerken, benutzen wir ein Fungizid. Der Schimmel ist in der Spätblüte besonders schwierig von den Pflanzen zu entfernen.
- Die Entfernung des Schimmels von der lebenden Knospe, um seine Verbreitung zu verhindern, kann mehr schaden als nutzen, wenn dies nicht sorgfältig getan wird. Die Manipulation mit ihnen kann helfen, den Schimmel auf neue Standorte zu übertragen. Sterilisiere nach der Fermentierung einer Knospe die Werkzeuge durch Eintauchen in Alkohol oder Wasserstoffperoxid.
- *Bacillus pumilus* (nützliche Bakterien)
- Nelkenöl
- Kompost und Kompost-Tee
- Kupfer
- Korianderöl
- Neem-Öl
- Kaliumbicarbonat
- *Pseudomonas* (nützliche Bakterien)
- quaternäre Amine
- Sesam- und Fischöl
- Natriumbikarbonat
- Schwefel: Spray, Zerstäuber oder Brenner
- *Trichoderma* (nützlicher Pilz)

BLATTSEPTORIA

Blattseptoria ist auch als Gelbe Blattfleckenkrankheit bekannt. Sie kommt indoor nur sehr selten vor, kann aber gelegentlich outdoor unsere Pflanzen angreifen. Der Pilz stört Blattprozesse, unter anderem die Photosynthese, und hemmt die Fähigkeit der Pflanze zu blühen. Obwohl diese Krankheit nicht tödlich ist, kann sie den Ertrag erheblich reduzieren.

Herkunft: Zwei eng miteinander verwandte Septoriapilze. *Septoria cannabis* und *S. neocannabina* verursachen gelbe Blattflecken. Gelbe Blattflecken entstehen bei Nässe und schwüler Wärme. Warmes Wasser und Regen lösen die Sporen, so dass diese Krankheit in der Regel gegen Mitte bis Ende der Saison erscheint. Infektionen treten auf, wenn die Temperatur um 15 bis 20 °C liegt, die Pilze wachsen aber schneller und sind destruktiver, wenn die Temperatur aufs Idealniveau von um die 25 °C steigt.

Die Flecken erscheinen zuerst auf den unteren Blättern der Pflanze. Der Pilz kann auch den Stamm angreifen. Die Flecken können gelb, weiß oder graubraun sein. Sie können klein und rund bleiben, aber in der Regel werden sie größer. Die Flecken weisen manchmal rotbraune Perimeter auf.

Am Ende stirbt das infizierte Gewebe, trocknet aus und fällt ab, was Löcher in den Blättern verursacht. Schwere Infektionen führen dazu, dass die Pflanze ihre Blätter verliert.

MEHLTAU. Foto von Sean M.

PRÄVENTION

- Die *Septoria*-Pilze sind spezifisch, aber allgegenwärtig. Nur zwei Arten greifen Cannabis an. Daher werden die Pflanzen eher infiziert, wenn Marijuana oder vielleicht Hopfen in der Nähe des Gartens gepflanzt werden. Die Sporen überwintern auf gefallenen infizierten Marijuanablättern und Überbleibseln und verbreiten sich auf dreierlei Weise: durch Wind, Wasser und Wanderung, entweder der Menschen oder Tiere.
- Indoorpflanzen kommen wahrscheinlich nicht in Kontakt mit den Sporen, es sei denn, es gibt infizierte Outdoorpflanzen in der Nähe.
- Outdoor treten die Infektionen am wahrscheinlichsten in Gärten auf, in denen Marijuana schon vorher gepflanzt wurde. Um die Wahrscheinlichkeit einer Infektion zu verringern, entferne alle Überbleibsel aus dem vorherigen Garten, und dann besprühe die Fläche mit einem Fungizid. Säubere und dekontaminiere alle Werkzeuge nach der Arbeit mit infizierten Pflanzen. Wenn möglich, lege den Garten jedes Jahr in einem anderen Raum an.
- Braue 0,75 ml pro Liter Gewürzmischung und Kräuter in einer Gallone heißen Wassers und kühle es. Siebe es. Das Fungizid ist einsatzbereit. ZeroTolerance®-Fungizid enthält sowohl Kräuter als auch Gewürzöle und Kaliumhydrogencarbonat.
- Kompost-Tee ist wirksam bei Schimmel. Verwende ihn als Spray.
- Kupfer wird seit mehr als 100 Jahren als Fungizid verwendet. Es ist sehr effektiv. Viele Marken stehen zur Verfügung.
- Neem-Öl
- pH-Up ändert den pH-Wert der Blattoberfläche, dann ist es für die Schimmelpilzsporen schwieriger zu keimen. Verwende eine Lösung mit einem pH-Wert von 9.
- Kaliumbicarbonat ist sowohl ein Düngemittel als auch ein Fungizid. Verwende eine 1-prozentige Lösung, um den pH-Wert der Blattoberfläche in einen alkalischen zu ändern.
- Sesam- und Fischöle zerstören Schimmel und Schimmelpilzsporen.
- Natriumbicarbonat (Backpulver), ändert den pH-Wert der Blätter, aber es enthält Natrium, das die Blätter beschädigen kann, wenn es sich anreichert. Kaliumbicarbonat wird bevorzugt.
- Schwefel
- *Trichoderma* (nützliche Pilze). Diese günstigen Pilze befallen alle Arten von pathogenen Pilzen. Zu den Marken gehören Plant-Shield, Rootshield, Trichodex und BioTrek.

MEHLTAU

Mehltau ist eine Pilzkrankheit, die viele verschiedene Pflanzenarten befällt. Jede Art von Mehltau hat ein sehr begrenztes Wirtsspektrum, aber alle sind durch ein leicht erkennbares weißes oder graues pulvriges Wachstum gekennzeichnet.

Die Arten, die Hopfen angreifen, befallen auch Marijuana. Schimmelsporen befinden sich überall. Mehltau ist ein häufiges Problem für Indoor- und Outdoor-Grower, wenn die Temperatur und Luftfeuchtigkeit in einen ungünstigen Bereich geraten.

Schimmelsporen sind allgegenwärtig und endemisch. In Gebieten, in denen Marijuana oder Hopfen angebaut wird, sind Wind und Belüftung die wichtigsten Überträger. Ein weiterer Hauptfaktor sind kontaminierte Stecklinge. Kleidung, Haustiere oder Tiere im Freien können auch Sporen in den Garten bringen. Sporen können inaktiv bleiben, bis sie durch Umweltfaktoren aktiviert werden, die einen geeigneten Wirt, ausreichende Luftfeuchtigkeit, gemäßigte Temperaturen, geringere Lichtintensität und Azidität einschließen. Mehltau greift am ehesten junge Blätter an, die bis zu zwei oder drei Wochen alt sind. Die Infektion erstreckt sich über die Pflanze und verbreitet sich auf andere Pflanzen im Garten. Es befällt Knospen, Stämme, Stiele und Blätter. Die ersten Anzeichen einer Infektion sind erhöhte Buckel auf der oberen Blattfläche. Pflanzenblätter sehen aus, als ob sie mit Mehl oder Süßwarenzucker bestäubt wären. Zunächst erscheint es meist nur auf einem kleinen Teil des Blattes in einem unregelmäßigen Kreismuster. Es verbreitet sich schnell, und bald ist das ganze Blatt bedeckt, als ob es eingepudert wäre.

Befallene Pflanzen vergilben vorzeitig, bräunen und sterben schließlich ab. Unbehandelt können schwarze Flecken zu weißem Mehltau wachsen. Die Knospen haben einen schalen, feuchten Geruch und sind mit der weißen, pulvrig aussehenden Mehltau-Substanz bedeckt, die nicht entfernt werden kann. Pulverförmiger Mehltau verhindert Photosynthese, was verursacht, dass die Ernte ausfallen muss, oder dass wir nur wenig oder gar keinen Ertrag haben werden. Infizierte Knospen und Blätter sind nicht zum Rauchen geeignet.

PRÄVENTION

- Mehltau ist im vegetativen Wachstum leichter zu behandeln als in den späteren Stadien der Blüte. Stelle alle neuen Pflanzen in einen separaten Raum unter Quarantäne, in dem sie keine anderen Pflanzen infizieren können. Wenn Pflanzen während der Blüte infiziert werden, besonders in der späten Blüteperiode, werden die Knospen ebenfalls infiziert.
- Tauche Neuanschaffungen und Stecklinge regelmäßig in eine Lösung von Kaliumhydrogencarbonat und Milch ein. Filtere ankommende Luft mit einem HEPA-Filter, wodurch die Sporen daran gehindert werden, durch Luftstrom in den Raum zu gelangen.
- Ein keimtötendes UV-C-Licht, das für Lebensmittel verwendet wird, tötet die Mehltausporen in der Luft. Ionisatoren und Ozongeneratoren deaktivieren Sporen und verringern die Wahrscheinlichkeit einer Infektion.
- Wie bei anderen Pilzen beschränke die Feuchtigkeit und Sporenproduktion, indem du nicht gießt oder die Blätter in der Nacht oder Dunkelheit besprühst. Gieße die Pflanzen bei Licht oder wenn es noch mindestens fünf Stunden hell ist. Halte die Feuchtigkeit unter Kontrolle, ein Wert über 50 Prozent kann Probleme auslösen. Allerdings kann Mehltau angreifen, weil er oft in relativ niedriger Luftfeuchtigkeit gedeiht. Halte Abstand zwischen den Pflanzen, um eine maximale Luftzirkulation zu gewährleisten.
- *Ampelomyces quisqualis* (nützlicher Pilz) ist unter dem Namen AQ-10 erhältlich.
- *Bacillus pumilis* (nützliche Bakterien)
- *Bacillus subtilis* (nützliche Bakterien)
- Komposttee
- Fungizide Kräuter und Gewürzöle
- Milch ist ein wirksames Fungizid. Milch sollte so verwendet werden: 1 Teil Milch zu 5 Teilen Wasser
- Neem-Öl
- Kaliumbicarbonat
- Sesam- und Fischöle
- Natriumbicarbonat

KONTROLLE

- Entferne infizierte Blätter aus dem Growraum, was von entscheidender Bedeutung ist. Entferne sie vorsichtig, ohne Sporen in der Luft zu verteilen. Lege eine Tüte über infizierte Blätter und binde sie zu, dann entferne die Blätter. Verwende ein Fungizid für verwundete Stämme, von denen du die Blätter entfernt hast.
- Die folgende Produktliste ist für Indoor- und Outdoorpflanzen wirksam:
  - Essig
  - *Bacillus pumilis* (nützliche Bakterien)
  - *Bacillus subtilis* (nützliche Bakterien)
  - Zimt-, Nelken-, Koriander-, Rosmarin- und Oreganoöle und -Tee
  - Kupfer
  - Gartenbauöle mit Jojoba- oder Baumwollsamenöl, verwende 15 ml pro 4 Liter Wasser

- Milch
- Neem-Öl
- pH Up
- Kaliumbicarbonat
- Sesamöl
- Natriumbicarbonat
- Schwefel

WURZELKRANKHEITEN

Jede Pflanze muss ein gesundes Wurzelsystem haben. Krankheitserreger können die Wurzeln einer Pflanze angreifen und beschädigen und dann rasch andere Pflanzen im Garten infizieren. Fusarium, Verticillium und Pythium sind häufige und destruktive Wurzelschädlinge, die allen Growern bekannt sind, auch Hydro-Growern.

FUSARIUM

Fusarium bewohnt die Erde. Es gibt viele Arten und Unterarten der *Fusarium*-Pilze und einen bestimmten Stamm des Pilzes, dessen Ziel nur wenige Pflanzenarten sind. Mehrere Stämme haben Cannabis zum Ziel. Fusarium ist so verheerend, dass die US-Regierung besondere Stämme entwickelt hat, die sich auf Cannabis und Koka konzentrieren, was Teil des War on Drugs ist. Diese-Stämme werden auf Kokapflanzen in Kolumbien losgelassen.

Verschiedene Fusariumarten produzieren verschiedene Krankheiten in Cannabis. Diese Krankheiten, vor allem *Fusarium*-Welke und Wurzelfäule, haben unterschiedliche Symptome, aber sie reagieren ähnlich auf Prävention und Kontrollmethoden. Sie ist in Marijuanagärten nicht häufig. Allerdings kommen Restsporen häufiger im Boden vor, wo Hanf einmal angebaut wurde oder wo er noch als Unkraut wächst. Züchter mit Hydrokultur-Systemen oder steriler oder pasteurisierter Erdmischung erleben das selten. Fusarium-Infektionen sind am häufigsten bei warmem Wetter, aber die Frequenz variiert.

Weil *Fusarium* bodengebunden und artspezifisch ist, kann es häufig in einem bestimmten Bereich vorkommen, aber dafür seltener in einem nicht infizierten. *Fusarium*-Sporen können mehrere Jahre inaktiv im Boden bleiben, und es ist fast unmöglich, den infizierten Boden zu desinfizieren. Der Pilz kann sich auch von Samen aus verbreiten, die infizierten Pflanzen entnommen werden. Schaden durch *Fusarium*-Welke ist am deutlichsten auf den Blättern und an den Stengeln. *Fusarium*-Wurzelfäule greift zuerst die Wurzeln an, dann verbreitet sich die Krankheit am Stamm.

Bei *Fusarium*-Welke erscheinen zunächst kleine, dunkle, unregelmäßige Flecken auf den unteren Blättern, die schnell chlorotisch (gelb-braun) werden. Die Blattspitzen kringeln sich nach oben und welke Blätter vertrocknen und hängen an den Pflanzen, ohne abzufallen. Die Stämme werden gelb, dann braun und schließlich brechen sie zusammen. Bei *Fusarium*-Welke zeigen die Wurzeln keine äußeren Symptome, wenn die erkrankte Pflanze ausgerissen wird. Die *Fusarium*-Wurzelfäule beginnt unterhalb der Bodenlinie, die Wurzeln faulen und werden nekrotisch und bekommen eine charakteristische rote Farbe. Das erste sichtbare Symptom erscheint in der Regel als Fäule am Stiel, an dem sie eine rot-braune Verfärbung in Höhe der Bodenlinie erzeugt. Diese Verfärbung kann sich fortsetzen, es kann zum Schwellen kommen und der Stamm kann aufplatzen. Die Pflanze beginnt bald zu welken, dann bricht sie zusammen, wenn sich die Verwesung am Stiel verbreitet.

Sowohl bei Welke als auch bei Wurzelfäule verbreitet sich der Pilz durch Pflanzenzellen, verstopft die Xylemgefäße und hemmt den Wasser- und Nährstoff-Transport. Diese vaskuläre Verstopfung im Inneren der Pflanzen bewirken die externen Symptome der Welke und den Zusammenbruch. Befallene Pflanzen sterben in der Regel. *Fusarium* überlebt in den Pflanzenresten, so dass infizierte Pflanzenreste nicht begraben, kompostiert oder auf infiziertem Boden platziert werden sollten.

PRÄVENTION

- Wenn Outdoor-Cannabis dem *Fusarium* zum Opfer fällt, kann die Pflanzstelle überhaupt nicht mehr für den Cannabisanbau verwendet werden, obwohl sie für andere Pflanzen gut sein dürfte. Ebenso sollten Samen, die von infizierten Pflanzen produziert wurden, nicht benutzt werden. Der Erreger bleibt inaktiv am Samen und greift die Pflanze an, wenn der Keimling entsteht, was verursacht, dass die Pflanzen welken und wahrscheinlich absterben.
- Vermeide es, Marijuana im selben Boden langjährig anzupflanzen. Auch wenn keine der Pflanzen Symptome zeigt, mehrere aufeinanderfolgende Anpflanzungen können verursachen, dass sich der Pilz im Boden aufbaut, bis er destruktive Konzentrationen erreicht.
- Bestimmte Bodenarten sind für das Wachstum von *Fusarium* weniger förderlich als andere. Tonböden haben wegen ihrem hohen pH-Wert fungistatische Eigenschaften. Lehmböden mit gesundem und vielfältigem Pflanzenwuchs beherbergen oft bodenständige Mikroben, die *Fusarium* verdrängen. Diese Böden stoppen die Pilze nicht, aber sie verlangsamen ihr Wachstum und können in Kombination mit anderen präventiven Maßnahmen hilfreich sein.

- Richtig abgelagerter Kompost und Tee aus Kompost schützen Pflanzen vor allen möglichen Pilzinfektionen.
- Growen im Behältnis ist eine der besten Möglichkeiten, um *Fusarium* zu vermeiden, weil der Grower so die vollständige Kontrolle über den Boden hat. Wenn ein Gebiet sonst ideal (Wetter, Sonne usw.) ist, aber es bekannt ist, dass es mit *Fusarium* infiziert ist, dann ermöglichen die Behälter, die Vorteile der lokalen Bedingungen zu nutzen und dabei gleichzeitig Krankheitsprobleme zu vermeiden. Um *Fusarium*-Infektionen zu vermeiden, verwende sterilisierte oder pasteurisierte Erdmischung und sterilisierte oder neue Töpfe. Nicht überdüngen. Stelle sicher, dass der Boden entwässert wird.
- *Mykorrhiza* (nützlicher Pilz) hilft, die Krankheitsresistenz der Pflanzen zu verbessern.
- *Streptomyces griseoviridis, Bacillus pumilus* und *Bacillus subtilis* (alle nützlichen Bakterien) oder *Gliocladium* (nützlicher Pilz) können zur Vorbehandlung für Saatgut, als Bodenbewässerung oder als Blattspray verwendet werden.
- Vergewissere dich, dass der pH-Wert des Bodens nicht sehr niedrig ist. Neutralisiere sauren Boden mit Dolomitkalk oder Grünsand. Dünger mit Kalium und Kalzium können helfen, *Fusarium* abzuwehren und zu verhindern, während überschüssiger Stickstoff und Phosphor die Krankheit verschlimmern können.

KONTROLLE

- Die einzige wirklich wirksame Maßnahme ist die Entfernung und die Zerstörung der infizierten Pflanzen. Nach dem Entfernen aller betroffenen Pflanzen benutze Wasserstoffperoxid (H_2O_2), um das gesamte Werkzeug zu reinigen, das diese Pflanzen berührt hat, bevor du es wieder benutzt.

VERTICILLIUM-WELKE

- Die *Verticillium*-Welke wird durch Bodenpilze verursacht, die in vielen Böden verbreitet sind und die Hunderte von Kräuter- und Holzpflanzen einschließlich Cannabis angreifen.
- *Verticillium*-Welke gedeiht in feuchten Böden, die reich an Ton sind oder sonst schlecht entwässert werden.
- *Verticillium*-Welke beginnt, angespannte Wurzeln anzugreifen, dann befällt sie auch die Blätter.
- Die unteren Blätter vergilben entlang der Ränder und zwischen den Venen, bevor sie grau-braun werden und welken. Der Stamm wird braun in der Nähe der Bodenlinie; die Symptome können der Fusarium-Welke ähneln. Sobald die Wurzeln betroffen sind, verbreitet sie sich über das Xylem, das eine bräunliche Verfärbung aufweist. Das Gefäßsystem wird verstopft, was die Aufnahme von Wasser durch die Wurzeln reduziert und Welke verursacht.

PRÄVENTION

- Sterile Erdmischung oder Hydrokultur-Anbausysteme verhindern *Verticillium*-Infektionen. Allerdings kann Erde im Zuchtcontainer den Pilz enthalten. Viele Bodenbakterien und Pilze helfen, *Verticillium*-zu unterdrücken, wenn ein steriler Boden aber nicht möglich ist, dann können Luzernemehl oder abgelagerter Kompost als Ergänzung einen Schutz bieten. entwässere die Pflanzenbeete gut, überschüssige Feuchtigkeit im Wurzelbereich erhöht das Risiko von *Verticillium* beträchtlich.
- Richtig abgelagerter Kompost und Tee aus Kompost schützt Pflanzen vor allen möglichen Pilzinfektionen.
- Regelmäßiger Gebrauch einer 1-prozentigen Wasserstoffperoxid-Lösung tötet viele Bodenorganismen.

KONTROLLE

- Es steht keine chemische Substanz zur Verfügung. Das Beste, was wir tun können, ist den Boden zu pasteurisieren. Ein Düngemittel, das nur wenig Stickstoff und viel Kalium enthält, kann helfen. Zu den biologischen Mitteln gehören:
- *Bacillus subtilis* (FZB24 Stamm)
- *Trichoderma*-Pilz

PYTHIUM

Pythium ist ein destruktiver parasitärer Wurzelpilz. Unter günstigen Bedingungen vermehrt sich *Pythium*-sehr schnell und produziert mikroskopische Sporen, die die Wurzeln der Pflanze infizieren und ihr Nahrung entziehen. Er greift vor allem Samen und Keimlinge an, die nur wenig widerstandsfähig gegen Krankheiten sind. Größere Pflanzen können behandelt und gerettet werden, wenn der Befall frühzeitig erkannt wird. *Pythium*ist ein häufiges Problem im Feld, im Behälter und in Hydrokultur.

Pythium gibt es überall in der Pflanzenumgebung. Es befindet sich im Anbaugebiet, egal wie sauber es ist. *Pythium* wird oft als „sekundäre Infektion" beschrieben, weil es Pflanzen angreift, die bereits durch Stress geschwächt sind: durch Krankheit, Schäden, Schädlinge, Nährstoffmangel oder schlechte Wachstumsbedingungen. Die Bereitstellung eines gesunden Anbauumfelds hilft, Infektionen zu vermeiden. Die besten Bedingungen für die Entstehung von *Pythium*sind hohe

Bodenfeuchtigkeit, hohe Luftfeuchtigkeit und Temperaturen zwischen 20 und 30 °C.

Sauerstoffmangel in Nährlösungen der Hydrokultur hilft *Pythium*auch, sich zu etablieren. *Pythium*reift in der Regel die ganze Pflanze an, aber vor allem die Wurzeln und Blätter.

Junge Pflanzen und Sämlinge sowohl in Bodenflächen als auch in Hydrogärten sind die anfälligsten. Suche nach einer umfassenden Vergilbung der Blätter, manchmal begleitet durch Bräunung der Blattränder. Die Pflanze sieht verwelkt oder verkümmert aus. Die Wurzeln verlieren die Farbe, werden weich und wässrig. Wenn die Infektion fortschreitet, fällt der äußere Teil der Wurzeln ab und enthüllt den inneren klebrigen Kern.

Auf Bodenflächen und in Containern sind die Wurzeln nicht sichtbar, aber *Pythium* wandert oft von den Wurzeln zur „Krone" der Pflanze, gerade über der Bodenlinie, wobei es die gleiche Bräunung und Erweichung verursacht wie am Wurzelsystem. *Pythium* bewegt sich durch den Boden oder durchs Wasser zu den Pflanzenwurzeln, wo es keimt, bevor es in die Wurzeln eintritt. Wenn *Pythium* in den Wurzeln ist, verbreitet es sich durch das Gewebe und produziert Sporen, die weiterkeimen und die Wurzeln indirekt infizieren können.

PRÄVENTION

- Die beste Vorbeugung ist, die Pflanzen gesund und frei von anderen Schädlingen zu halten, die *Pythium*-auslösen könnten. Benutze gut entwässerte, pasteurisierte Erde oder erdlose Mischungen in Behältern und vermeide Überdüngung und Überbewässerung. Behandele Schädlinge, andere Krankheiten und Nährstoffmangel prompt, weil diese Belastungen Pflanzen für *Pythium*anfälliger machen.
- Richtig abgelagerter Kompost und Tee aus Kompost schützt die Pflanzen vor allen möglichen Pilzinfektionen. Kontrolliere auch auf Trauermücken, weil sie *Pythium*-Sporen in die Behälter mit pasteurisierter Erde übertragen können. Beachte, dass eine der präventiven Maßnahmen gegen Trauermücken ist, die Erde bis zu einer Tiefe von 2 bis 3 cm zwischen dem Gießen austrocknen zu lassen, was das *Pythium*-Wachstum reduziert.
- Prävention ist besonders wichtig in Hydrokultursystemen. Wenn diese Systeme mit *Pythium* infiziert werden, kann es sich durch das Wasser so schnell verbreiten, dass es nicht möglich ist, es zu stoppen. Halte dein System so sauber wie möglich, um die Infektion zu vermeiden.
- Eine Möglichkeit für eine sehr gründliche Reinigung, ist die Behandlung des Wassers mit Wasserstoffperoxid (H_2O_2) immer wenn die Nährlösung verändert wird. UVC-Wasserdesinfektionssysteme töten durch Wasser übertragene Sporen ab. Allerdings töten diese Methoden sowohl nützliche Organismen in der Nährlösung wie auch Krankheitserreger wie *Pythium*.
- Der Wert dieses Kompromisses ist von System zu System unterschiedlich, aber es lohnt sich für einige Grower.
- Biologische Agenzien, die unten aufgeführt sind, sind wirksam, wenn sie angewendet werden, bevor die Pflanze Symptome aufweist. Beachte, dass Desinfektionsmaßnahmen wie Wasserstoffperoxid und UVC in Hydrokultursystemen auch diese biologischen Agenzien töten.
- *Bacillus subtilis* (nützliche Bakterien)
- *Gliocladium* (nützlicher Pilz)
- *Pseudomonas* (nützliche Bakterien)
- *Streptomyces griseoviridis* (nützliche Bakterien)

KONTROLLE

- *Pythium* weist sehr ähnliche Symptome wie *Phytophthora*-Wurzelfäule bei anderen Pflanzen als Cannabis auf. Doch während *Phytophthora* ein häufiges Problem bei vielen anderen Pflanzen ist, ist keine Art bekannt, die Cannabis infiziert. Daher sollten Marijuanagrower überprüfen, dass jede Maßnahme, die sie anwenden, für den Einsatz gegen *Pythium* bestimmt ist.
- Kupfer
- Nelkenöl
- Korianderöl
- Quaternäre Amine
- Sesamöl
- *Trichoderma* (nützliche Pilze)

STENGELFÄULE

Stengelfäule ist eher ein Zustand als eine bestimmte Krankheit, nämlich die Verrottung von Sämlingen unter der Erde, auf der Bodenlinie oder an der Krone. Sie wird durch mehrere samen- und bodenbürtige Pilze verursacht, insbesondere durch *Rhizoctonia* und *Pythium*.

Stengelfäule betrifft vor allem Erdgrower, und im Allgemeinen tötet sie jeden Setzling, den sie angreift. Stengelfäule ist ein häufiges Problem. Es ist oft die Schuld schlechter Samen, wenn Stengelfäule die Sämlinge vernichten kann, noch bevor sie aus dem Medium wachsen. Stengelfäule kommt in warmem, stickstoffreichem Boden vor, der für längere Zeit nass bleibt.

Auch Hydrokultursysteme können von Stengelfäule betroffen sein, nämlich wenn die Pflanzmedien übersättigt sind. Die Infektion beginnt unterhalb der Bodenlinie und greift Sämlinge mit bis zu acht Gruppen echter Blätter oder drei Blattknoten an. Blätter, Wurzeln und Stiele können betroffen sein. Die Stengelfäule beginnt als gelblich-braune Verfärbung am unteren Teil des Stiels. Stämme haben braune Verletzungen und schließlich einen dunklen rotbraunen Krebsschaden. Krebsschäden sind meist am Stengel, zwischen Knoten, zu finden. Der dritte, vierte und fünfte Knoten sind am häufigsten betroffen. Wenn die Krankheit fortschreitet, wird der untere Teil des Stiels weich und braun. Schließlich fällt die unterentwickelte Pflanze einfach um.

Das Welken kann ähnlich sein wie bei der Wurzelfäule, wenn die Pflanze zuerst beginnt zu welken und wenn die Blätter vergilben, aber Stammkrebs noch nicht erschienen ist. Der wesentliche Unterschied von Wurzelfäule ist, dass bei Stengelfäule die Wurzeln nicht betroffen sind.

In späteren Stadien der Stengelfäule bei vegetativen Sämlingen hängen die Blätter herab und vergilben, als ob die Pflanze überbewässert wäre. Wenn sich die Verletzungen auf die Pflanze erstrecken, beginnt sie wegen Gefäßschäden zu welken (siehe den Eintrag zu Pythium für weitere Informationen zu diesem Thema). Stengelfäule kann leicht mit einer übermäßigen Fertilisation (Nährstoffverbrennung), einem hohen Maß an Salzen im Boden, einer Nährstofflösung in Hydrokultursystemen, extremer Hitze oder Kälte oder übermäßiger oder unzureichender Bodenfeuchte verwechselt werden. Ein zentrales diagnostisches Zeichen ist die braune Verfärbung in der Nähe der Bodenlinie.

PRÄVENTION

- Das beste Präventivmittel gegen Stengelfäule ist zu schauen, ob der Boden nicht zu nass ist. Obwohl es immer möglich ist, ihn zu sehr zu bewässern, reduzieren diese Maßnahmen die Stengelfäule erheblich.
- Benutze eine Erdmischung, die große Mengen an Perlit oder Vermiculit enthält. Dies ermöglicht, dass überschüssiges Wasser abgelassen wird.
- Achte darauf, dass der Boden trocken ist, bevor du ihn bewässerst. Verwende einen Feuchtigkeitsmesser oder mach den „Fingertest", um die Bodenfeuchtigkeit zu testen. Teste den Boden am Rand des Topfs, weil es dort weniger wahrscheinlich ist, die Wurzel-Entwicklung zu stören.
- Pflanze die Samen nicht tiefer als 6 mm. Der Boden ist tiefer unten deutlich feuchter.
- Verwende ein Fungizid vor der Aussaat, um eine spätere Stengelfäule zu minimieren. Verpflanze Sämlinge nicht nach draußen, bis sie mehrere Gruppen von Blättern gebildet haben, weil jüngere Pflanzen noch nicht über ein robustes Wurzelsystem oder über Widerstandsfähigkeit gegen Krankheiten verfügen.
- Richtig abgelagerter Kompost und Tee aus Kompost hilft, Pflanzen vor allen möglichen Pilzinfektionen zu schützen.
- Stickstoffreiche Böden behindern das Wurzelwachstum und verschlimmern die Stengelfäule. Erdlose Pflanzenmedien trocknen gut aus und halten das Pilzwachstum ab. Sterile Erde hilft auch.
- Halte den Growraum und Werkzeuge sauber und die Pflanzen frei von Schädlingen. Dies hilft, Stengelfäule zu verhindern und genauso gegen andere Pilzkrankheiten.
- *Bacillus subtilis* (nützliche Bakterien)
- *Gliocladium* (nützlicher Pilz)
- *Pseudomonas* (nützliche Bakterien)
- *Streptomyces griseoviridis* (nützliche Bakterien)

KONTROLLE

- Es gibt kaum eine Chance, die Sämlinge zu retten, die bald nach der Keimung von Stengelfäule befallen sind. Pflanzen in der vegetativen Phase, die schon mehrere Blätter gebildet haben, haben mit Hilfe eines Fungizids eine bessere Chance.
- Wenn wir das Problem früh erkennen, macht das unser Growerleben leichter. Wie bei anderen Pilzkrankheiten, entferne vollständig infizierte Teile der Pflanze und behandle die hierdurch entstandenen Wunden mit Wasserstoffperoxid (H_2O_2). Wenn der Stammkrebs komplexer wird, ist die Blattdüngung ein Muss, um die Pflanzen mit Vitalität, Kraft und Ausdauer auszustatten.
- Kupfer
- Nelkenöl
- Korianderöl
- Quaternäre Amine
- Sesamöl
- *Trichoderma* (nützliche Pilze)

BIBLIOGRAFIE

Ashman, M.R., and G. Puri. Essential Soil Science. Oxford, United Kingdom: Blackwell Science Ltd., 2002. Print.

Baker, Jerry. Terrific Garden Tonics!. Wixom, MI: American Master Products, Inc., 2004. Print.

Bickford, Elwood D., and Stuart Dunn. Lighting for Plant Growth. First Edition. Kent, OH: The Kent State University Press, 1972. Print.

Carr, Anna. Color Handbook of Garden Insects. First Edition. Emmaus, PA: Rodale Press, Inc., 1979. Print.

Catton, Chris, and James Gray. The Incredible Heap: A Guide to Compost Gardening. First Edition. New York, NY: St. Martin's Press, 1983. Print.

Clarke, Robert Connell. Hashish!. First Edition. Los Angeles, CA: Red Eye Press, Inc., 1998. Print.

Elsohly, Ph.D., Mahmoud. Marijuana and the Cannabinoids. First Edition. Totowa, NJ: Humana Press, Inc., 2007. Print.

Enoch, Herbert Z. and Bruce A. Kimball. Carbon Dioxide Enrichment of Greenhouse Crops: Physiology, Yield and Economics. Volume II. Boca Raton, FL: CRC Press, Inc., 1986. Print.

Fisher, Paul, and Erik Runkle. Lighting Up Profits: Understanding Greenhouse Lighting. First Edition. Willoughby, OH: Meister Media, 2004. Print.

Foster, Rick, and Brian R. Flood. Vegetable Insect Management. First Edition. Willoughby, OH: Meister Media, 2005. Print.

Freeman, Worth. Biology of Plants. Sixth Edition. New York, NY: W.H. Freeman an Company, 1999. Print.

Gillman, Jeff. The Truth About Garden Remedies. First Edition. Portland, OR / London, United Kingdom: Timber Press, Inc., 2008. Print.

Green, Joey. Joey Green's Gardening Magic. 1st edition. Emmaus, PA: Rodale Press, Inc., 2003. Print.

Grotenhermen, MD, Franjo, and Ethan Russo, MD. Cannabis and Cannabinoids. First Edition. Binghampton, NY: The Haworth Integrative Healing Press(r), 2002. Print.

Heinz, Kevin M., Roy G. Van Driesche, and Michael P. Parrella. Bio Control in Protected Culture. Batavia, IL: Ball Publishing, 2004. Print.

Hicklenton, Peter R. CO2 Enrichment in The Greenhouse. First Edition. Volume 2. Portland, OR: Timber Press, Inc., 1988. Print.

Hill, Lewis. Cold-Climate Gardening: How To Extend Your Growing Season by at Least 30 Days. Pownal, VT: Storey Communications, Inc., 1987. Print.

Ingham, Dr. Elaine. The Compost Tea Brewing Manual. 5th Edition. Corvallis, OR: Soil Foodweb Inc., 2002. Print.

Ingham, Ph.D., Elaine, and Carole Ann Rollins. Adding Biology For Soil and Hydroponic Systems. First Edition. Corvallis, OR: Sustainable Studies Institute and Nature Technologies Intl LLC, 2006. Print.

Iversen, Leslie L. The Science of Marijuana . First Edition. New York, NY: Oxford University Press, 2000. Print.

Joiner, Jasper N. Foliage Plant Production. Edgewood Cliffs, NJ: Prentice-Hall, Inc., 1981. Print.

Kaiser, Diane. A Book of Weather Clues. First Edition. Washington, D.C.: Starhill Press, 1986. Print.

Kohnke, Helmut, and D.P. Franzmeier. Soil Science Simplified. Fourth Edition. Prospect Heights, IL: Waveland Press, Inc., 1995. Print.

Levitan, Lois. Improve Your Gardening With Backyard Research. Emmaus, PA: Rodale Press, Inc., 1980. Print.

Lewis, Wayne, and Jeff Lowenfels. Teaming With Microbes: A Gardener's Guide to the Soil Food Web. First Edition. Portland, OR / London, United Kingdom: Timber Press, Inc., 2006. Print.

Lydon Ph.D., John. The Effects of Ultraviolet-B Radiation on the Growth, Physiology and Cannabinoid Production in Cannabis Sativa L. Ann Arbor, MI: University Microfilms Intl for University of MD, 1985. Print.

Mainly, Marseene. How to Supercharge Your Garden. Second Edition. Richmond, BC, Canada: Mainly Productions, 1996. Print.

McCaskill, J.A. Plant Nutrient Facts for Hydroponic Container Growing. Hemet, CA: Jim McCaskill Independent, 1979. Print.

McDonald, Maurice S. Photobiology of Higher Plants. First Edition. West Sussex, England: John Wiley & Sons Ltd. , 2003. Print.

McPartland, J.M., R.C. Clarke, and D.P. Watson. Hemp Diseases and Pests: Management and Biological Control. New York, NY: CABI Publishing, 2000. Print.

Molyneux, C.J. A Practical Guide to NFT. First Edition. Ormskirk, Lancashire, United Kingdom: Nutriculture Ltd., 1988. Print.

Morgan, Dr. Lynette. Fresh Culinary Herb Production. Tokomaru, New Zealand: Suntec (NZ) Ltd., 2005. Print.

lkowski, William, Sheila Daar, and Helga Olkowski. Common-Sense Pest Control. First Edition. Newton, CT: Taunton Press, 1991. Print.

One thousand and one gardening secrets. 2004. Print.

Page, Jessica, and Paul Horne. Integrated Pest Management For Crops And Pastures. First Edition. Collingwood, VIC, Australia: Landlinks Press an imprint of CSIRO Publishing, 2008. Print.

Parnes, Ph.D., Robert. Fertile Soil: A Grower's Guide to Organic & Inorganic Fertilizers. First Edition. Davis, CA: agAccess, 1990. Print.

Pfeiffer, Ehrenfried. Weeds and What They Tell. Wyoming, RI: Bio-Dynamic Literature, Print.

Reed, David Wm. Water, Media, and Nutrition for Greenhouse Crops. First Edition. Batavia, IL: Ball Publishing, 1996. Print.

Resh Ph.D., Howard M. Hydroponic Food Production: A Definitive Guidebook for the Advance Home Gardener and the Commercial Hydroponic Grower. Fourth Edition. Santa Barbara, CA: Woodbridge Press Publishing Company, 1991. Print.

Resh, Howard M. Hobby Hyroponics. First Edition. Boca Raton, FL/ London, United Kingdom / New York, NY: CRC Press: Taylor & Francis Group, 2003. Print.

Resh, Howard M. Hydroponics: Questions & Answers for Successful Growing. First Edition. Mahwah, NJ: Newconcept Press, Inc., 1998. Print.

Roberto, Keith. How-To Hydroponics. Fourth Edition. Farmingdale, NY: Futuregarden Press, 2004. Print.

Romer, Joe. Hydroponic Crop Production. Kenthurst, NSW, Australia: Kangaroo Press Pty Ltd., 1993. Print.

Steel, Damascus. CO2 Secrets. Deluxe Edition. 1992. Print.

Stout, Ruth. How to Have a Green Thumb Without an Aching Back. First Fireside Edition. New York, NY: Simon & Schuster, 1987. Print.

Stout, Ruth, and Richard Clemence. The Ruth Stout No-Work Garden Book. Emmaus, PA: Rodale Press, Inc., 1971. Print.

Styer, Ph.D., Roger C., and David Koranski, Ph.D. Plug & Transplant Production: A Grower's Guide. Batavia, IL: Ball Publishing, 1997. Print.

Van Patten, George F. Gardening: The Rockwool Book. First Edition. Portland, OR: Van Patten Publishing, 1991. Print.

Walls, Ian G. The Complete Book of the Greenhouse. Fourth Edition. London, United Kingdom: Ward Lock Ltd., 1988. Print.

Wright, Paul. Totally Organic Hydroponics. The First Edition. Organiponics LLC., 2004. Print.

Yepson, Roger. 1,001 Old-Time Garden Tips. 2nd edition. Emmaus, PA: Rodale Press, Inc., 2003. Print.

QUELLEN

Aldrich, MR, "Statement to the National Commission on Marijuana and Drug Abuse," Clinical Toxicology 4(4), Dec. 1971, 643-653.

Aldrich, MR, "December 1971: The Kaplan Initiative," Marijuana Review 1(9), Sept. 1973, 4.

Aldrich, MR and Mikuriya, TH, "Savings in California Marijuana Law Enforcement Costs Attributable to the Moscone Act of 1976A Summary," Journal of Psychoactive Drugs 20(1), Jan-Mar 1988, 75-81.

Anderson, P, High in America: The True Story Behind NORML and the Politics of Marijuana, NY: Viking Press, 1981.

Andrews, G, and Vinkenoog, S, The Book of Grass: An Anthology of Indian Hemp, NY: Grove Press, 1967.

Brown, S, "Thirty years agoNixon on marijuana," Desert Post Weekly (Cathedral City, CA), April 4, 2002, 22.

Clarke, RC, Marijuana Botany, Berkeley: And/Or Press, 1981.

Clarke, RC, HASHISH!, Los Angeles: Red Eye Press, 1998.

Conrad, C, Hemp: Lifeline to the Future, El Cerrito, CA: Creative Xpressions, 1994.

Conrad, C, Hemp for Health, Rochester, VT: Healing Arts, 1997.

Corral, V, NORML bio, online at NORML.com

(Craker, L) ACLU, People Working to Legalize Medical Marijuana: Lyle E. Craker, Ph.D., 11/29/2005. Online at www.aclu.org/drugpolicy/ medicalmarijuanafeature/21914res20051129.html.

DeRienzo, P, "Dennis Peron: The Marijuana Mouse That Roared," High Times 276, August 1998.

Herer, J, The Emperor Wears No Clothes, Seattle: Queen of Clubs Publishing Co, 1985.

Ginsberg, A, "The Great Marijuana Hoax: First Manifesto to End the Bringdown," Atlantic Monthly, 1966.

Gladwell, M, The Tipping Point: How Little Things Can Make a Big Difference. Boston: Little, Brown & Co., 2000. See also Gladwell.com

Goldsberry, D, Top Celebstoners, online at celebstoners.com, 2007.

Goldstein, R, 1 in 7: Drugs on Campus, NY: Walker & Co., 1966.

Mandel, Jerry, "Is Marijuana Law Enforcement Racist?" Journal of Psychoactive Drugs 20(1), 1988, 83-91.

MAPS Journal, xviii (3), Winter 2008-2009, 8.

Mathre, ML (ed.), Cannabis in Medical Practice, Jefferson, North Carolina and London: McFarland& Co., 1997.

Mead, M, Testimony to the Senate Subcommittee on Monopoly of the Select Committee on Small Business, 91st Congress, October 27, 1969. Excerpt available at VeryImportantPotheads.com.

Mikuriya, TH., "Kif Cultivation in the Rif Mountains," Economic Botany 21(3), July-Sept 1967.

Mikuriya, TH (ed.), Marijuana: Medical Papers 1839-1972, Oakland: Medi-Comp Press, 1973.

Mikuriya, TH, Physical, Mental, and Moral Effects of Marijuana: The Indian Hemp Drugs Commission Report," International Journal of the Addictions 3(2), Fall 1968.

Mikuriya, TH and Aldrich, MR, "Cannabis 1988: Old Drug, New Dangers: the Potency Question," Journal of Psychoactive Drugs 20(1), Jan-Mar 1988, 47-55.

NIDA, Provision of Marijuana and other compounds for Scientific Research—Recommendations of the NIDA National Advisory Council, January 1998. Online at www.nida.nih.gov/organization/marijuanastatement.html

Norris M, Conrad C, and Resner V, Shattered Lives: Portraits from America's Drug War, El Cerrito, CA: Creative Xpressions, 1998

Pisani, B, Foreword to Frank and Rosenthal, 1992.

Rosevear, J, Pot: A Handbook of Marihuana, New Hyde Park, NY: University Books, 1967.

Russo, E., et al., "Chronic Cannabis Use in the Compassionate Investigational New Drug Program: An Examination of Benefits and Adverse Effects of Legal Clinical Cannabis," 2007, available online at CannabisMD.org.

Sloman, L, Reefer Madness: The History of Marijuana in America, Indianapolis/NY, Bobbs-Merrill, 1979, 171-186.

Solomon, D (ed.), The Marihuana Papers, Indianapolis, Kansas City and NY: Bobbs-Merrill, 1966.

TIME/LIFE Special Report, The Drug Takers, NY: TIME, Inc., 1965.

MARIJUANA GROWERS HANDBUCH

SPONSOREN

www.grow.de
grow_magazin
GrowMagazin
grow!
magazin
since 1995
Alle 2 Monate
"erntefrisch"
im Handel...
Neues zum
Cannabis-Gesetz
& täglich im Internet auf www.grow.de
grow! magazin
ePaper
NEU!
Das grow! Magazin als ePaper
www.grow.de
Cannabis-Growlampen
Maximierung von Gewicht & Potenz
Homegrowing
Nachhaltiges Gärtnern
Künstliche Intelligenz
beim Cannabis-Anbau?
grow_magazin
GrowMagazin

stecklingsverkauf.de
GUARDIANS OF GENETICS
Samen
Erwerb und die Einführung von THC-Stecklingen aus Österreich für den privaten Eigenanbau in Deutschland ist legal.
total legal
10% Rabattcode auf die erste Bestellung!
GROW
Aussergewöhnliche und geprüfte Genetiken
Versand nach Deutschland & Österreich
Diskrete Verpackung und schneller Versand

KEEP ON
GROWING FOR A
FREE WORLD!
Glasshouse
since 1999
OFFICIAL DISTRUBUTION FOR ADVANCED HYDROPONICS OF HOLLAND, AQUA MASTER TOOLS & TERPY HERBZ®
SPECIALIZED TRADE FOR GROWING & SMOKING EQUIPMENT
GHOUSE.DE

BLOOMTECH
GROWSHOP
SELBST IST DAS GRAMM
Qualität
Service
Erfahrung
seit
2008
Mittelweg 3
37154 Northeim
mail@bloomtech.de
www.bloomtech.de

KOMBI-PACK IM DOPPELPACK:
WÄHLE ZWISCHEN
PINK & BLACK®
King Size Slim + Active Filter
GIZEH
KOMBI PACK
KING SIZE SLIM PINK PAPER
ACTIVE FILTER
GIZEH ACTIVE FILTER
MIT AKTIVKOHLE AUS KOKOSNUSS-SCHALEN
Sorgt für einen ausgewogenen Geschmack.
MISCHSCHALE TO GO!
34 BLÄTTCHEN · KING SIZE SLIM
Greif zu und überzeug Dich selbst:
34 feinste Blättchen mit 16 Aktivkohlefiltern
und integrierter Bauschalen-Funktion.
GIZEH
ACTIVE FILTER MIT KOKOSKOHLE
OPTIMALER DURCHZUG
Making Moments
SINCE 1920
MAGNET-VERSCHLUSS
SLOW BURNING PAPER

Anwendung, Nutzpflanze und Kultur

Michael Knodt
Cannabis-Extraktion
Konzentrate, Extrakte und Haschisch-Herstellung
ISBN 978-3-03788-588-8
160 Seiten, 14,8 × 21cm
4-farbig, Broschur

Andi Haller
Hausgemachtes Haschisch
und andere Methoden zur Cannabis-Verarbeitung
ISBN 978-3-03788-496-6
80 Seiten, 14,8 × 10,5 cm, Softcover

Bestseller 45. Auflage!

Jack Herer, Mathias Bröckers
Die Wiederentdeckung der Nutzpflanze Hanf
ISBN 978-3-03788-181-1
526 Seiten, 17 × 23,7cm, Hardcover

Hash-, Marihuana- & Hemp-Museum Amsterdam/Barcelona (Hrsg.)
Weed of Wonder
ISBN 978-3-03788-482-9 **grünes Cover**
ISBN 978-3-03788-483-6 **lila Cover**
288 Seiten, 25 × 25 cm, Hardcover

Medizin

Der Bestseller in einer überarbeiteten Neuausgabe

Franjo Grotenhermen
Die Behandlung mit Cannabis
Medizinische Möglichkeiten, rechtliche Lage, Rezepte, Praxistipps
ISBN 978-3-03788-579-6
128 Seiten, 14,8 x 21 cm, Hardcover

Manfred Fankhauser, Daniela E. Eigenmann
Cannabis in der Medizin
Geschichte – Praxis – Perspektiven
ISBN 978-3-03788-587-1
224 Seiten, 14,8 × 21 cm, Broschur

NEU

Bernd Wessollek
Cannabismedizin für mündige Patienten
Erfahrungen aus der gelebten Praxis
ISBN 978-3-03788-667-0
120 Seiten, 14,8 × 21 cm, Softcover

NACHTSCHATTEN VERLAG
Nachtschatten Verlag AG
Kronengasse 11
CH-4500 Solothurn
Tel +41 (0)32 621 89 49
Fax +41 (0)32 621 89 47
www.nachtschatten.ch
info@nachtschatten.ch

Anbau und Growing

3. Auflage

Philip Adams
Weedology
Alles über den Cannabis-Anbau
ISBN 978-3-03788-538-3
356 Seiten, 14,8 × 21 cm, Broschur

Überarbeitete und aktualisierte Neuauflage

Chuck LOre
Cannabis
Anbau, Ernte und Konsum
ISBN 978-3-03788-592-5
ca. 120 Seiten, 12 x 20,3 cm
Softcover

Der Klassiker in der 13. Auflage

Jorge Cervantes
Marihuana drinnen
Alles über den Anbau im Haus
ISBN 978-3-907080-92-4
344 Seiten, 14,7 × 21 cm, Broschur

Jorge Cervantes
Marihuana Anbaugrundlagen
Der praktische Leitfaden für Cannabisfreunde
ISBN 978-3-03788-197-2
240 Seiten, 15 × 21 cm, Broschur

Überarbeitete und aktualisierte Neuausgabe

Mike MoD
Enzyklopädie der Cannabiszucht
Fachbuch der Hanfgenetik
ISBN 978-3-03788-658-8
448 Seiten, 16,5 × 24 cm, Broschur
über 100 Farbseiten und Grafiken

Ed Rosenthal
Cannabis-Anbau mit LED
Innovative Beleuchtung fürs Indoor-Growing
ISBN 978-3-03788-657-1
88 Seiten, 14,8 × 21 cm,
Softcover

NACHTSCHATTEN VERLAG

Nachtschatten Verlag AG
Kronengasse 11
CH-4500 Solothurn

Tel +41 (0)32 621 89 49
Fax +41 (0)32 621 89 47

www.nachtschatten.ch
info@nachtschatten.ch

Das Magazin für psychoaktive Kultur
Lucys
Rausch
Das Magazin für psychoaktive Kultur
Lucys
Rausch
Psychoaktiver Honig
Ayahuasca-Tourismus in Peru
Die Geschichte der Wasserpfeifen
CANNABISKULTUR
Heilmittel, Entheogen und Rauschdroge
Forum für veränderte Bewusstseinszustände
Hanf
Ethnobotanik
Kultur
Wissenschaft
lucys-magazin.com
NACHTSCHATTEN VERLAG
Nachtschatten Verlag AG
Kronengasse 11
CH-4500 Solothurn
www.nachtschatten.ch
info@nachtschatten.ch